献给我的祖母。

约利恩·D. E. 克赖顿

献给我的父母，他们从未要求我停止追问为什么，尽管他们确实在一段时间后停止了回答。献给我的家人，Lynda、Ethan 和 Jacob，他们给了我继续追问的空间。

沃伦·G. 安德森

“十四五”时期国家重点出版物出版专项规划项目
21世纪理论物理及其交叉学科前沿丛书

引力波物理学与天文学

理论、实验和数据分析的介绍

Gravitational-Wave Physics and Astronomy

An Introduction to Theory, Experiment and Data Analysis

〔加拿大〕 约利恩·D. E. 克赖顿 (Jolien D. E. Creighton)
〔加拿大〕 沃伦·G. 安德森 (Warren G. Anderson) 著
王 炎 译

科 学 出 版 社
北 京

图字：01-2024-1439 号

内 容 简 介

本书是引力波领域国内外广泛使用的教材和参考书之一。本书回顾了引力波的理论基础广义相对论，介绍了引力波的传播及其物理性质，阐述了引力波的产生和波形的计算方法（包括四极矩公式、后牛顿近似、微扰法和数值相对论）。本书介绍了引力波天文学和宇宙学中的各类波源、引力波的探测原理和不同频段的探测器，以及探测器的数据分析中所涉及的数理统计学理论和方法。结束语部分展望了引力波天文学的前景及其重要意义。书中包含许多例题，以阐述正文中的特定知识点，或者补充额外的技术细节。大部分章节的末尾包含了一定量的习题以及简短的参考文献列表，以方便读者进一步加深所学内容。书末包含两个附录和一个中英文名词索引。

本书可作为物理和天文专业高年级本科生、研究生的引力波相关课程的教学用书；也可供从事引力物理、相对论天体物理、引力波探测等领域的科研人员参考。

Title:Gravitational-Wave Physics and Astronomy: An Introduction to Theory, Experiment and Data Analysis
By Jolien D. E. Creighton and Warren G. Anderson　　ISBN:9783527408863/352740886X

图书在版编目(CIP)数据

引力波物理学与天文学：理论、实验和数据分析的介绍/（加）约利恩·D. E. 克赖顿，（加）沃伦·G. 安德森著；王炎译. —北京：科学出版社，2024.3
（21 世纪理论物理及其交叉学科前沿丛书）
"十四五"时期国家重点出版物出版专项规划项目
ISBN 978-7-03-078072-0

Ⅰ.①引… Ⅱ.①约… ②沃… ③王… Ⅲ.①引力波-物理学②天文学 Ⅳ.①P1

中国国家版本馆 CIP 数据核字(2024)第 043014 号

责任编辑：刘凤娟　杨　探／责任校对：杨聪敏
责任印制：赵　博／封面设计：无极书装

科学出版社 出版
北京东黄城根北街 16 号
邮政编码：100717
http://www.sciencep.com
北京市金木堂数码科技有限公司印刷
科学出版社发行　各地新华书店经销
*
2024 年 3 月第　一　版　开本：720×1000　1/16
2024 年 9 月第二次印刷　印张：23 1/4
字数：450 000

定价：138.00 元

(如有印装质量问题，我社负责调换)

中文版序言

本书初版至今已有 12 年，这期间见证了引力波天文学的诞生。自 2015 年首次探测到引力波以来，地基激光干涉仪探测器已观测到大量来自双黑洞和双中子星并合产生的引力波，其中包括 2017 年首次在引力波和整个电磁波频谱中观测到的双中子星并合。今年 (2023 年)，脉冲星计时实验发现了引力波随机背景的证据。这些观测结果对我们理解天体物理学和基础物理学产生了重大影响。本书结束语 (第 8 章) 中描述的夙愿许多现已成真。对现有探测器的升级将使我们能够更全面地观测引力波天空，而下一代探测器也正在酝酿之中。引力波研究现已成为物理学和天文学的重要组成部分。

在此，我非常感谢王炎承担本书中文版的翻译工作。这个版本还包括了自初版以来积累的一些更正。这要归功于帮助编纂勘误表的人：Kipp Cannon、Neil Cornish、Joachim Frieben、John Friedman、Nathan Kieran Johnson-McDaniel、Benjamin Lackey、Charalampos Markakis、Ioannis Michaloliakos、Joseph Romano 和 Leslie Wade。

J. D. E. C

密尔沃基，2023 年 12 月

序　　言

在写作本书期间，我们时常不得不逃离办公室来上一周袖珍的学术休假。我们谨此感谢位于德国汉诺威的马克斯·普朗克引力物理研究所 (即阿尔伯特·爱因斯坦研究所) 接待了我们的第一次学术休假，位于艾伯塔省卡尔加里的 Warren G. Anderson 引力波研究办公室接待了我们的第二次学术休假，明尼苏达大学接待了我们的第三次学术休假，卡迪夫大学接待了我们的最后一次学术休假。

我们感谢 (按字母顺序)Bruce Allen, Patrick Brady, Teviet Creighton, Stephen Fairhurst, John Friedman, Judy Giannakopoulou, Brennan Hughey, Lucía Santamaría Lara, Vuk Mandic, Chris Messenger, Evan Ochsner, Larry Price, Jocelyn Read, Richard O'Shaughnessy, Bangalore Sathyaprakash, Peter Saulson, Xavier Siemens, Amber Stuver, Patrick Sutton, Ruslan Vaulin, Alan Weinstein, Madeline White, Alan Wiseman 给予的许多协助。

这项工作得到了美国国家自然科学基金会的支持 (基金编号 PHY-0701817，PHY-0600953，PHY-0970074)。

J. D. E. C

卡尔加里，2011 年 6 月

例 题 列 表

介　　绍

本书一方面可作为引力波天文学入门课程的教科书，另一方面可作为涵盖本研究领域大多数方面的基础参考书。

作为引力波课程大纲的一部分，本书可以在广义相对论的后续课程中使用 (这种情况下，第 1 章的大部分内容可以省略)，或者作为一门独立的研究生引论课程 (这种情况下，第 1 章是下面其他章节的基础，需要阅读)。并非所有章节都可以在一学期内完成。

本书中的例题或者阐述正文中某个特定的知识点，或者提供正文中没有包含的额外细节。在每章的结尾，我们提供了简短的参考文献，包含建议的拓展阅读材料。我们并没有尝试像一篇综述文章可能做的那样提供一份该领域工作的完整清单。相反，我们只提供了开创性的论文、具有特殊教学价值的研究成果，以及为研究人员提供必要背景的综述文章。每章还有一些习题。

本书勘误表请见 http://www.lsc-group.phys.uwm.edu/~jolien(本中文版已包含勘误表中列出的原文中的错误。)。如果您发现当前勘误表中未指出的错误，请发邮件到 jolien@uwm.edu。

符号约定如下。

我们使用粗体无衬线 (sans-serif) 字母 (如 **T** 和 **u**) 表示一般的张量和时空矢量，使用粗斜体字母 (如 $\boldsymbol{v}$) 表示纯空间矢量。当写这些量的分量时，我们使用希腊字母来表示时空张量的指标 (如 $T_{\alpha\beta}$ 和 u^α)，使用拉丁字母表示纯空间矢量或者矩阵的指标 (如 v^i 和 M_{ij})。除非另行规定，时空指标通常选取四个值，即 $\alpha \in \{0,1,2,3\}$；而空间指标通常选取三个值，$i \in \{1,2,3\}$。我们采用爱因斯坦求和约定，重复指标 **(哑指标)** 隐含求和，因此 $T_{\alpha\mu}u^\mu = \sum_{\mu=0}^{3} T_{\alpha\mu}u^\mu$，$M_{ij}v^j = \sum_{j=1}^{3} M_{ij}v^j$。在这些例子中，没有被缩并的指标 α 和 i 称为**自由指标** (即在第一个情况中有四个等式，在第二个情况中有三个等式，因为 α 取值 0, 1, 2, 3，i 取值 1, 2, 3)。

我们区别协变导数 ∇_α 和三维空间梯度算符 $\boldsymbol{\nabla}$，后者在直角坐标系 (笛卡儿坐标系) 下写为 $\partial/\partial x^i$。直角坐标系下的拉普拉斯算符为 $\nabla^2 = \partial^2/\partial x^2 + \partial^2/\partial y^2 + \partial^2/\partial z^2$，平直空间中直角坐标系下的达朗贝尔算符为 $\Box = -c^{-2}\partial^2/\partial t^2 + \nabla^2$。

我们的时空符号约定为 $-, +, +, +$，因此直角坐标系中平直时空的线元 (line element) 为 $\mathrm{d}s^2 = -c^2\mathrm{d}t^2 + \mathrm{d}x^2 + \mathrm{d}y^2 + \mathrm{d}z^2$。一般张量的符号约定沿用 Misner 等 (1973) 和 Wald(1984) 的做法。

利用某时间序列 $x(t)$ 的**傅里叶变换**求出频率序列 $\tilde{x}(f)$

$$\tilde{x}(f) = \int_{-\infty}^{\infty} x(t)\mathrm{e}^{-2\pi \mathrm{i} f t}\mathrm{d}t, \tag{0.1}$$

而

$$x(t) = \int_{-\infty}^{\infty} \tilde{x}(f)\mathrm{e}^{2\pi \mathrm{i} f t}\mathrm{d}f \tag{0.2}$$

是**傅里叶逆变换**。

参考文献

Misner, C.W., Thorne, K.S. and Wheeler, J.A. (1973) *Gravitation*, Freeman, San Francisco.
Wald, R.M. (1984) *General Relativity*, University of Chicago Press.

目　录

第 1 章　引　　言

1.1　牛顿引力中的潮汐力

对牛顿引力的简要回顾不仅有助于理解它作为相对论引力的弱场极限，而且还可以提示人们建立广义相对论的原理。就绝对时间坐标而言，牛顿引力可以方便地在固定的直角坐标系中构建起来。在这样的坐标中，牛顿运动定律和万有引力定律描述了质量为 m 的物体相对于质量为 M 的物体做自由下落运动时所受的力

$$\boldsymbol{F}=m\frac{\mathrm{d}^2\boldsymbol{x}}{\mathrm{d}t^2}=-\frac{GMm}{\|\boldsymbol{x}-\boldsymbol{x}'\|^3}\left(\boldsymbol{x}-\boldsymbol{x}'\right), \tag{1.1}$$

其中 $\boldsymbol{x}$ 是质量为 m 物体的位置，$\boldsymbol{x}'$ 是质量为 M 物体的位置，t 是绝对时间坐标，$G\simeq 6.673\times 10^{-11}\mathrm{m}^3\cdot\mathrm{kg}^{-1}\cdot\mathrm{s}^{-2}$ 是牛顿引力常量。等式两边 m 正好抵消，即有

$$\frac{\mathrm{d}^2\boldsymbol{x}}{\mathrm{d}t^2}=-\frac{GM}{\|\boldsymbol{x}-\boldsymbol{x}'\|^3}\left(\boldsymbol{x}-\boldsymbol{x}'\right). \tag{1.2}$$

如果物质连续分布，我们把各部分质量对加速度的贡献求和即可得

$$\frac{\mathrm{d}^2\boldsymbol{x}}{\mathrm{d}t^2}=-G\int\limits_{\text{体}}\frac{\boldsymbol{x}-\boldsymbol{x}'}{\|\boldsymbol{x}-\boldsymbol{x}'\|^3}\rho\left(\boldsymbol{x}'\right)\mathrm{d}^3\boldsymbol{x}'=\boldsymbol{\nabla}\left[G\int\limits_{\text{体}}\frac{\rho\left(\boldsymbol{x}'\right)}{\|\boldsymbol{x}-\boldsymbol{x}'\|}\mathrm{d}^3\boldsymbol{x}'\right], \tag{1.3}$$

其中 ρ 是质量分布 (密度)，$\boldsymbol{\nabla}$ 是对 $\boldsymbol{x}$ 的梯度算符。因此，物体的加速度 (相对牛顿系统的直角坐标系) 为

$$\boldsymbol{a}=\frac{\mathrm{d}^2\boldsymbol{x}}{\mathrm{d}t^2}=-\boldsymbol{\nabla}\varPhi(\boldsymbol{x}), \tag{1.4}$$

其中

$$\varPhi(\boldsymbol{x}):=-G\int\limits_{\text{体}}\frac{\rho\left(\boldsymbol{x}'\right)}{\|\boldsymbol{x}-\boldsymbol{x}'\|}\mathrm{d}^3\boldsymbol{x}' \tag{1.5}$$

是**牛顿势**。牛顿势满足**泊松方程**

$$\nabla^2\varPhi(\boldsymbol{x})=-G\int\rho\left(\boldsymbol{x}'\right)\nabla^2\frac{1}{\|\boldsymbol{x}-\boldsymbol{x}'\|}\mathrm{d}^3\boldsymbol{x}'=4\pi G\rho(\boldsymbol{x}), \tag{1.6}$$

这里我们使用了

$$\nabla^2 \frac{1}{\|\boldsymbol{x}-\boldsymbol{x}'\|} = -4\pi\delta\left(\boldsymbol{x}-\boldsymbol{x}'\right). \tag{1.7}$$

因为自由下落物体的质量不会出现在运动方程中，所以任意两个物体将会以相同的方式下落。假如你只能看到邻近的自由下落物体，你将不能分辨自己是否正在自由下落。你向一个大质量物体自由下落时的感受与你处在无任何引力场中的感受相同。引力加速度描述的是自由下落物体相对于绝对牛顿坐标系的运动，但有没有办法让自由下落观测者知道他们是否在做加速运动？

爱因斯坦将自由下落物体一起坠落的观测结果确定为一条原理，即**等效原理**：一个自由下落的观测者总可以建立一个局域的 (自由下落) 参考系，在这个参考系中，所有物理规律与观测者处于无引力场时的物理规律相同。坐标加速度 $\boldsymbol{a}$ 没有任何物理上 (如牛顿引力中那样) 的重要性，这是因为人们总可以选择一个与观测者一同自由下落的参考系，观测者在其中是静止的。

例 1.1　非惯性参考系中的坐标加速度。

牛顿力学中的惯性参考系与绝对牛顿参考系之间可通过一个均匀速度和一个位移常量相联系。如果 $\boldsymbol{x}$ 是某个粒子在一个惯性参考系中的位置，则在另一个惯性参考系中将会有 $\boldsymbol{x}'=\boldsymbol{x}-\boldsymbol{x}_0-\boldsymbol{v}t$，$\boldsymbol{x}_0$ 和 $\boldsymbol{v}$ 为常矢量。惯性系保持了牛顿第二定律的形式，即 $\boldsymbol{a}'=\mathrm{d}^2\boldsymbol{x}'/\mathrm{d}t^2=\mathrm{d}^2\boldsymbol{x}/\mathrm{d}t^2=\boldsymbol{a}$。

然而，在非笛卡儿坐标系中，坐标加速度的形式是不同的。例如，对于二维系统，我们能够在极坐标系中表示出粒子的位置：$r=(x^2+y^2)^{1/2}$，$\phi=\arctan(y/x)$。在这些坐标中，粒子的坐标速度为 $\mathrm{d}r/\mathrm{d}t=\boldsymbol{v}\cdot\boldsymbol{e}_r$ 和 $\mathrm{d}\phi/\mathrm{d}t=r^{-1}\boldsymbol{v}\cdot\boldsymbol{e}_\phi$，其中 $\boldsymbol{e}_r$ 和 $\boldsymbol{e}_\phi$ 分别是 r 和 ϕ 方向的单位矢量，粒子的运动方程为 $F_r=m[\mathrm{d}^2r/\mathrm{d}t^2-r(\mathrm{d}\phi/\mathrm{d}t)^2]$ 和 $F_\phi=m[r\mathrm{d}^2\phi/\mathrm{d}t^2+2(\mathrm{d}r/\mathrm{d}t)(\mathrm{d}\phi/\mathrm{d}t)]$。甚至当没有力作用于粒子上时 ($\boldsymbol{F}=0$)，除了单纯的径向运动之外，坐标加速度仍然存在，因为 $\mathrm{d}^2r/\mathrm{d}t^2$ 和 $\mathrm{d}^2\phi/\mathrm{d}t^2$ 并不为 0。这仅仅是由非笛卡儿坐标系的选取引起的，牛顿第二定律的几何形式 $\boldsymbol{F}=m\boldsymbol{a}$ 仍然成立。

非惯性系是相对于惯性系做加速运动的参考系。一个常见的例子是具有角速度矢量 $\boldsymbol{\omega}$ 的匀速转动参考系。在这个参考系中，牛顿第二定律的形式为 $\boldsymbol{F}=m\boldsymbol{a}+m\boldsymbol{\omega}\times(\boldsymbol{\omega}\times\boldsymbol{r})+2m\boldsymbol{\omega}\times\boldsymbol{v}$，其中额外的两项是**离心力** $m\boldsymbol{\omega}\times(\boldsymbol{\omega}\times\boldsymbol{r})$ 和**科里奥利力** $2m\boldsymbol{\omega}\times\boldsymbol{v}$，它们是由非惯性参考系引起的虚拟力。

牛顿理论中的**自由下落参考系**是非惯性参考系，因为它相对于绝对牛顿坐标系是加速的。在 $\boldsymbol{x}_0$ 点的自由下落参考系 (带撇号的坐标) 和绝对牛顿坐标系 (不带撇) 的坐标变换为 $\boldsymbol{x}'=\boldsymbol{x}-\boldsymbol{x}_0-\boldsymbol{g}t^2/2$，其中 $\boldsymbol{g}=-\boldsymbol{\nabla}\Phi(\boldsymbol{x}_0)$ 是一个常数。易见，$\boldsymbol{a}'=\mathrm{d}^2\boldsymbol{x}'/\mathrm{d}t^2=-\boldsymbol{\nabla}[\Phi(\boldsymbol{x})-\Phi(\boldsymbol{x}_0)]$ 在 $\boldsymbol{x}_0$ 点为 0。　□

事实上，有一种方法能够分辨你是否正在自由下落。如果有另一个物体与你距离不远，那么它的加速度会略有不同。假设 $\boldsymbol{\zeta}$ 是从你指向此物体的矢量，则它的加速度为

$$\boldsymbol{a}(\boldsymbol{x}+\boldsymbol{\zeta}) = \boldsymbol{a}(\boldsymbol{x}) + (\boldsymbol{\zeta}\cdot\nabla)\boldsymbol{a}(\boldsymbol{x}) + O\left(\zeta^2\right), \tag{1.8}$$

因此，相对加速度或者**潮汐加速度**为

$$\Delta a_i = -\zeta^j \frac{\partial^2 \Phi}{\partial x^i \partial x^j} = -\mathcal{E}_{ij}\zeta^j, \tag{1.9}$$

其中

$$\mathcal{E}_{ij} := \frac{\partial^2 \Phi}{\partial x^i \partial x^j} \tag{1.10}$$

被称为**潮汐张量场**。潮汐加速度并不是局域的，因为它依赖于自由下落物体之间的间隔 $\boldsymbol{\zeta}$。然而潮汐场是一个局域的量，它包含了引力场的存在。随后我们将会在广义相对论中看到，潮汐场是时空曲率的度量。

在以上的表达式中，指标 i 和 j 取三个空间坐标 $\{x^1, x^2, x^3\}$ 或者等价的 $\{x, y, z\}$，ζ^i 是矢量 $\boldsymbol{\zeta}$ 的第 i 个分量，也可写成 $\zeta^i = [\zeta^1, \zeta^2, \zeta^3]$。潮汐场是一个二阶张量，有九个分量：$\mathcal{E}_{11}, \mathcal{E}_{12}, \mathcal{E}_{13}, \mathcal{E}_{21}, \mathcal{E}_{22}, \mathcal{E}_{23}, \mathcal{E}_{31}, \mathcal{E}_{32}, \mathcal{E}_{33}$。它是对称的：$\mathcal{E}_{12} = \mathcal{E}_{21}$，$\mathcal{E}_{13} = \mathcal{E}_{31}$，$\mathcal{E}_{23} = \mathcal{E}_{32}$，或简写为 $\mathcal{E}_{ij} = \mathcal{E}_{ji}$。这里采用爱因斯坦求和约定，对重复出现的指标进行求和。即表达式

$$\mathcal{E}_{ij}\zeta^j$$

是下式的简写

$$\sum_{j=1}^{3} \mathcal{E}_{ij}\zeta^j = \mathcal{E}_{i1}\zeta^1 + \mathcal{E}_{i2}\zeta^2 + \mathcal{E}_{i3}\zeta^3.$$

例如，假设两个物体仅在 x^3 或 z 轴上分离一段距离，则 ζ^1 和 ζ^2 都为 0，因此潮汐加速度的三个分量分别为 $\Delta a_1 = -\mathcal{E}_{13}\zeta^3$，$\Delta a_2 = -\mathcal{E}_{23}\zeta^3$，$\Delta a_3 = -\mathcal{E}_{33}\zeta^3$。

例 1.2 潮汐加速度。

考虑一个物体落向地球。其牛顿势为

$$\Phi = -\frac{GM_\oplus}{\left(x^2+y^2+z^2\right)^{1/2}}. \tag{1.11}$$

潮汐场分量 $\mathcal{E}_{11}$ 为

$$\mathcal{E}_{11} = \frac{\partial^2 \Phi}{\partial x^2} = -GM_\oplus \left[3\frac{x^2}{\left(x^2+y^2+z^2\right)^{5/2}} - \frac{1}{\left(x^2+y^2+z^2\right)^{3/2}}\right], \tag{1.12}$$

潮汐场分量 $\mathcal{E}_{12}$ 为

$$\mathcal{E}_{12} = \frac{\partial^2 \Phi}{\partial x \partial y} = -GM_{\oplus}\left[3\frac{xy}{(x^2+y^2+z^2)^{5/2}}\right], \tag{1.13}$$

等等。各分量可简写为

$$\mathcal{E}_{ij} = -\frac{GM_{\oplus}}{r^5}\left(3x_i x_j - \delta_{ij} r^2\right), \tag{1.14}$$

其中 $r=(x^2+y^2+z^2)^{1/2}$，δ_{ij} 是**克罗内克 (Kronecker)delta 符号**，

$$\delta_{ij} := \begin{cases} 1, & i=j \\ 0, & i \neq j, \end{cases} \tag{1.15}$$

因此 $x_i = \delta_{ij} x^j$。

假设在 z 轴方向距地心 $r=z$ 处有一个参考物体，则潮汐张量为

$$\mathcal{E}_{ij} = \frac{GM_{\oplus}}{r^3}\begin{bmatrix} 1 & 0 & 0 \\ 0 & 1 & 0 \\ 0 & 0 & -2 \end{bmatrix}. \tag{1.16}$$

考虑邻近的第二个物体也在 z 轴上，离地心的距离比第一个远 Δz，则此物体的相对潮汐加速度为

$$\Delta a_i = -\mathcal{E}_{ij}\zeta^j = -\mathcal{E}_{i3}\Delta z. \tag{1.17}$$

唯一不为 0 的分量为 z 分量：

$$\Delta a_3 = 2\frac{GM_{\oplus}}{r^3}\Delta z. \tag{1.18}$$

第三个物体与参考物体相邻，在 x 轴上偏移小量 Δx，则此物体的相对潮汐加速度为

$$\Delta a_i = -\mathcal{E}_{ij}\zeta^j = -\mathcal{E}_{i1}\Delta x \tag{1.19}$$

唯一不为 0 的分量为 x 分量：

$$\Delta a_1 = -\frac{GM_{\oplus}}{r^3}\Delta x. \tag{1.20}$$

注意，一群自由下落的物体在沿着下落方向上会被拉开而在垂直的方向上会被挤压。 □

与坐标加速度不同，潮汐加速度有内在的物理意义。我们目睹了由月球和太阳引起的海洋潮汐。这些潮汐耗散地球的能量，即潮汐力能够做功。为了计算功，考虑一个延展体 (如地球) 在另一物体 (如月球) 产生的潮汐场中运动。位于 $\boldsymbol{x}$ 处的延展体微元的质量为 $\mathrm{d}m = \rho(\boldsymbol{x})\mathrm{d}^3\boldsymbol{x}$，所受的潮汐力为

$$F_i = -\mathcal{E}_{ij}x^j\mathrm{d}m. \tag{1.21}$$

如果微元在潮汐场中以速度 $\boldsymbol{v}$ 运动，则单位时间内对此微元所做的功为 F_iv^i。对构成物体的所有微元求和可得总的潮汐功：

$$\begin{aligned}\frac{\mathrm{d}W}{\mathrm{d}t} &= -\int\limits_{\text{体}} \mathcal{E}_{ij}v^ix^j\mathrm{d}m \\ &= -\frac{1}{2}\mathcal{E}_{ij}\frac{\mathrm{d}}{\mathrm{d}t}\int\limits_{\text{体}} x^ix^j\mathrm{d}m \\ &= -\frac{1}{2}\mathcal{E}_{ij}\frac{\mathrm{d}I^{ij}}{\mathrm{d}t},\end{aligned} \tag{1.22}$$

其中 (由于 $\mathrm{d}m = \rho(\boldsymbol{x})\mathrm{d}\boldsymbol{x}$)

$$I^{ij} := \int\limits_{\text{体}} x^ix^j\rho(\boldsymbol{x})\mathrm{d}^3\boldsymbol{x} \tag{1.23}$$

是**四极矩张量**。注意，此张量与**惯量张量**

$$\mathcal{I}_{ij} := (\delta_{ij}\delta_{kl} - \delta_{ik}\delta_{jl})\, I^{kl} = \int\limits_{\text{体}} \left(r^2\delta_{ij} - x_ix_j\right)\rho(\boldsymbol{x})\mathrm{d}^3\boldsymbol{x} \tag{1.24}$$

以及 (无迹的) **约化四极矩张量**

$$\not{I}_{ij} := \left(\delta_{ik}\delta_{jl} - \frac{1}{3}\delta_{ij}\delta_{kl}\right) I^{kl} = \int\limits_{\text{体}} \left(x_ix_j - \frac{1}{3}r^2\delta_{ij}\right)\rho(\boldsymbol{x})\mathrm{d}^3\boldsymbol{x}. \tag{1.25}$$

密切相关。这里 $r^2 = ||\boldsymbol{x}||^2 = \delta_{ij}x^ix^j$。

具有时变潮汐场 $\mathcal{E}_{ij}(t)$ 的动力学系统也可以做潮汐功。该系统对另一具有四极矩张量 I^{ij} 的物体所做的功可以通过对式 (1.22) 进行分部积分得出：

$$W = -\left.\frac{1}{2}\mathcal{E}_{ij}I^{ij}\right|_0^T + \frac{1}{2}\int_0^T \frac{\mathrm{d}\mathcal{E}_{ij}}{\mathrm{d}t}I^{ij}\mathrm{d}t. \tag{1.26}$$

式中第一项是有界的；第二项随时间长期增长，它表示产生时变潮汐场的动力学系统将能量转移给另一个物体。例如，时变潮汐场的源可能是一个旋转的哑铃或者互绕的双星系统。经过一个长时间段 (大的 T)，长期增长项将会占主导作用，动力学源对具有四极矩张量 I^{ij} 的物体所做的功可写为

$$\frac{\mathrm{d}W}{\mathrm{d}t} \approx \frac{1}{2}\frac{\mathrm{d}\mathcal{E}_{ij}}{\mathrm{d}t} I^{ij}. \tag{1.27}$$

1.2 相 对 论

狭义相对论假定不存在优先的惯性系：无论在哪个惯性系中测量，物理量的局域测量结果都是一样的。这即是**相对性原理**。特别地，在任何惯性系中对光速进行测量总是产生同样的值，$c := 299792458\ \mathrm{m \cdot s^{-1}}$。这导致的后果是牛顿的时间与空间分离的观念必须被抛弃。考虑一艘相对地球沿 x 轴以匀速 v 航行的飞船 (图 1.1)。在飞船里测定光速：沿 y 轴发射的光子被距离光源 $\Delta y/2$ 处的镜子反射，然后在光源处被接收。测量光子飞行时间 $\Delta\tau$，则可计算出光速 $c = \Delta y/\Delta\tau$。对于地球上的观测者，光子行进的路程为 $[(\Delta x)^2 + (\Delta y)^2]^{1/2}$，其中 $\Delta x = v\Delta t$，Δt 是地球观测者测得的光子从发射到接收所需的时间。由于地球观测者必须测得相同的光速，$c = [(\Delta x)^2 + (\Delta y)^2]^{1/2}/\Delta t$，可得

$$c^2 = \frac{(\Delta x)^2 + (\Delta y)^2}{(\Delta t)^2} = \frac{(\Delta x)^2 + (c\Delta\tau)^2}{(\Delta t)^2}, \tag{1.28}$$

这里我们用了 $\Delta y = c\Delta\tau$，因此

$$c^2(\Delta\tau)^2 = c^2(\Delta t)^2 - (\Delta x)^2. \tag{1.29}$$

设 $\Delta x = v\Delta t$，可得通常的时间膨胀公式 $\Delta t = \gamma\Delta\tau$，其中 $\gamma = (1 - v^2/c^2)^{-1/2}$ 是洛伦兹因子。飞船的运动参考系与地面参考系中时间测量的关系并不只适用于光子的实验，时间在不同的惯性参考系中的流逝的确是不同的。

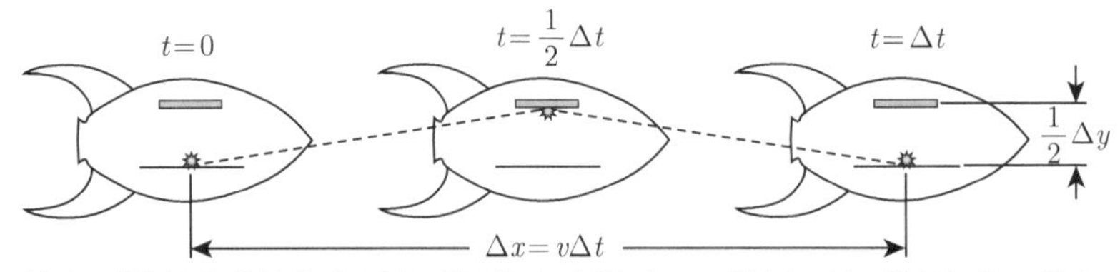

图 1.1 地球观测者看到的在火箭中开展的光速测量。火箭相对地球以速度 v 航行。闪光在 $t = 0$ 时刻产生。光传播竖直距离 $\Delta y/2$，被镜子反射后在 Δt 时刻 (地面观测者测得) 回到光源处。火箭在这段时间内移动的水平距离为 $\Delta x = v\Delta t$

式 (1.29) 将同样的两个事件在一个惯性系中的时间差 $\Delta\tau$ (两个事件之间的**固有时**) 与在另一个惯性系中的时间差 Δt 联系了起来；在前一个惯性系中两个事件的空间位置相同，在后一个惯性系中两个事件的空间位置相差 Δx。由于在狭义相对论中抛弃了绝对时间的概念，因此时间可以被简单理解为一个新的坐标，它与三维空间坐标一样是依赖于参考系的。时间和空间坐标一同被用于确定四维**时空**中的点 (或者事件)。对于惯性系中的直角坐标系，我们定义两个时空点 (或者事件)(t, x, y, z) 和 $(t+\Delta t, x+\Delta x, y+\Delta y, z+\Delta z)$ 之间的不变间隔 $(\Delta s)^2$

$$(\Delta s)^2 := -c^2(\Delta t)^2 + (\Delta x)^2 + (\Delta y)^2 + (\Delta z)^2, \tag{1.30}$$

除了时间间隔平方前面的因子 $-c^2$ 之外，它与毕达哥拉斯定理具有相同的形式。这个方程仅仅是式 (1.29) 和 $(\Delta s)^2 := -c^2(\Delta\tau)^2$ 的推广。

狭义相对论与牛顿引力是不相容的，因为牛顿万有引力定律定义了两个距离遥远的物体之间在某一给定时刻的力。然而，在狭义相对论中没有唯一的同时性概念。此外，不同参考系将会对牛顿引力给出不同的测量结果，这与相对性原理不符。

广义相对论用弯曲的时空来描述引力，这将在第 2 章中讨论。在广义相对论中，惯性参考系是自由下落系，相对性原理在这样的参考系中被认为是成立的。潮汐加速度是引力的物理表现，但是潮汐场需要在具有一定展宽的装置上进行测量。

当然，广义相对论在 $GM/(c^2R) \ll 1$ 和 $v/c \ll 1$ 的极限下必须回到牛顿引力，其中 M 和 R 分别是系统的特征质量和特征尺寸，v 是系统中物体的特征速度。在牛顿引力中变化的潮汐场能够对远处的物体做功，这一点在广义相对论中也必须成立。这意味着为了确保能量是守恒的，能量必须从产生变化潮汐场的引力系统辐射到宇宙的其余地方，这是因为被做功的物体不可能对引力系统产生一个瞬时的反作用力，否则将会与相对论矛盾。这个辐射即称作引力辐射。

第 2 章　广义相对论简要回顾

本章的目的是对广义相对论做一个简要的回顾，并介绍在后续章节讨论引力波时所需的概念和符号。这个回顾并不全面，因为已经有许多优秀的广义相对论的导论性教材：Hartle(2003) 对本主题做了清晰的、突出物理的介绍，Schutz(2009) 是另一本优秀的入门教材。Misner 等 (1973) 是一本内容全面的经典参考书。高等的教材包括 Wald(1984) 和 Weinberg(1972)，它们采用了非常不同的处理方法，但都是必读之作。

相对性原理是爱因斯坦狭义相对论的基础之一，它表明不存在优先的参考系或者运动状态。物理理论的表述方式需要使物理量在称为庞加莱变换的一类变换下不变，即物理规律在平移、转动、匀速相对运动下是不变的。狭义相对论能够在三维空间和一维时间结合成的四维时空中优雅地建立起来。

为了能够描述相对论性的引力，爱因斯坦将相对性原理推广为**广义协变原理**，这要求完全不存在优先的参考系。例如，一个自由下落的观测者总可以建立一个自由下落的参考系，在这个参考系中进行的任何物理实验必须与一个不在引力场中的观测者做一个类似实验时给出的结果相同。爱因斯坦用弯曲时空来描述引力，粒子在弯曲时空中自然地遵循最直的路径，它不必是在某个预设的坐标系中的直线。引力的物理效应能够用时空的曲率来理解。例如，潮汐场与曲率张量相关。曲率在某种程度上是由时空中的质量产生的。

2.1　微 分 几 何

广义相对论是在四维**流形** (物理理论在其上被描述的四维曲面) 上建立起来的。广义相对论的流形被称为时空，因为其中的三维对应于观测到的三维空间，第四维对应于我们所感知的时间。流形的结构原则上可能相当复杂，但就我们的目的而言，不必考虑一般的情况。

2.1.1　坐标和距离

类似地球表面，时空流形能够被许多补丁或者**图**所覆盖，坐标系可以建立在图上。完全覆盖时空的重叠的图的集合被称为**图册**。与牛顿理论不同，这里不存在具有内在物理属性的坐标系或者图的集合。广义相对论中的物理理论是以一种协变的 (covariant) 方式建立起来的，以至于物理量在坐标变换下是不变的。

有一类尤其有用的坐标称为**法坐标**。法坐标最接近平直空间中惯性坐标，因此由法坐标描述的参考系被称为**局域惯性参考系**。法坐标通常可以在与时空曲率尺度相比拟的区域里建立起来。由于等效原理，我们总可以在任何时空点的邻域里找到法坐标，在这些坐标中，我们关于平直时空中的很多直觉仍然成立。

充分邻近的两点之间的距离具有几何上的不变性，不管采取哪种坐标系它的取值都是相同的。这两点需要足够近，使得在建立距离概念时从一点到另一个点的路径唯一。因此，我们写出毕达哥拉斯公式的微分形式：考虑无限接近的 $\mathcal{P}$ 和 $\mathcal{Q}$ 两个点，坐标分别记为 $x^\alpha_{\mathcal{P}}$ 和 $x^\alpha_{\mathcal{Q}}$，两点之间无限小的坐标差为 $\mathrm{d}x^\alpha = x^\alpha_{\mathcal{Q}} - x^\alpha_{\mathcal{P}}$。两点距离的平方 $\mathrm{d}s^2$ 可写为

$$\mathrm{d}s^2 = g_{\mu\nu}\left(x^\alpha\right)\mathrm{d}x^\mu \mathrm{d}x^\nu, \tag{2.1}$$

其中 $g_{\mu\nu}(x^\alpha)$ 是时空的**度规张量**，它是时空坐标 x^α 的函数。注意指标 α 在四维时空中可取四个值，我们约定取 $\{0,1,2,3\}$，x^1, x^2 和 x^3 是三个空间坐标，x^0 是单个时间坐标。度规决定了时空中任何相邻两点之间的距离，因此决定了时空的所有几何性质。

在平直时空或者**闵可夫斯基 (闵氏) 时空**中，我们用符号 $\eta_{\alpha\beta}$ 来表示度规。闵可夫斯基时空中任意两点之间的距离在标准直角坐标系里写为

$$\mathrm{d}s^2 = \eta_{\mu\nu}\mathrm{d}x^\mu \mathrm{d}x^\nu = -c^2\mathrm{d}t^2 + \mathrm{d}x^2 + \mathrm{d}y^2 + \mathrm{d}z^2 \quad (\text{直角坐标系})\,. \tag{2.2}$$

从原始的不带撇的坐标到新的带撇的坐标的变换由四个函数 $x'^\alpha(x^\mu)$ 指定。在这个变换下，

$$\mathrm{d}x^\mu = \frac{\partial x^\mu}{\partial x'^\alpha}\mathrm{d}x'^\alpha, \tag{2.3}$$

其中 $x^\mu(x'^\alpha)$ 是逆变换。由于距离微元的平方 $\mathrm{d}s^2$ 在变换下不变，则

$$\mathrm{d}s^2 = g_{\mu\nu}\mathrm{d}x^\mu \mathrm{d}x^\nu = g_{\mu\nu}\frac{\partial x^\mu}{\partial x'^\alpha}\frac{\partial x^\nu}{\partial x'^\beta}\mathrm{d}x'^\alpha \mathrm{d}x'^\beta = g'_{\alpha\beta}\mathrm{d}x'^\alpha \mathrm{d}x'^\beta, \tag{2.4}$$

其中

$$g'_{\alpha\beta} = g_{\mu\nu}\frac{\partial x^\mu}{\partial x'^\alpha}\frac{\partial x^\nu}{\partial x'^\beta}. \tag{2.5}$$

事实上，任何物理量都不依赖于坐标系的选择。因此，重新定义坐标 $x'^\alpha(x^\mu)$ 的自由度表征了引力的几何描述的**规范自由度**，坐标变换也是**规范变换**。

对于一个如下形式的无穷小坐标变换 (或者无穷小规范变换)

$$x^\alpha \to x'^\alpha = x^\alpha + \xi^\alpha\left(x^\mu\right), \tag{2.6}$$

其中 $\boldsymbol{\xi}$ 是位移矢量，我们可得

$$\mathrm{d}x^{\alpha} \rightarrow \mathrm{d}x'^{\alpha} = \mathrm{d}x^{\alpha} + \frac{\partial \xi^{\alpha}}{\partial x^{\mu}}\mathrm{d}x^{\mu} \tag{2.7}$$

因此

$$g_{\alpha\beta} \rightarrow g'_{\alpha\beta} = g_{\alpha\beta} - g_{\alpha\mu}\frac{\partial \xi^{\mu}}{\partial x^{\beta}} - g_{\mu\beta}\frac{\partial \xi^{\mu}}{\partial x^{\alpha}} + O\left(\xi^{2}\right). \tag{2.8}$$

例 2.1 极坐标变换。

给定在直角坐标系中的二维平直空间度规，

$$\mathrm{d}s^{2} = g_{\mu\nu}\mathrm{d}x^{\mu}\mathrm{d}x^{\nu} = \mathrm{d}x^{2} + \mathrm{d}y^{2}, \tag{2.9}$$

我们能够将其变换到极坐标 $r = (x^{2} + y^{2})^{1/2}$ 和 $\phi = \arctan(y/x)$。逆变换为 $x = r\cos\phi$ 和 $y = r\sin\phi$，因此 $\mathrm{d}x = \cos\phi\mathrm{d}r - r\sin\phi\,\mathrm{d}\phi$，$\mathrm{d}y = \sin\phi\mathrm{d}r + r\cos\phi\mathrm{d}\phi$，从而

$$\begin{aligned}\mathrm{d}s^{2} &= \mathrm{d}x^{2} + \mathrm{d}y^{2} = (\cos\phi\mathrm{d}r - r\sin\phi\mathrm{d}\phi)^{2} + (\sin\phi\mathrm{d}r + r\cos\phi\mathrm{d}\phi)^{2} \\ &= \mathrm{d}r^{2} + r^{2}\mathrm{d}\phi^{2} = g'_{\mu\nu}\mathrm{d}x'^{\mu}\mathrm{d}x'^{\nu}.\end{aligned} \tag{2.10}$$

由此可得 $g'_{rr}(r,\phi) = 1$，$g'_{\phi\phi}(r,\phi) = r^{2}$，$g'_{r\phi}(r,\phi) = g'_{\phi r}(r,\phi) = 0$。 □

例 2.2 体积元。

在式 (2.3) 的坐标变换下，度规按照式 (2.5) 变换。度规是一个 4×4 的矩阵，其行列式与时空的**体积元**相关。为了看到这一点，我们取式 (2.5) 的行列式：

$$\det \mathbf{g}' = \det\left|\frac{\partial(\mathbf{x})}{\partial(\mathbf{x}')}\right|^{2}\det \mathbf{g}, \tag{2.11}$$

其中 $\mathbf{J} = \partial(\mathbf{x})/\partial(\mathbf{x}')$ 是**雅可比矩阵** $J^{\alpha}_{\beta} = \partial x^{\alpha}/\partial x'^{\beta}$。**雅可比行列式**源于积分中变量的变化：在 $\mathbf{x} \rightarrow \mathbf{x}'$ 变换下，微元变化为

$$\mathrm{d}^{4}x' = \det\left|\frac{\partial(\mathbf{x}')}{\partial(\mathbf{x})}\right|\mathrm{d}^{4}x. \tag{2.12}$$

由于我们总可以进行局域的坐标系变换到局域的惯性笛卡儿坐标系，变换后的度规为 $g'_{\alpha\beta} = \eta_{\alpha\beta} = \mathrm{diag}[-c^{2},1,1,1]$，其行列式为 $\det\boldsymbol{\eta} = -c^{2}$，对应的体积元是 $\mathrm{d}V = c\mathrm{d}^{4}x' = c\mathrm{d}t'\mathrm{d}x'\mathrm{d}y'\mathrm{d}z'$，我们看到

$$\mathrm{d}V = c\mathrm{d}^{4}x' = c\det\left|\frac{\partial(\mathbf{x}')}{\partial(\mathbf{x})}\right|\mathrm{d}^{4}x = c\sqrt{\frac{\det\mathbf{g}}{\det\boldsymbol{\eta}}}\mathrm{d}^{4}x$$

$$= (-\det \mathbf{g})^{1/2}\mathrm{d}^4x. \tag{2.13}$$

因此 $|\det \mathbf{g}|^{1/2}\mathrm{d}^4x$ 是时空中一点处的体积元。

以二维为例，考虑极坐标系下二维平直空间的度规 (参见例 2.1) $g_{\alpha\beta} = \mathrm{diag}[1, r^2]$，其体积元为 $|\det \mathbf{g}|^{1/2}\mathrm{d}^2x = r\mathrm{d}r\mathrm{d}\phi$。 □

2.1.2 矢量

几何构造如矢量和张量需要将它们通常在平直时空中的定义 (如矢量即是空间中一点到另一点的连线) 推广为一个可移植到弯曲流形中的定义。

任意时空点的邻域都可以看作是一个平直的四维矢量空间。因此，任何流形的曲率都体现在把这些**切空间**拼接在一起的方式中。由于时空的曲率，矢量不能一般地由连接流形上两点之间的箭头来建立。但是我们从等效原理可知，在时空中一点足够小的邻域内 (邻域的尺度远小于时空曲率的尺度) 引力的潮汐效应可以忽略，我们关于矢量的通常的直觉必须成立。因此，我们可在时空中一点的某邻域内用微分量来定义矢量。

在微分几何中，我们将矢量描述为**方向导数**：假想时空中的一条曲线，它由四个函数 $x^\alpha(t)$ 来参数化地描述，其中 t 是曲线的参数。设 $F(x^\alpha)$ 为时空上的某个函数。给定此函数后，$f(t) = F(x^\alpha(t))$ 可被定义为此曲线上的函数，它是曲线参数的函数。$f(t)$ 对 t 的导数为

$$\frac{\mathrm{d}f}{\mathrm{d}t} = \frac{\mathrm{d}x^\mu}{\mathrm{d}t}\frac{\partial F}{\partial x^\mu} = u^\mu \frac{\partial F}{\partial x^\mu}, \tag{2.14}$$

其中

$$u^\alpha := \frac{\mathrm{d}x^\alpha}{\mathrm{d}t} \tag{2.15}$$

是曲线的**切矢量** $\mathbf{u} = \mathrm{d}/\mathrm{d}t$ 的分量。也就是说，沿着通过时空中一点的曲线的导数 (方向导数) 伴随着一组分量 u^α，它即是我们对矢量的原有概念。

反之，在平直空间中我们可以简单地将分量为 v^α 的矢量解释为沿曲线的方向导数 $\mathrm{d}/\mathrm{d}s$

$$x^\alpha(s) = x^\alpha(0) + v^\alpha s. \tag{2.16}$$

这使得矢量的两种概念在平直时空中是等同的。

例 2.3 方向导数如何会像矢量一样？

在笛卡儿坐标系中考虑点 $\mathcal{P} = (3, 4)$，即 $x^\mu = [x, y] = [3, 4]$。这个点可以从以下曲线 (一条直线) 取 $s = 1$ 给出

$$x = 3s$$

$$y = 4s \tag{2.17}$$

矢量 $\mathbf{v} = \mathrm{d}/\mathrm{d}s$ 的分量为 $v^\mu = [\mathrm{d}x/\mathrm{d}s, \mathrm{d}y/\mathrm{d}s] = [3, 4]$，这正是从原点到 x^μ 点的矢量的通常概念。 □

式 (2.14) 中一般函数 $f(t)$ 的方向导数显然没有依赖于它所求值的坐标系。这告诉我们如何变换矢量 $\mathbf{u}$ 的分量 u^α：令 $x'^\beta(x^\alpha)$ 为用原始坐标定义的一套新坐标，则

$$\mathbf{u} = u^\mu \frac{\partial}{\partial x^\mu} = u^\nu \frac{\partial x'^\nu}{\partial x^\mu} \frac{\partial}{\partial x'^\nu} = u'^\nu \frac{\partial}{\partial x'^\nu} \tag{2.18}$$

因此

$$u'^\alpha = \frac{\partial x'^a}{\partial x^\mu} u^\mu. \tag{2.19}$$

任意两个矢量 $\mathbf{u}$ 和 $\mathbf{v}$ 的**内积**用度规张量定义为

$$\mathbf{u} \cdot \mathbf{v} := g_{\mu\nu} u^\mu v^\nu. \tag{2.20}$$

特别地，此内积也定义了矢量长度的平方，$||\mathbf{u}||^2 := g_{\mu\nu} u^\mu v^\nu$。这个内积的定义与我们关于平直空间的直觉相一致：如果 $\mathrm{d}x^\alpha$ 是从点 $x^\alpha_{\mathcal{P}}$ 到点 $x^\alpha_{\mathcal{Q}}$ 的矢量，$\mathrm{d}x^\alpha = x^\alpha_{\mathcal{P}} - x^\alpha_{\mathcal{Q}}$，则两点之间的长度间隔 $\mathrm{d}s^2$ 是 $(\mathrm{d}\mathbf{x}) \cdot (\mathrm{d}\mathbf{x}) = g_{\mu\nu} \mathrm{d}x^\mu \mathrm{d}x^\nu$(参见式 (2.1))。作为标记手段，我们用度规张量升降指标，$u_\alpha = g_{\alpha\mu} u^\mu$，$u^\alpha = g^{\alpha\mu} u_\mu$，其中 $g^{\alpha\beta}$ 是 $g_{\alpha\beta}$ 的逆矩阵，因此 $g^{\alpha\mu} g_{\mu\beta} = \delta^\alpha_\beta$，$\delta^\alpha_\beta$ 是克罗内克 delta 符号。使用此标记，我们可将内积写为 $\mathbf{u} \cdot \mathbf{v} = u^\mu v_\mu = u_\mu v^\mu$。

2.1.3 联络

在建立起矢量可被理解为时空中一点的某邻域里的方向导数之后，我们现在想考查时空中不同点上的矢量是如何联系的。这里我们将看到时空曲率的显现。

在平直空间中，我们知道该如何比较不同点的两个矢量：简单地移动其中一个矢量直到两个矢量的端点重合。当移动一个矢量时，很重要的一点是不改变其方向、长度等，这个操作很容易在平直空间中完成，只需确保矢量是做**平行移动**，即在此过程中每一阶段移动后的矢量与移动前的矢量始终保持平行。

类似的平移过程也可在弯曲时空中进行，这是因为在弯曲时空中进行无穷小位移就如同在平直时空中做的一样 (再次多亏了等效原理！)。但是对于通过不是无限接近的两个点的一系列位移而言，现在重要的是首先指定矢量做平行移动所沿的路径。我们将看到，如果我们沿着不同的路径将矢量从一点平移到另一点，最终的矢量在一般情况下将会是不同的。

考虑某个由参数 t 参数化的曲线 $\mathcal{P}(t)$。在曲线上的任何一点都有切矢量 $\mathbf{u} = \mathrm{d}/\mathrm{d}t$，它在坐标系中的分量为 $u^\alpha = \partial x^\alpha/\partial t$，$x^\alpha(t)$ 是曲线上的点。我们沿曲线通

过平移构造一组矢量 $\mathbf{v}(t)$，若对每个 t

$$0=\lim_{\Delta t\to 0}\frac{\mathbf{v}(t+\Delta t)-\mathbf{v}(t)}{\Delta t}=\frac{\mathrm{d}\mathbf{v}}{\mathrm{d}t} \tag{2.21}$$

或者就某个坐标系的分量而言

$$0=\lim_{\Delta t\to 0}\frac{v^\alpha(t+\Delta t)-v^\alpha(t)}{\Delta t}=\frac{\mathrm{d}v^\alpha}{\mathrm{d}t}=:u^\mu\nabla_\mu v^\alpha. \tag{2.22}$$

这就定义了**联络** ∇_α，也称作**协变导数**，它不总是普通导数算符 $\partial/\partial x^\alpha$，尽管我们总可以找到一个坐标系，使它在局域上为普通导数。假设我们找到了一个到新坐标系的变换 $x'^\beta(x^\alpha)$，联络在其中简单地等于普通导数算符。回想一下，矢量 $\mathbf{u}$ 的分量在新旧坐标系中的关系为 $u'^\beta=u^\alpha\partial x'^\beta/\partial x^\alpha$，类似的有 $v'^\beta=v^\alpha\partial x'^\beta/\partial x^\alpha$。然后

$$\begin{aligned}0&=u'^\nu\frac{\partial}{\partial x'^\nu}v'^\mu=\left(u^\alpha\frac{\partial x'^\nu}{\partial x^\alpha}\right)\frac{\partial}{\partial x'^\nu}\left(v^\beta\frac{\partial x'^\mu}{\partial x^\beta}\right)=u^\alpha\frac{\partial}{\partial x^\alpha}\left(v^\beta\frac{\partial x'^\mu}{\partial x^\beta}\right)\\&=u^\alpha\frac{\partial x'^\mu}{\partial x^\beta}\frac{\partial v^\beta}{\partial x^\alpha}+u^\alpha\frac{\partial^2 x'^\mu}{\partial x^\alpha\partial x^\beta}v^\beta.\end{aligned}$$

现在在两边同乘 $\partial x^\gamma/\partial x'^\mu$ 并使用等式 $\partial x^\gamma/\partial x^\beta=\delta^\gamma_\beta$ (克罗内克 delta 符号)，可得

$$0=u^\alpha\left(\frac{\partial v^\gamma}{\partial x^\alpha}+\frac{\partial x^\gamma}{\partial x'^\mu}\frac{\partial^2 x'^\mu}{\partial x^\alpha\partial x^\beta}v^\beta\right)=u^\alpha\nabla_\alpha v^\gamma. \tag{2.23}$$

因为我们可以将 $\mathbf{v}$ 沿任意曲线平移，$\mathbf{u}$ 的选择是任意的。因此

$$\nabla_\alpha v^\gamma=\frac{\partial v^\gamma}{\partial x^\alpha}+\Gamma^\gamma_{\alpha\beta}v^\beta, \tag{2.24}$$

其中

$$\Gamma^\gamma_{\alpha\beta}:=\frac{\partial x^\gamma}{\partial x'^\mu}\frac{\partial^2 x'^\mu}{\partial x^\alpha\partial x^\beta} \tag{2.25}$$

是**联络系数**，它对 α 和 β 是对称的。

尽管矢量的协变导数与普通导数不同，但是这两种导数作用于标量上时是相同的，即

$$\nabla_\alpha\Phi(\mathbf{x})=\frac{\partial\Phi(\mathbf{x})}{\partial x^\alpha}. \tag{2.26}$$

使用这个恒等式，我们可以得到用联络系数表示的作用于任意张量的协变导数。例如，考虑标量 $u^\mu v_\mu$。我们有

$$\nabla_\alpha\left(u^\mu v_\mu\right)=\frac{\partial}{\partial x^\alpha}\left(u^\mu v_\mu\right)=v_\mu\frac{\partial u^\mu}{\partial x^\alpha}+u^\mu\frac{\partial v_\mu}{\partial x^\alpha}. \tag{2.27}$$

且有

$$\nabla_\alpha \left(u^\mu v_\mu\right) = u^\mu \nabla_\alpha v_\mu + v_\mu \nabla_\alpha u^\mu = u^\mu \nabla_\alpha v_\mu + v_\mu \frac{\partial u^\mu}{\partial x^\alpha} + v_\mu \Gamma^\mu_{\alpha\nu} u^\nu \tag{2.28}$$

联立这两个方程可得

$$u^\mu \frac{\partial v_\mu}{\partial x^\alpha} = u^\mu \nabla_\alpha v_\mu + v_\mu \Gamma^\mu_{\alpha v} u^\nu \tag{2.29}$$

由于 u^μ 是任意的，因此

$$\nabla_\alpha v_\beta = \frac{\partial v_\beta}{\partial x^\alpha} - \Gamma^\mu_{\alpha\beta} v_\mu. \tag{2.30}$$

对于一般的张量 $T^{\alpha\cdots\beta}_{\gamma\cdots\delta}$，则有

$$\begin{aligned}\nabla_\lambda T^{\alpha\cdots\beta}_{\gamma\cdots\delta} = & \frac{\partial}{\partial x^\lambda} T^{\alpha\cdots\beta}_{\gamma\cdots\delta} + \Gamma^\alpha_{\lambda\mu} T^{\mu\cdots\beta}_{\gamma\cdots\delta} + \cdots + \Gamma^\beta_{\lambda\mu} T^{\alpha\cdots\mu}_{\gamma\cdots\delta} \\ & - \Gamma^\mu_{\lambda\gamma} T^{\alpha\cdots\beta}_{\mu\cdots\delta} - \cdots - \Gamma^\mu_{\lambda\delta} T^{\alpha\cdots\beta}_{\gamma\cdots\mu}.\end{aligned} \tag{2.31}$$

例 2.4　极坐标中平直空间的联络。

即使在一个二维平面里，联络通常也不是一个普通导数。例如，考虑在点 $\mathcal{P} = (r, \phi)$ 和点 $\mathcal{Q} = (r, \phi + \Delta\phi)$ 处的两个单位径向矢量 $\mathbf{e}_{r,\mathcal{P}}$ 和 $\mathbf{e}_{r,\mathcal{Q}}$。它们显然不是平行的 (将它们都沿着径向移到原点，第一个点沿 ϕ 方向，而第二个点沿 $\phi + \Delta\phi$ 方向！)。但是 (在极坐标下) 单位径向矢量的分量不依赖于 ϕ，因此沿着曲线 $r =$ 常数，径向矢量 $\mathbf{e}_r(\phi)$ 的分量满足 $\partial e^\alpha_r / \partial\phi = 0$。这表明在极坐标系中 $\nabla_\alpha \neq \partial / \partial x^\alpha$。

要计算 $\Gamma^\gamma_{\alpha\beta}$，我们需要找到一个变换 $x'^\beta(x^\alpha)$，使联络在其中为普通导数算符。我们知道笛卡儿坐标系是定义平移的坐标系，因此坐标变换为 $x = r\cos\phi$ 和 $y = r\sin\phi$。因此，使用 $\partial r/\partial x = x/r$，$\partial r/\partial y = y/r$，$\partial\phi/\partial x = -y/r^2$ 和 $\partial\phi/\partial y = x/r^2$，以及 $\partial^2 x/\partial r^2 = \partial^2 y/\partial r^2 = 0$，$\dfrac{\partial^2 x}{\partial r\partial\phi} = -y/r$，$\dfrac{\partial^2 y}{\partial r\partial\phi} = x/r$，$\partial^2 x/\partial\phi^2 = -x$ 和 $\partial^2 y/\partial\phi^2 = -y$，我们发现

$$\begin{aligned}\Gamma^r_{rr} &= \frac{\partial r}{\partial x}\frac{\partial^2 x}{\partial r^2} + \frac{\partial r}{\partial y}\frac{\partial^2 y}{\partial r^2} \\ &= 0 \\ \Gamma^r_{r\phi} = \Gamma^r_{\phi r} &= \frac{\partial r}{\partial x}\frac{\partial^2 x}{\partial r\partial\phi} + \frac{\partial r}{\partial y}\frac{\partial^2 y}{\partial r\partial\phi} = \cos\phi(-\sin\phi) + \sin\phi\cos\phi \\ &= 0\end{aligned}$$

$$
\begin{aligned}
\Gamma^r_{\phi\phi} &= \frac{\partial r}{\partial x}\frac{\partial^2 x}{\partial \phi^2} + \frac{\partial r}{\partial y}\frac{\partial^2 y}{\partial \phi^2} = \cos\phi(-r\cos\phi) + \sin\phi(-r\sin\phi) \\
&= -r \\
\Gamma^\phi_{rr} &= \frac{\partial \phi}{\partial x}\frac{\partial^2 x}{\partial r^2} + \frac{\partial \phi}{\partial y}\frac{\partial^2 y}{\partial r^2} \\
&= 0 \\
\Gamma^\phi_{r\phi} = \Gamma^\phi_{\phi r} &= \frac{\partial \phi}{\partial x}\frac{\partial^2 x}{\partial r \partial \phi} + \frac{\partial \phi}{\partial y}\frac{\partial^2 y}{\partial r \partial \phi} = \frac{-\sin\phi}{r}(-\sin\phi) + \frac{\cos\phi}{r}\cos\phi \\
&= \frac{1}{r} \\
\Gamma^\phi_{\phi\phi} &= \frac{\partial \phi}{\partial x}\frac{\partial^2 x}{\partial \phi^2} + \frac{\partial \phi}{\partial y}\frac{\partial^2 y}{\partial \phi^2} = \frac{-\sin\phi}{r}(-r\cos\phi) + \frac{\cos\phi}{r}(-r\sin\phi) \\
&= 0.
\end{aligned} \tag{2.32}
$$

□

若矢量 **v** 沿具有切矢量 **u** 的曲线平移，则其分量 v^α 满足的方程为

$$
u^\mu \nabla_\mu v^\alpha = u^\mu \frac{\partial v^\alpha}{\partial x^\mu} + \Gamma^\alpha_{\mu\nu} u^\mu v^\nu = 0. \tag{2.33}
$$

这形成了四个一阶常微分方程组。给定曲线上某点 $\mathcal{P}$ 处 $v^\alpha_{\mathcal{P}}$ 的值，可以通过积分求得曲线上任意点处的值。

度规 $g_{\mu\nu}$ 给出了两个矢量内积的定义：$\mathbf{v}\cdot\mathbf{w} = g_{\mu\nu}v^\mu w^\nu$。我们从平直空间中知道两个矢量的内积在一起平移时仍保持不变，因此我们要求内积在平移中保持不变。这就是说，给定一个具有参数 t 和切矢量 $\mathbf{u} = \mathrm{d}/\mathrm{d}t$ 的曲线，我们要求当 **v** 和 **w** 沿曲线一起平移时 $\mathrm{d}(\mathbf{v}\cdot\mathbf{w})/\mathrm{d}t = 0$：

$$
\begin{aligned}
0 &= \frac{\mathrm{d}}{\mathrm{d}t}(\mathbf{v}\cdot\mathbf{w}) = u^\rho \nabla_\rho \left(g_{\mu\nu}v^\mu w^\nu\right) \\
&= g_{\mu\nu}w^\nu u^\rho \nabla_\rho v^\mu + g_{\mu\nu}v^\mu u^\rho \nabla_\rho w^\nu + u^\rho v^\mu w^\nu \nabla_\rho g_{\mu\nu} \\
&= u^\rho v^\mu w^\nu \nabla_\rho g_{\mu\nu},
\end{aligned} \tag{2.34}
$$

这里我们使用了 $u^\rho \nabla_\rho v^\mu = 0$ 和 $u^\rho \nabla_\rho w^\nu = 0$，因为这些矢量在做平移。因为矢量 $\mathbf{u}, \mathbf{v}, \mathbf{w}$ 是任意的，我们可以得出联络必须满足

$$
\nabla_\gamma g_{\alpha\beta} = 0. \tag{2.35}
$$

我们现在可以用度规来表示联络系数。再次计算 $\mathbf{v}\cdot\mathbf{w}$ 的协变导数：

$$
\nabla_\delta \left(g_{\alpha\beta}v^\alpha w^\beta\right) = g_{\alpha\beta}w^\beta \nabla_\delta v^\alpha + g_{\alpha\beta}v^\alpha \nabla_\delta w^\beta
$$

$$
\begin{aligned}
&= g_{\alpha\beta} w^{\beta} \frac{\partial}{\partial x^{\delta}} v^{\alpha} + g_{\alpha\beta} w^{\beta} \Gamma^{\alpha}_{\delta\mu} v^{\mu} \\
&\quad + g_{\alpha\beta} v^{\alpha} \frac{\partial}{\partial x^{\delta}} w^{\beta} + g_{\alpha\beta} v^{\alpha} \Gamma^{\beta}_{\delta\mu} w^{\mu}.
\end{aligned} \tag{2.36}
$$

但是标量函数的协变导数与普通导数相同，因此左手边是

$$
\begin{aligned}
\nabla_{\delta}\left(g_{\alpha\beta} v^{\alpha} w^{\beta}\right) &= \frac{\partial}{\partial x^{\delta}}\left(g_{\alpha\beta} v^{\alpha} w^{\beta}\right) \\
&= v^{\alpha} w^{\beta} \frac{\partial}{\partial x^{\delta}} g_{\alpha\beta} + g_{\alpha\beta} w^{\beta} \frac{\partial}{\partial x^{\delta}} v^{\alpha} + g_{\alpha\beta} v^{\alpha} \frac{\partial}{\partial x^{\delta}} w^{\beta}.
\end{aligned} \tag{2.37}
$$

联立这两个方程，并且由于 **v** 和 **w** 是任意的，我们得出

$$
\frac{\partial}{\partial x^{\delta}} g_{\alpha\beta} = g_{\mu\beta} \Gamma^{\mu}_{\delta\alpha} + g_{\alpha\mu} \Gamma^{\mu}_{\delta\beta} \tag{2.38a}
$$

改变指标的次序，有

$$
\frac{\partial}{\partial x^{\alpha}} g_{\beta\delta} = g_{\mu\delta} \Gamma^{\mu}_{a\beta} + g_{\beta\mu} \Gamma^{\mu}_{a\delta} \tag{2.38b}
$$

$$
\frac{\partial}{\partial x^{\beta}} g_{\delta\alpha} = g_{\mu\alpha} \Gamma^{\mu}_{\beta\delta} + g_{\delta\mu} \Gamma^{\mu}_{\beta\alpha}. \tag{2.38c}
$$

将式 (2.38b) 加上式 (2.38c) 后减去式 (2.38a)，可得

$$
\frac{\partial}{\partial x^{\alpha}} g_{\beta\delta} + \frac{\partial}{\partial x^{\beta}} g_{\delta\alpha} - \frac{\partial}{\partial x^{\delta}} g_{\alpha\beta} = 2 g_{\delta\mu} \Gamma^{\mu}_{\alpha\beta} = 2\Gamma_{\delta\alpha\beta}, \tag{2.39}
$$

其中 $\Gamma_{\delta\alpha\beta}$ 是使用度规降低一个指标的联络系数。将这个方程组乘以度规的逆 $g^{\gamma\delta}$，解出联络系数

$$
\Gamma^{\gamma}_{\alpha\beta} = \frac{1}{2} g^{\gamma\delta}\left(\frac{\partial}{\partial x^{\alpha}} g_{\beta\delta} + \frac{\partial}{\partial x^{\beta}} g_{\delta\alpha} - \frac{\partial}{\partial x^{\delta}} g_{\alpha\beta}\right). \tag{2.40}
$$

例 2.5　极坐标中平直空间的联络 (续)。

运用式 (2.40)，我们用度规来计算二维平直空间在极坐标中的联络系数。事实上，我们将使用式 (2.39) 来计算 $\Gamma_{\alpha\mu\nu}$，然后用度规的逆来获得 $\Gamma^{\alpha}_{\mu\nu}$。极坐标中的线元为 $\mathrm{d}s^2 = \mathrm{d}r^2 + r^2\mathrm{d}\phi^2$，因此度规为 $g_{\mu\nu} = \mathrm{diag}[1, r^2]$，度规的逆为 $g^{\mu\nu} = \mathrm{diag}[1, 1/r^2]$。很明显，度规分量的导数唯一非零的项为 $\partial g_{\phi\phi}/\partial r = 2r$，因此 $\Gamma_{\alpha\mu\nu}$ 非零的分量为 $\Gamma_{r\phi\phi} = -r$ 和 $\Gamma_{\phi r\phi} = \Gamma_{\phi\phi r} = r$。现在使用 $\Gamma^{\alpha}_{\mu\nu} = g^{\alpha\beta}\Gamma_{\beta\mu\nu}$，我们发现非零的联络系数是 $\Gamma^{r}_{\phi\phi} = -r$ 和 $\Gamma^{\phi}_{r\phi} = \Gamma^{\phi}_{\phi r} = 1/r$。这与例 2.4 中的结果一致。

□

例 2.6　连续性方程。

对于某个守恒量 ρ 及其流密度 $\boldsymbol{j}$，**连续性方程**为

$$\nabla_\mu J^\mu = 0. \tag{2.41}$$

其中 $J^\mu := [\rho, \boldsymbol{j}]$。在平直时空中，此式约化为它的通常形式

$$\frac{\partial \rho}{\partial t} + \nabla \cdot \boldsymbol{j} = 0 \quad (\text{平直时空}). \tag{2.42}$$

在弯曲时空中有

$$\nabla_\mu J^\mu = \frac{\partial J^\mu}{\partial x^\mu} + \Gamma^\mu_{\mu\nu} J^\nu. \tag{2.43}$$

现在 $\Gamma^\mu_{\mu\alpha}$ 可被写成有用的形式

$$\Gamma^\mu_{\mu\alpha} = \frac{1}{2} g^{\mu\nu} \left(\frac{\partial g_{\alpha\nu}}{\partial x^\mu} + \frac{\partial g_{\mu\nu}}{\partial x^\alpha} - \frac{\partial g_{\alpha\mu}}{\partial x^\nu} \right) = \frac{1}{2} g^{\mu\nu} \frac{\partial g_{\mu\nu}}{\partial x^\alpha} \tag{2.44}$$

然后，使用恒等式 $\det \mathbf{g} = \exp(\operatorname{Tr} \ln \mathbf{g})$，我们注意到 $\partial \det \mathbf{g} / \partial x^\alpha = (\det \mathbf{g}) \operatorname{Tr}(\mathbf{g}^{-1} \cdot \partial \mathbf{g} / \partial x^\alpha)$，所以

$$\Gamma^\mu_{\mu\alpha} = \frac{1}{2} (\det \mathbf{g})^{-1} \frac{\partial \det \mathbf{g}}{\partial x^\alpha} = \frac{\partial}{\partial x^\alpha} \ln |\det \mathbf{g}|^{1/2}. \tag{2.45}$$

因此我们有

$$\begin{aligned} 0 = |\det \mathbf{g}|^{1/2} \nabla_\mu J^\mu &= |\det \mathbf{g}|^{1/2} \frac{\partial J^\mu}{\partial x^\mu} + J^\mu \frac{\partial}{\partial x^\mu} |\det \mathbf{g}|^{1/2} \\ &= \frac{\partial}{\partial x^\mu} \left(|\det \mathbf{g}|^{1/2} J^\mu \right). \end{aligned} \tag{2.46}$$

如果我们现在对其在某时空体积 Ω 内积分，可得

$$0 = \int_\Omega \frac{\partial}{\partial x^\mu} \left(|\det \mathbf{g}|^{1/2} J^\mu \right) \mathrm{d}^4 x = \int_{\partial \Omega} |\det \mathbf{g}|^{1/2} J^\mu \mathrm{d}S_\mu, \tag{2.47}$$

其中我们使用斯托克斯定理 (Stokes's law) 将对时空区域 Ω 的积分转化为对时空区域边界 $\partial\Omega$ 的积分。这里，$\mathrm{d}S_\mu$ 是边界上的面元。如果我们取边界 $\partial\Omega$ 为时刻 t_1 和 t_2 的两个空间体积 V_1 和 V_2，它们由二维表面 S 在这两个时刻间的演化 $S \times (t_1, t_2)$ 连接，那么在这两个体积 V_1 和 V_2 上有 $|\det \mathbf{g}|^{1/2} J^\mu \mathrm{d}S_\mu = \rho \mathrm{d}V$，其中 $\mathrm{d}V$ 是这些体积上的空间体积元。同时在 $S \times (t_1, t_2)$ 上有 $|\det \mathbf{g}|^{1/2} J^\mu \mathrm{d}S_\mu = \boldsymbol{j} \cdot \hat{\boldsymbol{n}} \mathrm{d}\tau \mathrm{d}S$，其中面 S 有指向外的空间法向矢量 $\hat{\boldsymbol{n}}$，面元为 $\mathrm{d}S$。可得

$$\left[\int_V \rho \mathrm{d}V \right]_{t_1}^{t_2} = -\int_{t_1}^{t_2} \mathcal{F}(t) \mathrm{d}\tau \tag{2.48}$$

其中

$$\mathcal{F}(t) := \int_S \boldsymbol{j} \cdot \hat{\boldsymbol{n}} \mathrm{d}S \tag{2.49}$$

是时刻 t 通过表面 S 的流量。这表明面 S 内包含的量的变化等于穿过面的流量的负值，即此量是守恒的。 □

矢量场 $\mathbf{v}(\mathcal{P})$ 是光滑变化的矢量集，它定义在某时空区域中所有的点上 ($\mathcal{P}$ 代表其中任意一点)。在该区域中，某点处的矢量与从一个邻近点处的矢量通过某条曲线平移到该点处得到的矢量并不一定相等。它们的不同可能因为时空是弯曲的，也可能因为矢量场的定义。举个例子，考虑极坐标系中的单位径向矢量场 $\mathbf{e}_r(r,\phi)$：矢量 $\mathbf{e}_r(1,\pi/2)$ 平移到点 $(1,0)$ 时与矢量 $\mathbf{e}_r(1,0)$ 是垂直的。

即使在平直空间中，两个矢量场 $\mathbf{u}$ 和 $\mathbf{v}$ 在下述情况中并不一定**对易**：沿切矢量为 $\mathbf{u}$ 的曲线移动一小段距离 Δt，然后沿切矢量为 $\mathbf{v}$ 的曲线移动一小段距离 Δs，当这两步交换次序时，你不一定到达同一个点。如果两个矢量场是对易的，这在符号上表述为 $[\mathbf{u},\mathbf{v}]=0$，则距离 Δs 和 Δt 唯一地确定了你到达的点，因此参数 s 和 t 可以作为由这两个矢量场张成的曲面上的坐标。

当 Δs 和 Δt 为小量时，我们可以在局域惯性系中工作，矢量场 $\mathbf{u}$ 和 $\mathbf{v}$ 可以被视为位移矢量。从 $\mathcal{P}$ 点出发，沿矢量 $\mathbf{v}(\mathcal{P})$ 移动距离 Δs 到点 $\mathcal{Q}$，然后沿矢量 $\mathbf{u}(\mathcal{Q})$ 移动距离 Δt 到点 $\mathcal{A}$。现在再次从 $\mathcal{P}$ 点出发，首先沿矢量 $\mathbf{u}(\mathcal{P})$ 移动距离 Δt 到点 $\mathcal{R}$，然后沿矢量 $\mathbf{v}(\mathcal{R})$ 移动距离 Δs 到点 $\mathcal{B}$。两个端点之间的差为位移矢量 $\mathbf{w}\Delta s\Delta t=\mathcal{B}-\mathcal{A}$ (见图 2.1)。

$$\begin{aligned}
\mathbf{w} &= \lim_{\Delta s\to 0}\lim_{\Delta t\to 0}\frac{1}{\Delta s\Delta t}\{[\mathbf{u}(\mathcal{P})\Delta t+\mathbf{v}(\mathcal{R})\Delta s]-[\mathbf{v}(\mathcal{P})\Delta s+\mathbf{u}(\mathcal{Q})\Delta t]\}\\
&= \lim_{\Delta s\to 0}\lim_{\Delta t\to 0}\frac{1}{\Delta s\Delta t}\{[\mathbf{v}(\mathcal{R})-\mathbf{v}(\mathcal{P})]\Delta s-[\mathbf{u}(\mathcal{Q})-\mathbf{u}(\mathcal{P})]\Delta t\}\\
&= \lim_{\Delta t\to 0}\frac{\mathbf{v}(\mathcal{R})-\mathbf{v}(\mathcal{P})}{\Delta t}-\lim_{\Delta s\to 0}\frac{\mathbf{u}(\mathcal{Q})-\mathbf{u}(\mathcal{P})}{\Delta s}.
\end{aligned} \tag{2.50}$$

第一项是矢量 $\mathbf{v}$ 沿切矢量为 $\mathbf{u}$ 的曲线的协变导数，第二项是矢量 $\mathbf{u}$ 沿切矢量为 $\mathbf{v}$ 的曲线的协变导数。因此

$$w^\alpha = u^\mu\nabla_\mu v^\alpha - v^\mu\nabla_\mu u^\alpha \tag{2.51}$$

是矢量 $\mathbf{u}$ 和 $\mathbf{v}$ 的对易子 (commutator)，记为 $\mathbf{w}=[\mathbf{u},\mathbf{v}]$。由于联络系数 $\varGamma^\gamma_{\alpha\beta}$ 关于 α 和 β 是对称的，容易得到

$$w^\alpha = u^\mu\frac{\partial}{\partial x^\mu}v^\alpha - v^\mu\frac{\partial}{\partial x^\mu}u^\alpha. \tag{2.52}$$

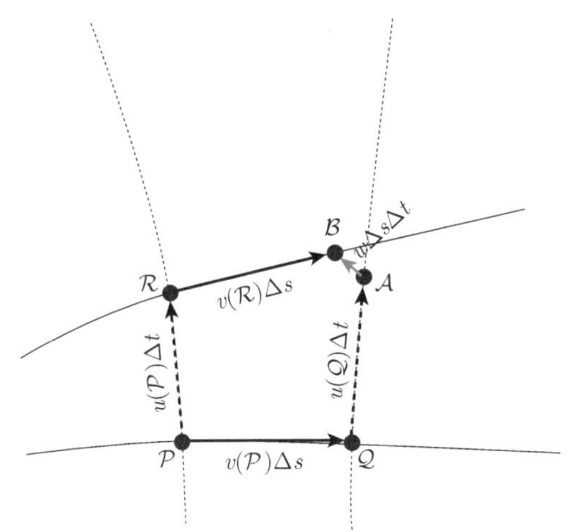

图 2.1 矢量对易子 $\mathbf{w} = [\mathbf{u}, \mathbf{v}]$ 的图示。点线是 $\mathbf{u}$ 的积分曲线，实线是 $\mathbf{v}$ 的积分曲线。$\mathcal{A}$ 和 $\mathcal{B}$ 两点的不重合表明了矢量 $\mathbf{u}$ 和 $\mathbf{v}$ 不对易

例 2.7 矢量对易。

再次考虑极坐标系下的二维平面。有两组重要的矢量场。第一组由坐标矢量 $\mathbf{r}$ 和 $\boldsymbol{\phi}$ 构成，其分量分别为 $r^\alpha = [1, 0]$ 和 $\phi^\alpha = [0, 1]$。注意这些矢量并不正交归一；特别地，$||\boldsymbol{\phi}||^2 = g_{\mu\nu}\phi^\mu\phi^\nu = r^2$。相反，正交归一的基矢量是 $\mathbf{e}_r$ 和 $\mathbf{e}_\phi$，其分量分别为 $(e_r)^\alpha = [1, 0]$ 和 $(e_\phi)^\alpha = [0, 1/r]$。

假想沿矢量 $\mathbf{r}(\mathcal{P})$ 的积分曲线 (即径向线) 移动一段坐标距离 ε，从初始点 $\mathcal{P} = [r, \phi]$ 到终点 $\mathcal{Q} = [r + \varepsilon, \phi]$；然后沿矢量 $\boldsymbol{\phi}(\mathcal{Q})$ 的积分曲线 (即沿半径为 $r + \varepsilon$ 的圆) 移动一段坐标距离 ε，到达点 $\mathcal{A} = (r + \varepsilon, \phi + \varepsilon)$。现在假想把顺序反过来，首先从 $\mathcal{P}$ 点沿矢量 $\boldsymbol{\phi}(\mathcal{R})$ 的积分曲线 (即沿半径为 r 的圆) 移动坐标距离 ε 到达点 $\mathcal{R} = [r, \phi + \varepsilon]$，然后从这个点沿矢量 $\mathbf{r}(\mathcal{R})$ 径向移动 ε，很明显这也到达点 $\mathcal{A}$。

现在假想用矢量 $\mathbf{e}_r$ 和 $\mathbf{e}_\phi$ 做相同的事。当穿过 “弧形” 路径 ($\mathbf{e}_\phi$ 的积分曲线) 时，坐标距离 ε 现在对应于依赖圆半径的角距离。第一条路径，先沿 $\mathbf{e}_r$ 然后沿 $\mathbf{e}_\phi$，首先从点 $\mathcal{P}$ 到点 $\mathcal{Q}' = (r + \varepsilon, \phi) = \mathcal{Q}$，然后到点 $\mathcal{A}' = (r + \varepsilon, \phi + \varepsilon/(r + \varepsilon))$。第二条路径，先沿 $\mathbf{e}_\phi$ 然后沿 $\mathbf{e}_r$，首先从点 $\mathcal{P}$ 到点 $\mathcal{R}' = (r, \phi + \varepsilon/r)$，然后到点 $\mathcal{B}' = (r + \varepsilon, \phi + \varepsilon/r)$。注意 $\mathcal{B}' \neq \mathcal{A}'$。正交归一矢量并不对易。 □

例 2.8 李导数。

假设我们选择一个坐标系，矢量 $\mathbf{u}$ 在其中由坐标 t 参数化，即 $u^\mu(\partial/\partial x^\mu) = \partial/\partial t$，因此 $u^\alpha = [1, 0, 0, 0]$。矢量对易子 $\mathbf{w} = u^\mu(\partial\mathbf{v}/\partial x^\mu) - v^\mu(\partial\mathbf{u}/\partial x^\mu)$ 有特别简单的形式 $\mathbf{w} = \partial\mathbf{v}/\partial t$，即 $\mathbf{w}$ 描述了矢量 $\mathbf{v}$ 沿 $\mathbf{u}$ 的积分曲线的变化。由于矢量对易是协变的，所以这个说法对于所有的坐标系都成立，而不是只适用于矢量 $\mathbf{u}$

的那个。矢量 $\mathbf{v}$ 沿 $\mathbf{u}=\mathrm{d}/\mathrm{d}t$ 的积分曲线的变化被称作 $\mathbf{v}$ 沿 $\mathbf{u}$ 的**李导数**:

$$\begin{aligned}\Delta_{\mathbf{u}}\mathbf{v}=[\mathbf{u},\mathbf{v}]&:=u^{\mu}\frac{\partial\mathbf{v}}{\partial x^{\mu}}-v^{\mu}\frac{\partial\mathbf{u}}{\partial x^{\mu}}\\&=\frac{\partial\mathbf{v}}{\partial t}\quad(\text{坐标系中 }\mathbf{u}=\mathrm{d}/\mathrm{d}t).\end{aligned}\tag{2.53}$$

为了将李导数的定义扩展到任意阶的张量，我们要求其满足以下两个性质：① 当李导数作用于任意标量函数 f 时，它与普通导数相同，$\Delta_{\mathbf{u}}f=u^{\mu}(\partial f/\partial x^{\mu})$；② 李导数遵循莱布尼茨规则，例如 $\Delta_{\mathbf{u}}(A^{\alpha\cdots\mu}B_{\beta\cdots\mu})=A^{\alpha\cdots\mu}\Delta_{\mathbf{u}}(B_{\beta\cdots\mu})+B_{\beta\cdots\mu}\Delta_{\mathbf{u}}(A^{\alpha\cdots\mu})$。任意阶张量的李导数为

$$\begin{aligned}\Delta_{\mathbf{u}}T^{\alpha\cdots\beta}{}_{\gamma\cdots\delta}=&\,u^{\mu}\frac{\partial}{\partial x^{\mu}}T^{\alpha\cdots\beta}{}_{\gamma\cdots\delta}-T^{\mu\cdots\beta}{}_{\gamma\cdots\delta}\frac{\partial}{\partial x^{\mu}}u^{\alpha}-\cdots\\&-T^{\alpha\cdots\mu}{}_{\gamma\cdots\delta}\frac{\partial}{\partial x^{\mu}}u^{\beta}+T^{\alpha\cdots\beta}{}_{\mu\cdots\delta}\frac{\partial}{\partial x^{\gamma}}u^{\mu}+\cdots\\&+T^{\alpha\cdots\beta}{}_{\gamma\cdots\mu}\frac{\partial}{\partial x^{\delta}}u^{\mu}.\end{aligned}\tag{2.54}$$

如果 $\Delta_{\mathbf{u}}\mathbf{v}=0$，则称矢量 $\mathbf{v}$ 沿 $\mathbf{u}$ 被**李移动** (Lie dragged)，即这两个矢量对易。在物理上，这可以按如下方式理解：假设有两个邻近的粒子沿 $\mathbf{v}$ 的积分曲线相距 Δs，即 $\mathbf{v}\Delta s$ 是两个粒子间初始的位移矢量。如果 $\mathbf{u}$ 是这些粒子的四速度，并且 $\mathbf{v}$ 沿 $\mathbf{u}$ 被李移动，则在未来的任意时刻两个粒子间的位移矢量 $\mathbf{v}\Delta s$ 保持不变。□

2.1.4 测地线

在牛顿力学中，当粒子不受任何外力时，它将沿直线运动。由于等效原理，这对于自由下落的粒子也必须成立。我们这里所说的“直线”是相对于局域惯性系中的直角坐标系而言的。在弯曲时空中，这样的直线被称为**测地线**。测地线的切矢量沿曲线本身平移，是弯曲时空中最直的曲线。具有切矢量 $\mathbf{u}=\mathrm{d}/\mathrm{d}t$ 的曲线 $x^{\alpha}(t)$，若满足如下条件就是测地线:

$$u^{\mu}\nabla_{\mu}u^{\alpha}=0.\tag{2.55}$$

此即**测地线方程**。由于 $u^{\alpha}=\mathrm{d}x^{\alpha}/\mathrm{d}t$，测地线方程即自由下落粒子的轨迹，满足

$$0=\frac{\mathrm{d}x^{\mu}}{\mathrm{d}t}\frac{\partial}{\partial x^{\mu}}\left(\frac{\mathrm{d}x^{\alpha}}{\mathrm{d}t}\right)+\Gamma^{\alpha}_{\mu\nu}\frac{\mathrm{d}x^{\mu}}{\mathrm{d}t}\frac{\mathrm{d}x^{\nu}}{\mathrm{d}t}\tag{2.56}$$

或者

$$\frac{\mathrm{d}^2x^{\alpha}}{\mathrm{d}t^2}=-\Gamma^{\alpha}_{\mu\nu}\frac{\mathrm{d}x^{\mu}}{\mathrm{d}t}\frac{\mathrm{d}x^{\nu}}{\mathrm{d}t}.\tag{2.57}$$

参数 t 是测地线的**仿射参数** (参见习题 2.1)。在局域惯性系下的直角坐标系中，联络系数可以在某一点处为零，于是测地线方程简化为 $\mathrm{d}^2x^\alpha/\mathrm{d}t^2=0$，即直线方程。式 (2.57) 的右手边因此编入了粒子相对于坐标系的加速度 (或者因为坐标系不是直角的，或者因为坐标系不是惯性的，例如不是自由下落的)。在这种意义下，联络系数 $\Gamma^\gamma_{\alpha\beta}$ 可以被解释为提供了引力 (虽然在广义相对论中这种力与虚拟力类似，例如牛顿力学中的离心力和科里奥利力，这些力的出现仅仅是因为观测者不在自由下落的参考系中)。

事实上，可以用测地线构造法坐标系。假想在自由下落电梯中的观测者按照如下方式在自由下落系中构建坐标系：观测者的原时 τ 被用来测量时间。通过从观测者的位置 (坐标系原点) 在三个相互正交的方向 $\boldsymbol{e}_1,\boldsymbol{e}_2$ 和 $\boldsymbol{e}_3$ 上发射空间测地线来构造空间坐标网格，于是沿这三个测地线的仿射距离 (即仿射参数的跨度) 决定了沿该轴的坐标值。然后，假设在时间 $\tau=x^0$，点 $\mathcal{P}$ 是由沿具有切矢量 $\boldsymbol{v}=x^1\boldsymbol{e}_1+x^2\boldsymbol{e}_2+x^3\boldsymbol{e}_3$ 的测地线移动一个单位仿射距离后到达的点，则 $\mathcal{P}$ 的坐标为 (x^0,x^1,x^2,x^3)。这个过程可以用来标记观测者**法邻域**内所有的点，这个区域足够小，使得只有唯一的测地线连接邻域里的每一个点和原点。这样的坐标系即为**黎曼法坐标系**。在这些坐标系中，联络系数 $\Gamma^\gamma_{\alpha\beta}$ 在原点处为零，尽管其导数不为零。黎曼法坐标系原点处的度规为闵氏度规 $\eta_{\alpha\beta}$。度规在原点处的一阶导数为零，而二阶导数不为零。

2.1.5 曲率

我们对曲面的一般概念是，当从外部观察时它看起来是弯曲的。这个关于曲率的**外在**观念隐含地要求该曲面存在于某个更高维的空间中，我们可以从这个空间察看该表面。但是由于我们存在于时空中，我们要寻求一个能够由时空本身属性决定的**内在曲率**，而不依赖于该时空所处的更高维空间。一个曲面的内在曲率可用矢量的平移来定义：如果一个矢量沿某闭合路径平移回到原点时发生改变，则该点附近的时空是弯曲的 (参见例 2.9)。

为了简化起见，假想两个对易的矢量场 $\mathbf{u}=\mathrm{d}/\mathrm{d}t$ 和 $\mathbf{v}=\mathrm{d}/\mathrm{d}s$，使用两者构造一个四边形 $\mathcal{PQRS}$。从点 $\mathcal{P}$ 开始，沿矢量 $\mathbf{u}$ 的积分曲线移动一段距离 Δt 到达点 $\mathcal{Q}$，再沿矢量 $\mathbf{v}$ 的积分曲线移动一段距离 Δs 到达点 $\mathcal{R}$，然后沿矢量 $-\mathbf{u}$ 的积分曲线移动一段距离 Δt 到达点 $\mathcal{S}$，最后沿矢量 $-\mathbf{v}$ 的积分曲线移动一段距离 Δs 返回到点 $\mathcal{P}$。现在考虑点 $\mathcal{P}$ 处的一个任意矢量 $\mathbf{w}_\mathcal{P}$，途经点 $\mathcal{Q}$ 将它平移到中间点 $\mathcal{R}$，$\mathbf{w}_{\mathcal{P}\to\mathcal{Q}\to\mathcal{R}}$。然后，将这个矢量与途经点 $\mathcal{S}$ 平移到点 $\mathcal{R}$ 得到的矢量 $\mathbf{w}_{\mathcal{P}\to\mathcal{S}\to\mathcal{R}}$ 进行比较。我们想要确定这两个矢量的差。此外，可定义一个光滑的矢量场 $\mathbf{w}$，使得 $\mathbf{w}(\mathcal{P})=\mathbf{w}_\mathcal{P}$。我们有

$$\left(\delta w^\delta\right)_{\mathcal{P}\to\mathcal{Q}}=w^\delta(\mathcal{Q})-w^\delta_{\mathcal{P}\to\mathcal{Q}}=(\Delta t)u^\alpha\nabla_\alpha w^\delta\big|_\mathcal{P},\tag{2.58}$$

和

$$\begin{aligned}\left(\delta w^{\delta}\right)_{\mathcal{P}\to\mathcal{Q}\to\mathcal{R}} &= w^{\delta}(\mathcal{R}) - w^{\delta}_{\mathcal{P}\to\mathcal{Q}\to\mathcal{R}} = (\Delta s)v^{\beta}\nabla_{\beta}w^{\delta}\big|_{\mathcal{Q}} \\ &= (\Delta s\Delta t)v^{\beta}\nabla_{\beta}\left(u^{\alpha}\nabla_{\alpha}w^{\delta}\right);\end{aligned} \tag{2.59}$$

类似的

$$\left(\delta w^{\delta}\right)_{\mathcal{P}\to\mathcal{S}\to\mathcal{R}} = w^{\delta}(\mathcal{R}) - w^{\delta}_{\mathcal{P}\to\mathcal{S}\to\mathcal{R}} = (\Delta s\Delta t)u^{\alpha}\nabla_{\alpha}\left(v^{\beta}\nabla_{\beta}w^{\delta}\right). \tag{2.60}$$

因此

$$\begin{aligned}&\left(\delta w^{\delta}\right)_{\mathcal{P}\to\mathcal{Q}\to\mathcal{R}} - \left(\delta w^{\delta}\right)_{\mathcal{P}\to\mathcal{S}\to\mathcal{R}} = w^{\delta}_{\mathcal{P}\to\mathcal{S}\to\mathcal{R}} - w^{\delta}_{\mathcal{P}\to\mathcal{Q}\to\mathcal{R}} \\ &= (\Delta s\Delta t)v^{\beta}\nabla_{\beta}\left(u^{\alpha}\nabla_{\alpha}w^{\delta}\right) - (\Delta s\Delta t)u^{\alpha}\nabla_{\alpha}\left(v^{\beta}\nabla_{\beta}w^{\delta}\right) \\ &= (\Delta s\Delta t)\left\{\left(v^{\beta}\nabla_{\beta}u^{\alpha}\right)\nabla_{\alpha}w^{\delta} + u^{\alpha}v^{\beta}\nabla_{\beta}\nabla_{\alpha}w^{\delta}\right. \\ &\quad \left. - \left(u^{\alpha}\nabla_{\alpha}v^{\beta}\right)\nabla_{\beta}w^{\delta} - u^{\alpha}v^{\beta}\nabla_{\alpha}\nabla_{\beta}w^{\delta}\right\} \\ &= -(\Delta s\Delta t)u^{\alpha}v^{\beta}\left(\nabla_{\alpha}\nabla_{\beta} - \nabla_{\beta}\nabla_{\alpha}\right)w^{\delta} \\ &=: (\Delta s\Delta t)R_{\alpha\beta\gamma}{}^{\delta}u^{\alpha}v^{\beta}w^{\gamma},\end{aligned} \tag{2.61}$$

其中我们使用了 $\mathbf{u}$ 和 $\mathbf{v}$ 的对易来获得倒数第二行，而在最后一行我们引入了**黎曼曲率张量**。对于任意 $\mathbf{w}$，它定义为

$$R_{\alpha\beta\gamma}{}^{\delta}w^{\gamma} := -\left(\nabla_{\alpha}\nabla_{\beta} - \nabla_{\beta}\nabla_{\alpha}\right)w^{\delta} \tag{2.62}$$

例 2.9　曲率。

如图 2.2 所示，在一个二维平面上，矢量沿任意闭合路径平移回到原点都不发生变化。这表明黎曼曲率张量为零，因此平面没有曲率。

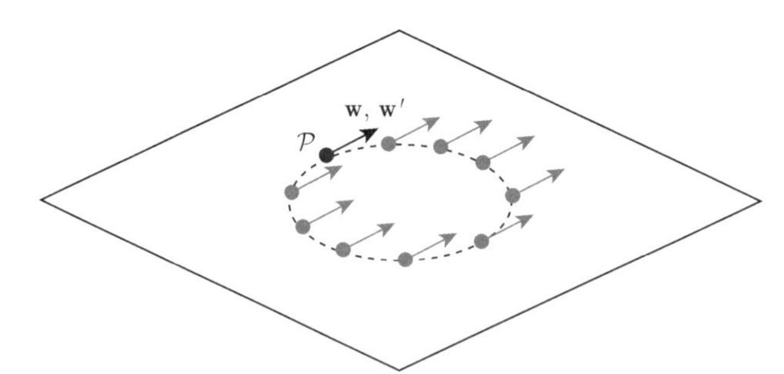

图 2.2　矢量 $\mathbf{w}$ 在二维平面上沿闭合路径平移。最终的矢量 $\mathbf{w}'$ 与初始矢量 $\mathbf{w}$ 相同。平面没有曲率

如图 2.3 所示，在一个二维球面上，一个矢量从北极沿着一条经线向下平移至赤道，然后沿赤道平移到一条新的经线上，最后沿着新的经线平移返回至北极，最终的矢量相比初始矢量发生了转动。这表明球面有曲率，即黎曼曲率张量 ${R_{\alpha\beta\gamma}}^{\delta}$ 有非零的分量。 □

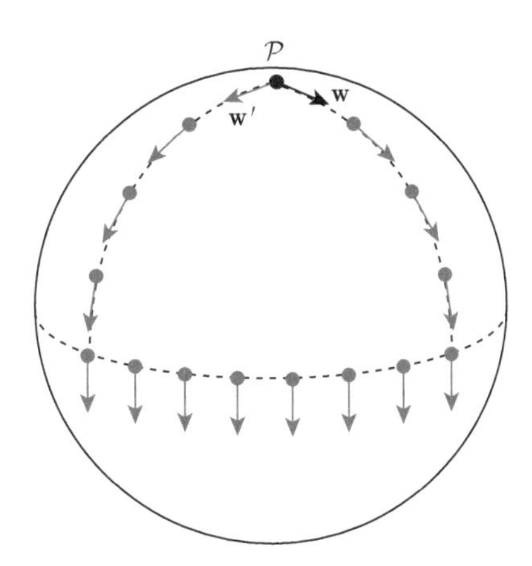

图 2.3 矢量 $\mathbf{w}$ 在二维球面上沿闭合路径平移，最终矢量 $\mathbf{w}'$ 相对于初始矢量 $\mathbf{w}$ 发生转动，表明球面是弯曲的

黎曼张量的显式形式可由式 (2.62) 给出的定义得到

$$
\begin{aligned}
{R_{\alpha\beta\gamma}}^{\delta} w^{\gamma} =& -\left(\nabla_{\alpha}\nabla_{\beta} - \nabla_{\beta}\nabla_{\alpha}\right) w^{\delta} \\
=& -\frac{\partial}{\partial x^{\alpha}}\left(\nabla_{\beta} w^{\delta}\right) - \Gamma^{\delta}_{\alpha\gamma}\left(\nabla_{\beta} w^{\gamma}\right) + \Gamma^{\mu}_{\alpha\beta}\left(\nabla_{\mu} w^{\delta}\right) \\
& + \frac{\partial}{\partial x^{\beta}}\left(\nabla_{\alpha} w^{\delta}\right) + \Gamma^{\delta}_{\beta\gamma}\left(\nabla_{\alpha} w^{\gamma}\right) - \Gamma^{\mu}_{\alpha\beta}\left(\nabla_{\mu} w^{\delta}\right) \\
=& -\frac{\partial}{\partial x^{\alpha}}\left(\frac{\partial}{\partial x^{\beta}} w^{\delta} + \Gamma^{\delta}_{\beta\gamma} w^{\gamma}\right) - \Gamma^{\delta}_{\alpha\gamma}\left(\frac{\partial}{\partial x^{\beta}} w^{\gamma} + \Gamma^{\gamma}_{\beta\mu} w^{\mu}\right) \\
& + \frac{\partial}{\partial x^{\beta}}\left(\frac{\partial}{\partial x^{\alpha}} w^{\delta} + \Gamma^{\delta}_{\alpha\gamma} w^{\gamma}\right) + \Gamma^{\delta}_{\beta\gamma}\left(\frac{\partial}{\partial x^{\alpha}} w^{\gamma} + \Gamma^{\gamma}_{\alpha\mu} w^{\mu}\right) \\
=& -w^{\gamma}\frac{\partial}{\partial x^{\alpha}}\Gamma^{\delta}_{\beta\gamma} - \Gamma^{\delta}_{\beta\gamma}\frac{\partial}{\partial x^{\alpha}} w^{\gamma} - \Gamma^{\delta}_{\alpha\gamma}\frac{\partial}{\partial x^{\beta}} w^{\gamma} - \Gamma^{\delta}_{\alpha\gamma}\Gamma^{\gamma}_{\beta\mu} w^{\mu} \\
& + w^{\gamma}\frac{\partial}{\partial x^{\beta}}\Gamma^{\delta}_{\alpha\gamma} + \Gamma^{\delta}_{\alpha\gamma}\frac{\partial}{\partial x^{\beta}} w^{\gamma} + \Gamma^{\delta}_{\beta\gamma}\frac{\partial}{\partial x^{\alpha}} w^{\gamma} + \Gamma^{\delta}_{\beta\gamma}\Gamma^{\gamma}_{\alpha\mu} w^{\mu} \\
=& \left(-\frac{\partial}{\partial x^{\alpha}}\Gamma^{\delta}_{\beta\gamma} + \frac{\partial}{\partial x^{\beta}}\Gamma^{\delta}_{\alpha\gamma} - \Gamma^{\delta}_{\alpha\mu}\Gamma^{\mu}_{\beta\gamma} + \Gamma^{\delta}_{\beta\mu}\Gamma^{\mu}_{\alpha\gamma}\right) w^{\gamma},
\end{aligned}
\tag{2.63}
$$

因此

$$R_{\alpha\beta\gamma}{}^{\delta} = -\frac{\partial}{\partial x^{\alpha}}\Gamma^{\delta}_{\beta\gamma} + \frac{\partial}{\partial x^{\beta}}\Gamma^{\delta}_{\alpha\gamma} - \Gamma^{\delta}_{\alpha\mu}\Gamma^{\mu}_{\beta\gamma} + \Gamma^{\delta}_{\beta\mu}\Gamma^{\mu}_{\alpha\gamma}. \tag{2.64}$$

例 2.10　局域惯性系中的黎曼张量。

黎曼张量在局域惯性参考系中具有简单的形式。回想在局域惯性系中，联络系数在原点处为零 ($\Gamma^{\gamma}_{\alpha\beta} = 0$)，而联络系数的各阶导数不为零。等价地，度规的一阶导数为零，但二阶导数不为零。因此

$$\begin{aligned}
R_{\alpha\beta\gamma\delta} &= -\frac{\partial \Gamma_{\delta\beta\gamma}}{\partial x^{\alpha}} + \frac{\partial \Gamma_{\delta\alpha\gamma}}{\partial x^{\beta}} \\
&= -\frac{1}{2}\frac{\partial}{\partial x^{\alpha}}\left(\frac{\partial g_{\gamma\delta}}{\partial x^{\beta}} + \frac{\partial g_{\beta\delta}}{\partial x^{\gamma}} - \frac{\partial g_{\beta\gamma}}{\partial x^{\delta}}\right) \\
&\quad + \frac{1}{2}\frac{\partial}{\partial x^{\beta}}\left(\frac{\partial g_{\gamma\delta}}{\partial x^{\alpha}} + \frac{\partial g_{\alpha\delta}}{\partial x^{\gamma}} - \frac{\partial g_{\alpha\gamma}}{\partial x^{\delta}}\right) \\
&= \frac{1}{2}\left(-\frac{\partial^2 g_{\beta\delta}}{\partial x^{\alpha}\partial x^{\gamma}} + \frac{\partial^2 g_{\beta\gamma}}{\partial x^{\alpha}\partial x^{\delta}} + \frac{\partial^2 g_{\alpha\delta}}{\partial x^{\beta}\partial x^{\gamma}} - \frac{\partial^2 g_{\alpha\gamma}}{\partial x^{\beta}\partial x^{\delta}}\right).
\end{aligned} \tag{2.65}$$

(其中 $\Gamma_{\delta\alpha\beta} = g_{\gamma\delta}\Gamma^{\gamma}_{\alpha\beta}$。) □

黎曼曲率张量有几个重要性质。第一，它对于前两个指标是反对称的：

$$R_{\alpha\beta\gamma}{}^{\delta} = -R_{\beta\alpha\gamma}{}^{\delta}. \tag{2.66a}$$

第二，易证它对于前三个指标是反对称的：

$$R_{\alpha\beta\gamma}{}^{\delta} + R_{\beta\gamma\alpha}{}^{\delta} + R_{\gamma\alpha\beta}{}^{\delta} = 0. \tag{2.66b}$$

第三个性质可通过留意到协变导数与联络相一致来获得。考虑标量 $g_{\mu\nu}u^{\mu}v^{\nu}$，因为协变导数算符作用于标量时对易，

$$\begin{aligned}
0 &= (\nabla_{\alpha}\nabla_{\beta} - \nabla_{\beta}\nabla_{\alpha})(g_{\mu\nu}u^{\mu}v^{\nu}) \\
&= g_{\mu\nu}u^{\mu}(\nabla_{\alpha}\nabla_{\beta} - \nabla_{\beta}\nabla_{\alpha})v^{\nu} + g_{\mu\nu}v^{\nu}(\nabla_{\alpha}\nabla_{\beta} - \nabla_{\beta}\nabla_{\alpha})u^{\mu} \\
&= -g_{\mu\nu}u^{\mu}R_{\alpha\beta\gamma}{}^{\nu}v^{\gamma} - g_{\mu\nu}v^{\nu}R_{\alpha\beta\gamma}{}^{\mu}u^{\gamma} \\
&= -u^{\delta}v^{\gamma}(R_{\alpha\beta\gamma\delta} + R_{\alpha\beta\delta\gamma}).
\end{aligned} \tag{2.66c}$$

因此

$$R_{\alpha\beta\gamma\delta} = -R_{\alpha\beta\delta\gamma}. \tag{2.66d}$$

从式 (2.66a)，(2.66b) 和 (2.66d) 可证明 (习题 2.2)

$$R_{\alpha\beta\gamma\delta} = R_{\gamma\delta\alpha\beta}. \tag{2.66e}$$

最后一个性质被称为**比安基恒等式**:

$$\nabla_\alpha R_{\beta\gamma\kappa}{}^\lambda + \nabla_\beta R_{\gamma\alpha\kappa}{}^\lambda + \nabla_\gamma R_{\alpha\beta\kappa}{}^\lambda = 0. \tag{2.66f}$$

为了证明比安基恒等式成立，考虑任意矢量 $\mathbf{a}$ 沿立方体的六个面平移，平移路径在相对的面内方向相反。图 2.4 显示从点 $\mathcal{P}$ 起始在立方体顶部和底部的移动。注意到从 $\mathcal{P}$ 到 $\mathcal{Q}$ 和从 $\mathcal{Q}$ 到 $\mathcal{P}$ 的路径相抵消，因此图 2.4 本质上涉及了在立方体底部的顺时针移动和顶部的逆时针移动。类似的路径将通过前面和后面以及右面和左面，最终遍历图 2.5 中的所有面。我们从图 2.5 中注意到矢量沿每条边在相反方向上平移了两次。因此，矢量沿整个立方体平移后的净余变化为零。

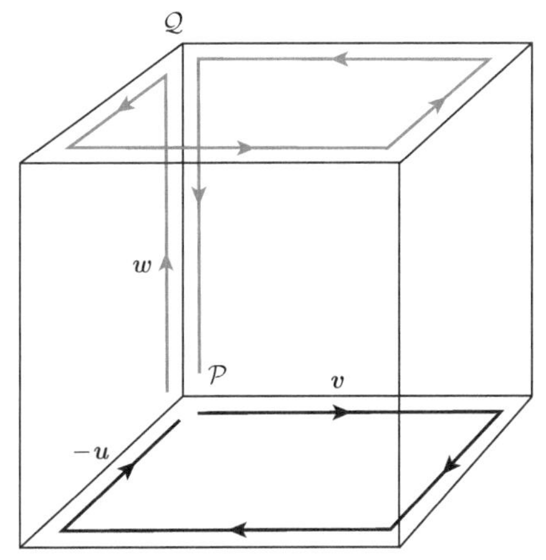

图 2.4 某矢量的平移路径，首先从点 $\mathcal{P}$ 起始，在立方体底部 (黑线) 移动，其次从 $\mathcal{P}$ 到 $\mathcal{Q}$，在立方体的顶部沿相反方向移动，最后从 $\mathcal{Q}$ 返回 $\mathcal{P}$(灰线)。矢量从 $\mathcal{P} \to \mathcal{Q}$ 和从 $\mathcal{Q} \to \mathcal{P}$ 的变化抵消，但是沿面内环路的移动没有抵消，即便它们所沿方向相反，这是因为尽管它们所沿方向相反，但却是在不同的面上

使用黎曼法坐标是有帮助的，在其中 $w^\alpha\nabla_\alpha = w^\alpha(\partial/\partial x^\alpha)$。令小立方体边长为 ε，并假设 $\mathbf{u}$，$\mathbf{v}$ 和 $\mathbf{w}$ 是立方体边上的切矢量。如图 2.4 所示，首先考虑在立方体底面平移一圈，然后在顶面平移一圈。在底面平移一圈 (图 2.4 中黑色路径) 后，矢量 $\mathbf{a}$ 的变化由黎曼张量的定义表示为

$$(\delta a^\alpha)_{\text{bot}} = -\epsilon^2 R_{\mu v\rho}{}^\alpha(\mathcal{Q}) u^\mu v^\nu a^\rho. \tag{2.67}$$

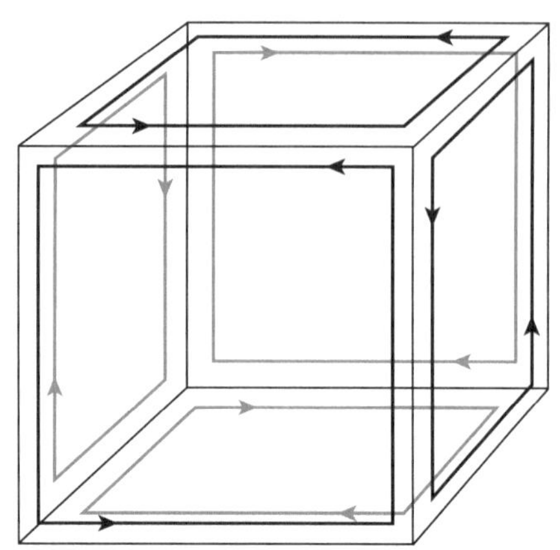

图 2.5　与图 2.4 一样，但显示了立方体六个面上的平移，相对的两个面路径方向相反。注意立方体的每条边沿相反的方向平移了两次。因此，任何平移矢量完成所有循环后的净余变化为零

类似地，在顶面平移一圈 (图 2.4 中的灰色路径) 之后，矢量 **a** 的变化为

$$(\delta a^{\alpha})_{\text{top}} = \epsilon^2 R_{\mu\nu\rho}{}^{\alpha}(\mathcal{Q}) u^{\mu} v^{\nu} a^{\rho}. \tag{2.68}$$

注意 $\mathcal{P}$ 和 $\mathcal{Q}$ 之间的路径没有贡献，因为在此条边上沿相反的路径移动了两次。沿灰色和黑色路径都平移了之后，矢量 **a** 的总变化为

$$\begin{aligned}(\delta a^{\alpha})_{\text{top + bot}} &= \epsilon^2 \left[R_{\mu\nu\rho}{}^{\alpha}(\mathcal{Q}) - R_{\mu\nu\rho}{}^{\alpha}(\mathcal{P})\right] u^{\mu} v^{\nu} a^{\rho} \\ &= \epsilon^3 \left(w^{\sigma} \nabla_{\sigma} R_{\mu\nu\rho}{}^{\alpha}\right) u^{\mu} v^{\nu} a^{\rho},\end{aligned} \tag{2.69}$$

其中第二个等式在 $\epsilon \to 0$ 的极限下成立，因为在黎曼法坐标中协变导数和普通导数相同。类似上述做法，现在在前面和后面以及左面和右面对 **a** 平移，**a** 的净变化必为零，因此

$$0 = (\delta a^{\alpha})_{\text{all faces}} = \epsilon^3 \left(\nabla_{\sigma} R_{\mu\nu\rho}{}^{\alpha} + \nabla_{\mu} R_{\nu\sigma\rho}{}^{\alpha} + \nabla_{\nu} R_{\sigma\mu\rho}{}^{\alpha}\right) u^{\mu} v^{\nu} w^{\sigma} a^{\rho}. \tag{2.70}$$

由于括号中的因子必为零，因此可得比安基恒等式 (2.66f)。

2.1.6　测地偏离

几何上，黎曼张量包含了时空曲率的信息。物理上，正如我们强调过的，引力在坐标变换下不变的概念体现于两个相邻的自由下落物体的潮汐加速度。遵循测地线运动的两个物体由于引力效应将具有相对加速度，这被称为**测地偏离**。因此，我们期待看到潮汐张量场和黎曼张量之间的关系。

考虑两个自由下落的粒子，初始时分别在点 $\mathcal{P}$ 和点 $\mathcal{Q}$，其四速度矢量 (即测地线的切矢量) 分别为 $\mathbf{u}(\mathcal{P})$ 和 $\mathbf{u}(\mathcal{Q})$。设 $\boldsymbol{\varsigma} = \mathrm{d}/\mathrm{d}x$ 是两测地线间的分离矢量。分离矢量的时间变化率是相对速度

$$v^{\alpha} = \frac{\mathrm{d}\zeta^{\alpha}}{\mathrm{d}t} = u^{\mu}\nabla_{\mu}\zeta^{\alpha}. \tag{2.71}$$

因为 $\mathbf{u}$ 和 $\boldsymbol{\varsigma}$ 是坐标基矢量，它们是对易的，所以有

$$v^{\alpha} = \zeta^{\mu}\nabla_{\mu}u^{\alpha}. \tag{2.72}$$

相对加速度为

$$\begin{aligned} a^{\alpha} =& \frac{\mathrm{d}v^{\alpha}}{\mathrm{d}t} = u^{\rho}\nabla_{\rho}\left(u^{\mu}\nabla_{\mu}\zeta^{\alpha}\right) = u^{\rho}\nabla_{\rho}\left(\zeta^{\mu}\nabla_{\mu}u^{\alpha}\right) \\ =& \left(u^{\rho}\nabla_{\rho}\zeta^{\mu}\right)\left(\nabla_{\mu}u^{\alpha}\right) + \zeta^{\mu}u^{\rho}\nabla_{\rho}\nabla_{\mu}u^{\alpha} \\ =& \left(\zeta^{\rho}\nabla_{\rho}u^{\mu}\right)\left(\nabla_{\mu}u^{\alpha}\right) + \zeta^{\mu}u^{\rho}\nabla_{\mu}\nabla_{\rho}u^{\alpha} + \zeta^{\mu}u^{\rho}u^{\nu}R_{\mu\rho\nu}{}^{a} \\ =& \left(\zeta^{\rho}\nabla_{\rho}u^{\mu}\right)\left(\nabla_{\mu}u^{\alpha}\right) + \zeta^{\mu}\nabla_{\mu}\left(u^{\rho}\nabla_{\rho}u^{\alpha}\right) \\ & - \left(\zeta^{\mu}\nabla_{\mu}u^{\rho}\right)\left(\nabla_{\rho}u^{\alpha}\right) + \zeta^{\mu}u^{\rho}u^{v}R_{\mu\rho\nu}{}^{\alpha}. \end{aligned} \tag{2.73}$$

注意最后一个等式的第一项和第三项抵消了，同时因为测地线方程为 $u^{\rho}\nabla_{\rho}u^{\alpha} = 0$，故第二项为零。因此，在对指标重新标记并使用黎曼张量的对称性后，我们有

$$a^{\alpha} = -R_{\mu\rho\nu}{}^{\alpha}u^{\mu}\zeta^{\rho}u^{\nu}. \tag{2.74}$$

回想到牛顿引力中相对潮汐加速度是 $-\mathcal{E}_{ij}\varsigma^{j}$，因此我们看到

$$\mathcal{E}_{ij} = R_{\mu i v j}u^{\mu}u^{\nu} \tag{2.75}$$

或者，在 $x^{0} = \tau$ 的坐标系中有

$$\mathcal{E}_{ij} = R_{0i0j}. \tag{2.76}$$

2.1.7 里奇张量和爱因斯坦张量

从黎曼曲率张量中构建出来的三个有用的量是**里奇张量**、**里奇标量**和**爱因斯坦张量**。

里奇张量和里奇标量是通过黎曼张量的指标缩并构建的，它们分别是

$$R_{\alpha\beta} := R_{\alpha\mu\beta}{}^{\mu} \tag{2.77}$$

和

$$R := g^{\mu\nu} R_{\mu\nu}. \tag{2.78}$$

易证里奇张量关于它的指标是对称的。另一重要的恒等式可通过缩并比安基恒等式得来

$$\begin{aligned} 0 &= \nabla_\alpha R_{\beta\gamma\delta}{}^{\alpha} + \nabla_\beta R_{\gamma\alpha\delta}{}^{\alpha} + \nabla_\gamma R_{\alpha\beta\delta}{}^{\alpha} \\ &= -\nabla^\alpha R_{\beta\gamma\alpha\delta} + \nabla_\beta R_{\gamma\delta} - \nabla_\gamma R_{\beta\delta} \end{aligned} \tag{2.79}$$

现在将它与 $g^{\gamma\delta}$ 缩并可得

$$\begin{aligned} 0 &= -\nabla^\alpha R_{\beta\alpha} + \nabla_\beta R - \nabla^\delta R_{\beta\delta} \\ &= -2\nabla^\alpha \left(R_{\alpha\beta} - \frac{1}{2} g_{\alpha\beta} R \right). \end{aligned} \tag{2.80}$$

括号中的组合是**无散度的** (divergenceless)，此即爱因斯坦张量：

$$G_{\alpha\beta} := R_{\alpha\beta} - \frac{1}{2} g_{\alpha\beta} R, \tag{2.81}$$

它对指标是对称的，并且

$$\nabla^\alpha G_{\alpha\beta} = 0. \tag{2.82}$$

2.2 弱引力场中的低速运动

弱引力场中的时空度规非常接近平直的闵氏时空：

$$g_{\alpha\beta} = \eta_{\alpha\beta} + h_{\alpha\beta}, \tag{2.83}$$

其中 $\eta_{\alpha\beta}$ 是闵氏度规，$h_{\alpha\beta} := g_{\alpha\beta} - \eta_{\alpha\beta}$ 是小扰动。在直角坐标系中，闵氏度规为 $\eta_{\alpha\beta} = \mathrm{diag}[-c^2, 1, 1, 1]$。那么若 $|h_{ij}| \ll 1$，$|h_{0i}| \ll c$ 和 $|h_{00}| \ll c^2$，则扰动很小。我们将会看到扰动分量的量级 $\sim \Phi/c^2$，其中 Φ 是牛顿势。对于太阳系中的物体，这个值 $\lesssim GM_\odot/(c^2 R_\odot) \sim 10^{-6}$，因此满足弱场近似条件。

为了计算粒子在该直角坐标系中的运动，测地线方程必须解到扰动的领头阶。易证联络系数为

$$\Gamma^\gamma_{\alpha\beta} = \frac{1}{2} \eta^{\gamma\delta} \left(\frac{\partial h_{\beta\delta}}{\partial x^\alpha} + \frac{\partial h_{\alpha\delta}}{\partial x^\beta} - \frac{\partial h_{\alpha\beta}}{\partial x^\delta} \right) + O\left(h^2\right). \tag{2.84}$$

这里 $\eta^{\alpha\beta}$ 是 $\eta_{\alpha\beta}$ 的逆，即 $\eta^{\alpha\mu}\eta_{\mu\beta} = \delta^\alpha_\beta$。设粒子的世界线为 $x^\alpha(\tau)$，其中 τ 是粒子的固有时 (粒子测地线的仿射参数)，则世界线将满足测地线方程

$$u^\mu \nabla_\mu u^\alpha = 0, \tag{2.85}$$

其中 $u^\alpha = \mathrm{d}x^\alpha/\mathrm{d}\tau$ 是粒子的四速度矢量。这个方程可被重新写为 (参见式 (2.57))

$$\frac{\mathrm{d}^2 x^\alpha}{\mathrm{d}\tau^2} = -\Gamma^\alpha_{\mu\nu}\frac{\mathrm{d}x^\mu}{\mathrm{d}\tau}\frac{\mathrm{d}x^\nu}{\mathrm{d}\tau}. \tag{2.86}$$

如果粒子四速度的空间分量远小于光速，即 $v \ll c$，则四速度的主导分量是 x^0 分量

$$u^\alpha = \frac{\mathrm{d}x^\alpha}{\mathrm{d}\tau} = [1,0,0,0] + O(v/c), \tag{2.87}$$

因此粒子相对坐标系的空间加速度为

$$a^i = \frac{\mathrm{d}^2 x^i}{\mathrm{d}\tau^2} = -\Gamma^i_{00} + O(v/c). \tag{2.88}$$

现在如果时空是近似稳态的 (即它随空间变化，但随时间变化得非常缓慢——这与引力源的组成和下落粒子都缓慢运动的概念相一致)，然后忽略度规扰动的时间导数，可得

$$a_i \approx \frac{1}{2}\frac{\partial}{\partial x^i}h_{00}. \tag{2.89}$$

将此式与牛顿公式 $\boldsymbol{a} = -\nabla\Phi$ 比较，其中 Φ 是牛顿势，我们看出度规扰动与牛顿势的关系为 $h_{00} = -2\Phi$。回想一下，这个加速度是一个**坐标加速度**，它与由测地偏离方程给出的两个自由下落物体之间的相对潮汐加速度不同。

例 2.11 弱场低速极限下的测地偏离。

在弱场低速极限下使用测地偏离方程，我们也可以计算出**物理上的**潮汐加速度 (相对于我们刚刚描述的坐标加速度)

$$a^\alpha = -R_{\mu\rho\nu}{}^{\alpha}u^\mu\zeta^\rho u^\nu, \tag{2.90}$$

这里 $\mathbf{u}$ 是其中一个粒子的四速度，$\boldsymbol{\varsigma}$ 是两个粒子间的分离矢量。对于低速运动的粒子，潮汐加速度的空间分量为

$$a_j = -R_{0i0j}\zeta^i + O(v/c). \tag{2.91}$$

现在我们必须计算黎曼张量到 h 的线性阶。回想到联络系数是 $O(h)$，所以黎曼张量中的 $\Gamma\Gamma$ 项是 $O(h^2)$，可被忽略。计算过程与例 2.10 几乎相同，可得

$$R_{\alpha\beta\gamma\delta} = \frac{1}{2}\left(-\frac{\partial^2 h_{\beta\delta}}{\partial x^\alpha \partial x^\gamma} + \frac{\partial^2 h_{\beta\gamma}}{\partial x^\alpha \partial x^\delta} + \frac{\partial^2 h_{\alpha\delta}}{\partial x^\beta \partial x^\gamma} - \frac{\partial^2 h_{\alpha\gamma}}{\partial x^\beta \partial x^\delta}\right) + O\left(h^2\right). \tag{2.92}$$

如果我们略去度规扰动的时间导数 (引力场源低速运动)，可得

$$R_{0i0j} = -\frac{1}{2}\frac{\partial}{\partial x^i}\frac{\partial}{\partial x^j}h_{00} + O\left(h^2\right). \tag{2.93}$$

回想到我们已经求出了度规扰动的这个分量与牛顿势的联系 $h_{00}=-2\Phi$，因此牛顿的结果 $a_j=-\mathcal{E}_{ij}\varsigma^i+O(v/c)$ 可以在此重现，其中

$$\mathcal{E}_{ij}=R_{0i0j}=-\frac{1}{2}\frac{\partial}{\partial x^i}\frac{\partial}{\partial x^j}h_{00}+O\left(h^2\right)=\frac{\partial^2\Phi}{\partial x^i\partial x^j}+O\left(\Phi^2/c^4\right). \tag{2.94}$$

□

在低速 (对粒子而言，对引力场而言是缓慢变化) 和弱场的假设下，尽管 h_{00} 是度规中用于计算自由下落粒子坐标加速度的唯一重要分量，但它并不是与 Φ 同阶的度规扰动的唯一分量。

2.3　能量–动量张量

牛顿力学不仅描述了物质如何在引力场中运动，而且也描述了物质的质量如何产生引力场。牛顿势 Φ 包含了引力场的所有信息，因此它描述了物质的运动 (对于流体而言，$\rho\mathrm{d}\boldsymbol{v}/\mathrm{d}t+\boldsymbol{\nabla}p=-\rho\boldsymbol{\nabla}\Phi$)，而且该场的源是物质的质量密度 (通过泊松方程 $\nabla^2\Phi=4\pi G\rho$)。在广义相对论中，单个势 Φ 由十个势 $g_{\alpha\beta}(g_{\alpha\beta}=g_{\beta\alpha})$ 取代，这十个势描述了表现为引力的时空几何。泊松方程由十个度规分量的十个二阶偏微分方程所取代，方程的源是一个张量，它不仅描述了物质的质量密度 (主要成分)，而且还描述了物质的流和内部应力。

在经典力学中，**应力张量 S** 决定了物体的一个面元 $\mathrm{d}\boldsymbol{A}$ 上所受的力 $\mathrm{d}\boldsymbol{F}$，

$$\mathrm{d}\boldsymbol{F}=\mathbf{S}\cdot\mathrm{d}\boldsymbol{A}\quad\text{或}\quad\mathrm{d}F_i=S_{ij}\hat{n}^j\mathrm{d}A, \tag{2.95}$$

其中 $\hat{\boldsymbol{n}}$ 是垂直于面元的单位矢量。举个例子，流体总是产生垂直于面元的单位面积上的力 (压强)，它由其各向同性的压强 p 给出：$S_{ij}=p\delta_{ij}$。对于电磁场，应力张量被称为麦克斯韦应力张量，其形式为

$$S_{ij}=-\epsilon_0E_iE_j-\frac{1}{\mu_0}B_iB_j+\frac{1}{2}\delta_{ij}\left(\epsilon_0\boldsymbol{E}\cdot\boldsymbol{E}+\frac{1}{\mu_0}\boldsymbol{B}\cdot\boldsymbol{B}\right). \tag{2.96}$$

物质的能量密度为 ρc^2，其中 ρ 是质量密度。如果在连续分布的情况下有物质流动，则有能量流 $c\boldsymbol{j}$ (或者等价地说，物质有动量密度 $\rho\boldsymbol{v}=\boldsymbol{j}$)。物质的连续性表明 $\nabla_\mu J^\mu=0$，其中 $J_\alpha=[-\rho c^2,j_i]$ 是能量–动量矢量 (参见例 2.6)。在引力系统中，这并不是总成立的，因为质能和引力场能之间可能存在交换。在经典电动力学中，电磁场的能量密度为 $(\epsilon_0\boldsymbol{E}\cdot\boldsymbol{E}+\boldsymbol{B}\cdot\boldsymbol{B}/\mu_0)/2$，能流由坡印亭矢量 $\boldsymbol{E}\times\boldsymbol{B}/\mu_0$ 给出。

能量密度、能流或者动量密度和应力张量可组合在一起形成**能量–动量张量**，

$$T^{\alpha\beta} := \left[\begin{array}{c|c} \begin{pmatrix}\text{质量密度}\\ \rho\end{pmatrix} & \begin{pmatrix}\text{动量密度}\\ \boldsymbol{j}\end{pmatrix} \\ \hline \begin{pmatrix}\text{动量密度}\\ \boldsymbol{j}\end{pmatrix} & \begin{pmatrix}\text{应力张量}\\ \mathbf{S}\end{pmatrix}\end{array}\right]. \tag{2.97}$$

这个张量在广义相对论的爱因斯坦场方程中扮演的角色与质量密度在牛顿引力的泊松方程中扮演的角色一样。

能量–动量张量也被包含在物质的运动方程中。对于一个流体元，我们可以构造一个法邻域。然后在黎曼法坐标系里，由于 $T^{\alpha 0} = J^{\alpha}$，我们可以把能量–动量的局域守恒写为 $0 = \partial J^{\mu}/\partial x^{\mu} = \partial T^{\mu 0}/\partial x^{\mu}$。从应力张量的定义 $\mathrm{d}\boldsymbol{F} = \mathbf{S}\cdot\mathrm{d}\boldsymbol{A}$，我们可以看出动量密度为 $\partial j^{i}/\partial t = \mathrm{d}F^{i}/\mathrm{d}V = -\partial S^{ij}/\partial x^{j}$，因此 $\partial T^{\mu i}/\partial x^{\mu} = 0$。物质运动方程的一般形式为

$$\nabla_{\mu} T^{\mu\alpha} = 0, \tag{2.98}$$

它在任何坐标系中都成立。

2.3.1 理想流体

理想流体 (perfect fluid) 是能够完全用流体元的四速度 $\mathbf{u}$、质量密度 ρ 和各向同性的 (在其静止坐标系中) 压强 p 来描述的流体。理想流体的能量–动量张量为

$$T^{\alpha\beta} = \left(\rho + p/c^{2}\right) u^{\alpha} u^{\beta} + p g^{\alpha\beta}. \tag{2.99}$$

在流体的局域静止系中，$u^{\alpha} = [1,0,0,0]$，$g^{\alpha\beta} = \eta^{\alpha\beta}$ (至少局域上成立)，能量–动量张量的分量取值为

$$T^{00} = \rho, \quad T^{0i} = 0, \quad T^{ij} = p\delta^{ij} \quad (\text{局域静止系}). \tag{2.100}$$

理想流体的**状态方程**描述了压强和密度之间的关系，它由函数 $p(\rho)$ 给出。无压强的理想流体 $p = 0$ 被称为**尘埃**：

$$T^{\alpha\beta} = \rho u^{\alpha} u^{\beta} \quad (\text{尘埃}). \tag{2.101}$$

具有 $p = \rho c^{2}/3$ 的理想流体描述了一种各向同性的**辐射**流体：

$$T^{\alpha\beta} = p\left(4\frac{u^{\alpha}u^{\beta}}{c^{2}} + g^{\alpha\beta}\right) \quad (\text{辐射}) \tag{2.102}$$

能量–动量守恒方程为 $\nabla_{\mu} T^{\mu\alpha} = 0$。我们可将矢量 $\nabla_{\mu} T^{\mu\alpha}$ 分解为一个平行于 $\mathbf{u}$ 的矢量 $-c^{-2} u^{\alpha} u_{\nu} \nabla_{\mu} T^{\mu\nu}$ 和一个垂直于 $\mathbf{u}$ 的矢量 $\nabla_{\mu} T^{\mu\alpha} + c^{-2} u^{\alpha} u_{\nu} \nabla_{\mu} T^{\mu\nu}$①。

① 原书注：矢量 v^{α} 可以按照如下方式分解：$v^{\alpha} = -c^{-2} u^{\alpha} u_{\nu} v^{\nu} + (v^{\alpha} + c^{-2} u^{\alpha} u_{\nu} v^{\nu})$。这里，依照构造，第一项平行于 u^{α}，第二项垂直于 u^{α}。注意 $u_{\mu} u^{\mu} = -c^{2}$。

平行于 $\mathbf{u}$ 的矢量的分量因而满足 $u_\nu \nabla_\mu T^{\mu\nu} = 0$。由于 $g_{\mu\nu}u^\mu u^\nu = -c^2$，我们有 $0 = \nabla_\alpha(u_\mu u^\mu) = 2u_\mu \nabla_\alpha u^\mu$，因此

$$\begin{aligned}0 &= u_\nu \nabla_\mu T^{\mu\nu} \\ &= u_\nu \nabla_\mu \left[\left(\rho + p/c^2\right) u^\mu u^\nu + p g^{\mu\nu}\right] \\ &= -c^2 \nabla_\mu \left[\left(\rho + p/c^2\right) u^\mu\right] + u^\mu \nabla_\mu p,\end{aligned} \tag{2.103}$$

这给出了质量连续性方程：

$$u^\mu \nabla_\mu \rho + \left(\rho + p/c^2\right) \nabla_\mu u^\mu = 0. \tag{2.104}$$

矢量 $\nabla_\mu T^{\mu\nu}$ 垂直于 $\mathbf{u}$ 的部分，$\nabla_\mu T^{\mu\alpha} + c^{-2}u^\alpha u_\nu \nabla_\mu T^{\mu\nu} = (\delta^\alpha_\nu + c^{-2}u^\alpha u_\nu)\nabla_\mu T^{\mu\nu}$ 也为零，这导致了相对论性的**欧拉方程**

$$\left(\rho + p/c^2\right) u^\mu \nabla_\mu u^\alpha + \left(g^{\alpha\mu} + \frac{u^\alpha u^\mu}{c^2}\right) \nabla_\mu p = 0. \tag{2.105}$$

对于尘埃，这些方程的形式很简单。欧拉方程变为 $u^\mu \nabla_\mu u^\alpha = 0$，此即尘埃粒子的测地线方程，可以看出尘埃是自由下落的。另外一个方程是

$$0 = u^\mu \nabla_\mu \rho + \rho \nabla_\mu u^\mu = \nabla_\mu \left(\rho u^\mu\right), \tag{2.106}$$

这表明 ρu^μ 是无散度的，此即动量守恒方程。

例 2.12　欧拉方程。

在非相对论的平直时空极限下，$\nabla_\alpha \simeq \partial/\partial x^\alpha$，$u^\alpha \simeq [1, v^i]$，并在形式上令 $c \to \infty$。式 (2.104) 变为

$$\frac{\partial \rho}{\partial t} + \boldsymbol{\nabla} \cdot (\rho \boldsymbol{v}) = 0, \tag{2.107}$$

此即质量守恒方程，而式 (2.105) 变为

$$\rho \frac{\partial \boldsymbol{v}}{\partial t} + \rho \boldsymbol{v} \cdot \boldsymbol{\nabla} \boldsymbol{v} = -\boldsymbol{\nabla} p, \tag{2.108}$$

此即通常的无引力非相对论性的欧拉方程。

通过引进流体的**焓**，我们可以获得式 (2.105) 的一个更有用的形式。在经典热力学中，焓 H 定义为

$$H := E + pV = \left(\rho c^2 + p\right) V, \tag{2.109}$$

其中 E 是系统的能量，V 是流体元的体积。由热力学第一定律得

$$\mathrm{d}H = \mathrm{d}E + p\mathrm{d}V + V\mathrm{d}p = \text{đ}Q + V\mathrm{d}p, \tag{2.110}$$

其中 $\text{đ}Q$ 是传递给流体元的热量。如果假设流体的流动是**绝热的**，即 $\text{đ}Q = 0$，则 $\text{đ}H = V\mathrm{d}p$。在这种情况下，可将式 (2.105) 乘以 Vc^2 并使用 $V\nabla_\alpha p = \nabla_\alpha H$，我们发现

$$Hu^\mu \nabla_\mu u_\alpha + c^2 \nabla_\alpha H + u_\alpha u^\mu \nabla_\mu H = 0. \tag{2.111}$$

第一项和第三项可合并为 $u^\mu \nabla_\mu (Hu_\alpha)$。由于 $u^\mu u_\mu = -c^2$ 和 $u^\mu \nabla_\alpha u_\mu = 0$，第二项可写为 $c^2 \nabla_\alpha H = -u^\mu \nabla_\alpha (Hu_\mu)$。因此，我们找到了欧拉方程的另一形式

$$u^\mu \left[\nabla_\mu (Hu_\alpha) - \nabla_\alpha (Hu_\mu)\right] = 0. \tag{2.112}$$

对于一个焓恒定的系统，流体元遵循测地线方程。 □

2.3.2　电磁学

在电动力学中，电场和磁场可以用标量势 ϕ 和矢量势 $\boldsymbol{A}$ 写为 $\boldsymbol{E} = -\boldsymbol{\nabla}\phi - \partial \boldsymbol{A}/\partial t$ 和 $\boldsymbol{B} = \boldsymbol{\nabla} \times \boldsymbol{A}$，它们可以合并成一个四维势矢量 $A_\alpha = [-\phi, A_i]$，这可以转而被用来定义**法拉第张量**

$$F_{\alpha\beta} := \frac{\partial A_\beta}{\partial x^\alpha} - \frac{\partial A_\alpha}{\partial x^\beta}. \tag{2.113}$$

我们看到 $E_i = F_{i0}$ 和 $B_i = \varepsilon_{ijk} F^{jk}/2$，其中 ε_{ijk} 是三维**莱维–齐维塔 (Levi-Civita) 符号**，

$$\varepsilon_{ijk} := \begin{cases} +1 & 若 (i,j,k) 为 (1,2,3), (2,3,1) 或 (3,1,2) \\ -1 & 若 (i,j,k) 为 (3,2,1), (2,1,3) 或 (1,3,2) \\ 0 & 若 i=j, i=k 或 j=k. \end{cases} \tag{2.114}$$

麦克斯韦方程组可以简洁地写为

$$\frac{\partial F_{\alpha\beta}}{\partial x^\gamma} + \frac{\partial F_{\beta\gamma}}{\partial x^\alpha} + \frac{\partial F_{\gamma\alpha}}{\partial x^\beta} = 0, \tag{2.115}$$

$$\nabla_\mu F^{\alpha\mu} = \mu_0 J^\alpha, \tag{2.116}$$

其中 J^α 是电流四矢量。电磁场能量–动量张量为

$$T_{\alpha\beta} = \frac{1}{\mu_0}\left(F_{\alpha\mu} F_\beta{}^\mu - \frac{1}{4} g_{\alpha\beta} F_{\mu\nu} F^{\mu\nu}\right). \tag{2.117}$$

2.4　爱因斯坦场方程

物质及其能量动能的守恒表明能量–动量张量 $T_{\alpha\beta}$ 是无散度的。通过构造由爱因斯坦张量将几何与质量关联起来的场方程，质能守恒得以确保。**爱因斯坦场方程**的形式为

$$G_{\alpha\beta}=\frac{8\pi G}{c^4}T_{\alpha\beta}. \tag{2.118}$$

因子 $8\pi G/c^4$ 可由场方程在牛顿极限 (低速运动和弱引力场) 下所需满足的形式得到。爱因斯坦场方程描述了引力场如何由物质产生。此外，爱因斯坦张量是无散度的，因此场方程使得物质的运动方程为

$$\nabla_\mu T^{\mu\alpha}=0. \tag{2.119}$$

弯曲时空的效应 (引力效应) 包含在联络中，即运动方程可写为

$$\frac{\partial}{\partial x^\mu}T^{\mu\alpha}=-\Gamma^\mu_{\mu\nu}T^{\nu\alpha}-\Gamma^\alpha_{\mu\nu}T^{\mu\nu}, \tag{2.120}$$

其中等号左边表示通常的平直时空中物质能量–动量张量的散度，等号右边包含引力项。

例 2.13　点粒子的运动方程。

质量为 m 的点粒子的能量–动量张量为

$$T^{\alpha\beta}\left(\mathbf{x}'\right)=\rho\left(\mathbf{x}'\right)u^\alpha u^\beta \tag{2.121}$$

其中

$$\rho\left(\mathbf{x}'\right)=m\frac{\delta^4\left(\mathbf{x}'-\mathbf{x}(\tau)\right)}{\sqrt{-\det\mathbf{g}}} \tag{2.122}$$

是密度 (对于点粒子是 delta 函数)。此处 $\mathbf{x}(\tau)$ 是粒子的世界线 (我们希望获得的量！)，$\mathbf{u}=\mathrm{d}\mathbf{x}/\mathrm{d}\tau$ 是粒子的四速度。运动方程是

$$0=\nabla_\mu T^{\mu\nu}=\nabla_\mu\left(\rho u^\mu u^\nu\right)=u^\nu\nabla_\mu\left(\rho u^\mu\right)+\rho u^\mu\nabla_\mu u^\nu. \tag{2.123}$$

现在用 u_ν 对式 (2.123) 进行缩并。由于四速度是归一化的，$u_\nu u^\nu=-c^2$，则有

$$0=u_\nu\nabla_\mu T^{\mu\nu}=-c^2\nabla_\mu\left(\rho u^\mu\right)+\rho u^\mu u_\nu\nabla_\mu u^\nu. \tag{2.124}$$

第二个等号的右边第二项为零 (由于 $u_\nu\nabla_\mu u^\nu=\nabla_\mu(u_\nu u^\nu)/2=0$)，所以运动方程的分量之一为

$$\nabla_\mu\left(\rho u^\mu\right)=0. \tag{2.125}$$

此即四动量的守恒方程。现在我们把式 (2.125) 代入式 (2.123) 得

$$\rho u^{\mu} \nabla_{\mu} u^{\nu} = 0. \tag{2.126}$$

即在密度不为零的地方，如粒子所在的位置，测地线方程 $u^{\mu}\nabla_{\mu}u^{\nu}=0$ 成立。因此，我们能够从点粒子的能量–动量守恒中重建出测地线方程。 □

2.5 广义相对论的牛顿极限

对于近乎平直且缓慢变化的时空，我们已经在 2.2 节中推导了测地线方程的低速极限。现在我们希望在类似极限下写出爱因斯坦场方程。首先我们将写出场方程的弱场近似，这被称为**线性化引力**近似，然后我们将加入额外的低速运动假设，这将给出广义相对论的**牛顿极限**。

2.5.1 线性化引力

如同 2.2 节，我们采用的时空度规为平直闵氏时空 $\eta_{\alpha\beta}$，加上一个小扰动 $h_{\alpha\beta}$：$g_{\alpha\beta}=\eta_{\alpha\beta}+h_{\alpha\beta}$。我们采用下面的约定：用闵氏度规 $\eta_{\alpha\beta}$ 和它的逆 $\eta^{\alpha\beta}$，而非实际度规 $g_{\alpha\beta}$ 和 $g^{\alpha\beta}$，来升降张量指标，即 $h^{\alpha\beta}=\eta^{\mu\alpha}\eta^{\nu\beta}h_{\mu\nu}$ 而非 $g^{\mu\alpha}g^{\nu\beta}h_{\mu\nu}$。唯一的例外是时空度规 $g^{\alpha\beta}$ 本身为

$$\begin{aligned} g^{\alpha\beta} &= (g_{\alpha\beta})^{-1} = (\eta_{\alpha\beta}+h_{\alpha\beta})^{-1} \\ &= \eta^{\alpha\beta} - h^{\alpha\beta} + O\left(h^2\right). \end{aligned} \tag{2.127}$$

我们已经计算了线性化的黎曼张量，即式 (2.92)。基于此，可以计算线性化的里奇张量、里奇标量及线性化的爱因斯坦张量。

线性化的里奇张量为

$$\begin{aligned} R_{\alpha\beta} &= R_{\alpha\mu\beta}{}^{\mu} \\ &= \frac{1}{2}\left(-\frac{\partial^2 h}{\partial x^{\alpha}\partial x^{\beta}} + \frac{\partial^2 h^{\mu}{}_{\beta}}{\partial x^{\alpha}\partial x^{\mu}} + \frac{\partial^2 h_{\alpha}{}^{\mu}}{\partial x^{\mu}\partial x^{\beta}} - \eta^{\mu\nu}\frac{\partial^2 h_{\alpha\beta}}{\partial x^{\mu}\partial x^{\nu}}\right) + O\left(h^2\right), \end{aligned} \tag{2.128}$$

其中 $h=h_{\mu}{}^{\mu}$ 为 $h_{\mu}{}^{\nu}$ 的迹。线性化的里奇标量为

$$\begin{aligned} R &= g^{\alpha\beta}R_{\alpha\beta} = \eta^{\alpha\beta}R_{\alpha\beta} + O\left(h^2\right) \\ &= \frac{\partial^2 h^{\mu\nu}}{\partial x^{\mu}\partial x^{\nu}} - \eta^{\mu\nu}\frac{\partial^2 h}{\partial x^{\mu}\partial x^{\nu}} + O\left(h^2\right). \end{aligned} \tag{2.129}$$

因此爱因斯坦张量为

$$
\begin{aligned}
G_{\alpha\beta} &= R_{\alpha\beta} - \frac{1}{2}g_{\alpha\beta}R = R_{\alpha\beta} - \frac{1}{2}\eta_{\alpha\beta}R + O\left(h^2\right) \\
&= \frac{1}{2}\left(-\frac{\partial^2 h}{\partial x^\alpha \partial x^\beta} + \frac{\partial^2 h^\mu_\beta}{\partial x^\alpha \partial x^\mu} + \frac{\partial^2 h^\mu_\alpha}{\partial x^\mu \partial x^\beta} - \eta^{\mu\nu}\frac{\partial^2 h_{\alpha\beta}}{\partial x^\mu \partial x^\nu}\right) \\
&\quad -\frac{1}{2}\eta_{\alpha\beta}\left(\frac{\partial^2 h^{\mu\nu}}{\partial x^\mu \partial x^\nu} - \eta^{\mu\nu}\frac{\partial^2 h}{\partial x^\mu \partial x^\nu}\right) + O\left(h^2\right).
\end{aligned} \tag{2.130}
$$

爱因斯坦张量可由**反迹度规扰动** $\bar{h}_{\alpha\beta}$ 代替实际度规扰动 $h_{\alpha\beta}$ 来表示，这样可以减少项的个数。反迹度规扰动定义为

$$
\bar{h}_{\alpha\beta} := h_{\alpha\beta} - \frac{1}{2}\eta_{\alpha\beta}h. \tag{2.131}
$$

注意 $\bar{h} = \eta^{\alpha\beta}\bar{h}_{\alpha\beta} = -h$，这就是称其为反迹的原因。实际度规扰动可由再次对反迹度规扰动求反迹来获得

$$
h_{\alpha\beta} = \bar{h}_{\alpha\beta} - \frac{1}{2}\eta_{\alpha\beta}\bar{h}. \tag{2.132}
$$

现在将此式代入线性化爱因斯坦张量的表达式中，经过项的相消后得到

$$
G_{\alpha\beta} = \frac{1}{2}\left(\frac{\partial^2 \bar{h}^\mu_\beta}{\partial x^\alpha \partial x^\mu} + \frac{\partial^2 \bar{h}^\mu_\alpha}{\partial x^\mu \partial x^\beta} - \eta^{\mu\nu}\frac{\partial^2 \bar{h}_{\alpha\beta}}{\partial x^\mu \partial x^\nu} - \eta_{\alpha\beta}\frac{\partial^2 \bar{h}^{\mu\nu}}{\partial x^\mu \partial x^\nu}\right) + O\left(h^2\right). \tag{2.133}
$$

因此，线性化的爱因斯坦场方程为

$$
-\eta^{\mu\nu}\frac{\partial^2 \bar{h}_{\alpha\beta}}{\partial x^\mu \partial x^\nu} - \eta_{\alpha\beta}\frac{\partial^2 \bar{h}^{\mu\nu}}{\partial x^\mu \partial x^\nu} + \frac{\partial^2 \bar{h}^\mu_\beta}{\partial x^\alpha \partial x^\mu} + \frac{\partial^2 \bar{h}^\mu_\alpha}{\partial x^\mu \partial x^\beta} + O\left(h^2\right) = \frac{16\pi G}{c^4}T_{\alpha\beta}. \tag{2.134}
$$

等号左边的第一项即是 $-\Box\bar{h}_{\alpha\beta}$，其中 $\Box$ 是达朗贝尔算符，它是平直时空中的波动算符。是否可以将线性化的爱因斯坦场方程简化为平直时空中的波动方程？

对场方程形式做进一步化简的途径是选择一个特殊的坐标系，即做一个适当的规范选择。我们希望去掉的项都包含反迹度规扰动的散度，因此我们想要找到一个规范，类似于电磁学中的洛伦茨规范①，反迹度规的散度在此规范下为零，即 $\partial\bar{h}^{\mu\alpha}/\partial x^\mu = 0$。由于此规范条件与电磁学中的洛伦茨规范条件非常类似，我们称其为度规扰动的**洛伦茨规范**。下面我们将展示如何一般地获得此规范条件。

① 译者注：注意这里的洛伦茨 (丹麦物理学家 Ludvig Lorenz) 并非洛伦兹 (荷兰物理学家 Hendrik A. Lorentz)。

我们寻求一个无穷小的坐标变换 $\mathbf{x} \to \mathbf{x}' = \mathbf{x} + \boldsymbol{\xi}$，度规按如下方式变换 (参见式 (2.8))

$$g_{\alpha\beta} \to g'_{\alpha\beta} = g_{\alpha\beta} - \frac{\partial \xi_\beta}{\partial x^\alpha} - \frac{\partial \xi_\alpha}{\partial x^\beta} + O\left(h^2\right), \tag{2.135}$$

下面我们将看到 ξ 的量级为 $O(h)$,因此上式中量级为 $O(\xi^2)$ 的修正被写为 $O(h^2)$。这里，$g_{\alpha\beta}(\mathbf{x}) = \eta_{\alpha\beta} + h_{\alpha\beta}(\mathbf{x})$，$g'_{\alpha\beta}(\mathbf{x}') = \eta_{\alpha\beta} + h'_{\alpha\beta}(\mathbf{x}')$，因此有

$$h_{\alpha\beta} \to h'_{\alpha\beta} = h_{\alpha\beta} - \frac{\partial \xi_\beta}{\partial x^\alpha} - \frac{\partial \xi_\alpha}{\partial x^\beta} + O\left(h^2\right). \tag{2.136}$$

在这一坐标变换下，黎曼张量的改变是二阶的，即为 $O(h^2)$，所以我们说线性化的黎曼张量在无穷小坐标变换下是不变的 (参见习题 2.6)。对于反迹度规扰动而言，坐标变换为

$$\bar{h}_{\alpha\beta} \to \bar{h}'_{\alpha\beta} = \bar{h}_{\alpha\beta} - \frac{\partial \xi_\beta}{\partial x^\alpha} - \frac{\partial \xi_\alpha}{\partial x^\beta} + \eta_{\alpha\beta}\eta^{\mu\nu}\frac{\partial \xi_\nu}{\partial x^\mu} + O\left(h^2\right). \tag{2.137}$$

现在我们要求在新规范中满足洛伦茨规范条件

$$0 = \frac{\partial}{\partial x'^\mu}\bar{h}'^\mu{}_\beta = \frac{\partial}{\partial x^\mu}\bar{h}^\mu{}_\beta - \Box\xi_\beta + O\left(h^2\right), \tag{2.138}$$

其中有两项已经抵消了。因此，给定一个已有的反迹度规扰动 $\bar{h}_{\alpha\beta}$，我们需要找到一个由矢量 $\boldsymbol{\xi}$ 生成的坐标变换，它是下面方程的解

$$\Box\xi_\beta = \frac{\partial \bar{h}^\mu_\beta}{\partial x^\mu}. \tag{2.139}$$

我们总可以找到此方程的一个解 (进一步我们看到，如所预料的，这个解将是 $O(h)$)，因此我们总是可以自由地选择洛伦茨规范。事实上，洛伦茨规范不是唯一的，这是由于下式的齐次解总可以被加进来。

$$\Box\xi_\beta = 0 \tag{2.140}$$

这就是说,如果你处在一个洛伦茨规范中,你可以通过一个由矢量 $\boldsymbol{\xi}$ (满足 $\Box\boldsymbol{\xi} = 0$) 产生的规范变换自由地到达一个不同的洛伦茨规范。

选定一个洛伦茨规范后，线性化的爱因斯坦场方程将采用非常简单的形式

$$-\Box\bar{h}_{\alpha\beta} = \frac{16\pi G}{c^4}T_{\alpha\beta} \quad (\text{洛伦茨规范}). \tag{2.141}$$

例 2.14　谐和坐标。

与洛伦茨规范相关联的坐标系称为**谐和坐标**。这是因为坐标本身是时空上的谐和函数[1]。谐和函数是一个标量场，它是**弯曲时空**波动算符的齐次解。因此，四个谐和坐标 $x^\alpha = \{x^0, x^1, x^2, x^3\}$ 满足四个单独的标量方程，也就是说我们没有将 x^α 视为矢量的一个分量，而是视为四个标量中的一个。我们因此可得 $\nabla_\beta x^\alpha = \partial x^\alpha/\partial x^\beta = \delta^\alpha_\beta$。从而，谐和坐标满足

$$\begin{aligned}0 &= g^{\mu\nu}\nabla_\mu\nabla_\nu x^\alpha \\ &= g^{\mu\nu}\frac{\partial}{\partial x^\mu}\left(\nabla_\nu x^\alpha\right) - g^{\mu\nu}\Gamma^\gamma_{\mu\nu}\left(\nabla_\gamma x^\alpha\right) \\ &= -g^{\mu\nu}\Gamma^\alpha_{\mu\nu} = -\Gamma^\alpha.\end{aligned} \tag{2.142}$$

因此，在谐和坐标中 $\Gamma^\alpha = g^{\mu\nu}\Gamma^\alpha_{\mu\nu} = 0$。

下面的恒等式在谐和坐标中成立

$$\begin{aligned}0 &= g^{\mu\nu}\Gamma^\alpha_{\mu\nu} = \frac{1}{2}g^{\mu\nu}g^{\alpha\rho}\left(\frac{\partial g_{\rho\nu}}{\partial x^\mu} + \frac{\partial g_{\mu\rho}}{\partial x^\nu} - \frac{\partial g_{\mu\nu}}{\partial x^\rho}\right) \\ &= g^{\mu\nu}g^{\alpha\rho}\frac{\partial g_{\rho\nu}}{\partial x^\mu} - \frac{1}{2}g^{\mu\nu}g^{\alpha\rho}\frac{\partial g_{\mu\nu}}{\partial x^\rho} \\ &= g^{\mu\nu}\frac{\partial}{\partial x^\mu}\left(g^{\alpha\rho}g_{\rho\nu}\right) - g^{\mu\nu}g_{\rho\nu}\frac{\partial g^{\alpha\rho}}{\partial x^\mu} - \frac{1}{2}g^{\mu\nu}g^{\alpha\rho}\frac{\partial g_{\mu\nu}}{\partial x^\rho} \\ &= -\frac{\partial g^{\alpha\rho}}{\partial x^\rho} - \frac{1}{2}g^{\mu\nu}g^{\alpha\rho}\frac{\partial g_{\mu\nu}}{\partial x^\rho}.\end{aligned} \tag{2.143}$$

在线性化的引力中，此恒等式变为了

$$0 = \frac{\partial}{\partial x^\rho}h^{\alpha\rho} - \frac{1}{2}\frac{\partial}{\partial x^\rho}\left(\eta^{\alpha\rho}h\right) + O\left(h^2\right) = \frac{\partial}{\partial x^\rho}\bar{h}^{\alpha\rho} + O\left(h^2\right), \tag{2.144}$$

此即洛伦茨规范条件。注意到第一项[2]符号的改变源于度规的逆的定义 $g^{\alpha\beta} = \eta^{\alpha\beta} - h^{\alpha\beta} + O(h^2)$。□

2.5.2 牛顿极限

除了弱引力场，牛顿极限还要求质量分布变化缓慢且内部应力小，即必须有可能找到某个满足如下条件的坐标系

$$T_{00}/c^4 = \rho \quad (\text{质能密度}) \tag{2.145a}$$

① 译者注：中文又译为调和函数。

② 译者注：这里的第一项指代式 (2.143) 最后一行等式右边的第一项。

$$|T_{0i}|/c^3 \sim \rho(v/c) \ll T_{00}/c^4 \quad (\text{低速运动 } v \ll c) \tag{2.145b}$$

$$|T_{ij}|/c^2 \sim p/c^2, \rho(v/c)^2 \ll T_{00}/c^4 \quad (\text{小的内部应力}) \tag{2.145c}$$

否则牛顿极限不成立。由于物质低速运动，度规扰动也应该是缓慢变化的 (因为物质产生引力场)。因此，在场方程中我们用空间拉普拉斯算符来代替达朗贝尔算符 $\Box \to \nabla^2$。最终的牛顿极限是下列方程组

$$\nabla^2 \bar{h}_{00} = -16\pi G\rho \tag{2.146a}$$

$$\nabla^2 \bar{h}_{0i} = 0 \tag{2.146b}$$

$$\nabla^2 \bar{h}_{ij} = 0, \tag{2.146c}$$

其中后牛顿项全部被丢掉了。加上正确的边界条件 (在距离源很远处扰动趋于零)，后两个方程组的解是平庸解 $\bar{h}_{ij} = 0$ 和 $\bar{h}_{0i} = 0$。回想我们考虑的粒子在弱引力场中的低速运动，度规扰动与牛顿势由 $h_{00} = -2\Phi$ 相关联。由于 $h_{00} = \bar{h}_{00} + c^2\bar{h}/2$ 和 $\bar{h} = \eta^{\mu\nu}\bar{h}_{\mu\nu} = -c^{-2}\bar{h}_{00}$(所有其他分量皆为零)，我们看到 $\bar{h}_{00} = 2h_{00} = -4\Phi$。因此，唯一非平庸的场方程可写为

$$\nabla^2 \Phi = 4\pi G\rho, \tag{2.147}$$

此即牛顿引力势的泊松方程。(它本质上确定了爱因斯坦场方程中的因子 $8\pi G/c^4$。)

牛顿极限下的度规扰动是 $h_{\mu\nu} = \mathrm{diag}[-2\Phi, -2\Phi/c^2, -2\Phi/c^2, -2\Phi/c^2]$，因此牛顿度规为

$$g_{\mu\nu} = \begin{bmatrix} -c^2 - 2\Phi & 0 & 0 & 0 \\ 0 & 1 - 2\Phi/c^2 & 0 & 0 \\ 0 & 0 & 1 - 2\Phi/c^2 & 0 \\ 0 & 0 & 0 & 1 - 2\Phi/c^2 \end{bmatrix} + O\left(\Phi^2/c^4\right). \tag{2.148}$$

事实上，这个度规包含了一些后牛顿项。严格地讲，要想回到牛顿运动，仅需要有 $g_{00} = -c^2 - 2\Phi$ 和 $g_{ij} = \delta_{ij}$ (参见 4.1 节)。我们现在考虑弱引力情况，但不假设低速。

2.5.3 高速运动

如果我们继续忽略物质的内部应力，那么我们写出

$$T^{00} = \rho, \quad T^{0i} = j^i, \quad T^{ij} = 0, \tag{2.149}$$

其中 ρ 是物质的质量密度，$\boldsymbol{j}$ 是物质的流密度。我们也可以用一个标量势 Φ 和一个矢量势 $\boldsymbol{A}$ 来分别表示反迹度规扰动的时间–时间和时间–空间分量，

$$\bar{h}_{00} = -4\Phi, \quad \bar{h}_{0i} = A_i \tag{2.150}$$

同时洛伦茨规范条件 $\partial\bar{h}^{0\mu}/\partial x^{\mu}=0$ 使得

$$\frac{\partial \varPhi}{\partial t}=-\frac{1}{4}c^{2}\boldsymbol{\nabla}\cdot\boldsymbol{A}. \tag{2.151}$$

那么这两个势的场方程为

$$\Box\varPhi=4\pi G\rho,\quad \Box\boldsymbol{A}=\frac{16\pi G}{c^{2}}\boldsymbol{j}. \tag{2.152}$$

如果我们假设场方程 $\Box\bar{h}_{ij}=0$ 的一个解为 $\bar{h}_{ij}=0$，那么测地线方程就可被用来计算作用在物体上的引力 (虚拟的力)。以三速度 $\boldsymbol{v}=\mathrm{d}\boldsymbol{x}/\mathrm{d}t$ 运动的质量为 m 的物体，它的四速度 $u^{\alpha}=\gamma[1,v^{i}]$ 和四动量 $\mathbf{p}=m\mathbf{u}$ 由下面虚拟的力所支配

$$\begin{aligned}\frac{\mathrm{d}\boldsymbol{p}}{\mathrm{d}t}=\gamma m\Bigg\{&-\boldsymbol{\nabla}\varPhi-\frac{\partial\boldsymbol{A}}{\partial t}+\boldsymbol{v}\times(\boldsymbol{\nabla}\times\boldsymbol{A})\\&+\frac{1}{c^{2}}\left[2\frac{\partial\varPhi}{\partial t}\boldsymbol{v}+2(\boldsymbol{v}\cdot\boldsymbol{\nabla}\varPhi)\boldsymbol{v}-v^{2}\boldsymbol{\nabla}\varPhi\right]\Bigg\}.\end{aligned} \tag{2.153}$$

方括号中项的量级都为 $O(v^{2}/c^{2})$。如果忽略这些项，则方程与电磁学中的洛伦兹力具有相同的形式。特别地，这表明广义相对论包含一个由运动物体产生的类磁引力效应①。

2.6 习　　题

习题 2.1

技术上，对于任何曲线，如果它的切矢量 $\mathbf{u}=\mathrm{d}/\mathrm{d}\lambda$ 满足

$$u^{\alpha}\nabla_{\alpha}u^{\mu}=\kappa u^{\mu},$$

其中 κ 是一个常数，那么这条曲线也是测地线。证明此曲线可被重参数化，使得新的切矢量 $\hat{\mathbf{u}}=\mathrm{d}/\mathrm{d}t$(其中 $t=t(\lambda)$) 满足通常的测地线方程

$$\hat{u}^{\alpha}\nabla_{\alpha}\hat{u}^{\mu}=0.$$

这一参数化被称为**仿射**，新的参数 t 被称为**仿射参数**。证明仿射参数除了一个常数缩放因子和一个平移常数外是唯一的。

习题 2.2

用式 (2.66a)，(2.66b) 和 (2.66d) 证明 $R_{\alpha\beta\gamma\delta}=R_{\gamma\delta\alpha\beta}$。

① 译者注：此效应常被称为引力磁效应，或者引磁效应。

习题 2.3

从作用量原理可以推导流体运动。

(1) 考虑尘埃粒子组成的流体。一个粒子在某时刻从点 $\mathcal{P}$ 处沿一条路径移动，在将来的某时刻到达点 $\mathcal{Q}$，这条路径使两点间的固有时最大。

$$\Delta\tau = \int_\gamma \mathrm{d}\tau = \int_0^1 \sqrt{-g_{\mu\nu}\frac{\mathrm{d}x^\mu}{\mathrm{d}\sigma}\frac{\mathrm{d}x^\nu}{\mathrm{d}\sigma}}\mathrm{d}\sigma, \tag{2.154}$$

其中 σ 是任意曲线 $\gamma(\sigma)$ 的某个参数，该曲线在起点 $\mathcal{P}$ 处 $\sigma = 0$，在终点 $\mathcal{Q}$ 处 $\sigma = 1$。当下面的欧拉–拉格朗日方程成立时路径的固有时 $\Delta\tau$ 最大。

$$\frac{\mathrm{d}}{\mathrm{d}\sigma}\frac{\partial\mathcal{L}}{\partial\left(\mathrm{d}x^\alpha/\mathrm{d}\sigma\right)} = \frac{\partial\mathcal{L}}{\partial x^\alpha}, \tag{2.155}$$

其中拉格朗日量 $\mathcal{L}$ 为

$$\mathcal{L} = -mc^2\sqrt{-g_{\mu\nu}(\mathbf{x})\frac{\mathrm{d}x^\mu}{\mathrm{d}\sigma}\frac{\mathrm{d}x^\nu}{\mathrm{d}\sigma}}, \tag{2.156}$$

其中 m 是尘埃粒子的质量，并且 $-mc^2\mathrm{d}\tau = \mathcal{L}\mathrm{d}\sigma$。试从欧拉–拉格朗日方程推出测地线方程 $u^\mu\nabla_\mu u^\alpha = 0$，其中 $u = \mathrm{d}x^\alpha/\mathrm{d}\tau$。

(2) 现在考虑具有焓 H 的流体正在做绝热流动。试通过对作用量

$$S = -\int_\gamma H\mathrm{d}\tau \tag{2.157}$$

求极值推导出流体的欧拉方程 $u^\mu[\nabla_\mu(Hu_\alpha) - \nabla_\alpha(Hu_\mu)] = 0$。

习题 2.4

考虑一个理想流体经历一个非绝热过程。

(1) 从式 (2.104) 证明

$$u^\mu\nabla_\mu S = 0, \tag{2.158}$$

其中 S 是流体元的熵。即沿着流线流体元的熵是守恒的。提示：你需要使用热力学第一定律 $T\mathrm{d}S = c^2\mathrm{d}(\rho V) + p\mathrm{d}V$ 和 $\nabla_\mu u^\mu = u^\mu\nabla_\mu \ln V$，其中 V 是流体元的体积。

(2) 然后，使用这个恒等式和欧拉方程 (2.105) 证明

$$u^\mu\left[\nabla_\mu\left(Hu_\alpha\right) - \nabla_\alpha\left(Hu_\mu\right)\right] = T\nabla_\alpha S. \tag{2.159}$$

习题 2.5

施瓦西时空描述了一个孤立的非旋转的黑洞。它的线元为

$$\mathrm{d}s^2 = -\left(c^2 - \frac{2GM}{r}\right)\mathrm{d}t^2 + \left(1 - \frac{2GM}{c^2 r}\right)^{-1}\mathrm{d}r^2 + r^2\mathrm{d}\theta^2 + r^2\sin^2\theta\mathrm{d}\phi^2, \quad (2.160)$$

其中 M 是黑洞质量。

(1) 计算**施瓦西时空**的联络系数。

(2) 对赤道面上的圆轨道 $r = a$(a 为常数) 且 $\theta = \pi/2$, 计算运动方程 $\mathrm{d}^2 t/\mathrm{d}\tau^2$, $\mathrm{d}^2 r/\mathrm{d}\tau^2$ 和 $\mathrm{d}^2\phi/\mathrm{d}\tau^2$。然后推出开普勒定律 $a^3\omega^2 = GM$, 其中 $\omega = \mathrm{d}\phi/\mathrm{d}t$。

(3) 计算黎曼张量, 并证明里奇张量 (以及爱因斯坦张量) 为零。这表明**施瓦西度规**是爱因斯坦方程的真空解。

习题 2.6

如果 $g_{\alpha\beta} = \eta_{\alpha\beta} + h_{\alpha\beta}$, 其中 $h_{\alpha\beta}$ 是对平直时空的小扰动, 证明由式 (2.92) 给出的黎曼张量在下面的规范变换下是 (在一阶上) 不变的

$$h_{\alpha\beta} \to h'_{\alpha\beta} = h_{\alpha\beta} - \frac{\partial \xi_\beta}{\partial x^\alpha} - \frac{\partial \xi_\alpha}{\partial x^\beta}.$$

习题 2.7

对于具有反迹度规扰动 $\bar{h}_{00} = -4\Phi$, $\bar{h}_{0i} = A_i$ 和 $\bar{h}_{ij} = 0$ 的线性化引力, 使用测地线方程推导式 (2.153)。

参考文献

Hartle, J.B. (2003) *Gravity: An Introduction to Einstein's General Relativity*, Benjamin Cummings.

Misner, C.W., Thorne, K.S. and Wheeler, J.A. (1973) *Gravitation*, Freeman, San Francisco.

Schutz, B. (2009) *A First Course in General Relativity*, 2nd edn, Cambridge University Press.

Wald, R.M. (1984) *General Relativity*, University of Chicago Press.

Weinberg, S. (1972) *Gravitation and Cosmology Principles and Applications of the General Theory of Relativity*, John Wiley & Sons.

第 3 章　引　力　波

式 (2.141) 表明平直时空线性扰动的运动方程在洛伦茨规范下是波动方程，其中物质的能量–动量张量充当源项。在真空中，度规扰动的解是波。在有物质存在的地方，物质会产生引力波。现在我们将研究引力波的基本性质，描述它们是如何产生的，以及如何与物质相互作用。这些主题的其他处理方法可见 Misner 等 (1973，第八部分)，Hartle (2003，第 16 章)，Schutz (2009，第 9 章)，Wald (1984，4.4b 节) 和 Weinberg (1972，第 10 章)，有关引力波的更加广泛的讨论参见 Maggiore (2007，第一部分)。

3.1　引力波的描述

我们已经看到线性化的爱因斯坦方程在洛伦茨规范下可以用反迹度规扰动表示为波动方程，物质的能量–动量张量提供了这个波动方程的源项。线性化的真空爱因斯坦方程为

$$\Box\, \bar{h}_{\alpha\beta} = 0 \quad (\text{洛伦茨规范})\,, \tag{3.1}$$

洛伦茨规范条件是

$$\frac{\partial \bar{h}^{\mu\alpha}}{\partial x^\mu} = 0. \tag{3.2}$$

此方程一个重要的解是平面波解，其中我们设波沿 $z = x^3$ 轴方向传播。式 (3.1) 表明度规扰动 (实际度规扰动和反迹度规扰动) 的分量必须都是推迟时间 $t - z/c$ 的函数。因为在洛伦茨规范内仍然存在规范自由度 (参见式 (2.140))，我们可以在保持洛伦茨规范的同时再进行一个由 $\boldsymbol{\xi} = \boldsymbol{\xi}(t - z/c)$ 产生的规范变换。我们采用**同时** (synchronous) 规范，其中通过选择 $\xi_0 = 0$ 和 $\xi_i = \int \bar{h}_{0i}\mathrm{d}t$ 可以使 $\bar{h}_{0i} = 0$。现在洛伦茨规范条件进一步要求 $\partial\bar{h}^{\mu 0}/\partial x^\mu = \partial\bar{h}^{00}/\partial t = 0$，这表明 $\partial\bar{h}^{\mu\alpha}/\partial x^\mu = \partial\bar{h}^{3\alpha}/\partial z = 0$，所以 $\bar{h}_{00}(t - z/c)$ 和 $\bar{h}_{3\alpha}(t - z/c)$ 都是常数，我们可以自由地选择此常数为零。然后我们就有 $\bar{h}_{0\alpha} = 0$ 和 $\bar{h}_{3\alpha} = 0$。因此，反迹度规扰动仅存的非零分量为

$$\bar{h}_{11} = \bar{h}_{11}(t - z/c), \tag{3.3a}$$

$$\bar{h}_{22} = \bar{h}_{22}(t - z/c), \tag{3.3b}$$

$$\bar{h}_{12} = \bar{h}_{21} = \bar{h}_{12}(t - z/c). \tag{3.3c}$$

对于实际度规扰动，$h_{\alpha\beta} = \bar{h}_{\alpha\beta} - \dfrac{1}{2}\eta_{\alpha\beta}\bar{h}$，非零分量为

$$h_{00} = -c^2 h_{33} = \frac{1}{2}c^2\left(\bar{h}_{11} + \bar{h}_{22}\right), \tag{3.4a}$$

$$h_{11} = -h_{22} = \frac{1}{2}\left(\bar{h}_{11} - \bar{h}_{22}\right), \tag{3.4b}$$

$$h_{12} = h_{21} = \bar{h}_{12}. \tag{3.4c}$$

很明显度规扰动在沿 z 轴以光速传播。我们称此解为**引力波**。

这里有三个 $t - z/c$ 的独立函数，即 $\bar{h}_{11}$，$\bar{h}_{22}$ 和 $\bar{h}_{12} = \bar{h}_{21}$，或者等效地，$h_{00} = -c^2 h_{33}$，$h_{11} = -h_{22}$ 和 $h_{12} = h_{21}$。这些中的哪些是物理的，哪些是由于规范选择而人为引入的 (或者可被不同的规范选择所消除)？要回答这个问题，首先回想黎曼张量在线性阶是规范不变的 (参见习题 2.6)。因此，黎曼张量的独立分量必然代表引力波解真实的自由度。此外，我们可在任意选择的规范下计算线性化黎曼张量的分量。回想式 (2.92) 所表示的黎曼张量

$$R_{\alpha\beta\gamma\delta} = \frac{1}{2}\left(-\frac{\partial^2 h_{\beta\delta}}{\partial x^\alpha \partial x^\gamma} + \frac{\partial^2 h_{\beta\gamma}}{\partial x^\alpha \partial x^\delta} + \frac{\partial^2 h_{\alpha\delta}}{\partial x^\beta \partial x^\gamma} - \frac{\partial^2 h_{\alpha\gamma}}{\partial x^\beta \partial x^\delta}\right), \tag{3.5}$$

其中我们只保留了度规扰动的线性项。由于这个平面波扰动仅是 t 和 z 的函数，只有偏导 $\partial/\partial t$ 和 $\partial/\partial z$ 是不为零的，并且由于度规分量仅是 t 和 z 在 $t - z/c$ 形式下的函数，因此有 $\partial/\partial z = -c^{-1}\partial/\partial t$。所以，我们仅需考虑偏导 $\partial/\partial t$。这里有度规的二阶偏导，因此黎曼张量至少有两个指标为 0。由黎曼张量的 (反) 对称性，以及洛伦茨规范下式 (3.4) 联系起来的非零度规分量，可以发现另外两个分量必为 1 或 2 (由于指标 3 和 0 除了一个整体因子外是可交换的)[①]。如此，我们看到仅有 $h_{11} = -h_{22}$ 和 h_{12} 会出现在结果中。根据所选 0 指标在黎曼张量分量中的位置，我们仅选取在线性化黎曼张量中的一项。黎曼张量的其他分量可通过它的对称性推出。因此，在不失一般性的情况下，我们得出黎曼张量仅有的两个独立分量是

$$R_{0101} = -\frac{1}{2}\frac{\partial^2}{\partial t^2}h_{11} = -\frac{1}{4}\frac{\partial^2}{\partial t^2}\left(\bar{h}_{11} - \bar{h}_{22}\right), \tag{3.6a}$$

$$R_{0102} = -\frac{1}{2}\frac{\partial^2}{\partial t^2}h_{12} = -\frac{1}{2}\frac{\partial^2}{\partial t^2}\bar{h}_{12}. \tag{3.6b}$$

① 原书注：例如，$R_{0303} = -\dfrac{1}{2}(\partial^2 h_{33}/\partial t^2 + \partial^2 h_{00}/\partial z^2)$ 为零，这是因为在洛伦茨规范下 $h_{00} = -c^2 h_{33}$，并且 $\partial/\partial z = -c^{-1}\partial/\partial t$。

此外，我们有 $R_{0202}=-R_{0101}$ 和 $R_{0201}=R_{0102}$。用指标 3 代替 0 仅引入一个因子 $-c^{-1}$ (如 $R_{3101}=-c^{-1}R_{0101}$)。黎曼张量余下的非零分量可从黎曼张量的对称性得出。

由于黎曼张量的某些分量是非零的，所以引力波必须是物理的，它不可能纯粹是由特殊的规范选择而被人为引入的。黎曼张量包含两个 $t-z/c$ 的独立函数，我们称之为两个独立的自由度 h_+ 和 $h_\times$ (原因将在 3.2 节中阐明)，其中 $h_+=h_{11}=-h_{22}$，$h_\times=h_{12}=h_{21}$

$$R_{0101}=-R_{0202}=-\frac{1}{2}\ddot{h}_+, \tag{3.7a}$$

$$R_{0102}=R_{0201}=-\frac{1}{2}\ddot{h}_\times. \tag{3.7b}$$

黎曼张量的分量仅依赖于两个关于 $t-z/c$ 的独立函数，$h_+=\dfrac{1}{2}(\bar{h}_{11}-\bar{h}_{22})$ 和 $h_\times=\bar{h}_{12}=\bar{h}_{21}$，而不是由场方程所表明的三个函数，其中 $\bar{h}_{11}$，$\bar{h}_{22}$ 和 $\bar{h}_{12}$ (或者 h_{00}，h_{11} 和 h_{12}) 看上去都是独立的函数。洛伦茨规范中必须有更多的规范自由度引起那个额外的 (非物理的) 自由度 (尤其是 $h_{00}=-c^2h_{33}=\dfrac{1}{2}c^2(\bar{h}_{11}+\bar{h}_{22})$ 并没有出现在黎曼张量中)。

为了更好地理解规范自由度的性质，考虑一个单色平面波：

$$\bar{h}_{\alpha\beta}=A_{\alpha\beta}\cos\left(k_\mu x^\mu\right), \tag{3.8}$$

其中 $A_{\alpha\beta}$ 是常数 (且对称) 张量，$k_\alpha=[-\omega,\boldsymbol{k}]$，$\omega=c\|\boldsymbol{k}\|$ 是常数类光矢量 (即 $k_\mu k^\mu=0$)。洛伦茨规范条件是

$$0=\frac{\partial\bar{h}^{\mu\alpha}}{\partial x^\mu}=-k_\mu A^{\mu\alpha}\sin\left(k_\nu x^\nu\right)=-k_\mu A^{\mu\alpha}\sin(\boldsymbol{k}\cdot\boldsymbol{x}-\omega t), \tag{3.9}$$

它成立的条件是 $k_\mu A^{\mu\alpha}=0$，即此波是横波。此平面波的频率为 $\omega=c\|\boldsymbol{k}\|=c(k_1^2+k_2^2+k_3^2)^{1/2}$，它在矢量 k_α 的空间分量指定的方向上传播，$\hat{\boldsymbol{n}}=c\boldsymbol{k}/\omega$ 是传播方向上的单位矢量。一旦 k_α 被选定，就会有由对称矩阵 $A_{\alpha\beta}$ 的十个独立分量所指定的度规扰动 $\bar{h}_{\alpha\beta}$ 的十个独立分量。然而，洛伦茨条件 $k_\mu A^{\mu\alpha}=0$ 对这十个分量加上了四个约束条件，使其剩下六个独立的分量。但是我们看到黎曼张量中实际只有两个独立分量。我们所见的额外自由度与洛伦茨规范中剩余的规范自由度相关。

由前可知在洛伦茨规范中仍然有自由度来做一个额外的由矢量 ξ_α 产生的无限小规范变换，此矢量满足谐和条件 $\Box\,\xi_\alpha=0$。此方程与单色平面波度规扰动相

兼容的一个解为

$$\xi_\alpha = -C_\alpha \sin(k_\mu x^\mu), \tag{3.10}$$

其中 C_α 是四个任意的常数。在算上这四个规范自由度后，我们看到度规扰动仅剩下两个独立的自由度。

洛伦茨规范的选择让度规扰动看起来像是一个**横波**；洛伦茨规范中剩余的自由度可被用来选择一个规范，在其中扰动是**无迹的**，也是纯空间的。在任意洛伦茨规范中给定反迹度规扰动 $\bar{h}_{\alpha\beta}$，对应的**横向无迹规范**度规扰动是

$$\begin{aligned} h_{\alpha\beta}^{\mathrm{TT}} &= \bar{h}_{\alpha\beta} - \frac{\partial \xi_\beta}{\partial x^\alpha} - \frac{\partial \xi_\alpha}{\partial x^\beta} + \eta_{\alpha\beta}\eta^{\mu\nu}\frac{\partial \xi_\mu}{\partial x^\nu} \\ &= A_{\alpha\beta}\cos(k_\mu x^\mu) + C_\alpha k_\beta \cos(k_\mu x^\mu) + C_\beta k_\alpha \cos(k_\mu x^\mu) \\ &\quad - \eta_{\alpha\beta} C_\nu k^\nu \cos(k_\mu x^\mu). \end{aligned} \tag{3.11}$$

因此，可得 $h_{\alpha\beta}^{\mathrm{TT}} = A_{\alpha\beta}^{\mathrm{TT}}\cos(k_\mu x^\mu)$，其中

$$A_{\alpha\beta}^{\mathrm{TT}} = A_{\alpha\beta} + C_\alpha k_\beta + C_\beta k_\alpha - \eta_{\alpha\beta} C_\nu k^\nu. \tag{3.12}$$

注意我们写 $h_{\alpha\beta}^{\mathrm{TT}}$ 而不是 $\bar{h}_{\alpha\beta}^{\mathrm{TT}}$ (这里的上横线代表反迹)，这是因为，正如我们之前注意到的，此规范存在一个无迹的度规扰动，所以反迹没有任何作用。我们首先要求 $A_{\alpha\beta}^{\mathrm{TT}}$ 是空间的，即如果 $\mathbf{u} = \mathrm{d}/\mathrm{d}t$ 是类时矢量，则我们要求 $A_{\alpha\nu}^{\mathrm{TT}} u^\nu = 0$。这貌似指定了 C_α 的所有四个分量，但因为下面的恒等式事实上仅指定了三个分量，

$$k^\mu A_{\mu\nu}^{\mathrm{TT}} u^\nu = k^\mu A_{\mu\nu} u^\nu + k^\mu C_\mu k_\nu u^\nu + k^\mu k_\mu C_\nu u^\nu - k_\mu u^\mu C_\nu k^\nu \equiv 0, \tag{3.13}$$

我们看到由于横向条件，第一项为零；由于 $\boldsymbol{k}$ 是零矢量，第三项为零；同时第二项和第四项相抵消。因此，在满足纯空间的需求时，$k^\mu C_\mu$ 是未定的。这个额外的分量可用使扰动无迹的方式来指定：

$$0 = \eta^{\mu\nu} A_{\mu\nu}^{\mathrm{TT}} = \eta^{\mu\nu} A_{\mu\nu} + 2C_\mu k^\mu - 4C_\nu k^\nu, \tag{3.14}$$

因此

$$C_\mu k^\mu = \frac{1}{2}\eta^{\mu\nu} A_{\mu\nu}. \tag{3.15}$$

至此指定了 C_α 的最后一个分量，并因此用完了最后一个规范自由度。

类时矢量 $\mathbf{u}$ 在某个坐标系中可以自然地写为 $u^0 = 1$ 和 $u^i = 0$，则我们有空间条件

$$h_{\alpha 0}^{\mathrm{TT}} = 0, \tag{3.16a}$$

这意味着只有 h_{ij} 是非零的 (即纯空间的)，这使得 3×3 的对称矩阵仅有六个独立分量。我们还有

$$\delta^{ij} h_{ij}^{\mathrm{TT}} = 0, \tag{3.16b}$$

这个方程保证了无迹条件，并使得 3×3 的对称无迹矩阵 h_{ij} 剩下五个独立分量。然后我们有

$$\delta^{ik} \frac{\partial h_{ij}^{\mathrm{TT}}}{\partial x^k} = 0, \tag{3.16c}$$

这是三个施加横向条件的方程，最后仅留下两个自由度。

上述获得横向无迹规范 (TT-规范) 的流程对于任意单色平面波都适用。由于任意平面波都是单色波的傅里叶叠加，并且由于规范条件 $h_{\alpha 0}^{\mathrm{TT}} = 0$，$\delta^{ij} h_{ij}^{\mathrm{TT}} = 0$ 和 $\delta^{ik} \partial h_{ij}^{\mathrm{TT}} \partial x^k = 0$ 都是线性的，所以我们可以对任意辐射的引力波扰动施加 TT-规范，通过将其分解为傅里叶分量并应用上述流程确定必要的规范变换的相应傅里叶分量。注意这套流程并不对所有的度规扰动成立，而仅对可被写为单色类光 (null) 平面波傅里叶叠加的那些辐射的引力波有效。空间、横向和无迹的规范有时被称为**辐射规范**。

例 3.1 从横向无迹坐标系到局域惯性系的变换。

具体考虑在空间横向无迹 (TT) 规范下沿 z 轴传播的纯加号极化平面引力波，其度规为

$$\mathrm{d}s^2 = -c^2 \mathrm{d}t^2 + [1 + h_+(t - z/c)]\, \mathrm{d}x^2 + [1 - h_+(t - z/c)]\, \mathrm{d}y^2 + \mathrm{d}z^2. \tag{3.17}$$

我们想要将它在局域惯性系中写出，局域惯性系中的度规尽可能与闵氏度规接近，但要有一个与曲率成正比的修正：

$$g'_{\alpha\beta}(x^\mu) = \eta_{\alpha\beta} + O\left(R_{\alpha\mu\beta\nu} x^\mu x^\nu, \text{等等}\right). \tag{3.18}$$

想到黎曼张量的所有分量都正比于 $\ddot{h}_+$，所以修正是正比于 $\ddot{h}_+$ 乘以相对于惯性系中心测量的坐标 $\{t, x, y, z\}$ 的二次项。

首先，采用 TT-规范下的度规，再将坐标变换为类光坐标 $u = t - z/c$ 和 $v = t + z/c$。则有 $\mathrm{d}t = (\mathrm{d}u + \mathrm{d}v)/2$，$\mathrm{d}z = c(\mathrm{d}u - \mathrm{d}v)/2$ 和

$$\mathrm{d}s^2 = -c^2 \mathrm{d}u \mathrm{d}v + [1 + h_+(u)]\, \mathrm{d}x^2 + [1 - h_+(u)]\, \mathrm{d}y^2. \tag{3.19}$$

然后通过下面的关系从不带撇的坐标系 (TT-规范) 变换到带撇的坐标系 (局域惯性系)

$$u = u',$$

$$
\begin{aligned}
v &= v' - \frac{1}{2}\dot{h}_+(u')\left(x'^2 - y'^2\right)/c^2, \\
x &= \left[1 - \frac{1}{2}h_+(u')\right]x', \\
y &= \left[1 + \frac{1}{2}h_+(u')\right]y',
\end{aligned} \tag{3.20}
$$

由此可得

$$
\begin{aligned}
\mathrm{d}u &= \mathrm{d}u', \\
\mathrm{d}v &= \mathrm{d}v' - \dot{h}_+(u')(x'\mathrm{d}x' - y'\mathrm{d}y')/c^2 - \frac{1}{2}\ddot{h}_+(u')\left(x'^2 - y'^2\right)\mathrm{d}u'/c^2, \\
\mathrm{d}x^2 &= [1 - h_+(u')]\,\mathrm{d}x'^2 - x'\dot{h}_+(u')\,\mathrm{d}u'\mathrm{d}x' + O\left(h^2\right), \\
\mathrm{d}y^2 &= [1 + h_+(u')]\,\mathrm{d}y'^2 + y'\dot{h}_+(u')\,\mathrm{d}u'\mathrm{d}y' + O\left(h^2\right),
\end{aligned} \tag{3.21}
$$

因此

$$
\mathrm{d}s^2 = -c^2\mathrm{d}u'\mathrm{d}v' + \frac{1}{2}\left(x'^2 - y'^2\right)\ddot{h}_+(u')\,\mathrm{d}u'^2 + \mathrm{d}x'^2 + \mathrm{d}y'^2, \tag{3.22}
$$

其中我们丢掉了 $O(h^2)$ 项。最后让 $u' = t' - z'/c$，$v' = t' + z'/c$ 可得

$$
\begin{aligned}
\mathrm{d}s^2 = &-c^2\mathrm{d}t'^2 + \mathrm{d}x'^2 + \mathrm{d}y'^2 + \mathrm{d}z'^2 \\
&+ \frac{1}{2}\left(x'^2 - y'^2\right)\ddot{h}_+(t' - z'/c)\left(\mathrm{d}t' - \mathrm{d}z'/c\right)^2.
\end{aligned} \tag{3.23}
$$

此即局域惯性系中期望的形式。 □

例 3.2 黎曼张量的波动方程。

与其为依赖规范的度规扰动建立一个波动方程，我们倒不如用比安基恒等式和真空场方程来证明规范不变的线性黎曼张量遵循波动方程。回想比安基恒等式:

$$
0 = \frac{\partial}{\partial x^\alpha}R_{\beta\gamma\delta}{}^{\epsilon} + \frac{\partial}{\partial x^\beta}R_{\gamma\alpha\delta}{}^{\epsilon} + \frac{\partial}{\partial x^\gamma}R_{\alpha\beta\delta}{}^{\epsilon}. \tag{3.24}
$$

缩并指标 α 和 ϵ，并使用真空场方程 $R_{\alpha\beta} = 0$，我们可得 $\partial R_{\beta\gamma\delta}{}^{\mu}/\partial x^\mu = 0$。事实上，由于黎曼张量的对称性，真空时空中的黎曼张量对于所有的指标都是无散度的。现在，将 $\eta^{\alpha\nu}\partial/\partial x^\nu$ 作用于比安基恒等式并运用无散度的性质，可得 $\Box R_{\beta\gamma\delta}{}^{\epsilon} = 0$。因此，真空时空中线性黎曼张量的分量遵循波动方程

$$
\Box R_{\alpha\beta\gamma\delta} = 0 \tag{3.25}
$$

□

3.1.1 引力波的传播

我们已经看到平面引力波对平直时空的扰动以光速沿直线传播。弯曲时空中的引力波将会发生什么呢？为了回答这个问题，我们需要区分时空曲率中哪部分是背景，哪部分是引力波扰动。要想确切地区分这两部分，我们将扰动描述为引力波，如果：① 扰动的振幅很小；② 扰动变化的特征长度尺度，即波长 λ，远小于局域惯性系中背景曲率 $\mathcal{R}$ 的特征长度尺度。这意味着我们在平直时空中对引力波的描述也适用于局域惯性系。我们现在想要得到当波离开局域惯性系的邻域时是如何在时空中传播的。这里我们所探讨的极限是度规扰动传播方程的**短波近似**或者**几何光学**极限。

我们定义弯曲时空的反迹度规扰动为

$$\bar{h}_{\alpha\beta} := h_{\alpha\beta} - \frac{1}{2} \overset{0}{g}_{\alpha\beta}\, h, \tag{3.26}$$

其中 $h = \overset{0}{g}{}^{\mu\nu} h_{\mu\nu}$，$\overset{0}{g}_{\alpha\beta}$ 是背景度规。因为式 (3.1) 和 (3.2) 必须在局域惯性系原点的邻域内成立，所以这个度规扰动必须满足弯曲空间波动方程，其修正值依赖于背景时空的曲率尺度：

$$0 = \overset{0}{g}{}^{\mu\nu}\, \overset{0}{\nabla}_\mu \overset{0}{\nabla}_\nu\, \bar{h}_{\alpha\beta} + O\left(h\mathcal{R}^{-2}\right) \quad (\text{洛伦茨规范}), \tag{3.27}$$

其中扰动的振幅是 $O(h)$，并且假设它满足弯曲空间的洛伦茨规范

$$0 = \overset{0}{\nabla}_\mu\, \bar{h}^{\mu\alpha}. \tag{3.28}$$

我们将这个波动方程的解写为如下形式

$$\bar{h}_{\alpha\beta}(\mathbf{x}) = A_{\alpha\beta}(\mathbf{x}) \cos\varphi(\mathbf{x}), \tag{3.29}$$

其中振幅 $A_{\alpha\beta}(\mathbf{x})$ 是 (在长度尺度 $\mathcal{R}$ 上) 缓慢变化的，而相位是 (在长度尺度 λ 上) 快速变化的。波矢量 $k_\alpha = \partial\varphi/\partial x^\alpha$，其大小为 $O(\lambda^{-1})$。

从洛伦茨规范条件可知

$$0 = \overset{0}{\nabla}_\mu\, \bar{h}^{\mu\alpha} = -k_\mu A^{\mu\alpha} \sin\varphi + \left(\overset{0}{\nabla}_\mu\, A^{\mu\alpha}\right) \cos\varphi. \tag{3.30}$$

第二个等号右边第一项是 $O(h\lambda^{-1})$，第二项是 $O(h\mathcal{R}^{-1})$ 可以被忽略。因此有

$$k_\mu A^{\mu\alpha} = 0, \tag{3.31}$$

即此波是横波。由弯曲空间波动方程可知

$$0=-k_\mu k^\mu A_{\alpha\beta}\cos\varphi-\left[A_{\alpha\beta}\overset{0}{\nabla}_\mu k^\mu+2k^\mu\overset{0}{\nabla}_\mu A_{\alpha\beta}\right]\sin\varphi+O\left(h\mathcal{R}^{-2}\right). \tag{3.32}$$

等号右边第一项是 $O(h\lambda^{-2})$，它相对于方括号中 $O(h\lambda^{-1}\mathcal{R}^{-1})$ 项占主导，最后的 $O(h\mathcal{R}^{-2})$ 项可忽略。这两项每一项都必须各自为零，所以

$$0=k_\mu k^\mu, \tag{3.33}$$

即波矢是类光矢量，以及

$$0=A_{\alpha\beta}\overset{0}{\nabla}_\mu k^\mu+2k^\mu\overset{0}{\nabla}_\mu A_{\alpha\beta}. \tag{3.34}$$

式 (3.33) 连同 k_α 是标量 $\varphi(\mathbf{x})$ 的导数，表明波矢量 $\mathbf{k}$ 满足测地线方程：

$$\begin{aligned}0&=\frac{1}{2}\overset{0}{\nabla}_\alpha(k^\mu k_\mu)=k^\mu\overset{0}{\nabla}_\alpha k_\mu=k^\mu\overset{0}{\nabla}_\alpha\overset{0}{\nabla}_\mu\varphi=k^\mu\overset{0}{\nabla}_\mu\overset{0}{\nabla}_\alpha\varphi\\&=k^\mu\overset{0}{\nabla}_\mu k_\alpha.\end{aligned} \tag{3.35}$$

这些波沿背景时空的测地线传播。若将振幅 $A_{\alpha\beta}$ 记为标量振幅 $\mathcal{A}$ 和极化张量 $e_{\alpha\beta}$ 的乘积，并且极化矢量的归一化满足 $e^{\mu\nu}e_{\mu\nu}=2$，则式 (3.34) 变为

$$0=\frac{1}{2}\mathcal{A}e_{\alpha\beta}\overset{0}{\nabla}_\mu k^\mu+e_{\alpha\beta}k^\mu\overset{0}{\nabla}_\mu\mathcal{A}+\mathcal{A}k^\mu\overset{0}{\nabla}_\mu e_{\alpha\beta}. \tag{3.36}$$

如果我们用 $A^{\alpha\beta}=\mathcal{A}e^{\alpha\beta}$ 缩并这个方程，且注意到 $0=\overset{0}{\nabla}_\mu(e^{\alpha\beta}e_{\alpha\beta})=2e^{\alpha\beta}\overset{0}{\nabla}_\mu e_{\alpha\beta}$，则有

$$0=\mathcal{A}^2\overset{0}{\nabla}_\mu k^\mu+2\mathcal{A}k^\mu\overset{0}{\nabla}_\mu\mathcal{A}=\overset{0}{\nabla}_\mu(\mathcal{A}^2k^\mu), \tag{3.37}$$

再使用式 (3.36)，可得

$$k^\mu\overset{0}{\nabla}_\mu e_{\alpha\beta}=0. \tag{3.38}$$

式 (3.37) 是一个对于流 $\mathcal{A}^2k^\alpha$ 的守恒方程 (参见习题 3.2)，而式 (3.38) 表明极化张量是沿类光测地线平行移动的。

例 3.3　引力波的衰减。

习题 3.3 表明引力波在黏性介质中衰减的长度尺度为

$$\ell=\frac{c^3}{8\pi G\eta}, \tag{3.39}$$

其中 η 是介质的黏滞因子。对于质量为 m、速度为 v 的气体分子，其相互作用截面为 σ，黏滞因子 $\eta \sim mv/\sigma$。气体中分子的平均自由程为 $d = 1/(n\sigma)$，其中 n 是气体中分子的数密度。所以 $\eta \sim \rho dv$，其中 $\rho = nm$ 是气体的质量密度。代入上式可得

$$\ell \sim \frac{c^2}{8\pi G\rho}\frac{1}{d}\frac{c}{v} = \mathcal{R}^2\frac{1}{d}\frac{c}{v}, \tag{3.40}$$

其中 $\mathcal{R} = c/\sqrt{8\pi G\rho}$ 是由气体质量所产生的时空曲率的尺度。在短波近似下有 $\mathcal{R} \gg \lambda$，要存在引力波的黏滞阻尼，还要求有 $\lambda \gg d$。最后，由于 $v \leqslant c$，可得

$$\ell \gg \mathcal{R}, \tag{3.41}$$

这就是说，引力波被介质衰减的尺度远大于介质产生的时空曲率的尺度。这意味着，在几乎所有感兴趣的情况下，我们都可以忽略引力波的衰减过程。 □

3.2 引力波的物理性质

在证明了引力波有两个极化态并且以光速传播之后，我们现在探讨引力波对观测者产生的效应 (以及如何探测它们)，并且证明引力波携带能量。

3.2.1 引力波的效应

下面我们继续以一般的平面引力波为例，检验引力波的物理效应和性质。具体地，我们将使用测地偏离方程去检验引力波对两个邻近的自由下落物体的相对运动产生的效应。

设两个粒子被空间矢量 $\boldsymbol{\zeta} = \zeta(\sin\theta\cos\phi\boldsymbol{e}_1 + \sin\theta\sin\phi\boldsymbol{e}_2 + \cos\theta\boldsymbol{e}_3)$ 分开。两个粒子的相对加速度为 $a_j = -R_{0i0j}\zeta^j$，因此

$$a_1 = -R_{0101}\zeta^1 - R_{0102}\zeta^2 = \frac{1}{2}\ddot{h}_+\zeta\sin\theta\cos\phi + \frac{1}{2}\ddot{h}_\times\zeta\sin\theta\sin\phi, \tag{3.42a}$$

$$a_2 = -R_{0202}\zeta^2 - R_{0201}\zeta^1 = -\frac{1}{2}\ddot{h}_+\zeta\sin\theta\sin\phi + \frac{1}{2}\ddot{h}_\times\zeta\sin\theta\cos\phi, \tag{3.42b}$$

$$a_3 = 0. \tag{3.42c}$$

注意加速度相对波的传播方向是**横向的**。我们可以用力线图把加速度描述为两个粒子位置的函数。考虑粒子分布在横向平面 $(\theta = \pi/2)$ 的情况。对于纯加号极化波 $(\ddot{h}_\times = 0, \ddot{h}_+ > 0)$，我们看到 $a_1 \propto x^1$，$a_2 \propto -x^2$，其中 $(x^1, x^2) = (\zeta\cos\phi, \zeta\sin\phi)$ 是第二个粒子相对于参考粒子在横向平面内的坐标。力线图如图 3.1 所示。对于纯叉号极化波 $(\ddot{h}_+ = 0, \ddot{h}_\times > 0)$，我们看到 $a_1 \propto x^2, a_2 \propto x^1$。力线图如图 3.2 所示。

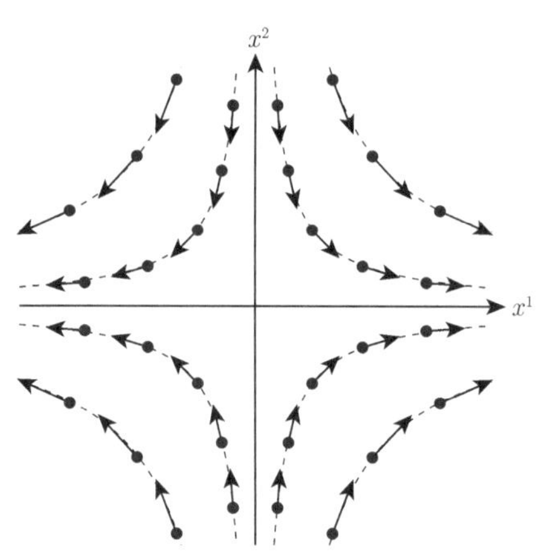

图 3.1　纯加号极化引力波横向平面内的力线图。“加号” 的名字源于力线的形状

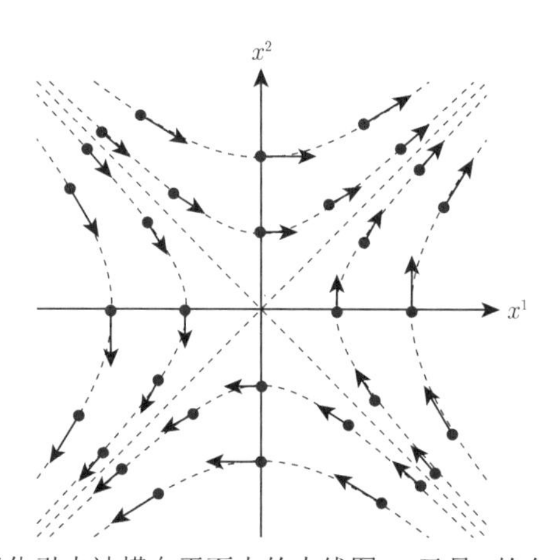

图 3.2　纯叉号极化引力波横向平面内的力线图。“叉号” 的名字源于力线的形状

我们可以推导分离矢量如何随时间演化。分离矢量的大小是两个邻近的自由下落粒子距离的度量。单位分离矢量为 $\boldsymbol{e}_\zeta = \boldsymbol{\zeta}/\zeta$，此方向上的测地偏离加速度的分量为

$$
\begin{aligned}
\boldsymbol{a}_\zeta = \boldsymbol{e}_\zeta \cdot \boldsymbol{a} &= -\frac{1}{\zeta} R_{0i0j} \zeta^i \zeta^j \\
&= a_1 \sin\theta\cos\phi + a_2 \sin\theta\sin\phi \\
&= \zeta\left(\frac{1}{2}\ddot{h}_+ \sin^2\theta\cos 2\phi + \frac{1}{2}\ddot{h}_\times \sin^2\theta\sin 2\phi\right). \qquad (3.43)
\end{aligned}
$$

对上式积分两次 (假设粒子在初始时刻彼此是相对静止的) 可得

$$\zeta(t)=\zeta(0)\left(1+\frac{1}{2}h_{+}\sin^2\theta\cos 2\phi+\frac{1}{2}h_{\times}\sin^2\theta\sin 2\phi\right). \tag{3.44}$$

当 $\theta=0$ 或者 $\theta=\pi$ 时，分离矢量不随时间改变。这是因为引力波是横向的，它不影响初始时刻沿传播方向分离的自由下落粒子之间的距离。当 $\theta=\pi/2$，即分离矢量位于横向平面内时，ζ 的改变最大。h_+ 和 $h_\times$ 之间的转动依赖于两倍的方位角 2ϕ，因此它们是四极场。这可以通过分析每个极化态 (h_+ 和 $h_\times$) 对粒子环的效应看出。当引力波通过时，初始为圆形的环被扭曲成椭圆形，其方向依赖于波的极化态，参见图 3.3(a) 和 (b)。

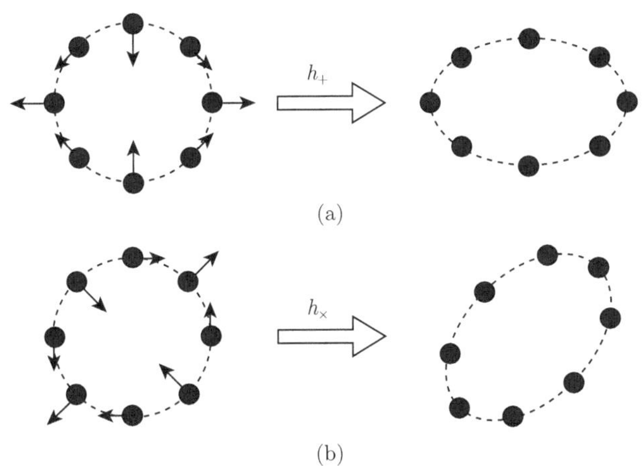

图 3.3 正在通过的引力波的横向平面内，粒子环发生了形变：纯加号极化引力波的效应 (a) 和纯叉号极化引力波的效应 (b)

例 3.4 平面引力波的自由度。

我们已经探讨过平面引力波仅有两个独立的自由度。了解这是如何依赖于我们所关注的特定引力理论——广义相对论，以及在其他引力理论中可能存在的其他自由度是很有启发性的。回想一下，引力波的物理表现导致了对曲率张量 $R_{\alpha\beta\gamma\delta}$ 的扰动。如果引力波是沿 $z=x^3$ 方向以光速传播的平面波，则

$$R_{\alpha\beta\gamma\delta}=R_{\alpha\beta\gamma\delta}(t-z/c). \tag{3.45}$$

比安基恒等式为

$$0=\frac{\partial}{\partial x^\alpha}R_{\beta\gamma\delta\epsilon}+\frac{\partial}{\partial x^\beta}R_{\gamma\alpha\delta\epsilon}+\frac{\partial}{\partial x^\gamma}R_{\alpha\beta\delta\epsilon}, \tag{3.46}$$

取 $\alpha=0$，$\beta=1$，$\gamma=2$，可证明 $R_{12\delta\varepsilon}$ 必为常数，我们设其值为零。由黎曼张量

前两个指标的反对称性，可得

$$R_{11\delta\epsilon} = R_{22\delta\epsilon} = R_{12\delta\epsilon} = R_{\delta\epsilon 11} = R_{\delta\epsilon 22} = R_{\delta\epsilon 12} = 0. \tag{3.47}$$

因此，对于一个非零的分量，第一对指标中的一个和第二对指标中的一个必为 0 或 3，再次由黎曼张量前两个指标的反对称性，得 $R_{00\delta\varepsilon} = 0$ 和 $R_{33\delta\varepsilon} = 0$。回到比安基恒等式，选择 $\alpha = 0$，$\beta = 1$ 和 $\gamma = 3$，可得

$$R_{13\delta\epsilon} = -c^{-1} R_{10\delta\epsilon}, \tag{3.48}$$

上式还包含一个积分常数，这里我们将其设为零。类似地，选择 $\beta = 2$，可得

$$R_{23\delta\epsilon} = -c^{-1} R_{20\delta\epsilon}, \tag{3.49}$$

其中我们使用了等式 $\partial R_{\alpha\beta\gamma\delta}/\partial z = -c^{-1}\partial R_{\alpha\beta\gamma\delta}/\partial t$。有了这些关系，很明显看出黎曼张量唯一的独立分量为 $R_{0i0j} = \mathcal{E}_{ij}$。

到目前为止，我们还没有加入爱因斯坦场方程 (尽管我们已经假定了任何场方程的平面波解)。对称的 3×3 潮汐张量 $\mathcal{E}_{ij}$ 有六个独立的分量。此潮汐张量对粒子球的物理效应可用来形象化地说明问题。六种极化为：① 仅 $\mathcal{E}_{33}$ 非零时，自旋为 0 的纵向极化；② 和 ③ 仅 $\mathcal{E}_{31} = \mathcal{E}_{13}$ 或 $\mathcal{E}_{32} = \mathcal{E}_{23}$ 非零时，两个自旋为 1 的纵向–横向极化；④ $\mathcal{E}_{11} = \mathcal{E}_{22}$ 且所有其他分量都为零时，横向且自旋为 0 的“呼吸模式”；⑤ $\mathcal{E}_{11} = -\mathcal{E}_{22}$ 且所有其他分量都为零时，横向且自旋为 2 的“加号”极化；⑥ $\mathcal{E}_{12} = \mathcal{E}_{21}$ 且所有其他分量都为零时，横向且自旋为 2 的“叉号”极化。这些模式由它们对自由下落的粒子球所产生的效应来描述，参见图 3.4(a)~(e)。

真空场方程 $R_{\alpha\beta} = R_{\alpha\mu\beta}{}^{\mu} = 0$ 加入了额外的限制。尤其是 $R_{31} = 0$ 表明 $R_{3010} = 0$，$R_{32} = 0$ 表明 $R_{3020} = 0$，因此纵向-横向模式不存在。同时，$R_{00} = 0$ 表明 $R_{0101} + R_{0202} + R_{0303} = 0$，而 $R_{33} = 0$ 表明 $R_{0101} + R_{0202} - R_{0303} = 0$，这些在一起说明 $R_{0303} = 0$，排除了纵向且自旋为 0 的模式，并且 $R_{0101} = -R_{0202}$ 排除了横向且自旋为 0 的呼吸模式。剩下的就只有横向且自旋为 2 的加号模式和叉号模式。 □

例 3.5 加号和叉号极化张量。

引力辐射产生潮汐 (测地偏离)，潮汐场为 $\mathcal{E}_{ij} = R_{0i0j}$，它能够表示为两个极化张量 e_{ij}^{+} 和 $e_{ij}^{\times}$ 的线性组合：$\mathcal{E}_{ij} = -\dfrac{1}{2}\ddot{h}_{+}e_{ij}^{+} - \dfrac{1}{2}\ddot{h}_{\times}e_{ij}^{\times}$。对于沿 z 方向传播的引力波，这些极化张量的形式为

$$\mathbf{e}_{+} = \begin{bmatrix} 1 & 0 & 0 \\ 0 & -1 & 0 \\ 0 & 0 & 0 \end{bmatrix}, \quad \mathbf{e}_{\times} = \begin{bmatrix} 0 & 1 & 0 \\ 1 & 0 & 0 \\ 0 & 0 & 0 \end{bmatrix}. \tag{3.50}$$

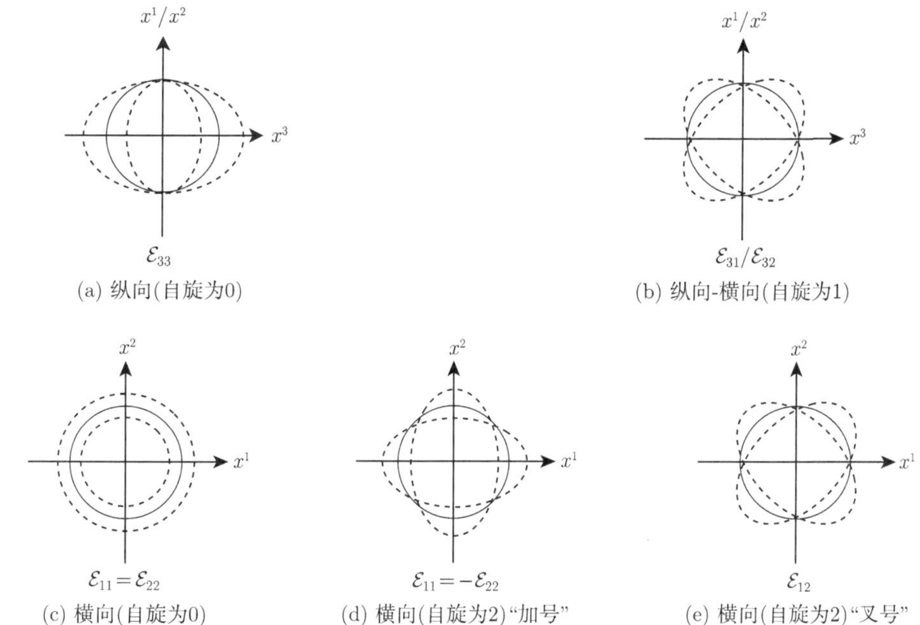

图 3.4 广义的引力波中六种极化态。这些图展示了沿 x^3 方向传播的引力波的每种模式对粒子球产生的效应：(a) 自旋为 0 的纵向模式；(b) 两个自旋为 1 的纵向-横向模式；(c) 纯横向模式，也称作自旋为 0 的“呼吸模式”；两种无迹的 (d) “加号” 和 (e) “叉号” 模式

假设我们选择一个新的坐标系 $\{x', y', z'\}$，它是在横向平面内通过被动旋转角度 ϕ 得到的

$$\begin{bmatrix} x' \\ y' \\ z' \end{bmatrix} = \mathbf{R}_3^{\text{passive}}(\phi) \begin{bmatrix} x \\ y \\ z \end{bmatrix}, \quad \mathbf{R}_3^{\text{passive}}(\phi) = \begin{bmatrix} \cos\phi & \sin\phi & 0 \\ -\sin\phi & \cos\phi & 0 \\ 0 & 0 & 1 \end{bmatrix} \tag{3.51}$$

在此坐标变换下，可得

$$\begin{aligned} \mathbf{e}'_+ &= \mathbf{R}_3^{\text{passive}}(\phi)\mathbf{e}_+ \left[\mathbf{R}_3^{\text{passive}}(\phi)\right]^{-1} \\ &= \begin{bmatrix} 1 & 0 & 0 \\ 0 & -1 & 0 \\ 0 & 0 & 0 \end{bmatrix} \cos 2\phi - \begin{bmatrix} 0 & 1 & 0 \\ 1 & 0 & 0 \\ 0 & 0 & 0 \end{bmatrix} \sin 2\phi \\ \mathbf{e}'_\times &= \mathbf{R}_3^{\text{passive}}(\phi)\mathbf{e}_\times \left[\mathbf{R}_3^{\text{passive}}(\phi)\right]^{-1} \\ &= \begin{bmatrix} 1 & 0 & 0 \\ 0 & -1 & 0 \\ 0 & 0 & 0 \end{bmatrix} \sin 2\phi + \begin{bmatrix} 0 & 1 & 0 \\ 1 & 0 & 0 \\ 0 & 0 & 0 \end{bmatrix} \cos 2\phi \end{aligned} \tag{3.52}$$

因此

$$\begin{aligned}\mathbf{e}_+ &\to \mathbf{e}'_+ = \mathbf{e}_+\cos 2\phi - \mathbf{e}_\times \sin 2\phi,\\ \mathbf{e}_\times &\to \mathbf{e}'_\times = \mathbf{e}_\times\cos 2\phi + \mathbf{e}_+ \sin 2\phi.\end{aligned} \tag{3.53}$$

注意极化张量转动了 2ϕ 而不是 ϕ，这表明它们代表一个四极扰动。 □

引力波的探测如下所述。

引力波探测器利用引力波对物体产生的物理效应来探测引力波。例如，引力波探测器可以监测两个自由下落物体之间的距离。当引力波通过时，这两个物体将经历一个相对于对方的潮汐加速度。一个常见的问题出现了："这个相对加速度是如何测量的？" 对于大的引力波度规扰动，自由下落物体之间的距离可以用刚性物体 (如尺子) 测量。尺子的刚度将抵抗 (一些) 潮汐力，而自由下落物体将经历完全的潮汐加速度。(类似地，由于固体地球抵抗潮汐变形的能力，地球潮汐远比海洋潮汐小。) 但是对于非常微弱的引力波，如何制作刚体并不清楚：在引力波形变的微小尺度上，组成物体的原子本质上是相对于彼此自由下落的。

两个物体之间的距离可以通过雷达 (射电) 测距或者某种类似的技术来监控。问题是用来测量两个物体之间距离的电磁波是否会受引力波的影响。另外一种检测由引力波引起的两个物体之间距离变化的方法是寻找从一个物体发射到另一个物体的信号的多普勒频移。接下来将考虑这个问题。

以一个特定的引力波探测器为例，考虑相距一段距离的两个物体 $\mathcal{A}$ 和 $\mathcal{B}$。物体 $\mathcal{A}$ 发射频率为 $\nu_{\mathcal{A}}$ 的射电信号，在物体 $\mathcal{B}$ 处接收到的频率为 $\nu_{\mathcal{B}}$，由于两个物体的相对运动 (多普勒效应) 与引力波的存在，$\nu_{\mathcal{A}}$ 和 $\nu_{\mathcal{B}}$ 有可能是不同的。射电信号的红移为 $\mathcal{Z} = (\nu_{\mathcal{A}} - \nu_{\mathcal{B}})/\nu_{\mathcal{B}}$，该红移受引力波影响[①]。

构建一个坐标系，物体 $\mathcal{B}$ 位于原点，物体 $\mathcal{A}$ 在 x-z 平面上，从 $\mathcal{B}$ 到 $\mathcal{A}$ 的方向矢量 $\hat{\boldsymbol{p}}$ 与 $\boldsymbol{e}_3$ 轴的夹角为 θ (参见图 3.5)。为了简化，我们考虑在空间、横向、无迹 (TT) 规范下的一个沿 $\hat{\boldsymbol{n}} = \boldsymbol{e}_3$ 方向传播的纯加号极化平面引力波，$h_{11} = -h_{22} = h_+(t - z/c)$。射电信号遵循类光测地线，其切矢量为[②]

$$\hat{k}^\alpha = \frac{\mathrm{d}x^\alpha}{\mathrm{d}\lambda} = \nu\left[1, -\left(1 - \frac{1}{2}h_+\right)c\sin\theta, 0, -c\cos\theta\right]. \tag{3.54}$$

① 原书注：注意区分红移 $\mathcal{Z}$ 和坐标 z。

② 原书注：在无扰动的时空中，类光测地线为 $\overset{0}{k}{}^\alpha \propto [1, -c\sin\theta, 0, -c\cos\theta]$。当引入扰动 $h_{\alpha\beta}$ 时，类光测地线变为 $k^\alpha = \overset{0}{k}{}^\alpha - \frac{1}{2}\eta^{\alpha\mu}h_{\mu\nu}\overset{0}{k}{}^\nu$。选择 $\hat{k}^\alpha$ 的归一化常数使得 $\hat{k}^\alpha = \nu$ 是射电信号的频率。

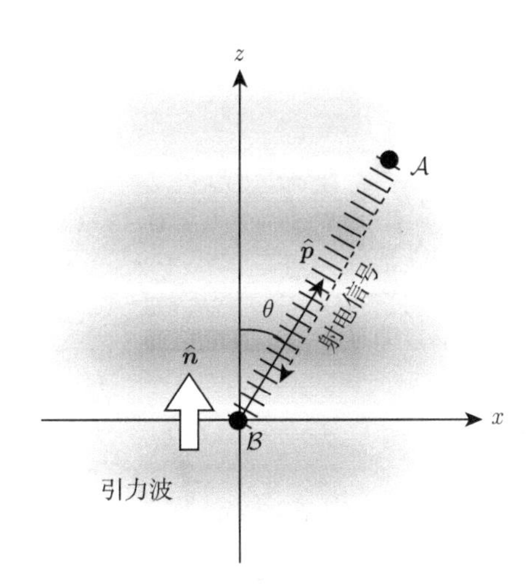

图 3.5 $\mathcal{A}$ 点处的源发出的射电信号沿 $-\hat{\boldsymbol{p}}$ 方向传播到 $\mathcal{B}$ 点处的接收者。引力波沿 $\hat{\boldsymbol{n}}=\boldsymbol{e}_3$ 方向传播。θ 是矢量 $\hat{\boldsymbol{n}}$ 和 $\hat{\boldsymbol{p}}$ 之间的夹角，$\hat{\boldsymbol{n}}\cdot\hat{\boldsymbol{p}}=\cos\theta$

易证此矢量在引力波振幅 h 的一阶上是类光的。矢量 $\hat{k}^\alpha$ 是一个仿射矢量，仿射参数为 λ，因此 $\hat{k}^0=\nu=\mathrm{d}t/\mathrm{d}\lambda$ 是射电信号的频率，并且测地线方程要求

$$\frac{\mathrm{d}\hat{k}^\alpha}{\mathrm{d}\lambda}=-\Gamma^\alpha_{\mu\nu}\hat{k}^\mu\hat{k}^\nu. \tag{3.55}$$

为了测量多普勒频移，我们必须计算 $\mathrm{d}\hat{k}^0/\mathrm{d}\lambda=\mathrm{d}\nu/\mathrm{d}\lambda$ 并将其沿测地线积分，从 $\lambda=\lambda_{\mathcal{A}}$ 的点 $\mathcal{A}$ 到 $\lambda=\lambda_{\mathcal{B}}$ 的点 $\mathcal{B}$。给定度规扰动的形式，测地线方程化简为

$$\begin{aligned}\frac{\mathrm{d}v}{\mathrm{d}\lambda}&=-\Gamma^0_{11}\hat{k}^1\hat{k}^1=-\frac{1}{2}\frac{1}{c^2}\frac{\partial h_+}{\partial t}\left[\nu\left(1-\frac{1}{2}h_+\right)c\sin\theta\right]^2\\&=-\frac{1}{2}\frac{\partial h_+}{\partial t}\nu^2\sin^2\theta+O\left(h^2\right),\end{aligned} \tag{3.56}$$

其中 $\Gamma^0_{11}=\dfrac{1}{2}c^{-2}(\partial h_+/\partial t)$。$h_+(t-z/c)$ 对 t 的偏导数可被表示为 h_+ 对 λ 的全导数：

$$\begin{aligned}\frac{\mathrm{d}h_+}{\mathrm{d}\lambda}&=\frac{\mathrm{d}t}{\mathrm{d}\lambda}\frac{\partial h_+}{\partial t}+\frac{\mathrm{d}z}{\mathrm{d}\lambda}\frac{\partial h_+}{\partial z}=\frac{\mathrm{d}t}{\mathrm{d}\lambda}\frac{\partial h_+}{\partial t}-\frac{1}{c}\frac{\mathrm{d}z}{\mathrm{d}\lambda}\frac{\partial h_+}{\partial t}\\&=\left(\hat{k}^0-\hat{k}^3/c\right)\frac{\partial h_+}{\partial t}=\nu(1+\cos\theta)\frac{\partial h_+}{\partial t}.\end{aligned} \tag{3.57}$$

因此，到 h 的一阶，$\mathrm{d}\ln\nu/\mathrm{d}\lambda$ 是一个全导数

$$\frac{\mathrm{d}\ln\nu}{\mathrm{d}\lambda}=-\frac{\mathrm{d}}{\mathrm{d}\lambda}\left[\frac{1}{2}(1-\cos\theta)h_+\right]+O\left(h^2\right) \tag{3.58}$$

由于 ν 和 θ 除了 $O(h)$ 的修正外都是常数。于是频率的改变仅依赖于射电信号发射和接收时度规扰动的值

$$\ln\left(\nu_{\mathcal{A}}/\nu_{\mathcal{B}}\right) = -\int_{\lambda_{\mathcal{A}}}^{\lambda_{\mathcal{B}}} \frac{\mathrm{d}\ln\nu}{\mathrm{d}\lambda}\mathrm{d}\lambda = \int_{\lambda_{\mathcal{A}}}^{\lambda_{\mathcal{B}}} \frac{\mathrm{d}}{\mathrm{d}\lambda}\left[\frac{1}{2}(1-\cos\theta)h_+\right]\mathrm{d}\lambda + O\left(h^2\right)$$
$$= \frac{1}{2}(1-\cos\theta)\left[h_+\left(x_{\mathcal{B}}^\alpha\right) - h_+\left(x_{\mathcal{A}}^\alpha\right)\right] + O\left(h^2\right), \tag{3.59}$$

并且由于 $\ln(\nu_{\mathcal{A}}/\nu_{\mathcal{B}}) = \ln(1+\mathcal{Z}) \simeq \mathcal{Z}$，故多普勒频移为

$$\mathcal{Z} = \frac{\nu_{\mathcal{A}} - \nu_{\mathcal{B}}}{\nu_{\mathcal{B}}} = \frac{1}{2}(1-\cos\theta)\left[h_+\left(x_{\mathcal{B}}^\alpha\right) - h_+\left(x_{\mathcal{A}}^\alpha\right)\right] + O\left(h^2\right). \tag{3.60}$$

注意红移仅依赖于射电信号发射和接收时间及地点的度规扰动：对于平面引力波，连接 $\mathcal{A}$ 和 $\mathcal{B}$ 两点的类光测地线端点处的度规扰动值才会算入观测到的红移。

对于沿 $\hat{\boldsymbol{n}}$ 方向传播的任意极化的引力波，一般的结果为

$$\mathcal{Z} = \frac{\nu_{\mathrm{em}} - \nu_{\mathrm{rec}}}{\nu_{\mathrm{rec}}} = \frac{1}{2}\frac{\hat{p}^i\hat{p}^j}{1+\hat{\boldsymbol{n}}\cdot\hat{\boldsymbol{p}}}\left[h_{ij}^{\mathrm{TT}}\left(t_{\mathrm{rec}}, \boldsymbol{x}_{\mathrm{rec}}\right) - h_{ij}^{\mathrm{TT}}\left(t_{\mathrm{em}}, \boldsymbol{x}_{\mathrm{em}}\right)\right]. \tag{3.61}$$

因此，我们可以通过搜索从一个物体发射到另一个物体的信号的多普勒调制直接探测引力波。

例 3.6 共振质量探测器。

第一个被建造的引力波探测器是**共振质量探测器**或称**棒状探测器**。它们是又大又重的金属棒。探测器会吸收引力波并产生振动，这样的振动有望被探测到。

我们可以将棒状探测器建模为一个简单的阻尼弹簧。假设两个质量为 m_1 和 m_2 的物体位于 x 轴上，它们由弹性系数为 k 的弹簧相连，平衡时弹簧长度为 L。令 x 为两物体的间距对平衡时长度的偏离。如果引力波沿 z 轴传播并且沿 x 轴极化，则有 $h_{11} = -h_{22} = h_+ = h\cos\omega t$。当引力波入射到振子时，振动被驱动，其运动方程为

$$\frac{\mathrm{d}^2x}{\mathrm{d}t^2} + 2\beta\frac{\mathrm{d}x}{\mathrm{d}t} + \omega_0^2 x = -R_{0101}L = -\frac{1}{2}hL\omega^2\cos\omega t. \tag{3.62}$$

其中 $\omega_0 = \sqrt{k/\mu}$ 是振子的特征频率，$\mu := m_1m_2/(m_1+m_2)$ 是系统的约化质量；$\beta = b/(2\mu)$ 是阻尼参数，这里的耗散力可写为 $F_{\mathrm{diss}} = -b(\mathrm{d}x/\mathrm{d}t)$。我们已假设 $L \ll \lambda$，其中 $\lambda = 2\pi c/\omega$ 是引力波的波长。

在初始的暂态之后，振子运动的平衡态将为

$$x(t) = x_{\max}\cos(\omega t + \delta), \tag{3.63}$$

其中

$$x_{\max} = \frac{1}{2}hL\frac{\omega^2}{\sqrt{\left(\omega_0^2 - \omega^2\right)^2 + 4\omega^2\beta^2}}, \tag{3.64}$$

并且

$$\tan\delta = \frac{2\omega\beta}{\omega^2 - \omega_0^2}. \tag{3.65}$$

当引力波频率 ω 接近振子特征频率 ω_0 时，振子发生共振激发。具体地说，振幅共振 (驱动频率使振幅达到最大) 发生在 $\omega = \bar{\omega} = \sqrt{\omega_0^2 - 2\beta^2}$，而动能共振 (驱动频率产生的振动具有最大的平均动能) 发生在 $\omega = \omega_0$。当 $\omega = \omega_0$ 时，振幅为

$$x_{\max,\mathrm{res}} = \frac{1}{2}hLQ, \tag{3.66}$$

其中

$$Q := \frac{\omega_0}{2\beta} \tag{3.67}$$

是振子的**品质因子**。

振动动能为 $E_{\mathrm{kin}} = \dfrac{1}{2}\mu(\mathrm{d}x/\mathrm{d}t)^2$，振子势能为 $E_{\mathrm{pot}} = \dfrac{1}{2}kx^2$，引力波作用在振子上的功为 $W = \dfrac{1}{2}\mu(\mathrm{d}x/\mathrm{d}t)Lh\cos\omega t$，能量耗散率为 $(\mathrm{d}E_{\mathrm{tot}}/\mathrm{d}t)_{\mathrm{diss}} = -(\mathrm{d}x/\mathrm{d}t)F_{\mathrm{diss}}$。对一个振动周期做平均可得

$$\langle E_{\mathrm{kin}} \rangle = \frac{1}{4}\mu x_{\max}^2\omega_0^2, \tag{3.68}$$

$$\langle E_{\mathrm{pot}} \rangle = \frac{1}{4}\mu x_{\max}^2\omega_0^2, \tag{3.69}$$

$$\langle W \rangle = -\left\langle \frac{\mathrm{d}E_{\mathrm{tot}}}{\mathrm{d}t} \right\rangle_{\mathrm{diss}} = \beta\mu x_{\max}^2\omega_0^2. \tag{3.70}$$

在共振时，振动的**衰减率**为

$$\Gamma = \frac{-\left\langle \mathrm{d}E_{\mathrm{tot}}/\mathrm{d}t \right\rangle_{\mathrm{diss}}}{\langle E_{\mathrm{tot}} \rangle} = 2\beta, \tag{3.71}$$

其中 $E_{\mathrm{tot}} = E_{\mathrm{kin}} + E_{\mathrm{pot}}$ 是振动的总能量。

如果一个 $h \sim 10^{-21}$ 的引力波在某段较长时间内以 $f = \omega_0/(2\pi) \sim 1\mathrm{kHz}$ 的频率入射到具有 $L \sim 1\mathrm{m}$，$\mu \sim 1000\mathrm{kg}$，$Q \sim 10^{16}$ 的共振质量探测器上，则激发的振幅 $x_{\max,\mathrm{res}} \sim 10^{-15}\mathrm{m}$。振子的能量为 $\langle E_{\mathrm{tot}} \rangle \sim 10^{-21}\mathrm{J}$。振子的热能为 $k_{\mathrm{B}}T$，如果 $T = 300\mathrm{K}$，热能也为 $\sim 10^{-21}\mathrm{J}$。因此，如果探测器处于室温，就无法区分引力波引起的振动和热振动。 □

3.2.2 引力波携带的能量

由于引力波对邻近粒子产生真实的物理效应——当引力波通过时，它们彼此相向或者相背加速，很明显，引力波一定携带着能量。想象两个珠子处在一个粗糙的刚性杆上。当引力波通过时，珠子将彼此相向或者相背地沿杆滑动。摩擦将会使杆变热，这个能量一定来自引力波。

我们想要计算引力辐射的能量。我们不能唯一地定义一个引力波的局域能，因为在广义相对论中不存在局域引力能的概念：总可以变换到一个局域惯性参考系，在其中没有引力场，也就没有局域能量。作为替代，我们将计算在一个时空区域中引力辐射的能量，此区域大到足以包含许多个辐射的波长，但是小于任何背景曲率的尺度。本质上，我们想要对有效能量-动量张量做积分平均，积分体积要大到足以使体积的贡献大于边界的贡献 (这表明许多个辐射的波长)。然而，这个体积又必须足够小，以至于留下一个可以定义张量积分的法邻域。

真空中爱因斯坦场方程为

$$0 = G_{\alpha\beta} = \overset{0}{G}_{\alpha\beta} + \overset{1}{G}_{\alpha\beta}\left[h_{\mu\nu}\right] + \overset{2}{G}_{\alpha\beta}\left[h_{\mu\nu}\right] + \cdots , \tag{3.72}$$

其中 $G_{\alpha\beta}$ 是完整度规 $g_{\alpha\beta} = \eta_{\alpha\beta} + h_{\alpha\beta}$ 的爱因斯坦张量，$\overset{0}{G}_{\alpha\beta} = 0$ 是平直时空背景度规 $\eta_{\alpha\beta}$ 的爱因斯坦张量 (当然，它为零)，还有

$$\overset{1}{G}_{\alpha\beta}, \overset{2}{G}_{\alpha\beta},$$

等等，它们是 $G_{\alpha\beta}$ 以扰动 $h_{\alpha\beta}$ 的幂级数展开的 $O(h)$，$O(h^2)$ 等。如果我们现在将 $g_{\alpha\beta}$ 写为

$$g_{\alpha\beta} = \eta_{\alpha\beta} + h_{\alpha\beta} = \eta_{\alpha\beta} + \lambda \overset{1}{h}_{\alpha\beta} + \lambda^2 \overset{2}{h}_{\alpha\beta} + \cdots , \tag{3.73}$$

其中 λ 是形式上的序参数，可得

$$0 = G_{\alpha\beta} = \lambda \overset{1}{G}_{\alpha\beta}\left[\overset{1}{h}_{\mu\nu}\right] + \lambda^2 \left(\overset{1}{G}_{\alpha\beta}\left[\overset{2}{h}_{\mu\nu}\right] + \overset{2}{G}_{\alpha\beta}\left[\overset{1}{h}_{\mu\nu}\right] \right) + O\left(\lambda^3\right), \tag{3.74}$$

由于此式对 λ 必须逐阶成立，则有

$$\overset{1}{G}_{\alpha\beta}\left[\overset{1}{h}_{\mu\nu}\right] = 0, \tag{3.75a}$$

$$\overset{1}{G}_{\alpha\beta}\left[\overset{2}{h}_{\mu\nu}\right] = -\overset{2}{G}_{\alpha\beta}\left[\overset{1}{h}_{\mu\nu}\right], \tag{3.75b}$$

等等。

这些方程给出了对背景度规的一阶 ($\overset{1}{h}_{\alpha\beta}$) 和二阶 ($\overset{2}{h}_{\alpha\beta}$) 修正。直到现在，我们已经对一阶度规扰动解出了式 (3.75a)，并且忽略了场方程仅在除去 $O(h^2)$ 及更高阶项的情况下成立这个事实。现在我们注意到被丢掉的 $O(h^2)$ 及更高阶项事实上形成了一个有效能量-动量张量，它是式 (3.75b) 中度规二阶修正的源项。即可将式 (3.75b) 重新写为

$$\overset{1}{G}_{\alpha\beta}\,[\overset{2}{h}_{\mu\nu}] = \frac{8\pi G}{c^4} T^{\mathrm{GW}}_{\alpha\beta}, \tag{3.76a}$$

其中

$$T^{\mathrm{GW}}_{\alpha\beta} = -\frac{c^4}{8\pi G}\,\overset{2}{G}_{\alpha\beta}\,[\overset{1}{h}_{\mu\nu}] \tag{3.76b}$$

是由一阶引力波扰动产生的有效能量-动量张量。为了使 $T^{\mathrm{GW}}_{\alpha\beta}$ 规范不变，我们必须在一个大到足以包含几个引力波振动的时空区域做积分平均。因此，我们的目标是计算

$$T^{\mathrm{GW}}_{\alpha\beta} = -\frac{c^4}{8\pi G}\left\langle \overset{2}{R}_{\alpha\beta} - \frac{1}{2}\eta_{\alpha\beta}\,\overset{2}{R} \right\rangle, \tag{3.77}$$

其中 $\langle\cdot\rangle$ 代表积分平均。

为了进行此计算，我们使用

$$R_{\alpha\beta} = \frac{\partial \Gamma^{\mu}_{\alpha\beta}}{\partial x^{\mu}} - \frac{\partial \Gamma^{\mu}_{\mu\beta}}{\partial x^{\alpha}} + \Gamma^{\mu}_{\alpha\beta}\Gamma^{\nu}_{\mu\nu} - \Gamma^{\mu}_{\nu\beta}\Gamma^{\nu}_{\alpha\mu}, \tag{3.78}$$

并且当采用如下技巧时保留 $h_{\alpha\beta}$ 的二次项：① 采用 TT-规范中的谐和坐标，使得 $h^{\mathrm{TT}}_{0\mu} = 0$，$\delta^{ik}\partial h^{\mathrm{TT}}_{ij}/\partial x^k = 0$ 和 $\delta^{ij}h^{\mathrm{TT}}_{ij} = 0$。② 假设在积分平均下，所有 $\langle \partial T_{\beta\cdots\gamma}/\partial x^{\alpha}\rangle$ 形式的项都可以被忽略，因为这些项只对区域的边界做贡献，通过扩大积分区域可以使这些项比体积的贡献任意小 (等效于高阶贡献)。③ 使用场方程 $\Box h^{\mathrm{TT}}_{ij} = 0$。结果为 (Isaacson，1968a，1968b)

$$T^{\mathrm{GW}}_{\alpha\beta} = \frac{c^4}{32\pi G}\left\langle \frac{\partial h^{ij}_{\mathrm{TT}}}{\partial x^{\alpha}} \frac{\partial h^{\mathrm{TT}}_{ij}}{\partial x^{\beta}} \right\rangle. \tag{3.79}$$

(参见习题 3.1。)

对于平面引力波，得到方程 (3.79) 的一个有用的表达式。考虑沿 $z = x^3$ 方向传播的平面引力波

$$h^{\mathrm{TT}}_{ij} = h^{\mathrm{TT}}_{ij}(t - z/c) = h_{+}(t - z/c)e^{+}_{ij} + h_{\times}(t - z/c)e^{\times}_{ij}. \tag{3.80}$$

由于 $e_+^{ij}e_{ij}^+ = e_\times^{ij}e_{ij}^\times = 2$ 和 $e_+^{ij}e_{ij}^\times = 0$，可得

$$T_{00}^{\mathrm{GW}} = -cT_{03}^{\mathrm{GW}} = -cT_{30}^{\mathrm{GW}} = c^2T_{33}^{\mathrm{GW}} = \frac{c^4}{16\pi G}\left\langle \dot{h}_+^2 + \dot{h}_\times^2 \right\rangle \tag{3.81}$$

并且所有其他分量都为零。

对于沿 $z = x^3$ 方向传播且频率为 ω 的单色平面波

$$h_{ij}^{\mathrm{TT}} = \mathcal{A}_+ \cos\left[\omega(t - z/c) + \delta_+\right] e_{ij}^+ + \mathcal{A}_\times \cos\left[\omega(t - z/c) + \delta_\times\right] e_{ij}^\times \tag{3.82}$$

时空平均可以被当做在许多周期内的时间平均，$\left\langle \cos^2\omega(t - z/c)\right\rangle = 1/2$，引力波能量-动量张量变成特别简单的形式：

$$T_{00}^{\mathrm{GW}} = -cT_{03}^{\mathrm{GW}} = -cT_{30}^{\mathrm{GW}} = c^2T_{33}^{\mathrm{GW}} = \frac{c^4}{32\pi G}\omega^2\left(\mathcal{A}_+^2 + \mathcal{A}_\times^2\right) \tag{3.83}$$

而所有其他分量都为零。

3.3　引力辐射的产生

引力波源于质量的加速运动。因为引力波携带能量和动量，所以产生引力波的物体会受到引力波的反作用力。为了计算一个动力系统产生的引力波，我们需要获得依赖于物体运动的度规扰动的远场表达式，并且我们需要通过考查近场运动方程，包括近场度规扰动 (它可能一点也不小)，来获得物体本身的运动方程。不过，我们将在本章中假设牛顿运动方程对于描述近场动力学而言足够好，同时将辐射反作用作为一种长期的反作用力，以确保能量和角动量的平衡。(我们将在第 4 章中考虑后牛顿运动方程。)

3.3.1　远场和近场解

到目前为止我们已经考虑了引力辐射在远离辐射源的远场区的性质。在远场区，度规扰动是辐射性的，场是真空爱因斯坦方程的解。现在我们转向将非真空爱因斯坦方程近场解和远场解连接起来的问题。这将使我们能够分析引力辐射是如何产生的。

如前，我们选择反迹度规扰动满足 $\partial\bar{h}^{\mu\alpha}/\partial x^\mu = 0$ 的谐和坐标。爱因斯坦场方程为

$$\Box\,\bar{h}^{\alpha\beta} = -\frac{16\pi G}{c^4}T^{\alpha\beta} + O\left(h^2\right). \tag{3.84}$$

其中 $\Box$ 是平直空间达朗贝尔算符，$O(h^2)$ 项是爱因斯坦张量中度规扰动的二阶项，对于线性度规扰动，它可被视为一个额外的等效源——引力辐射本身对于总的能

量-动量张量的贡献。我们定义**有效能量-动量张量** $\tau^{\alpha\beta}$，它包括物质的能量-动量张量 $T^{\alpha\beta}$ 和 $O(h^2)$ 项。精确的场方程可以写为

$$\Box\, \bar{h}^{\alpha\beta} = -\frac{16\pi G}{c^4}\tau^{\alpha\beta}. \tag{3.85}$$

由洛伦茨规范条件，可得

$$0 = \Box\, \frac{\partial \bar{h}^{\mu\alpha}}{\partial x^{\mu}} = \frac{\partial}{\partial x^{\mu}}\Box\, \bar{h}^{\mu\alpha} = -\frac{16\pi G}{c^4}\frac{\partial \tau^{\mu\alpha}}{\partial x^{\mu}}, \tag{3.86}$$

因此

$$\frac{\partial \tau^{\mu\alpha}}{\partial x^{\mu}} = 0 \tag{3.87}$$

即是这个坐标系中精确的守恒定律。

由于 $\Box$ 是平直空间的波动算符，因此我们得到场方程的解为

$$\bar{h}^{\alpha\beta}(t, \boldsymbol{x}) = \frac{4G}{c^4}\int \frac{\tau^{\alpha\beta}\left(t - \|\boldsymbol{x} - \boldsymbol{x}'\|/c, \boldsymbol{x}'\right)}{\|\boldsymbol{x} - \boldsymbol{x}'\|}\mathrm{d}^3\boldsymbol{x}'. \tag{3.88}$$

对于低速运动的源，我们将在远场区和近场区中求解这个方程。

3.3.1.1 远场区

远场解能够让我们将辐射引力场与产生该场的源的动力学相联系。远场区是源到场点的距离 r 远大于引力波波长 λ，并且 λ 远大于源的尺寸 R 的区域：

$$\text{源的尺寸 } R \ll \text{引力波波长 } \lambda \ll \text{到源的距离 } r$$

远场近似意味着 $\|\boldsymbol{x} - \boldsymbol{x}'\| \simeq r$ 对于整个源近似为常数。源的低速运动意味着对于整个源 $t - \|\boldsymbol{x} - \boldsymbol{x}'\|/c \simeq t - r/c$，即忽略源的一个区域相对另一个区域的相对推迟 (retardation) 效应。运用这些近似，可得

$$\bar{h}^{\alpha\beta}(t, \boldsymbol{x}) \simeq \frac{4G}{c^4 r}\int \tau^{\alpha\beta}\left(t - r/c, \boldsymbol{x}'\right)\mathrm{d}^3\boldsymbol{x}'. \tag{3.89}$$

我们感兴趣的是在空间横向无迹规范 (TT-规范) 中计算远场解。因此，我们仅需要计算反迹度规扰动 $\bar{h}^{ij}$ 的空间分量。联系有效能量-动量张量的空间分量 τ^{ij} 和 τ^{00} 的恒等式是

$$\tau^{ij} = \frac{1}{2}\frac{\partial^2}{\partial t^2}\left(x^i x^j \tau^{00}\right) + \frac{\partial}{\partial x^k}\left(x^i \tau^{jk} + x^j \tau^{ki}\right) - \frac{1}{2}\frac{\partial^2}{\partial x^k \partial x^l}\left(x^i x^j \tau^{kl}\right), \tag{3.90}$$

此式可由守恒定律推出 (参见习题 3.4)。运用这个恒等式我们看到

$$\bar{h}^{ij}(t,\boldsymbol{x}) \simeq \frac{2G}{c^4 r}\frac{\partial^2}{\partial t^2}\int x'^i x'^j \tau^{00}\left(t-r/c,\boldsymbol{x}'\right)\mathrm{d}^3\boldsymbol{x}', \tag{3.91}$$

其中由 τ^{ij} 产生的边界项涉及空间导数而被去掉，因为边界可以取在任意源物质的外面 (即 $T^{00}=0$)，并且辐射场很弱 (因此 $O(h^2)$ 对 τ^{00} 的贡献极其小)。我们定义四极矩张量

$$I^{ij}(t) = \int x^i x^j \tau^{00}(t,\boldsymbol{x})\mathrm{d}^3\boldsymbol{x}, \tag{3.92}$$

因此，我们的解为

$$\bar{h}^{ij}(t,\boldsymbol{x}) \simeq \frac{2G}{c^4 r}\ddot{I}^{ij}(t-r/c). \tag{3.93}$$

如果我们仅考虑有效能量-动量张量的物质成分，则 $\tau^{00}=\rho$，并且此四极矩张量与我们前面引入的一样，但是现在这个定义包含了源内引力场的贡献。

为了完成场方程的解，我们现在要对径向传播的波用下面的横向投影算符将其投影到 TT-规范中

$$P_{ij} = \delta_{ij} - \hat{n}_i\hat{n}_j, \tag{3.94}$$

其中 $\hat{n}_i = x^i/r$ 是传播方向的单位矢量 (垂直于横向平面)。因此 TT-规范中的解为

$$h_{ij}^{\mathrm{TT}}(t) \simeq \frac{2G}{c^4 r}\ddot{I}_{ij}^{\mathrm{TT}}(t-r/c) \tag{3.95}$$

这里

$$I_{ij}^{\mathrm{TT}} = P_{ik}I^{kl}P_{lj} - \frac{1}{2}P_{ij}P_{kl}I^{kl}. \tag{3.96}$$

(等号右边的第二项使得 I_{ij}^{TT} 无迹。)

3.3.1.2 近场区

近场解对于计算描述源动力学的运动方程是必需的。近场区是源到场点的距离 r 远小于引力波波长 λ，但远大于系统组分的尺寸 R 的区域：

源的尺寸 $R \ll$ 到源的距离 $r \ll$ 引力波波长 λ

例如，对于尺寸为 R，以角速度 ω 相互绕转的两个星体，当 $R \ll r \ll c/\omega$ 时近场解是成立的。在牛顿极限下，我们仅需要计算牛顿势来确定系统的动力学。由此，我们寻求

$$\varPhi = -\frac{1}{2}c^4 h^{00} = -\frac{1}{4}c^4\left(\bar{h}^{00} + c^{-2}\delta_{ij}\bar{h}^{ij}\right) \tag{3.97}$$

的一个解。如果我们忽略近场区内的推迟效应，上式将变为

$$\varPhi(t,\boldsymbol{x}) = -G\int \frac{\tau^{00}\left(t,\boldsymbol{x}'\right)+c^{-2}\delta_{ij}\tau^{ij}\left(t,\boldsymbol{x}'\right)}{\|\boldsymbol{x}-\boldsymbol{x}'\|}\mathrm{d}^3\boldsymbol{x}'. \tag{3.98}$$

同时，我们在牛顿极限下将忽略涉及内部应力的 $\delta_{ij}\tau^{ij}$ 项，因为这些项远小于有效质能密度 $c^2\tau^{00}$。现在我们将 $\|\boldsymbol{x}-\boldsymbol{x}'\|^{-1}$ 按照 $1/r$ 的幂展开，可得

$$\varPhi(t,\boldsymbol{x}) = -G\left(\frac{M}{r}+\frac{D_i x^i}{r^3}+\frac{3}{2}\frac{\rlap{\,-}I_{ij}x^i x^j}{r^5}+\cdots\right), \tag{3.99}$$

其中

$$\begin{aligned}
M &:= \int \tau^{00}(\boldsymbol{x})\mathrm{d}^3\boldsymbol{x},\\
D^i &:= \int x^i\tau^{00}(\boldsymbol{x})\mathrm{d}^3\boldsymbol{x},\\
\rlap{\,-}I^{ij} &:= \int\left(x^i x^j-\frac{1}{3}r^2\delta^{ij}\right)\tau^{00}(\boldsymbol{x})\mathrm{d}^3\boldsymbol{x}.
\end{aligned} \tag{3.100}$$

对于近牛顿引力，我们总可以选择坐标系的原点为质心，它对近牛顿运动是不变的，所以对于质心坐标系的所有时刻都有 $D_i=0$。四极矩项，即 $1/r^5$ 项，可以从近场区的牛顿势中读出。因为 $\rlap{\,-}I_{ij}^{\mathrm{TT}}=I_{ij}^{\mathrm{TT}}$ ($\rlap{\,-}I_{ij}$ 与 I_{ij} 的区别仅在迹上)，远场解可以与近场区牛顿势中的这个项相联系：

$$h_{ij}^{\mathrm{TT}}(t)\simeq\frac{2G}{c^4 r}\ddot{\rlap{\,-}I}{}_{ij}^{\mathrm{TT}}(t-r/c) \quad (\text{波动区}). \tag{3.101}$$

例 3.7 引力波振幅的数量级估计。

令 M 为系统质量，R 为系统尺寸，r 为系统到观测者的距离。引力波的振幅为

$$h\sim\frac{G}{c^4}\frac{\ddot{I}}{r}. \tag{3.102}$$

这里 $I\sim MR^2$，因此 $\ddot{I}\sim Mv_{\mathrm{NS}}^2\sim E_{\mathrm{kin}}^{\mathrm{NS}}$，其中 v_{NS} 是源的非球对称运动的速度，$E_{\mathrm{kin}}^{\mathrm{NS}}$ 是与此运动相关的动能。这表明引力波振幅的数量级估计可用系统中非球对称动能来表示

$$h\sim\frac{G\left(E_{\mathrm{kin}}^{\mathrm{NS}}/c^2\right)}{c^2 r}. \tag{3.103}$$

或者，如果物体的内部运动遵从位力定理 (virial theorem)，那么 $v_{\mathrm{NS}}^2\sim GM/R\sim-\varPhi_{\mathrm{int}}$，即系统内部牛顿势的尺度，则有

$$h\sim\frac{1}{c^4}\varPhi_{\mathrm{ext}}\varPhi_{\mathrm{int}}, \tag{3.104}$$

其中 $\Phi_{\text{ext}} = GM/r$ 是源在观测者处的外部牛顿势。

例如，质量为 M，长度为 ℓ，自旋角频率为 ω 的棒具有 $E_{\text{kin}}^{\text{NS}} \sim M\ell^2\omega^2$，因此在距离 r 处的观测者接收到的引力波的振幅为

$$h \sim \frac{GM\ell^2\omega^2}{c^4 r}. \tag{3.105}$$

为了对数量级有进一步认识，假设使用典型的实验室测量：令 $M = 1\text{kg}$，$\ell = 1\text{m}$，$\omega = 1\text{s}^{-1}$。观测者必须在波动区探测引力波，即 $r \gg c/\omega$。因此

$$h \ll \frac{ML^2\omega^3}{c^5/G} = \frac{1\text{W}}{3.63 \times 10^{52}\text{W}} \sim 10^{-53}. \tag{3.106}$$

这是一个非常小的引力扰动。 □

例 3.8 引力波的傅里叶解。

我们可以通过源项 $\tau^{\alpha\beta}$ 的傅里叶分解求解出式 (3.88)。首先对式 (3.88) 做傅里叶变换：

$$\begin{aligned}
\bar{h}^{\alpha\beta}(\omega, \boldsymbol{x}) &= \int_{-\infty}^{\infty} \bar{h}^{\alpha\beta}(t, \boldsymbol{x}) \mathrm{e}^{-\mathrm{i}\omega t} \mathrm{d}t \\
&= \frac{4G}{c^4} \int \mathrm{d}^3\boldsymbol{x}' \int_{-\infty}^{\infty} \mathrm{d}t \mathrm{e}^{-\mathrm{i}\omega t} \frac{\tau^{\alpha\beta}\left(t - \|\boldsymbol{x} - \boldsymbol{x}'\|/c, \boldsymbol{x}'\right)}{\|\boldsymbol{x} - \boldsymbol{x}'\|} \\
&= \frac{4G}{c^4} \int \frac{\tau^{\alpha\beta}\left(\omega, \boldsymbol{x}'\right)}{\|\boldsymbol{x} - \boldsymbol{x}'\|} \mathrm{e}^{-\mathrm{i}\omega\|\boldsymbol{x} - \boldsymbol{x}'\|/c} \mathrm{d}^3\boldsymbol{x}',
\end{aligned} \tag{3.107}$$

其中

$$\tau^{\alpha\beta}(\omega, \boldsymbol{x}) := \int_{-\infty}^{\infty} \tau^{\alpha\beta}(t, \boldsymbol{x}) \mathrm{e}^{-\mathrm{i}\omega t} \mathrm{d}t \tag{3.108}$$

是有效能量-动量张量的傅里叶变换。如果我们在波动区，则 $r = \|\boldsymbol{x}\|$ 远大于空间积分范围 (源的尺寸)，因此可以采用近似 $\|\boldsymbol{x} - \boldsymbol{x}'\| \simeq r - \hat{\boldsymbol{n}} \cdot \boldsymbol{x}'$，其中 $\hat{\boldsymbol{n}} = \boldsymbol{x}/r$ 是观测者的方向。则有

$$\bar{h}^{\alpha\beta}(\omega, \boldsymbol{x}) = \frac{4G}{c^4 r} \mathrm{e}^{-\mathrm{i}\omega r/c} \int \tau^{\alpha\beta}\left(\omega, \boldsymbol{x}'\right) \mathrm{e}^{\mathrm{i}\omega\hat{\boldsymbol{n}} \cdot \boldsymbol{x}'/c} \mathrm{d}^3\boldsymbol{x}'. \tag{3.109}$$

这个方程的傅里叶逆变换给出了反迹度规扰动的公式。使用 $\omega\hat{\boldsymbol{n}} \cdot \boldsymbol{x}'/c = \boldsymbol{k} \cdot \boldsymbol{x}'$，可

得

$$\bar{h}^{\alpha\beta}(t,\boldsymbol{x}) = \frac{4G}{c^4 r}\int_{-\infty}^{\infty}\tilde{\tau}^{\alpha\beta}(\omega,\omega\hat{\boldsymbol{n}}/c)\mathrm{e}^{\mathrm{i}\omega(t-r/c)}\frac{\mathrm{d}\omega}{2\pi} \tag{3.110}$$

其中

$$\tilde{\tau}^{\alpha\beta}(\omega,\boldsymbol{k}) := \int \tau^{\alpha\beta}\left(\omega,\boldsymbol{x}'\right)\mathrm{e}^{\mathrm{i}k\cdot\boldsymbol{x}'}\mathrm{d}^3\boldsymbol{x}' = \int \tau^{\alpha\beta}\left(t,\boldsymbol{x}'\right)\mathrm{e}^{\mathrm{i}\left(\boldsymbol{k}\cdot\boldsymbol{x}'-\omega t\right)}\mathrm{d}t\mathrm{d}^3\boldsymbol{x}' \tag{3.111}$$

是有效能量-动量张量对时间坐标和空间坐标的傅里叶变换。这里，式 (3.110) 给出了在波场区中 r 处沿 $\hat{\boldsymbol{n}}$ 方向传播的反迹度规扰动的表达式。 □

3.3.2 引力辐射的光度

包围引力波源的半径为 r 的球面上，在时间 $\mathrm{d}t$ 内通过面元 $\mathrm{d}A$ 的引力辐射能 $\mathrm{d}E_{\mathrm{GW}} = -\mathrm{d}E$ (系统损失的能量) 被称为引力波**能流**

$$\frac{\mathrm{d}E}{\mathrm{d}t\mathrm{d}A} = T_{03}^{\mathrm{GW}} = -c^{-1}T_{00}^{\mathrm{GW}} = -\frac{c^3}{32\pi G}\left\langle \dot{h}^{ij}_{\mathrm{TT}}\dot{h}^{\mathrm{TT}}_{ij}\right\rangle = -\frac{c^3}{16\pi G}\left\langle \dot{h}_+^2+\dot{h}_\times^2\right\rangle, \tag{3.112}$$

使用式 (3.95)，上式可用四极矩张量重新写为

$$\frac{\mathrm{d}E}{\mathrm{d}t\mathrm{d}A} = -\frac{G}{8\pi c^5 r^2}\left\langle \dddot{I\!\!\!-}^{ij}_{\mathrm{TT}}\dddot{I\!\!\!-}^{\mathrm{TT}}_{ij}\right\rangle, \tag{3.113}$$

其中

$$I\!\!\!-^{\mathrm{TT}}_{ij} = \left(P_{ik}P_{jl}-\frac{1}{2}P_{ij}P_{kl}\right)I\!\!\!-^{kl}. \tag{3.114}$$

因此，在源处，单位时间向立体角 $\mathrm{d}\Omega$ 中辐射的能量为

$$\begin{aligned}-\frac{\mathrm{d}E}{\mathrm{d}t\mathrm{d}\Omega} &= \frac{G}{8\pi c^5}\left\langle\left(P_{ik}P_{jl}-\frac{1}{2}P_{ij}P_{kl}\right)\left(P^i_mP^j_n-\frac{1}{2}P^{ij}P_{mn}\right)\dddot{I\!\!\!-}^{kl}\dddot{I\!\!\!-}^{mn}\right\rangle \\ &= \frac{1}{4\pi}\frac{G}{c^5}\left\langle\frac{1}{2}\dddot{I\!\!\!-}_{ij}\dddot{I\!\!\!-}^{ij}-\hat{n}_i\hat{n}_j\dddot{I\!\!\!-}^{ik}\dddot{I\!\!\!-}^{j}_{k}+\frac{1}{4}\hat{n}_i\hat{n}_j\hat{n}_k\hat{n}_l\dddot{I\!\!\!-}^{ij}\dddot{I\!\!\!-}^{kl}\right\rangle,\end{aligned} \tag{3.115}$$

其中由于 $I\!\!\!-^{ij}$ 是无迹张量，故 $P_{ij}\dddot{I\!\!\!-}^{ij} = -\hat{n}_i\hat{n}_j\dddot{I\!\!\!-}^{ij}$。现在为了获得引力波光度，我们使用下列恒等式对所有的立体角积分

$$\frac{1}{4\pi}\int\mathrm{d}\Omega = 1, \tag{3.116}$$

$$\frac{1}{4\pi}\int \hat{n}_i\hat{n}_j \mathrm{d}\Omega = \frac{1}{3}\delta_{ij}, \tag{3.117}$$

$$\frac{1}{4\pi}\int \hat{n}_i\hat{n}_j\hat{n}_k\hat{n}_l \mathrm{d}\Omega = \frac{1}{15}\left(\delta_{ij}\delta_{kl}+\delta_{ik}\delta_{jl}+\delta_{il}\delta_{jk}\right). \tag{3.118}$$

结果就是引力波的光度

$$L_{\mathrm{GW}} = -\frac{\mathrm{d}E}{\mathrm{d}t} = \frac{1}{5}\frac{G}{c^5}\left\langle \dddot{I}_{ij}\dddot{I}^{ij}\right\rangle. \tag{3.119}$$

例 3.9　引力波光度的数量级估计。

令 M 为系统质量，R 为系统尺寸，T 为系统内运动的时标。回想例 3.7，$\ddot{I} \sim E_{\mathrm{kin}}^{\mathrm{NS}}$，是与非球对称动力学相关的动能，则 $\dddot{I} \sim E_{\mathrm{kin}}^{\mathrm{NS}}/T$ 是从系统的一边流向另一边的功率。与某个剧烈的能量暴发相关联的引力波光度为

$$L_{\mathrm{GW}} \sim \frac{G}{c^5}\dddot{I}^2 \sim \frac{\left(E_{\mathrm{kin}}^{\mathrm{NS}}/T\right)^2}{c^5/G}. \tag{3.120}$$

如果动力学是准静态的，并且被引力所主导，那么光度可按如下方式估算。用 v_{NS} 我们得到 $T \sim R/v_{\mathrm{NS}}$，因此 $\dddot{I} \sim (Mv_{\mathrm{NS}}^2)/(R/v_{\mathrm{NS}})$。光度则为

$$L_{\mathrm{GW}} \sim \frac{G}{c^5}\dddot{I}^2 \sim \frac{c^5}{G}\left(\frac{GM}{c^2R}\right)^2\left(\frac{v_{\mathrm{NS}}}{c}\right)^6. \tag{3.121}$$

对于例 3.7 中的情形，我们有 $v_{\mathrm{NS}} = 1\ \mathrm{m\cdot s^{-1}}$ 和 $M/R \sim M/\ell = 1\ \mathrm{kg\cdot m^{-1}}$。因此，光度为可忽略不计的 $L_{\mathrm{GW}} \sim 10^{-53}$ W。光度的最大值发生在高度相对论性的系统 ($v_{\mathrm{NS}} \sim c$)，它们的尺寸与其质量的施瓦西半径 ($R \sim GM/c^2$) 可比。此系统的光度将接近上限 c^5/G：

$$\frac{c^5}{G} = 3.63\times10^{52}\ \mathrm{W} = 3.63\times10^{59}\ \mathrm{erg\cdot s^{-1}} = 2.03\times10^5\ M_\odot c^2\mathrm{s}^{-1}.$$

如果系统处于位力平衡，则 $GM/R \sim v_{\mathrm{NS}}^2$，于是

$$L_{\mathrm{GW}} \sim \frac{c^5}{G}\left(\frac{v_{\mathrm{NS}}}{c}\right)^{10}. \tag{3.122}$$

例如，在双中子星系统中，如果两个中子星以光速的 10%相互绕转，则来自此运动的引力波光度为 $L_{\mathrm{GW}} \sim 10^{-10}c^5/G \sim 10^{42}$ W。□

例 3.10　引力波谱。

在例 3.8 中，运用有效能量-动量张量的傅里叶变换，我们在辐射区获得了引力波扰动的解。式 (3.110) 和 (3.111) 的得出并没有假设波长 λ 远大于辐射系统

的尺寸 R。我们可以运用这个公式根据有效能量-动量张量的傅里叶变换来表示引力波能流。

先将式 (3.110) 给出的度规扰动形式代入引力波能流式 (3.112) 中。我们得到

$$\left|\frac{\mathrm{d}E}{\mathrm{d}t\mathrm{d}A}\right| = \frac{G}{2\pi c^5}\left\langle\frac{1}{r^2}\int_{-\infty}^{\infty}\frac{\mathrm{d}\omega}{2\pi}\int_{-\infty}^{\infty}\frac{\mathrm{d}\omega'}{2\pi}\omega\omega'\right.$$

$$\left.\times\,\tilde{\tau}_{\mathrm{TT}}^{ij*}(\omega,\omega\hat{\boldsymbol{n}}/c)\tilde{\tau}_{ij}^{\mathrm{TT}}(\omega',\omega'\hat{\boldsymbol{n}}/c)\,\mathrm{e}^{-\mathrm{i}\left(\omega-\omega'\right)t}\mathrm{e}^{\mathrm{i}\left(\omega-\omega'\right)r/c}\right\rangle. \tag{3.123}$$

由 $\langle\cdot\rangle$ 描述的在几个波长上的平均可以用大于 $1/\omega$ 期间的时间平均来替代。替代之后，因子 $\exp[-\mathrm{i}(\omega-\omega')t]$ 变为 $2\pi\delta(\omega-\omega')$，对 ω' 的积分变得平庸。然后，我们有了在方向 $\boldsymbol{n}$ 上立体角 $\mathrm{d}\Omega$ 内辐射能量的表达式

$$\left|\frac{\mathrm{d}E}{\mathrm{d}\Omega}\right| = \frac{G}{c^5}\frac{1}{\pi}\int_0^{\infty}\omega^2\tilde{\tau}_{\mathrm{TT}}^{ij*}(\omega,\omega\hat{\boldsymbol{n}}/c)\tilde{\tau}_{ij}^{\mathrm{TT}}(\omega,\omega\hat{\boldsymbol{n}}/c)\frac{\mathrm{d}\omega}{2\pi}. \tag{3.124}$$

注意，我们用了 $\tau^{ij}(t,x)$ 为实数的性质将负频分量映射到了正频分量，因此我们的积分现在仅是对正频分量来做的。然后我们可将引力波谱写为

$$\left|\frac{\mathrm{d}E}{\mathrm{d}\omega\mathrm{d}\Omega}\right| = \left(P^{ik}P^{jl}-\frac{1}{2}P^{ij}P^{kl}\right)\frac{G}{4\pi^2c^5}\omega^2\tilde{\tau}_{ij}^{*}(\omega,\omega\hat{\boldsymbol{n}}/c)\tilde{\tau}_{kl}(\omega,\omega\hat{\boldsymbol{n}}/c), \tag{3.125}$$

其中谱是包含正负频的，同时我们使用了 $\tilde{\tau}_{kl}^{\mathrm{TT}} = \left(P_{ik}P_{jl}-\dfrac{1}{2}P_{ij}P_{kl}\right)\tilde{\tau}^{ij}$ 来明确地表述 TT-规范。由前可知 $P_{ij}=\delta_{ij}-\hat{n}_i\hat{n}_j$。 □

例 3.11 共振质量探测器的 (相互作用) 截面。

例 3.6 中讨论了由一个弹簧连接两个质量体构成的共振质量探测器。与引力波产生相互作用的总截面是振子对引力波能量的吸收率与引力波能流的比值。当引力波的形式为 $h_{11}=-h_{22}=h_+=h\cos\omega t$ 时，入射到振子上的引力波能流为

$$\left|\frac{\mathrm{d}E}{\mathrm{d}t\mathrm{d}A}\right| = \frac{c^3}{16\pi G}\left\langle\dot{h}_+^2\right\rangle = \frac{c^3}{32\pi G}h^2\omega^2, \tag{3.126}$$

同时波对振子做功的功率为 $\langle W\rangle=\beta\mu x_{\max}^2\omega^2$，其中 $x_{\max}$ 是引起的振动振幅。总截面是作用在振子上的功率与入射能流的比值

$$\sigma := \frac{\langle W\rangle}{|\mathrm{d}E/(\mathrm{d}t\mathrm{d}A)|} = \frac{32\pi G}{c^3}\beta\mu\left(x_{\max}/h\right)^2$$

$$= L^2 \frac{8\pi G\mu\beta}{c^3} \frac{\omega^4}{\left(\omega_0^2 - \omega^2\right)^2 + 4\omega^2\beta^2}. \tag{3.127}$$

如果入射波接近振子的共振频率，则截面是最大的。如果 $\omega = \omega_0$，则 $x_{\max,\text{res}} = \frac{1}{2}hLQ$ (这里 $Q := \omega_0/(2\beta)$)，并且

$$\sigma_{\text{res}} = L^2 \frac{8\pi G\mu\beta}{c^3} Q^2 = L^2 \frac{4\pi G\mu\omega_0}{c^3} Q = L^2 \frac{8\pi^2 G\mu}{c^2\lambda_0} Q, \tag{3.128}$$

其中 λ_0 是引力波的波长。注意尺寸为 L、质量为 μ 的物体外部的曲率尺度为 $\mathcal{R} \sim c/\sqrt{8\pi G(\mu/L^3)}$，因此 $\sigma_{\text{res}} \sim \sigma_{\text{geom}}(L/\mathcal{R})^2(L/\lambda_0)Q$，其中 $\sigma_{\text{geom}} \sim \pi L^2$ 是系统的几何截面。如果在长波极限下 $\lambda_0 \gg L$，并且引力波的几何光学近似 $\lambda_0 \ll \mathcal{R}$ 成立，则 $L \ll \lambda_0 \ll \mathcal{R}$，并且除非 Q 是极其大的我们有 $\sigma_{\text{res}} \ll \sigma_{\text{geom}}$，即我们期望截面 σ 会远小于系统的几何截面。

然而，如果品质因子极其大，或许能够有一个大的截面。品质因子由阻尼参数 β 决定，因此我们想要尽可能地减少耗散效应。耗散水平有一个基本的下限：由振子自身产生的引力辐射带来的能量损失！振子仅位于 x 方向，四极矩张量 I^{ij} 的唯一非零分量为

$$I_{11} = \mu \left[L + x_{\max}\cos(\omega t - \delta)\right]^2. \tag{3.129}$$

于是

$$\dddot{I}_{11} = 2\mu L x_{\max}\omega^3 \sin(\omega t - \delta) + O\left(x_{\max}^2\right). \tag{3.130}$$

由式 (3.119) 可得

$$L_{\text{GW}} = -\frac{\mathrm{d}E}{\mathrm{d}t} = \frac{4}{15}\frac{G}{c^5}\mu^2 L^2 x_{\max}^2 \omega^6. \tag{3.131}$$

由振子引力辐射产生的衰减率在共振附近为

$$\varGamma_{\text{GW}} = \frac{L_{\text{GW}}}{\langle E\rangle} = \frac{8}{15}\frac{G}{c^5}\mu L^2 \omega^4. \tag{3.132}$$

因为 $\varGamma_{\text{GW}}$ 是衰减率 $\varGamma = 2\beta$ 可以获得的最小值，我们通过 $\eta = \varGamma_{\text{GW}}/\varGamma$ 用 $\varGamma_{\text{GW}}$ 表示 $\varGamma$。η 是引力辐射能量损失占耗散的比例。注意 $\eta \leqslant 1$ (一般情况下 $\eta \ll 1$)。通过 η 和 $\varGamma$，我们可得总截面为

$$\sigma = \eta \frac{15\pi c^2}{2} \frac{\varGamma^2}{\left(\omega_0^2 - \omega^2\right)^2 + \varGamma^2\omega^2} \simeq \eta\lambda_0^2 \frac{15}{8\pi} \frac{\varGamma^2}{4\left(\omega_0 - \omega\right)^2 + \varGamma^2}, \tag{3.133}$$

其中第二个表达式对于共振附近的引力波频率成立。在窄频范围 $\omega_0 - \frac{1}{2}\varGamma \lesssim \omega \lesssim \omega_0 + \frac{1}{2}\varGamma$，截面达到峰值，因此如果我们将截面对该间隔内的引力波频率做平均，

可得

$$\bar{\sigma} = \Gamma^{-1} \int_{\omega_0-\frac{1}{2}\Gamma}^{\omega_0+\frac{1}{2}\Gamma} \sigma \mathrm{d}\omega \approx \frac{15}{32}\eta\lambda_0^2. \tag{3.134}$$

如果引力辐射是唯一的耗散机制，则 $\eta=1$，同时截面会相当大，具有 $\bar{\sigma}\sim\lambda_0^2$。然而，$\eta$ 通常而言非常小，因此截面非常小。例如，对于例 3.6 中描述的共振质量探测器，$L\sim 1\ \mathrm{m}$，$\mu\sim 1000\ \mathrm{kg}$，$Q\sim 10^6$ 和 $\omega_0/2\pi\sim 1\ \mathrm{kHz}$，$\Gamma=\omega_0/Q\sim 10^{-3}\ \mathrm{s}^{-1}$ 而 $\Gamma_{\mathrm{GW}}\sim 10^{-35}\ \mathrm{s}^{-1}$，于是 $\eta\sim 10^{-32}$。 □

3.3.3 辐射反作用

运动物体产生携带能量的引力波，因此一定有引力的**辐射反作用**反向施加于该物体上，以确保能量守恒。物体由于其本身的引力场所受的力叫做**自力**。结果表明，自力不仅包含一个非保守的部分 (对应于能量的辐射)，还包含一个保守的部分 (它改变物体的运动，尽管并不产生任何辐射)。辐射反作用力的形式是已知的 (Mino et al.，1997；Quinn 和 Wald，1997)，虽然它的计算非常困难。

自力的存在看似是矛盾的，因为它必须对较重的物体比较轻的物体有更大的加速度 (由于重的物体将会产生更强的引力辐射)，这似乎与等效原理 (引力加速度与物体质量无关) 相矛盾。事实上，自力的效应确保了物体的确沿时空的测地线运动，简单地说，它们沿包含其自身引力场的时空的测地线运动，因此等效原理确实成立①。

在这里，我们不讨论寻找辐射反作用力的一般问题，而仅将注意力集中于寻找适合在弱引力和低速运动 (即近似牛顿的) 系统中保证能量守恒的辐射反作用势。

辐射反作用力 $\boldsymbol{F}^{RR}$ 对运动物体所做的功应等于该物体辐射的引力波能量的负值。因此，我们旨在找到满足下式的力

$$\int \boldsymbol{F}^{\mathrm{RR}}\cdot\boldsymbol{v}\mathrm{d}t = -\frac{1}{5}\frac{G}{c^5}\int \dddot{I\!\!\!-}_{ij}\dddot{I\!\!\!-}^{ij}\mathrm{d}t, \tag{3.135}$$

其中积分是对运动的几个周期或者引力波的几个周期进行的 (或者在单个的引力相遇中，例如粒子在黑洞周围的双曲线轨道上产生的引力辐射，积分是在相遇的持续时间内进行的)。进行两次分部积分并丢掉边界项，可得

$$\int \boldsymbol{F}^{\mathrm{RR}}\cdot\boldsymbol{v}\mathrm{d}t = -\frac{1}{5}\frac{G}{c^5}\int \overset{\cdot\cdot\cdot\cdot\cdot}{I\!\!\!-}_{ij}\dot{I\!\!\!-}^{ij}\mathrm{d}t. \tag{3.136}$$

① 原书注：轻的物体落入黑洞的轨迹不同于重的物体落入相同黑洞的轨迹，只因为这两个时空是不相同的，重的物体将对黑洞时空产生更大的扰动。

(因为被积函数的第一个因子 $\overset{.....}{\bar{I}}_{ij}$ 是无迹的，所以第二个因子 $\dot{I}^{ij}$ 不必如此。) 现在，点粒子的四极矩张量为 $I^{ij}=mx^ix^j$，因此 $\dot{I}^{ij}=m(x^iv^j+x^jv^i)$，可得

$$\int F_j^{\mathrm{RR}} v^j \mathrm{d}t = -\frac{2}{5}\frac{G}{c^5}\int \left(m\,\overset{.....}{\bar{I}}_{ij}x^i\right) v^j \mathrm{d}t. \tag{3.137}$$

由此我们辨识出

$$F_j^{\mathrm{RR}} = -\frac{2}{5}\frac{G}{c^5} m x^i \frac{\mathrm{d}^5 I_{ij}}{\mathrm{d}t^5} \tag{3.138}$$

作为辐射反作用力。它可由辐射反作用势 $\varPhi^{\mathrm{RR}}$ 导出，$\boldsymbol{F}^{\mathrm{RR}}=-\boldsymbol{\nabla}\varPhi^{\mathrm{RR}}$，其中

$$\varPhi^{\mathrm{RR}} = \frac{1}{5}\frac{G}{c^5} x^i x^j \frac{\mathrm{d}^5 \bar{I}_{ij}}{\mathrm{d}t^5}. \tag{3.139}$$

这个辐射反作用势加上牛顿势可以得到系统包括引力波能量损失效应的运动方程。超越牛顿极限时，必须引入额外的势来描述辐射反作用 (参见 Blanchet，1997)。

3.3.4 引力辐射携带的角动量

在辐射反作用势的影响下，运动的粒子将在损失能量的同时损失角动量，所以可以用辐射反作用力来描述引力波携带的角动量。

辐射反作用力 $\boldsymbol{F}^{\mathrm{RR}}$ 作用在粒子上引起的角动量 $\boldsymbol{J}$ 的变化率为

$$\frac{\mathrm{d}\boldsymbol{J}}{\mathrm{d}t} = \boldsymbol{x}\times\boldsymbol{F}^{\mathrm{RR}}, \tag{3.140}$$

其中 $\boldsymbol{x}$ 是粒子的位置。使用辐射反作用力的表达式 (3.138)，我们发现在包含几个引力波周期的时间段内辐射出去的角动量为

$$\Delta J_i = -\frac{2}{5}\frac{G}{c^5}\varepsilon_{ijk}\int m x^j x^l \frac{\mathrm{d}^5 \bar{I}_l^k}{\mathrm{d}t^5}\mathrm{d}t, \tag{3.141}$$

其中 ε_{ijk} 是式 (2.114) 中定义的**莱维–齐维塔**符号。注意到 $mx^jx^l=I^{jl}$ 并且分部积分两次 (丢掉边界项)，得到系统角动量辐射率的表达式：

$$\frac{\mathrm{d}J_i}{\mathrm{d}t} = -\frac{2}{5}\frac{G}{c^5}\varepsilon_{ijk}\left\langle \ddot{\bar{I}}^{jl}\dddot{\bar{I}}_l^k \right\rangle. \tag{3.142}$$

3.4　示范：转动的三轴椭球体

我们现在对 3.3 节的结论举例说明，将其运用到两个重要的引力波源模型上。第一个例子是转动的三轴椭球体，它可以为一个快速转动且变形的中子星建模。在 3.5 节中，我们将讨论另一个重要的例子，即由双星系统产生的引力波。

考虑一个三轴椭球棒绕 $z=x^3$ 轴自转，该轴对应于惯量主轴之一。假设 $t=0$ 时，四极矩张量是对角的，即 $x=x^1$ 轴和 $y=x^2$ 轴也对应于惯性主轴：

$$\begin{aligned}\mathbf{I}_0 &= \begin{bmatrix} I_{11} & 0 & 0 \\ 0 & I_{22} & 0 \\ 0 & 0 & I_{33} \end{bmatrix} \\ &= \begin{bmatrix} \frac{1}{2}(-\mathcal{I}_1+\mathcal{I}_2+\mathcal{I}_3) & 0 & 0 \\ 0 & \frac{1}{2}(\mathcal{I}_1-\mathcal{I}_2+\mathcal{I}_3) & 0 \\ 0 & 0 & \frac{1}{2}(\mathcal{I}_1+\mathcal{I}_2-\mathcal{I}_3) \end{bmatrix}\end{aligned} \tag{3.143}$$

现在假设棒的自转角速度为 ω。则在 t 时刻，四极矩张量为

$$\begin{aligned}\mathbf{I}(t) &= \mathbf{R}_3^{\text{active}}(\omega t)\mathbf{I}_0\left[\mathbf{R}_3^{\text{active}}(\omega t)\right]^{-1} \\ &= \begin{bmatrix} \cos\omega t & -\sin\omega t & 0 \\ \sin\omega t & \cos\omega t & 0 \\ 0 & 0 & 1 \end{bmatrix}\begin{bmatrix} I_{11} & 0 & 0 \\ 0 & I_{22} & 0 \\ 0 & 0 & I_{33} \end{bmatrix}\begin{bmatrix} \cos\omega t & \sin\omega t & 0 \\ -\sin\omega t & \cos\omega t & 0 \\ 0 & 0 & 1 \end{bmatrix} \\ &= \begin{bmatrix} \frac{1}{2}\mathcal{I}_3-\frac{1}{2}\varepsilon\mathcal{I}_3\cos 2\omega t & -\frac{1}{2}\varepsilon\mathcal{I}_3\sin 2\omega t & 0 \\ -\frac{1}{2}\varepsilon\mathcal{I}_3\sin 2\omega t & \frac{1}{2}\mathcal{I}_3+\frac{1}{2}\varepsilon\mathcal{I}_3\cos 2\omega t & 0 \\ 0 & 0 & I_{33} \end{bmatrix},\end{aligned} \tag{3.144}$$

其中 $\mathcal{I}_3=I_{11}+I_{22}$，$\varepsilon=(I_{22}-I_{11})/(I_{22}+I_{11})=(\mathcal{I}_1-\mathcal{I}_2)/\mathcal{I}_3$ 为**椭率**。$\mathbf{R}_3^{\text{active}}(\phi)$ 是绕 z 轴的主动旋转矩阵：

$$\mathbf{R}_3^{\text{active}}(\phi) := \begin{bmatrix} \cos\phi & -\sin\phi & 0 \\ \sin\phi & \cos\phi & 0 \\ 0 & 0 & 1 \end{bmatrix}. \tag{3.145}$$

对 $\mathbf{I}$ 求时间的二阶导数可得

$$\ddot{\mathbf{I}}(t) = 2\varepsilon\mathcal{I}_3\omega^2\begin{bmatrix} \cos 2\omega t & \sin 2\omega t & 0 \\ \sin 2\omega t & -\cos 2\omega t & 0 \\ 0 & 0 & 0 \end{bmatrix}. \tag{3.146}$$

注意到这个张量对于 z 轴已经是横向无迹了。因此，对于沿 z 轴距离椭球体 r 处

的观测者来说，引力波扰动的形式为

$$h_{ij}^{\mathrm{TT}} = \frac{2G}{c^4 r}\ddot{I}_{ij} = \frac{4G\varepsilon\mathcal{I}_3\omega^2}{c^4 r}\begin{bmatrix} \cos 2\omega t & \sin 2\omega t & 0 \\ \sin 2\omega t & -\cos 2\omega t & 0 \\ 0 & 0 & 0 \end{bmatrix}. \tag{3.147}$$

由此我们可知辐射的两个极化为

$$h_+ = \frac{4G\varepsilon\mathcal{I}_3\omega^2}{c^4 r}\cos 2\omega t, \quad h_\times = \frac{4G\varepsilon\mathcal{I}_3\omega^2}{c^4 r}\sin 2\omega t. \tag{3.148}$$

接下来，我们将计算此系统辐射的功率。首先对四极矩张量再求一次时间导数：

$$\dddot{\mathbf{I}}(t) = 4\varepsilon\mathcal{I}_3\omega^3\begin{bmatrix} -\sin 2\omega t & \cos 2\omega t & 0 \\ \cos 2\omega t & \sin 2\omega t & 0 \\ 0 & 0 & 0 \end{bmatrix}. \tag{3.149}$$

此张量已经是无迹的了，所以

$$\dddot{\not{I}}_{ij}\dddot{\not{I}}^{ij} = \dddot{I}_{ij}\dddot{I}^{ij} = 32\varepsilon^2\mathcal{I}_3^2\omega^6. \tag{3.150}$$

注意到这是个常数，所以计算光度的时空平均将是很容易的，光度为

$$L_{\mathrm{GW}} = \frac{1}{5}\frac{G}{c^5}\left\langle \dddot{\not{I}}_{ij}\dddot{\not{I}}^{ij}\right\rangle = \frac{32}{5}\frac{G}{c^5}\varepsilon^2\mathcal{I}_3^2\omega^6. \tag{3.151}$$

现在我们计算系统辐射的角动量，

$$\begin{aligned}\frac{\mathrm{d}J_3}{\mathrm{d}t} &= -\frac{2}{5}\frac{G}{c^5}\epsilon_{3ij}\left\langle \ddot{\not{I}}^{ik}\dddot{\not{I}}^{j}{}_{k}\right\rangle = -\frac{2}{5}\frac{G}{c^5}\epsilon_{3ij}\left\langle \ddot{I}^{ik}\dddot{I}^{j}{}_{k}\right\rangle \\ &= -\frac{2}{5}\frac{G}{c^5}\left\langle \ddot{I}^{1k}\dddot{I}^{2}{}_{k} - \ddot{I}^{2k}\dddot{I}^{1}{}_{k}\right\rangle \\ &= \frac{32}{5}\frac{G}{c^5}\varepsilon^2\mathcal{I}_3^2\omega^5 \\ &= \frac{L_{\mathrm{GW}}}{\omega}.\end{aligned} \tag{3.152}$$

注意 $\mathrm{d}E_{\mathrm{GW}} = \omega\mathrm{d}J_{\mathrm{GW}}$。

现在我们将分析非 z 轴上的观测者的波的极化。对于倾角为 ι 的观测者，我们需要将张量 $\ddot{\mathbf{I}}$ 沿 x 轴 (**节点线**) 转动 ι 角。然后对新的 z' 轴取横向无迹投影，可得

$$\ddot{\mathbf{I}}' = \mathbf{R}_1^{\mathrm{passive}}(\iota)\ddot{\mathbf{I}}\left[\mathbf{R}_1^{\mathrm{passive}}(\iota)\right]^{-1}$$

$$= 2\varepsilon\mathcal{I}_3\omega^2 \begin{bmatrix} 1 & 0 & 0 \\ 0 & \cos\iota & \sin\iota \\ 0 & -\sin\iota & \cos\iota \end{bmatrix} \begin{bmatrix} \cos 2\omega t & \sin 2\omega t & 0 \\ \sin 2\omega t & -\cos 2\omega t & 0 \\ 0 & 0 & 0 \end{bmatrix}$$

$$\cdot \begin{bmatrix} 1 & 0 & 0 \\ 0 & \cos\iota & -\sin\iota \\ 0 & \sin\iota & \cos\iota \end{bmatrix}$$

$$= 2\varepsilon\mathcal{I}_3\omega^2 \begin{bmatrix} \cos 2\omega t & \cos\iota\sin 2\omega t & -\sin\iota\sin 2\omega t \\ \cos\iota\sin 2\omega t & -\cos^2\iota\cos 2\omega t & \sin\iota\cos\iota\cos 2\omega t \\ -\sin\iota\sin 2\omega t & \sin\iota\cos\iota\cos 2\omega t & -\sin^2\iota\cos 2\omega t \end{bmatrix}, \tag{3.153}$$

其中绕 x 轴的被动旋转矩阵为

$$\mathbf{R}_1^{\text{passive}}(\iota) := \begin{bmatrix} 1 & 0 & 0 \\ 0 & \cos\iota & \sin\iota \\ 0 & -\sin\iota & \cos\iota \end{bmatrix}. \tag{3.154}$$

要做横向投影，我们简单地将第三行和第三列中的所有矩阵元素取为零：

$$\ddot{\mathbf{I}}'_{\text{transverse}} = 2\varepsilon\mathcal{I}_3\omega^2 \begin{bmatrix} \cos 2\omega t & \cos\iota\sin 2\omega t & 0 \\ \cos\iota\sin 2\omega t & -\cos^2\iota\cos 2\omega t & 0 \\ 0 & 0 & 0 \end{bmatrix}. \tag{3.155}$$

计算矩阵的迹并将其减去以获得横向无迹矩阵。迹为

$$\operatorname{Tr}\left(\ddot{\mathbf{I}}'_{\text{transverse}}\right) = 2\varepsilon\mathcal{I}_3\omega^2\left(1-\cos^2\iota\right)\cos 2\omega t, \tag{3.156}$$

横向无迹四极矩张量为

$$\ddot{\mathbf{I}}'^{\text{TT}} = 2\varepsilon\mathcal{I}_3\omega^2 \begin{bmatrix} \frac{1}{2}\left(1+\cos^2\iota\right)\cos 2\omega t & \cos\iota\sin 2\omega t & 0 \\ \cos\iota\sin 2\omega t & -\left(1+\cos^2\iota\right)\cos 2\omega t & 0 \\ 0 & 0 & 0 \end{bmatrix}. \tag{3.157}$$

度规扰动为

$$h_{ij}'^{\text{TT}} = \frac{2G}{c^4 r}\ddot{I}_{ij}'^{\text{TT}}$$

$$
= \frac{4G\varepsilon\mathcal{I}_3\omega^2}{c^4 r}\begin{bmatrix} \frac{1}{2}\left(1+\cos^2\iota\right)\cos 2\omega t & \cos\iota\sin 2\omega t & 0 \\ \cos\iota\sin 2\omega t & -\left(1+\cos^2\iota\right)\cos 2\omega t & 0 \\ 0 & 0 & 0 \end{bmatrix}. \tag{3.158}
$$

由此可知辐射的两个极化为

$$
h_+ = \frac{4G\varepsilon\mathcal{I}_3\omega^2}{c^4 r}\frac{1+\cos^2\iota}{2}\cos 2\omega t, \tag{3.159a}
$$

$$
h_\times = \frac{4G\varepsilon\mathcal{I}_3\omega^2}{c^4 r}\cos\iota\sin 2\omega t. \tag{3.159b}
$$

注意当 $\iota = 0$ 或 $\iota = \pi$ 时，引力波形是圆偏振的。当 $\iota = \pi/2$ 时，只有加号极化，引力波是线偏振的。此外，如果 $I_{11} = I_{22}$，则 $\varepsilon = 0$，即当关于转动轴具有轴对称时，不会有辐射。

例 3.12　转动参考系中的点粒子。

对于质量为 m 的点粒子，固定在离原点为 a，角速度为 ω 的转动参考系中，$I_{11} = ma^2$，$I_{22} = I_{33} = 0$，$\varepsilon\mathcal{I}_3 = I_{22} - I_{11} = -ma^2$。光度为

$$
L_{\mathrm{GW}} = \frac{32}{5}\frac{G}{c^5}m^2 a^4\omega^6. \tag{3.160}
$$

地球绕太阳转动，$a = 1.496 \times 10^{11}$ m，角速度为 1.991×10^{-7} rad·s^{-1}。地球质量为 5.974×10^{24} kg。来自地球绕太阳轨道运动的引力波光度为 196 W。　□

例 3.13　蟹状星云脉冲星。

蟹状星云脉冲星有如下观测得到的物理参数的近似值：

自转周期	$P = 0.0333$ s
自转衰减率	$\dot{P} = 4.21 \times 10^{-13}$
质量	$M = 1.4\ M_\odot$
半径	$R = 10$ km
转动惯量	$\mathcal{I}_3 \approx \frac{2}{5}MR^2 = 1.1 \times 10^{38}$ m^2·kg
自转轴倾角	$\iota = 62^\circ$
距离	$r = 2.5$ kpc.

如果自转衰减率完全由引力辐射引起 (我们知道这不是实际情况，因为还有电磁制动贡献相当多的部分)，则要求椭率为多少？

扭矩为

$$\mathcal{I}_3\dot{\omega} = \frac{\mathrm{d}J_3}{\mathrm{d}t} = -\frac{32G\varepsilon^2\mathcal{I}_3^2\omega^5}{5c^5}. \tag{3.161}$$

角速度 $\omega = 2\pi/P$，因此 $\dot{\omega} = -(2\pi/P^2)\dot{P}$，并且

$$\dot{P} = \frac{512\pi^4}{5}\frac{G}{c^5}\varepsilon^2\mathcal{I}_3 P^{-3}. \tag{3.162}$$

可解出

$$\varepsilon = \sqrt{\frac{5}{512\pi^4}\frac{c^5}{G}\frac{\dot{P}P^3}{\mathcal{I}_3}} \simeq 7.2\times 10^{-4}. \tag{3.163}$$

如果存在这样一个椭率，那么我们接收到来自蟹状星云脉冲星的引力波的振幅为

$$A_+ = \frac{4G\varepsilon\mathcal{I}_3\omega^2}{c^4 r}\frac{1+\cos^2\iota}{2} = 7.3\times 10^{-25}, \tag{3.164a}$$

$$A_\times = \frac{4G\varepsilon\mathcal{I}_3\omega^2}{c^4 r}\cos\iota = 5.6\times 10^{-25}. \tag{3.164b}$$

□

3.5 示范：轨道双星系统

考虑由两个点粒子组成的双星系统，质量分别为 m_1 和 m_2，沿 x^1-x^2 平面上的圆轨道运动，轨道角动量指向 x^3 轴。在质心坐标系中，两物体到坐标原点的距离 r_1 和 r_2 是常数 (参见图 3.6)。定义轨道间距 $a = r_1 + r_2$，系统总质量 $M := m_1 + m_2$，系统**约化质量** $\mu := m_1 m_2/M$，则 $r_1 = am_2/M$，$r_2 = am_1/M$。四极矩张量 I_{ij} 的非零分量为

$$\begin{aligned} I_{11} &= m_1\left(r_1\cos\varphi\right)^2 + m_2\left[r_2\cos(\varphi+\pi)\right]^2 \\ &= \mu a^2\cos^2\varphi = \frac{1}{2}\mu a^2(1+\cos 2\varphi), \end{aligned} \tag{3.165a}$$

$$\begin{aligned} I_{22} &= m_1\left(r_1\sin\varphi\right)^2 + m_2\left[r_2\sin(\varphi+\pi)\right]^2 \\ &= \mu a^2\sin^2\varphi = \frac{1}{2}\mu a^2(1-\cos 2\varphi), \end{aligned} \tag{3.165b}$$

$$\begin{aligned} I_{12} = I_{21} &= m_1\left(r_1\cos\varphi\right)\left(r_1\sin\varphi\right) + m_2\left[r_2\cos(\varphi+\pi)\right]\left[r_2\sin(\varphi+\pi)\right] \\ &= \mu a^2\sin\varphi\cos\varphi = \frac{1}{2}\mu a^2\sin 2\varphi, \end{aligned} \tag{3.165c}$$

其中轨道相位 $\varphi = \omega t$ 随时间匀速增长 (匀速圆周运动)。

为了计算度规扰动，求两次时间导数：

$$\ddot{I}_{11} = -2\mu a^2\omega^2 \cos 2\varphi, \tag{3.166a}$$

$$\ddot{I}_{22} = 2\mu a^2\omega^2 \cos 2\varphi, \tag{3.166b}$$

$$\ddot{I}_{12} = \ddot{I}_{21} = -2\mu a^2\omega^2 \sin 2\varphi. \tag{3.166c}$$

接下来，对于 x^3 轴上距离原点 r 处的观测者，此矩阵已经满足 TT-规范，并且

$$h_{ij}^{\mathrm{TT}} = -\frac{4G\mu a^2\omega^2}{c^4 r}\begin{bmatrix} \cos 2\varphi & \sin 2\varphi & 0 \\ \sin 2\varphi & -\cos 2\varphi & 0 \\ 0 & 0 & 0 \end{bmatrix}, \tag{3.167}$$

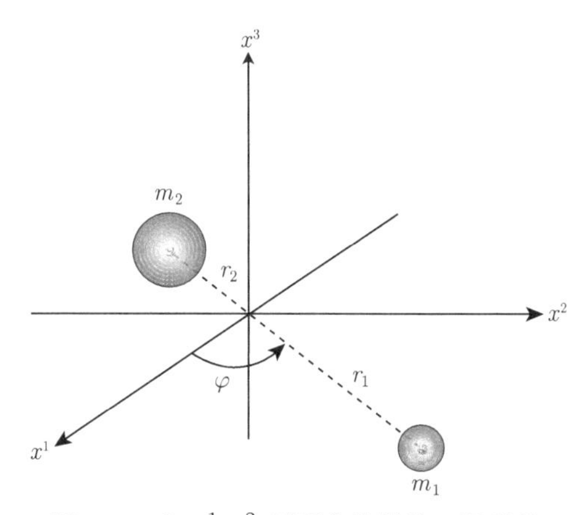

图 3.6 在 x^1-x^2 平面上绕转的双星系统

由此可读出两个极化

$$h_+ = -\frac{4G\mu a^2\omega^2}{c^4 r}\cos 2\varphi, \tag{3.168a}$$

$$h_\times = -\frac{4G\mu a^2\omega^2}{c^4 r}\sin 2\varphi. \tag{3.168b}$$

注意我们观测到的引力波频率是轨道频率的两倍，$f = 2f_{\text{orbital}} = \omega/\pi$。使用 $v = a\omega$ 消去 a 和 ω 是方便的。由开普勒第三定律，$GM = a^3\omega^2$，可得 $GM\omega = v^3$。因此 v 是引力波频率的替代变量，

$$v = (\pi G M f)^{1/3}, \tag{3.169a}$$

或是对轨道周期

$$v = \left(\frac{2\pi GM}{P}\right)^{1/3}, \tag{3.169b}$$

或是对轨道间距

$$v = \sqrt{\frac{GM}{a}}. \tag{3.169c}$$

位于双星轴上的观测者看到的引力波极化可用 v 表示为

$$h_+ = -\frac{4G\mu}{c^2 r}\left(\frac{v}{c}\right)^2 \cos 2\varphi, \tag{3.170a}$$

$$h_\times = -\frac{4G\mu}{c^2 r}\left(\frac{v}{c}\right)^2 \sin 2\varphi. \tag{3.170b}$$

注意轨道相位也可用 v 和时间 t 来表示：

$$\varphi = \omega t = \left(\frac{v}{c}\right)^3 \frac{c^3 t}{GM}. \tag{3.171}$$

对于与轨道轴倾角为 ι 的观测者，引力波波形为

$$h_+ = -\frac{2G\mu}{c^2 r}\left(1 + \cos^2 \iota\right)\left(\frac{v}{c}\right)^2 \cos 2\varphi, \tag{3.172a}$$

$$h_\times = -\frac{4G\mu}{c^2 r}\cos\iota\left(\frac{v}{c}\right)^2 \sin 2\varphi. \tag{3.172b}$$

引力波是两倍于轨道频率的单色波——除了系统的能量损失将造成轨道衰减外，辐射的频率和振幅皆增加。为了描述这些，我们需要计算系统的能量损失。我们需要四极矩张量对时间的三阶导数：

$$\dddot{I}_{11} = -\dddot{I}_{22} = 4\frac{c^5}{G}\frac{\mu}{M}\left(\frac{v}{c}\right)^5 \sin 2\varphi, \tag{3.173a}$$

$$\dddot{I}_{12} = \dddot{I}_{21} = -4\frac{c^5}{G}\frac{\mu}{M}\left(\frac{v}{c}\right)^5 \cos 2\varphi. \tag{3.173b}$$

因为矩阵 I_{ij} 是无迹的，$I_{ij} = \rlap{-}I_{ij}$，引力波光度为

$$L_{\mathrm{GW}} = \frac{1}{5}\frac{G}{c^5}\left\langle \dddot{I}_{11}^2 + \dddot{I}_{22}^2 + 2\dddot{I}_{12}^2 \right\rangle = \frac{32}{5}\frac{c^5}{G}\eta^2\left(\frac{v}{c}\right)^{10}, \tag{3.174}$$

其中 $\eta = \mu/M$ 是**对称质量比**。

系统损失的能量来自于轨道能量。系统的 (牛顿的) 能量为

$$\begin{aligned}E &= \frac{1}{2}m_1 v_1^2 + \frac{1}{2}m_2 v_2^2 - \frac{Gm_1 m_2}{a} \\ &= \frac{1}{2}m_1 (r_1\omega)^2 + \frac{1}{2}m_2 (r_2\omega)^2 - \frac{GM\mu}{a} \\ &= \frac{1}{2}m_1 (m_2 a\omega/M)^2 + \frac{1}{2}m_2 (m_1 a\omega/M)^2 - \frac{(a^3\omega^2)\mu}{a} \\ &= \frac{1}{2}\mu a^2\omega^2 - \mu a^2\omega^2 \\ &= -\frac{1}{2}\mu v^2. \end{aligned} \tag{3.175}$$

由 $L_{\mathrm{GW}} = -\mathrm{d}E/\mathrm{d}t$，可知

$$\frac{\mathrm{d}(v/c)}{\mathrm{d}t} = \frac{32\eta}{5}\frac{c^3}{GM}\left(\frac{v}{c}\right)^9. \tag{3.176}$$

并合时间　从轨道速度 $v_0 \ll c$ 开始计算的并合时间 τ_{c} 可通过对式 (3.176) 直接积分得到

$$\int_{v_0/c}^{\infty} \frac{\mathrm{d}(v/c)}{(v/c)^9} = \frac{32\eta}{5}\frac{c^3}{GM}\int_0^{\tau_{\mathrm{c}}} \mathrm{d}t. \tag{3.177}$$

(为了简便起见，我们积分到 $v \to \infty$ 而不是某个小于光速的截断频率，这是因为其修正非常小。) 求解此方程可获得 τ_{c}，其形式依赖于我们是否要用初始的速度 v_0，轨道周期 P_0，轨道间距 a_0，或者引力波频率 f_0 来表示：

$$\tau_{\mathrm{c}} = \frac{5}{256\eta}\frac{GM}{c^3}\left(\frac{v_0}{c}\right)^{-8}, \tag{3.178a}$$

$$\tau_{\mathrm{c}} = \frac{5}{256\eta}\frac{GM}{c^3}\left(\frac{c^3 P_0}{2\pi GM}\right)^{8/3}, \tag{3.178b}$$

$$\tau_{\mathrm{c}} = \frac{5}{256\eta}\frac{GM}{c^3}\left(\frac{c^2 a_0}{GM}\right)^{4}, \tag{3.178c}$$

$$\tau_{\mathrm{c}} = \frac{5}{256\eta}\frac{GM}{c^3}\left(\frac{\pi GM f_0}{c^3}\right)^{-8/3}. \tag{3.178d}$$

相位演化　因为轨道随时间衰减，引力波将不是单色的，相位也不会随时间均匀增长。在计算相位演化的过程中，引入两个有用的无量纲函数，**能量函数** $\mathcal{E}(v)$

和**能流函数** $\mathcal{F}(v)$。能量函数通过下式与能量相关

$$E(v) - Mc^2 =: Mc^2\mathcal{E}(v), \tag{3.179}$$

同时，能流函数通过下式与光度相关

$$L_{\mathrm{GW}}(v) := \frac{c^5}{G}\mathcal{F}(v) \tag{3.180}$$

由于 $L_{\mathrm{GW}} = -\mathrm{d}E/\mathrm{d}t$，可得

$$\frac{\mathrm{d}t}{\mathrm{d}v} = -\frac{GM}{c^3}\frac{1}{\mathcal{F}}\frac{\mathrm{d}\mathcal{E}}{\mathrm{d}v}. \tag{3.181}$$

系统到达轨道速度 v 的时间与并合时间 t_{c} 相关

$$t(v) = t_{\mathrm{c}} + \frac{GM}{c^3}\int_v^{v_{\mathrm{c}}}\frac{1}{\mathcal{F}}\frac{\mathrm{d}\mathcal{E}}{\mathrm{d}v}\mathrm{d}v. \tag{3.182}$$

这里 v_{c} 是并合时的速度。相位演化为

$$\frac{\mathrm{d}\varphi}{\mathrm{d}v} = \frac{\mathrm{d}\varphi}{\mathrm{d}t}\frac{\mathrm{d}t}{\mathrm{d}v} = -\omega\frac{GM}{c^3}\frac{1}{\mathcal{F}}\frac{\mathrm{d}\mathcal{E}}{\mathrm{d}v} = -\left(\frac{v}{c}\right)^3\frac{1}{\mathcal{F}}\frac{\mathrm{d}\mathcal{E}}{\mathrm{d}v}, \tag{3.183}$$

可得

$$\varphi(v) = \varphi_{\mathrm{c}} + \int_v^{v_{\mathrm{c}}}\left(\frac{v}{c}\right)^3\frac{1}{\mathcal{F}}\frac{\mathrm{d}\mathcal{E}}{\mathrm{d}v}\mathrm{d}v. \tag{3.184}$$

因此，连同式 (3.182) 和 (3.184)，我们可用 $v = (\pi GMf)^{1/3}$ 作为参数来表示波形

$$h_+(t(v)) = -\frac{2G\mu}{c^2r}\left(1+\cos^2\iota\right)\left(\frac{v}{c}\right)^2\cos 2\varphi(v) \tag{3.185a}$$

$$h_\times(t(v)) = -\frac{4G\mu}{c^2r}\cos\iota\left(\frac{v}{c}\right)^2\sin 2\varphi(v). \tag{3.185b}$$

随着轨道衰减，引力波的频率和振幅一起上升。这被称作**啁啾**，这样一个旋近波形通常被称作啁啾波形。

例 3.14 牛顿啁啾。

对于牛顿情形，能量和能流函数分别为

$$\mathcal{E} = -\frac{1}{2}\eta\left(\frac{v}{c}\right)^2, \quad \mathcal{F} = \frac{32}{5}\eta^2\left(\frac{v}{c}\right)^{10}.$$

使用式 (3.182) 并取 $v_c \to \infty$，可得

$$t(v) = t_c - \frac{5}{256\eta}\frac{GM}{c^3}\left(\frac{v}{c}\right)^{-8}, \tag{3.186}$$

再使用式 (3.184)，可得

$$\varphi(v) = \varphi_c - \frac{1}{32\eta}\left(\frac{v}{c}\right)^{-5}. \tag{3.187}$$

由于引力波频率为 $f = v^3/(\pi GM)$，

$$\begin{aligned}\frac{\mathrm{d}f}{\mathrm{d}t} &= \frac{\mathrm{d}f}{\mathrm{d}v}\frac{\mathrm{d}v}{\mathrm{d}t} = \left(\frac{3v^2}{\pi GM}\right)\left(\frac{32\eta}{5}\frac{c^4}{GM}\left(\frac{v}{c}\right)^9\right) \\ &= \frac{96}{5}\pi^{8/3}\eta\left(\frac{GM}{c^3}\right)^{5/3} f^{11/3}.\end{aligned} \tag{3.188}$$

此式对双星质量的依赖是通过其组合而成的**啁啾质量**，$\mathscr{M} = \eta^{3/5}M = \mu^{3/5}M^{2/5} = (m_1m_2)^{3/5}(m_1+m_2)^{-1/5}$。引力波频率按如下方式演化

$$\frac{\mathrm{d}f}{\mathrm{d}t} = \frac{96}{5}\pi^{8/3}\left(\frac{G\mathscr{M}}{c^3}\right)^{5/3} f^{11/3}. \tag{3.189}$$

啁啾质量是尤其重要的，这是因为不仅频率的演化依赖于它，而且整个引力波波形也仅依赖于它，而不依赖于双星质量的其他组合 (然而，当双星轨道变成相对论性时，其他的质量组合就会变得重要了)。波形为

$$h_+(t) = -\frac{G\mathscr{M}}{c^2r}\frac{1+\cos^2\iota}{2}\left(\frac{c^3(t_c-t)}{5G\mathscr{M}}\right)^{-1/4}\cos\left[2\varphi_c - 2\left(\frac{c^3(t_c-t)}{5G\mathscr{M}}\right)^{5/8}\right], \tag{3.190a}$$

$$h_\times(t) = -\frac{G\mathscr{M}}{c^2r}\cos\iota\left(\frac{c^3(t_c-t)}{5G\mathscr{M}}\right)^{-1/4}\sin\left[2\varphi_c - 2\left(\frac{c^3(t_c-t)}{5G\mathscr{M}}\right)^{5/8}\right]. \tag{3.190b}$$

□

例 3.15　赫尔斯-泰勒脉冲双星。

首个被发现的双中子星系统 PSR B1913+16 是由赫尔斯 (Russell Hulse) 和泰勒 (Joseph Taylor) 于 1974 年发现的。两个中子星的质量及其轨道元素的高精度测量为广义相对论提供了一些最强的检验。PSR B1913+16 的一些参数如下：

脉冲星质量	$m_1 = 1.4414\ M_\odot$
伴星质量	$m_2 = 1.3867\ M_\odot$
轨道周期	$P = 0.322997448930\ \mathrm{d}$
轨道周期衰减率	$-\dot{P} = 75.9\ \mu\mathrm{s}\cdot\mathrm{a}^{-1} = 2.405\times 10^{-12}$
轨道偏心率	$e = 0.6171338$

在引力辐射下，广义相对论预测的轨道周期衰减率为

$$\frac{\mathrm{d}P}{\mathrm{d}t} = -\frac{192\pi}{5}\frac{m_1 m_2}{(m_1+m_2)^2}\left(\frac{2\pi G(m_1+m_2)}{c^3 P}\right)^{5/3}\left(\frac{1+\frac{73}{24}e^2+\frac{37}{96}e^4}{(1-e^2)^{7/2}}\right). \tag{3.191}$$

(参见习题 3.5 和习题 3.9。) 给定中子星的质量 m_1 和 m_2、轨道周期 P 和偏心率 e，广义相对论预测的轨道衰减为 $\dot{P} = -2.402\times 10^{-12}$，这与观测到的轨道衰减率极好地吻合了 (Weisberg 和 Taylor，2005)。 □

3.6 习　　题

习题 3.1

给定

$$T^{\mathrm{GW}}_{\alpha\beta} = -\frac{c^4}{8\pi G}\left\langle \overset{2}{G}_{\alpha\beta}\right\rangle + O(h^3),$$

其中 $\langle\cdot\rangle$ 表示对包含许多波长的时空区域 (但是足够小以至于此区域为法邻域，其中任意两点有唯一的测地线连接，使得可以定义张量的积分) 的积分平均。证明在横向无迹规范下：

$$T^{\mathrm{GW}}_{\alpha\beta} = \frac{c^4}{32\pi G}\left\langle \frac{\partial h^{\mathrm{TT}}_{ij}}{\partial x^\alpha}\frac{\partial h_{\mathrm{TT}}^{ij}}{\partial x^\beta}\right\rangle,$$

其中 $O(h^3)$ 项被丢掉了。参见 Isaacson (1968a，1968b)。提示：你可以使用分部积分得到大部分以散度形式出现的项，然后使用洛伦茨规范将其设为零。

习题 3.2

在弯曲时空中的短波近似下，由式 (3.79) 给出的平直时空中的引力波能量-动量张量为

$$T^{\mathrm{GW}}_{\alpha\beta} = \frac{c^4}{32\pi G}\left\langle \left(\overset{0}{\nabla}_\alpha\, \bar{h}^{\mu\nu}\right)\left(\overset{0}{\nabla}_\beta\, \bar{h}_{\mu\nu}\right)\right\rangle,$$

其中规范为 $\overset{0}{\nabla}_\mu \bar{h}^{\mu\alpha}=0$ 和 $\bar{h}=0$。对于由式 (3.29) 给出的扰动，证明能量-动量张量为

$$T_{\alpha\beta}^{\mathrm{GW}}=\frac{c^4}{32\pi G}\mathcal{A}^2 k_\alpha k_\beta.$$

使用式 (3.35) 和 (3.37)，证明能量-动量张量守恒，

$$\overset{0}{\nabla}_\mu T^{\mu\alpha}=0.$$

假设在一个局域惯性参考系中的观测者具有四速度 $u^\alpha=[1,0,0,0]$，在观测者的邻域内满足

$$\overset{0}{\nabla}_\alpha u^\beta=0.$$

然后，证明式 (3.37) 是对于流 $j_\alpha=T_{0\alpha}^{\mathrm{GW}}$ 的守恒律。

习题 3.3

引力波遇到黏性流体，流体在初始时刻是静止的，其四速度为 $u^\alpha=[1,0,0,0]$。

(1) 流体的切向力由**切变张量**描述：

$$\sigma_{\alpha\beta}=\frac{1}{2}\nabla_\alpha u_\beta+\frac{1}{2}\nabla_\beta u_\alpha+\frac{1}{2}u_\alpha u^\mu\nabla_\mu u_\beta+\frac{1}{2}u_\beta u^\mu\nabla_\mu u_\alpha \\ -\frac{1}{3}\left(g_{\alpha\beta}+u_\alpha u_\beta\right)\nabla_\mu u^\mu. \tag{3.192}$$

证明在 TT-规范下由引力波引起的切向力是纯空间的

$$\sigma_{ij}=\frac{1}{2}\frac{\partial}{\partial t}h_{ij}^{\mathrm{TT}}. \tag{3.193}$$

(2) 黏性流体的切向力对能量-动量张量的贡献为

$$T_{\alpha\beta}^{\mathrm{viscosity}}=-2\eta\sigma_{\alpha\beta}, \tag{3.194}$$

其中 η 是**黏滞系数**。引力波的线性化场方程为

$$\Box h_{ij}^{\mathrm{TT}}=\eta\frac{16\pi G}{c^4}\frac{\partial}{\partial t}h_{ij}^{\mathrm{TT}}. \tag{3.195}$$

证明在流体中沿 z 轴方向传播的平面波按照 $\mathrm{e}^{-z/\ell}$ 衰减，其中 ℓ 是衰减长度尺度，

$$\ell=\frac{c^3}{8\pi G\eta}. \tag{3.196}$$

(3) 番茄酱的黏滞系数 $\eta=50\ \mathrm{kg{\cdot}m^{-1}\cdot s^{-1}}$。计算引力波在衰减为原先的 $1/\mathrm{e}$ 时必须穿过番茄酱的距离 ℓ。

习题 3.4

从守恒律 $\partial\tau^{\mu\alpha}/\partial x^{\mu}=0$ 出发，推导恒等式

$$\tau^{ij}=\frac{1}{2}\frac{\partial^2}{\partial t^2}\left(x^i x^j\tau^{00}\right)+\frac{\partial}{\partial x^k}\left(x^i\tau^{jk}+x^j\tau^{ki}\right)-\frac{1}{2}\frac{\partial^2}{\partial x^k\partial x^l}\left(x^i x^j\tau^{kl}\right)$$

和

$$\begin{aligned}\tau^{ij}x^k=&\frac{1}{2}\frac{\partial}{\partial t}\left(\tau^{0i}x^j x^k+\tau^{0j}x^i x^k-\tau^{0k}x^i x^j\right)\\&+\frac{1}{2}\frac{\partial}{\partial x^l}\left(\tau^{li}x^j x^k+\tau^{lj}x^i x^k-\tau^{lk}x^i x^j\right).\end{aligned}$$

习题 3.5

考虑在圆轨道上由两个 1.4 $M_{\odot}$ 中子星组成的双星系统。

(1) 如果轨道周期为 7.75 h，距两个中子星碰撞还需要多长时间？

(2) 证明轨道周期的变化率为

$$\frac{\mathrm{d}P}{\mathrm{d}t}=-\frac{192\pi}{5}\frac{m_1 m_2}{\left(m_1+m_2\right)^2}\left(\frac{2\pi G\left(m_1+m_2\right)}{c^3 P}\right)^{5/3}.$$

并以 $\mu\mathrm{s}\cdot\mathrm{a}^{-1}$ 为单位，计算 $P=7.75$ h 时的 $\mathrm{d}P/\mathrm{d}t$。

(3) 如果要使碰撞时间小于 10^{10} a，则要求两星相距多远？

(4) 当引力波的发射频率达到 40 Hz 和 100 Hz 时，距碰撞还剩多长时间？(注：引力波频率是轨道频率的两倍)

习题 3.6

对于一个双中子星系统，两星质量 $m_1=m_2=1.4\ M_{\odot}$，相对观测者的距离 $r=1$ Mpc，轨道倾角 $\iota=0$ (正对观测者)，画出引力波频率在 100 Hz 到 300 Hz 范围内的 $h_+(t)$ 和 $f(t)$。

习题 3.7

考虑牛顿啁啾波形

$$h(t)=\frac{G\mathscr{M}}{c^2 r}\left(\frac{c^3\left(t_{\mathrm{c}}-t\right)}{5G\mathscr{M}}\right)^{-1/4}\cos\left[2\varphi_{\mathrm{c}}-2\left(\frac{c^3\left(t_{\mathrm{c}}-t\right)}{5G\mathscr{M}}\right)^{5/8}\right].$$

在稳相近似 (stationary phase approximation) 下计算啁啾波形的傅里叶变换

$$\tilde{h}(f)=\int_{-\infty}^{\infty}\mathrm{e}^{-2\pi\mathrm{i}ft}h(t)\mathrm{d}t,$$

(1) 将被积函数分解为一个缓慢变化的振幅因子和一个 i 乘以快速变化 (除一点外) 的相位因子的指数形式,即将被积函数写为 $A(t)\exp[\mathrm{i}\Phi(t)]$,并且 $\mathrm{d}\ln A/\mathrm{d}t \ll \mathrm{d}\Phi/\mathrm{d}t$, $\mathrm{d}^2\Phi/\mathrm{d}t^2 \ll (\mathrm{d}\Phi/\mathrm{d}t)^2$ (这些限制的有效性可参见习题 3.8)。

(2) 找到相位函数变为稳态时 t 所取的值 t_{SP}。

(3) 将相位函数展开到关于 t_{SP} 的二次方阶 (线性阶为零)。将积分围线移出实数轴, 并确定通过鞍点的角度, 以便使二次方部分为负。

(4) 计算在 t_{SP} 处的振幅函数, 并对相位函数里的二次方参数进行积分。

证明 (对于 $f > 0$):

$$\tilde{h}(f) \approx \left(\frac{5\pi}{24}\right)^{1/2} \frac{G^2\mathscr{M}^2}{c^5 r} \left(\pi G\mathscr{M} f/c^3\right)^{-7/6} \mathrm{e}^{-2\pi\mathrm{i} f t_c} \mathrm{e}^{2\mathrm{i}\varphi_c} \mathrm{e}^{-\mathrm{i}\Psi'(f)},$$

其中

$$\Psi(f) = -\frac{\pi}{4} + \frac{3}{128}\left(\pi G\mathscr{M} f/c^3\right)^{-5/3}.$$

习题 3.8

在检验粒子极限下 ($\mu \ll M$, 其中 μ 是约化质量, M 是系统总质量), 旋近波形将在**最内稳定圆轨道** (ISCO) 对应的频率处截断, 在施瓦西坐标系中 ISCO 的半径 $r = 6GM/c^2$。在这个点处, 检验粒子会迅速落入黑洞。此时对应的引力波频率为多大? 计算习题 3.7 中描述的 $(\mathrm{d}\ln A/\mathrm{d}t)/(\mathrm{d}\Phi/\mathrm{d}t)$ 和 $(\mathrm{d}^2\Phi/\mathrm{d}t^2)/(\mathrm{d}\Phi/\mathrm{d}t)^2$, 并证明它们对于整个旋近阶段都是小量 (因此稳相近似有效)。

习题 3.9

考虑椭圆开普勒轨道上的双星系统, 总质量为 M, 约化质量为 μ, 半长径为 a, 轨道偏心率为 e。

(1) 证明在轨道角动量轴上距离 r 处的观测者, 有

$$h_+ = -\frac{G\mu}{c^2 r}\frac{GM}{c^2 a\left(1-e^2\right)}(4\cos 2\varphi + 5e\cos\varphi + e\cos 3\varphi),$$

$$h_\times = -\frac{G\mu}{c^2 r}\frac{GM}{c^2 a\left(1-e^2\right)}(4\sin 2\varphi + 5e\sin\varphi + e\sin 3\varphi).$$

(2) 证明单位时间辐射的轨道能量和角动量分别为

$$-\frac{\mathrm{d}E}{\mathrm{d}t} = \frac{32}{5}\frac{G^4\mu^2 M^3}{c^5 a^5} f(e), \quad -\frac{\mathrm{d}L}{\mathrm{d}t} = \frac{32}{5}\frac{G^{7/2}\mu^2 M^{5/2}}{c^5 a^{7/2}} g(e),$$

其中

$$f(e)=\frac{1+\dfrac{73}{24}e^2+\dfrac{37}{96}e^4}{(1-e^2)^{7/2}},\quad g(e)=\frac{1+\dfrac{7}{8}e^2}{(1-e^2)^2}.$$

(3) 计算 $\mathrm{d}a/\mathrm{d}t$ 和 $\mathrm{d}e/\mathrm{d}t$，并证明椭圆轨道会由于引力波辐射而被圆化。

下面对于开普勒轨道的关系是有用的。

椭圆方程：

$$r_{12}=\frac{a\left(1-e^2\right)}{1+e\cos\varphi}.$$

开普勒第二定律 (面积定律)：

$$r_{12}^2\dot{\varphi}=\sqrt{GMa\left(1-e^2\right)}=L/\mu.$$

(每单位约化质量的轨道角动量。) 参见 Peters (1964) 以及 Peters 和 Mathews (1963)。

参考文献

Blanchet, L. (1997) Gravitational radiation reaction and balance equations to post-Newtonian order. *Phys. Rev.*, D55, 714-732, doi: 10.1103/PhysRevD.55.714.

Hartle, J.B. (2003) *Gravity: An Introduction to Einstein's General Relativity,* Benjamin Cummings.

Isaacson, R.A. (1968a) Gravitational radiation in the limit of high frequency. i. the linear approximation and geometrical optics. *Phys. Rev.*, 166(5), 1263-1271, doi: 10.1103/PhysRev.166.1263.

Isaacson, R.A. (1968b) Gravitational radiation in the limit of high frequency. ii. nonlinear terms and the effective stress tensor. *Phys. Rev.*, 166(5), 1272-1280, doi: 10.1103/PhysRev.166.1272.

Maggiore, M. (2007) *Gravitational Waves, Vol. 1: Theory and Experiments*, Oxford University Press.

Mino, Y., Sasaki, M. and Tanaka, T. (1997) Gravitational radiation reaction to a particle motion. *Phys. Rev.*, D55, 3457-3476, doi: 10.1103/PhysRevD.55.3457.

Misner, C.W., Thorne, K.S. and Wheeler, J.A. (1973) *Gravitation*, Freeman, San Francisco.

Peters, P.C. (1964) Gravitational radiation and the motion of two point masses. *Phys. Rev.*,136 (4B), B1224-B1232, doi: 10.1103/Phys-Rev.136.B1224.

Peters, P.C. and Mathews, J. (1963) Gravitational radiation from point masses in a keplerian orbit. *Phys. Rev.*, 131(1), 435-440, doi: 10.1103/PhysRev.131.435.

Quinn, T.C. and Wald, R.M. (1997) An axiomatic approach to electromagnetic and gravitational radiation reaction of particles in curved spacetime. *Phys. Rev.*, D56, 3381-3394, doi: 10.1103/PhysRevD.56.3381.

Schutz, B. (2009) *A First Course in General Relativity,* 2nd edn, Cambridge University Press.

Wald, R.M. (1984) *General Relativity*, University of Chicago Press.

Weinberg, S. (1972) *Gravitation and Cosmology: Principles and Applications of the General Theory of Relativity,* John Wiley & Sons.

Weisberg, J. and Taylor, J. (2005) The relativistic binary pulsar b1913+16: Thirty years of observations and analysis, in *Binary Radio Pulsars, ASP Conference Series*, Vol. 328 (eds F. Rasio and I. Stairs), Astronomical Society of the Pacific, San Francisco, ASP Conference Series, pp. 25-32.

第 4 章　超越牛顿极限

目前为止，在分析物体的运动时我们仅考虑了广义相对论的牛顿极限，以及广义相对论中辐射效应的主导阶。但是，当我们研究具有高度相对论性或强引力的系统时，我们需要超越这个准牛顿极限。在本章中，我们将介绍一些超越准牛顿极限所需要的方法。后牛顿理论是在广义相对论中以物体的速度为小量对物体的运动方程进行展开，它引入了对牛顿结果的相对论修正。微扰理论可以用来研究弯曲时空 (如宇宙学和黑洞) 中的引力波；当物体对背景时空的扰动很小时，微扰理论允许我们对高度相对论的系统进行建模。要对复杂的相对论性系统进行完全的建模则需要采用数值相对论的计算体系。

4.1　后牛顿理论

在线性化引力中，我们检验了引力场很小的弱引力极限，$GM/(c^2R) \ll 1$，这里 M 是系统的质量，R 是它的大小。这里仅保留到一阶，可以认为是按照 G 的幂展开的第一项。

后牛顿理论中，系统的内部运动被认为是很小的。如果系统的动力学由自引力主导，则由位力定理得 $GM/(c^2R) \sim v^2/c^2$，因此我们对 $1/c^2$ 的幂的展开产生兴趣。形式上，为了以 $1/c^2$ 展开，我们将引进后牛顿序参数 ϵ^2。

我们对后牛顿理论的处理方法紧随 Epstein 和 Wagoner(1975)，Weinberg (1972，第 9 章) 和 Misner 等 (1973，第 39 章)。尽管后牛顿计算已经完成了高阶展开，但我们仅考虑一阶后牛顿展开。Will 和 Wiseman(1996) 给出了二阶后牛顿计算，后牛顿计算方面的最新进展可参考 Blanchet(2002) 的综述。

为了识别需要计算的项，我们首先用后牛顿序参数来展开度规。考虑线元

$$
\mathrm{d}s^2 = g_{00}\mathrm{d}t^2 + 2\epsilon g_{0i}\mathrm{d}t\mathrm{d}x^i + \epsilon^2 g_{ij}\mathrm{d}x^i\mathrm{d}x^j \tag{4.1}
$$

与 g_{00} 度规分量相比，g_{0i} 是 $O(1/c)$，g_{ij} 是 $O(1/c^2)$，因此我们用已经包含了 ϵ 的因子来标记每一项的相对阶数。在广义相对论的牛顿极限中，我们发现 $g_{00} = -c^2 - 2\Phi$，$g_{0i} = 0$ 和 $g_{ij} = \delta_{ij}$，这里 Φ 是牛顿引力势。在线性引力中，我们获得了对 g_{0i} 和 g_{ij} 的修正：$g_{0i} = A_i$，$g_{ij} = -(2\Phi/c^2)\delta_{ij}$。这些项在形式上是线元中的 $O(\epsilon^3)$ 和 $O(\epsilon^4)$ 阶。因此，后牛顿度规要求我们获得 g_{00} 到 $O(\epsilon^4)$ 阶的修正，参见表 4.1。

表 4.1　度规分量的后牛顿展开。牛顿极限需要直到包含 ϵ^2 的分量，后牛顿增加了直到包含 ϵ^4 的项，更高阶的项是二阶后牛顿的。无引力 (闵可夫斯基时空) 极限下的项用灰色标明，线性化引力引入的额外项用方框标明，这些项在前面已经计算了。为了得到一阶后牛顿度规，我们必须计算出现在 g_{00} 中单个额外的 $O(\epsilon^4)$ 项

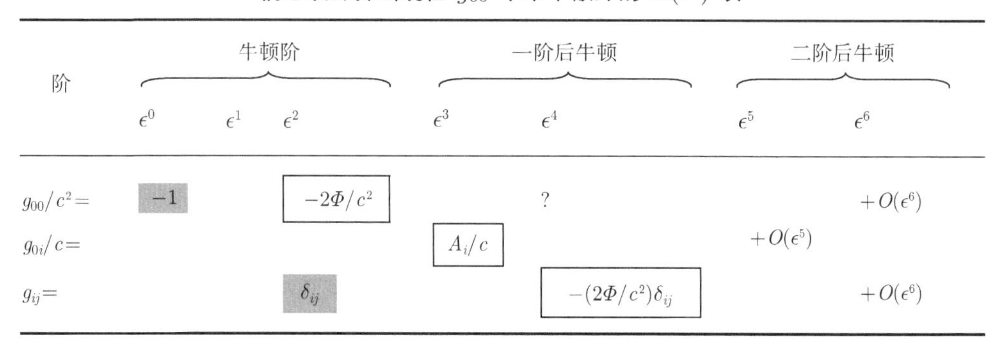

阶	牛顿阶			一阶后牛顿		二阶后牛顿	
	ϵ^0	ϵ^1	ϵ^2	ϵ^3	ϵ^4	ϵ^5	ϵ^6
$g_{00}/c^2=$	-1		$-2\Phi/c^2$		?		$+O(\epsilon^6)$
$g_{0i}/c=$				A_i/c		$+O(\epsilon^5)$	
$g_{ij}=$			δ_{ij}		$-(2\Phi/c^2)\delta_{ij}$		$+O(\epsilon^6)$

现在我们考虑物质，为了明确起见假设物质为理想流体

$$T^{\alpha\beta} = \left(\rho + p/c^2\right) u^\alpha u^\beta + p\, g^{\alpha\beta}, \tag{4.2}$$

这里 $\boldsymbol{u}$ 是流体的四速度，$\boldsymbol{u} = u^0[1, \boldsymbol{v}]$，它满足归一化条件

$$-c^2 = g_{\mu\nu} u^\mu u^\nu = \left(u^0\right)^2 \left\{\left[-c^2 - 2\Phi + O\left(\epsilon^4\right)\right] + v^2 + O\left(\epsilon^4\right)\right\}. \tag{4.3}$$

因此

$$u^0 = 1 - \frac{\Phi}{c^2} + \frac{1}{2}\frac{v^2}{c^2} + O\left(\epsilon^4\right) \tag{4.4}$$

密度 ρ 包含了流体的重子静止质量密度 ρ_0(即流体中的重子数密度乘以每个重子的质量) 和比内能 (specific internal energy)$\rho_0 \Pi$。后者包含了单位静止质量的压缩能、热能等，因此，$\rho c^2 := \rho_0\left(c^2 + \Pi\right)$。由于 $\nabla^2\Phi = 4\pi G\rho_0$(来自牛顿极限) 和 $\Phi \sim O(\epsilon^2)$，ρ_0 现在等效为 $O(\epsilon^2)$。因此，我们得到由后牛顿序参数展开的能量-动量张量分量的表达式：

$$\begin{aligned} T^{00} &= \rho\left(u^0\right)^2 \\ &= \rho_0\left[1 + \left(\frac{\Pi}{c^2} - \frac{2\Phi}{c^2} + \frac{v^2}{c^2}\right) + O\left(\epsilon^4\right)\right], \end{aligned} \tag{4.5a}$$

$$\begin{aligned} T^{0i} &= \rho c\left(u^0\right)^2\left(v^i/c\right)\left[1 + p/\left(\rho c^2\right)\right] \\ &= \rho_0 c\left[\frac{v^i}{c} + O\left(\epsilon^3\right)\right], \end{aligned} \tag{4.5b}$$

$$\begin{aligned} T^{ij} &= \rho c^2 \left(u^0\right)^2 \left(v^i v^j\right)/c^2 \left[1 + p/\left(\rho c^2\right)\right] + p g^{ij} \\ &= \rho_0 c^2 \left[\left(\frac{v^i}{c}\frac{v^j}{c} + \frac{p}{\rho_0 c^2}\delta^{ij}\right) + O\left(\epsilon^4\right)\right]. \end{aligned} \tag{4.5c}$$

表 4.2 给出了用后牛顿序参数展开的能量-动量张量分量。

表 4.2 能量-动量张量分量的后牛顿展开。牛顿极限需要直到包含 ϵ^2 的分量。注意我们令 ρ_0 为 $O(\epsilon^2)$，因为这是在牛顿引力场中出现的。后牛顿增加了直到包含 ϵ^4 的项，更高阶的项是二阶后牛顿的。线性化引力包含了用方框标明的项。对于一阶后牛顿计算，必须包含 T^{00} 中额外的 $O(\epsilon^4)$ 项

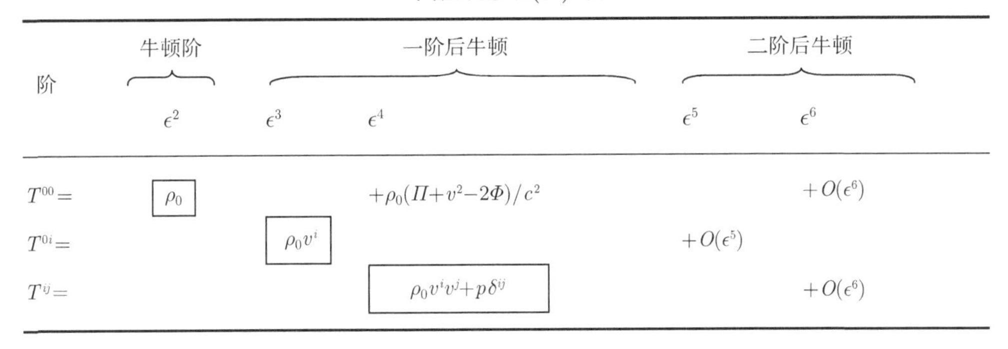

阶	牛顿阶	一阶后牛顿		二阶后牛顿	
	ϵ^2	ϵ^3	ϵ^4	ϵ^5	ϵ^6
$T^{00}=$	$\boxed{\rho_0}$		$+\rho_0(\Pi+v^2-2\Phi)/c^2$		$+O(\epsilon^6)$
$T^{0i}=$		$\boxed{\rho_0 v^i}$		$+O(\epsilon^5)$	
$T^{ij}=$			$\boxed{\rho_0 v^i v^j+p\delta^{ij}}$		$+O(\epsilon^6)$

我们希望：① 计算物体的后牛顿运动方程，它描述了系统的动力学；② 计算波动区中的后牛顿辐射。这两项任务的起点是谐和坐标中度规扰动的精确场方程

$$\Box \bar{h}^{\alpha\beta} = -\frac{16\pi G}{c^4}\tau^{\alpha\beta} \tag{4.6}$$

这里 $\Box$ 是平直时空的达朗贝尔算符；$\tau^{\alpha\beta}$ 是有效能量-动量张量，它包含物质的能量-动量张量 $T^{\alpha\beta}$，以及引力场产生的在 $O(h^2)$ 阶的能量-动量张量 $t^{\alpha\beta}$：

$$\tau^{\alpha\beta} := T^{\alpha\beta} + t^{\alpha\beta}. \tag{4.7}$$

例 4.1 有效能量-动量张量。

有效能量-动量张量包含了物质的能量-动量张量 $T_{\alpha\beta}$ 和引力场的能量-动量张量 $t_{\alpha\beta}$，后者由 $O(h^2)$ 项组成，在洛伦茨规范中由式 (4.6) 定义为

$$\frac{16\pi G}{c^4} t_{\alpha\beta} := 2G_{\alpha\beta} - \Box \bar{h}_{\alpha\beta}. \tag{4.8}$$

此外，它可以通过把爱因斯坦张量 $G_{\alpha\beta}$ 用反迹度规扰动 $\bar{h}_{\alpha\beta}$ 的表示来得到，其结果如下：

$$
\begin{aligned}
\frac{16\pi G}{c^4}t_{\alpha\beta} = &-\frac{1}{2}\frac{\partial\bar{h}_{\mu\nu}}{\partial x^\alpha}\frac{\partial\bar{h}^{\mu\nu}}{\partial x^\beta} \\
&-\bar{h}^{\mu\nu}\left(\frac{\partial^2\bar{h}_{\mu\nu}}{\partial x^\alpha\partial x^\beta}+\frac{\partial^2\bar{h}_{\alpha\beta}}{\partial x^\mu\partial x^\nu}-\frac{\partial^2\bar{h}_{\mu\alpha}}{\partial x^\beta\partial x^\nu}-\frac{\partial^2\bar{h}_{\mu\beta}}{\partial x^\alpha\partial x^\nu}\right) \\
&+\frac{1}{2}\bar{h}\frac{\partial^2\bar{h}}{\partial x^\alpha\partial x^\beta}+\frac{1}{4}\frac{\partial\bar{h}}{\partial x^\alpha}\frac{\partial\bar{h}}{\partial x^\beta}+\frac{3}{2}\bar{h}\Box\bar{h}_{\alpha\beta}+\frac{1}{2}\bar{h}_{\alpha\beta}\Box\bar{h} \\
&+\eta^{\mu\nu}\left[\frac{\partial\bar{h}}{\partial x^\mu}\left(\frac{\partial\bar{h}_{\alpha\beta}}{\partial x^\nu}-\frac{1}{2}\frac{\partial\bar{h}_{\nu\alpha}}{\partial x^\beta}-\frac{1}{2}\frac{\partial\bar{h}_{\nu\beta}}{\partial x^\alpha}\right)\right. \\
&\left.-\frac{\partial\bar{h}^\sigma_\alpha}{\partial x^\mu}\frac{\partial\bar{h}_{\beta\sigma}}{\partial x^\nu}+\frac{\partial\bar{h}^\sigma_\alpha}{\partial x^\mu}\frac{\partial\bar{h}_{\beta\nu}}{\partial x^\sigma}\right] \\
&-\frac{1}{2}\bar{h}^\mu_\alpha\frac{\partial^2\bar{h}}{\partial x^\beta\partial x^\mu}-\frac{1}{2}\bar{h}^\mu_\beta\frac{\partial^2\bar{h}}{\partial x^\alpha\partial x^\mu}-\bar{h}^\mu_\alpha\Box\bar{h}_{\mu\beta}-\bar{h}^\mu_\beta\Box\bar{h}_{\mu\alpha} \\
&+\frac{1}{2}\eta_{\alpha\beta}\left(\frac{3}{2}\eta^{\mu\nu}\frac{\partial\bar{h}_{\rho\sigma}}{\partial x^\mu}\frac{\partial\bar{h}^{\rho\sigma}}{\partial x^\nu}-\frac{3}{4}\eta^{\mu\nu}\frac{\partial\bar{h}}{\partial x^\mu}\frac{\partial\bar{h}}{\partial x^\nu}+2\bar{h}^{\mu\nu}\Box\bar{h}_{\mu\nu}\right. \\
&\left.-\bar{h}\Box\bar{h}-\frac{\partial\bar{h}^\nu_\mu}{\partial x^\sigma}\frac{\partial\bar{h}^{\mu\sigma}}{\partial x^\nu}+\bar{h}^{\mu\nu}\frac{\partial^2\bar{h}}{\partial x^\mu\partial x^\nu}\right)+O\left(h^3\right).
\end{aligned}
\tag{4.9}
$$

这里，洛伦茨规范条件被用来化简这一结果。 □

在线性化理论中，忽略 $t_{\alpha\beta}$ 的场方程的近场解为

$$
\bar{h}_{00}/c^2=-\frac{4\Phi}{c^2}+O\left(\epsilon^4\right),\quad \bar{h}_{0i}/c=\frac{A_i}{c}+O\left(\epsilon^5\right),\quad \bar{h}_{ij}=O\left(\epsilon^4\right).
$$

我们需要 h^{00} 中的 $O(\epsilon^4)$ 项来获得一个完整的后牛顿度规 (以便计算运动方程)。为了获得 h^{00}，我们需要求解

$$
\begin{aligned}
\Box h^{00}=\Box\left(\bar{h}^{00}-\frac{1}{2}\eta^{00}\bar{h}\right)&=\frac{1}{2}\Box\bar{h}^{00}+\frac{1}{2}c^{-2}\delta_{ij}\Box\bar{h}^{ij} \\
&=-\frac{8\pi G}{c^4}\left(\tau^{00}+c^{-2}\delta_{ij}\tau^{ij}\right).
\end{aligned}
\tag{4.10}
$$

我们已知物质的能量-动量张量 T^{00} 和 T^{ij} 到一阶后牛顿所需要的项，我们现在需要计算引力场对有效能量-动量张量的贡献。它可写为

$$
16\pi G t_{\alpha\beta}=-4\frac{\partial\Phi}{\partial x^\alpha}\frac{\partial\Phi}{\partial x^\beta}-8\Phi\frac{\partial^2\Phi}{\partial x^\alpha\partial x^\beta}+\eta_{\alpha\beta}\left(8\Phi\,\nabla^2\Phi+6(\boldsymbol{\nabla}\Phi)\cdot(\boldsymbol{\nabla}\Phi)\right).\tag{4.11}
$$

因此我们得到

$$\tau^{00}=\rho_0\left(1+\frac{\Pi}{c^2}+\frac{v^2}{c^2}-\frac{4\Phi}{c^2}\right)-\frac{3}{8\pi Gc^2}(\boldsymbol{\nabla}\Phi)\cdot(\boldsymbol{\nabla}\Phi) \tag{4.12}$$

(这里使用了 $\nabla^2\Phi=4\pi G\rho_0$) 和

$$\begin{aligned}\tau^{ij}=&\rho_0v^iv^j+p\delta^{ij}\\&-\frac{1}{4\pi G}\frac{\partial\Phi}{\partial x_i}\frac{\partial\Phi}{\partial x_j}-\frac{1}{2\pi G}\Phi\frac{\partial^2\Phi}{\partial x_i\partial x_j}\\&+\frac{1}{8\pi G}\delta^{ij}\left(4\Phi\nabla^2\Phi+3(\boldsymbol{\nabla}\Phi)\cdot(\boldsymbol{\nabla}\Phi)\right).\end{aligned} \tag{4.13}$$

然后我们可以得到

$$\begin{aligned}\Box h^{00}=&-\frac{8\pi G}{c^4}\rho_0\left(1+\frac{\Pi}{c^2}+2\frac{v^2}{c^2}-\frac{4\Phi}{c^2}+3\frac{p}{\rho_0c^2}\right)\\&-\frac{1}{c^6}\left(8\Phi\nabla^2\Phi+4(\boldsymbol{\nabla}\Phi)\cdot(\boldsymbol{\nabla}\Phi)\right).\end{aligned} \tag{4.14}$$

此外，因为牛顿势满足 $\nabla^2\Phi=4\pi G\rho_0$，故

$$\begin{aligned}\Box h^{00}&=-\frac{1}{c^2}\frac{\partial^2h^{00}}{\partial t^2}+\nabla^2h^{00}\\&=-\frac{8\pi G}{c^4}\rho_0\left(1+\frac{\Pi}{c^2}+2\frac{v^2}{c^2}+3\frac{p}{\rho_0c^2}\right)-\frac{4}{c^6}(\boldsymbol{\nabla}\Phi)\cdot(\boldsymbol{\nabla}\Phi).\end{aligned} \tag{4.15}$$

此方程可以用三个势来表示，即牛顿势 Φ、后牛顿势 Ψ 和超级势 χ:

$$h^{00}=\frac{1}{c^2}\left\{-\frac{2\Phi}{c^2}-2\left(\frac{\Phi}{c^2}\right)^2+\frac{4\Psi}{c^2}-\frac{1}{c^4}\frac{\partial^2\chi}{\partial t^2}\right\}, \tag{4.16}$$

这些势满足如下方程

$$\nabla^2\Phi=4\pi G\rho_0, \tag{4.17a}$$

$$\nabla^2\Psi=-4\pi G\rho_0\left(\frac{1}{2}\frac{\Pi}{c^2}+\frac{v^2}{c^2}-\frac{\Phi}{c^2}+\frac{3}{2}\frac{p}{\rho_0c^2}\right), \tag{4.17b}$$

$$\nabla^2\chi=2\Phi. \tag{4.17c}$$

且分别有如下解

$$\Phi(\boldsymbol{x},t)=-G\int\frac{\rho_0\left(\boldsymbol{x}',t\right)}{\|\boldsymbol{x}-\boldsymbol{x}'\|}\mathrm{d}^3\boldsymbol{x}',\tag{4.18a}$$

$$\Psi(\boldsymbol{x},t)=+G\int\frac{\rho_0\left(\boldsymbol{x}',t\right)}{\|\boldsymbol{x}-\boldsymbol{x}'\|}\times\left(\frac{1}{2}\frac{\Pi\left(\boldsymbol{x}',t\right)}{c^2}+\frac{v^2}{c^2}-\frac{\Phi\left(\boldsymbol{x}',t\right)}{c^2}+\frac{3}{2}\frac{p\left(\boldsymbol{x}',t\right)}{\rho_0\left(\boldsymbol{x}',t\right)c^2}\right)\mathrm{d}^3\boldsymbol{x}',\tag{4.18b}$$

$$\chi(\boldsymbol{x},t)=-G\int\rho_0\left(\boldsymbol{x}',t\right)\|\boldsymbol{x}-\boldsymbol{x}'\|\,\mathrm{d}^3\boldsymbol{x}'.\tag{4.18c}$$

在这个阶段，我们已知到一阶后牛顿的近场度规 $g_{\alpha\beta}$，由此可以得到运动方程 $\nabla_\mu T^{\mu\nu}=0$。

我们接下来考虑波动区 (远场) 的度规扰动。正如第 3 章中牛顿阶的计算，我们有

$$\bar{h}^{\alpha\beta}(t,\boldsymbol{x})=\frac{4G}{c^4}\int\frac{\tau^{\alpha\beta}\left(t-\|\boldsymbol{x}-\boldsymbol{x}'\|/c,\boldsymbol{x}'\right)}{\|\boldsymbol{x}-\boldsymbol{x}'\|}\mathrm{d}^3\boldsymbol{x}'.\tag{4.19}$$

如前，我们可有 $\|\boldsymbol{x}-\boldsymbol{x}'\|\approx r^{-1}$，但是现在我们需要考虑波源积分中的时延效应。我们将详细说明 TT-规范下所必需的计算

$$h_{\mathrm{TT}}^{ij}(t,\boldsymbol{x})=\frac{4G}{c^4r}\int\tau_{\mathrm{TT}}^{ij}\left(t-r/c+\hat{\boldsymbol{n}}\cdot\boldsymbol{x}'/c,\boldsymbol{x}'\right)\mathrm{d}^3\boldsymbol{x}'.\tag{4.20}$$

然后对它做多极展开

$$h_{\mathrm{TT}}^{ij}(t,\boldsymbol{x})=\frac{4G}{c^4r}\sum_{m=0}^{\infty}\frac{1}{m!}\frac{\partial^m}{\partial t^m}\int\tau_{\mathrm{TT}}^{ij}\left(t-r/c,\boldsymbol{x}'\right)\left(\hat{\boldsymbol{n}}\cdot\boldsymbol{x}'/c\right)^m\mathrm{d}^3\boldsymbol{x}',\tag{4.21}$$

这里 $\hat{\boldsymbol{n}}=\boldsymbol{x}/r$。注意上式中每高一极多极矩就引入一个额外的 $1/c$ 因子。其中四极矩和八极矩可以用下面两个恒等式化简

$$\tau^{ij}=\frac{1}{2}\frac{\partial^2}{\partial t^2}\left(x^ix^j\tau^{00}\right)+\frac{\partial}{\partial x^k}\left(x^i\tau^{jk}+x^j\tau^{ki}\right)-\frac{1}{2}\frac{\partial^2}{\partial x^k\partial x^l}\left(x^ix^j\tau^{kl}\right),\tag{4.22a}$$

$$\tau^{ij}x^k=\frac{1}{2}\frac{\partial}{\partial t}\left(\tau^{0i}x^jx^k+\tau^{0j}x^ix^k-\tau^{0k}x^ix^j\right)$$

$$
+\frac{1}{2}\frac{\partial}{\partial x^l}\left(\tau^{li}x^jx^k+\tau^{lj}x^ix^k-\tau^{lk}x^ix^j\right). \tag{4.22b}
$$

这两个式子都可由下面的有效能量-动量张量守恒得到 (参见习题 3.4)

$$
\frac{\partial \tau^{\mu\alpha}}{\partial x^\mu}=0. \tag{4.23}
$$

然后我们得到

$$
h^{ij}_{\mathrm{TT}}=\frac{2G}{c^4r}\left[\frac{\partial^2}{\partial t^2}\sum_{m=0}^{\infty}\hat{n}_{k_1}\hat{n}_{k_2}\cdots\hat{n}_{k_m}I^{ijk_1k_2\cdots k_m}(t-r/c)\right]_{\mathrm{TT}}, \tag{4.24}
$$

这里

$$
I^{ij}(t):=\int\tau^{00}(t,\boldsymbol{x})x^ix^j\mathrm{d}^3\boldsymbol{x}, \tag{4.25a}
$$

$$
I^{ijk}(t):=\int\left[\tau^{0i}(t,\boldsymbol{x})x^jx^k+\tau^{0j}(t,\boldsymbol{x})x^ix^k-\tau^{0k}(t,\boldsymbol{x})x^ix^j\right]\mathrm{d}^3\boldsymbol{x}, \tag{4.25b}
$$

$$
I^{ijk_1k_2\cdots k_m}(t):=\frac{2}{m!}\frac{\partial^{m-2}}{\partial t^{m-2}}\int\tau^{ij}(t,\boldsymbol{x})x^{k_1}x^{k_2}\cdots x^{k_m}\mathrm{d}^3\boldsymbol{x}\quad(m\geqslant 2). \tag{4.25c}
$$

(我们忽略了积分中的表面项，这是因为波动区没有物质且引力场非常弱。) 式 (4.24) 和式 (4.25) 给出了波动区的度规扰动。

能量损失可以通过下式计算

$$
\begin{aligned}
-\frac{\mathrm{d}E}{\mathrm{d}t\mathrm{d}\Omega}=&\frac{c^3r^2}{32\pi G}\left\langle\dot{h}^{ij}_{\mathrm{TT}}\dot{h}^{\mathrm{TT}}_{ij}\right\rangle\\
=&\frac{G}{8\pi c^5}\left\langle\sum_{p=0}^{\infty}\sum_{q=0}^{\infty}\hat{n}_{k_1}\cdots\hat{n}_{k_p}\hat{n}^{l_1}\cdots\hat{n}^{l_q}\right.\\
&\times\left(\dddot{\text{Ɨ}}^{ijk_1\cdots k_p}\dddot{\text{Ɨ}}_{ijl_1\cdots l_q}-2\hat{n}_i\hat{n}^j\dddot{\text{Ɨ}}^{imk_1\cdots k_p}\dddot{\text{Ɨ}}_{jml_1\cdots l_q}\right.\\
&\left.\left.+\frac{1}{2}\hat{n}_i\hat{n}_j\hat{n}^m\hat{n}^n\dddot{\text{Ɨ}}^{ijk_1\cdots k_p}\dddot{\text{Ɨ}}_{mnl_1\cdots l_q}\right)\right\rangle,
\end{aligned} \tag{4.26}
$$

其中

$$
\text{Ɨ}^{ijk_1\cdots k_p}:=I^{ijk_1\cdots k_p}-\frac{1}{3}\delta^{ij}\delta_{mn}I^{mnk_1\cdots k_p} \tag{4.27}
$$

我们接下来对立体角积分并且使用恒等式

$$\frac{1}{4\pi}\int n_{k_1}\cdots n_{k_m}\mathrm{d}\Omega=\begin{cases}\dfrac{(\delta_{k_1k_2\ldots}\delta_{k_{m-1}k_m}+\text{ permutations })}{(m+1)!!}, & m\text{为偶数}\\ 0, & m\text{ 为奇数}.\end{cases} \tag{4.28}$$

得到的引力波光度为

$$\begin{aligned}L_{\mathrm{GW}}=&\frac{1}{5}\frac{G}{c^5}\left\langle\dddot{I}^{ij}\dddot{I}_{ij}\right\rangle\\&+\frac{1}{105}\frac{G}{c^5}\left\langle 11\ddddot{I}^{ijk}\ddddot{I}_{ijk}-6\delta_{jk}\delta^{lm}\ddddot{I}^{ijk}\ddddot{I}_{ilm}-6\ddddot{I}^{ijk}\ddddot{I}_{ikj}\right.\\&\left.+22\delta^{kl}\ddddot{I}^{ij}\ddddot{I}_{ijkl}-24\delta^{kl}\ddddot{I}^{ij}\ddddot{I}_{iklj}\right\rangle+\text{ 更高阶项}.\end{aligned} \tag{4.29}$$

4.1.1 点粒子系统

现在我们考虑把后牛顿形式具体应用到一个含有 N 个粒子的引力系统中 (例如太阳系中的行星或者两个相互绕转的黑洞)。本节我们遵循 Wagnor 和 Will (1976) 文章中的做法 (也可参见 Misner 等 (1973)，第 39 章)

对于一个点粒子系统，物质的能量-动量张量是离散的：

$$T^{00}=\sum_A m_A\left\{1+\frac{1}{2}\frac{v_A^2}{c^2}-\sum_{B\neq A}\frac{Gm_B}{c^2r_{AB}}\right\}\delta^3\left(\boldsymbol{x}-\boldsymbol{x}_A(t)\right), \tag{4.30a}$$

$$T^{0j}=\sum_A m_A v_A^j\delta^3\left(\boldsymbol{x}-\boldsymbol{x}_A(t)\right), \tag{4.30b}$$

$$T^{ij}=\sum_A m_A v_A^i v_A^j\delta^3\left(\boldsymbol{x}-\boldsymbol{x}_A(t)\right), \tag{4.30c}$$

这里 m_A 是 A 粒子的质量，$\boldsymbol{x}_A$ 是它的位置，$\boldsymbol{v}_A$ 是它的速度，$r_{AB}:=\|\boldsymbol{x}_A-\boldsymbol{x}_B\|$ 是粒子 A 与粒子 B 之间的距离。有效能量-动量张量为

$$\begin{aligned}\tau^{00}=&\sum_A m_A\left\{1+\frac{1}{2}\frac{v_A^2}{c^2}-\sum_{B\neq A}\frac{Gm_B}{c^2r_{AB}}\right\}\delta^3\left(\boldsymbol{x}-\boldsymbol{x}_A(t)\right)\\&-\frac{1}{8\pi Gc^2}\left[4\Phi\nabla^2\Phi+3(\boldsymbol{\nabla}\Phi)\cdot(\boldsymbol{\nabla}\Phi)\right],\end{aligned} \tag{4.31a}$$

$$\tau^{0j}=\sum_A m_A v_A^j\delta^3\left(\boldsymbol{x}-\boldsymbol{x}_A(t)\right), \tag{4.31b}$$

$$\tau^{ij} = \sum_A m_A v_A^i v_A^j \delta^3 \left(\boldsymbol{x} - \boldsymbol{x}_A(t)\right)$$
$$+ \frac{1}{8\pi G}\left\{ -2\frac{\partial \Phi}{\partial x_i}\frac{\partial \Phi}{\partial x_j} - 4\Phi \frac{\partial^2 \Phi}{\partial x_i \partial x_j}\right.$$
$$\left. + \delta^{ij}\left[4\Phi\, \nabla^2 \Phi + 3(\boldsymbol{\nabla}\Phi)\cdot(\boldsymbol{\nabla}\Phi)\right]\right\}, \tag{4.31c}$$

这里

$$\Phi(\boldsymbol{x}, t) = -\sum_B \frac{G m_B}{\|\boldsymbol{x} - \boldsymbol{x}_B(t)\|}. \tag{4.32}$$

4.1.1.1 后牛顿度规

为了计算粒子系统的后牛顿运动方程，我们需要计算额外的势函数 Ψ 和 χ。它们是

$$\Psi(\boldsymbol{x}, t) = \frac{1}{4}\sum_A \frac{G m_A}{\|\boldsymbol{x} - \boldsymbol{x}_A(t)\|}\left(3\frac{v_A^2}{c^2} - 2\sum_{B\neq A}\frac{G m_B}{c^2 r_{AB}}\right) \tag{4.33}$$

和

$$\chi(\boldsymbol{x}, t) = -G\sum_A m_A \|\boldsymbol{x} - \boldsymbol{x}_A(t)\|. \tag{4.34}$$

度规为

$$g_{00} = -c^2 + h_{00} = -c^2 - 2\Phi - 2\frac{\Phi^2}{c^2} + 4\Psi - \frac{1}{c^2}\frac{\partial^2 \chi}{\partial t^2} + O\left(\epsilon^6\right)$$
$$= -c^2 + 2\sum_A \frac{G m_A}{r_A} - 2\frac{1}{c^2}\left(\sum_A \frac{G m_A}{r_A}\right)^2$$
$$+ 3\sum_A \frac{G m_A}{r_A}\frac{v_A^2}{c^2} - 2\sum_A\sum_{B\neq A}\frac{G m_A}{r_A}\frac{G m_B}{c^2 r_{AB}} - \frac{1}{c^2}\frac{\partial^2 \chi}{\partial t^2} + O\left(\epsilon^6\right), \tag{4.35a}$$

$$g_{0i} = -4\sum_A \frac{G m_A}{c^2 r_A}(v_A)_i + O\left(\epsilon^5\right), \tag{4.35b}$$

$$g_{ij} = \delta_{ij}\left(1 + 2\sum_A \frac{G m_A}{c^2 r_A}\right) + O\left(\epsilon^6\right). \tag{4.35c}$$

这里我们使用标记 $\boldsymbol{r}_A := \boldsymbol{x} - \boldsymbol{x}_A(t)$。

注意超级势描述了粒子系统的质心。因此，它的二阶导数描述了坐标系相对于系统质心的加速度。我们可以做一个到**标准后牛顿规范**的坐标变换，它能够消除度规分量 g_{00} 中的超级势。一个无限小坐标变换 $\boldsymbol{x} \to \boldsymbol{x}' = \boldsymbol{x} + \boldsymbol{\xi}$ 引入度规的变化

$$g_{\alpha\beta} \to g'_{\alpha\beta} = g_{\alpha\beta} - \frac{\partial \xi_\beta}{\partial x^\alpha} - \frac{\partial \xi_\alpha}{\partial x^\beta}. \tag{4.36}$$

因此我们选择

$$\xi_0 = -\frac{1}{2}\frac{1}{c^2}\frac{\partial \chi}{\partial t}, \quad \xi_i = 0, \tag{4.37}$$

这产生了

$$g_{00} \to g'_{00} = g_{00} + \frac{1}{c^2}\frac{\partial^2 \chi}{\partial t^2}, \tag{4.38a}$$

$$g_{0i} \to g'_{0i} = g_{0i} + \frac{1}{2}\frac{1}{c^2}\frac{\partial}{\partial x^i}\frac{\partial \chi}{\partial t}, \tag{4.38b}$$

$$g_{ij} \to g'_{ij} = g_{ij}. \tag{4.38c}$$

由于

$$\frac{\partial}{\partial x^i}\frac{\partial \chi}{\partial t} = \sum_A \frac{Gm_A}{r_A}\left\{\boldsymbol{v}_A - \frac{(\boldsymbol{v}_A \cdot \boldsymbol{r}_A)}{r_A^2}\boldsymbol{r}_A\right\}, \tag{4.39}$$

我们发现标准规范中的一阶后牛顿度规为

$$\begin{aligned} g_{00} = & -c^2 + 2\sum_A \frac{Gm_A}{r_A} - 2\frac{1}{c^2}\left(\sum_A \frac{Gm_A}{r_A}\right)^2 \\ & + 3\sum_A \frac{Gm_A}{r_A}\frac{v_A^2}{c^2} - 2\sum_A\sum_{B\neq A}\frac{Gm_A}{r_A}\frac{Gm_B}{c^2 r_{AB}} + O\left(\epsilon^6\right), \end{aligned} \tag{4.40a}$$

$$g_{0i} = -\frac{7}{2}\sum_A \frac{Gm_A}{c^2 r_A}(v_A)_i - \frac{1}{2}\sum_A \frac{Gm_A(\boldsymbol{v}_A \cdot \boldsymbol{r}_A)}{c^2 r_A^3}(r_A)_i + O\left(\epsilon^5\right), \tag{4.40b}$$

$$g_{ij} = \delta_{ij}\left(1 + 2\sum_A \frac{Gm_A}{c^2 r_A}\right) + O\left(\epsilon^6\right). \tag{4.40c}$$

4.1.1.2 运动方程

给定后牛顿度规后，我们可以使用测地线方程来获得系统中所有粒子的运动方程。而从拉格朗日量中得到运动方程会容易些，此外，一旦计算出拉格朗日量，就可以建立系统的哈密顿量，它给出系统的能量。

拉格朗日量为

$$\begin{aligned}\mathcal{L} := & -\sum_A m_A c^2 \frac{\mathrm{d}\tau}{\mathrm{d}t} = -\sum_A m_A c\sqrt{-g_{00} - 2\, g_{0i} v_A^i - g_{ij} v_A^i v_A^j} \\ = & -\sum_A m_A \left(c^2 - \frac{1}{2} v_A^2 - \frac{1}{8}\frac{v_A^4}{c^2}\right) \\ & + \frac{1}{2}\sum_A \sum_{B\neq A} \frac{G m_A m_B}{r_{AB}} \left[1 + 3\frac{v_A^2}{c^2} - \sum_{C\neq A} \frac{G m_C}{c^2 r_{AC}} - \frac{7}{2}\frac{\boldsymbol{v}_A \cdot \boldsymbol{v}_B}{c^2}\right. \\ & \left. - \frac{1}{2}\frac{(\boldsymbol{v}_A \cdot \boldsymbol{r}_{AB})(\boldsymbol{v}_B \cdot \boldsymbol{r}_{AB})}{c^2 r_{AB}^2}\right]. \end{aligned} \tag{4.41}$$

由下面的欧拉-拉格朗日方程

$$\frac{\mathrm{d}}{\mathrm{d}t}\frac{\partial \mathcal{L}}{\partial v_A^i} = \frac{\partial \mathcal{L}}{\partial x_A^i}, \tag{4.42}$$

这里

$$\frac{\mathrm{d}}{\mathrm{d}t} = \frac{\partial}{\partial t} + v_A^j \frac{\partial}{\partial x_A^j},$$

可得运动方程

$$\begin{aligned}\frac{\mathrm{d}\boldsymbol{v}_A}{\mathrm{d}t} = & -\sum_{B\neq A} \frac{G m_B \boldsymbol{r}_{AB}}{r_{AB}^3} \left[1 - 4\sum_{C\neq A} \frac{G m_C}{c^2 r_{AC}}\right. \\ & + \sum_{C\neq A,B} \left(-\frac{G m_C}{c^2 r_{BC}} + \frac{1}{2}\frac{G m_C (\boldsymbol{r}_{AB} \cdot \boldsymbol{r}_{BC})}{c^2 r_{BC}^3}\right) \\ & \left. -5\frac{G m_A}{c^2 r_{AB}} + \frac{v_A^2}{c^2} - 4\frac{\boldsymbol{v}_A \cdot \boldsymbol{v}_B}{c^2} + 2\frac{v_B^2}{c^2} - \frac{3}{2}\left(\frac{\boldsymbol{v}_B \cdot \boldsymbol{r}_{AB}}{c r_{AB}}\right)^2\right] \\ & - \frac{7}{2}\sum_{B\neq A} \frac{G m_B}{r_{AB}} \sum_{C\neq A,B} \frac{G m_C \boldsymbol{r}_{BC}}{c^2 r_{BC}^3} \end{aligned}$$

$$+\sum_{B\neq A}\frac{Gm_B}{r_{AB}^3}\frac{\boldsymbol{r}_{AB}\cdot(4\boldsymbol{v}_A-3\boldsymbol{v}_B)}{c}\frac{\boldsymbol{v}_A-\boldsymbol{v}_B}{c}. \tag{4.43}$$

这个方程称为**爱因斯坦-因费尔德-霍夫曼方程**。

由哈密顿量可以得到系统的总能量：

$$\mathcal{H}:=\sum_A \boldsymbol{p}_A\cdot\boldsymbol{v}_A-\mathcal{L}, \tag{4.44}$$

这里

$$(p_A)_j:=\frac{\partial\mathcal{L}}{\partial v_A^j}.$$

4.1.1.3 引力辐射

在波动区，TT-规范下的度规扰动为

$$h_{\mathrm{TT}}^{ij}=\frac{2G}{c^2r}\frac{\partial^2}{\partial t^2}\left[I^{ij}(t-r/c)+\hat{n}_kI^{ijk}(t-r/c)+\hat{n}_k\hat{n}_lI^{ijkl}(t-r/c)\right]_{\mathrm{TT}}. \tag{4.45}$$

我们需要计算 I^{ij}，I^{ijk}，I^{ijkl} 的横向无迹投影以便获得所需阶的度规扰动。首先，可以证明

$$\begin{aligned}I^{ij}&:=\int\tau^{00}x^ix^j\mathrm{d}^3\boldsymbol{x}\\&=\sum_A m_Ax_A^ix_A^j\left(1+\frac{1}{2}\frac{v_A^2}{c^2}-\frac{1}{2}\sum_{B\neq A}\frac{Gm_B}{c^2r_{AB}}\right)\\&\quad+\text{TT 投影下为零的项}.\end{aligned} \tag{4.46}$$

这里使用了多次分部积分并且丢掉了表面项。度规扰动中的第二项可以直接得到

$$\begin{aligned}I^{ijk}&:=\int\left(\tau^{0i}x^jx^k+\tau^{0j}x^ix^k-\tau^{0k}x^ix^j\right)\mathrm{d}^3\boldsymbol{x}\\&=\sum_A m_A\left(v_A^ix_A^jx_A^k+v_A^jx_A^ix_A^k-v_A^kx_A^ix_A^j\right).\end{aligned} \tag{4.47}$$

第三项稍微复杂些：

$$I^{ijkl}:=\int\tau^{ij}x^kx^l\mathrm{d}^3\boldsymbol{x}$$

$$
= \sum_A m_A v_A^i v_A^j x_A^k x_A^l - \frac{1}{4\pi G} \int \Phi \frac{\partial^2 \Phi}{\partial x_i \partial x_j} x^k x^l \mathrm{d}^3 \boldsymbol{x}
+ \text{TT 投影下为零的项}, \tag{4.48}
$$

这里再一次使用了分部积分并且丢掉了表面项。积分的计算比较复杂，它的结果如下

$$
\begin{aligned}
I^{ijkl} = & \sum_A m_A v_A^i v_A^j x_A^k x_A^l \\
& - \frac{1}{12} \sum_A \sum_{B \neq A} \frac{G m_A m_B r_{AB}^i r_{AB}^j}{r_{AB}} \\
& \times \left[\delta^{kl} + \frac{1}{r_{AB}^2} \left(2 r_{AB}^k r_{AB}^l - 3 r_{AB}^k x_A^l - 3 r_{AB}^l x_A^k + 6 x_A^k x_A^l \right) \right] \\
& + \text{TT 投影下为零的项}.
\end{aligned} \tag{4.49}
$$

最后，我们得到

$$
\begin{aligned}
h_{\mathrm{TT}}^{ij} = & \frac{2G}{c^4 r} \frac{\partial^2}{\partial t^2} \sum_A m_A \left\{ \left(1 - \frac{\hat{\boldsymbol{n}} \cdot \boldsymbol{v}_A}{c} + \frac{1}{2} \frac{v_A^2}{c^2} \right) x_A^i x_A^j \right. \\
& - \frac{1}{2} \sum_{B \neq A} \frac{G m_B}{c^2 r_{AB}} x_A^i x_A^j \\
& + \hat{\boldsymbol{n}} \cdot \boldsymbol{x}_A \frac{\left(v_A^i x_A^j + v_A^j x_A^i \right)}{c} + \left(\hat{\boldsymbol{n}} \cdot \boldsymbol{x}_A \right)^2 \frac{v_A^i}{c} \frac{v_A^j}{c} \\
& \left. - \frac{1}{12} \sum_{B \neq A} \frac{G m_B}{c^2 r_{AB}} r_{AB}^i r_{AB}^j \left[1 - \left(\frac{\hat{\boldsymbol{n}} \cdot \boldsymbol{r}_{AB}}{r_{AB}} \right)^2 + 6 \left(\frac{\hat{\boldsymbol{n}} \cdot \boldsymbol{x}_A}{r_{AB}} \right)^2 \right] \right\}_{\mathrm{TT}}.
\end{aligned} \tag{4.50}
$$

引力波光度可由下式得到

$$
L_{\mathrm{GW}} = \frac{c^3 r^2}{32\pi G} \int \left\langle \left(\frac{\partial h_{ij}^{\mathrm{TT}}}{\partial t} \right) \left(\frac{\partial h_{\mathrm{TT}}^{ij}}{\partial t} \right) \right\rangle \mathrm{d}\Omega. \tag{4.51}
$$

4.1.2 两体后牛顿运动

我们现在专门研究两个粒子互绕的情况，因为这类系统作为引力波源是特别有趣的。拉格朗日量可以约化为

$$
\begin{aligned}
\mathcal{L} = & -(m_1+m_2)c^2 + \frac{1}{2}m_1 v_1^2 + \frac{1}{2}m_2 v_2^2 + \frac{1}{8}m_1\frac{v_1^4}{c^2} + \frac{1}{8}m_2\frac{v_2^4}{c^2} \\
& + \frac{Gm_1m_2}{r_{12}}\left[1 + \frac{3}{2}\frac{v_1^2+v_2^2}{c^2} - \frac{1}{2}\frac{G(m_1+m_2)}{c^2 r_{12}} - \frac{7}{2}\frac{\boldsymbol{v}_1\cdot\boldsymbol{v}_2}{c^2}\right. \\
& \left. -\frac{1}{2}\frac{(\boldsymbol{v}_1\cdot\boldsymbol{r}_{12})(\boldsymbol{v}_2\cdot\boldsymbol{r}_{12})}{c^2 r_{12}^2}\right].
\end{aligned} \tag{4.52}
$$

其哈密顿量 (用 v 而非 p 表示) 为

$$
\begin{aligned}
\mathcal{H} = & (m_1+m_2)c^2 + \frac{1}{2}m_1 v_1^2 + \frac{1}{2}m_2 v_2^2 + \frac{3}{8}m_1\frac{v_1^4}{c^2} + \frac{3}{8}m_2\frac{v_2^4}{c^2} \\
& - \frac{Gm_1m_2}{r_{12}}\left[1 - \frac{3}{2}\frac{v_1^2+v_2^2}{c^2} - \frac{1}{2}\frac{G(m_1+m_2)}{c^2 r_{12}} + \frac{7}{2}\frac{\boldsymbol{v}_1\cdot\boldsymbol{v}_2}{c^2}\right. \\
& \left. +\frac{1}{2}\frac{(\boldsymbol{v}_1\cdot\boldsymbol{r}_{12})(\boldsymbol{v}_2\cdot\boldsymbol{r}_{12})}{c^2 r_{12}^2}\right],
\end{aligned} \tag{4.53}
$$

这里

$$
\boldsymbol{p}_1 = m_1\boldsymbol{v}_1 + \frac{1}{2}\frac{v_1^2}{c^2}m_1\boldsymbol{v}_1 + \frac{Gm_1m_2}{c^2 r_{12}}\left[3\boldsymbol{v}_1 - \frac{7}{2}\boldsymbol{v}_2 - \frac{1}{2}\frac{\boldsymbol{v}_2\cdot\boldsymbol{r}_{12}}{r_{12}^2}\boldsymbol{r}_{12}\right]. \tag{4.54}
$$

$\boldsymbol{p}_2$ 的表达式与上式类似。

在质心系中

$$
\boldsymbol{r}_1 = -\frac{m_2}{M}\boldsymbol{a},\quad \boldsymbol{r}_2 = \frac{m_1}{M}\boldsymbol{a},\quad \boldsymbol{v}_1 = -\frac{m_2}{M}\boldsymbol{v},\quad \boldsymbol{v}_2 = \frac{m_1}{M}\boldsymbol{v},
$$

这里 $M := m_1+m_2$，$\boldsymbol{a} := \boldsymbol{r}_{12}$，系统的能量 (哈密顿量) 为

$$
\begin{aligned}
E := \mathcal{H} = & Mc^2 + \mu\left\{\frac{1}{2}v^2 - \frac{GM}{a} + \frac{3}{8}(1-3\eta)\frac{v^4}{c^2}\right. \\
& \left. +\frac{1}{2}\frac{GM}{c^2 a}\left(\frac{GM}{a} + (3+\eta)v^2 + \frac{(\boldsymbol{v}\cdot\boldsymbol{a})^2}{a^2}\right)\right\},
\end{aligned} \tag{4.55}
$$

这里 $\mu := m_1m_2/M$ 是约化质量，$\eta := \mu/M$ 是对称质量比。质心系中的运动方程为

$$\frac{\mathrm{d}\boldsymbol{v}}{\mathrm{d}t} = -\frac{GM}{a^3}\boldsymbol{a}\left[1-(4+2\eta)\frac{GM}{c^2a}+(1+3\eta)\frac{v^2}{c^2}-\frac{3}{2}\eta\frac{(\boldsymbol{v}\cdot\boldsymbol{a})^2}{c^2a^2}\right] + (4-2\eta)\frac{GM}{c^2a^3}(\boldsymbol{v}\cdot\boldsymbol{a})\boldsymbol{v}. \tag{4.56}$$

假如两个物体是在圆轨道中，则 $\boldsymbol{v}\cdot\boldsymbol{a}=0$，运动方程可以约化为

$$\frac{\mathrm{d}\boldsymbol{v}}{\mathrm{d}t} = -\frac{GM}{a^3}\boldsymbol{a}\left[1-(4+2\eta)\frac{GM}{c^2a}+(1+3\eta)\frac{v^2}{c^2}\right]. \tag{4.57}$$

由于 $\mathrm{d}\boldsymbol{v}/\mathrm{d}t = -\omega^2\boldsymbol{a}$，我们发现开普勒定律在一阶后牛顿下修改为

$$\omega^2 = \frac{GM}{a^3}\left[1+\frac{GM}{c^2a}(\eta-3)\right]. \tag{4.58}$$

由于 $v = a\omega$，这意味着

$$v^2 = \frac{GM}{a}\left[1-(3-\eta)\frac{GM}{c^2a}\right], \tag{4.59}$$

或者

$$\frac{GM}{a} = v^2\left[1+(3-\eta)\frac{v^2}{c^2}\right]. \tag{4.60}$$

能量和光度可以分别计算为

$$E = Mc^2 - \frac{1}{2}\mu v^2 - \frac{1}{8}\mu\frac{v^4}{c^2}(5-3\eta) \tag{4.61}$$

和

$$L_{\mathrm{GW}} = \frac{32c^5}{5G}\eta^2\left(\frac{GM}{c^2a}\right)^5\left[1-\frac{GM}{c^2a}\left(\frac{2927}{336}+\frac{5}{4}\eta\right)\right]. \tag{4.62}$$

有了这些表达式，我们可用能量平衡来计算一阶后牛顿的轨道演化。尽管如此，这里有一个微妙之处，这是因为开普勒定律的修改有一个重要的结果：之前当我们在引力辐射下推导双星轨道演化时，我们用了 $v = a\omega = (GM\omega)^{1/3}$ 这一条件，因此建立了轨道速度 (坐标依赖的量) 与 $GM\omega$ 之间的关系，后者是在无穷远处描述引力波辐射的可观测量。然而，此关系不再成立。因此，我们继续用 $v = a\omega$ 作

为我们的坐标系中的轨道速度，并且我们定义一个新的变量 $x := \left(GM\omega/c^3\right)^{2/3}$ 作为我们的后牛顿参数，它满足

$$x^{3/2} = \frac{GM\omega}{c^3} = \frac{GM}{c^2 a}\frac{v}{c} = \frac{v^3}{c^3}\left[1 + (3-\eta)\frac{v^2}{c^2}\right]. \tag{4.63}$$

因此

$$x = \frac{v^2}{c^2}\left[1 + \frac{2}{3}(3-\eta)\frac{v^2}{c^2}\right], \tag{4.64a}$$

或者

$$v^2 = xc^2\left[1 - \frac{2}{3}(3-\eta)x\right]. \tag{4.64b}$$

通过这个替换我们得到的能量函数 $\mathcal{E} := \left(E - Mc^2\right)/(Mc^2)$ 和流量函数 $\mathcal{F} := (G/c^5)L_{\rm GW}$ 分别为

$$\mathcal{E}(x) = -\frac{1}{2}\eta x\left[1 - \frac{1}{12}(9+\eta)x\right] \tag{4.65}$$

和

$$\mathcal{F}(x) = \frac{32}{5}\eta^2 x^5\left[1 - \left(\frac{1247}{336} + \frac{35}{12}\eta\right)x\right]. \tag{4.66}$$

与牛顿情况相似，双星系统到达由 x 设定的轨道频率的时间 $t(x)$ 以及对应的轨道相位 $\varphi(x)$，可由下列关系找到

$$t(x) = t_{\rm c} + \frac{GM}{c^3}\int_x^{x_{\rm c}} \frac{1}{\mathcal{F}}\frac{{\rm d}\mathcal{E}}{{\rm d}x}{\rm d}x, \tag{4.67}$$

$$\varphi(x) = \varphi_{\rm c} + \int_x^{x_{\rm c}} x^{3/2}\frac{1}{\mathcal{F}}\frac{{\rm d}\mathcal{E}}{{\rm d}x}{\rm d}x, \tag{4.68}$$

这里 $x_{\rm c}$ 由截止频率 (“并合” 频率) 决定，$t_{\rm c}$ 和 $\varphi_{\rm c}$ 分别是该频率处的时间和相位。如果我们形式上取 $x_{\rm c} \to \infty$，则

$$t(x) = t_{\rm c} - \frac{5}{256\eta}\frac{GM}{c^3}x^{-4}\left[1 + \left(\frac{743}{252} + \frac{11}{3}\eta\right)x\right], \tag{4.69}$$

$$\varphi(x) = \varphi_{\rm c} - \frac{1}{32\eta}x^{-5/2}\left[1 + \left(\frac{3715}{1008} + \frac{55}{12}\eta\right)x\right]. \tag{4.70}$$

这个对相位 $\{t(x),\ \varphi(x)\}$ 的参数解被称为 TaylorT2 时间域近似。还有其他几种备选演化方案：TaylorT3 方法由 TaylorT2 获得，它通过对 $t(x)$ 的幂级数进行反转来得到 $x(t)$。这可由替代的无量纲时间变量

$$\Theta := \frac{\eta}{5}\frac{c^3\left(t_{\mathrm{c}}-t\right)}{GM} \tag{4.71}$$

得到，然后可得

$$x = \frac{1}{4}\Theta^{-1/4}\left[1+\left(\frac{743}{4032}+\frac{11}{48}\eta\right)\Theta^{-1/4}+O\left(\epsilon^3\right)\right]. \tag{4.72}$$

现在 $\varphi(x)$ 的表达式可以用时间变量 Θ 写出

$$\varphi = \varphi_{\mathrm{c}} - \frac{1}{\eta}\Theta^{5/8}\left[1+\left(\frac{3715}{8064}+\frac{55}{96}\eta\right)\Theta^{-1/4}+O\left(\epsilon^3\right)\right]. \tag{4.73}$$

TaylorT1 方法是通过数值积分耦合的常微分方程组

$$\frac{\mathrm{d}x}{\mathrm{d}t} = -\frac{c^3}{GM}\frac{\mathcal{F}}{\mathrm{d}\mathcal{E}/\mathrm{d}x}, \tag{4.74}$$

$$\frac{\mathrm{d}\varphi}{\mathrm{d}t} = \frac{c^3}{GM}x^{3/2}. \tag{4.75}$$

除了 $\mathrm{d}x/\mathrm{d}t$ 表达式的等号右边是用幂级数展开到所需的后牛顿阶以外，TaylorT4 方法与 TaylorT1 方法相同；由此产生的耦合常微分方程组为

$$\frac{\mathrm{d}x}{\mathrm{d}t} = \frac{64}{5}\eta\frac{c^3}{GM}x^5\left[1-\left(\frac{743}{336}+\frac{11}{4}\eta\right)x+O\left(\epsilon^3\right)\right], \tag{4.76}$$

$$\frac{\mathrm{d}\varphi}{\mathrm{d}t} = \frac{c^3}{GM}x^{3/2}, \tag{4.77}$$

然后做数值积分。所有 TaylorT1~TaylorT4 的方法将给出形式上到一阶后牛顿成立的相位演化；不同的截断方案丢弃的高阶项引起了演化之间的差异，因此在没有做更高阶的后牛顿计算之前不可能确定哪一种方案“更好”。

对于相对 (上述) 坐标系的极坐标位置为 (r,ι,ϕ) 的观测者，引力波波形 h_{ij}^{TT} 可以写为两个极化 h_+ 和 $h_\times$。把它们用自旋为 2 加权的球谐函数写出是最方便的，

$$h_+ - \mathrm{i}h_\times = \sum_{\ell=2}^{\infty}\sum_{m=-\ell}^{\ell} {}_{-2}Y_{\ell m}(\iota,\phi)h_{\ell m}, \tag{4.78}$$

这里的复数模式为

$$h_{\ell m} := \int {}_{-2}Y^*_{\ell m}(\iota,\phi)\left(h_+ - \mathrm{i}h_\times\right)\mathrm{d}\Omega. \tag{4.79}$$

它满足

$$h_{\ell,m} = (-1)^\ell h^*_{\ell,-m}. \tag{4.80}$$

自旋权重为 s 的**自旋加权的球谐函数**为

$$\begin{aligned}{}_{-s}Y_{\ell m}(\theta,\phi) :=& (-1)^s\sqrt{\frac{2\ell+1}{4\pi}}\sqrt{\frac{(\ell+m)!(\ell-m)!}{(\ell+s)!(\ell-s)!}}\mathrm{e}^{\mathrm{i}m\phi}\cos^{2\ell}\frac{\theta}{2}\\ &\times\sum_{k=\max(0,m-s)}^{\min(\ell+m,\ell-s)}(-1)^k\begin{pmatrix}\ell-s\\ k\end{pmatrix}\begin{pmatrix}\ell+s\\ k+s-m\end{pmatrix}\tan^{2k+s-m}\frac{\theta}{2}.\end{aligned} \tag{4.81}$$

它满足如下两个关系

$${}_sY_{\ell,m}(\theta,\phi) = (-1)^{s+m}{}_{-s}Y^*_{\ell,-m}(\theta,\phi), \tag{4.82}$$

$${}_sY_{\ell m}(\theta,\phi) = (-1)^\ell{}_{-s}Y_{\ell m}(\pi-\theta,\phi+\pi). \tag{4.83}$$

表 B.1 提供了 $s=-2$，$l=2$, 3, 4 自旋加权的球谐函数。

对于一阶后牛顿，相关的模式有 (参见 Kidder，2008)

$$h_{22} = -8\sqrt{\frac{\pi}{5}}\frac{G\mu}{c^2r}\mathrm{e}^{-2\mathrm{i}\varphi}x\left[1-\left(\frac{107}{42}-\frac{55}{42}\eta\right)x\right]+O\left(\epsilon^5\right), \tag{4.84a}$$

$$h_{21} = -\mathrm{i}\frac{8}{3}\sqrt{\frac{\pi}{5}}\frac{G\mu}{c^2r}\frac{\delta m}{M}\mathrm{e}^{-\mathrm{i}\varphi}x^{3/2}+O\left(\epsilon^5\right), \tag{4.84b}$$

$$h_{33} = 3\mathrm{i}\sqrt{\frac{6\pi}{7}}\frac{G\mu}{c^2r}\frac{\delta m}{M}\mathrm{e}^{-3\mathrm{i}\varphi}x^{3/2}+O\left(\epsilon^5\right), \tag{4.84c}$$

$$h_{32} = -\frac{8}{3}\sqrt{\frac{\pi}{7}}\frac{G\mu}{c^2r}\mathrm{e}^{-2\mathrm{i}\varphi}(1-3\eta)x^2+O\left(\epsilon^6\right), \tag{4.84d}$$

$$h_{31}=-\frac{\mathrm{i}}{3}\sqrt{\frac{2\pi}{35}}\frac{G\mu}{c^2r}\frac{\delta m}{M}\mathrm{e}^{-\mathrm{i}\varphi}x^{3/2}+O\left(\epsilon^5\right), \tag{4.84e}$$

$$h_{44}=\frac{64}{9}\sqrt{\frac{\pi}{7}}\frac{G\mu}{c^2r}\mathrm{e}^{-4\mathrm{i}\varphi}(1-3\eta)x^2+O\left(\epsilon^6\right), \tag{4.84f}$$

$$h_{42}=-\frac{8}{63}\sqrt{\pi}\frac{G\mu}{c^2r}\mathrm{e}^{-2\mathrm{i}\varphi}(1-3\eta)x^2+O\left(\epsilon^6\right), \tag{4.84g}$$

这里 $\delta m:=m_1-m_2$。此后，波形可以写为

$$h_{+,\times}=\frac{2G\mu}{c^2r}x\left\{H_{+,\times}^{(0)}+x^{1/2}H_{+,\times}^{(1/2)}+xH_{+,\times}^{(1)}+O\left(\epsilon^3\right)\right\}, \tag{4.85a}$$

其中

$$H_+^{(0)}:=-\left(1+\cos^2\iota\right)\cos 2\varphi, \tag{4.85b}$$

$$H_\times^{(0)}:=-2\cos\iota\sin 2\varphi, \tag{4.85c}$$

$$H_+^{(1/2)}:=-\frac{1}{8}\frac{\delta m}{M}\sin\iota\left[\left(5+\cos^2\iota\right)\cos\varphi-9\left(1+\cos^2\iota\right)\cos 3\varphi\right], \tag{4.85d}$$

$$H_\times^{(1/2)}:=-\frac{3}{4}\frac{\delta m}{M}\sin\iota\cos\iota(\sin\varphi-3\sin 3\varphi), \tag{4.85e}$$

$$\begin{aligned}H_+^{(1)}:=&\frac{1}{6}\left[\left(19+9\cos^2\iota-2\cos^4\iota\right)-\eta\left(19-11\cos^2\iota-6\cos^4\iota\right)\right]\cos 2\varphi\\&-\frac{4}{3}\sin^2\iota\left(1+\cos^2\iota\right)(1-3\eta)\cos 4\varphi,\end{aligned} \tag{4.85f}$$

$$\begin{aligned}H_\times^{(1)}:=&\frac{1}{3}\cos\iota\left[\left(17-4\cos^2\iota\right)-\eta\left(13-12\cos^2\iota\right)\right]\sin 2\varphi\\&-\frac{8}{3}\cos\iota\sin^2\iota(1-3\eta)\sin 4\varphi.\end{aligned} \tag{4.85g}$$

这里我们假设了观测者位于系统的 x-z 平面，这意味着 $\phi=0$(这等效于把 ϕ 吸收到常数 φ_{c} 的定义中)。

4.1.3 双星旋近的高阶后牛顿波形

由式 (4.85) 给出的引力波波形包括了直到 $O(\epsilon^2)$ 的项，这超越了四极矩公式，因此包括了一阶后牛顿修正。尽管如此，为了得到描述双星旋近晚期的引力波波

形，人们需要计算更高阶的后牛顿修正。目前已经有了直到三阶 (即 $O(\epsilon^6)$) 的后牛顿修正 (参见附录 B)。这些计算同时也包括了由于双星各个自旋 (自旋与轨道、自旋与自旋耦合) 所产生的相位修正。如果某一自旋与轨道角动量不在同一方向，那么轨道就会发生进动，波形会变得很复杂。此外，有限大小星体的潮汐变形也会影响波形，已经计算了考虑有限大小效应对能量和能流方程的修正。对于双中子星系统，依赖于中子星的结构，这种有限大小效应在引力波频率 $f > 400$ Hz 时可能会显著改变引力波的波形。

后牛顿计算永远不能给出如中子星或者黑洞这类致密双星系统从旋近到碰撞的整个过程的全面描述，因为它们的运动最终将变为高度相对论性的，使得后牛顿近似失效。想要了解旋近的最后阶段到碰撞后的遗迹就需要数值相对论。

4.2 弯曲背景的扰动

在弯曲时空中，我们仍然可以获得一个黎曼张量的波动方程，但是它将不再具有 $\nabla^2 R_{\alpha\beta\gamma\delta} = 0$ 的简单形式，而是将具有一个由曲率张量本身构成的源项。

首先，我们回到比安基恒等式

$$\nabla_\nu R_{\alpha\beta\gamma\delta} + \nabla_\alpha R_{\beta\nu\gamma\delta} + \nabla_\beta R_{\nu\alpha\gamma\delta} = 0, \tag{4.86}$$

对它再做一次协变导数得

$$\nabla_\mu \nabla_\nu R_{\alpha\beta\gamma\delta} + \nabla_\mu \nabla_\alpha R_{\beta\nu\gamma\delta} + \nabla_\mu \nabla_\beta R_{\nu\alpha\gamma\delta} = 0. \tag{4.87}$$

现在把这个方程减去与其相同但是交换了 α 和 μ 指标的方程，接着再一次把这个方程减去与其相同但是交换了 β 和 μ 指标的方程。然后我们得到

$$\begin{aligned} 0 =& \nabla_\mu \nabla_\nu R_{\alpha\beta\gamma\delta} + \left(\nabla_\mu \nabla_\alpha - \nabla_\alpha \nabla_\mu\right) R_{\beta\nu\gamma\delta} - \nabla_\alpha \nabla_\nu R_{\mu\beta\gamma\delta} \\ &+ \nabla_\alpha \nabla_\beta R_{\mu\nu\gamma\delta} - (\alpha \leftrightarrow \beta). \end{aligned} \tag{4.88}$$

现在我们把黎曼张量导数的对易子表示为黎曼张量的乘积

$$\begin{aligned} \left(\nabla_\mu \nabla_\alpha - \nabla_\alpha \nabla_\mu\right) R_{\beta\nu\gamma\delta} =& R_{\mu\alpha\beta}{}^{\rho} R_{\rho\nu\gamma\delta} + R_{\mu\alpha\nu}{}^{\rho} R_{\beta\rho\gamma\delta} + R_{\mu\alpha\gamma}{}^{\rho} R_{\beta\nu\rho\delta} \\ &+ R_{\mu\alpha\delta}{}^{\rho} R_{\beta\nu\gamma\rho}, \end{aligned} \tag{4.89}$$

然后我们再次使用比安基恒等式来重新表示为

$$-\nabla_\alpha \nabla_\nu R_{\mu\beta\gamma\delta} = -\nabla_\alpha \nabla_\nu R_{\gamma\delta\mu\beta} = \nabla_\alpha \nabla_\gamma R_{\delta\nu\mu\beta} + \nabla_\alpha \nabla_\delta R_{\nu\gamma\mu\beta}, \tag{4.90}$$

这给了我们

$$
\begin{aligned}
0 =& \nabla_\mu \nabla_\nu R_{\alpha\beta\gamma\delta} + R_{\mu\alpha\beta}{}^\rho R_{\rho\nu\gamma\delta} + R_{\mu\alpha\nu}{}^\rho R_{\beta\rho\gamma\delta} + R_{\mu\alpha\gamma}{}^\rho R_{\beta\nu\rho\delta} \\
&+ R_{\mu\alpha\delta}{}^\rho R_{\beta\nu\gamma\rho} + \nabla_\alpha \nabla_\gamma R_{\delta\nu\mu\beta} + \nabla_\alpha \nabla_\delta R_{\nu\gamma\mu\beta} + \nabla_\alpha \nabla_\beta R_{\mu\nu\gamma\delta} \\
&- (\alpha \leftrightarrow \beta).
\end{aligned}
\tag{4.91}
$$

现在我们用度规张量 $g^{\mu\nu}$ 来缩并指标 μ 和 ν，然后使用里奇张量的定义来获得

$$
\begin{aligned}
0 =& \nabla^2 R_{\alpha\beta\gamma\delta} + R^\mu_{\alpha\beta}{}^\rho R_{\rho\mu\gamma\delta} + R_\alpha{}^\rho R_{\beta\rho\gamma\delta} + R^\mu{}_{\alpha\gamma}{}^\rho R_{\beta\mu\rho\delta} + R^\mu{}_{\alpha\delta}{}^\rho R_{\beta\mu\gamma\rho} \\
&- \nabla_\alpha \nabla_\gamma R_{\delta\beta} + \nabla_\alpha \nabla_\delta R_{\gamma\beta} \\
&- (\alpha \leftrightarrow \beta).
\end{aligned}
\tag{4.92}
$$

最后，采用黎曼张量的恒等式 (同时把哑指标 ρ 换为 ν)，我们发现

$$
\begin{aligned}
&\nabla^2 R_{\alpha\beta\gamma\delta} + R_{\alpha\beta}{}^{\mu\nu} R_{\mu\nu\gamma\delta} - 2R_\alpha{}^\mu{}_\delta{}^\nu R_{\beta\mu\gamma\nu} + 2R_\beta{}^\mu{}_\delta{}^\nu R_{\alpha\mu\gamma\nu} \\
=& - \nabla_\alpha \nabla_\gamma R_{\delta\beta} - \nabla_\alpha \nabla_\delta R_{\gamma\beta} + \nabla_\beta \nabla_\gamma R_{\delta\alpha} + \nabla_\beta \nabla_\delta R_{\gamma\alpha} \\
&+ R_\alpha{}^\nu R_{\beta\nu\gamma\delta} - R_\beta{}^\nu R_{\alpha\nu\gamma\delta}.
\end{aligned}
\tag{4.93}
$$

在真空的时空中，此式的等号右边为零。假如有物质出现，等号右边的项会变为物质的能量-动量张量的导数或者能量-动量张量与黎曼张量的乘积。

考虑一个真空的时空并且假设它的曲率包含一个背景曲率

$$
\overset{0}{R}_{\alpha\beta\gamma\delta},
$$

它有着某个大的曲率尺度 $\mathcal{R}$，以及一个小的引力波扰动的曲率

$$
\overset{1}{R}_{\alpha\beta\gamma\delta},
$$

它在短的长度尺度 $\lambda \ll \mathcal{R}$ 上变化。我们可以写出

$$
R_{\alpha\beta\gamma\delta} = \overset{0}{R}_{\alpha\beta\gamma\delta} + \overset{1}{R}_{\alpha\beta\gamma\delta}\, . \tag{4.94}
$$

然后，我们找到引力波扰动的波动方程

$$
\begin{aligned}
\nabla^2 \overset{1}{R}_{\alpha\beta\gamma\delta} =& - \overset{0}{R}_{\alpha\beta}{}^{\mu\nu} \overset{1}{R}_{\mu\nu\gamma\delta} + 2 \overset{0}{R}{}_\alpha{}^\mu{}_\delta{}^\nu \overset{1}{R}_{\beta\mu\gamma\nu} - 2 \overset{0}{R}{}_\beta{}^\mu{}_\delta{}^\nu \overset{1}{R}_{\alpha\mu\gamma\nu} \\
&- \overset{1}{R}_{\alpha\beta}{}^{\mu\nu} \overset{0}{R}_{\mu\nu\gamma\delta} + 2 \overset{1}{R}{}_\alpha{}^\mu{}_\delta{}^\nu \overset{0}{R}_{\beta\mu\gamma\nu} - 2 \overset{1}{R}{}_\beta{}^\mu{}_\delta{}^\nu \overset{0}{R}_{\alpha\mu\gamma\nu}\, .
\end{aligned}
\tag{4.95}
$$

注意等号左边的形式是 $\nabla^2 \overset{1}{R} \sim \overset{1}{R}/\lambda^2$，而等号右边项的形式是

$$\overset{0}{R}\overset{1}{R} \sim \overset{1}{R}/\mathcal{R}^2,$$

这是由于

$$\overset{0}{R} \sim 1/\mathcal{R}^2.$$

这些项都远小于等号左边的项，因此我们可以得到引力波扰动的近似方程

$$\nabla^2 \overset{1}{R}_{\alpha\beta\gamma\delta} = 0. \tag{4.96}$$

这个方程成立的条件是引力波的波长远小于背景时空曲率的长度尺度。假如此条件成立，那么由黎曼张量的扰动来描述的引力波满足弯曲时空的波动方程，这里 $\nabla^2 := g^{\mu\nu}\nabla_\mu\nabla_\nu$ 是弯曲空间的波动算符。在引力波扰动很小的情况下，这个算符可以用背景弯曲空间波动算符来近似。

弯曲时空度规扰动的表达式可以构造如下。设时空度规为

$$g_{\alpha\beta} = \overset{0}{g}_{\alpha\beta} + h_{\alpha\beta},$$

这里 $\overset{0}{g}_{\alpha\beta}$ 是背景时空的度规，$h_{\alpha\beta}$ 是扰动。

与时空度规 $g_{\alpha\beta}$(满足 $\nabla_\gamma g_{\alpha\beta} = 0$) 兼容的协变导数 ∇_γ 可以和与背景度规 $\overset{0}{g}_{\alpha\beta}$(满足 $\overset{0}{\nabla}_\gamma \overset{0}{g}_{\alpha\beta} = 0$) 兼容的协变导数 $\overset{0}{\nabla}_\gamma$ 通过如下的方式建立关系：对于任意矢量 $\mathbf{v}$，$\nabla_\alpha v^\gamma$ 和 $\overset{0}{\nabla}_\alpha v^\gamma$ 必须都是张量，所以这两个张量的差必须是一个到矢量的线性映射，并通过下式定义了一个新的张量 $C^\gamma_{\alpha\beta}$

$$\nabla_a v^\gamma - \overset{0}{\nabla}_a v^\gamma =: C^\gamma_{\alpha\mu} v^\mu. \tag{4.97}$$

我们可以在背景度规的局域惯性系中求 $C^\gamma_{\alpha\beta}$ 的值：在这一参考系中

$$\nabla_\alpha v^\gamma = \frac{\partial}{\partial x^\alpha} v^\gamma + \Gamma^\gamma_{\alpha\mu} v^\mu, \tag{4.98}$$

并且

$$\overset{0}{\nabla}_\alpha v^\gamma = \frac{\partial}{\partial x^\alpha} v^\gamma \quad (\text{背景时空的局域惯性系}); \tag{4.99}$$

因此，由于 $\mathbf{v}$ 是任意的

$$C^\gamma_{\alpha\beta} = \Gamma^\gamma_{\alpha\beta} = \frac{1}{2} g^{\gamma\mu} \left(\frac{\partial}{\partial x^\alpha} g_{\mu\beta} + \frac{\partial}{\partial x^\beta} g_{\alpha\mu} - \frac{\partial}{\partial x^\mu} g_{\alpha\beta} \right) (\text{背景时空的局域惯性系}), \tag{4.100}$$

这里我们用了式 (2.40) 中对 $\Gamma^{\gamma}_{\alpha\beta}$ 的定义。这个对 $C^{\gamma}_{\alpha\beta}$ 分量的方程只在背景时空的局域惯性坐标系中成立。然而，$C^{\gamma}_{\alpha\beta}$ 是一个张量，因此我们希望找到一个在任意坐标系中都成立的协变表达式。这一表达式可以通过把通常的偏导数 $\partial/\partial x^{\alpha}$ 替换为协变导数 $\overset{0}{\nabla}_{\alpha}$ 而得到，这是因为这两种导数在背景时空的局域惯性坐标系中是一致的。从而，我们发现

$$
\begin{aligned}
C^{\gamma}_{\alpha\beta} &= \frac{1}{2}\ g^{\gamma\mu}\left(\overset{0}{\nabla}_{\alpha} g_{\mu\beta} + \overset{0}{\nabla}_{\beta} g_{\alpha\mu} - \overset{0}{\nabla}_{\mu} g_{\alpha\beta}\right) \\
&= \frac{1}{2}\ g^{\gamma\mu}\left(\overset{0}{\nabla}_{\alpha} h_{\mu\beta} + \overset{0}{\nabla}_{\beta} h_{\alpha\mu} - \overset{0}{\nabla}_{\mu} h_{\alpha\beta}\right).
\end{aligned}
\tag{4.101}
$$

一个类似的讨论可证明

$$
R_{\alpha\beta\gamma}{}^{\delta} = \overset{0}{R}_{\alpha\beta\gamma}{}^{\delta} - \overset{0}{\nabla}_{\alpha} C^{\delta}_{\beta\gamma} + \overset{0}{\nabla}_{\beta} C^{\delta}_{\alpha\gamma} - C^{\delta}_{\alpha\mu} C^{\mu}_{\beta\gamma} + C^{\delta}_{\beta\mu} C^{\mu}_{\alpha\gamma}. \tag{4.102}
$$

从上式我们得到了线性化的里奇张量 (注意 $C^{\gamma}_{\alpha\beta}$ 在度规扰动 $h_{\alpha\beta}$ 中是线性的，因此我们也许可以丢弃 $C^{\gamma}_{\alpha\beta}$ 的二次项)：

$$
\begin{aligned}
R_{\alpha\beta} = \overset{0}{R}_{\alpha\beta} + \frac{1}{2}&\left(-\overset{0}{\nabla}_{\alpha}\overset{0}{\nabla}_{\beta} h + \overset{0}{\nabla}_{\mu}\overset{0}{\nabla}_{\alpha} h^{\mu}{}_{\beta} + \overset{0}{\nabla}_{\mu}\overset{0}{\nabla}_{\beta} h_{\alpha}{}^{\mu} - \overset{0}{g}{}^{\mu\nu}\ \overset{0}{\nabla}_{\mu}\overset{0}{\nabla}_{\nu} h_{\alpha\beta}\right) \\
&+ O\left(h^{2}\right),
\end{aligned}
\tag{4.103}
$$

(参见式 (2.218))。这里 $h = h_{\mu}{}^{\mu} = \overset{0}{g}{}^{\mu\nu} h_{\mu\nu}$。按照 2.5.1 节呈现的推演方式，我们考虑反迹度规扰动 $\bar{h}_{\alpha\beta}$，它现在为

$$
\bar{h}_{\alpha\beta} = h_{\alpha\beta} - \frac{1}{2}\ \overset{0}{g}_{\alpha\beta}\, h, \tag{4.104}
$$

进而我们计算爱因斯坦张量

$$
\begin{aligned}
G_{\alpha\beta} = \overset{0}{G}_{\alpha\beta} + \frac{1}{2}&\left(-\ \overset{0}{g}{}^{\mu\nu}\overset{0}{\nabla}_{\mu}\overset{0}{\nabla}_{\nu}\ \bar{h}_{\alpha\beta} - \overset{0}{g}_{\alpha\beta}\overset{0}{\nabla}_{\mu}\overset{0}{\nabla}_{\nu}\ \bar{h}^{\mu\nu}\right. \\
&+ \overset{0}{\nabla}_{\mu}\overset{0}{\nabla}_{\alpha}\ \bar{h}^{\mu}{}_{\beta} + \overset{0}{\nabla}_{\mu}\overset{0}{\nabla}_{\beta}\ \bar{h}_{\alpha}{}^{\mu} \\
&\left. - \bar{h}_{\alpha\beta}\ \overset{0}{g}{}^{\mu\nu}\overset{0}{R}_{\mu\nu} + \overset{0}{g}{}_{\alpha\beta}\bar{h}^{\mu\nu}\overset{0}{R}_{\mu\nu}\right) \\
&+ O\left(h^{2}\right).
\end{aligned}
\tag{4.105}
$$

总是可以采用类洛伦茨规范，使得度规扰动在这个特殊的坐标系中满足

$$\overset{0}{\nabla}_\mu \bar{h}^\mu{}_\alpha = 0 \quad (\text{洛伦茨规范}); \tag{4.106}$$

同时，$G_{\alpha\beta} - \overset{0}{G}_{\alpha\beta}$ 正比于真实的能量-动量张量 $T_{\alpha\beta}$ 与背景时空的能量-动量张量 $\overset{0}{T}_{\alpha\beta}$ 的差：$\delta T_{\alpha\beta} = T_{\alpha\beta} - \overset{0}{T}_{\alpha\beta}$。因此，在洛伦茨规范中

$$\begin{aligned} &\overset{0}{g}{}^{\mu\nu}\, \overset{0}{\nabla}_\mu \overset{0}{\nabla}_\nu \bar{h}_{\alpha\beta} - \overset{0}{\nabla}_\mu \overset{0}{\nabla}_\alpha \bar{h}_\beta{}^\mu - \overset{0}{\nabla}_\mu \overset{0}{\nabla}_\beta \bar{h}^\mu{}_\alpha \\ &+ \bar{h}_{\alpha\beta}\, \overset{0}{g}{}^{\mu\nu} \overset{0}{R}_{\mu\nu} - \overset{0}{g}_{\alpha\beta}\, \bar{h}^{\mu\nu} \overset{0}{R}_{\mu\nu} = -\frac{16\pi G}{c^4} \delta T_{\alpha\beta} \quad (\text{洛伦茨规范}). \end{aligned} \tag{4.107}$$

能量-动量张量的扰动包含下面几项的贡献：① 因为能量-动量张量依赖于度规，所以度规的扰动也会导致能量-动量张量的扰动；② 背景之上额外的能量-动量张量的成分，是度规扰动的源；③ 来自度规扰动本身，它是度规扰动的二次项 (因此在线性分析中可以被忽略，但是它描述了引力波的能量-动量)。最后，背景黎曼张量具有如下性质

$$\left(\overset{0}{\nabla}_\alpha \overset{0}{\nabla}_\beta - \overset{0}{\nabla}_\beta \overset{0}{\nabla}_\alpha \right) \bar{h}_{\gamma\delta} = \overset{0}{R}_{\alpha\beta\gamma}{}^\mu \bar{h}_{\mu\delta} + \overset{0}{R}_{\alpha\beta\delta}{}^\mu \bar{h}_{\gamma\mu}. \tag{4.108}$$

由此我们发现

$$\begin{aligned} &\overset{0}{g}{}^{\mu\nu}\, \overset{0}{\nabla}_\mu \overset{0}{\nabla}_\nu \bar{h}_{\alpha\beta} + 2\, \overset{0}{R}_\alpha{}^\mu{}_\beta{}^\nu \bar{h}_{\mu\nu} - \overset{0}{R}_\alpha{}^\mu \bar{h}_{\beta\mu} - \overset{0}{R}_\beta{}^\mu \bar{h}_{\alpha\mu} \\ &+ \bar{h}_{\alpha\beta}\, \overset{0}{g}{}^{\mu\nu}\, \overset{0}{R}_{\mu\nu} - \overset{0}{g}_{\alpha\beta} \bar{h}^{\mu\nu}\, \overset{0}{R}_{\mu\nu} = -\frac{16\pi G}{c^4} \delta T_{\alpha\beta} \quad (\text{洛伦茨规范}). \end{aligned} \tag{4.109}$$

在真空时空中，有可能采用一个规范，使得度规扰动横向无迹。在该规范中，度规扰动的波动方程变为

$$g^{\mu\nu} \overset{0}{\nabla}_\mu \overset{0}{\nabla}_\nu h_{\alpha\beta} + 2\, \overset{0}{R}_\alpha{}^\mu{}_\beta{}^\nu h_{\mu\nu} = 0 \quad (\text{真空时空；洛伦茨规范}), \tag{4.110}$$

这里我们忽略了度规扰动的二次项。线性化引力的近似将对远小于曲率尺度的波成立，并且我们也可以选取坐标系使得 $h_{0\mu} = 0$ 在局域成立。然而，一般而言不可能在全局建立起这样的坐标系。

4.2.1 宇宙学时空中的引力波

均匀且各向同性的宇宙可由**罗伯逊-沃克** (Robertson-Walker) **度规**描述

$$\mathrm{d}s^2 = -c^2\mathrm{d}t^2 + a^2(t)\left[\mathrm{d}x^2 + \mathrm{d}y^2 + \mathrm{d}z^2\right], \tag{4.111}$$

这里 $a(t)$ 是宇宙的**尺度因子**，它仅是**宇宙学时间** t 的函数。(事实上，这只是罗伯逊–沃克时空的一个特殊情况，此时空间是平直的。) 这个度规是爱因斯坦方程对如下的均匀理想流体能量-动量张量的解，

$$T_{\alpha\beta} = (\rho + p/c)u_\alpha u_\beta + p g_{\alpha\beta}, \tag{4.112}$$

这里 p 和 ρ 仅是 t 的函数，这要求尺度因子满足**弗里德曼** (Friedmann) **方程**①

$$\left(\frac{1}{a}\frac{\mathrm{d}a}{\mathrm{d}t}\right)^2 = \frac{8\pi G}{3}\rho, \tag{4.113}$$

$$\frac{1}{a}\frac{\mathrm{d}^2 a}{\mathrm{d}t^2} = -\frac{4\pi G}{3}\left(\rho + 3p/c^2\right). \tag{4.114}$$

罗伯逊–沃克时空是弗里德曼方程的解 (对于某个特定的理想流体的能量-动量张量)，被称为 Friedmann-Lemaître-Robertson-Walker 宇宙学。重要的解在表 4.3 中给出，更详细的描述将在 5.3.1.1 节中给出。

表 4.3 物质主导 (尘埃)、辐射主导和由真空能 (例如宇宙学常数) 引起的暴胀宇宙学主导的平直的 Friedmann-Lemaître-Robertson-Walker 解。尺度因子由宇宙学时间 t 和共形时间 $\eta(\mathrm{d}t = a\mathrm{d}\eta)$ 给出

宇宙学类型	状态方程	尺度因子
物质主导	尘埃	$a(t) = (t/t_0)^{2/3}$
	$p = 0$	$a(\eta) = (\eta/\eta_0)^2$
辐射主导	辐射	$a(t) = (t/t_0)^{1/2}$
	$p = \frac{1}{3}\rho c^2$	$a(\eta) = \eta/\eta_0$
暴胀	宇宙学常数	$a(t) = \exp\left[H(t - t_0)\right]$
	$p = -\rho c^2 = \mathrm{const}$	$a(\eta) = \left[1 - H(\eta - \eta_0)\right]^{-1}$

现在我们考虑如下形式的罗伯逊–沃克度规的扰动

$$\mathrm{d}s^2 = -c^2\mathrm{d}t^2 + a^2(t)\left(\mathrm{d}x^2 + \mathrm{d}y^2 + \mathrm{d}z^2\right) + h_{\mu\nu}\mathrm{d}x^\mu\mathrm{d}x^\nu. \tag{4.115}$$

① 原书注：宇宙包含了暗能量，它可作为宇宙学常数 Λ 被纳入爱因斯坦方程中，但也可被看作对理想流体能量-动量张量的一个额外贡献，它具有一个 (在时间和空间上) 不变的密度 ρ_{vac} 和负压强 $p_{\mathrm{vac}} = -\rho_{\mathrm{vac}}c^2$。因此，宇宙学常数为 $\Lambda = 8\pi G\rho_{\mathrm{vac}}/c^2$。

我们对当前时刻与引力波对应的度规扰动感兴趣，因此我们仅考虑空间的横向无迹的扰动：$h = 0$，$h_{0\mu} = 0$，$\nabla_i h^i_j = 0$。我们称之为同时的横向无迹规范。式 (4.107) 给出了这种度规扰动的方程。能量-动量张量包含均匀理想流体的背景能量-动量解和一个各向异性的应力项 $\pi_{\alpha\beta}$：

$$T_{\alpha\beta} = (\rho + p/c)u_\alpha u_\beta + p \overset{0}{g}_{\alpha\beta} + \pi_{\alpha\beta}. \tag{4.116}$$

度规扰动方程仅依赖于这个能量-动量张量的空间的横向无迹部分 $\pi_{\alpha\beta}$，它是一个纯空间且无迹的张量 $\pi_{0\alpha} = \pi_\mu{}^\mu = 0$。各向异性的能量-动量张量包含所有的各向异性的物质扰动 (这包括由背景流体度规扰动产生的扰动 ph_{ij})，以及度规扰动自身的有效能量-动量张量 (h 的二次项)——各向异性的能量-动量张量的横向无迹投影 $\pi^{\mathrm{TT}}_{\alpha\beta}$ 将提供引力波的源。随后，我们获得度规扰动空间分量的波动方程：

$$\frac{1}{a^2}\nabla^2 h_{ij} + \frac{1}{c^2}\left(-\frac{\partial^2}{\partial t^2}h_{ij} + \frac{1}{a}\frac{\mathrm{d}a}{\mathrm{d}t}\frac{\partial}{\partial t}h_{ij} + 2\frac{1}{a}\frac{\mathrm{d}^2 a}{\mathrm{d}t^2}h_{ij}\right) = \frac{16\pi G}{c^4}\pi^{\mathrm{TT}}_{ij}. \tag{4.117}$$

这个方程通常用共形度规扰动 $\hat{h}_{ij}$ 表示，它与物理的度规扰动通过尺度因子相联系：$\hat{h}_{ij} := a^{-2}h_{ij}$。共形度规扰动方程为

$$\nabla^2\hat{h}_{ij} - \frac{1}{c^2}\left(a^2\frac{\partial^2}{\partial t^2}\hat{h}_{ij} - 3a\frac{\mathrm{d}a}{\mathrm{d}t}\frac{\partial}{\partial t}\hat{h}_{ij}\right) = \frac{16\pi G}{c^4}\pi^{\mathrm{TT}}_{ij}. \tag{4.118}$$

度规扰动的波动方程的其他有用形式可以由**共形时间** η 获得，我们可以通过它把罗伯逊–沃克度规的形式写为

$$\mathrm{d}s^2 = \overset{0}{g}_{\mu\nu}\,\mathrm{d}x^\mu \mathrm{d}x^\nu = a^2(\eta)\left(-c^2\mathrm{d}\eta^2 + \mathrm{d}x^2 + \mathrm{d}y^2 + \mathrm{d}z^2\right). \tag{4.119}$$

在这个形式中，度规与平直的闵可夫斯基时空共形 $\overset{0}{g}_{\alpha\beta} = a^2(\eta)\eta_{\alpha\beta}$，这里 η 是闵可夫斯基时间坐标，$a(\eta)$ 是共形因子。共形时间坐标和宇宙学时间坐标通过 $a(\eta)\mathrm{d}\eta = \mathrm{d}t$ 相关联。假如我们包含度规的扰动，该度规将变为

$$\mathrm{d}s^2 = g_{\mu\nu}\mathrm{d}x^\mu \mathrm{d}x^\nu = a^2(\eta)\left(-c^2\mathrm{d}\eta^2 + \mathrm{d}x^2 + \mathrm{d}y^2 + \mathrm{d}z^2 + \hat{h}_{ij}\mathrm{d}x^i \mathrm{d}x^j\right). \tag{4.120}$$

随后度规扰动的波动方程可变得尤其简单

$$\nabla^2\hat{h}_{ij} - \frac{1}{c^2}\frac{\partial^2}{\partial \eta^2}\hat{h}_{ij} - 2\frac{1}{c^2}\frac{1}{a}\frac{\mathrm{d}a}{\mathrm{d}\eta}\frac{\partial}{\partial \eta}\hat{h}_{ij} = \frac{16\pi G}{c^4}\pi^{\mathrm{TT}}_{ij}. \tag{4.121}$$

在这个形式中，共形度规扰动在共形时间中遵循含有一个额外阻尼项的波动方程。当 $\partial\hat{h}_{ij}/\partial\eta \gg \mathrm{d}\ln a/\mathrm{d}\eta$ 或者当波的物理频率远大于**哈勃参数** $H := \mathrm{d}\ln a/\mathrm{d}t$ 时，阻尼项可以被忽略。

为了研究当波和宇宙曲率尺度的大小可比时的情况，考虑在未被扰动的 ($\pi_{ij} = 0$) 宇宙学时空中波数为 k 的一个单一极化且沿着 z 轴传播的平面波。令

$$h_{ij}(\eta, z) = a(\eta)u(\eta)\mathrm{e}^{\mathrm{i}kz}e^{+}_{ij}, \tag{4.122}$$

这里时间依赖的因子 $u(\eta)$ 遵循方程

$$\frac{\mathrm{d}^2u}{\mathrm{d}\eta^2} + \left(\hat{\omega}^2 - \frac{1}{a}\frac{\mathrm{d}^2a}{\mathrm{d}\eta^2}\right)u = 0, \tag{4.123}$$

其中 $\hat{\omega} := ck$。注意当 $\hat{\omega}^2$ 远大于有效势 $V_{\mathrm{eff}}(\eta) = a^{-1}\mathrm{d}^2a/\mathrm{d}\eta^2$ 时，u 的解为 $u \sim \mathrm{e}^{\mathrm{i}\hat{\omega}\eta}$，这里 $\hat{\omega}$ 是波在共形时间下的频率，它与波的真实频率 f(以 Hz 为单位) 通过尺度因子相联系：$2\pi f = \hat{\omega}/a$。注意，对这种波而言唯一的宇宙学效应是波的真实频率会由宇宙膨胀而发生红移。另一方面，当 $\hat{\omega}^2$ 远小于有效势时，对于正的 V_{eff}，扰动大小会随时间增大。与有效势相当的波的频率有 $\hat{\omega}^2 \sim V_{\mathrm{eff}}$，这里

$$\begin{aligned}
V_{\mathrm{eff}} &:= \frac{1}{a}\frac{\mathrm{d}^2a}{\mathrm{d}\eta^2} = a^2\left[\left(\frac{1}{a}\frac{\mathrm{d}a}{\mathrm{d}t}\right)^2 + \frac{1}{a}\frac{\mathrm{d}^2a}{\mathrm{d}t^2}\right] = \frac{1}{2}H^2a^2\left(1 - 3\frac{p}{\rho c^2}\right) \\
&= a^2\begin{cases} 0, & \text{辐射}, p = \dfrac{1}{3}\rho c^2 \\ \dfrac{1}{2}H^2, & \text{尘埃}, p = 0 \\ 2H^2, & \text{暗能量}, p = -\rho c^2. \end{cases}
\end{aligned} \tag{4.124}$$

频率远大于哈勃参数 (即波长远小于宇宙尺度) 的波，$f \gg H$，将不会被有效势所影响，而频率远小于哈勃常数 (即波长远大于宇宙尺度) 的波，将会被有效势影响。例外的情况是辐射主导的宇宙，那里的有效势为零。

需要考虑的一个重要例子是初始时很小的有效势在增长一段时间后再次变小。引力波与该有效势相遇时会被放大 (对于膨胀的宇宙)。注意当 $V_{\mathrm{eff}} \gg \hat{\omega}^2$ 时，式 (4.123) 有一个近似解 $u(\eta) \propto a(\eta)$，因此假如初始时“在视界内”且 $f > H$ 的波遇到一个增长的有效势，使得当宇宙尺度因子为 a_1 时，波有 $f < H$ 并“退出视界”，在随后某个时刻当宇宙有了一个更大的尺度因子 a_2 时，如果有效势再次衰减到 $f > H$，则 $u_2/u_1 \approx a_2/a_1$。

例 4.2 暴胀对引力波的放大。

考虑宇宙有一个暗能量主导的暴胀时期，暴胀开始时宇宙的尺度因子为 a_1，结束时宇宙的尺度因子为 a_2，并突然转变为辐射主导。在暴胀期间，哈勃参数是一个常数 H_{inf}，并且由于 $H = a^{-1}(\mathrm{d}a/\mathrm{d}t) = a^{-2}(\mathrm{d}a/\mathrm{d}\eta)$，我们有 $V_{\mathrm{eff}} =$

$a^{-1}(\mathrm{d}^2a/\mathrm{d}\eta^2) = 2(H_{\mathrm{inf}}a)^2$。当振幅为 u_1、频率为 $\hat{\omega}$ 的一个模式遇到有效势时，宇宙的大小由 $\hat{\omega}^2 = 2(H_{\mathrm{inf}}a)^2$ 决定。在暴胀结束时，$u_2/u_1 \approx a_2/a_1$，此刻宇宙突然变为以辐射主导，同时**有效势突然变为零**。这时，以 $u \simeq u_1 a/a_1$ 增长的模式必须与以 $u/u_1 \sim \alpha\cos\hat{\omega}(\eta-\eta_2) + \beta\sin\hat{\omega}(\eta-\eta_2)$ 振荡的模式相匹配。连续性要求 $\alpha \sim a_2/a_1$，同时一阶导数的匹配要求 $\beta \sim (\hat{\omega}a_1)^{-1}(\mathrm{d}a_2/\mathrm{d}\eta) \sim (a_2/a_1)^2 \gg \alpha$(我们期待宇宙的尺度因子在暴胀期间将至少增加 10^{27} 倍)。我们看到引力波的模式由暴胀放大为相位几乎精确为零的正弦函数。

β 描述了放大因子。由当前的尺度因子 a_0 和当前的频率 $\omega = \hat{\omega}/a_0$，我们得到 $\beta \sim (H_{\mathrm{inf}}/\omega)^2(a_2/a_0)^2$。在辐射时期 $a \sim t^{1/2}$，因此 $H_{\mathrm{inf}}a_2^2 = H_0 a_0^2$，这里 H_0 是当前的 (如果我们忽略近期的物质主导时期) 哈勃参数值，也称作**哈勃常数**，因此我们得到 $\beta \sim H_{\mathrm{inf}}H_0/\omega^2$。

假设在暴胀之前的时期中，度规扰动有一个普朗克尺度的涨落。那么，频率 ω 到 $\omega + \mathrm{d}\omega$ 之间的能量密度由 $\mathrm{d}\rho_{\mathrm{GW}}/\mathrm{d}\omega \sim (\hbar/c^5)\omega^3$ 给出；这个原初能谱被因子 β^2 放大，这给出

$$\frac{\mathrm{d}\rho_{\mathrm{GW}}}{\mathrm{d}\ln\omega} \sim \frac{\hbar}{c^5}H_{\mathrm{inf}}^2 H_0^2. \tag{4.125}$$

注意到这个对数频率间隔的能量密度是平的,即它是独立于频率的。我们说暴胀产生了一个平的引力波谱。由第一个弗里德曼方程 $H^2 = 8\pi G\rho/3$，我们看出 $H_{\mathrm{inf}}^2 = 8\pi G\rho_{\mathrm{inf}}/3$ 及 $H_0^2 = 8\pi G\rho_{\mathrm{crit}}/3$，这里 ρ_{crit} 是封闭宇宙所需的现今的临界密度。接下来我们定义引力波能谱为对数频率间隔中的引力波能量密度与宇宙总能量密度的比值：

$$\Omega_{\mathrm{GW}}(f) := \frac{1}{\rho_{\mathrm{crit}}}\frac{\mathrm{d}\rho_{\mathrm{GW}}}{\mathrm{d}\ln f} \sim \frac{\hbar G^2}{c^5}\rho_{\mathrm{inf}} \sim \left(\frac{E_{\mathrm{inf}}}{E_{\mathrm{Planck}}}\right)^4, \tag{4.126}$$

这里 E_{inf} 是暴胀的能标，此时密度为 $\rho_{\mathrm{inf}} \sim E_{\mathrm{inf}}^4/(c^5\hbar^3)$，$E_{\mathrm{Planck}} = \sqrt{\hbar c^5/G} \approx 2\times10^{19}$ GeV 为普朗克能量。假如暴胀发生在粒子物理中弱电相互作用与强相互作用大统一的能标 (GUT 能标)，$E_{\mathrm{inf}} \sim E_{\mathrm{GUT}} \sim 10^{16}\mathrm{GeV}$，那么 $\Omega_{\mathrm{GW}} \sim (10^{16}\mathrm{GeV}/10^{19}\mathrm{GeV})^4 \sim 10^{-12}$。

以上的讨论中，我们忽略了物质主导的时期，它发生在红移 $\mathcal{Z}_{\mathrm{eq}} = a_0/a_{\mathrm{eq}} \approx 3000$ 时，此时物质密度与辐射密度相等 (对应的尺度因子为 a_{eq})。为了包含这个新近时期的影响，我们必须对式 (4.126) 乘以因子 $(1+\mathcal{Z}_{\mathrm{eq}})^{-1}$。这意味着 Ω_{GW} 的预言值将变为 $\Omega_{\mathrm{GW}} \sim 10^{-15}$，但是该值对暴胀发生的精确能标高度敏感。 □

4.2.2 黑洞微扰

黑洞时空的微扰可用于研究小质量物体对黑洞的影响。与后牛顿近似不同，这种微扰的计算是完全相对论性的。此外，受扰黑洞的振动模式可以被分析。我们

首先考虑用**施瓦西时空**描述的球对称黑洞时空的扰动，之后我们简要讨论这个结果对用**克尔时空**描述的旋转黑洞的推广。

我们将 (真空的) 施瓦西度规作为背景时空，在球极坐标中它可由下面的线元表示：

$$
\begin{aligned}
\mathrm{d}s^2 = & -\left(1-\frac{2GM}{c^2r}\right)(c\mathrm{d}t)^2+\left(1-\frac{2GM}{c^2r}\right)^{-1}\mathrm{d}r^2+r^2\mathrm{d}\theta^2 \\
& +r^2\sin^2\theta\mathrm{d}\phi^2.
\end{aligned} \tag{4.127}
$$

由这个度规可以计算背景曲率张量 $\overset{0}{R}_{\alpha\beta\gamma\delta}$。我们考虑这个时空的扰动，使得

$$
R_{\alpha\beta\gamma\delta}=\overset{0}{R}_{\alpha\beta\gamma\delta}+\overset{1}{R}_{\alpha\beta\gamma\delta},
$$

这里 $\overset{1}{R}_{\alpha\beta\gamma\delta}$ 代表一个向外传播的引力波扰动。引入下面的四基矢量是有帮助的

$$
l^\alpha := \frac{1}{\sqrt{2}}\left[\frac{1}{c}\left(1-\frac{2GM}{c^2r}\right)^{-1},1,0,0\right], \tag{4.128a}
$$

$$
k^\alpha := \frac{1}{\sqrt{2}}\left[\frac{1}{c},-\left(1-\frac{2GM}{c^2r}\right),0,0\right], \tag{4.128b}
$$

$$
m^\alpha := \frac{1}{\sqrt{2}}\left[0,0,\frac{1}{r},\frac{\mathrm{i}}{r\sin\theta}\right], \tag{4.128c}
$$

它们满足 $\mathbf{l}\cdot\mathbf{k}=-1$，$\mathbf{m}\cdot\mathbf{m}^*=1$ 和 $\mathbf{l}\cdot\mathbf{l}=\mathbf{k}\cdot\mathbf{k}=\mathbf{m}\cdot\mathbf{m}=\mathbf{l}\cdot\mathbf{m}=\mathbf{k}\cdot\mathbf{m}=0$。这样的零基矢量是有用的，因为我们将能够把距黑洞很远的观测者所经历的引力波成分识别为曲率扰动的单个分量。特别是黎曼张量的单个分量，

$$
\begin{aligned}
\Psi_4 &:= -k^\mu m^{*\nu}k^\rho m^{*\sigma}R_{\mu\nu\rho\sigma} \\
&= -k^\mu m^{*\nu}k^\rho m^{*\sigma}\overset{1}{R}_{\mu\nu\rho\sigma},
\end{aligned} \tag{4.129}
$$

它包含了向外传播的引力波成分的完整描述[①]。注意到仅有扰动部分对该标量有贡献，这是因为对于背景施瓦西解

$$
k^\mu m^{*\nu}k^\rho m^{*\sigma}\overset{0}{R}_{\mu\nu\rho\sigma}=0.
$$

① 原书注：事实上，Ψ_4 通常由外尔张量，$C_{\alpha\beta\gamma\delta}=R_{\alpha\beta\gamma\delta}-\frac{1}{2}(g_{\alpha\gamma}R_{\beta\delta}-g_{\beta\gamma}R_{\alpha\delta}+g_{\alpha\delta}R_{\beta\gamma}-g_{\beta\delta}R_{\alpha\gamma})+\frac{1}{6}R(g_{\alpha\gamma}g_{\beta\delta}-g_{\alpha\delta}g_{\beta\gamma})$，定义为 $\Psi_4:=-k^\mu m^{*\nu}k^\rho m^{*\sigma}C_{\mu\nu\rho\sigma}$。在真空中，$R_{\alpha\beta}=0$ 并且 $R=0$，因此黎曼张量和外尔张量是相同的。包含 Ψ_4 在内的**外尔标量**是外尔张量在零基矢量中的分量。然而，请注意，Ψ_4 即可用黎曼张量定义也可用外尔张量定义，即使对于非真空时空也是如此。

在远距离处，波是沿着径向向外传播的，现在我们把该方向称为直角坐标系的 z 轴，**l**，**k** 和 **m** 在其中渐近地变为

$$l^{\alpha}=\frac{1}{\sqrt{2}}\left[c^{-1},0,0,1\right], \tag{4.130a}$$

$$k^{\alpha}=\frac{1}{\sqrt{2}}\left[c^{-1},0,0,-1\right], \tag{4.130b}$$

$$m^{\alpha}=\frac{1}{\sqrt{2}}[0,1,\mathrm{i},0]. \tag{4.130c}$$

我们知道引力波将由 $R_{0101}=-cR_{0131}=-cR_{3101}=c^2R_{3131}=-R_{0202}=cR_{0232}=cR_{3202}=-c^2R_{3232}=-\frac{1}{2}\ddot{h}_{+}$ 和 $R_{0102}=-cR_{0132}=-cR_{3102}=c^2R_{3132}=R_{0201}=-cR_{0231}=-cR_{3201}=c^2R_{3231}=-\frac{1}{2}\ddot{h}_{\times}$ 以及 $R_{0303}=0$(横波) 描述，因此我们看出 Ψ_4 可被写为

$$\Psi_4=c^{-2}\left(\ddot{h}_{+}-\mathrm{i}\ddot{h}_{\times}\right)\quad(r\to\infty). \tag{4.131}$$

因此，在远距离处，复标量 Ψ_4 包含了向外传播的引力波成分。

我们想为这个曲率张量的分量寻找一个波动方程。我们以式 (4.95) 为起点计算

$$\begin{aligned}&k^{\mu}m^{*\nu}k^{\rho}m^{*\sigma}\nabla^2R_{\mu\nu\rho\sigma}=k^{\mu}m^{*\nu}k^{\rho}m^{*\sigma}g^{\kappa\tau}g^{\lambda\phi}\\&\times\left\{-\overset{0}{R}_{\mu\nu\kappa\lambda}\overset{1}{R}_{\tau\phi\rho\sigma}+2\overset{0}{R}_{\mu\kappa\sigma\lambda}\overset{1}{R}_{\nu\tau\rho\phi}-2\overset{0}{R}_{\nu\kappa\sigma\lambda}R_{\mu\tau\rho\phi}\right\}.\end{aligned} \tag{4.132}$$

等号左边将有一个 $-\nabla^2\Psi_4$ 项，但是还会有许多其他项，这些项是由波动算符作用在黎曼张量扰动的其他分量上产生的。此外，等号右边将依赖 Ψ_4，但是它也依赖于黎曼张量扰动的其他分量。引人注意的是，整个组合仅依赖于单一的曲率扰动 Ψ_4，也就是说这个扰动分量与其他扰动分量退耦 (参见 Ryan，1974)。由此产生的 Ψ_4 的波动方程就是施瓦西黑洞的**楚科尔斯基方程** (Teukolsky，1972，1973)

$$\begin{aligned}&\frac{r^4}{\Delta}\frac{\partial^2\psi}{c^2\partial t^2}-\frac{1}{\sin^2\theta}\frac{\partial^2\psi}{\partial\phi^2}-\Delta^2\frac{\partial}{\partial r}\left(\frac{1}{\Delta}\frac{\partial\psi}{\partial r}\right)-\frac{1}{\sin\theta}\frac{\partial}{\partial\theta}\left(\sin\theta\frac{\partial\psi}{\partial\theta}\right)\\&+4\mathrm{i}\frac{\cos\theta}{\sin^2\theta}\frac{\partial\psi}{\partial\phi}+4\left[\frac{GMr^2/c^2}{\Delta}-r\right]\frac{\partial\psi}{c\partial t}+2\left(2\cot^2\theta+1\right)\psi=0,\end{aligned} \tag{4.133}$$

这里 $\psi:=r^4\Psi_4$，$\Delta:=r^2-2GMr/c^2$。如果一个物质源在产生扰动，那么一个与该物质的能量-动量张量相关的源项将出现在这个方程的等号右边。

楚科尔斯基方程是可以分离变量的，设

$$\psi(t,r,\theta,\phi)=\sum_{\ell=2}^{\infty}\sum_{m=-\ell}^{\ell}c_{\ell m\,-2}Y_{\ell m}(\theta,\phi)\int_{-\infty}^{\infty}R_\ell(r,\omega)\mathrm{e}^{\mathrm{i}\omega t}\frac{\mathrm{d}\omega}{2\pi}, \tag{4.134}$$

这里 ${}_{-2}Y_{\ell m}(\theta,\phi)$ 是自旋权重 $s=-2$ 的自旋加权的球谐函数，$c_{\ell m}$ 是任意的系数。函数 $R_\ell(r,\omega)$ 满足常微分方程

$$\begin{aligned}&\varDelta^2\frac{\mathrm{d}}{\mathrm{d}r}\left(\frac{1}{\varDelta}\frac{\mathrm{d}R_\ell}{\mathrm{d}r}\right)\\&+\left[\frac{r^4(\omega/c)^2-4\mathrm{i}r^2\left(r-3GM/c^2\right)(\omega/c)}{\varDelta}-\ell(\ell+1)+2\right]R_\ell=0.\end{aligned} \tag{4.135}$$

再次，如果物质源存在，源项将出现在上式的等号右边。如果没有源，这个齐次方程 (具有合适的边界条件对应于 $r\to\infty$ 处向外的引力波和黑洞视界处向内的引力波) 仅可对特定复数值的本征频率 ω 求解。这些值被称作施瓦西黑洞的**似正规模**，它们在表 4.4 中给出。它们是黑洞振动的自然频率。注意似正规模频率是复数，因此它们随时间以指数形式衰减：黑洞把所有扰动都辐射出去后到达稳态。从这些似正规模频率 $\omega_{n\ell}$，我们获得引力波频率谱 $f_{n\ell}=2\pi\mathrm{Re}\,\omega_{n\ell}$ 及其指数衰减时间 $\tau_{n\ell}=(\mathrm{Im}\,\omega_{n\ell})^{-1}$。注意 $n=1,\ell=2$ 的模有最长的衰减时间，它通常是被激发最强的黑洞振荡模。

表 4.4　质量为 M 的非自旋施瓦西黑洞的前几个复似正规模频率 $GM\omega_{n\ell}/c^3$。参见 Leaver(1985)(注意 Leaver 设 $GM/c^3=1/2$ 并且对 ω 有一个相反的符号约定)

	$\ell=2$	$\ell=3$	$\ell\gg1$
$n=1$	$\pm\,0.373672+0.088962\,\mathrm{i}$	$\pm\,0.599443+0.092703\,\mathrm{i}$	
$n=2$	$\pm\,0.346711+0.273915\,\mathrm{i}$	$\pm\,0.582644+0.281298\,\mathrm{i}$	$\pm\dfrac{\ell+\frac{1}{2}}{3\sqrt{3}}+\dfrac{n+\frac{1}{2}}{3\sqrt{3}}\,\mathrm{i}$
$n=3$	$\pm0.301054+0.478272\,\mathrm{i}$	$\pm\,0.551685+0.479093\,\mathrm{i}$	
$n\to\infty$	$\pm0.08+\left(\frac{1}{4}n-0.1\right)\mathrm{i}$	$\pm0.08+\left(\frac{1}{4}n-0.32\right)\mathrm{i}$	

事实上，我们不仅可以对非旋转的施瓦西黑洞也可以对由如下克尔度规描述的一般的稳态旋转黑洞得到一个退耦的曲率扰动 $\varPsi_4$

$$\begin{aligned}\mathrm{d}s^2=&-\left(1-\frac{2GMr}{c^2\varSigma}\right)(c\mathrm{d}t)^2-\frac{4GMar\sin^2\theta}{c^2\varSigma}(c\mathrm{d}t)\mathrm{d}\phi+\frac{\varSigma}{\varDelta}\mathrm{d}r^2\\&+\varSigma\mathrm{d}\theta^2+\left(r^2+a^2+\frac{2GMa^2r}{c^2\varSigma}\sin^2\theta\right)\sin^2\theta\mathrm{d}\phi^2,\end{aligned} \tag{4.136}$$

这里 $\varDelta:=r^2-2GMr/c^2+a^2$，$\varSigma:=r^2+a^2\cos^2\theta$，参数 a 与黑洞自旋角动量 $\boldsymbol{S}$ 和质量 M 有关，$a:=S/(Mc)$。与式 (4.128) 类似的基矢量为

$$l^{\alpha} := \frac{1}{\sqrt{2}}\left[\frac{r^2+a^2}{c\Delta}, 1, 0, \frac{a}{\Delta}\right], \tag{4.137a}$$

$$k^{\alpha} := \frac{1}{\sqrt{2}}\left[\frac{r^2+a^2}{c\Sigma}, -\frac{\Delta}{\Sigma}, 0, \frac{a}{\Sigma}\right], \tag{4.137b}$$

$$m^{\alpha} := \frac{1}{\sqrt{2}}\left[\frac{\mathrm{i}a\sin\theta}{c\left(r^2+\mathrm{i}a\cos\theta\right)}, 0, \frac{1}{r+\mathrm{i}a\cos\theta}, \frac{\mathrm{i}}{(r+\mathrm{i}a\cos\theta)\sin\theta}\right]. \tag{4.137c}$$

这些矢量也满足 $\mathbf{l}\cdot\mathbf{k}=-1$，$\mathbf{m}\cdot\mathbf{m}^*=1$ 以及 $\mathbf{l}\cdot\mathbf{l}=\mathbf{k}\cdot\mathbf{k}=\mathbf{m}\cdot\mathbf{m}=\mathbf{l}\cdot\mathbf{m}=\mathbf{k}\cdot\mathbf{m}=0$，并且 $\Psi_4 := -k^{\mu}m^{*\nu}k^{\rho}m^{*\sigma}R_{\mu\nu\rho\sigma}$ 仍表示来自曲率扰动 (式 (4.131)) 的向外传播的引力波。现在退耦的楚科尔斯基方程的形式为

$$\begin{aligned}
&\left[\frac{\left(r^2+a^2\right)^2}{\Delta}-a^2\sin^2\theta\right]\frac{\partial^2\psi}{c^2\partial t^2}+\frac{4GMar}{c^3\Delta}\frac{\partial^2\psi}{\partial t\partial\phi}+\left[\frac{a^2}{\Delta}-\frac{1}{\sin^2\theta}\right]\frac{\partial^2\psi}{\partial\phi^2}\\
&-\Delta^2\frac{\partial}{\partial r}\left(\frac{1}{\Delta}\frac{\partial\psi}{\partial r}\right)-\frac{1}{\sin\theta}\frac{\partial}{\partial\theta}\left(\sin\theta\frac{\partial\psi}{\partial\theta}\right)\\
&+4\left[\frac{a\left(r-GM/c^2\right)}{\Delta}+\mathrm{i}\frac{\cos\theta}{\sin^2\theta}\right]\frac{\partial\psi}{\partial\phi}\\
&+4\left[\frac{GM\left(r^2-a^2\right)/c^2}{\Delta}-r-\mathrm{i}a\cos\theta\right]\frac{\partial\psi}{c\partial t}+2\left(2\cot^2\theta+1\right)\psi=0,
\end{aligned} \tag{4.138}$$

这里 $\psi \coloneqq (r-\mathrm{i}a\cos\theta)^4\Psi_4$。克尔时空的楚科尔斯基方程仍然是可以分离变量的，设

$$\psi(t,r,\theta,\phi)=\sum_{\ell=2}^{\infty}\sum_{m=-\ell}^{\ell}C_{\ell m}\mathrm{e}^{\mathrm{i}m\phi}\int_{-\infty}^{\infty}S_{\ell m}(\cos\theta,\omega)R_{\ell m}(r,\omega)\mathrm{e}^{\mathrm{i}\omega t}\frac{\mathrm{d}\omega}{2\pi}. \tag{4.139}$$

那么角向函数 $S_{\ell m}(\cos\theta,\omega)$ 和径向函数 $R_{\ell m}(r,\omega)$ 分别满足如下的常微分方程 (Teukolsky，1973)

$$\begin{aligned}
&\frac{\mathrm{d}}{\mathrm{d}\cos\theta}\left[\left(1-\cos^2\theta\right)\frac{\mathrm{d}S_{\ell m}}{\mathrm{d}\cos\theta}\right]\\
&+\left[a^2(\omega/c)^2\cos^2\theta+4a(\omega/c)\cos\theta-2-\frac{(m-2\cos\theta)^2}{1-\cos^2\theta}+A_{\ell m}\right]S_{\ell m}\\
=&0,
\end{aligned} \tag{4.140a}$$

$$\begin{aligned}
&\Delta^2\frac{\mathrm{d}}{\mathrm{d}r}\left(\frac{1}{\Delta}\frac{\mathrm{d}R_{\ell m}}{\mathrm{d}r}\right)\\
&+\left\{\frac{\left[\left(r^2+a^2\right)(\omega/c)-am\right]^2-4\mathrm{i}\left(r-GM/c^2\right)\left[\left(r^2+a^2\right)(\omega/c)-am\right]}{\Delta}\right.
\end{aligned}$$

$$- 8\mathrm{i}r(\omega/c) + 2am(\omega/c) - a^2(\omega/c)^2 - A_{\ell m}\Big\} R_{\ell m} = 0. \tag{4.140b}$$

假如出现物质源，式 (4.140b) 等号右边将出现源项。这里，$A_{\ell m}(a\omega/c)$ 是分离变量常数。当角向函数 $S_{\ell m}(\cos\theta, \omega)$ 在 $\cos\theta = \pm 1$ 的边界处取有限值时，角向函数的微分方程的解是自旋权重 $s = -2$ 的**自旋加权的椭球谐函数**。齐次楚科尔斯基方程的解代表了克尔黑洞振动的似正规模。现在这些似正规模的频率额外地依赖于黑洞的自旋参数 a 以及角向模数 m。表 4.5 给出了前几个这些似正规模的频率。

表 4.5 质量为 M、自旋为 $a = S/(Mc)$ 的旋转克尔黑洞，其基频 $n = 1$、四极矩 $\ell = 2$ 的似正规模频率 $GM\omega_{\ell m}/c^3$ 和本征值 $A_{\ell m}$。参见 Leaver(1985)(注意 Leaver 设 $GM/c^3 = 1/2$ 并且对 ω 有一个相反的符号约定)。这里仅给出了正的 m，由对称性知 $\omega_{\ell,-m}(a) = \omega_{\ell,m}(-a)$，$A_{\ell,-m}(a) = A_{\ell,m}(-a)$

	$c^2a/(GM)$	$A_{\ell m}$	$CM\omega_{\ell m}/c^3$
$\ell = 2, m = +2$	−0.98	4.71083 + 0.19500 i	+ 0.292663 + 0.088078 i
	−0.90	4.66623 + 0.18160 i	+ 0.297244 + 0.088281 i
	−0.80	4.60808 + 0.16428 i	+ 0.303313 + 0.088512 i
	−0.60	4.48269 + 0.12765 i	+ 0.316784 + 0.088892 i
	−0.40	4.34266 + 0.08821 i	+ 0.332458 + 0.089131 i
	−0.20	4.18385 + 0.04574 i	+ 0.351053 + 0.089183 i
	0	4	± 0.373672 + 0.088962 i
	+ 0.20	3.78097 + 0.04921 i	−0.402145 + 0.088311 i
	+ 0.40	3.50868 + 0.10185 i	−0.439842 + 0.086882 i
	+ 0.60	3.14539 + 0.15669 i	−0.494045 + 0.083765 i
	+ 0.80	2.58529 + 0.20530 i	−0.586017 + 0.075630 i
	+ 0.90	2.10982 + 0.21112 i	−0.671614 + 0.064869 i
	+ 0.98	1.33362 + 0.14999 i	−0.825429 + 0.038630 i
$\ell = 2, m = +1$	−0.98	4.38917 + 0.07868 i	+ 0.343922 + 0.083713 i
	−0.90	4.36229 + 0.07547 i	+ 0.344359 + 0.084865 i
	−0.80	4.32786 + 0.07049 i	+ 0.345356 + 0.086003 i
	−0.60	4.25579 + 0.05767 i	+ 0.348911 + 0.087566 i
	−0.40	4.17836 + 0.04150 i	+ 0.354633 + 0.088484 i
	−0.20	4.09389 + 0.02224 i	+ 0.362738 + 0.088935 i
	0	4	± 0.373672 + 0.088962 i
	+ 0.20	3.89315 + 0.02520 i	−0.388248 + 0.088489 i
	+ 0.40	3.76757 + 0.05324 i	−0.407979 + 0.087257 i
	+ 0.60	3.61247 + 0.08347 i	−0.435968 + 0.084564 i
	+ 0.80	3.40228 + 0.11217 i	−0.480231 + 0.077955 i
	+ 0.90	3.25345 + 0.11951 i	−0.516291 + 0.069804 i
	+ 0.98	3.07966 + 0.10216 i	−0.564155 + 0.051643 i
$\ell = 2, m = 0$	0	4	± 0.373672 + 0.088962 i
	± 0.20	3.99722 ± 0.00139 i	∓ 0.375124 + 0.088700 i
	± 0.40	3.98856 ± 0.00560 i	∓ 0.379682 + 0.087827 i
	± 0.60	3.97297 ± 0.01262 i	∓ 0.388054 + 0.085995 i
	± 0.80	3.94800 ± 0.02226 i	∓ 0.401917 + 0.082156 i
	± 0.90	3.93038 ± 0.02763 i	∓ 0.412004 + 0.078483 i
	± 0.98	3.91269 ± 0.03152 i	∓ 0.422254 + 0.073532 i

例 4.3 黑洞铃宕辐射。

双星并合产生了一个质量为 $M = 10M_\odot$、自旋为极端克尔自旋 98%(即 $a = cS/(GM^2) = 0.98$) 的黑洞。在形成的时刻 t_0，黑洞存在变形并开始辐射。假设这个铃宕辐射由基础的 $\ell = |m| = 2$ 模主导。在遥远的 r 处，引力波波形将由 Ψ_4 给出

$$\begin{aligned}\Psi_4 =& \frac{A}{r}\mathrm{e}^{-\pi f_{\mathrm{qnm}}(t-t_0)/Q_{\mathrm{qnm}}}\,\mathrm{Re}\left\{\mathrm{e}^{2\mathrm{i}\phi}\mathrm{e}^{2\pi\mathrm{i}f_{\mathrm{qnm}}(t-t_0)}\right.\\ &\left.\times\left[S_{22}\left(\cos\theta, 2\pi f_{\mathrm{qnm}}\right) + S_{22}^*\left(-\cos\theta, 2\pi f_{\mathrm{qnm}}\right)\right]\right\} \quad (t > t_0), \end{aligned} \tag{4.141}$$

这里 A 是初始振幅；f_{qnm} 是似正规模的频率；Q_{qnm} 是似正规模的品质因子，它与衰减时间 τ_{qnm} 的关系为 $Q_{\mathrm{qnm}} = \pi f_{\mathrm{qnm}}\tau_{\mathrm{qnm}}$。对于 $c^2a/(GM) = 0.98$，似正规模的频率和品质因子可以通过 $GM\omega_{22}/c^3 = -0.825429 + 0.038630\mathrm{i}$ 求得

$$f_{\mathrm{qnm}} = \frac{|\mathrm{Re}\,\omega_{22}|}{2\pi} = 2.667\mathrm{kHz}\left(\frac{M}{10M_\odot}\right)^{-1}, \tag{4.142a}$$

$$Q_{\mathrm{qnm}} = \frac{1}{2}\frac{|\mathrm{Re}\,\omega_{22}|}{\mathrm{Im}\,\omega_{22}} = 10.7. \tag{4.142b}$$

□

Berti 等 (2006) 通过拟合得到了黑洞铃宕似正规模的频率和品质因子的近似表达式，对于基础的 $n = 1$，四极矩似正规模 $\ell = 2$，可得

$$\frac{2\pi GM}{c^3}f_{2m} = \begin{cases} 1.5251 - 1.1568(1-j)^{0.1292}, & m = +2 \\ 0.6000 + 0.2339(1-j)^{0.4175}, & m = +1 \\ 0.4437 + 0.0739(1-j)^{0.3350}, & m = 0 \\ 0.3441 + 0.0293(1-j)^{2.0010}, & m = -1 \\ 0.2938 + 0.0782(1-j)^{1.3546}, & m = -2 \end{cases} \tag{4.143a}$$

和

$$Q_{2m} = \begin{cases} +0.7000 + 1.4187(1-j)^{-0.4990}, & m = +2 \\ -0.3000 + 2.3561(1-j)^{-0.2277}, & m = +1 \\ +4.0000 - 1.9550(1-j)^{0.1420}, & m = 0 \\ +2.0000 + 0.1078(1-j)^{5.0069}, & m = -1 \\ +1.6700 + 0.4192(1-j)^{1.4700}, & m = -2 \end{cases}, \tag{4.143b}$$

这里 $j := c^2a/(GM)$ 是无量纲的克尔参数。

4.3 数值相对论

强引力系统的非微扰分析要求我们获得爱因斯坦方程的数值解。我们在本节中对数值相对论做一简要概述。对这个问题的完整讨论，请读者参考专著 Alcubierre(2008) 以及 Baumgarte 和 Shapiro(2010)。

产生数值解的最自然的方法是把爱因斯坦方程构建成一套时间演化方程和一套初值方程。为了做到这一点，时空将根据某个指定的类时矢量场被分割为空间切片 (此矢量场的水平面规定了每个切片上的 "时间")，时空的几何也类似地被分解为每个空间切片的几何 (这给出了切片的内在曲率)，并且描述了每个切片是如何嵌套在时空上的 (这给出了切片的外在曲率)。

4.3.1 Arnowitt-Deser-Misner(ADM) 形式

标准的分解过程如下：引入一个时间坐标 t 用以标记空间切片。然后，矢量 $\mathbf{t} := \mathrm{d}/\mathrm{d}t$ 描述如何把一个时间切片上的点 $x^\alpha(t)$ 与下一个时间切片上的 "相同" 点 $x^\alpha(t+\Delta t)$ 联系起来，由于

$$\mathbf{t} := \frac{\mathrm{d}}{\mathrm{d}t} = \frac{\mathrm{d}x^\mu}{\mathrm{d}t}\frac{\partial}{\partial x^\mu} = t^\mu \frac{\partial}{\partial x^\mu}, \tag{4.144}$$

我们看到

$$t^\alpha := \frac{\mathrm{d}x^\alpha}{\mathrm{d}t} = \lim_{\Delta t\to 0}\frac{x^\alpha(t+\Delta t)-x^\alpha(t)}{\Delta t}. \tag{4.145}$$

两个时间切片上的点可以用不同的方法联系起来，这依赖于切片上空间坐标的选取。此外，空间切片上不同区域的时间流逝速率可被任意调整 (从而改变我们将时空分割为切片的方式)。我们可以通过写出一个空间切片用类时法矢量 (normal vector)$\mathbf{n}$ 表示的矢量 $\mathbf{t}$，$n_\alpha \propto \nabla_\alpha t$，清楚地看出这两种效应 (想象 t 是时空中的一个标量场，时空的水平面是常坐标时间的表面，因此曲面的法方向是对场 t 的梯度)，而与空间切片相切的另一个矢量被称为**移动矢量** β(图 4.1)

$$\mathbf{t} = \alpha\mathbf{n} + \beta, \tag{4.146}$$

这里 α 被称为 (时间) **间隔函数** (它可以在空间表面上改变)；因为 $t^\mu\nabla_\mu t = 1$，$\beta^\mu\nabla_\mu t = 0$(因为 β 完全处在空间切片上)，我们看出：

$$n_\beta = -\alpha\nabla_\beta t = [-\alpha, 0, 0, 0], \tag{4.147}$$

这里间隔函数起到了类时法矢量归一化常数的作用，即 α 可由下式定义

$$g_{\mu\nu}n^\mu n^\nu = -1. \tag{4.148}$$

由定义可知，法矢量垂直于空间切片上的度规 $\gamma_{\alpha\beta}$，即 $n^{\mu}\gamma_{\mu\alpha}=0$，因此我们定义

$$\gamma_{\alpha\beta}:=g_{\alpha\beta}+n_{\alpha}n_{\beta}. \tag{4.149}$$

张量 $\gamma_{\alpha\beta}$ 可被看作一个投影张量，它把一个矢量投影到空间切片上，并且该矢量的空间分量 γ_{ij} 组成了空间切片的内在度规。现在我们可以计算时空度规的分量：

$$g_{00}=\mathrm{g}_{\mu\nu}t^{\mu}t^{\nu}=\left(\gamma_{\mu\nu}-n_{\mu}n_{\nu}\right)\left(\alpha n^{\mu}+\beta^{\mu}\right)\left(\alpha n^{\nu}+\beta^{\nu}\right)=\gamma_{ij}\beta^{i}\beta^{j}-\alpha^{2}, \tag{4.150}$$

$$g_{0j}=\mathrm{g}_{\mu j}t^{\mu}=\gamma_{\mu j}\left(\alpha n^{\mu}+\beta^{\mu}\right)=\beta_{j}, \tag{4.151}$$

$$g_{ij}=\gamma_{ij}, \tag{4.152}$$

因此

$$\mathrm{d}s^{2}=-\alpha^{2}\mathrm{d}t^{2}+\gamma_{ij}\left(\mathrm{d}x^{i}+\beta^{i}\mathrm{d}t\right)\left(\mathrm{d}x^{j}+\beta^{j}\mathrm{d}t\right). \tag{4.153}$$

注意 α 和 β^{i}(现在我们把它写为空间矢量 $\boldsymbol{\beta}$) 都有速度的单位 $(\mathrm{m}\cdot\mathrm{s}^{-1})$。

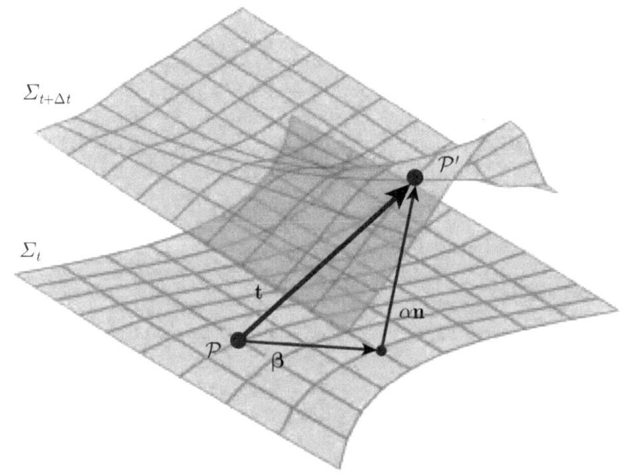

图 4.1　矢量 $\mathbf{t}$ 分解为移动矢量 β 和间隔函数 α 乘以单位类时法矢量 $\mathbf{n}$。矢量 $\mathbf{t}$ 把一个时间切片 Σ_t 上的点映射到下一个时间切片 $\Sigma_{t+\Delta t}$ 上，例如 $\mathcal{P}$ 点被映射到了 $\mathcal{P}'$ 点。移动矢量 β 描述了到达下一个曲面之前在曲面 Σ_t 上移动的距离，间隔函数 α 描述了到下一个面的法向距离。间隔和移动确定了时空的分层结构

γ_{ij} 描述了空间切片上的内在几何。这个三维空间的**内在曲率**是由建立在空间度规 γ_{ij} 上的黎曼张量 $\mathscr{R}_{ijkl}$ 所描述的。然而，空间曲率的另一种测量需借助三维空间曲面嵌套到四维时空的方式：**外在曲率**展示了空间切片的单位法矢量 $\mathbf{n}$ 如何在切片上改变。考虑空间切片上的两个点 $\mathcal{P}$ 和 $\mathcal{Q}$，它们由切片上矢量 $\mathbf{v}=\mathrm{d}/$

$\mathrm{d}s$ 的积分曲线相连接。$\mathcal{Q}$ 点的法矢量 $\mathbf{n}_{\mathcal{Q}}$ 与 $\mathcal{P}$ 点的法矢量沿 $\mathbf{v}$ 平移到 $\mathcal{Q}$ 点的矢量 $\mathbf{n}_{\mathcal{P}\to\mathcal{Q}}$ 差是

$$\Delta n^{\alpha} = \Delta s v^{\mu} \nabla_{\mu} n^{\alpha}. \tag{4.154}$$

在 $\Delta s \to 0$ 的极限下，我们定义沿 $\mathbf{v}$ 的积分曲线的外在曲率为 $-\mathrm{d}n^{\alpha}/\mathrm{d}s = K^{\alpha}_{\nu} v^{\mu}$，这里 $K_{\alpha\beta}$ 是外在曲率张量，因此

$$-v^{\mu} K_{\mu\beta} := v^{\mu} \nabla_{\mu} n_{\beta}, \tag{4.155}$$

或者，由于 $\mathbf{v}$ 是空间切片上的一个任意矢量，

$$K_{\alpha\beta} = -\gamma^{\mu}_{\alpha} \nabla_{\mu} n_{\beta}. \tag{4.156}$$

(参见图 4.2。) 注意因为 $n^{\nu}\nabla_{\alpha} n_{\nu} = 0$(由于 $\mathbf{n}$ 是归一化到一的)，所以外在曲率是纯空间的，这说明我们可以将它写为一个完全位于空间切片的张量 K_{ij}。然而，外在曲率依赖于切片的法矢量，因此它是嵌入时空的切片的曲率的度量 (因此在其名称中有“外在” 一词)。事实上，外在曲率可以被当作内在度规 γ_{ij} 对时间的导数，这可作为初值问题中的一种速度。

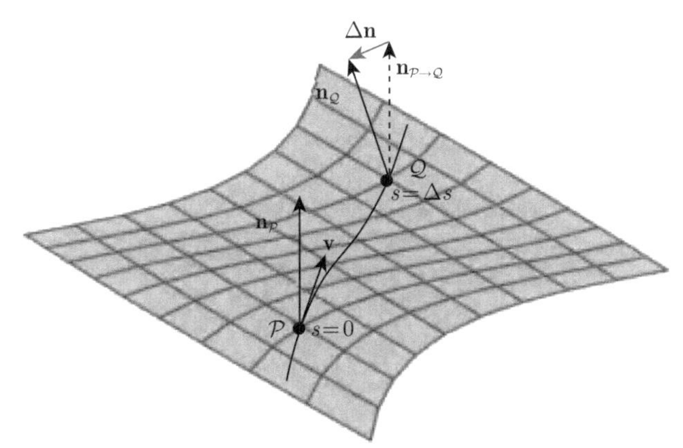

图 4.2 曲面的外在曲率描述了曲面的法矢量与平移的法矢量相比如何在曲面上改变。沿着矢量 $\mathbf{v} = \mathrm{d}\,/\,\mathrm{d}s$ 的积分曲线，$\mathcal{P}$ 点 $(s = 0)$ 移动到 $\mathcal{Q}$ 点 $(s = \Delta s)$。$\mathcal{Q}$ 点的法矢量 $\mathbf{n}_{\mathcal{Q}}$ 与 $\mathcal{P}$ 点的法矢量沿 $\mathbf{v}$ 平移而来的矢量 $\mathbf{n}_{\mathcal{P}\to\mathcal{Q}}$ 的差是 $\Delta\mathbf{n}$，它的分量是 $\Delta n^{\alpha} = \Delta s v^{\mu}\nabla_{\mu} n^{\alpha}$。外在曲率 $K_{\alpha\beta}$ 由 $-v^{\mu}K_{\mu\beta} = v^{\mu}\nabla_{\mu} n_{\beta}$ 定义，或者，因为 $\mathbf{v}$ 是空间切片上的一个任意矢量，
$$K_{\alpha\beta} = -\gamma^{\mu}_{\alpha}\nabla_{\mu} n_{\beta}$$

为了说明这一点，首先我们证明外在曲率是对称的：$K_{\alpha\beta} = K_{\beta\alpha}$。这可以由 $\mathbf{n}$ 是法矢量 $n_{\mu} = -\alpha\nabla_{\mu} t$ 得出，因此

$$\nabla_{\mu} n_{\nu} - \nabla_{\nu} n_{\mu} = n_{\mu}\nabla_{\nu}\ln\alpha - n_{\nu}\nabla_{\mu}\ln\alpha \tag{4.157}$$

这是由于 $\nabla_\mu\nabla_\nu t=\nabla_\nu\nabla_\mu t$。注意等号右边的两项正比于单位法矢量。现在，因为 $K_{\alpha\beta}$ 是空间的，$K_{\alpha\beta}=\gamma_\alpha^\mu\gamma_\beta^\nu K_{\mu\nu}=-\gamma_\alpha^\mu\gamma_\beta^\nu\nabla_\mu n_\nu$，我们看出

$$\begin{aligned}K_{\alpha\beta}-K_{\beta\alpha}&=-\gamma_a^\mu\gamma_\beta^\nu\left(\nabla_\mu n_\nu-\nabla_\nu n_\mu\right)\\&=-\gamma_\alpha^\mu\gamma_\beta^\nu\left(n_\mu\nabla_\nu\ln\alpha-n_\nu\nabla_\mu\ln\alpha\right)\\&=0,\end{aligned}\tag{4.158}$$

这证明了 $K_{\alpha\beta}$ 对它的指标是对称。更进一步，

$$\begin{aligned}2K_{\alpha\beta}&=K_{\alpha\beta}+K_{\beta\alpha}\\&=-\gamma_\alpha^\mu\nabla_\mu n_\beta-\gamma_\beta^\mu\nabla_\mu n_\alpha\\&=-\nabla_\alpha n_\beta-\nabla_\beta n_\alpha-n^\mu\nabla_\mu\left(n_\alpha n_\beta\right)\\&=-\nabla_\alpha n_\beta-\nabla_\beta n_\alpha-n^\mu\nabla_\mu\gamma_{\alpha\beta}.\end{aligned}\tag{4.159}$$

最后一项看上去像是一个对空间度规的时间导数。事实上，这个方程可以在我们的坐标系里重新表示为

$$\frac{\partial\gamma_{ij}}{\partial t}=-2\alpha K_{ij}+D_i\beta_j+D_j\beta_i,\tag{4.160}$$

这里我们引入了空间切片上的协变导数 D_i，它是与空间度规兼容的协变导数 $D_i\gamma_{jk}=0$。尤其是对于任意矢量 $\mathbf{w}$，协变导数 D 和 ∇ 通过

$$D_\alpha w^\beta=\gamma_\alpha^\mu\gamma_\nu^\beta\nabla_\mu w^\nu\tag{4.161}$$

联系了起来。这使得我们可以获得一个表达式把空间曲面的内在曲率 $\mathscr{R}_{\alpha\beta\gamma}{}^\delta$，空间切片的外在曲率 $K_{\alpha\beta}$ 以及周围时空的曲率 $R_{\alpha\beta\gamma}{}^\delta$(在空间切片上取值) 联系在一起。由 (空间切片) 内在曲率的定义开始，通过一些操作我们发现对于空间切片上的任意矢量 $\mathbf{w}$，

$$\begin{aligned}\mathscr{R}_{\alpha\beta\sigma}{}^\delta w^\sigma&:=-\left(D_\alpha D_\beta-D_\beta D_\alpha\right)w^\delta\\&=-\gamma_\alpha^\mu\gamma_\beta^\nu\gamma_\sigma^\delta\left(\nabla_\mu\nabla_\nu-\nabla_\nu\nabla_\mu\right)w^\sigma+K_\alpha{}^\delta K_{\beta\sigma}w^\sigma-K_\beta{}^\delta K_{\alpha\sigma}w^\sigma,\end{aligned}\tag{4.162}$$

因此

$$\gamma_\alpha^\mu\gamma_\beta^\upsilon\gamma_\gamma^\rho\gamma_\sigma{}^\delta R_{\mu\nu\rho}{}^\sigma=\mathscr{R}_{\alpha\beta\gamma}{}^\delta+K_{\alpha\gamma}K_\beta{}^\delta-K_{\beta\gamma}K_\alpha{}^\delta.\tag{4.163}$$

这被称为**高斯方程**。另外两个重要的关系是 **Codazzi 方程**

$$\gamma_\alpha^\mu\gamma_\beta^\nu\gamma_\gamma^\rho n_\sigma R_{\mu\nu\rho}{}^\sigma=-D_\alpha K_{\beta\gamma}+D_\beta K_{\alpha\gamma}\tag{4.164}$$

和**里奇方程**

$$\gamma^\mu_\alpha n^\nu \gamma^\rho_\beta n_\sigma R_{\mu\nu\rho}{}^\sigma = \frac{1}{\alpha}\left[\frac{\partial K_{\alpha\beta}}{\partial t} + \beta^\mu \frac{\partial K_{\alpha\beta}}{\partial x^\mu} - K_{\mu\beta}\frac{\partial \beta^\mu}{\partial x^\alpha} - K_{\alpha\mu}\frac{\partial \beta^\mu}{\partial x^\beta}\right] + \frac{1}{\alpha}D_\alpha D_\beta \alpha + K_\alpha{}^\mu K_{\beta\mu}. \tag{4.165}$$

现在我们来分解爱因斯坦方程

$$G_{\mu\nu}n^\mu n^\nu = \frac{8\pi G}{c^4}T_{\mu\nu}n^\mu n^\nu = \frac{8\pi G}{c^2}\rho, \tag{4.166}$$

$$G_{\mu\nu}\gamma^\mu_\alpha n^\nu = \frac{8\pi G}{c^4}T_{\mu\nu}\gamma^\mu_\alpha n^\nu = -\frac{8\pi G}{c^3}j_\alpha, \tag{4.167}$$

$$G_{\mu\nu}\gamma^\mu_\alpha \gamma^\nu_\beta = \frac{8\pi G}{c^4}T_{\mu\nu}\gamma^\mu_\alpha \gamma^\nu_\beta = \frac{8\pi G}{c^4}S_{\alpha\beta}, \tag{4.168}$$

这里 $\rho c^2 := n^\mu n^\nu T_{\mu\nu}$ 是物质密度，$j_\alpha c := -\gamma^u_a n^\nu T_{\mu\nu}$ 是物质流，$S_{\alpha\beta} := \gamma^u_a \gamma^\nu_\beta T_{\mu\nu}$ 是物质能量-动量张量。我们得到演化方程

$$\frac{\partial \gamma_{ij}}{\partial t} = -2\alpha K_{ij} + D_i\beta_j + D_j\beta_i \tag{4.169}$$

和

$$\frac{\partial K_{ij}}{\partial t} = \alpha\left\{\mathscr{R}_{ij} - 2K_{ik}K^k{}_j + KK_{ij} - \frac{8\pi G}{c^4}\left[\frac{1}{2}\rho c^2 \gamma_{ij} + S_{ij} - \frac{1}{2}\gamma_{ij}S\right]\right\} - D_iD_j\alpha + \beta^k D_k K_{ij} + K_{kj}D_i\beta^k + K_{ik}D_j\beta^k, \tag{4.170}$$

这里 $K := \gamma^{ij}K_{ij}$，$S := \gamma^{ij}S_{ij}$，以及两个**约束方程**：**哈密顿约束**方程

$$\mathscr{R} + K^2 - K_{ij}K^{ij} = \frac{16\pi G}{c^2}\rho \tag{4.171}$$

和**动量约束**方程

$$\gamma^{jk}\left(D_jK_{ik} - D_iK_{jk}\right) = \frac{8\pi G}{c^3}j_i. \tag{4.172}$$

这里 $\mathscr{R}_{ij} := \mathscr{R}_{ikj}{}^k$ 和 $\mathscr{R} := \gamma^{ij}\mathscr{R}_{ij}$ 分别是空间曲率的里奇张量和里奇标量。演化方程构成了一套耦合的一阶偏微分方程，一旦间隔函数 α 和移动矢量 $\boldsymbol{\beta}$ 给定，它可用于沿着外在曲率 K_{ij} 演化的空间度规 γ_{ij}。约束方程必须对初始的切片和后面的切片都成立。演化方程和约束方程一起被称为 **Arnowitt-Deser-Misner 方程**或 ADM 方程。

例 4.4 电磁学类比。

电磁学的麦克斯韦方程组为

$$\boldsymbol{\nabla} \cdot \boldsymbol{E} = \rho/\epsilon_0, \tag{4.173a}$$

$$\boldsymbol{\nabla} \times \boldsymbol{B} - \frac{1}{c^2}\frac{\partial \boldsymbol{E}}{\partial t} = \mu_0 \boldsymbol{j}, \tag{4.173b}$$

$$\boldsymbol{\nabla} \times \boldsymbol{E} + \frac{\partial \boldsymbol{B}}{\partial t} = 0, \tag{4.173c}$$

$$\boldsymbol{\nabla} \cdot \boldsymbol{B} = 0, \tag{4.173d}$$

这里 ρ 和 $\boldsymbol{j}$ 分别是电荷密度和电流。最后一个式子暗示 $\boldsymbol{B}$ 可以写为一个矢量势 $\boldsymbol{A}$ 的旋度 $\boldsymbol{B} = \boldsymbol{\nabla} \times \boldsymbol{A}$，使得 $\boldsymbol{\nabla} \cdot \boldsymbol{B} = 0$ 为一个恒等式。然后，第二个齐次麦克斯韦方程 $\partial \boldsymbol{B}/\partial t = -\boldsymbol{\nabla} \times \boldsymbol{E}$ 可以写为

$$\frac{\partial \boldsymbol{A}}{\partial t} = -\boldsymbol{E} - \boldsymbol{\nabla}\boldsymbol{\phi}, \tag{4.174a}$$

这里 $\boldsymbol{\phi}$ 是一个新的任意的势，可以引入它是因为梯度的旋度为零 $\boldsymbol{\nabla} \times \boldsymbol{\nabla}\boldsymbol{\phi} = 0$。这给了我们矢量势 $\boldsymbol{A}$ 的演化，但是我们现在需要为电场 $\boldsymbol{E}$ 找到演化方程。第二个麦克斯韦方程提供了这个：

$$\begin{aligned}\frac{1}{c^2}\frac{\partial \boldsymbol{E}}{\partial t} &= \boldsymbol{\nabla} \times \boldsymbol{\nabla} \times \boldsymbol{A} - \mu_0 \boldsymbol{j} \\ &= \boldsymbol{\nabla}(\boldsymbol{\nabla} \cdot \boldsymbol{A}) - \nabla^2 \boldsymbol{A} - \mu_0 \boldsymbol{j}.\end{aligned} \tag{4.174b}$$

我们现在有了一组 $\boldsymbol{A}$ 和 $\boldsymbol{E}$ 耦合的一阶偏微分方程，这里 $\boldsymbol{\phi}$ 的任意选择指定了一个规范。第一个麦克斯韦方程 $\boldsymbol{\nabla} \cdot \boldsymbol{E} = \rho/\epsilon_0$ 是一个在初始时刻必须满足的约束方程。

因此，为了在这个分解形式中演化麦克斯韦方程，必须首先通过求解 $\boldsymbol{\nabla} \cdot \boldsymbol{E} = \rho/\epsilon_0$(约束方程) 生成初始数据，然后使用两个演化方程来获得将来时间的 $\boldsymbol{A}$ 和 $\boldsymbol{E}$。也必须规定 $\boldsymbol{\phi}$ 的规范的选取。遗憾的是方程组 (4.174)，尽管物理上是正确的，但对数值演化并不适定 (well-posed)，这意味着对于可能出现的微小数值误差，演化是不稳定的。如果我们把式 (4.174a) 对时间的导数代入式 (4.174b) 中，我们发现

$$\frac{1}{c^2}\Box \boldsymbol{A} - \boldsymbol{\nabla}(\boldsymbol{\nabla} \cdot \boldsymbol{A}) = -\mu_0 \boldsymbol{j} + \frac{1}{c^2}\boldsymbol{\nabla}\frac{\partial \phi}{\partial t}. \tag{4.175}$$

如果等号左边的第二项不出现，此方程将是一个**对称双曲型方程**，而这种方程对于数值演化是适定的。

有很多方法可把演化方程转化为对称和双曲型的形式。一种方法是在 ϕ 上施加一个规范条件来迫使式 (4.175) 具有一个对称双曲型形式。通常的选择是洛伦茨规范，这里 ϕ 被选作是 $\partial\phi/\partial t = -c^2\,\boldsymbol{\nabla}\cdot\boldsymbol{A}$ 的解；或者库仑规范 $\boldsymbol{\nabla}\cdot\boldsymbol{A}=0$，这里 ϕ 被选作是椭圆方程 $\nabla^2\phi = -\rho/\epsilon_0$ 的解。注意库仑规范中 $\boldsymbol{\nabla}\cdot\boldsymbol{A}$ 是一个任意的常数——可以设为零，这一点可以通过对式 (4.174a) 求散度证明。我们可以组合式 (4.174a) 和 (4.174b) 来获得单个变量 $\boldsymbol{A}$ 的一个二阶方程。不管是洛伦茨规范还是库仑规范，都可得到一个相对简单的结果：

$$\Box\boldsymbol{A} = -\frac{1}{c^2}\frac{\partial^2\boldsymbol{A}}{\partial t^2} + \nabla^2\boldsymbol{A} = \begin{cases} -\mu_0\boldsymbol{j}, & \text{洛伦茨规范} \\ -\mu_0\boldsymbol{j} + \dfrac{1}{c^2}\,\boldsymbol{\nabla}\dfrac{\partial\phi}{\partial t}, & \text{库仑规范.} \end{cases} \tag{4.176}$$

这说明不管是选取这两个规范中的哪一个，$\boldsymbol{A}$ 的方程都是双曲型的。

第二种方法是采用矢量势的散度作为一个新的辅助动力学变量 $\Gamma := \boldsymbol{\nabla}\cdot\boldsymbol{A}$。通过求式 (4.174a) 的散度，我们获得了这个新变量的演化方程

$$\frac{\partial\Gamma}{\partial t} = -\,\boldsymbol{\nabla}\cdot\boldsymbol{E} - \nabla^2\phi = -\frac{1}{\epsilon_0}\rho - \nabla^2\phi. \tag{4.177}$$

式 (4.174a)，(4.174b)(用 Γ 替换 $\boldsymbol{\nabla}\cdot\boldsymbol{A}$) 和 (4.177) 形成了一个演化方程系统。现在这里有两个约束方程：$\Gamma = \boldsymbol{\nabla}\cdot\boldsymbol{A}$ 和 $\rho = \epsilon_0\,\boldsymbol{\nabla}\cdot\boldsymbol{E}$。

第三种方法是从麦克斯韦方程组的协变形式直接导出双曲型方程，这样可以完全避免规范的问题：求式 (4.173b) 的时间导数，代入式 (4.173c) 来消除磁场项，然后使用式 (4.173a) 来消除电场的散度 (这里使用了矢量恒等式 $\boldsymbol{\nabla}\times\boldsymbol{\nabla}\times\boldsymbol{E} = \boldsymbol{\nabla}(\boldsymbol{\nabla}\cdot\boldsymbol{E}) - \nabla^2\boldsymbol{E}$)。结果是一个对称的双曲型方程：

$$\Box\boldsymbol{E} = \frac{1}{\epsilon_0}\,\boldsymbol{\nabla}\rho + \mu_0\frac{\partial\boldsymbol{j}}{\partial t}. \tag{4.178}$$

□

例 4.5 BSSN 形式。

ADM 方程有许多在例 4.4 中描述的容易产生问题的特征。就目前的情况而言，它们并没有形成一个可以在数值相对论中稳定演化的方程组。此外，如同电磁学类比，问题是 ADM 方程不能形成一个对称双曲型方程组所导致的。与例 4.4 中探讨的获得对称双曲型方程组的方法类似，可以选取坐标系，比如谐和坐标 (即选取一个规范)，使得方程组是对称双曲型方程组，或者可以引入一个合适的辅助变量，从而形成对称双曲型方程组。

Baumgarte-Shapiro-Shibata-Nakamura 形式或 BSSN 形式 (Baumgarte 和 Shapiro，1999；Shibata 和 Nakamura，1995) 是采用后一种方法的范例。然而，这个形式的第一部分与把 ADM 方程变为对称双曲型方程并没有关系，反而是要把演化中的辐射和非辐射自由度通过对动力学变量做共形分解的方式相分离。确切地说，由空间度规 γ_{ij} 和共形变量 ϕ 通过下式定义一个具有体积元 ($\det\hat{\boldsymbol{\gamma}}=1$) 的共形度规 $\hat{\gamma}_{ij}$，

$$\hat{\gamma}_{ij} := \mathrm{e}^{-4\phi}\gamma_{ij}, \tag{4.179}$$

这里

$$\phi := \frac{1}{12}\ln\det\boldsymbol{\gamma}. \tag{4.180}$$

外在曲率 K_{ij} 被分解为它的迹 K 和共形加权的无迹部分 $\hat{A}_{ij}$

$$\hat{A}_{ij} := \mathrm{e}^{-4\phi}\left(K_{ij}-\frac{1}{3}K\gamma_{ij}\right). \tag{4.181}$$

根据变量 $\hat{\gamma}_{ij}$，ϕ，$\hat{A}_{ij}$ 和 K，演化方程可写为

$$\frac{\partial\hat{\gamma}_{ij}}{\partial t} = -2\alpha\hat{A}_{ij}+\beta^k\frac{\partial\hat{\gamma}_{ij}}{\partial x^k}+\hat{\gamma}_{ik}\frac{\partial\beta^k}{\partial x^j}+\hat{\gamma}_{jk}\frac{\partial\beta^k}{\partial x^i}-\frac{2}{3}\hat{\gamma}_{ij}\frac{\partial\beta^k}{\partial x^k}, \tag{4.182a}$$

$$\frac{\partial\phi}{\partial t} = -\frac{1}{6}\alpha K+\beta^k\frac{\partial\phi}{\partial x^k}+\frac{1}{6}\frac{\partial\beta^k}{\partial x^k}, \tag{4.182b}$$

$$\begin{aligned}\frac{\partial\hat{A}_{ij}}{\partial t} =\ & \mathrm{e}^{-4\phi}\left\{-D_iD_j\alpha+\frac{1}{3}\gamma_{ij}D_kD^k\alpha\right.\\ & \left.+\alpha\left[\mathscr{R}_{ij}-\frac{8\pi G}{c^4}S_{ij}-\frac{1}{3}\gamma_{ij}\left(\mathscr{R}-\frac{8\pi G}{c^4}S\right)\right]\right\}\\ & +\alpha K\hat{A}_{ij}-2\alpha\hat{A}_{ik}\hat{A}^k{}_j+\beta^k\frac{\partial\hat{A}_{ij}}{\partial x^k}+\hat{A}_{ik}\frac{\partial\beta^k}{\partial x^j}\\ & +\hat{A}_{jk}\frac{\partial\beta^k}{\partial x^i}-\frac{2}{3}\hat{A}_{ij}\frac{\partial\beta^k}{\partial x^k},\end{aligned} \tag{4.182c}$$

$$\frac{\partial K}{\partial t} = -D_iD^i\alpha+\alpha\left(\hat{A}_{ij}\hat{A}^{ij}+\frac{1}{3}K^2\right)+\frac{4\pi G}{c^4}\alpha\left(\rho c^2+S\right)+\beta^i\frac{\partial K}{\partial x^i}. \tag{4.182d}$$

$\hat{A}_{ij}$ 的指标由共形度规 $\hat{\gamma}_{ij}$ 来升降。在这些方程中，3 分量度规 γ_{ij} 的联络系数出现在协变导数项 $D_iD_j\alpha$ 以及 3 分量曲率 $\mathscr{R}_{ij}$ 之中。明确地，我们得到

$$D_iD_j\alpha = \frac{\partial^2\alpha}{\partial x^i\partial x^j} - \hat{\gamma}^{kl}\hat{\Gamma}_{kij}\frac{\partial\alpha}{\partial x^l}, \tag{4.183}$$

$$\begin{aligned}\mathscr{R}_{ij} =& \hat{\mathscr{R}}_{ij} - 2\frac{\partial^2\phi}{\partial x^i\partial x^j} + 2\hat{\gamma}^{kl}\hat{\Gamma}_{kij}\frac{\partial\phi}{\partial x^l} - 2\hat{\gamma}_{ij}\hat{\gamma}^{kl}\frac{\partial^2\phi}{\partial x^k\partial x^l} + 2\hat{\gamma}_{ij}\hat{\Gamma}^k\frac{\partial\phi}{\partial x^k}\\ &+ 4\frac{\partial\phi}{\partial x^i}\frac{\partial\phi}{\partial x^j} - 4\hat{\gamma}_{ij}\hat{\gamma}^{kl}\frac{\partial\phi}{\partial x^k}\frac{\partial\phi}{\partial x^l},\end{aligned} \tag{4.184}$$

这里

$$\begin{aligned}\hat{\mathscr{R}}_{ij} =& -\frac{1}{2}\hat{\gamma}^{kl}\frac{\partial^2\hat{\gamma}_{ij}}{\partial x^k\partial x^l} + \frac{1}{2}\hat{\gamma}_{ik}\frac{\partial\hat{\Gamma}^k}{\partial x^j} + \frac{1}{2}\hat{\gamma}_{jk}\frac{\partial^2\hat{\Gamma}^k}{\partial x^i} + \frac{1}{2}\hat{\Gamma}^k\hat{\Gamma}_{ijk} + \frac{1}{2}\hat{\Gamma}^k\hat{\Gamma}_{jik}\\ &+ \hat{\gamma}^{kl}\hat{\gamma}^{mn}\left(\hat{\Gamma}_{kmi}\hat{\Gamma}_{jln} + \hat{\Gamma}_{kmj}\hat{\Gamma}_{iln} + \hat{\Gamma}_{kmi}\hat{\Gamma}_{lnj}\right)\end{aligned} \tag{4.185}$$

是共形度规的里奇曲率张量，

$$\hat{\Gamma}_{kij} = \frac{1}{2}\left(\frac{\partial\hat{\gamma}_{ik}}{\partial x^j} + \frac{\partial\hat{\gamma}_{jk}}{\partial x^i} - \frac{\partial\hat{\gamma}_{ij}}{\partial x^k}\right) \tag{4.186}$$

是共形度规的联络系数，此外我们引入了下面的量

$$\hat{\Gamma}^i := -\frac{\partial\hat{\gamma}^{ij}}{\partial x^j}. \tag{4.187}$$

如果式 (4.185) 的第二项和第三项不是对称双曲型系统，则由式 (4.182) 给出的方程组将会是一个对称双曲型系统。前者包含了非拉普拉斯形式 (如式 (4.185) 的第一项) 的对 $\hat{\gamma}_{ij}$ 的二阶空间偏导数。为了补救这一点，BSSN 形式把 $\hat{\Gamma}^i$ 提为一个新的独立演化的动力学变量 (参见例 4.4)。这个辅助变量的演化方程为

$$\begin{aligned}\frac{\partial\hat{\Gamma}^i}{\partial t} =& -2\hat{A}^{ij}\left(\frac{\partial\alpha}{\partial x^j} - 6\alpha\frac{\partial\phi}{\partial x^j}\right) + 2\alpha\hat{\gamma}^{ij}\left(\hat{\Gamma}_{jkl}\hat{A}^{kl} - \frac{2}{3}\frac{\partial K}{\partial x^j} - \frac{8\pi G}{c^4}j_j\right)\\ &+ \beta^j\frac{\partial\hat{\Gamma}^i}{\partial x^j} - \hat{\Gamma}^j\frac{\partial\beta^i}{\partial x^j} + \frac{2}{3}\hat{\Gamma}^i\frac{\partial\beta^j}{\partial x^j} + \frac{1}{3}\hat{\gamma}^{ik}\frac{\partial^2\beta^j}{\partial x^j\partial x^k} + \hat{\gamma}^{jk}\frac{\partial^2\beta^i}{\partial x^j\partial x^k},\end{aligned} \tag{4.188}$$

它可由定义 $\hat{\Gamma}^i$ 的式 (4.187) 以及式 (4.169) 获得，它还包含了动量约束方程 (4.172)。BSSN 方程组由式 (4.182) 和 (4.188) 组成。 □

在数值演化中，初始数据以空间度规 γ_{ij} 和它的时间导数的形式提供。采用一个方式来选择间隔函数 α 和位移函数 β^i，它本质上选择了时空的分层结构，此后 γ_{ij} 和它的时间导数将用从爱因斯坦方程导出的演化方程来演化。

4.3.2 坐标选择

α 与 $\boldsymbol{\beta}$ 的选择描述了如何把时空切割为空间曲面以及它们之间的映射。就像例 4.4 的电磁学类比中对标量势 ϕ 的选择，间隔与位移的选择是一个规范选择，这在广义相对论中即是对坐标的选择。

一个显而易见的选择被称为**测地线切割**，

$$\alpha = c, \quad \boldsymbol{\beta} = 0 \tag{4.189}$$

这是因为一个固定的坐标点将沿着一个测地线运动。为了看到这一点，需要留意对于常数间隔而言 α，$n_\alpha \propto \nabla_\alpha t$，因此 $\nabla_\alpha n_\beta = \nabla_\beta n_\alpha$，并且由于矢量 $\mathbf{n}$ 是归一化的，故 $n^\mu \nabla_\mu n_\alpha = n^\mu \nabla_\alpha n_\mu = \frac{1}{2}\nabla_\alpha(n^\mu n_\mu) = 0$。由此 $\mathbf{n}$ 满足测地线方程，同时因为位移矢量为零，$\mathbf{t} = c\mathbf{n}$ 也满足测地线方程。

测地线切割通常并非数值相对论的有用选择，这是因为坐标格点倾向于落在一起 (就像粒子一样)，形成坐标奇点。这可以通过考虑外在曲率的迹 $K := \gamma^{ij}K_{ij}$ 的演化看出。我们发现

$$\begin{aligned}
\frac{\partial K}{\partial t} &= \gamma^{ij}\frac{\partial K_{ij}}{\partial t} + K_{ij}\frac{\partial \gamma^{ij}}{\partial t} = \gamma^{ij}\frac{\partial K_{ij}}{\partial t} - K^{ij}\frac{\partial \gamma_{ij}}{\partial t} \\
&= \alpha\left\{\mathscr{R} + K^2 - \frac{4\pi G}{c^4}\left(3\rho c^2 - S\right)\right\} - \gamma^{ij}D_iD_j\alpha + \beta^i\frac{\partial K}{\partial x^i} \\
&= \alpha\left\{K_{ij}K^{ij} + \frac{4\pi G}{c^4}\left(\rho c^2 + S\right)\right\} - \gamma^{ij}D_iD_j\alpha + \beta^i\frac{\partial K}{\partial x^i},
\end{aligned} \tag{4.190}$$

这里我们使用了式 (4.170) 和 (4.169)，以及哈密顿约束 (4.171) 和 $(\partial\gamma^{ij}/\partial t) = -\gamma^{ik}\gamma^{jl}(\partial\gamma_{kl}/\partial t)$。对于真空的时空和测地线切割为

$$\frac{\partial K}{\partial t} = cK_{ij}K^{ij} \quad \text{(测地线切割)}. \tag{4.191}$$

注意到等号右边是正定的，因此只要外在曲率非零，它将随时间无限地增加。反过来这将导致每一个时间切片上坐标体积元的收缩：体积元 $(\det\boldsymbol{\gamma})^{1/2}$，依照下式演化[①]

$$\frac{\partial}{\partial t}\ln\det\boldsymbol{\gamma} = \gamma^{ij}\frac{\partial\gamma_{ij}}{\partial t} = -2\alpha K + 2D_i\beta^i$$

① 原书注：注意 $\mathrm{d}(\ln\det\mathbf{A}) = \mathrm{Tr}(\mathrm{d}\mathbf{A}\cdot\mathbf{A}^{-1})$ 可由恒等式 $\det\mathbf{A} = \exp(\mathrm{Tr}\ln\mathbf{A})$ 推出，这是因为 $\mathrm{d}(\det\mathbf{A}) = \mathrm{d}\exp(\mathrm{Tr}\ln\mathbf{A}) = \exp(\mathrm{Tr}\ln\mathbf{A})\mathrm{d}(\mathrm{Tr}\ln\mathbf{A}) = \det\mathbf{A}\mathrm{Tr}(\mathrm{d}\mathbf{A}\cdot\mathbf{A}^{-1})$。

$$= -2cK \quad (\text{测地线切割}). \tag{4.192}$$

因此，由于 K 是单调增加的，空间切片坐标区域的体积是单调减小的。

为了避免测地线切割中出现坐标落在一起的情况，通常会选择一种常见的切割方式，即**最大切割**，它使外在曲率的迹在所有切片上保持不变且有 $K=0$。位移矢量再一次被设为零。从式 (4.190) 我们可以看出，执行最大切割的间隔条件为

$$\gamma^{ij}D_iD_j\alpha = \alpha\left\{K_{ij}K^{ij} + \frac{4\pi G}{c^4}\left(\rho c^2 + S\right)\right\}. \tag{4.193}$$

最大切割满足 $K=\nabla_\mu n^\mu=0$，即空间切片的法矢量是无散度的。

另一个常见的坐标选择是**谐和坐标**，这里坐标 x^α 是谐和函数，它满足 $g^{\mu\nu}\nabla_\mu\nabla_\nu x^\alpha=0$。正如例 2.14 中所证明的，谐和坐标使得 $g^{\mu\nu}\varGamma^\alpha_{\mu\nu}=0$，它可以被重新表示为一组对间隔和位移的演化方程。一个更简单的选择称为**谐和切割**，它仅把一个分量 $g^{\mu\nu}\varGamma^0_{\mu\nu}$ 设为零。对于零位移矢量，这就产生了一个对于间隔的方程。因为

$$0 = g^{\mu\nu}\varGamma^\alpha_{\mu\nu} = -\frac{\partial g^{\alpha\mu}}{\partial x^\mu} - \frac{1}{2}g^{\mu\nu}g^{\alpha\rho}\frac{\partial g_{\mu\nu}}{\partial x^\rho}, \tag{4.194}$$

(参见例 2.14)，我们发现

$$\begin{aligned}0 &= -\frac{\partial\left(-\alpha^{-2}\right)}{\partial t} + \frac{1}{2}\frac{1}{\alpha^2}g^{\mu\nu}\frac{\partial g_{\mu\nu}}{\partial t}\\ &= -\frac{2}{\alpha^3}\frac{\partial\alpha}{\partial t} + \frac{1}{2}\frac{1}{\alpha^4}\frac{\partial\alpha^2}{\partial t} + \frac{1}{2}\frac{1}{\alpha^2}\gamma^{ij}\frac{\partial\gamma_{ij}}{\partial t}\\ &= -\frac{1}{\alpha^3}\frac{\partial\alpha}{\partial t} + \frac{1}{2}\frac{1}{\alpha^2}\frac{\partial}{\partial t}\ln\det\boldsymbol{\gamma} = -\frac{1}{\alpha^3}\frac{\partial\alpha}{\partial t} - \frac{1}{\alpha}K,\end{aligned} \tag{4.195}$$

因此

$$\frac{\partial\alpha}{\partial t} = \frac{1}{2}\alpha\frac{\partial}{\partial t}\ln\det\boldsymbol{\gamma} \quad \text{或者} \quad \frac{\partial\alpha}{\partial t} = -\alpha^2 K. \tag{4.196}$$

上式的第一种形式可以通过积分以获得一个间隔的方程，$\alpha\propto(\det\boldsymbol{\gamma})^{1/2}$，这里的比例常数不依赖于时间。

作为替代，一个对谐和切割的修改是对间隔使用条件

$$\frac{\partial\alpha}{\partial t} = c\frac{\partial}{\partial t}\ln\det\boldsymbol{\gamma}, \tag{4.197}$$

这个方程在体积元缩小时更快地驱使间隔趋为零，因此能够更好地避免奇点的发生。该方程的一个解为

$$\alpha = c(1+\ln\det\boldsymbol{\gamma}), \tag{4.198}$$

这里任意的积分常数被设为一。这个选择被称为**一加对数切割**。

4.3.3 初始数据

空间度规 γ_{ij}(六个空间函数) 和外在曲率 K_{ij}(另外六个空间函数) 的初始数据对于演化来说是必须被指定的；尽管如此，这十二个函数并不能任意地被指定，它们必须满足式 (4.171) 和 (4.172) 的四个约束。此外，四个规范自由度在坐标的选取中也是被允许的，因此事实上初始数据中仅有四个物理上独立的函数自由度。

在本章前面的部分我们看到对于一阶后牛顿，空间度规是**共形平坦**的，也就是说 $\gamma_{ij} = \Omega^2\delta_{ij}$，这里 Ω 是共形因子，它是时空坐标的函数。通过假设初始的空间切片是共形平坦的，我们可以极大地简化数值演化中寻找初始数据的问题。对空间切片上里奇标量的直接计算导致

$$\mathscr{R} = \Omega^{-2}\left[-4\,\nabla^2\ln\Omega - 2(\boldsymbol{\nabla}\ln\Omega)\cdot(\boldsymbol{\nabla}\ln\Omega)\right]. \tag{4.199}$$

为了方便，共形因子常被设为 $\Omega = \psi^2$ 或者 $\gamma_{ij} = \psi^4\delta_{ij}$，由此里奇标量可得简单的形式

$$\mathscr{R} = -8\psi^{-5}\,\nabla^2\psi. \tag{4.200}$$

假如我们现在想在零位移的坐标条件下求解时间对称的初始数据，$K_{ij} = 0$，我们仅需要求解一个哈密顿约束，这变成了共形因子 ψ 的方程

$$\nabla^2\psi = -\psi^5\frac{2\pi G}{c^2}\rho. \tag{4.201}$$

在物质源以外，共形因子具有拉普拉斯形式 $\nabla^2\psi = 0$，对于一个粒子系统我们可以容易地建立一个解：

$$\psi(x) = 1 + \frac{1}{2}\sum_A\frac{Gm_A}{c^2\,\|\boldsymbol{x}-\boldsymbol{x}_A\|}. \tag{4.202}$$

(参见式 (4.40c) 并注意 $g_{ij} = \psi^4\delta_{ij}$。) 遗憾的是，时间对称的初始数据通常是不可取的。例如，为了给由两个恒星或黑洞组成的圆轨道双星系统建模，我们不能假设时间对称。因此，我们需要获得一个外在曲率的表达式并求解哈密顿和动量约束。

如果我们考虑一个最大的 $K = 0$，共形平坦 $\gamma_{ij} = \psi^4\delta_{ij}$ 的初始切片，并由 $\hat{K}_{ij} := \psi^2 K_{ij}$ 定义一个共形加权的外在曲率 $\hat{K}_{ij}$，那么哈密顿和动量约束方程分别为

$$\nabla^2\psi = -\frac{1}{8}\psi^{-7}\delta^{ij}\delta^{kl}\hat{K}_{ik}\hat{K}_{jl} - \psi^5\frac{2\pi G}{c^2}\rho \tag{4.203}$$

$$\frac{\partial \hat{K}_{ij}}{\partial x_j} = \psi^6 \frac{8\pi G}{c^3} j_i. \tag{4.204}$$

通过用矢量势 $\boldsymbol{A}$ 表示共形加权且无迹的外在曲率，我们可在真空中解出真空动量约束：

$$\hat{K}_{ij} = \frac{1}{c}\left(\frac{1}{2}\frac{\partial A_i}{\partial x^j} + \frac{1}{2}\frac{\partial A_j}{\partial x^i} - \frac{1}{3}\delta_{ij}\frac{\partial A_k}{\partial x_k}\right), \tag{4.205}$$

动量约束变为

$$\nabla^2 A + \frac{1}{3}\boldsymbol{\nabla}(\boldsymbol{\nabla}\cdot\boldsymbol{A}) = 0, \tag{4.206}$$

它有一个解 (对应于点 $\boldsymbol{x}_A$ 处的单个物体)

$$\boldsymbol{A} = -\frac{7}{2}\frac{Gm_A}{c^2\|\boldsymbol{x}-\boldsymbol{x}_A\|}\boldsymbol{v}_A - \frac{1}{2}\frac{Gm_A\boldsymbol{v}_A\cdot(\boldsymbol{x}-\boldsymbol{x}_A)}{c^2\|\boldsymbol{x}-\boldsymbol{x}_A\|}(\boldsymbol{x}-\boldsymbol{x}_A). \tag{4.207}$$

常矢量 $\boldsymbol{v}$ 代表物体的速度。这里，当 $\boldsymbol{x}_A$ 处的物体附近有适当的边界条件时，我们可以建立 $\hat{K}_{ij}$，并且求解出哈密顿约束，这个方法被称为 **Bowen-York 方法** (Bowen 和 York Jr., 1980)。由于约束方程对于 ψ 和 $\boldsymbol{A}$ 是线性的，可以简单地通过将上述形式的解加在一起来增加额外的物体。

一个求解哈密顿约束方程的有用方法为**穿刺法**，它涉及把共形因子用一个奇点 (即物体出现的位置) 项和一个光滑项写出。例如，对于双黑洞的初始数据，我们写出

$$\psi = u + \psi_{\mathrm{H}}, \tag{4.208}$$

这里

$$\psi_{\mathrm{H}} = \frac{1}{2}\frac{Gm_1}{c^2\|\boldsymbol{x}-\boldsymbol{x}_1\|} + \frac{1}{2}\frac{Gm_1}{c^2\|\boldsymbol{x}-\boldsymbol{x}_2\|}.$$

ψ_{H} 项是齐次拉普拉斯方程的一个解，它描述了位于 $\boldsymbol{x}_1$ 和 $\boldsymbol{x}_2$ 质量分别为 m_1 和 m_2 的两个不运动物体的情况 (即对于时间对称的初始数据)。由于物体是运动的，哈密顿约束并不是齐次方程，因此必须加上一个光滑的特解 u。通过准确地捕获 ψ_{H} 项中的奇点部分，我们仅需对光滑部分找到哈密顿约束的数值解：

$$\nabla^2\psi = -\frac{1}{8}(u+\psi_{\mathrm{H}})^{-7}\hat{K}_{ij}\hat{K}^{ij}. \tag{4.209}$$

注意质量参量 m_1 和 m_2 被称为**裸质量** (bare masses)，它们不再精确地等于两个黑洞的真实质量，因为它们并不包含物体运动的相对论效应。

4.3.4　引力波的提取

在远离动力学系统的地方，可以从数值格点边缘的时空度规中获得引力波的成分。测量引力波波形的一种方法是计算在式 (4.129) 中引入的外尔标量 Ψ_4。在远离引力波源的地方，零基矢量 (null basis vector) 趋近于式 (4.130) 中的形式，同时 Ψ_4 包含了对引力波波形的完整描述。使用高斯方程 (4.163)，Codazzi 方程 (4.164) 和里奇方程 (4.165)，外尔标量 Ψ_4 可用演化变量表示。

与在数值模拟边界的每个点对 Ψ_4 求值不同，我们通常的做法是将其在一个大半径处的球面上做空间平均，然后分解为自旋加权的球谐函数模式，

$$\Psi_{4,\ell m}(t) := \int {}_{-2}Y^*_{\ell m}(\theta,\phi)\Psi_4(t,\theta,\phi)\sin\theta \mathrm{d}\theta\mathrm{d}\phi. \tag{4.210}$$

这些空间平均比网格上的单个点包含更少的数值噪声。此外，引力波成分倾向于集中在低 ℓ 模中。沿 (θ,ϕ) 方向传播的波可以按如下计算

$$\Psi_4(t,\theta,\phi) = \sum_{\ell=2}^{\infty}\sum_{m=-\ell}^{\ell} {}_{-2}Y_{\ell m}(\theta,\phi)\Psi_{4,\ell m}(t). \tag{4.211}$$

4.3.5　物质

为了简化，我们在本节仅考虑理想流体物质。因此，它的能量-动量张量为

$$T^{\alpha\beta} = \left(\rho_0 + \rho_0\Pi/c^2 + p/c^2\right)u^\alpha u^\beta + p\, g^{\alpha\beta}, \tag{4.212}$$

这里 ρ_0 是静止质量密度，$\rho_0\Pi$ 是内能密度，p 是流体压强。流体的四速度为 $u^\alpha = u^0[1,v^i]$，这里 v^i 是流体的空间三速度，$\alpha u^0 = -n_\mu u^\mu = w$ 与数值格点间运动的流体的相对论性洛伦兹因子相关。流体组成了分解后的爱因斯坦方程的源

$$\rho = c^{-2}w^2\left(\rho_0 + \rho_0\Pi/c^2 + p/c^2\right) - p, \tag{4.213a}$$

$$j_i = c^{-1}\alpha^{-1}w^2\left(\rho_0 + \rho_0\Pi/c^2 + p/c^2\right)v_i, \tag{4.213b}$$

$$S_{ij} = \alpha^{-2}w^2\left(\rho_0 + \rho_0\Pi/c^2 + p/c^2\right)v_i v_j + p\gamma_{ij}. \tag{4.213c}$$

还必须计算流体的运动。流体的运动方程为

$$\nabla_\mu\left(\rho_0 u^\mu\right) = 0 \quad (\text{静止质量守恒}) \tag{4.214}$$

和

$$\nabla_\mu T^{\mu\alpha} = 0. \tag{4.215}$$

第一个方程 (4.214) 可以直接改写为 (参见例 2.6)

$$\frac{\partial}{\partial t}\left(|\det\boldsymbol{\gamma}|^{1/2}w\rho_0\right)=-\frac{\partial}{\partial x^j}\left(|\det\boldsymbol{\gamma}|^{1/2}w\rho_0 v^j\right). \tag{4.216a}$$

第二个方程 (4.215) 可以与 u_α 缩并或者用 $\gamma_{\alpha i}$ 投影到空间曲面。得到的方程为

$$\frac{\partial}{\partial t}\left(|\det\boldsymbol{\gamma}|^{1/2}w\rho_0 \Pi\right)=-\frac{\partial}{\partial x^j}\left(|\det\boldsymbol{\gamma}|^{1/2}w\rho_0\Pi v^j\right)\\ -p\frac{\partial}{\partial t}\left(|\det\boldsymbol{\gamma}|^{1/2}w\right)-p\frac{\partial}{\partial x^j}\left(|\det\boldsymbol{\gamma}|^{1/2}wv^j\right), \tag{4.216b}$$

它描述了能量的传输，

$$\frac{\partial}{\partial t}\left(|\det\boldsymbol{\gamma}|^{1/2}wj_i\right)=-\frac{\partial}{\partial x^j}\left(|\det\boldsymbol{\gamma}|^{1/2}wj_iv^j\right)-\alpha|\det\boldsymbol{\gamma}|^{1/2}\\ \times\left[\frac{\partial p}{\partial x^i}+\frac{1}{2}\left(\rho_0+\rho_0\Pi/c^2+p/c^2\right)u_\mu u_\nu\frac{\partial g^{\mu\nu}}{\partial x^i}\right]. \tag{4.216c}$$

它是相对论性的欧拉方程。在牛顿极限下，$\rho=\rho_0$，$\boldsymbol{j}=\rho\boldsymbol{v}$，同时我们发现式 (4.216a) 变成了非相对论性的质量守恒方程，即式 (2.107)。此外，通过联合式 (4.216a) 和 (4.216c)，我们可在牛顿极限下获得非相对论性的欧拉方程 (2.105)。

4.3.6 数值方法

我们已经介绍了描述爱因斯坦方程时空分解的一些基本形式。然而，还没有展示数值相对论大部分的复杂性。对于离散化的演化方程，可以使用不同的方案来获得有限差分方程或谱方程。不同的途径采用不同的时空网格化方法，并采用自适应网格细化 (adaptive mesh refinement) 将格点聚焦在需要高分辨率的空间区域。此外，还有不同的方法来处理网格的边界。例如，把网格共形拓展 (conformally extending) 到无穷远处，或者对动力学系统在某一远距离处将柯西演化 (Cauchy evolution) 与特征演化进行匹配。当事件视界 (event horizon) 形成时，数值演化必须使用某种方案，例如切除黑洞内部，以避免遇到必然会存在的奇点。涉及物质的模拟必须能够处理物理过程中可能出现的巨大复杂性，包括激波、磁流体力学、黏滞、有限温度、中微子输运等。

4.4 习　题

习题 4.1

质量分别为 m_1 和 m_2 的两个粒子在 z 轴上相距很远。它们从静止状态被释放，并允许朝对方下落。在任意时刻，两个粒子的位置分别为 $\boldsymbol{x}_1=(m_2/M)\boldsymbol{r}_{12}$ 和

$\boldsymbol{x}_2 = -(m_1/M)\boldsymbol{r}_{12}$，这里 $\boldsymbol{r}_{12}$ 是两个粒子的间隔，$\boldsymbol{r}_{12} = \boldsymbol{x}_1 - \boldsymbol{x}_2$，$M = m_1 + m_2$。

(1) 使用爱因斯坦-因费尔德-霍夫曼方程 (4.43) 来计算粒子的相对加速度 $\ddot{z}$。结果应为

$$\ddot{z} = -\left(GM/z^2\right)\left[1-(4+2\eta)\left(GM/(c^2 z)\right)-(3-7\eta/2)\dot{z}^2/c^2\right],$$

这里 $\eta = m_1 m_2/M^2 = \mu/M$，$\boldsymbol{r}_{12} = z\hat{\boldsymbol{e}}_z$，$\boldsymbol{v} = \dot{z}\hat{\boldsymbol{e}}_z$，$\mathrm{d}\boldsymbol{v}/\mathrm{d}t = \ddot{z}\hat{\boldsymbol{e}}_z$。

(2) 计算对该运动修正到一阶后牛顿的 $z(t)$。提示：$\dot{z}$ 与 $\ddot{z}$ 相乘，然后积分得到 $\dot{z}^2$ 的表达式 (首先解出领头阶的情况，然后由迭代得到 M/z 的修正)，然后再次 (迭代) 积分得到 $z(t)$。使用 $z \to \infty$ 时 $\dot{z} \to 0$ 的边界条件。

(3) 使用式 (4.50) 计算 x 轴观测者得到的 h_{TT}^{ij}(参见 Wagoner 和 Will，1976)。

习题 4.2

例 4.2 中粗略估计了由宇宙暴胀导致的放大因子。重复那里的分析以得到一个更精确的结果：初始时的一个模式由 $u = \mathrm{e}^{\mathrm{i}\hat{\omega}\eta}$ 描述。它在 η_1 时遇到有效势，解的形式为 $u = Aa(\eta) + Ba(\eta)\int^{\eta} a^{-2}(\eta')\mathrm{d}\eta'$，此后暴胀在 η_2 时突然停止 (有效势为零)，解再次变为 $u = \alpha\mathrm{e}^{\mathrm{i}\hat{\omega}\eta} + \beta\mathrm{e}^{-\mathrm{i}\hat{\omega}\eta}$ 的振动形式。使用 u 和 $\mathrm{d}u/\mathrm{d}\eta$ 在 η_1 和 η_2 时刻节点的连续性，用 H_{inf}，$\hat{\omega}$，$\eta_1 - \eta_2$，$a(\eta_1)$，$a(\eta_2)$ 和 $J = \int_{\eta_1}^{\eta_2} a^{-2}(\eta)\mathrm{d}\eta$ 来表示 α 和 β 的值。对于长时间的暴胀，证明 $|\alpha|^2 \approx |\beta|^2 = \frac{1}{4}(H_{\mathrm{inf}}a_2/\hat{\omega})^4$(参见 Grishchuk 和 Solokhin，1991)。

习题 4.3

一个具有克尔自旋参数 a 的形变黑洞在似正规模的基模 $\ell = |m| = 2$ 产生铃宕，因此，$t > 0$ 时有

$$\Psi_4 = \frac{A}{r}\left[S_{22}\left(\cos\theta, \omega_{22}\right)\mathrm{e}^{2\mathrm{i}\phi}\mathrm{e}^{\mathrm{i}\omega_{22}t} + S_{22}\left(-\cos\theta, \omega_{22}\right)\mathrm{e}^{-2\mathrm{i}\phi}\mathrm{e}^{-\mathrm{i}\omega_{22}^{*}t}\right]$$

和

$$h_+ - \mathrm{i}h_\times = -\frac{2c^2}{|\omega_{22}|}\Psi_4.$$

(1) 证明单位时间单位立体角辐射出去的能量为

$$\left|\frac{\mathrm{d}E}{\mathrm{d}t\mathrm{d}\Omega}\right| = \frac{c^7}{G}\frac{r^2}{4\pi\left|\omega_{22}\right|^2}\left|\Psi_4\right|^2.$$

(2) 使用自旋加权的球谐函数的归一化约定

$$\int_{-1}^{1} S_{\ell m}(\cos\theta, a)\mathrm{d}\cos\theta = 1,$$

证明辐射的总能量与辐射振幅的关系为

$$E = \frac{c^7}{G}\frac{A^2}{|\omega_{22}|^2}\frac{1}{2\,\mathrm{Im}\,\omega_{22}}.$$

(3) 质量为 M 的非自旋黑洞在铃宕中辐射能量为 $E = \epsilon Mc^2$。写出距波源为 r，方向为 (θ, ϕ) 的观测者所得到的引力波波形 h_+ 和 $h_\times$。得到的表达式应仅依赖于 ϵ，M，r，θ 和 ϕ。求 $M = 10M_\odot$，$\epsilon = 1\%$，$r = 1$ Mpc 时产生的最大应变。

习题 4.4

由式 (4.159) 推导式 (4.160)。

习题 4.5

推导哈密顿约束方程和动量约束方程。

(1) 证明 $G_{\mu\nu}n^\mu n^\nu = \frac{1}{2}R_{\mu\rho\nu\sigma}\gamma^{\mu\nu}\gamma^{\rho\sigma}$ 并使用高斯方程 (4.163) 来获得哈密顿约束方程 (4.171)。

(2) 使用 Codazzi 方程 (4.164) 来获得动量约束方程 (4.172)。

参 考 文 献

Alcubierre, M. (2008) *Introduction to 3+1 Numerical Relativity,* Oxford University Press, Oxford.

Baumgarte, T.W. and Shapiro, S.L. (1999) On the numerical integration of Einstein' s field equations. *Phys. Rev.,* D59, 024 007. doi: 10.1103/PhysRevD.59.024007.

Baumgarte, T.W. and Shapiro, S.L. (2010) *Numerical Relativity: Solving Einstein' s Equations on the Computer,* Cambridge University Press, Cambridge.

Berti, E., Cardoso, V. and Will, C.M. (2006) On gravitational-wave spectroscopy of massive black holes with the space interferometer LISA. *Phys. Rev.*, D73, 064 030. doi: 10.1103/PhysRevD.73.064030.

Blanchet, L. (2002) Gravitational radiation from post-newtonian sources and inspiralling compact binaries. *Living Rev. Rel.*, 5(3). http://www.livingreviews.org/lrr-2002-3 (last accessed 2011-01-03).

Bowen, J.M. and York, J.W. Jr. (1980) Time asymmetric initial data for black holes and black hole collisions. *Phys. Rev.*, D21, 2047–2056. doi: 10.1103/PhysRevD.21.2047.

Epstein, R. and Wagoner, R.V. (1975) Post-Newtonian generation of gravitational waves. *Astrophys. J.*, 197, 717-723. doi: 10.1086/153561.

Grishchuk, L.P. and Solokhin, M. (1991) Spectra of relic gravitons and the early history of the Hubble parameter. *Phys. Rev.*, D43, 2566-2571. doi: 10.1103/PhysRevD.43.2566.

Kidder, L.E. (2008) Using full information when computing modes of Post-Newtonian waveforms from inspiralling compact binaries in circular orbit. *Phys. Rev.*, D77, 044 016. doi: 10.1103/PhysRevD.77.044016.

Leaver, E.W. (1985) An Analytic representation for the quasi-normal modes of Kerr black holes. *Proc. Roy. Soc. Lond.,* A402, 285-298.

Misner, C.W., Thorne, K.S. and Wheeler, J.A. (1973) *Gravitation,* Freeman, San Francisco.

Ryan, M.P. (1974) Teukolsky equation and Penrose wave equation. *Phys. Rev.,* D10, 1736-1740. doi: 10.1103/PhysRevD.10.1736.

Shibata, M. and Nakamura, T. (1995) Evolution of three-dimensional gravitational waves: harmonic slicing case. *Phys. Rev.,* D52, 5428-5444. doi: 10.1103/PhysRevD.52.5428.

Teukolsky, S.A. (1972) Rotating black holes -separable wave equations for gravitational and electromagnetic perturbations. *Phys. Rev. Lett.,* 29, 1114-1118. doi: 10.1103/PhysRevLett.29.1114.

Teukolsky, S.A. (1973) Perturbations of a rotating black hole. 1. Fundamental equations for gravitational electromagnetic and neutrino field perturbations. *Astrophys. J.,* 185, 635-647. doi: 10.1086/152444.

Wagoner, R.V. and Will, C.M. (1976) Post-Newtonian gravitational radiation from orbiting point masses. *Astrophys. J.,* 210, 764-775. doi: 10.1086/154886.

Weinberg, S. (1972) *Gravitation and Cosmology: Principles and Applications of the General Theory of Relativity,* John Wiley & Sons.

Will, C.M. and Wiseman, A.G. (1996) Gravitational radiation from compact binary systems: gravitational waveforms and energy loss to second Post-Newtonian order. *Phys. Rev.,* D54, 4813-4848. doi: 10.1103/PhysRevD.54.4813.

第 5 章　引力辐射源

我们已经知道物体的非球对称运动会产生一个时变的四极矩，从而产生引力波。粗略地说，当一个动力系统的剪影 (silhouette) 发生变化时引力波就会产生 (铅笔沿其对称轴旋转时不会产生引力波，但是如果它有翻转的话就会)。作为一个强引力波源，物体的质量必须够大，运动必须够快，引力场必须够强。动力学过程通常发生在某个特征动力学时标上，该时标设定了引力波发射的频带。例如，双星系统的轨道频率决定了引力波的发射频率。其他时标可以决定信号的持续时间。对于互绕双星，这个长期时标由轨道能量损失率决定，而轨道能量损失将最终导致双星系统并合 (以及引力辐射的终结)。我们通常通过引力波的频带对波源进行分类。例如，系统产生 1 Hz 到 10 kHz 引力波的频带被称为**高频带**，这是地面引力波探测器灵敏的频带。表 5.1 给出了不同引力波频带内可能被探测到的波源列表，其中频带与不同类型的引力波探测器相对应；例如，航天器多普勒追踪和空间激光干涉仪运行在引力波频率为 1 mHz 到 1 Hz 的**低频带**，而脉冲星计时实验对 1 nHz 到 1 mHz 的**极低频带**的引力波灵敏。这些类型的引力波探测器将在第 6 章讨论。

表 5.1　预期的引力波源按照频带及其对应探测器的分类。QCD 能标 ∼200 Mev 对应于 $\sim 10^{-8}$ Hz；弱电能标 ∼200 Gev 对应于 $\sim 10^{-5}$ Hz；超对称 (SUSY) 能标为 ∼1 TeV

频带	典型源	探测器
甚低频带 10^{-18} Hz∼10^{-15} Hz	原初随机背景	宇宙微波背景中的引力波特征
极低频带 1 nHz∼1 mHz	超大质量黑洞双星 $\left(M \sim 10^9 M_\odot\right)$；宇宙弦尖点；随机背景 (超大质量黑洞双星，QCD 能标相变)	脉冲星计时阵列
低频带 1 mHz∼1 Hz	超大质量黑洞双星 $\left(M \text{ 为 } 10^3 M_\odot \sim 10^9 M_\odot\right)$；极端质量比旋近；矮星/白矮星双星；随机背景 (白矮星双星，宇宙弦，弱电相变)	空间干涉仪 (LISA，DECIGO)；航天器多普勒测距
高频带 1 Hz∼10 kHz	中子星/黑洞双星 $\left(M \text{ 为 } M_\odot \sim 10^3 M_\odot\right)$；超新星；脉冲星；X 射线双星；随机背景 (宇宙弦，双星并合，SUSY 能标相变)	地面干涉仪 (GEO，LIGO，Virgo)；共振质量探测器

另一种引力波源的分类方法是根据其发生的动力学过程的特征，这些特征将体现在信号的形态上。典型的几类包括：若波源涉及周期性运动，并且在长时标

内 (大于观测时间) 频率几乎不变，则产生的信号被称为**连续波信号**。因为它们的频率相对稳定，所以相对来说这类信号可以被很好地模拟。另一类连续信号由宇宙中发生的随机且持续的物理过程产生，典型的是和宇宙微波背景辐射类似的引力波背景。通常这类信号是由数不尽的单个源产生的引力波非相干叠加而成。尽管这些信号持续的时间比观测时间长很多，但是由于该辐射属于随机过程 (而且不能被简单地建模)，因此我们将其分类为引力波**随机背景**。持续时间比观测时间短的信号 (至少在感兴趣的频带) 被称为引力波**暴发信号**。暴发信号可以进一步分为可被建模的 (通过理论或数值模拟) 和不可被有效建模的。这种对引力波源的分类方式很有帮助，因为它与我们搜索波源时所用数据分析方法的分类方式相同。

我们仅在本章中讨论最常见的引力波源。对引力波源更全面的综述，我们推荐 Thorne(1987)，Cutler 和 Thorne(2002)，Sathyaprakash 和 Schutz(2009)。

5.1 连续引力波源

当引力波源辐射的持续时间比观测时间长且具有一个 (或一组) 几乎不变的频率时，我们称其为连续引力波源。这种源的转动是有某个特定的稳定频率，它决定了引力波频率。具有非轴对称形变 (由于结构变形或流体振动) 或是绕旋转轴摆动的中子星可以产生被地面探测器探测到的高频带信号。由致密天体 (例如白矮星或黑洞) 组成的双星系统，如果它们的轨道衰减时标长于观测时标 (否则我们将这些天体的辐射分类为暴发辐射) 就可以产生低频或者极低频带的连续引力波。

通常，连续波源的引力波信号可以用频率几乎固定的正弦波进行精确地建模。然而，在长期的观测过程中一般会有频率的改变 (例如，由于引力辐射损失的角动量)，因此也必须对自转减慢进行模拟。可能会影响引力波相位的其他效应也需要包含到模型中。然而，在连续引力波搜索中，我们通常利用这样一个事实，即我们在构建最优搜索时已经有良好建模的波形。

如 3.5 节所述，在低频和极低频引力波频带中，互绕双星系统会产生连续引力波。对于被归类为连续引力波源的系统 (而非引力波暴发源)，我们要求轨道频率在观测时间内保持相对稳定，即要求 $T_{\mathrm{obs}} \ll \tau_{\mathrm{c}}$，这里 T_{obs} 是观测时间，τ_{c} 是式 (3.178a) 给出的并合时间。此时，引力波波形可由式 (3.172a) 给出。如果观测时间内没有明显的自转减慢，则正弦函数的自变量是 $2\varphi = 2\omega t = 2\pi f t$，这里 $f = \omega/\pi$ 是引力波频率，ω 是轨道角频率。轨道角频率的微小变化可通过在相位演化中允许 $\dot{f}$ 修正来建模，其中 $\dot{f}$ 由式 (3.189) 给出 (假设轨道衰减完全来自于

引力波的能量损失)。由此产生的引力波信号具有以下形式:

$$h_+ = h_0 \frac{1}{2}\left(1+\cos^2 \iota\right) \cos\left[\Phi(t)+\Phi_0\right], \tag{5.1a}$$

$$h_\times = h_0 \cos\iota \sin\left[\Phi(t)+\Phi_0\right], \tag{5.1b}$$

这里 $t=t_0$ 时刻引力波的相位为 Φ_0，相位依赖下式演化

$$\Phi(t) = 2\pi f\left(t-t_0\right)+\pi \dot{f}\left(t-t_0\right)^2. \tag{5.1c}$$

对于总质量为 $M := m_1+m_2$，约化质量为 $\mu := m_1 m_2/M$ 的双星系统，频率的导数为

$$\dot{f} = \frac{96}{5}\pi^{8/3}\frac{\mu}{M}\left(\frac{GM}{c^3}\right)^{5/3} f^{11/3}, \tag{5.2a}$$

并且

$$h_0 = \frac{4G}{c^4}\frac{\mu a^2\omega^2}{r} = \frac{4G\mu}{c^2 r}\left(\frac{\pi G M f}{c^3}\right)^{2/3} \tag{5.2b}$$

是引力波特征振幅。这里 a 是轨道间距。

在观测时间 T_{obs} 内，我们观测到 $N_{\text{obs}} = T_{\text{obs}} f$ 个引力波周期。在引力波辐射下发生自转减慢的特征周期数为 $N_{\text{spin-down}} = f^2/\dot{f} \sim \left(GMf/c^3\right)^{-5/3}$。因此，$N_{\text{obs}} \ll N_{\text{spin-down}}$ 的要求 (引力波频率在观测时间内相对不变) 决定了在每个频带内产生连续引力波的双星系统的特征质量。在 $f \sim 1\mu\text{Hz}$ 的极低频带，脉冲星计时实验可能有十年的观测，因此 $N_{\text{obs}} \sim 100$；为了使 $N_{\text{spin-down}}$ 远大于这个值，系统质量可以大到 $M \sim 10^9 M_\odot$。在 $f \sim 10\text{mHz}$ 的低频带，一年的观测将有 $N_{\text{obs}} \sim 10^6$ 个引力波周期，质量可以大到 $M \sim 1000 M_\odot$。在 $f \approx 100\text{Hz}$ 的高频带，对于 $T_{\text{obs}} \sim 1\text{a}$ 有 $N_{\text{obs}} \sim 10^9$，这要求质量远小于一个太阳质量。因此，超大质量黑洞双星系统将是极低频带的连续波源，而在低频带，银河系双星 (例如白矮星双星) 将是一个重要的连续波源。然而在高频带，并不期待双星会产生连续波信号 (相反，双星将是暴发源)。

在高频带，连续波的主要源是快速旋转的非轴对称中子星。中子星是超新星的致密残余物，它的质量约为一个太阳质量，半径约为 10 km，由中子简并压维持。中子星有时会以脉冲星形式呈现，在脉冲星中，电磁辐射的脉冲会以中子星旋转周期设定的固定时间间隔出现。旋转中子星的引力辐射频率与旋转频率成正比；因此，作为高频带中的源，我们对以毫秒为周期旋转的中子星感兴趣。一般来说，这种快速旋转的中子星要么是年轻中子星 (例如蟹状星云脉冲星和船帆座脉冲星)，它们还没有时间去过多地减慢自转 (新生中子星预计将快速旋转)，要么

是通过从伴星的物质转移 (自从其物质脱落就存在了) 来加速自转的年老中子星。中子星可能是孤立的，也可能与伴星一起形成一个双星系统，该伴星可能是普通恒星、白矮星，甚至中子星。一些系统，比如天蝎座 X-1(Scorpius X-1 或 Sco X-1) 是低质量 X 射线双星 (LMXBs)，其吸积到致密天体上的物质产生 X 射线辐射。

旋转中子星可以通过不同机制发射引力波。如果中子星不是轴对称的 (如三轴椭球体)，它产生的引力波频率将等于旋转频率的两倍 (参见 3.4 节)。引力波波形与式 (5.1) 有相同的形式，但是现在它的频率演化为 (参见式 (3.161))：

$$\dot{f} = -\frac{32\pi^4}{5}\frac{G\mathcal{I}_3 f^5}{c^5}\varepsilon^2. \tag{5.3a}$$

此外，特征波幅为

$$h_0 = \frac{4\pi^2 G\mathcal{I}_3 f^2}{c^4 r}\varepsilon, \tag{5.3b}$$

其中 $\mathcal{I}_3$ 是相对旋转轴的转动惯量，$\varepsilon = (\mathcal{I}_1 - \mathcal{I}_2)/\mathcal{I}_3$ 是椭率 ($\mathcal{I}_1$ 和 $\mathcal{I}_2$ 是三轴椭球体另外两个主转动惯量)，r 是源的距离。对中子星结构的研究表明其可承受的最大形变为 $\varepsilon \sim 10^{-6}$。

即使中子星是轴对称的，但如果它的对称轴和旋转轴不重合，则仍可以发射引力辐射。如果中子星有非零的偏心率 $e = (\mathcal{I}_3 - \mathcal{I}_1)/\mathcal{I}_1$ ，其中 $\mathcal{I}_1 = \mathcal{I}_2 \neq \mathcal{I}_3$ 分别是关于 x_1、x_2、x_3 轴的三个主转动惯量，并且如果旋转轴和对称轴 (x_3 轴) 不重合，其夹角为 ϑ，则该中子星将发生摆动：对称轴将相对转动轴进动。这会产生频率为转动频率和二倍于转动频率的引力辐射。引力波波形为 (Zimmermann 和 Szedenits，1979)：

$$h_+ = \frac{2G\mathcal{I}_1\omega^2}{c^4 r} e\sin\vartheta\left[\left(1+\cos^2\iota\right)\sin\vartheta\cos 2\omega t + \cos\iota\sin\iota\cos\vartheta\cos\omega t\right], \tag{5.4a}$$

$$h_\times = \frac{2G\mathcal{I}_1\omega^2}{c^4 r} e\sin\vartheta(2\cos\iota\sin\vartheta\sin 2\omega t + \sin\iota\cos\vartheta\sin\omega t). \tag{5.4b}$$

这里，ι 是观测方向和旋转轴之间的倾角，$\omega = \|\boldsymbol{J}\|/\mathcal{I}_1$，其中 $\|\boldsymbol{J}\|$ 是总角动量矢量的大小。不幸的是，内部耗散倾向于在相对短的时标内减小摆动角 ϑ，因此不太可能观测到自由进动中子星的引力波。

旋转中子星产生引力辐射的第三种机制是可能会变得不稳定的流体振动模式。对于远离星体的惯性观测者，相对于星体具有反向 (retrograde) 旋转模式 (pattern) 的流体振动模式 (modes) 可以被星体的旋转拖拽入正向 (prograde) 运动。在此构型中，对于遥远观测者来说正向运动的模式 (pattern) 将产生引力波，它将从星体带走正的角动量；然而，由于此模式相对星体来说是反向运动的，因此角动量的减少会引起流体模式的增强。这种模式在引力辐射下通常是长期 (secularly) 不稳定的，这种不稳定性被称为钱德拉塞卡-弗里德曼-舒茨不稳定性 (CFS

不稳定性)。大多数呈现 CFS 不稳定性的模式都会被星体的黏性力快速减弱。例如，基模 (或 f-模) 是径向模式，其回复力是引力。这些模式仅在中子星的旋转非常接近最大角速度时才变得不稳定。另一方面，r-模是环向模式，其回复力是科里奥利力，它是最有潜力的引力波源，可能在年轻中子星或者低质量 X 射线双星 (LMXBs) 中由于吸积加热使得黏性变低的中子星中观测到这种模式的引力波。由于振动模式之间的非线性耦合，因此 r-模振幅的增长是有限的，但是它们仍可以在新生中子星中持续几百年。主导的 r-模产生的引力波频率近似为 $f \approx \frac{4}{3}P_{\rm rot}^{-1}$，其中 $P_{\rm rot} = 2\pi/\omega$ 是中子星的旋转周期。

为了探测连续波信号，我们需要对引力波的波形做假设，例如频率和频率的演化，而在未知源的搜索中还要假设源的天空位置。为了搜索旋转中子星的连续波信号，我们通常需要将源分为以下三类。

(1) 已知脉冲星 (目标搜索)。

许多毫秒脉冲星已在电磁波段被观测到。电磁波同步辐射 (射电、光学、X 射线甚至伽马射线) 的周期性脉冲会当偏离旋转轴的磁轴在每个旋转周期扫过脉冲星视线方向时被观测到。这种系统的典型例子是蟹状星云脉冲星，它产生电磁脉冲辐射的频率为 $\simeq 30$ Hz。当我们观测电磁脉冲时，我们得到关于系统相位模型的直接信息：从观测中可以得到脉冲星的精确频率和自转减慢的大小。如果该脉冲星有三轴椭率，那么我们就知道辐射的引力波的相位是旋转相位的两倍。此外，我们还知道源在天空中的精确位置。因此，我们有一个几乎完整的引力波波形的模型，而以这个精确波形为目标的引力波搜索会很高效。

(2) 已知/疑似中子星 (定向搜索)。

在一些情况下，中子星的位置已知 (或有猜测值)，但我们并未观测到它是脉冲星。这种情况下，我们没有源的精确的相位演化模型。但是，我们知道它的天空位置。这类系统的例子包括：仙后座 A(Cas A)，它是一个邻近的 ($\sim$3kpc)、年轻的 (300 岁) 的孤立中子星，以及天蝎座 X-1(Sco X-1)，它是一个低质量 X 射线双星系统。因此，我们可以进行定向搜索，此时我们必须搜索未知的源参数 (这包括引力波频率 f，频率变化率 $\dot{f}$，此外，如果该中子星处在双星系统中，则还有未知的轨道元素)。

对于 Sco X-1，引力波的特征振幅可以通过假设吸积施加的力矩与引力波带走的角动量平衡来估计：由观测的 X 射线流量 $F_{\rm X} \approx 2 \times 10^{-10}\ {\rm W\cdot m^{-2}}$ 和假设的旋转周期 $P_{\rm rot} = 4$ ms，我们得到 $h_0 \approx 3 \times 10^{-26}$(参见习题 5.2)。

(3) 未知脉冲星搜索。

除了前面讨论的针对已知中子星波源的目标搜索和定向搜索，我们也开展未知中子星引力波的搜索。未知脉冲星的搜索在计算量上具有很大的挑战性 (我们将在 7.7.2 节中见到)，这是因为地球的自转和绕日的公转将导致引力波频率有依赖于天空位置的多普勒调制，当不知道源的位置时，我们必须对天空中海量的小区域进行多普勒调制的修正。

然而，银河系中存在大量目前未知但是潜在可被探测到的中子星。中子星在超新星中诞生，超新星在银河系中发生的事件率约为每 30 年一次，这意味着还有大量未被电磁波段观测到的银河系中子星——它们不是脉冲星 (或者脉冲波束未指向地球) 也不在 X 射线双星中。如果这些中子星中一部分以毫秒为周期旋转，而且有非轴对称的形变，那么它们离地球足够近的话就有可能通过它们的引力波辐射被观测到。新生的中子星预计旋转得非常快，它的自转减慢是由于电磁辐射 (如果中子星是脉冲星) 或引力辐射带走了角动量。如果自转缓慢地减慢，则会有许多邻近中子星仍然快速旋转并产生高频引力波。另一方面，如果自转减慢很快，则最邻近的辐射高频引力波的中子星有可能会很遥远，但是，如果快速的自转减慢是由引力辐射引起的，则引力波的振幅会很大。辐射强度和最邻近源的接近度之间的平衡可用于估计我们或许希望探测到的引力波振幅，罗杰 • 布兰德福德 (Roger Blandford)[①]提出的论点中详细地说明了这一点。

例 5.1　布兰德福德的论点。

布兰德福德提出了下列关于最邻近中子星引力波辐射强度的论点 (参见 Thorne，1987)：考虑一族**引力星** (gravitars，完全由引力辐射中的角动量损失导致自转减慢)，假设它们都具有相同的椭率，即有相同的自转减慢率。如果我们同时假设这些引力星近似地以均匀的密度分布在一个盘面内，则可证明最邻近源的引力波强度依赖于引力星的诞生率而非椭率。

布兰德福德的论述过程如下：假设椭率小，这意味着自转缓慢地减小。那么新生的引力星将在地面探测器灵敏的高频带中停留很长时间，因此在任意给定时间内，都会有许多引力星在高频带中辐射，最邻近的一个应该很近。另一方面，如果椭率大，引力星在高频带辐射的时间会更少，因此在高频带辐射的引力星的数量会较少，最邻近的那个可能会很远。这两个场景预测了同样的引力波振幅，这是因为源或是很近但辐射较弱，或是很远但辐射较强。

令 $\mathcal{R}$ 为银盘内每单位面积的引力星生成率，因此，对于我们来说最邻近的引力星的距离是 $r_{\text{nearest}} \approx (\mathcal{R}\tau_{\text{GW}})^{-1/2}$，其中 τ_{GW} 是自转减慢 (假设由于引力辐射) 的时标，我们定义它为 $\tau_{\text{GW}} = P/\dot{P}$。我们在例 3.13 中发现 $\dot{P} \sim \varepsilon^2$，$h \sim r^{-1}\varepsilon$，其中 ε 是引力星的椭率，因此，$h \sim r^{-1}\tau_{\text{GW}}^{-1/2}$。对于最邻近的脉冲星 $r = r_{\text{nearest}}$，引力波的应变最大且为 $h_{\text{largest}} \sim \mathcal{R}^{1/2}$。我们发现特征振幅为

① 译者注：罗杰 • 布兰德福德 (Roger Blandford)，著名理论天体物理学家，现任斯坦福大学教授。

$$h_{0,\ \text{largest}} = 3 \times 10^{-24} \left(\frac{\mathcal{I}_3}{10^{38}\ \text{m}^2 \cdot \text{kg}} \right)^{1/2} \left(\frac{\mathcal{R}}{10^{-4}\ \text{a}^{-1} \cdot \text{kpc}^{-2}} \right)^{1/2}, \tag{5.5}$$

这里 $\mathcal{I}_3$ 是中子星的转动惯量 (参见习题 5.3)。这为最邻近的旋转中子星引力波的振幅设定了一个最乐观的值。

对布兰德福德的论点需要注意的是：① 自转减慢必须是引力辐射驱动的 (而通常认为脉冲星自转减慢是由电磁制动驱动的)；② 此论点仅适用于一定范围内的引力星椭率和探测器灵敏度，使得我们可以近似地认为引力星分布在一个盘面上 (对于很小的椭率，脉冲星的盘面的厚度将与我们可以探测到它们的范围相当，因此空间分布将由均匀体密度更好地建模)。 □

5.2 引力波暴的源

在比较短的时间内 (相对观测时间) 产生的引力辐射被分类为引力波暴。暴的辐射通常发生在剧烈的事件中，例如双星并合 (诸如包含白矮星、中子星或者黑洞的致密双星的轨道衰减与碰撞)，超新星 (核心坍缩导致的星体爆炸)，或者其他释放巨大能量的暂现事件。

5.2.1 并合中的双星

在所有可能的引力波源里，我们最有信心的是双星系统。白矮星双星、中子星双星、以黑洞为主星的双星对于未来的探测器来说是最有潜力的引力波源。在低频带，白矮星双星相当普遍，以至于来自银河系内的众多该类系统发出的引力波的错杂叠加将在探测器中产生一种引力波噪声 (参见 5.3.2 节)。对于高频带的地面探测器，在预期的波形和事件率上我们最了解的源是中子星双星：在银河系中已经发现足够接近，可在可见的未来 (在宇宙年龄内) 并合的中子星双星。在各个频带，从极低频带到高频带，黑洞双星大的质量范围使得它们极有可能成为候选体：我们知道星系中有超大质量黑洞，而且预期当星系碰撞时，它们核心的黑洞将最终被拉到一起然后碰撞——这些超大质量黑洞的并合对于脉冲星计时阵列和空间引力波探测器来说是重要的源。我们也知道大质量恒星结束生命时会产生黑洞，很有可能两个大质量恒星的双星系统会产生双黑洞，然后最终并合，这些将是可以被地面探测器探测到的引力波源。在恒星质量黑洞 ($M \lesssim 100M_\odot$) 和超大质量黑洞 $\left(M \gtrsim 10^6 M_\odot\right)$ 之间有很多中等质量黑洞 (我们不知道超大质量的黑洞是如何形成的，它们可能是由中等质量黑洞经过数次并合产生的)。

一些双星系统，例如可被 LISA(激光干涉空间天线) 成批探测到的白矮星双星，它们的演化如此缓慢，以至于可以作为连续波源 (如前面 5.1 节的讨论)。然而，如果双星足够接近，发生轨道衰减的时标将比观测时间短，则此双星系统就是引力波暴源。也就是说，当引力波发生的时间小于 (通常远小于) 观测时间时，我们将其归类为暴。

双星旋近和并合产生的引力波大体上是由我们之前描述的各种技术建模的。当伴星的运动不是非常相对论性时，后牛顿理论提供了**旋近**阶段引力波的精确描述，因为轨道的长期衰减是由引力辐射的能量损失产生的。我们把旋近末期和并合统称为**并合**阶段，该阶段用数值相对论来研究。中子星双星和黑洞双星并合的最终产物是一个黑洞，它达到最终稳态的过程会产生**铃宕**辐射，这可用黑洞的似正规模振动来解析地描述。我们对双星并合产生的引力波波形的了解相对完整，这对我们搜索这种系统有很大帮助 (已知波形信号通常比未知波形信号的搜索更有效——参见第 7 章)；此外，因为我们对引力波波形有很好的预测，双星并合引力波的观测将对引力理论提供强有力的检验。

然而，我们对双星并合的理解并不完整。后牛顿方法预言的波形仅适用于伴星速度不接近光速的情况；最终，后牛顿近似将失效。此外，对于有体积的星体 (比如中子星)，星体之间的潮汐相互作用对双星在高频 (依赖于中子星大小) 的演化有重要影响。黑洞的快速旋转将通过轨道-自旋和自旋-自旋 (如果有两个快速旋转的黑洞) 相互作用对引力波波形产生改变。如果系统的总角动量和轨道角动量不平行，则轨道面就会发生进动，这将导致复杂的波形。最后，小质量星体绕质量大得多的黑洞旋近的系统 (称为极端质量比旋近或 EMRI) 是极为复杂的，这些系统的建模需要辐射反作用于轨道动力学上的精确计算——这是一个至今都没有攻克的挑战。(数值相对论在模拟这类系统方面只取得了有限的成功，这是因为两星体之间大的尺度差异造成了巨大的计算负担)。

这些我们对引力波波形了解的局限同时也为重大发现提供了机会：中子星旋近波形中潮汐相互作用效应的观测告诉我们这些星体的成分，最终得出在极端高密度下冷物质性质的信息。EMRI 中的小质量星体在许多个轨道周期上探测黑洞的引力场，它极其复杂的波形将勾画出它所围绕的大质量星体附近的引力场，并揭示此星体是否真的是黑洞或是某种其他 (未预料到的) 天体。黑洞在并合和铃宕期间产生的引力辐射也给了我们一个观测强引力场效应的方法，并允许我们在迄今无法探测的强场区域进行广义相对论的检验。

双星并合也有望成为下一代引力波探测器的引力辐射源。空间干涉仪如 LISA 将探测到超大质量黑洞的并合以及极端质量比旋近。脉冲星计时阵列也可探测到超大质量双黑洞的并合。目前在建的地面干涉仪，高新 LIGO(激光干涉仪引力波天文台) 和高新 Virgo(室女座引力波天文台)，也应该探测到双星并合[①]。Abadie 等

① 译者注：高新 LIGO 的两个激光干涉仪探测到了第一例引力波事件 GW150914，它来自于两个恒星质量双黑洞的并合。参见文献：Abbott et al, Physical Review Letters, Volume 116, Issue 6, id.061102, https://journals.aps.org/prl/abstract/10.1103/ PhysRevLett.116.061102。

(2010) 对估计事件率的方法做了研究，并给出了 LIGO-Virgo 网络事件率的可能范围；我们总结了一下该文表 2、4 和 5 中的数据。对于双中子星旋近，银河系中事件率 $R_{\mathrm{G,NSNS}}$ 的可能范围为 $1 \sim 1000\ \mathrm{Ma}^{-1}$，其最大可能值为 $100\ \mathrm{Ma}^{-1}$；这对应局部宇宙中事件率密度 $\mathcal{R}_{\mathrm{NSNS}}$ 的范围为 $0.01 \sim 10\ \mathrm{Ma}^{-1} \cdot \mathrm{Mpc}^{-3}$，其最大可能值为 $1\ \mathrm{Ma}^{-1} \cdot \mathrm{Mpc}^{-3}$。对于高新 LIGO-Virgo 网络预期的灵敏度，对应的预期探测率的范围为每年 0.4~400 个事件，其最大可能的估计值是每年 40 个事件。双黑洞系统和中子星-黑洞双星系统并合率的估计比中子星-中子星系统的不确定性大。对中子星-黑洞双星系统，银河系并合率 $R_{\mathrm{G,NSBH}}$ 的估计范围为 $0.05 \sim 100\ \mathrm{Ma}^{-1}$，其最大可能值 $R_{\mathrm{G,NSBH}}$ 约为 $3\ \mathrm{Ma}^{-1}$，对应的事件率密度的范围 $\mathcal{R}_{\mathrm{NSBH}}$ 为 $6 \times 10^{-4} \sim 1\ \mathrm{Ma}^{-1} \cdot \mathrm{Mpc}^{-3}$，其最大可能值 $\mathcal{R}_{\mathrm{NSBH}}$ 约为 $0.03\ \mathrm{Ma}^{-1} \cdot \mathrm{Mpc}^{-3}$。对于双黑洞系统，可能的事件率的范围更低 $R_{\mathrm{G,BHBH}}$ 为 $0.01 \sim 30\ \mathrm{Ma}^{-1}$，其最大可能值 $R_{\mathrm{G,BHBH}}$ 约为 $0.4\ \mathrm{Ma}^{-1}$，这给出的事件率密度的范围 $\mathcal{R}_{\mathrm{BHBH}}$ 为 $1 \times 10^{-4} \sim 0.3\ \mathrm{Ma}^{-1} \cdot \mathrm{Mpc}^{-3}$，其最大可能值 $\mathcal{R}_{\mathrm{BHBH}}$ 约为 $0.005\ \mathrm{Ma}^{-1} \cdot \mathrm{Mpc}^{-3}$。然而，这些质量更大的系统可以探测到比双中子星更远的距离，因此两者的高新 LIGO-Virgo 网络的预期事件率是可比的：对于中子星-黑洞系统，探测率的可能范围是每年 0.2 个事件到每年 300 个事件，其最大可能值是每年 10 个事件，而对于双黑洞，该范围是每年 0.4 个事件到每年 1000 个事件，其最大可能值是每年 20 个事件。注意尽管双中子星的事件率是比较确定的 (我们知道最终将要并合的双中子星是存在的)，但是双黑洞和中子星-黑洞双星的数据具有更多的不确定性。也就是说，双星旋近信号被认为是高新地面探测器首次探测的最有希望的源。

例 5.2 银河系双中子星的并合率。

在银河系中，目前已知 6 个双中子星会在一百亿年内并合。这 6 个系统是由脉冲星搜索探测到的，但是这种脉冲星搜索仅能探测到双中子星系统总数的一部分。如果我们想要做一个银河系双星并合率的经验估计，我们必须确定：①我们已知的每个双星系统的寿命；② 脉冲星搜索灵敏的双中子星数占银河系总数的比例。在本例中，我们基于观测到的数量给出一个很粗糙的事件率的估计，更加细致的分析以及对各种估计事件率的方法的综述可在 Abadie 等 (2010) 中找到。

双星系统的寿命是它当前的年龄与到并合的剩余时间 τ_{c} 之和，其中 τ_{c} 由式 (3.178a) 给出，它由系统的轨道参数决定。当前的年龄可以通过观测的脉冲星自转减慢率 $\dot{P}$，然后由 $P/\left(2\dot{P}\right)$ 估计，这里假设了脉冲星的自转加速是在它的伴星变为中子星之前完成的，自此以后该脉冲星的自转随时间减慢。

通过对银河系脉冲星双星的分布进行建模，并根据搜索灵敏度确定当前所能探测到的数量，从而获得脉冲星搜索所能探测到的总星族的比例。这个比例的估计是较为不确定的，主要是因为由于脉冲星光度分布的不确定性。

结果表明，估计的银河系并合率基本上是由单个系统 J0737-3039 决定的，它是一个双脉冲星系统，现在的年龄为 ~200 Ma 并将在 85 Ma 后并合。据估计现在的搜索仅探测到了这种系统的 $\sim 1/10^4$，因此估计的银河系并合率为

$$R_{\mathrm{G}} \sim \frac{10^4}{200\mathrm{Ma} + 85\mathrm{Ma}} \approx 40\mathrm{Ma}^{-1}. \tag{5.6}$$

这个计算有很大的不确定性，并合率的估计很容易过大或过小一个数量级。

有多种方法可将银河系的并合率转换为局域宇宙的并合率密度。一种方法将银河系的恒星形成率 ($\sim 3M_\odot \mathrm{a}^{-1}$) 与局域宇宙的 ($\sim 0.03\mathrm{M}_\odot \mathrm{a}^{-1} \cdot \mathrm{Mpc}^{-3}$) 做对比；如果恒星形成率决定了双中子星的数目，则我们有

$$\mathcal{R} \approx 0.01\mathrm{Mpc}^{-3} R_{\mathrm{G}} \tag{5.7}$$

或者 $\mathcal{R} \sim 4 \times 10^{-7}\ \mathrm{a}^{-1} \cdot \mathrm{Mpc}^{-3}$。为了解这对探测率意味着什么，考虑初始 LIGO 探测器对体积 $V \approx 10^5\ \mathrm{Mpc}^3$ 内的双中子星并合灵敏，而高新 LIGO 探测器将探测到 $V \approx 3 \times 10^7 \mathrm{Mpc}^3$ 内的并合，因此初始 LIGO 的事件率为 $\sim 1/(200\mathrm{a})$，而高新 LIGO 为 $\sim 1/\mathrm{month}$。同样，这些数据有很大的不确定性。 □

确定双星并合事件率的方法涉及用观测到的双中子星系统 (Kim et al., 2003) 做经验估计 (对双中子星)，或者基于星族合成模型做估计 (Postnov 和 Yungelson, 2006)。双中子星并合率经验估计的不确定性主要来自于对不能被脉冲星搜索探测到的低光度脉冲星所占比例的处理。通过星族合成分析得到的结果的范围反映了双星系统中恒星演化的各种图景的细节。因此，从引力波观测测得的事件率和子星质量分布将为双中子星、黑洞双星和中子星-黑洞双星的星族提供丰富的信息，而此星族信息将反过来限制双星演化模型。

前面我们聚焦于星系场中双星形成的讨论；然而，双星也可以在星团 (例如球状星团) 中形成。星团中的星体足够接近，它们的相互作用在动力学上变得重要。动力学摩擦导致质量分离，其中更大质量的星体将落入星团中央。在三体相互作用中双星遇到了第三个星，这可以导致伙伴交换，也可以使双星 “硬化”(驱动伴星靠得更近)。这可能导致密近双星系统的有效产生，这些系统最终将并合并产生可探测的信号。一个潜在的有趣情况涉及质量 $\sim 100M_\odot$ 的中等质量黑洞的产生。如果一个小星体 (可能是 $M \sim 1.4M_\odot$ 的中子星或者是 $M \sim 10M_\odot$ 的小黑洞) 与这个中等质量黑洞并合，结果会是一个中等质量比旋近 (IMRI)，它与之前描述的极端质量比旋近类似，但它在高频段可被高新 LIGO-Virgo 网络探测到。

如前所述，双星并合通常根据动力学系统的特征分为不同阶段。在早期，通过引力辐射的能量损失导致的长期过程驱使互相绕转的双星缓慢靠近。在旋近后

期，强引力场将主导这种演化，双星在动力学时标上并合。如果双星之一是中子星，潮汐力可能会在并合阶段撕裂该星体。最终的残余将是一个黑洞，但对于双中子星并合的情况，单个超大质量中子星可能会形成，它最终将坍缩成一个黑洞。无论哪种情况，并合后的星体初始时将有形变，它的振动将产生周期性且振幅随时间衰减的引力辐射，其频谱由自然振动频率设定。下面我们将更详细地讨论这些阶段。

5.2.1.1 双星旋近

双星旋近是由引力辐射导致的能量损失的长期过程所驱动。我们已经对牛顿轨道动力学研究了该过程，其中损失到辐射中的能量由 3.5 节的四极矩公式给出，后牛顿运动和辐射方程的更多细节在 4.1.2 节给出；附录 B 给出了当前后牛顿计算的波形。这些结果是针对在圆轨道上以相对低速 (与光速相比) 运动的非自旋点粒子获得的，并且仅通过能量平衡论证说明了辐射反作用部分的耗散。下面我们将简单介绍其中的一些局限性。

通常假设双星轨道在轨道频率进入高频引力波段时是圆形的，这是因为引力辐射在最后几分钟 (在高频段的时间) 之前的几百万年的旋近中有效地圆化了轨道 (见习题 3.9)。然而，如果双星是通过俘获 (在星团中形成密近双星的一个可能方式) 形成的，则可能会有残留的偏心率。对椭圆轨道的建模需要引入两个额外的参数：偏心率 e 和近心点经度 ϖ。

如果双星伴星中的一个或者两个有大的自旋，那么轨道动力学将受到自旋-轨道和自旋-自旋相互作用的影响。中子星不太可能有一个足够大的自旋对轨道产生可观的影响，但是黑洞可以有大的自旋。当一个 (或两个) 自旋与轨道角动量平行或者反平行时，自旋-轨道效应会对轨道相位演化的主导项产生一个 $O\left((v/c)^3\right)$ 的修正——即自旋-轨道项是一个 1.5 阶后牛顿效应，而自旋-自旋效应会对相位演化产生一个 $O\left((v/c)^4\right)$(二阶后牛顿) 的修正。这些效应是已知的，并且可以被整合到引力波波形的后牛顿相位演化中。作为一个很好的近似，自旋引起的相位演化与非自旋但两个伴星质量略有不同的双星相似。如果允许一个质量上的偏差，则非自旋双星系统建立的波形与自旋双星系统的非常相似，因此我们可以用探测非自旋系统信号的搜索方法去探测自旋系统①。不过，双星伴星质量的估计会受到自旋简并的影响。

前面的讨论仅适用于自旋与轨道角动量平行或者反平行的情况，其中，总角动量和轨道角动量是平行的，轨道面是稳定的。当轨道角动量的轴和总角动量的轴不平行时，轨道面将会进动。该进动会对波形产生显著的调制，使波形变得非常

① 原书注：然而，为了用非自旋系统波形成功地模拟自旋系统，有时需要考虑对称质量比 $\eta=\dfrac{m_1m_2}{(m_1+m_2)^2}$ 取非物理的值 $\eta>1/4$。

复杂。为了对两个自旋天体旋近的一般情况建模，需要显著增加所需参数的个数：对于非自旋系统，我们仅需要两个质量 m_1 和 m_2，然而对于自旋系统，我们额外需要自旋矢量 $\boldsymbol{S}_1$ 和 $\boldsymbol{S}_2$，以及轨道面在某参照时间的指向 $\hat{\boldsymbol{L}}$(8 个额外参数)[①]。对具有一般自旋矢量的双星建模需要额外参数，这会使这类系统的搜索更具挑战性。

幸运的是，中子星预计不会有显著的自旋，而且它的质量预计会被限制在一个较窄的范围内，即一个到三个太阳质量。然而，对于需要考虑体积效应的中子星而言，中子星与伴星之间的潮汐相互作用可以影响旋近波形。领头阶的潮汐修正项会在五阶后牛顿 $O\left((v/c)^{10}\right)$ 影响结合能和引力波流。然而，这两个函数的修正约是 $\left(c^2R/(GM)\right)^5(v/c)^{10}$，这里 R 是中子星大小，M 是双星系统质量。如果比值 $\left(c^2R/(GM)\right)$ 大，则潮汐修正在旋近末期 (典型的对于真实的中子星状态方程高于 400 Hz 的引力波频率) 变得重要。预计这对此类系统的可探测性不会带来负面影响，但是它带来了一个有趣的可能性，即由高频引力波特征来测量中子星大小 (实际上是潮汐变形性)，这将被用于限制原子核的状态方程。

最终，构建双星演化的后牛顿方法将在星体运动变为相对论性 $(v/c)\sim 1$ 时失效。我们需要在某时刻使用其他方法，比如用数值相对论建模旋近末期。幸运的是，数值相对论的最新进展使这一问题在双星系统子星质量相当时变得可行。现在建立完整的波形是可能的，它光滑地衔接了旋近早期的后牛顿模型与旋近末期和并合的数值模拟。

极端质量比双星系统，其中一个伴星 (黑洞) 的质量比另一个 (小得多的黑洞或中子星) 大很多，展现出新的挑战：该系统可以演化到运动变为相对论性，这意味着后牛顿方法不再适用，但是此轨道演化缓慢 (因为光度与对称质量比的平方成正比)。在这种情况下，小质量星体的轨道可以通过计算大质量星体产生的黑洞背景时空的测地线精确获得，而引力波波形可以通过求解**楚科尔斯基方程** (参见 4.2.2 节) 获得，其中物质源由绕转的小星体给出。尽管这个过程可以计算辐射出去的能量和角动量，但是为了解释能量和角动量的减少而调整小星体轨道的细致平衡却变得有问题：一个问题是，绕自旋黑洞的一般轨道被除了它们的能量和角动量之外的更多的守恒量所刻画。第二个问题是，细致平衡仅解释了作用在小星体上的引力自力中的耗散项，还有影响星体轨道但不产生辐射的保守项。为了正确地建模极端质量比旋近系统，我们需要正确地处理引力自力。

5.2.1.2　双星并合

在旋近阶段的末尾，双星轨道将快速收缩，并在动力学时标上碰撞到一起。在检验粒子极限下，动力学不稳定性发生在粒子到达最内稳定圆轨道时，但是对于

① 原书注：事实上，非自旋情况需要由引力波传播方向 $\hat{\boldsymbol{n}}$，或者等价的倾斜角 ι 和方位角 ϕ，给出的两个参数，但是这些参数对于单探测器搜索来说很大程度上可以被忽略，因为单探测器搜索仅聚焦于四极矩振幅演化的主导项。

伴星质量可比的双星系统，从缓慢的长期演化到动态演化的转变不那么有戏剧性。不过，双星系统并合的建模仍然需要数值模拟。

数值相对论现在能够稳定地、精确地演化黑洞系统多圈轨道，直到最后阶段的轨道快速收缩、并合和随后的铃宕。这类模拟已经针对各种黑洞自旋 (平行、反平行或任意指向) 和质量比开展。一些有趣的效应已被观测到：自旋和轨道角动量都平行时，在接近旋近末期时，频率演化比无自旋情况进行得更慢。产生此情况的原因是在并合发生前系统一定释放了更多的角动量。相反的情况发生在两自旋与轨道角动量反平行时：在旋近末期，频率增加得更快。最后，对于确定的伴星自旋构型 (尤其是当自旋反平行且位于轨道面时)，在两黑洞并合时产生的引力辐射会集束在一个特定方向，这给最终的黑洞传递了一个动量。在这些超级反冲 (super kick) 情况下，黑洞遗迹会有大的最终速度 $(v/c) \approx 0.008 \simeq 2500\ \mathrm{km} \times \mathrm{s}^{-1}$[①]。

当双星中至少有一个伴星为中子星时，并合可能会导致中子星的潮汐瓦解，这可以在最后残留物周围的盘中分布物质。对于中子星-黑洞系统，为了使中子星能被撕开，黑洞必须相对较小或者快速旋转，否则中子星仅会被黑洞吞噬而不会留下物质盘。对于双中子星和中子星-黑洞并合可以开展数值模拟，但当涉及物质时有更复杂的物理过程需要考虑。这包括中子星的状态方程 (其中有相当大的不确定性)、状态方程的有限温度效应、激波、系统中可能出现的磁场的效应、中微子冷却效应等。尽管这些模拟很困难，但仍有很多人致力于双星并合时中子星瓦解的研究，因为这被认为是短-硬伽马射线暴最有可能的前身星。探测到引力波旋近与一个短-硬伽马射线暴成协将确认该假设。

5.2.2 引力坍缩

我们现在考虑恒星或恒星核在坍缩形成中子星或者黑洞的过程中发射的引力波。这里有几种不同的情况，覆盖了前身星一定范围的质量。白矮星——由电子简并压支撑的致密星，是相对较轻 ($\lesssim 8M_\odot$) 的恒星残留下来的。如果处于白矮星双星系统中，就会有物质从伴星转移到白矮星，如果吸积物质使白矮星的质量超过其稳定性极限，即**钱德拉塞卡质量极限**，则**吸积导致的坍缩** (AIC) 就会发生；随着温度和压强的增加，如果核燃烧引爆了恒星即会产生 Ia 型超新星[②]。质量大于 $\sim 8M_\odot$ 的恒星，当核燃烧不能再支撑它们时，将以核心坍缩结束它们的生命。Ⅱ 型 (以及 Ib 型和 Ic 型) 超新星即来自这种情况，并且这些超新星的遗迹是一个中子星或者黑洞。长伽马射线暴也被认为是大质量恒星核坍缩生成黑洞时形成的。非常大质量 ($\sim 50M_\odot$) 的恒星预计直接坍缩成黑洞而不产生超新星，甚

① 原书注：如果伴星质量不相等，非自旋黑洞也可以受到沿轨道面的引力反冲。当质量比为 $m_1/m_2 \approx 0.36$ 时，该效应最大，其反冲速度为 $(v/c) \approx 5.8 \times 10^{-4} \simeq 175\ \mathrm{km} \cdot \mathrm{s}^{-1}$。

② 原书注：当两个白矮星碰撞时也可能会产生 Ia 型超新星。

至质量小一些的恒星如果它的星幔 (mantle) 不被抛射掉的话最终也会坍缩成黑洞。更深入地讨论核坍缩中的引力波辐射的综述文章有 Fryer 等 (2002)，Fryer 和 New(2003)，Ott(2009) 以及其中的参考文献。

在吸积导致的坍缩中，白矮星从伴星吸积物质直到它的质量超过钱德拉塞卡质量 (见例 5.3)；恒星此时由于不能再支撑它的重量而坍缩。在坍缩过程中，温度和压强将上升。如果温度上升到足以点燃核燃烧，那么恒星就可能会暴发；这种暴发被视为 I 型超新星。然而，中微子发射可能会限制加热量，而且如果中微子冷却足以阻止暴发，则中子星就会形成。

在恒星核坍缩中，坍缩的开始发生在核心中的核燃烧不足以支撑恒星时。核心内暴并形成原中子星 (proto-neutron star)。下落物质遇到这个坚硬的原中子星后会被弹起。由此产生的激波并不能使星体爆炸，而是在遇到星幔时停止。至少在一些情况下，该激波会被复原 (有几种可能的机制会导致该结果，但实际上发生的是哪一个或哪些个是未知的)，而且这种复原的激波是产生 Ⅱ 型超新星 (如果星体包层丢失，可能是 Ib 型或者 Ic 型超新星) 的原因。在其他情况下，暴发会失败，下落的物质将最终形成一个黑洞。对于大质量恒星，黑洞的形成可能会直接发生 (这些被称为坍缩星 (collapsars))。核坍缩情形下形成的黑洞通常被认为是长伽马射线暴的前身星。

例 5.3　钱德拉塞卡质量。

白矮星由来自电子简并的非热压强支撑；事实上，对于高密度的白矮星，电子是相对论性的，描述冷的相对论性简并气体组成物质的非热状态方程为

$$p \sim \hbar c n_{\mathrm{e}}^{4/3}, \tag{5.8}$$

这里 n_{e} 是电子数密度。因为 $n_{\mathrm{e}} \simeq \rho/(2\ \mathrm{amu})$，即大约每两个原子质量单位 (amu) 有一个电子，相对论性简并气体的状态方程是 $p \sim \rho^{4/3}$。恒星必须能够被支撑，因此必须达到流体静力学平衡。这意味着星体的中心区域必须支撑起恒星的重量 $\sim GM^2/R^4$，这里 M 和 R 是星体的质量和半径，因此气体必须提供中心压强 $p \sim GM^2/R^4 \sim GM^{2/3}\rho^{4/3}$。注意简并压和所需的流体静力学压强都是以 $\rho^{4/3}$ 为比例增加的：随着质量加到星体上，所需的流体静力学压强不能通过压缩星体 (即通过增加密度) 产生。可支撑的临界质量为

$$M_{\mathrm{Ch}} \sim \left(\frac{\hbar c}{G}\right)^{3/2} \frac{1}{(2\mathrm{amu})^2}. \tag{5.9}$$

为了求得重要的量级为 1 的比例因子，我们必须求解流体静力学平衡的实际方程，当这完成后，由此产生的质量极限为

$$M_{\mathrm{Ch}} = 1.4 M_{\odot}, \tag{5.10}$$

这被称为**钱德拉塞卡质量极限**。 □

由于该系统重要物理过程的复杂性，恒星坍缩的数值模型是极具挑战性的。此模拟必须捕捉到广义相对论的效应，以及中微子输运、微观物理和磁场的效应。物质必须用现实的状态方程 (这个是未知的) 描述。初始的恒星结构也必须是现实的。理想情况下，模拟应该在 3+1 维中进行。多年来的稳步进展使我们对恒星坍缩过程中可能发生的过程有了实质性的了解，但在一些重要方面仍然存在相当大的不确定性，例如，导致产生超新星的激波的确切机制 (也许有多种机制)。类似地，取决于具体的图景，来自核坍缩的引力波的特征预计会有很大的差异，但核坍缩的引力波可能会对恒星核心发生的动力学进行罕见的观测，而该动力学在电磁观测中被完全掩盖。

尽管由恒星坍缩产生的引力波的详细特征——事实上，就是引力波的振幅，不能被很好地建模，但我们的确知道引力波将形成一个较短的辐射暴发。我们可以探究引力波产生的多类图景并估计这些图景产生的辐射的特征。

考虑一个以初始角动量 J 旋转的恒星核 (由电子简并压支撑) 的轴对称坍缩，并形成一个中子星。在坍缩过程中，角动量是守恒的，因此恒星核的形状是变化的，其旋转轴附近的物质比赤道附近的下落得更快。坍缩持续进行直到核心达到原子核密度，这时中子简并压就开始支撑星体以阻止坍缩。在坍缩中，原中子星将是一个轴对称的椭球，其偏心率为 $e \propto J/\left(GM^3R\right)^{1/2}$，而且因为 J 和 M 是固定的，偏心率会随尺寸的减小而增加。坍缩发生在自由下落时标，

$$\tau_{\mathrm{ff}} = \sqrt{\frac{3\pi}{32}\frac{1}{G\rho}}, \tag{5.11}$$

这里 ρ 是物质密度。坍缩快结束时，$\rho \sim 10^{18}\ \mathrm{kg\cdot m^{-3}}$(原子核密度)，因此动力学时标是 $\tau_{\mathrm{dyn}} \sim 0.1$ ms。原中子星是非球对称的，其主转动惯量为 $\mathcal{I}_1 = \mathcal{I}_2 = \dfrac{2}{5}MR^2\left(1-\dfrac{1}{2}e^2\right)$，$\mathcal{I}_3 = \dfrac{2}{5}MR^2$，这里 $R \sim 15$ km 是原中子星半径，$M \sim 1\ M_\odot$。沿着坍缩轴的观测者将看不到任何引力辐射，但是其他观察者将看到线偏振引力波，其最强的辐射指向位于系统赤道上的观测者：

$$h_+ \sim \sin^2\iota\frac{G}{c^4}\frac{\ddot{\mathcal{I}}_2-\ddot{\mathcal{I}}_3}{r} \sim \sin^2\iota\frac{GM}{c^2r}\left(\frac{eR}{c\tau_{\mathrm{dyn}}}\right)^2, \tag{5.12}$$

这里 ι 是系统的旋转轴和指向观测者的方向之间的夹角。当 $e \sim 0.1$ 时，我们发现对于赤道上的观测者来说 $rh_+ \sim 1$ m，或者

$$h_+ \sim 10^{-20}\left(\frac{r}{10\mathrm{kpc}}\right)^{-1}, \tag{5.13}$$

这里 $r\sim 10$ kpc 是银河系超新星的典型距离。波形将快速上升到该峰值，接着当下落物质被新生的坚硬的原中子星弹回时出现第二个尖峰。原中子星受到的冲击将使它振动，这些振动将在振动频率的两倍处产生引力辐射。

如果恒星核是快速旋转的,则非轴对称运动也可以产生引力辐射。在这种情况下，恒星核的坍缩过程可能会因离心力而中断，同时可形成棒状模不稳定性 (bar-mode instabilities)，或者如果吸积的高角动量物质使自旋加速的话，不稳定性可能会在原中子星形成之后出现。不稳定性预计在 $\beta=E_{\rm rot}/|E_{\rm grav}|$ 大于某临界值 (典型地，由黏性或引力辐射引起的棒状模，当 $\beta\gtrsim 0.14$ 时以长期时标增长，当 $\beta\gtrsim 0.27$ 时以动力学时标增长) 时形成。这里 $E_{\rm rot}$ 是星体的旋转动能，$E_{\rm grav}$ 是它的引力势能。如果不稳定性发生，引力辐射将由旋转的棒产生：

$$h_{+}=-\frac{1}{3}\frac{1+\cos^{2}\iota}{2}\frac{GM}{c^{2}r}\left(\frac{L\omega}{c}\right)^{2}\cos 2\omega t, \tag{5.14a}$$

$$h_{\times}=\frac{1}{3}\cos\iota\frac{GM}{c^{2}r}\left(\frac{L\omega}{c}\right)^{2}\sin 2\omega t, \tag{5.14b}$$

这里长度为 L、质量为 M 的棒以角速度 ω 旋转，ι 是旋转轴和指向观测者的方向之间的夹角。沿着旋转轴方向的辐射是圆偏振的，而沿着赤道方向的辐射是线偏振的。如果旋转棒的质量 $M\sim 0.1\ M_{\odot}$ 并且棒有 $L\omega\sim 0.1c$，那么引力波的振幅将为 $rh\sim 1$ m。棒的旋转可能会持续很多个周期，这将使它的信号更容易被探测到 (粗略地按照周期个数的平方根)。

如果黑洞在恒星核坍缩过程中形成 (要么是核迅速坍缩形成黑洞，要么是黑洞延迟形成，其中原中子星先形成，但可能由于物质持续下落到中子星上，它最终坍缩成黑洞)，那么黑洞的似正规模将被激发，对应的铃宕辐射可能会被观测到。为了估计该铃宕辐射的振幅，我们假设坍缩是轴对称的，而且形成的黑洞是非自旋的，其质量为 M。黑洞振动最基本的 $\ell=2$ 似正规模的频率为 $f_{\rm qnm}\simeq 12\ {\rm kHz}\,(M/M_{\odot})^{-1}$，品质因子为 $Q_{\rm qnm}\simeq 2$(参见表 4.4)，因此铃宕波形的形式为

$$h_{+}\propto h_{0}\sin^{2}\iota\,{\rm e}^{-\pi f_{\rm qnm}t/Q_{\rm qnm}}\cos\left(2\pi f_{\rm qnm}t+\varphi_{0}\right)\quad(t>0), \tag{5.15}$$

这里 h_0 是我们搜寻的初始振幅。通过对该波形的时间导数在铃宕过程中的积分，我们可以由式 (3.112) 得到辐射能量 ΔE 和波形振幅之间的关系

$$rh_{0}=\sqrt{\frac{8}{Q_{\rm qnm}}\frac{G\Delta E}{c^{3}f_{\rm qnm}}}. \tag{5.16}$$

如果一个质量为 μ 的物块掉到一个黑洞上，它的大部分质能将整合到黑洞中，但是一部分质能，正比于 μ/M，将被辐射掉。对于质量为 μ 的物体正面碰撞到质

量为 $M \gg \mu$ 的物体上，$\Delta E \sim 0.01\,(\mu/M)\,\mu c^2$。那么

$$rh_0 \sim 10\ \mathrm{m}\left(\frac{\mu}{0.01M_\odot}\right) \tag{5.17}$$

是质量为 μ 的物块掉到黑洞上产生的引力波的初始振幅。然而，为了使该铃宕辐射能够被探测到，黑洞质量需要相当大，以使辐射处于可能被当前探测器探测到的频段中 (由前可知 f_{qnm} 与黑洞质量成反比)。

恒星核坍缩产生的其他可能的引力辐射源有：恒星对流区中的声学不稳定性和湍流，各向异性的中微子辐射以及磁流体力学效应。各种不同的效应预计会展现不同的引力波特征，因此引力波观测可能辅助我们理解核坍缩图景各片段中涉及的物理过程。不幸的是，超新星在银河系中的发生率近似仅为每 30 年一次，而且预期的引力波振幅暗示我们用高新探测器仅能探测到发生在银河系或者可能的非常邻近的星系中的核坍缩引力波，因此这些源将会很稀少。

5.2.3 宇宙弦尖点暴

除了预期的引力波暴发辐射源之外，还有未知的剧烈现象产生引力波暴的可能。引力波观测可能会揭示宇宙中一些推测性的甚至完全未预料的方面——引力波观测带来的发现具有很大的潜力。

一个引力波暴的可能源的例子是宇宙弦尖点的辐射。宇宙弦和宇宙弦尖点将在 5.3.1.5 节中详细描述，一个全面的综述可在 Vilenkin 和 Shellard(2000) 中找到。它们是类弦 (string-like) 的一维拓扑缺陷，可能在早期宇宙的相变也可能在特定的超弦宇宙学中形成。描述宇宙弦的主要特征量是单位长度质量 $\mu = m/\ell$，通常表示为无量纲常数 $G\mu/c^2$。它的值由产生宇宙弦的相变发生的能标决定；对大统一理论的破缺，宇宙弦将有 $G\mu/c^2 \sim 10^{-6}$(尽管观测对 $G\mu/c^2$ 的限制低于此值)。

宇宙弦有时会在弦对折的端点处形成一个**尖点** (cusp)。因为弦的高张力，这些尖点的尖端获得了非常大的速度，并产生大量辐射，这些辐射高度集中在沿尖点的运动方向上。如果刚好处于辐射束中，我们将经历一次引力波暴发，其形式为

$$h\,(t-t_0) \sim \frac{G\mu\ell^{2/3}}{c^2 r} c^{1/3}\,|t-t_0|^{1/3}, \tag{5.18}$$

这里 t_0 是尖点辐射的峰值时刻，ℓ 是尖点形成区域弦的曲率的长度尺度。在频率大于 f_{low} 时，度规扰动的变化为 $\Delta h \sim 6\left(G\mu\ell^{2/3}/(c^2 r)\right) c^{1/3} f_{\mathrm{low}}^{-1/3}$，而频率谱为 $\tilde{h}\,(f) \sim \left(G\mu\ell^{2/3}/(c^2 r)\right) c^{1/3}\,|f|^{-4/3}$。这些公式假设了观测者的视线方向离尖点的方向较近，而且弦不在宇宙学的距离上。然而，弦的曲率的长度尺度 ℓ 和距离 r

都有可能在宇宙学尺度上，因此需要对 f 和 r 做宇宙学修正以便获得应变的合适表达式。

对于在宇宙学红移为 z 处形成的尖点，弦的长度尺度是 $\ell \sim \alpha c/H(z)$，这里 $H(z)$ 是该红移处哈勃参数的值 (参见 5.3.1.2 节)，因此此时宇宙的大小为 c/H，α 是宇宙弦圈与宇宙大小的比值。不同的预测给出的 α 值为 $10^{-3} \sim 10^{-1}$(称为"大圈")，或者发现圈的大小由引力辐射的反作用决定，且有 $\alpha \sim 50G\mu/c^2$。式 (5.18) 仅在与宇宙弦尖点距离较近 (不是宇宙学距离) 时适用；宇宙学红移 z 处的源在频域产生的引力波波形为

$$\tilde{h}(f) \sim C(z)\left(G\mu/c^2\right)\alpha^{2/3}H_0^{1/3}|f|^{-4/3}, \tag{5.19}$$

这里 H_0 是当前的哈勃常数，

$$C(z) \sim \begin{cases} z^{-1}, & z \ll 1 \quad (\text{邻近事件}) \\ z^{-4/3}, & 1 \ll z \ll z_{\rm eq} \quad (\text{物质主导时期事件}) \\ z_{\rm eq}^{1/3} z^{-5/3}, & z \gg z_{\rm eq} \quad (\text{辐射主导时期事件}), \end{cases} \tag{5.20}$$

这里 $z_{\rm eq} \sim 3200$ 是宇宙中物质与辐射能量密度相等时的红移。例如，如果我们能够探测到一个暴发，其在 $f \sim 100$ Hz 处 $\tilde{h}(f) \sim 10^{-23}$，那么我们可能潜在地探测到了红移为 $z \sim 10^4$ 的宇宙弦尖点的辐射，其 $G\mu/c^2 = 10^{-6}, \alpha = 50G\mu/c^2$，它来自辐射为主的时期尖点的引力波 (Siemens et al., 2006)。

尽管我们不清楚宇宙弦尖点作为引力波源的可能性有多大，但它们并非是完全出乎意料的，宇宙弦的观测发现将对我们对基础物理和宇宙早期发生过程的理解有巨大影响。

5.2.4 其他暴发源

天文学家观测到的很多剧烈事件都可能与引力波辐射成协，包括软伽马射线复现源 (被认为是磁星，即磁场很强的中子星) 的耀发、脉冲星的周期跃变 (观测到脉冲星的旋转周期突变)、双曲线轨道上恒星的引力韧致辐射等。还有宇宙中潜在的我们用电磁观测无法见证的大量剧烈事件也可能是引力波源。引力波的搜索被有意地设计为能够探测到未预料的源。

5.3 随机引力波背景源

本章截至目前，我们讨论的产生引力波的源或是在频率上 (连续引力波) 或是在时间上 (引力波暴) 是有限的。当足够多的这类源在时间和频率上重叠在一起时，辨别哪个引力波来自哪个源就变得不可能了——我们称之为**源混淆**。在源混

淆的情况下，考虑引力波来自天空中单独的源是没有多少意义的。我们倒不如用分布在天空中的引力波背景来进行讨论。Allen(1997) 和 Maggiore(2000) 给出了引力波背景的出色综述。

我们现在讨论混淆很强的情况，以至于很多源在任意给定时间或频率下都对引力波信号 (探测器应变) 有贡献。这可能是最令人产生兴趣的背景分布的情况。那么，无论每个引力波源在探测器中产生的信号 (应变) 的统计分布的性质如何 (前提是该分布具有有限的方差)，**中心极限定理**保证了在任意给定时间或频率的信号总和是一个遵循**高斯分布**的随机变量。由于这个原因，我们把它称作引力波**随机背景**。

这对引力波天文学家来说既是好的也是坏的。好的是因为我们不需要知道背景源引力波分布的细节或者背景源本身分布的细节——这些细节被冲洗掉了，每组源产生的引力波数据流都可被当作高斯分布信号来探测。坏的是因为噪声具有完全相同的性质——总有大量独立的重叠的噪声源为探测器贡献噪声，然而这些噪声源也呈现出高斯分布噪声的特性。

因此，可以理解会有人怀疑到底是否能确定高斯数据流是信号还是噪声。如果无法分辨这些可能性，那么更合适的方式是把这种引力波考虑为一个额外的噪声成分，并认为这些源是不可探测的。当然，如果噪声可以通过额外的测量被足够好地建模，我们或许能够探测到引力波随机背景的额外贡献。但是这是一个令人生畏的设想——所有主要的噪声源及其到探测器的传递函数都需要被很好地理解。真实仪器对于随机背景的灵敏度在最好的情况下预计也是不好的。幸运的是，有一个灵敏得多的过程时常被使用。事实证明，如果有两个或多个具有不相关噪声源的探测器同时在同一频带上观测，我们就可以区分随机信号和噪声。细心的读者至少会从上一句的表述中略知一些线索。全部的细节将在 7.9 节给出。

当没有足够多的混淆源在任意给定时间和频率产生高斯信号的情况下，探测问题将发生变化，事实上会变得稍微更加困难。一方面，信号不再是高斯的，因此我们或许希望从噪声中把它很容易地分辨出来。遗憾的是，真实探测器也会遭遇非高斯的噪声源，因此搜索非高斯的随机过程并没有多大帮助。另一方面，中心极限理论在这种情况下不再适用，这意味着混淆源的信号现在在一定程度上依赖于源在天空中的分布，以及每个源产生的信号的细节。因为至少其中一个甚至通常两个都是我们几乎无法事先知道的，我们预测信号的能力是有限的。尽管如此，已经开发出了一些寻找此类信号的技术，虽然更难实施，却给了我们类似的探测灵敏度。此外，信号对源更大的依赖意味着一旦这样一个信号被探测到，我们就可以得到该源更多的信息。

让我们将注意力转向引力波随机背景的宇宙学和天文学源。

5.3.1 宇宙学背景

宇宙微波背景 (CMB) 是由炽热且致密的早期宇宙遗留下来的电磁辐射热浴，它的发现有一段有趣的历史。早在 1941 年，加拿大天文学家 Andrew McKellar 可能就已经间接地测量到它，他通过星际吸收线测量到宇宙的热温度为 2.3 K。五年后，Robert Dicke 最先认识到它在理论上的可能性。George Gamow，Ralph Alpher 和 Robert Herman 在 1948 到 1956 年的一系列文章中对它的温度进行了估计。Tigran Shmaonov 于 1957 年测到了一个射电辐射背景，其有效温度为 (4 ± 3) K，它与时间或方向无关，现在这被认为是 CMB 的首次直接观测。7 年后的 1964 年，A. G. Doroskevich 和 Igro Novikov 才发表了一篇文章，说明 CMB 应该是可探测的。大约同时，Dicke 得出了同样的结论，这使他在普林斯顿的同事 David Wilkinson 和 Peter Roll 于 1946 年开始建造微波辐射计 (radiometer)，用来做这个测量。但在建造完成之前，Bell 实验室的物理学家 Aron Penzias 和 Robert Woodrow Wilson 在他们新建的微波辐射计里发现了一个 3.5 K 的天线温度无法解释。经过咨询 Dicke 及其合作者，他们意识到他们无意地抢先了 Wilkinson 和 Roll。他们随后因发现了预言的 CMB 而获得了诺贝尔奖。

你可能想知道“如果炽热的早期宇宙产生了保留到今天的电磁波，那么它是否也产生了或许也能够被我们探测到的引力波？”答案是肯定的，这极有可能做到。我们相信早期宇宙密度的量子涨落导致了 CMB(非常微小的) 各向异性以及星系的最终形成，密度涨落预计伴随着空间几何的扰动。这里，我们将讨论与 CMB 类似的**宇宙引力波背景** (CGWB) 产生的两种不同机制。

CMB 最具吸引力的特征之一是它让我们对宇宙的相对早期有了了解。CMB 光子在早期宇宙的质子-电子等离子体中被汤姆孙散射“捕获”，直到它冷却到大约 3000 K，此时质子和电子形成中性氢原子，而光子可以基本不受干扰地自由传播。这个光子的释放被称为**电磁退耦**，它发生在大爆炸后的 $t_{\mathrm{d}}\sim10^{13}\mathrm{s}$(几十万年)。

与 CMB 的电磁场相比，引力是耦合极为微弱的相互作用。原则上，引力波在大爆炸后 $t_{\mathrm{Planck}}=\sqrt{\hbar G/c^5}\sim10^{-43}$ s 的**普朗克时间**开始退耦。不幸的是，普朗克时代的波可能在今天是不可见的，这是因为我们的宇宙可能经历了假定的**暴胀**时期。暴胀被提出以解释为什么我们不能发现许多粒子物理学家预言的早期宇宙产生的粒子，比如磁单极。这同样适用于暴胀之前产生的引力波——暴胀时期之后什么都没有留下 (在本章后面我们将更详细地讨论它是如何进行的)。我们还没有发现证明暴胀发生过的确凿证据，但是 CMB 实验如 COBE 和 WMAP 的近期结果提供了许多它的支持性证据。因此，很有可能我们看不到暴胀之前的引力波。

如果暴胀发生过，则很可能是在强力和弱电力统一的对称性破缺之后不久。

我们并不知道对称性破缺的精确时间——到目前为止，我们还没有描述对称性的**大统一理论** (GUT)，但是我们普遍相信对称性破缺的发生时间大约是在大爆炸后 10^{-35} s。这代表了大量引力辐射可以被探测到的最早时间。因此，我们是否可以用引力波天文学来探查 GUT 尺度的物理？回答是“原则上我们可能可以，但不能用当前或已计划的仪器。”

你可能会问，为什么不？回答是宇宙源的引力波的长度尺度由它们产生时的宇宙大小决定 (例如哈勃长度)。为了计算任意过去时刻 t_1 的宇宙大小，我们只需要知道哈勃长度随时间的变化及其当前的值 ℓ_0，它约为 10^{26} m。哈勃参数的尺度定律由宇宙学模型决定，但是让我假设一个标准的后暴胀宇宙学 (被宇宙学家称为空间平直的 **Friedmann-Lemaître-Robertson-Walker** 宇宙学或者 FLRW 宇宙学)。然后，正如我们在本节后面将要展示的，哈勃长度随时间线性变化，即 $\lambda_1 = (t_1/t_0)\,\ell_0$，其中 $\lambda_1 = \ell_1$ 是 CGWB 在 t_1 时刻的特征波长，t_0 是当前时刻。

尽管这给了我们在 t_1 时刻产生的引力波的特征波长，但它不是我们需要的当前探测器灵敏的波长。这是因为宇宙从 t_1 时刻到现在的增长中引力波经历了宇宙学红移。λ_1 如何随时间增长再次与宇宙学模型的细节有关。在物质-辐射平衡的时刻 t_{eq} 之前，宇宙是由**辐射主导**的，波长的红移以 $\sqrt{t}$ 增长。因此，当物质-辐射平衡时，在物质-辐射平衡之前的某时刻产生的宇宙学引力波的特征波长为

$$\lambda_1\left(t_{\mathrm{eq}}\right) = \sqrt{\frac{t_{\mathrm{eq}}}{t_1}}\left(\frac{t_1}{t_0}\right)\ell_0 = \frac{\sqrt{t_{\mathrm{eq}}t_1}}{t_0}\ell_0. \tag{5.21}$$

我们并非在物质-辐射平衡时观测，而是在当前观测。在物质-辐射平衡时刻之后，宇宙由**物质主导**，红移将使得波长以 $t^{2/3}$ 增长。这样，在 t_1 时产生的引力波的当前 (t_0) 特征波长为

$$\lambda_1\left(t_0\right) = \left(\frac{t_0}{t_{\mathrm{eq}}}\right)^{2/3}\frac{\sqrt{t_{\mathrm{eq}}t_1}}{t_0}\ell_0 = \frac{t_1^{1/2}}{t_0^{1/3}t_{\mathrm{eq}}^{1/6}}\ell_0. \tag{5.22}$$

用 GUT 时标替换 t_1，我们发现为了寻找 GUT 尺度中的 CGWB，我们应该寻找的波长约为 $\lambda_{\mathrm{GUT}}\left(t_0\right) \approx 300$ cm，或者频率为 $f_{\mathrm{GUT}}\left(t_0\right) = c/\lambda_{\mathrm{GUT}}\left(t_0\right) = 10^8$ Hz。这个频率远高于任何当前或已计划的引力波探测器的灵敏频段。

因此，我们可以用现存或已计划的探测器回看时间尺度是什么？为了回答这个问题，我们将 $\lambda_1\left(t_0\right) = c/f_1\left(t_0\right)$ 代入式 (5.22)，解出 t_1，然后代入所提及的探测器最灵敏的频率，结果是

$$t_1 = t_0^{2/3}t_{\mathrm{eq}}^{1/3}\frac{c^2}{f_1^2\left(t_0\right)\ell_0^2}. \tag{5.23}$$

对于地面干涉仪，例如 LIGO 和 Virgo，最灵敏的频率是 $f_1\left(t_0\right) \sim 100$ Hz，对应的引力波的发射时间约为 10^{-23} s。对于 LISA，最灵敏的频率是在 0.01 Hz 附近，

它最灵敏的 CGWB 起源于 $t = 10^{-15}$ s。还在概念阶段的 Big Bang Explorer 将是一个专门设计用来探测 CGWB 的空间干涉仪。它最灵敏的频率约为 1 Hz，将可以回看到 10^{-19} s。因此，CGWB 应该允许我们探测到比 CMB 早得多的时间，比如弱电相变甚至 GUT 对称性破缺这些令人激动的事件的发生时间。

在对 CGWB 的特定源模型做详细介绍之前，我们希望对一点做出解释。在本节前面，我们说过，如果有足够多的独立源发射的引力波在时间和频率上重叠，则该信号将是高斯的。CGWB 是否满足这个标准？答案是响亮的“是的！”

然而，如果不先讨论现代宇宙学，就很难更深入地讨论 CGWBs。事实上，上面我们在没有清晰地解释来源的情况下就已经开始使用 FLRW 宇宙学模型的结果。因为宇宙学是一个巨大的主题，足以填满本书，因此我们的讨论必然会很简短，并聚焦在对理解宇宙学起源的引力波背景的源来说重要的概念上。对现代宇宙学熟悉，但对宇宙学产生的引力波不熟悉的读者可以跳到 5.3.1.3 节。

5.3.1.1 FLRW 宇宙学

宇宙学研究宇宙的起源和大尺度结构。它起始于我们对宇宙中其他地点和时间的观测。当我们在一个无云之夜从城市的街道上仰望星空时，我们看到了恒星和行星以及它们之间大量空的区域。宇宙看起来几乎是空的，在不空的地方有相当致密的物质团。然而，在这种情况下，表象欺骗了我们，这是因为我们相比于整个宇宙是如此渺小 (比宇宙的 10^{-26} 倍还小)，我们的眼睛能看到的很少。这有点像你是一个水分子的百万分之一，你坐在一个上面，只能够观察到几千个最近的水分子。从这个角度看，一杯水看起来几乎是空的，而且结成块状。但从整杯水的角度看，它是均匀的流体，宇宙也是如此。

因此，我们用理想流体的能量-动量张量去模拟宇宙中的物质成分。但是时空几何呢？一个思路是当我们从任意方向观察宇宙距离时，宇宙流体看上去是各向同性的。实际上，由于所有光线都是沿着我们过去的光锥到达我们的，所以我们看得更远也就意味着可以看到更早的时间。因此，我们可以说在我们所见的最远距离和最早时间里宇宙表现为各向同性的。除非我们处于一个特殊的位置，否则宇宙必须在任何地方的所有距离 (和过去时间) 上表现为各向同性。在每个点上的各向同性也意味着流体的均匀性。但是，如果物质在任何时间都有对称性，那么时空在任何时间也必须有这种对称性 (因为在广义相对论中物质与几何相互作用)。因此，宇宙几何在任何时间都必须是各向同性和均匀的。

正如 4.2.1 节所述，均匀和各向同性直接意味着宇宙几何的线元可以被写为

$$\mathrm{d}s^2 = -c^2\mathrm{d}t^2 + a^2(t)\left[f(r)\mathrm{d}r^2 + r^2\mathrm{d}\Omega^2\right], \tag{5.24}$$

这里 t 是一组观测者的固有时，宇宙流体相对于这些观测者是局域静止且各向同

性的。$\mathrm{d}\varOmega^2$ 是表示二维球面上线元的一种常用写法。度规的空间部分

$$\mathrm{d}\varsigma^2 = f(r)\mathrm{d}r^2 + r^2\mathrm{d}\varOmega^2 \tag{5.25}$$

是用均匀 (因此各向同性) 曲面上的极坐标表示的。我们已将空间度规写为一般的球对称线元，这当然是被允许的，因为均匀的空间必是对某个点球对称的 (事实上，它对每个点都是对称的，尽管这个度规形式仅要求它对一个点如此)。

注意如果有非对角元 $\mathrm{d}t\mathrm{d}x^i$，那么时间坐标将不与均匀曲面正交。如果这一点成立，那么 $\mathrm{d}t$ 在该曲面的投影可以定义一个优先的方向，这破坏了各向同性，因此就不会有 $\mathrm{d}t\mathrm{d}x^i$ 项。同时，如果 $\mathrm{d}t^2$ 项的系数依赖空间坐标，那么时间在宇宙的不同位置将有不同的流动速度，均匀性也将立刻被打破。最后，$\mathrm{d}t^2$ 项的系数不能依赖 t，因为如果依赖的话，对于局域静止的观测者来说 t 将不再是固有时。

接下来，仅需确定两个函数。首先，我们来处理 $f(r)$，它是度规中可用来确定均匀和各向同性空间切片的内在几何的唯一剩余部分。该几何必须有一个常曲率，因为如果不是这样，就可以根据不同的曲率 (并非很均匀) 来区分不同的点。仅有三种常曲率的三维空间 (事实上，如果你允许拓扑上非平庸空间的话会有更多类型，但这些空间通常是非各向同性的)：有正的常曲率的三维球面；有零曲率的三维平直空间；有负的常曲率的 Lobachevsky-Bolyai 三维马鞍面。每种情况的度规由式 (5.25) 给出，其中

$$f(r) = \left(1 - kr^2\right)^{-1}, \tag{5.26}$$

这里 k 是曲率的常数值。可以重新标度 r，使得 k 仅取 -1，0 或 1(而非任何负值，0 或任何正值)。这通常可用其他方式处理，但我们不想在此多花费时间。式 (5.24) 和 (5.26) 给出的线元的时空称为**罗伯逊–沃克时空**。

最后确定的函数 $a(t)$ 被称为**尺度因子**。它决定了常曲率的空间 (spatial) 曲面随时间的演化。为了找到它，我们必须使用爱因斯坦场方程 (2.118) 和流体的守恒方程。我们将度规和理想流体能量-动量张量代入这些方程中得到两个演化方程：

$$\left(\frac{\dot{a}}{a}\right)^2 = \frac{8\pi G}{3}\rho - \frac{kc^2}{a^2}, \tag{5.27a}$$

$$\dot{\rho} = -3\frac{\dot{a}}{a}\left(\rho + \frac{p}{c^2}\right), \tag{5.27b}$$

这里 ρ 是流体的物质密度，p 是压强。这些方程被称为**弗里德曼方程**。

注意为了求解宇宙的尺度因子，我们也需要加入宇宙的物质成分——这是宇宙学的动力学演化。因为式 (5.27) 是两个方程，它有 3 个未知参数 (a，ρ 和 p)，

显然我们需要第三个方程。对于理想流体，我们可以用把 ρ 和 p 联系到一起的状态方程。

对于宇宙学，有三个简单有趣的例子。第一个对应当前的时代，此时宇宙的动力学由在宇宙距离上没有明显非引力相互作用的物质驱动。我们称这种情况为**物质主导**，流体的压力为零，即

$$p = 0. \tag{5.28}$$

对于 $k = 0$(平坦宇宙)，宇宙以 $a(t) = t^{2/3}$ 膨胀，密度以 $\rho \propto t^{-2}$ 衰减。

第二个有趣的例子对应于更早期的时代，此时宇宙更热更致密得多。在这些条件下，宇宙中各种成分之间有着很强的相互作用，相关的辐射驱动着宇宙的引力动力学。在这个**辐射主导**的宇宙，流体的压强不为零，而是

$$p = \frac{1}{3}\rho c^2. \tag{5.29}$$

对于此状态方程有 $k = 0$，宇宙以 $a(t) = t^{1/2}$ 膨胀，密度还是以 $\rho \propto t^{-2}$ 衰减。

最后考虑一种情况

$$p = -\rho c^2. \tag{5.30}$$

回顾式 (2.99)，理想流体的能量-动量张量为

$$T_{\alpha\beta} = \left(\rho + \frac{p}{c^2}\right) u_\alpha u_\beta + p g_{\alpha\beta} \tag{5.31}$$

我们看到此状态方程的能量-动量张量与 FLRW 度规本身成比例。对该物质求解 $k = 0$ 情况下的弗里德曼方程 (5.27)，所得结果告诉我们两个有趣的事情。第一个是该物质的宇宙密度 (因此整个能量-动量张量) 在任何时间都为常数。事实上，该物质完全等同于爱因斯坦著名的**宇宙学常数**。更有趣的是尺度因子的演化为 $a(t) \propto \exp(\pm\kappa t)$，这里 $\kappa = \sqrt{8\pi G\rho/3}$。在这种情况下，$a(t) \propto \exp \kappa t$，此指数增长即所谓的**暴胀**过程的特征，关于这个我们马上有更详细的说明。

5.3.1.2 宇宙学中的物理量

在任何宇宙学的讨论中几乎必然会遇到一些量，其中之一是**哈勃参数**，

$$H := \frac{\dot{a}}{a}, \tag{5.32}$$

它是在一个给定时刻宇宙的膨胀率，哈勃参数的当前值标记为 H_0，它被称为**哈勃常数**。H_0 无法直接被测量，而是必须从其他测量中推断。天文学家在做这些测量时，通常会对正确的宇宙模型做一些略微不同的假设，因此不同的测量结果导致不

同甚至有时不一致的对哈勃常数的估计就不足为怪了。解释迄今 (2009 年) 所有测量结果的最简单模型是协调模型，它所需的哈勃常数为 $H_0 \approx (71 \pm \text{a few})\ \text{km} \cdot \text{s}^{-1} \cdot \text{Mpc}^{-1}$。当需要一个明确的值时，我们将采用 $70\ \text{km} \cdot \text{s}^{-1} \cdot \text{Mpc}^{-1}$，例如在**哈勃时间**的估计中

$$t_{\rm H} := \frac{1}{H_0} \approx 4.4 \times 10^{17}\ \text{s}, \tag{5.33a}$$

和**哈勃长度**

$$\ell_{\rm H} := \frac{c}{H_0} \approx 1.3 \times 10^{26}\ \text{m}, \tag{5.33b}$$

它确定了典型的宇宙学尺度。

临界密度 $\rho_{\rm crit}$ 是与哈勃参数有关的量。它来自对式 (5.27a) 的考虑，可被写为

$$\frac{c^2 k}{\dot{a}^2} = \frac{8\pi G}{3H^2}\rho - 1. \tag{5.34}$$

从此，我们看到 k 的符号，也即几何的空间部分，依赖于宇宙学流体的密度是大于、等于还是小于下面的临界密度

$$\rho_{\rm crit} := \frac{3H^2}{8\pi G}, \tag{5.35}$$

或者等同于**密度参数**

$$\Omega := \frac{\rho}{\rho_{\rm crit}} \tag{5.36}$$

是大于、等于还是小于 1。这是特别有趣的，因为罗伯逊–沃克时空的空间表面的几何决定了时空的命运将是怎样：如果 $k < 0$ 宇宙将永远膨胀，如果 $k > 0$ 宇宙将在达到一个最大半径后坍缩，如果 $k = 0$ 宇宙将在无穷的时间内渐进达到一个静态平坦的时空。从这点出发，我们将注意力限定在 $k = 0$ 的情况，因为这是现在的证据最支持的图景。

为了方便，密度参数通常根据所考虑物质的类型分为不同成分，因为不同类型的物质其密度随尺度因子变化的改变是不同的。例如，$p = -\rho c^2$(宇宙学常数) 的物质的密度 ρ_Λ 不随尺度因子改变，而 $p = 0$(尘埃) 的物质的能量密度以 $\rho_{\rm M} \propto a^{-3}$ 改变，$p = \dfrac{1}{3}\rho c^2$ 的辐射的密度以 $\rho_{\rm R} \propto a^{-4}$ 改变。如果我们对每种类型的物质都建立一个密度参数，$\Omega_\Lambda = \rho_\Lambda(a=1)/\rho_{\rm crit}$，$\Omega_{\rm M} = \rho_{\rm M}(a=1)/\rho_{\rm crit}$ 和 $\Omega_{\rm R} = \rho_{\rm R}(a=1)/\rho_{\rm crit}$，那么我们可将第一个弗里德曼方程 (5.27a) 写为

$$\frac{H^2}{H_0^2} = \Omega_\Lambda + \Omega_{\rm M} a^{-3} + \Omega_{\rm R} a^{-4}, \tag{5.37}$$

这明确地表明哈勃参数如何随各种类型的物质而演化。

最后，对于 Ω_{R}，不仅考虑辐射的总密度，而且考虑它的谱作为频率的函数常常是有用的。尽管可以将其表示为频率的线性函数，但当处理宇宙辐射时，人们通常会考虑频率在许多个数量级上的变化。因此，通常使用对数谱。特别地，我们定义

$$\Omega_{\mathrm{R}}(f) := \frac{1}{\rho_{\mathrm{crit}}} \frac{\mathrm{d}\rho_{\mathrm{R}}}{\mathrm{d}\ln f}. \tag{5.38}$$

5.3.1.3 暴胀

除了观测方面的考虑外，还有一个理论上的理由使我们相信在我们的宇宙中 $k=0$。必须要解决大爆炸宇宙学研究中出现的很多问题才能解释宇宙学观测。这些问题表明 FLRW 可能并非宇宙演化的完整故事。

例如，在足够接近大爆炸之时，宇宙的能量密度是如此之高，以至于分离强核力与弱电力的对称性破缺还没有发生。在早期宇宙中，这些力会被**大统一理论** (GUT) 描述的更简单的规范模型所取代。存在大量的 GUT 候选体，而且观测到了 GUT 的一些一般特征。其一是 GUT 通常会导致磁单极子的大量产生。估计表明，如果 FLRW 膨胀讲了 GUT 时代和今天之间的完整故事，那么这些重且稳定的遗迹粒子将主导今天的宇宙物质成分。然而，磁单极在今天看上去是完全不存在的——它们发生了什么？

另外一个问题是，在宇宙尺度上宇宙看起来是极为均匀的。宇宙微波背景 (CMB) 辐射是大爆炸之后约 10^{13} s，当原子首次形成且光子与物质退耦时产生的，它让我们对宇宙有了最早的认识。此认识表明宇宙在那时 (称为**最后散射面**) 在 $1/10^5$ 的水平上是均匀的，这个均匀程度是出乎意料的。更进一步说，由于引力引起的不均匀性随着时间增长，这意味着宇宙在更早期要更均匀得多——事实上比量子涨落所允许的还要均匀。

流体中的不均匀性会在接近热平衡时被自然地平滑掉，所以这似乎是问题的解决方法。然而，在单纯的 FLRW 宇宙学中，整个的最后散射面是没有因果联系的，因此热平衡不可能解释那里的均匀程度。这种状况如图 5.1 所示。如果 FLRW 正确描述了直到最后散射面时的宇宙膨胀，那么天空中会有约一万个因果分离的区域，这被称为**视界问题**。

最后一个问题是，宇宙为什么可以看上去如此平坦 ($k=0$)。从式 (5.34) 中我们看到空间平坦的宇宙意味着宇宙的密度是临界密度，或者 $\Omega=1$。我们可以通过测量 CMB 辐射来测量 Ω，这是因为 CMB 辐射涨落的角尺度由宇宙的空间曲率决定。当前的观测显示 $\Omega=1.00\pm0.01$。这即使不令人费解，也会令人惊奇，宇宙密度如此接近临界密度——难道这不意味着早期发生过什么？

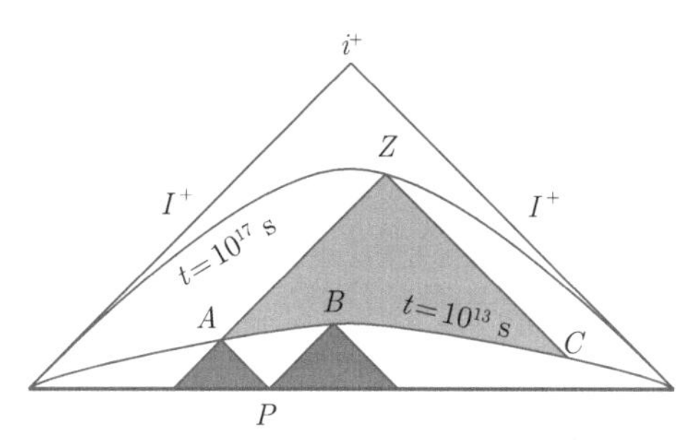

图 5.1 平坦的 FLRW 时空的共形图 (conformal diagram)。三角形底边的粗线是大爆炸时刻 $t=0$。边上标记的 I^+ 称为未来零无穷 (future null infinity)，它是任何以光速运动物体的无穷未来。用 i^+ 标记的顶点被称为未来类时无穷，它是任何以低于光速运动物体的无穷未来。A 和 B 是时间为 $t=10^{13}$ s 的点，它们的过去光锥是深灰色阴影。这些光锥仅有一个公共点 P(在 $t=0$ 时刻)。Z 代表当前时代一个位于地球上观测者的点。它的过去光锥 (浅灰色) 和 $t=10^{13}$ s 面的交点 (从 A 延伸到 C) 表示对观测者可见的宇宙部分

再次引用式 (5.34)，我们可见

$$k \propto a^2\rho\left(1-\Omega^{-1}\right) \sim a^2\rho(\Omega-1). \tag{5.39}$$

然而，从式 (5.27b) 我们注意到对于单纯的 FLRW 膨胀 $a^2\rho$ 在时间上不守恒——对于尘埃 ρ 随 a^3 衰减，对于光子 ρ 随 a^4 衰减，而非 a^2。从大爆炸到现在，在 FLRW 宇宙中 $a^2\rho$ 已经衰减了约 60 个数量级。然而 k 是常数。因此，如果 $a^2\rho$ 已经衰减了 60 个数量级，$|\Omega-1|$ 必须已经增加了 60 个数量级。因为我们知道现在 $|\Omega-1|\leqslant 10^{-2}$，这意味着大爆炸之后不久 $|\Omega-1|\leqslant 10^{-62}$。我们如何解释为什么宇宙密度开始时如此难以置信地接近临界密度？这被称为**平坦性问题**。

磁单极子问题、视界问题和平坦性问题都指出宇宙单纯的 FLRW 演化是不正确的。而这三个都可以用**宇宙暴胀** (通常简称为“暴胀”) 来解释清楚。然而暴胀的确切机制是未知的，其基本特征是尺度因子 a 在早期宇宙的短暂时间内以指数方式增长了至少 26 个数量级。如果这发生了，而且更多证据表明就是这样，那么今天宇宙的整个可观测体积开始于一个很小的因果关联区域。

这解决了磁单极子问题 (假定 GUT 对称性在暴胀前破缺)，因为尽管磁单极子的密度很高，但是暴胀出可观测宇宙的区域如此之小，以至于所含磁单极子的数目可以忽略。它解决了视界问题，因为整个可观测宇宙在最后散射之前是有因果联系的，因此热过程可以导致观测到的 CMB 各向同性的水平。最后，它也解决了平坦问题，因为在暴胀前无论 $\Omega-1$ 等于多少，a 的指数增长将伴随着 $\Omega-1$ 的指数下降，因此使得宇宙的密度在暴胀后非常接近临界密度。

5.3.1.4　暴胀背景

尽管一般来说暴胀使宇宙中任何早期结构都均匀化，但它还通过将量子涨落提升到经典尺度的方式导致在暴胀时空中存在的任何场出现涨落。在物质场中，这些涨落被认为是 CMB 各向异性的源，这最终导致了星系的形成。然而，从本书的观点来看，更有趣的是时空本身的涨落，这会是引力波的一种源。

解释量子涨落如何被暴胀放大的玩具模型是一个钟摆，摆的弦是无质量的，它能够以任意速率被任意拉长。当弦的长度为 ℓ 时，摆的经典频率是 $\omega=\sqrt{g/\ell}$，这里 g 是重力加速度。从量子力学的角度来说，摆是一个谐振子。回想谐振子的能量本征态为

$$\psi_n(x)=\sqrt{\frac{\alpha}{2^n n!\sqrt{\pi}}}\mathrm{e}^{-\alpha^2x^2/2}H_n(\alpha x), \tag{5.40}$$

这里 $H_n(x)$ 是厄米多项式，而且

$$\alpha=\sqrt{\frac{m\omega}{\hbar}}. \tag{5.41}$$

对应的能量本征值为 $E_n=\hbar\omega(n+1/2)$。

现在，考虑基态中量子摆的初始长度为 ℓ_{in}

$$\psi_0^{\text{in}}(x)=\frac{\sqrt{\alpha_{\text{in}}}}{\pi^{1/4}}\mathrm{e}^{-\alpha_{\text{in}}^2x^2/2}, \tag{5.42}$$

这里 $\alpha_{\text{in}}=\sqrt{m\omega_{\text{in}}/\ell_{\text{in}}}$，$\omega_{\text{in}}=\sqrt{g/\ell_{\text{in}}}$。根据测不准原理，即使在此最低能态，由于量子涨落摆也会有能量，即零点能 $E_{\text{in}}=\hbar\omega_{\text{in}}/2$。

如果我们将摆降低，弦的新长度为 ℓ_{out}，新的经典频率变为 $\omega_{\text{out}}=\sqrt{g/\ell_{\text{out}}}$。新的态将与我们降低它的速率有关。如果摆降低得足够慢，经历的时间 $\Delta t\gg\omega_{\text{out}}^{-1}$，则摆的量子态将能够从原本占据的基态 (式 (5.42)) 连续变化到新的基态 ψ_0^{out}。我们称之为**绝热**过程，并且正如我们对绝热过程所期望的，能量子的个数 (在此情况下为零) 是守恒的。

然而，如果摆降低得很快，使得 $\Delta t\ll\omega_{\text{in}}^{-1}$，那么在转变到新摆长之前，量子态将不发生改变。在这种情况下，摆的量子态不变，但这个态不再是摆的基态，或者甚至 (一般而言) 根本就不是一个能量本征态。然而，与任何态相同，它必须可以表示为能量本征态的叠加

$$\psi_0^{\text{in}}(x)=\sum_{n=0}^{\infty}c_n\psi_n^{\text{out}}(x), \tag{5.43}$$

这里

$$\psi_n^{\text{out}}(x)=\sqrt{\frac{\alpha_{\text{out}}}{2^n n!\sqrt{\pi}}}\mathrm{e}^{-\alpha_{\text{out}}^2x^2/2}H_n(\alpha_{\text{out}}x), \tag{5.44}$$

其中 $\alpha_{\text{out}}=\sqrt{m\omega_{\text{out}}/\hbar}$，$\omega_{\text{out}}=\sqrt{g/\ell_{\text{out}}}$。与往常一样，系数 c_n 由下式给出

$$c_n=\int_{-\infty}^{\infty}\psi_0^{\text{in}\dagger}(x)\psi_n^{\text{out}}(x)\mathrm{d}x, \tag{5.45}$$

$$=\begin{cases}\dfrac{1}{(n/2)!}\sqrt{\dfrac{n!}{2^{n-1}}}\dfrac{(\omega_{\text{out}}\omega_{\text{in}})^{1/4}}{(\omega_{\text{out}}+\omega_{\text{in}})^{1/2}}\left(\dfrac{\omega_{\text{out}}-\omega_{\text{in}}}{\omega_{\text{out}}+\omega_{\text{in}}}\right)^{n/2}, & n\text{ 为偶数}\\ 0, & n\text{ 为奇数}.\end{cases} \tag{5.46}$$

现在，一个有趣的问题是“在快速下降后，摆的能量期望值为多少？”回想一个粒子在态为 ψ_0^{in} 时的能量期望值为

$$\langle E\rangle=\int_{-\infty}^{\infty}\psi_0^{\text{in}\dagger}(x)\hat{H}\psi_0^{\text{in}}(x)\mathrm{d}x, \tag{5.47}$$

这里 $\hat{H}$ 是哈密顿 (或能量) 算符。将式 (5.43) 代入式 (5.47)，并由式 (5.44) 中本征态的正交归一性，我们有

$$\langle E\rangle=\sum_{n=0}^{\infty}c_n^2E_n^{\text{out}}, \tag{5.48}$$

这里 $E_n^{\text{out}}=\hbar\omega_{\text{out}}(n+1/2)$ 是摆降低后的能量本征值。幸运的是，式 (5.48) 的求和可以由解析方法求得，最后的结果是

$$\langle E\rangle=\hbar\omega_{\text{out}}\left[\frac{(\omega_{\text{in}}-\omega_{\text{out}})^2}{4\omega_{\text{in}}\omega_{\text{out}}}+\frac{1}{2}\right]. \tag{5.49}$$

由此我们可以推出 $(\omega_{\text{in}}-\omega_{\text{out}})^2/(4\omega_{\text{in}}\omega_{\text{out}})$ 个能量子在摆长的突然变长中产生。在摆长变长很大的极限下，使得 $\omega_{\text{in}}\gg\omega_{\text{out}}$，产生的量子个数约为 $\omega_{\text{in}}/(4\omega_{\text{out}})$。

在量子场论中，场就像一个谐振子的无穷集合。在最低能态或真空，量子场点仅有零点能。然而，如果时空膨胀，那么场必须随之膨胀，这与降低摆的过程等价。如果场快速膨胀，场的量子将会产生。对于引力场，量子是引力子。在引力子的产生过程中，它们的波长在暴胀的宇宙中扩展达到宇宙长度尺度，并变成经典的引力波。因此，似乎差不多可以确定，如果暴胀发生，引力波的宇宙背景将存在。

问题是暴胀产生了多少引力子，或者具体地说，在频率 ω 到 $\omega + \mathrm{d}\omega$ 之间的引力波能量密度 $\mathrm{d}\rho_{\mathrm{GW}}$ 是多少，这与暴胀发生的细节有关。不幸的是，尽管有越来越多的证据表明的确发生了暴胀，但我们对其背后的机制或其发生的能标 (或等价的时标) 一无所知。事实上，甚至不能确定暴胀确实发生了。然而，我们可以从一个简单的模型中感受到我们所期待的东西。

计算 $\mathrm{d}\rho_{\mathrm{GW}}$ 需要四个量，它们是引力子的偏振个数 (两个偏振)，频率为 ω 的每个引力子模式的能量 ($E_\omega = \hbar\omega$)，在频率 ω 到 $\omega + \mathrm{d}\omega$ 之间模式的数密度 $n_\omega \mathrm{d}\omega$，以及频率为 ω 处产生的引力子数 N_ω。在 ω 到 $\omega + \mathrm{d}\omega$ 的频率间隔，模式数对于任何类型的量子都是相同的。回想普朗克黑体谱的推导，在 ω 到 $\omega + \mathrm{d}\omega$ 的频率间隔内，每单位体积的量子数为

$$n_\omega \mathrm{d}\omega = \frac{\omega^2}{2\pi^2 c^3}\mathrm{d}\omega. \tag{5.50}$$

最后，我们需要知道暴胀的快速膨胀在频率 ω 产生的引力子数。这部分计算依赖于所选取的暴胀模型。我们将考虑一个宇宙，它有一个初始的暴胀时期，之后是辐射主导的 FLRW。对于此模型，我们可以计算在给定角频率 ω 产生的量子数。得到的表达式为

$$N_\omega = \frac{H_0^2 H_{\mathrm{inf}}^2}{4\omega^4}, \tag{5.51}$$

这里 H_0 是当前的哈勃参数，$H_{\mathrm{inf}} = \kappa$ 是暴胀时期的 (不变的) 哈勃参数。

结合上面两个公式，我们得到在辐射主导时期的末尾

$$\mathrm{d}\rho_{\mathrm{GW}} = \frac{2N_\omega E_\omega}{c^2} n_\omega \mathrm{d}\omega = \frac{\hbar H_0^2 H_{\mathrm{inf}}^2}{4\pi^2 c^5}\frac{\mathrm{d}\omega}{\omega}, \tag{5.52}$$

或者等价地

$$\Omega_{\mathrm{GW}} = \frac{\hbar}{4\pi^2 c^5}\frac{H_0^2 H_{\mathrm{inf}}^2}{\rho_{\mathrm{crit}}}. \tag{5.53}$$

注意这个表达式正比于普朗克常量 $\hbar$，这是因为引力波产生于量子过程。

同时注意到，至少对于这个宇宙学模型，Ω_{GW} 独立于我们测量的频率。显然，这不可能是完整的理论，否则对整个引力波频率的能量密度积分将是发散的。如前所述，Ω_{GW} 的形式与我们所用的宇宙学模型有关。实际上，就像为了得到式 (5.52) 所假设的那样，从暴胀时期到辐射主导时期的转变并不是瞬时的，而是经历了某个 $\Delta\tau$ 时间。因此，引入了一个频率尺度 $f_{\max} = (\Delta\tau)^{-1} a\,(t_{\mathrm{inf}})$，超过这个值，$\Omega_{\mathrm{GW}}$ 会陡然下降。

最后，我们可以问对于低于 $f_{\max}$ 的频率，Ω_{GW} 预期的常数值是多少。这与暴胀何时结束有关。假设它是在 $E_{\mathrm{GUT}} = 10^{16}$ GeV 时的 GUT 能标。那么，在暴胀结束时，在暴胀中产生的引力波的自然频率为 $f = E_{\mathrm{GUT}} \approx 10^{39}$ Hz。这个尺度

必由哈勃参数的大小设定。因此，取暴胀结束时的哈勃参数 $H_{\text{inf}} = 10^{39}$ Hz，我们可用式 (5.53) 计算出 $\Omega_{\text{GW}} \approx 10^{-9}$。

然而，回想在我们的计算中已经假设了宇宙在暴胀后一直由辐射主导。这并不正确，当膨胀参数 $a(t)$ 比现在的小约 $\dfrac{1}{3200}$ 时，宇宙就进入了物质主导阶段，并此后一直处于该阶段[①]。如果我们把辐射主导到物质主导的转变时间记为 t_{eq}，那么可以证明 Ω_{GW} 会被因子 $a(t_{\text{eq}})/a(t_0)$ 进一步稀释，或者换句话说，在我们可能直接测量引力波的任何频段中，暴胀的引力波将给出一个不变的背景 $\Omega_{\text{GW}} \approx 10^{-12}$。物质主导时期也对 $\Omega_{\text{GW}}(f)$ 产生了另一个改变。结果表明，对于在物质主导阶段最重要的频率 (那些对于 $t_{\text{eq}} < t < t_0$ 时波长大于哈勃长度的)，我们发现谱并不是平的，而是 $\Omega_{\text{GW}} \propto 1/f^2$。然而，注意这些低于约 10^{-16} Hz 的频率对于现存和已计划的引力波天文台来说是难以达到的。

在本节结束时我们提醒，尽管暴胀产生的引力波背景并未受到任何当前或已计划的直接观测的约束，但是宇宙微波背景的大角度观测提供了间接约束。这是因为引力波是度规的扰动，因此会改变它们波长范围内的时空几何。如果波长是宇宙学尺度的，那么它们会导致来自空间不同部分的光的各向异性的红移。CMB 的大角度观测并没有呈现出这一效应，并有效地限制了极低频率引力波的强度。当考虑这些约束时，暴胀引力波的水平在我们的天文台可以达到的范围内几乎下降为 $\Omega_{\text{GW}} < 10^{-14}$。图 5.2 给出了当前对暴胀引力波背景的限制，以及一些当前和计划中的引力波天文台的实验灵敏度。

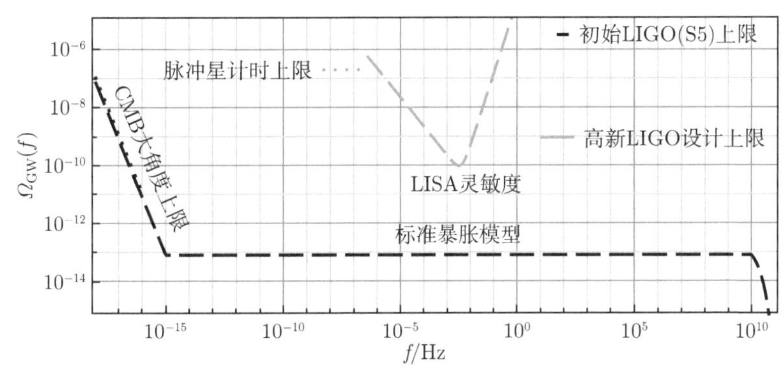

图 5.2 暴胀预言的引力波背景谱 (黑折线)。这代表了与 CMB 大角度测量 (黑点线) 一致的最强背景。注意，预言的值低于初始 LIGO 第五次科学运行 (S5)(黑线) 或者脉冲星计时 (灰点线) 的测量水平。此外，它也低于高新 LIGO(灰实线) 和 LISA(灰折线) 的预期灵敏度。事实上，标准暴胀的引力波背景不太可能被任何现存或者未来的引力波天文台直接测量到

① 译者注：之后的宇宙也并非一直处于物质主导阶段，观测表明晚期的宇宙处于加速膨胀阶段，即标准宇宙学模型 (ΛCDM 模型) 中的暗能量主导阶段。

5.3.1.5　其他宇宙学源的随机背景

虽然所有的证据似乎都表明暴胀是一个真实的过程，但是还有其他稍微更具推测性的潜在源可以产生宇宙学引力波背景。我们将最先讨论**弦**。在 20 世纪的最后十年，有可能产生引力波的弦被认为只有**宇宙弦**。宇宙弦是一维拓扑破缺，它可能来源于早期宇宙中对称性破缺导致的相变。它们类似于旋转对称性破缺的超流中的涡旋 (vortices)。

宇宙弦在许多极为重要的方面都是引人注目的。它们是早期宇宙量子场论模型的一个相对普遍的预言。每个可行的超对称 GUT，以及大多数其他 GUT 理论，都预言了宇宙弦的产生。宇宙弦由单个参数所描述，即每单位长度的质量 μ，对于 GUT 尺度的弦来说，它的预计值达到了令人难以置信的 $10^{21}\ \mathrm{kg\cdot m^{-1}}$。弦的张力等于 μc^2，因此宇宙弦在动力学上是高度相对性论的。在大多数模型中，宇宙弦总是闭合的。如果它们存在，预计在每哈勃体积中有几十个周长远大于哈勃长度的宇宙弦圈，此外还有一些小于宇宙视界大小的圈。当弦相遇时，它们将重新联结并可以形成圈；它们也有尖点，弦在此把自身对折并形成一个即刻以光速运动的点 (图 5.3)。

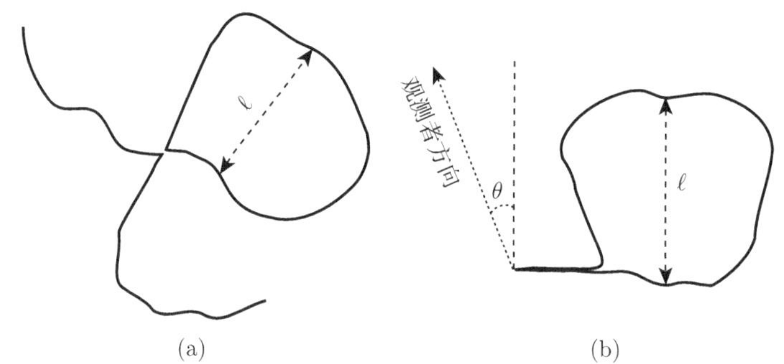

图 5.3　(a) 给出了一个宇宙弦的图解，它与自身相交并产生一个大小为 ℓ 的新圈。在 (b) 中，在一个大小为 ℓ 的圈中形成了一个尖点。由于宇宙弦处于极端张力下，这一特征将以相对论性速度运动并产生引力波。观测到的引力波的最大频率取决于观测角 θ

一个宇宙弦与自身相交时会形成一个圈，这个圈会与其余的弦分离并开始独自生活。因此，将有无数不同大小的弦圈，因为大圈分离成小圈，小圈又分离成更小的圈，最终达到不与自身相交的稳定轨道，其大小取决于母圈上最小的显著摆动的大小。当它们达到该稳定轨道时，圈在引力辐射下耗散能量。当宇宙弦上形成一个尖点时，它将产生一个引力波暴。引力波也可由弦上的扭结 (kinks)(扭曲 (twists)) 和圈的振动产生。通过这些机制，弦圈最终将损失它所有的能量并将大小收缩为零。

特别是宇宙弦尖点发出的引力波在频域中有一种特殊形式，

$$\tilde{h}(f)=\begin{cases}Af^{-4/3}, & f_{\mathrm{l}}<f<f_{\mathrm{h}}\\ 0, & \text{其他频率},\end{cases}\tag{5.54}$$

这里 A 是某个未确定的振幅。低频截断 f_{l} 是宇宙学的，因此实际上它将取决于探测器的低频截断。高频截断 f_{h} 取决于观测方向和尖点方向的夹角 (见图 5.3)，它可以粗略地表示为

$$f_{\mathrm{h}}\propto\frac{c}{\theta^{3}\ell},\tag{5.55}$$

这里 ℓ 是圈的大小，θ 是图 5.3 中显示的夹角。振幅 A 也随圈的大小而变化，在这种情况下

$$A\propto\frac{G\mu}{cr}\left(\frac{\ell}{c}\right)^{2/3},\tag{5.56}$$

这里 r 是宇宙弦尖点到观测者的距离。注意振幅并不是无量纲的，它的单位为 $\mathrm{s}^{-1/3}$。

那么，宇宙弦如何产生宇宙学引力波背景就很清楚了——弦圈通过与自身相交碎裂为更小的圈，产生的每个小弦圈可以振动也可以形成尖点和扭结，这些都可作为引力波的源。许多独立的源从整个天空同时辐射，正是这种机制产生了引力波随机背景。

从式 (5.55) 和 (5.56) 可以清楚看到，ℓ 对于由宇宙弦尖点发出的引力波背景的理解非常重要。事实上，圈的大小在所有产生引力辐射的机制中都是关键因子。宇宙弦的长度尺度在文献中有两种提议。第一种是 ℓ 在哈勃长度的量级，$\ell\propto ct$。第二种是尺度由引力反作用决定，$\ell\propto G\mu t/c$，它比第一种要小得多。这两种提议在文献中都有对其有利的论据，研究者们还没有达成一致。但是，宇宙弦网络显著的尺度不变性使我们可以计算出，宇宙弦网络的引力波背景谱在大约 10^{-4} Hz 到 10^{9} Hz 之间的频带内将是近似不变的，其值为

$$\Omega_{\mathrm{GW}}=\frac{16\pi}{9}N\Gamma\left(\frac{G\mu}{c^{2}}\right)^{2}\left(\frac{\beta^{3/2}-1}{\alpha}\right)\frac{a\left(t_{\mathrm{eq}}\right)}{a\left(t_{0}\right)}\tag{5.57}$$

(Allen，1997；Vilenkin 和 Shellard，2000)。在这个表达式中，N 为周长大于哈勃长度的弦的个数 (约为 50)。Γ 是一个典型圈的辐射率 (也约为 50)，对于 GUT 弦 $G\mu/c^{2}\approx10^{-6}$，$a\left(t_{\mathrm{eq}}\right)/a\left(t_{0}\right)$ 是物质主导膨胀的稀释因子，它由尺度因子在宇宙最初以物质主导时的大小与今天的大小的比值给出，约为 1/3000。参数 α 以相对宇宙大小的百分比表示圈的大小，$\ell=\alpha ct$，对于长圈预言来说 α 的取值范围

为 $10^{-3} \sim 10^{-1}$，对于小圈预言 $\alpha \sim \Gamma G\mu/c^2$，而 $\beta = 1 + \alpha c^2/(\Gamma G\mu)$ 决定了圈的寿命 $t_{\text{death}} = \beta t_{\text{birth}}$。如果是小圈 (而且 $\alpha = \epsilon G\mu/c^2$，$\epsilon \ll 1$)，那么简化的表达式

$$\Omega_{\text{GW}} = \frac{8\pi}{3} N \frac{G\mu}{c^2} \frac{a(t_{\text{eq}})}{a(t_0)} \tag{5.58}$$

描述了引力波背景。

在结束宇宙弦的引力波背景的讨论之前，我们对弦宇宙学的最新进展做一些评论。事实证明，CMB 角度谱的精确测量排除了弦的张力 $G\mu/c^2 > 10^{-7}$ 的宇宙弦。这意味着实际上，在 GUT 尺度的相变中产生的弦不再可行，而其他能标的宇宙弦的引力波宇宙背景 (如果它们存在的话) 可能是无法测量的。

然而，自从 21 世纪的前几年，由于发现 $G\mu/c^2 < 10^{-7}$ 时引力波是可探测的 (Damour 和 Vilenkin，2005)，并且超弦理论家们意识到由弦理论启发的宇宙学可以包含宇宙超弦，因此弦的引力波背景再次引起了人们的兴趣。在过去的几年中，宇宙超弦与相变的宇宙弦具有的许多相同特征变得更加明显，因此，我们在本节讨论的所有内容除了两个重要变化外差不多都继续成立。第一个改变是，因为宇宙超弦从根本上讲是量子体，因此当它们自身相交时并不总形成圈。事实上，它们形成圈的重联概率是 $10^{-3} < p < 1$。这导致了第二个效应，可证明，宇宙超弦的质量密度与重联概率成反比，$\rho \propto p^{-1}$。因此，如果 p 很小的话，背景将很大。

弦理论家们最近已经开始探索可以存在的宇宙超弦态的图景，因此可能会有更多惊喜。同时，地面干涉仪已经排除了宇宙超弦的部分参数空间。这些的确是令人兴奋的进展。谁知道呢，引力波可能将为超越理论提供首个可通过实验验证的预言。

我们将要讨论的引力波背景在宇宙学上的最后一个可能性是早期宇宙中的一阶相变。一阶相变以潜热为特征，即相变吸收能量，使得在临界点增加或减小能量不会改变温度，而会诱导相本身变化。这种相的变化在系统中并不均匀发生，而是在特定位置成核后膨胀，一个相在另一个相中膨胀时会产生气泡。典型的例子是水到水蒸气的变化——它不是在所有位置同时发生，而是在水中产生膨胀的水蒸气气泡。

在早期宇宙的量子场论中，随着宇宙的膨胀和冷却，相变与自发的对称性破缺成协，例如，当弱电对称性破缺时就会导致电磁力和弱核力分离。在对称性破缺前，量子场处于完全弱电哈密顿量的最低能 (真空) 态。然而，相变发生后，这不再是真空态——场将获得一个更低的能态，即破缺的真空。如果这个相变是一阶的，那么随着宇宙的持续膨胀和能量密度的减少，真实真空中的气泡将在假 (弱电) 真空中成核和膨胀。由于气泡在膨胀中释放的能量 (这是真实真空和假真空在气泡体积内积分的能量之差) 转化为气泡壁的动能，这些气泡的膨胀率会呈指数

增长。在短时间内，气泡壁将以相对论性速度向外扩张。在哈勃时间内邻近气泡的气泡壁开始碰撞，随后气泡开始并合。

通过三种不同的机制，气泡并合可以产生引力波。第一种是碰撞破坏了气泡壁的球对称性，产生了充当引力波源的各向异性的应力。第二种是碰撞给气泡内的物质场注入了能量。在早期宇宙中，物质以原初等离子体的形式存在，而能量将导致磁流体动力学湍流，这也将是一种引力波源。最后一种是气泡壁将导致电荷分离，而磁流体动力学湍流将加强这种分离，导致额外的各向异性的应力，这会作为引力波的另一种源。这些机制中哪一个是最重要的，取决于物理细节，但它们都可对引力波背景做出重要贡献。

与尺度不变的暴胀引力波谱不同，来自一阶相变中碰撞气泡的引力波谱在一个特征频率处有峰值。有两个自然尺度可以设置特征频率：第一个是相变持续时间，它在文献中被典型地标记为 β^{-1}，第二个是碰撞气泡的典型大小 $R_\star$。对于前者，特征频率是

$$f_\star \simeq 10^{-2}\text{mHz}\left(\frac{\beta}{H_\star}\right)\left(\frac{kT_\star}{100\text{GeV}}\right), \tag{5.59}$$

这里 $H_\star$ 是相变时的哈勃参数，k 是玻尔兹曼常量，$T_\star$ 是相变的特征温度。如果特征频率由碰撞气泡的大小决定，那么我们可以简单地用 $c/R_\star$ 替换 β。

谱的形状取决于起作用的机制，但一级近似往往相当简单。例如，气泡碰撞的谱被描述为当频率低于 $f_\star$ 时以 $\Omega_{\text{GW}}(f) \propto f^3$ 增长，在这种情况下 $f_\star$ 由 β 决定。在低频处，磁流体动力学湍流的谱初始时也以 $\Omega_{\text{GW}}(f) \propto f^3$ 增长，但对高于 $H_\star$ 且低于 $f_\star$ 的频率，Ω_{GW} 的增长降低到 $\Omega_{\text{GW}}(f) \propto f^2$，在这种情况下 $f_\star$ 由 $R_\star$ 决定。高于 $f_\star$ 时，气泡碰撞的谱以 $\Omega_{\text{GW}}(f) \propto f^{-1}$ 下降，而磁流体动力学湍流的谱下降得稍微更快一些 ($f^{-5/3}$ 或 $f^{-3/2}$，取决于模型的细节)。

一阶相变产生的引力波背景强度也可以根据一般的原理进行估算。我们在此引用的结果是

$$\Omega_{\text{GW}}(f_\star) \sim \Omega_{\text{rad}}\left(\frac{H_\star}{\beta}\right)^2(\Omega_{\text{s}}^\star)^2, \tag{5.60}$$

这里 Ω_{GW} 是当前时代的辐射能量密度，$\Omega_{\text{s}}^\star$ 是能量密度转化为引力波的部分。同样，如果尺度由 $R_\star$ 而非 β^{-1} 决定，我们应该用 $c/R_\star$ 替换 β。

我们可以期望什么数值呢？让我们考虑弱电相变看看。对于这个对称性破缺，能标为 $kT_\star \approx 100\text{Gev}$，且 $\beta/H_\star \approx 100$。这给了我们一个 mHz 的频率范围，这是计划中的 LISA 任务最灵敏的频带。为了估计一阶弱电对称性破缺的背景强度，我们还需要知道 Ω_{s} 和 Ω_{rad}。今天以辐射形式存在的能量的测量值为 $\Omega_{\text{rad}} \approx 10^{-5}$。$\Omega_{\text{s}}$ 将由一阶相变的强度决定。从图 5.2 中我们看到，LISA 对背景的灵敏大约低

至 $\Omega_{\mathrm{GW}} \approx 10^{-10}$。这意味着对于探测来说我们需要 $\Omega_{\mathrm{s}} > 0.01$。实际上，大约宇宙能量密度的百分之几需要通过这种机制转换为引力波，这样 LISA 才有可能看到引力波背景。这将对应于强一阶相变。

不幸的是，在粒子物理的标准模型中，弱电对称性破缺并不是强一阶的，引力波谱的峰值贡献经计算仅为 $\Omega_{\mathrm{GW}}(f_{\star}) \approx 10^{-22}$。然而，在文献中有大量的备选模型具有一阶弱电相变。探索这些模型并不是因为它们产生引力波，而是因为它们产生重子。这是目前处理宇宙中令人费解的重子不对称问题最流行的想法之一，这个问题是因为宇宙几乎完全由物质组成，尽管早期宇宙中产生物质的大部分过程被认为产生了等量的物质和反物质。

最后，除了弱电相变外，还有其他相变可能是一阶的，例如 QCD 相变，它估计发生在 $kT_{\star} \approx 100$ MeV，这将使它成为脉冲星计时阵列探测的候选体。为了在地面探测器的灵敏频段达到峰值，相变必须发生在宇宙的特征温度在 PeV 范围时。

这种相变有可能发生吗？我们能给出的唯一诚实的回答是我们并不知道。此外，还有在这本书中我们没有讨论的其他机制会产生引力波。前大爆炸 (pre-Big Bang) 模型是量子引力的模型，其中大爆炸实际上是一个量子反弹，这之前是一个暴胀的前大爆炸时代。在前大爆炸的模型中，与描述暴胀背景相同的机制导致了引力波。另一类产生宇宙学背景的现象是暴胀后的预加热 (preheating)——如果宇宙要产生我们今天看到的物质，那么暴胀之后的这个阶段就必须发生。这些机制中的哪一个产生了显著的引力波背景？同样，我们还是不知道。关于辐射和物质退耦前的宇宙最早期历史，我们有许多未解之谜。如果幸运的话，引力波可能是我们用来回答这些问题的工具之一。

5.3.2　天体物理学背景

到目前为止，我们都聚焦于引力波的宇宙学背景。虽然这些背景很吸引人，可以让我们瞥见早期宇宙，并由此可能会帮助我们回答一些问题，但是仍有许多未知的东西。此外，在许多情况下，要么间接观测 (如 CMB 实验或大爆炸核合成) 对这些背景有严格的限制，要么对背景的计算表明它们不太可能强到足以用可预见的技术观测到。

另一方面，有来自天体物理学源的引力波随机背景，我们希望可以用如 LISA 天文台很容易地看到。如前所述，当探测器在给定时间有多个源在给定频率间隔中辐射时，即当天体物理学的引力波发射体的数量无法分辨时，就会产生这些背景。

在本节中，我们将探索两个预期重要的天体物理学背景 (更多细节参见 Postnov，1997)。第一种是旋转中子星的引力波背景。因为中子星不可能是完全轴对称的，它们自转时会发射引力波。它们偏离轴对称的程度将决定它们时变的四极矩，从而决定它们发射的引力波的振幅。目前还不知道典型中子星的非轴对称性如何。在某些条件下，中子星的四极矩可能会急剧增长——此时它们呈现出钱德拉塞卡-弗里德曼-舒茨不稳定性。然而，目前看来，即使这些条件确实存在，它们也可能非常罕见，并且在某些情况下，非引力波的相互作用 (例如黏滞) 似乎会在四极矩变得重要之前抑制它。尽管如此，仅在我们的银河系中就可能有 10^8 个中子星，因此即使每个中子星在引力波中仅辐射少量能量，它也可能是重要的。由脉冲星观测确定的孤立的自转中子星的旋转周期从几毫秒到几秒不等，这使得这些源的背景很可能可见于地面干涉仪的波段。

我们将考虑的第二种天体物理学引力波背景的源是白矮星双星。与仅包含更致密天体的双星不同，白矮星双星可能具有复杂的动力学，星体之间的质量传输可能导致不稳定的动力学，例如公共包层演化。然而，这些阶段通常持续时间较短，预计不会对引力波背景有重要贡献。因此，就我们这里的目的而言，旋近阶段 (星体互绕时没有显著的质量传输) 和稳定质量传输阶段 (充满洛希瓣的小质量星体将质量缓慢地传输到大质量伴星) 将主导背景。在我们的星系中，估计有 10^8 个不相接的双星 (例如旋近阶段的双星) 和 $10^6\sim10^7$ 个稳定质量传输的双星。因为双星有较大的质量四极矩变化，这些双星将强烈地发射并形成一个显著的背景。周期小于几分钟的双星预计将对例如 LISA 的空间探测器形成一个强大的背景。

谱的计算与源的星族有关，例如中子星和白矮星双星的谱就需要它们的星族及其演化的细节。然而，我们的任务可以简化为以下三个假设：① 我们假设给定源的角动量损失的主要机制是引力波的发射；② 我们假设源的形成率是常数；③ 我们假设源的分布方式与星系中的发光恒星相同。

若记形成率为 R，则每单位对数频率的源的个数 N 可简单表示为

$$\frac{\mathrm{d}N}{\mathrm{d}\ln f}=R\frac{f}{\dot{f}}, \tag{5.61}$$

在单位时间和单位对数频率内辐射的引力波总能量为

$$\dot{E}(f)=L_{\mathrm{GW}}(f)R\frac{f}{\dot{f}}, \tag{5.62}$$

这里 $L_{\mathrm{GW}}(f)$ 是一个源在频率 f 处的典型引力波光度。根据随机背景谱强度的标准度量 Ω_{GW}，得到

$$\Omega_{\mathrm{GW}}(f)\rho_{\mathrm{crit}}c^2=\frac{f}{\dot{f}}\frac{L_{\mathrm{GW}}(f)R}{4\pi c\langle r\rangle^2}, \tag{5.63}$$

这里 ρ_{crit} 仍是封闭宇宙的临界密度，c 是光速，$\langle r\rangle$ 是源的平均距离。由于我们假设源的分布遵循银河系中发光恒星的分布，因此我们采用球状分布的平均光度

距离，其形式为 $\mathrm{d}N \propto \exp\left(-\varpi/\varpi_0\right)\exp\left(-z^2/z_0^2\right)$，这里 ϖ 是距银河系轴的径向距离，ϖ_0 是银河系的半径，我们将取 $\varpi_0 = 5$ kpc，z 是距银河系盘面的距离，z_0 是银河系的厚度，我们取 $z_0 = 4.2$ kpc，这给出了源的平均距离 $\langle r\rangle = 7.9$ kpc。

现在，考虑引力波辐射的能量在频率上呈幂律的形式，$E \propto f^{\alpha}$。这对于自转中子星 ($\alpha = 2$) 和不相接的白矮星双星 ($\alpha = 2/3$) 都成立。接下来，使用式 (5.62)，我们有 $f/\dot{f} = \alpha E/\dot{E}$。将这代入式 (5.62) 和 (5.63) 我们得到

$$\Omega_{\mathrm{GW}}(f)\rho_{\mathrm{crit}}\, c^2 = \frac{\alpha E}{4\pi c\langle r\rangle^2}\frac{\dot{f}}{f}. \tag{5.64}$$

最后，总辐射能量与每个源的平均辐射能量 E_{GW} 的关系为 $E\left(f\right) = E_{\mathrm{GW}}Rf/\dot{f}$，因此天体物理学的随机背景谱可以表示为

$$\Omega_{\mathrm{GW}}\rho_{\mathrm{crit}}c^2 = \frac{\alpha R E_{\mathrm{GW}}}{4\pi c\langle r\rangle^2}. \tag{5.65}$$

回到我们的两种源的星族，我们仅需要估计形成率 R，谱的幂指数 α 和每个源的平均辐射能量 E_{GW} 来决定谱。对于中子星，一个合理的星系中的形成率是 $R = (30\ \mathrm{a})^{-1}$，$\alpha = 2$(如前一段所示)，而每个源的辐射能量取决于关于旋转轴的转动惯量 $\mathcal{I}$。给定中子星的能量辐射率是

$$\dot{E}_{\mathrm{GW}} = \pi^2\mathcal{I}f\dot{f}. \tag{5.66}$$

然而，在地面探测器的频带内，基本上在每个小于 1 kHz 的频率上将有相等数量的中子星在辐射，并且辐射的平均能量在所有频率上是不变的。对星族做平均，最终得到

$$\Omega_{\mathrm{NS}} \approx 2\times10^{-7}\left(\frac{R}{(30\ \mathrm{a})^{-1}}\right)^{1/2}\left(\frac{\mathcal{I}}{10^{38}\ \mathrm{kg\cdot m^2}}\right)\left(\frac{f}{100\ \mathrm{Hz}}\right)^2\left(\frac{r}{10\ \mathrm{kpc}}\right)^{-2}. \tag{5.67}$$

对于白矮星双星，如前所示，幂指数为 $\alpha = 2/3$，在星系中这些源的实际形成率为 $R = (100\ \mathrm{a})^{-1}$。在这种情况下，一个源在频率 f 处辐射的能量即是双星的轨道能，$E_{\mathrm{GW}} = M\left(GMf\right)^{2/3}$。将这些值代入式 (5.65)，得到

$$\Omega_{\mathrm{WDB}} \approx 4\times10^{-8}\left(\frac{R}{(100\mathrm{a})^{-1}}\right)\left(\frac{M}{M_\odot}\right)^{5/3}\left(\frac{f}{10^{-3}\ \mathrm{Hz}}\right)^{2/3}\left(\frac{r}{10\ \mathrm{kpc}}\right)^{-2}. \tag{5.68}$$

在本节结束时，我们要注意一点。我们的假设之一，即一个源的能量损失完全由引力波的发射导致，并不总是合理的。在这里讨论的源中，对于中子星来说

这是一个特别可疑的假设，因为在中子星中，电磁制动很可能占主导地位。事实上，至少对于蟹状星云脉冲星，LIGO 设定的上限已经排除了引力波作为能量损失的主要机制。与上述表达式的主要区别在于，如果存在其他能量损失机制，Ω_{GW} 必须通过引力波损失的能量与总能量损失的比值来减少。由于这可能依赖于频率，因此它可能会改变天体物理学背景谱的形状及其总体值。

5.4 习　　题

习题 5.1

推导自由进动的轴对称中子星产生的引力波波形的表达式，其中式 (5.4) 给出的对称轴与旋转轴所成的夹角 ϑ(摆动角) 非零。参见 Zimmermann 和 Szedenits(1979)。

习题 5.2

考虑一个低质量 X 射线双星 (LMXB) 系统，其中一个中子星以 $\dot{M}$ 的速率吸积物质。当物质下落到中子星上时，它的势能转化为 X 射线辐射，其光度为 $L_{\mathrm{X}} \approx GM\dot{M}/R$，这里 M 和 R 分别是中子星的质量和半径。该系统到地球的距离为 r。在地球上观测到的 X 射线流量为 F_{X}。物质的吸积在中子星上产生的扭矩为 $\dot{M}\sqrt{GMR}$，它将中子星自转加速到某个角速度 ω，此时它与引力辐射的角动量损失平衡。证明产生的引力波的特征振幅，$h_0 = 4G\mathcal{I}_3\omega^2\varepsilon/\left(c^4 r\right)$，由下式给出

$$h_0^2 = \frac{5G}{c^3}P_{\mathrm{rot}}\sqrt{\frac{R^3}{GM}}F_{\mathrm{X}} \tag{5.69}$$

这里 $P_{\mathrm{rot}} = 2\pi/\omega$ 是中子星的自转周期。如果中子星的质量 $M = 1.4\ M_{\odot}$，半径 $R = 10\ \mathrm{km}$，自转周期 $P_{\mathrm{rot}} = 4\ \mathrm{ms}$，计算 LMXB 的 X 射线流量为 $F_{\mathrm{X}} = 2\times10^{-10}\mathrm{W}\cdot\mathrm{m}^{-2}$ 时的 h_0。

习题 5.3

引力星是一种略微非轴对称的中子星，其自转减慢主要由于引力辐射。假设引力星分布于一个沿银河系盘面 (向外到某个较远的距离) 具有均匀面密度的圆盘，并且圆盘单位面积上的脉冲星诞生率为 $\mathcal{R}$。引力星在某个高频处诞生，然后自转减慢直到引力波频率太低而无法被地面探测器探测到为止。令 $\tau_{\mathrm{GW}} = P/\dot{P}$ 为引力星的“寿命”，即引力星在我们灵敏的高频段辐射引力波的时间。这里 $\dot{P}$ 是引力星自转周期的变化率，它由式 (3.162) 给出。定义 r_{nearest} 使得在 $\pi r_{\mathrm{nearest}}^2$ 的面积内有一个引力星仍在我们灵敏的频段辐射。对于这个最近的引力星，证明由

$h_{0,\text{largest}} = 4G\mathcal{I}_3\omega^2\varepsilon/\left(c^4 r_{\text{nearest}}\right)$ 给出的引力波的特征振幅 ($\mathcal{I}_3$ 是引力星的转动惯量，$\omega = 2\pi/P$ 是它的自转角速度，ε 是它的椭率) 为

$$h_{0,\text{largest}} = \sqrt{\frac{5\pi}{2}\frac{G}{c^3}\mathcal{I}_3\mathcal{R}}\,. \tag{5.70}$$

如果引力星在银盘 (半径 $\simeq 10$ kpc) 中以速率 $\simeq 1/(30\text{ a})$ 生成，并且转动惯量为 $\mathcal{I}_3 \simeq 10^{38}\ \text{m}^2\cdot\text{kg}$，计算 $h_{0,\text{largest}}$ 的值。

习题 5.4

假设一个均匀旋转的轴对称椭球体，其质量为 $M = 1.4\ M_\odot$，初始半径为 $R = 1\ \text{R}_\oplus$，它经历自由落体坍缩直到形成一个 $R = 15$ km 的中子星。在坍缩过程中，椭球体的偏心率以 $e \propto R^{-1/2}$ 增长，坍缩结束时 $e = 0.1$。主转动惯量为 $\mathcal{I}_1 = \mathcal{I}_2 = \dfrac{2}{5}MR^2\left(1 - \dfrac{1}{2}e^2\right)$ 和 $\mathcal{I}_3 = \dfrac{2}{5}MR^2$，这里 x^3 是旋转轴。计算观测者在坍缩椭球体轴上距离 $r = 10$ kpc 处看到的引力波波形。

习题 5.5

一根长为 L，质量为 M 的棒位于 x-y 平面上，棒的中心位于原点，并以角速度 ω 绕 z 轴旋转。证明引力波的波形由式 (5.14) 给出。求这个旋转棒产生的引力波光度。

参考文献

Abadie, J. *et al.* (2010) Predictions for the rates of compact binary coalescences observable by ground-based gravitational-wave detectors. *Class. Quant. Grav.,* 27, 173 001. doi: 10.1088/0264-9381/27/17/173001.

Allen, B. (1997) The stochastic gravity-wave background: sources and detection, in *Relativistic Gravitation and Gravitational Radiation* (eds J.A. Marck and J.P. Lasota), Cambridge University Press, Cambridge.

Cutler, C. and Thorne, K.S. (2002) An overview of gravitational-wave sources, in *General Relativity and Gravitation. Proceedings of the 16th International Conference*(eds N.T. Bishop and S.D.Maharaj),World Scientific, Singapore.

Damour, T. and Vilenkin, A. (2005) Gravitational radiation from cosmic (super)strings: bursts, stochastic background, and observational windows. *Phys. Rev.,* D71, 063 510. doi: 10.1103/PhysRevD.71.063510.

Fryer, C.L., Holz, D.E. and Hughes, S.A. (2002) Gravitational wave emission from core-collapse of massive stars. *Astrophys. J.,* 565, 430-446. doi: 10.1086/324034.

Fryer, C.L. and New, K.C. (2003) Gravitational waves from gravitational collapse. *Living Rev. Rel.,*6 (2). http://www.livingreviews.org/lrr-2003-2 (last accessed 2011-01-03).

Kim, C., Kalogera, V. and Lorimer, D.R. (2003) The probability distribution of binary pulsar coalescence rates. I. Double neutron star systems in the galactic field. *Astrophys. J.*, 584, 985-995. doi: 10.1086/345740.

Maggiore, M. (2000) Gravitational wave experiments and early universe cosmology. *Phys. Rept.*, 331, 283-367. doi: 10.1016/S0370- 1573(99)00102-7.

Ott, C.D. (2009) The gravitational wave signature of core-collapse supernovae. *Class. Quant. Grav.*, 26, 063 001. doi: 10.1088/0264-9381/26/6/063001.

Postnov, K.A. (1997) Astrophysical sources of stochastic gravitational radiation in the universe, http://arxiv.org/abs/astro-ph/9706053v1.

Postnov, K.A. and Yungelson, L.R. (2006) The evolution of compact binary star systems. *Living Rev. Rel.*, 9(6).http://www.livingreviews.org/lrr-2006-6 (last accessed 2011-01-03).

Sathyaprakash, B.S. and Schutz, B.F. (2009) Physics, astrophysics and cosmology with gravitational waves. *Living Rev. Rel.*, 12(2). http://www.livingreviews.org/lrr-2009-2 (last accessed 2011-01-03).

Siemens, X. *et al.* (2006) Gravitational wave bursts from cosmic (super)strings: quantitative analysis and constraints. *Phys. Rev.*, D73, 105 001. doi: 10.1103/PhysRevD.73.105001.

Thorne, K.S. (1987) Gravitational radiation, in *300 Years of Gravitation* (eds S. Hawking and W. Israel), Cambridge University Press, Cambridge, Chap. 9.

Vilenkin, A. and Shellard, E.P.S. (2000) *Cosmic Strings and Other Topological Defects,* Cambridge University Press, Cambridge.

Zimmermann, M. and Szedenits, E. (1979) Gravitational waves from rotating and precessing rigid bodies: simple models and applications to pulsars. *Phys. Rev.*, D20, 351-355. doi: 10.1103/PhysRevD.20.351.

第 6 章 引力波探测器

圆柱形共振质量探测器 (即棒状探测器) 是最先建造的引力波探测器。当引力波的频率接近棒的固有频率时，棒状探测器会发生振动，我们测量的就是这些振动。这类探测器对于相对高频 (1 kHz 附近) 的引力波灵敏，并且所灵敏的带宽相对较窄 (尽管最新的进展已将所灵敏的带宽扩展到了大约 100 Hz)。

虽然现在一些棒状探测器仍在运行，并且最近还发展了球形共振质量探测器，但是目前大多数的注意力都聚焦于使用激光干涉的引力波探测器。这类探测器测量位于干涉臂末端的检验质量的位置变化之差。千米级的地基干涉仪引力波探测器已经运行几年了，它们是工作在 10 Hz $\sim$ 1 kHz 频带上最灵敏的探测器。在本章中，我们将主要关注这类探测器。其他引力波实验包括脉冲星计时观测，脉冲星计时可用来探测 nHz $\sim$ mHz 频带内的引力波；在宇宙微波背景辐射中探测 B 模极化的实验可能揭示 10^{-18} Hz 引力波的存在；计划中的空基干涉仪探测器 (例如 LISA) 将在 1 $\sim$ 100 mHz 频带内进行观测。如果想进一步了解引力波探测器，可以阅读 Saulson 的经典专著 (Saulson，1994) 和 Maggiore 的详细讨论 (Maggiore，2007，第 8 和第 9 章)。

表 6.1$\sim$ 表 6.3 分别列出了主要的共振质量探测器实验、第一代干涉仪探测器实验及高新干涉仪探测器实验。图 6.1 展示了一些当前和计划中的引力波探测器的灵敏度曲线，它们在引力波频谱中跨越了 12 个数量级。

表 6.1 国际引力事件合作组织 (IGEC) 中的共振质量探测器 (Allen et al., 2000)

探测器	位置	类型
ALLEGRO	Baton Rouge,LA,USA	铝棒
AURIGA	Padova，Italy	铝棒
EXPLORER	Geneva，Switzerland	铝棒
NAUTILUS	Rome，Italy	铝棒
NIOBE	Perth，Australia	铌棒

表 6.2 第一代千米级干涉仪探测器

探测器	位置	类型
Laser Interferometric Gravitational-wave Observatory (LIGO)	Hanford，WA，USA & Livingston，LA，USA	功率回收的法布里-珀罗迈克耳孙干涉仪 (臂长 4 km 和 2 km)
Virgo	Pisa，Italy	功率回收的法布里-珀罗迈克耳孙干涉仪 (臂长 3 km)
GEO 600	Hannover，Germany	双回收的迈克耳孙干涉仪 (臂长 600 m)
TAMA 300	Tokyo，Japan	双回收的迈克耳孙干涉仪 (臂长 300 m)

表 6.3 第二代和第三代千米级干涉仪探测器

探测器	位置	类型
Advanced LIGO (aLIGO)	Hanford，WA，USA & Livingston，LA，USA	双回收的法布里-珀罗迈克耳孙干涉仪 (臂长 4 km)
Advanced Virgo	Pisa，Italy	双回收的法布里-珀罗迈克耳孙干涉仪 (臂长 3 km)
Large Cryogenic Gravitational Telescope (LCGT)	Kamioka，Japan	低温地下双回收的法布里-珀罗迈克耳孙干涉仪 (臂长 3 km)

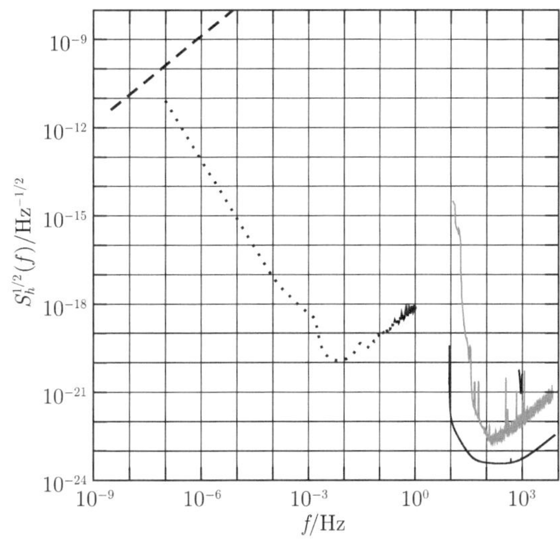

图 6.1 当前和计划中的引力波探测器典型的灵敏度曲线：共振质量探测器的典型噪声振幅谱 (细黑线)；初始 LIGO 探测器在第五次科学运行期间的典型噪声谱 (灰线)(2007 年 3 月 18 日的 4 km 汉福德干涉仪 ①)；高新 LIGO 在高功率宽频带运行状态下的噪声谱 (黑实线)(参见 LIGO 文件 T0900288-v3)②；LISA 探测器预期的噪声谱 (点虚线)(来源：Shane L. Larson 的 *Online Sensitivity Curve Generator*③，基于 Larson 等 (2000))；脉冲星计时的灵敏度曲线，假设单个脉冲星 10 年中每月观测一次 (虚线)

6.1 地基激光干涉仪探测器

目前，探测引力波的主要技术是使用**激光干涉**探测由于引力波产生的光程长度的微小变化。干涉仪发射的光沿着两个非平行 (non-aligned) 的臂到达一个远处的物体 (反射镜)，物体将光反射回光源；从两个臂返回的光束接下来发生干涉就会形成相对臂长的测量。于是，由光干涉情况的改变就可读出臂长相对变化。地

①原书注：http://www.ligo.caltech.edu/~jzweizig/distribution/LSC_Data。

②原书注：https://dcc.ligo.org/cgi-bin/DocDB/ShowDocument?docid= 2974。

③原书注：http://www.srl.caltech.edu/~shane/sensitivity。

基激光干涉仪可测量几千米的臂长，它体现了当前最先进的科技水平。此外还有计划中的空基干涉仪，其臂长可达到几百万千米。

为了理解激光干涉技术，首先考虑相对简单的**迈克耳孙干涉仪** (见图 6.2)。在该仪器内，激光器发射一束光，它被分束镜 (beam-splitter, BS) 分到两个垂直的路径，这两束光随后沿着两个垂直的路径或者臂传播，然后被放置在臂末端的反射镜朝着分束镜方向反射回来。当这两束光再次在分束镜处相遇时，彼此发生干涉。若臂长完全相等 (或者相差波长的整数倍)，光将完全返回激光器的方向 (**对称输出**方向)，而向着远离激光器方向传播 (**反对称输出**方向) 的光束将发生相消干涉。但是，如果臂长相差的量不是波长的整数倍，那么沿着反对称输出方向的光束干涉后将不能完全相消。此时放置在反对称输出方向路径上的光电二极管 (photodiode) 将会探测到一些光。通过设置臂的长度使得初始时刻在反对称输出方向没有光透过，我们可以尝试通过引力波对两个臂长影响的差别来探测它。如果引力波在拉伸一个臂的同时压缩另一个臂，那么在光电二极管上就会观测到微弱的光。

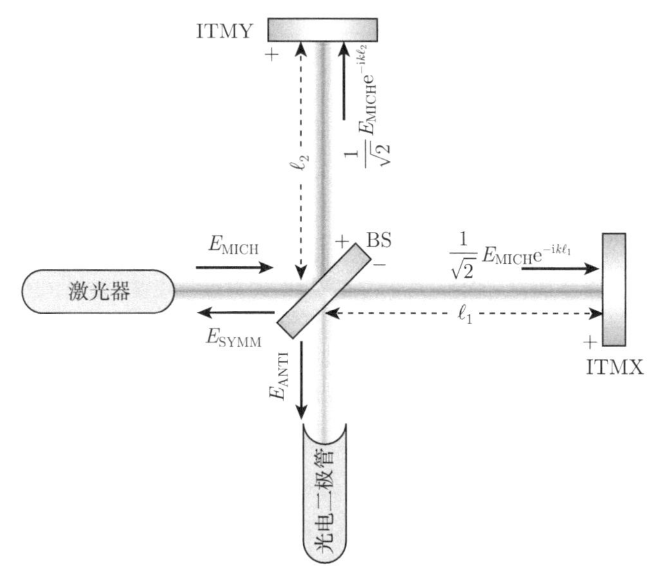

图 6.2 迈克耳孙干涉仪的光学构造

估计这样一个干涉仪的灵敏度有助于我们对问题的理解。假设两个臂的长度分别为 ℓ_1 和 ℓ_2，它们都在千米尺度。在两个臂中穿过的光所发生的干涉依赖于臂长差 $\ell_1-\ell_2$，因此光干涉的变化正比于 $\Delta\ell := \Delta\ \ell_1 - \Delta\ell_2$。引力波将诱导出一个探测器应变 $h := \Delta\ell/\ell$，其中 h 与引力波度规扰动的大小同量级。干涉图样产生可测量的变化时，对应的臂长改变与激光的波长同量级，即 $\Delta\ell \sim \lambda_{\mathrm{laser}}$。假设使用波长为 1 μm 的红外激光，那么可探测的度规微扰的量级为

$$h := \frac{\Delta\ell}{\ell} \sim \frac{\lambda_{\text{laser}}}{\ell} \sim \frac{10^{-6}\ \text{m}}{10^{3}\ \text{m}} = 10^{-9} \tag{6.1}$$

这与探测到预期的引力波波源所需要的灵敏度还有非常大的差距，这些波源预计产生的度规扰动的量级为 $h \sim 10^{-20}$，甚至更小。

下面几种改进可以显著地提高灵敏度。

(1) 显著地增加光程。虽然物理约束可能会限制地基干涉仪探测器的尺寸为 $\ell \sim 1$ km，但是在与另一臂的光发生干涉之前可以通过增加光在臂中往返的次数来增加**有效**臂长。通过在每个臂中建造一个光学谐振腔并且让光在离开腔之前在臂内多次反射可使有效光程 ℓ_{eff} 远大于臂长 ℓ。但是，这里存在一个限制。当有效臂长变得与引力波波长可比时，即 $\ell_{\text{eff}} \sim \lambda_{\text{GW}} = c/f_{\text{GW}}$(其中 f_{GW} 是引力波的频率)，光离开腔时的度规扰动明显不同于其进入腔时的，这将会逐渐降低探测器的灵敏度。最大可用的有效长度为 $\ell_{\text{eff}} \sim \lambda_{\text{GW}}$，对于地基探测器而言，我们感兴趣的引力波波长为 $\lambda_{\text{GW}} \sim 1000$ km($f_{\text{GW}} \sim 300$ Hz)。因此多次反射使得我们可以测量到的引力波振幅为

$$h \sim \frac{\Delta\ell}{\ell_{\text{eff}}} \sim \frac{\lambda_{\text{laser}}}{\lambda_{\text{GW}}} \sim \frac{10^{-6}\ \text{m}}{10^{6}\ \text{m}} = 10^{-12}. \tag{6.2}$$

这与我们所需要的仍然相差了多个数量级。

(2) 改进激光干涉条纹的测量。为了进一步改进灵敏度，我们需要提高测量光程长度变化的能力。之前我们假定能够测量到与激光波长相当的光程变化。但是用灵敏的光电二极管可以得到更好的结果。

两个光束干涉测量能力的主要限制来自于**散粒噪声**。假设一些光落到了光电二极管上，那么它能探测到的最小光变是多少呢？设想光电二极管在时间段 τ 内收集光，并且计算在此期间入射的光子数 N_{photons}。光子到达率[①]。遵循泊松过程，因此观测到的光子数的自然涨落为 $\sim N_{\text{photons}}^{1/2}$。为了探测到超过自然涨落的光变，我们需要光程变化的量级为

$$\Delta\ell \sim \frac{N_{\text{photons}}^{1/2}}{N_{\text{photons}}}\lambda_{\text{laser}}. \tag{6.3}$$

我们可以在一个与引力波周期相当的时间段 (在信号强度开始减退之前) 内收集光子，即 $\tau \sim 1/f_{\text{GW}}$，因此总光子数将依赖于我们尝试探测的引力波的频率和激光的功率 P_{laser}。由于每个光子的能量为 $hc/\lambda_{\text{laser}}$，故

$$N_{\text{photons}} = \frac{P_{\text{laser}}}{hc/\lambda_{\text{laser}}}\tau \sim \frac{P_{\text{laser}}}{hc/\lambda_{\text{laser}}}\frac{1}{f_{\text{GW}}}. \tag{6.4}$$

① 译者注：单位时间到达的光子个数。

对于 $P_{\text{laser}} = 1$ W，$\lambda_{\text{laser}} = 1$ μm 和 $f_{\text{GW}} \sim 300$ Hz，$N_{\text{photons}} \sim 10^{16}$ 个光子，我们得到

$$h \sim \frac{\Delta\ell}{\ell_{\text{eff}}} \sim \frac{N_{\text{photons}}^{-1/2}\lambda_{\text{laser}}}{\lambda_{\text{GW}}} \sim \frac{10^{-8} \times 10^{-6}\ \text{m}}{10^{6}\ \text{m}} = 10^{-20}. \tag{6.5}$$

现在干涉仪接近了所需要的灵敏度。

(3) 更高的激光功率。进一步改进干涉仪的灵敏度需要进一步减小散粒噪声，这可以通过提高激光功率的方式实现。实际中提高激光功率 (同时具有所需要的稳定性) 会受到一些限制，但是可以回收从对称输出方向离开干涉仪的光，将这部分光反射回干涉仪中以提高有效功率。这种**功率回收**的净结果是逐步积累在干涉仪中循环的光功率，因此分束镜上发生干涉的光功率增强。由于实际上的限制，这样做光功率仅能提高两个数量级，同时得到约一个数量级的灵敏度提高。随着光功率的增加，最终反射镜将开始受到光强量子涨落的冲击，此**辐射压**将形成一个与散粒噪声相竞争的噪声源；可以用更重的反射镜来减少辐射压噪声的效应。这将在后面详细讨论。

(4) 高新干涉仪。通过把从反对称输出端口离开干涉仪的光反射回去可以获得额外的改进。如果处理得当，可以提高探测特定频带信号的灵敏度，这称为**信号回收**。光的量子压缩 (squeezing) 态也可用来减小散粒噪声效应并提高灵敏度。这些正被开发的技术将用在高新干涉仪上。

现在我们已经对预期的灵敏度做了数量级的估计，下面我们转向对干涉仪探测器进行更细致的考察。虽然已有几个第一代地基干涉仪正在运行——激光干涉引力波天文台 (LIGO)，GEO 600，TAMA 300 和 Virgo；正在建造或者计划中的第二、三代干涉仪——高新 LIGO(aLIGO)，高新 Virgo，大型低温引力波望远镜 (LCGT)[①]和爱因斯坦望远镜 (ET)。为了明确起见，我们将聚焦于 LIGO 干涉仪。我们将首先考虑初始 LIGO 干涉仪的结构，它是一个将法布里-珀罗腔作为干涉臂的功率回收的迈克耳孙干涉仪，然后讨论计划对 aLIGO 做的改进。我们从光学中一些概念的概述开始，这对我们的讨论是必要的。

6.1.1 光学注释

沿 z 轴传播的一束单色、线极化光具有的电场为

$$\boldsymbol{E}(t,z) = \boldsymbol{e}_{\text{pol}}\sqrt{2c\epsilon_0}\,\text{Re}\left\{E_{(+z)}(t)\text{e}^{\text{i}(\omega t-kz)} + E_{(-z)}(t)\text{e}^{\text{i}(\omega t+kz)}\right\}, \tag{6.6}$$

其中 $\boldsymbol{e}_{\text{pol}}$ 为极化矢量，ω 为光的角频率，且 $k = \omega/c$。$E_{(+z)}(t)$ 和 $E_{(-z)}(t)$ 为复振幅，分别描述沿 $+z$ 方向和 $-z$ 方向传播的场，我们用这两个振幅描述干涉仪

① 译者注：LCGT 为目前正在运行的 Kamioka Gravitational Wave Detector(KAGRA) 的前身。

内部的辐射场。对于仅沿 $+z$ 方向传播的波 (即 $E_{(-z)}(t)=0$)，可以选择归一化常数使得辐射强度 (单位面积上的功率) 为 $I=\left|E_{(+z)}\right|^2$。为了简便起见，我们假设光束在横截面上的强度分布固定 (使用高斯光束)，因此我们可以互换地称 I 为光束的功率或强度 (技术上说，功率为 IA，其中 A 为光束的有效面积。)。由于振幅包含了辐射场的重要信息，所以我们将在这部分中展示不同光学元件是如何作用于振幅的。

延迟线 在传播一段距离 z 后，复振幅获得一个相移 $\phi=kz=\omega z/c$ 使得

$$E(z)=E(0)\mathrm{e}^{-\mathrm{i}kz}. \tag{6.7}$$

反射镜 反射镜可用**振幅反射系数** r 和**透射系数** t 描述。图 6.3 展示了一束入射光被一个简单反射镜 (simple mirror) 反射和透射的情况。反射系数定义为

$$r:=E_{\mathrm{R}}/E_{\mathrm{I}}. \tag{6.8}$$

透射系数定义为

$$t:=E_{\mathrm{T}}/E_{\mathrm{I}}. \tag{6.9}$$

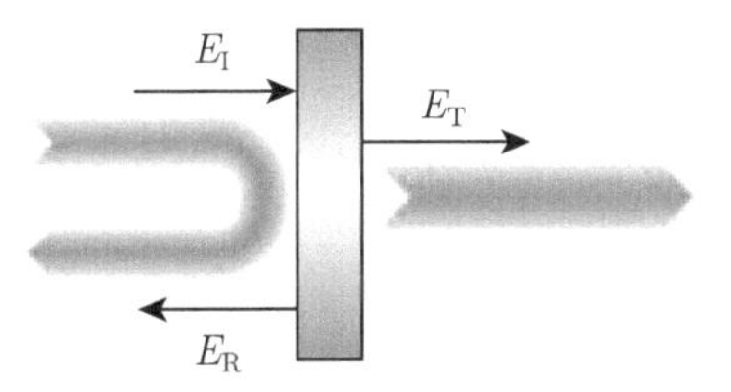

图 6.3 简单反射镜的入射场振幅 E_{I}、反射场振幅 E_{R} 和透射场振幅 E_{T}

它们是光从左边入射时反射镜的反射系数和透射系数。如果光从右边入射，则反射系数 r' 和透射系数 t' 会有所不同。假设反射镜是无损耗的 (lossless)，由能量守恒可知

$$\begin{aligned}|r|&=|r'|,\\|t|&=|t'|,\\1&=|r|^2+|t|^2=|r'|^2+|t'|^2,\\0&=r^*t'+t^*r'.\end{aligned} \tag{6.10}$$

对于简单反射镜，反射系数和透射系数为实数，因此上式中的最后一个意味着我们可以确定反射镜的 “+” 面和 “−” 面，使得 $t'=t$ 并且

$$\begin{aligned}r&=+|r|,\quad 在“+”面,\\r'&=-|r|,\quad 在“-”面.\end{aligned} \tag{6.11}$$

在下面的图中，符号的约定将会通过每个反射镜的“+”和“−”标记来显示。

例 6.1　斯托克斯关系。

考虑光在两种不同介质分界面处的反射和折射。当一束光从介质分界面上方入射时，透射系数和反射系数分别用 t 和 r 表示；当一束光从分界面下方入射时，它们分别为 t' 和 r'。图 6.4(a) 展示了一束光 E_{I} 入射到分界面，产生反射光 $E_{\mathrm{R}}=rE_{\mathrm{I}}$ 和透射光 $E_{\mathrm{T}}=tE_{\mathrm{I}}$。如果不考虑损耗，那么此过程一定是可逆的。图 6.4(b) 展示了 (现已反向的) 光束 rE_{I} 和 tE_{I} 入射到分界面，形成单个向外的光束 E_{I}。图 6.4(c) 展示了这两束入射光的反射光和透射光。比较图 6.4(b) 和 (c)(两者表示同一情况) 可以发现

$$\begin{aligned} r\left(rE_{\mathrm{I}}\right)+t'\left(tE_{\mathrm{I}}\right)&=E_{\mathrm{I}},\\ r'\left(tE_{\mathrm{I}}\right)+t\left(rE_{\mathrm{I}}\right)&=0, \end{aligned} \tag{6.12}$$

因此

$$\begin{aligned} r^2+tt'&=1,\\ r'&=-r. \end{aligned} \tag{6.13}$$

它们被称为**斯托克斯关系**。

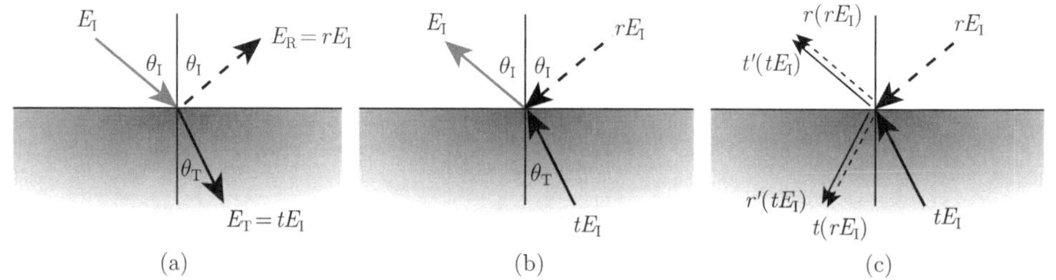

图 6.4　(a) 一个场 E_{I}(灰色箭头) 入射到介质上，产生一个反射场 $E_{\mathrm{R}}=rE_{\mathrm{I}}$(虚线箭头) 和一个透射场 $E_{\mathrm{T}}=tE_{\mathrm{I}}$(黑色箭头)。(b) 是 (a) 的时间反转版本：现在有两个场 rE_{I}(虚线箭头) 和 tE_{I}(黑色箭头) 入射，组合成为单个场 E_{I}。(c) 与 (b) 相同，但是给出了两个入射场的反射场和透射场

□

例 6.2　电介质镜 (dielectric mirror)。

考虑一个由厚度为 ℓ，折射率为 $n>1$ 的电介质材料板做成的反射镜。光在电介质材料内传播时的波长为 $\lambda'=\lambda/n$ 且 $k'=2\pi/\lambda'=nk$。我们将反射镜的左侧作为坐标系的原点 $z=0$，右侧则为 $z=\ell$，并且将光从电介质材料外面入射到分界面的反射系数和透射系数分别记为 r 和 t，从电介质材料里面入射到分界面的分别为 r' 和 t'。它们由斯托克斯关系式 (6.13) 相联系。假设从反射镜左侧入射的光场为 E_{I}。一部分被反射，光场为 E_{R}，另一部分透射到镜子右侧，光场为

$E_{\rm T}$。镜子内部有一个循环场 $E_{\rm M}$，参见图 6.5。此循环场等于入射光的透射部分加上返回的循环场的反射部分，

$$E_{\rm M}(0) = tE_{\rm I}(0) + (r')^2 E_{\rm M}(0){\rm e}^{-2{\rm i}k'\ell}. \tag{6.14}$$

注意返回的循环场在 $z = \ell$ 的右边界也发生了反射，所以有两次反射，因此有 $(r')^2$ 因子。此外它累积了一个总的相位 $-2k'\ell$。对于循环场，这个方程的解为

$$E_{\rm M}(0) = \frac{t}{1 - r^2{\rm e}^{-2{\rm i}k'\ell}} E_{\rm I}(0). \tag{6.15}$$

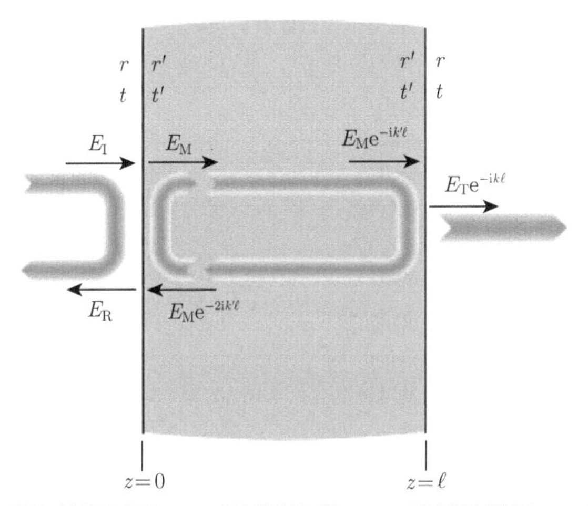

图 6.5 电介质镜的入射场振幅 $E_{\rm I}$、反射场振幅 $E_{\rm R}$、透射场振幅 $E_{\rm T}$ 和循环场振幅 $E_{\rm M}$

我们也可以得到反射场

$$E_{\rm R}(0) = rE_{\rm I}(0) + r't'E_{\rm M}(0){\rm e}^{-2{\rm i}k'\ell} \tag{6.16}$$

和透射场

$$E_{\rm T}(\ell) = t'E_{\rm M}(\ell) = t'E_{\rm M}(0){\rm e}^{-{\rm i}k'\ell}. \tag{6.17}$$

我们想要将所有外部场的参考点设在平面 $z = 0$ 处,因此写 $E_{\rm T}(l) = E_{\rm T}(0)\,{\rm e}^{{\rm i}k\ell}$(即使透射场实际起始于 $z = \ell$)。现在我们把反射镜的有效透射系数 $t_{\rm M}$ 和反射系数 $r_{\rm M}$ 分别看作透射场和入射场之比以及反射场和入射场之比：

$$t_{\rm M} = \frac{E_{\rm T}(0)}{E_{\rm I}(0)} = t't\frac{{\rm e}^{-{\rm i}(k'-k)\ell}}{1 - (r')^2\,{\rm e}^{-2{\rm i}k'\ell}}, \tag{6.18}$$

$$r_{\rm M} = \frac{E_{\rm R}(0)}{E_{\rm I}(0)} = r + t't\frac{{\rm e}^{-2{\rm i}k'\ell}}{1 - (r')^2\,{\rm e}^{-2{\rm i}k'\ell}} = r\frac{1 - {\rm e}^{-2{\rm i}k'\ell}}{1 - r^2{\rm e}^{-2{\rm i}k'\ell}}. \tag{6.19}$$

现在想象它的逆过程，即光从镜子的另一侧入射。由对称性可知，如果将所有场的参考点设在入射面 $z=\ell$ 处，镜子的透射率和反射率仍分别为 t_{M} 和 r_{M}。然后将场转换到原先的参考面 $z=0$，则从右侧入射的场的透射系数 t'_{M} 和反射系数 r'_{M} 分别为

$$t_{\mathrm{M}}=\frac{E'_{\mathrm{T}}(\ell)}{E'_{\mathrm{I}}(\ell)}=\frac{E'_{\mathrm{T}}(0)\mathrm{e}^{-\mathrm{i}k\ell}}{E'_{\mathrm{I}}(0)\mathrm{e}^{-\mathrm{i}k\ell}}=\frac{E'_{\mathrm{T}}(0)}{E'_{\mathrm{I}}(0)}=t'_{\mathrm{M}},\tag{6.20a}$$

$$r_{\mathrm{M}}=\frac{E'_{\mathrm{R}}(\ell)}{E'_{\mathrm{I}}(\ell)}=\frac{E'_{\mathrm{R}}(0)\mathrm{e}^{\mathrm{i}k\ell}}{E'_{\mathrm{I}}(0)\mathrm{e}^{-\mathrm{i}k\ell}}=\frac{E'_{\mathrm{R}}(0)}{E'_{\mathrm{I}}(0)}\mathrm{e}^{2\mathrm{i}k\ell}=r'_{\mathrm{M}}\mathrm{e}^{2\mathrm{i}k\ell}.\tag{6.20b}$$

注意这里的区别是透射光和入射光的传播方向相同，因此在形成 t_{M} 的比值中从 $z=\ell$ 到 $z=0$ 转换所累积的相位会抵消，但是反射光和入射光的传播方向相反，因此在形成 r_{M} 的比值中累积的相位会相加。

由 t_{M}，t'_{M}，r_{M} 和 r'_{M} 的表达式可以直接证明

$$r^*_{\mathrm{M}}r_{\mathrm{M}}+t^*_{\mathrm{M}}t'_{\mathrm{M}}=1,\tag{6.21a}$$

$$r^*_{\mathrm{M}}t'_{\mathrm{M}}+t^*_{\mathrm{M}}r'_{\mathrm{M}}=0.\tag{6.21b}$$

这样我们就获得了式 (6.10) 中的关系。 □

复合反射镜 反射镜和延迟线的组合可以整体当作单个复合反射镜 (compound mirror) 来处理，其反射系数和透射系数是复数且依赖于频率。例如，长度为 ℓ 的延迟线可以简单地表示为一个 $r=0$，$t=\mathrm{e}^{-\mathrm{i}k\ell}$ 的复合镜。一个更有趣的例子是在 6.1.2 节中讨论的法布里-珀罗腔。

6.1.2 法布里-珀罗腔

法布里-珀罗干涉仪由沿一个光轴上的两个反射镜组成，如图 6.6 所示，这形成一个腔。输入镜 (对于引力波探测器来说，这个镜子是检验质量，因此输入镜被称为**输入检验质量** (ITM)) 是部分透光的，它允许一些光进入腔。末端镜 (或者**末端检验质量** (ETM)) 是高度反射的。如果这两个镜子间的距离被正确调节，那么

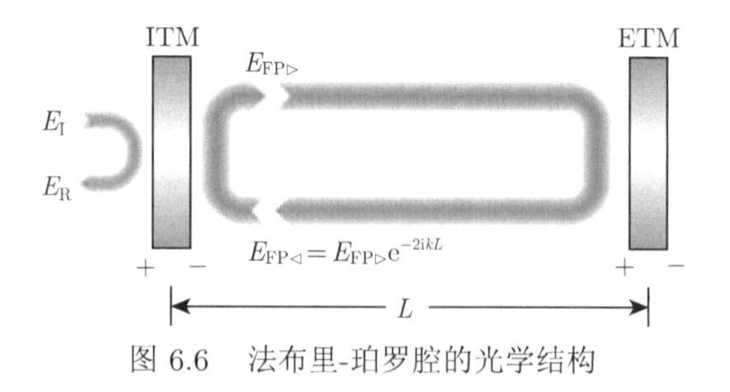

图 6.6 法布里-珀罗腔的光学结构

腔内的光功率将会增大。在该结构中，腔上的入射光和反射光 (从 ITM 反射的光与从法布里-珀罗腔内通过 ITM 透射的光的组合) 通过对腔长的微小变化高度敏感的相移相联系。

设 r_{ITM} 和 t_{ITM} 分别为 ITM 的反射系数和透射系数，类似地，设 r_{ETM} 和 t_{ETM} 分别为 ETM 的反射系数和透射系数。为了简单起见，我们做如下假定：① 光学元件是无损耗的，即 $|r|^2+|t|^2=1$；② ETM 是全反射的[①]，即 $r_{\mathrm{ETM}}=1$，$t_{\mathrm{ETM}}=0$(稍后我们将会再次讨论反射镜无损耗这个假定，因为我们将看到光学元件对光的吸收程度会影响干涉仪的灵敏度。)。法布里-珀罗腔内的场 $E_{\mathrm{FP}\triangleright}$ 是入射光 E_{I} 中穿过 ITM 的部分与腔内循环光 $E_{\mathrm{FP}\triangleleft}$ 的叠加，后者是由 ITM 反射形成的 (我们用符号 $\triangleright$ 表示离开 ITM 的光，$\triangleleft$ 表示返回 ITM 的光。)。循环光从 ITM 到 ETM 的传播过程中获得了一个相位因子 $\mathrm{e}^{-\mathrm{i}kL}$，其中 L 是腔长，从 ETM 返回 ITM 的途中也有一个类似的相位因子。因此

$$E_{\mathrm{FP}\triangleright}=t_{\mathrm{ITM}}E_{\mathrm{I}}-r_{\mathrm{ITM}}E_{\mathrm{FP}\triangleleft}=t_{\mathrm{ITM}}E_{\mathrm{I}}-r_{\mathrm{ITM}}\mathrm{e}^{-2\mathrm{i}kL}E_{\mathrm{FP}\triangleright}. \tag{6.22}$$

注意右边第二项包含被 ETM 和 ITM 反射回来的循环场，它获得了相移 $-2kL$。还要注意这一项中的负号：它由 ITM 的符号约定产生 (如图 6.6 所示，规定 ITM 的左侧为“+”)。对于法布里-珀罗腔内的循环场，这个方程的解为

$$E_{\mathrm{FP}\triangleright}=\frac{t_{\mathrm{ITM}}}{1+r_{\mathrm{ITM}}\mathrm{e}^{-2\mathrm{i}kL}}E_{\mathrm{I}}. \tag{6.23}$$

腔内的场可以通过对腔的调节达到最大——即通过改变两个镜子的间距 L，使得循环光发生共振。此时的长度 L_{res} 满足

$$\mathrm{e}^{-2\mathrm{i}kL_{\mathrm{res}}}=-1, \tag{6.24}$$

它产生的循环场为

$$E_{\mathrm{FP}\triangleright,\mathrm{res}}=\frac{t_{\mathrm{ITM}}}{1-r_{\mathrm{ITM}}}E_{\mathrm{I}}. \tag{6.25}$$

如果 r_{ITM} 接近于 1，则腔内的功率会大大增加。

现在可以计算法布里-珀罗腔的入射场 E_{I} 和反射场 E_{R} 之间的关系。反射场是入射场被 ITM 直接反射的部分和腔内循环场从 ITM 透过的部分的叠加：

$$\begin{aligned}E_{\mathrm{R}}&=r_{\mathrm{ITM}}E_{\mathrm{I}}+t_{\mathrm{ITM}}\mathrm{e}^{-2\mathrm{i}kL}E_{\mathrm{FP}\triangleright}\\&=\left[r_{\mathrm{ITM}}+\frac{t_{\mathrm{ITM}}^2\mathrm{e}^{-2\mathrm{i}kL}}{1+r_{\mathrm{ITM}}\mathrm{e}^{-2\mathrm{i}kL}}\right]E_{\mathrm{I}}\end{aligned}$$

① 原书注：对于 LIGO 来说这并非完全正确，一些光会穿过腔，但是 ETM 的透射系数非常小，因此我们将它忽略。

$$= \frac{r_{\rm ITM} + {\rm e}^{-2{\rm i}kL}}{1 + r_{\rm ITM}{\rm e}^{-2{\rm i}kL}} E_{\rm I}. \tag{6.26}$$

法布里-珀罗腔可被视为一个复合镜，其有效反射系数由比值 $E_{\rm R}/E_{\rm I}$ 定义：

$$r_{\rm FP}(L) = \frac{r_{\rm ITM} + {\rm e}^{-2{\rm i}kL}}{1 + r_{\rm ITM}{\rm e}^{-2{\rm i}kL}}. \tag{6.27}$$

它与腔长 L 有关。当腔发生共振时，$L = L_{\rm res}$，这里 $\exp(-2{\rm i}kL_{\rm res}) = -1$，

$$r_{\rm FP,res} := r_{\rm FP}(L_{\rm res}) = \frac{r_{\rm ITM} - 1}{1 - r_{\rm ITM}} = -1. \tag{6.28}$$

腔是全反射的，并且在共振时反射光的相移为 π。

法布里-珀罗腔的相位响应度量的是当共振中的法布里-珀罗腔的腔长改变一个很小的量 ΔL 时，$L = L_{\rm res} + \Delta L$，反射光相对入射光经历的额外相移的大小。接近共振时有效反射系数为

$$\begin{aligned} r_{\rm FP}(L_{\rm res} + \Delta L) &\simeq r_{\rm FP}(L_{\rm res}) + \left.\frac{{\rm d}r_{\rm FP}}{{\rm d}L}\right|_{L=L_{\rm res}} \Delta L \\ &= -1 + (-2{\rm i}k\Delta L)\left[\frac{{\rm e}^{-2{\rm i}kL}\left(1 - r_{\rm ITM}^2\right)}{\left(1 + r_{\rm ITM}{\rm e}^{-2{\rm i}kL}\right)^2}\right]_{L=L_{\rm res}} \\ &= -1 + \frac{1 + r_{\rm ITM}}{1 - r_{\rm ITM}} 2{\rm i}k\Delta L \\ &\simeq -\exp\left[-2{\rm i}k\left(\frac{1 + r_{\rm ITM}}{1 - r_{\rm ITM}}\right)\Delta L\right]. \end{aligned} \tag{6.29}$$

从此式可见，在接近共振时，腔长的一个微小变化 ΔL 将会对反射光的相位产生很大变化。如果只有 ETM 而没有 ITM，此结构即是一个长为 $2L$ 的延迟线，那么由臂长变化 ΔL 导致的相移将为 $-2{\rm i}k\Delta L$。然而，法布里-珀罗腔会放大该相移，其放大因子为

$$G_{\rm arm} = \frac{1 + r_{\rm ITM}}{1 - r_{\rm ITM}} = \frac{t_{\rm ITM}^2}{\left(1 - r_{\rm ITM}\right)^2}. \tag{6.30}$$

$G_{\rm arm}$ 被称为**臂腔增益**。对于初始 LIGO，$t_{\rm ITM}^2 = 2.8\%$，可得 $G_{\rm arm} = 140$。通过在臂上加入法布里-珀罗腔，LIGO 的灵敏度比光仅往返臂长一次时高了 140 倍。

例 6.3 反共振法布里-珀罗腔。

当 $\exp(-2{\rm i}kL_{\rm antires}) = +1$ 时，光被称为在法布里-珀罗腔中**反共振**。在此情况下，

$$E_{\rm FP\triangleright,\ antires} = \frac{t_{\rm ITM}}{1 + r_{\rm ITM}} E_{\rm I}. \tag{6.31}$$

当 r_{ITM} 接近 1 且 t_{ITM} 很小时，循环场比入射场小很多。此时反共振腔的有效反射系数为

$$r_{\mathrm{FP,antires}}=1, \tag{6.32}$$

因此，与共振的情况不同，反射场是没有相移的。对反共振有一个小的偏离时，反射系数为

$$r_{\mathrm{FP}}\left(L_{\text{antires }}+\Delta L\right) \simeq \exp \left[-2 \mathrm{i} k\left(\frac{1-r_{\mathrm{ITM}}}{1+r_{\mathrm{ITM}}}\right) \Delta L\right], \tag{6.33}$$

因此相移不是被因子 G_{arm} 放大，而是被因子 $1/G_{\mathrm{arm}}$ 抑制。这使得法布里-珀罗腔基本上对长度变化不敏感。 □

当入射到法布里-珀罗腔上的光波长发生变化时，存储在腔内的光从共振到反共振再回到共振。我们把一个完整的周期称为**自由光谱范围** (FSR)，它是相邻共振之间的波长变化，即 $4\pi L/\lambda_{\mathrm{FSR}}=2\pi$。FSR 频率为

$$f_{\mathrm{FSR}}:=\frac{c}{2L}. \tag{6.34}$$

对于臂长 4 km 的 LIGO，$f_{\mathrm{FSR}}=37$ kHz。法布里-珀罗腔的**精细度**描述了它所产生的干涉条纹的锐利程度。当入射光的波长发生变化时，光共振迅速消失同时法布里-珀罗腔内的功率下降：相对于自由光谱范围，法布里-珀罗腔内的功率仅在一个很窄的入射光频率范围显著增加。当频率为 $f_{1/2}=f_{\mathrm{res}}\pm\frac{1}{2}\Delta f_{\mathrm{FWHM}}$ 时，法布里-珀罗腔内的功率是最大共振功率的一半，这里 Δf_{FWHM} 是法布里-珀罗腔功率增大的窄光谱区的半高全宽 (FWHM)。自由光谱范围和 FWHM 的比值就是精细度：

$$\mathcal{F}:=\frac{f_{\mathrm{FSR}}}{f_{\mathrm{FWHM}}}=\frac{\pi}{2\arcsin\left(\dfrac{1-r_{\mathrm{ITM}}}{2\sqrt{r_{\mathrm{ITM}}}}\right)}\approx\frac{\pi\sqrt{r_{\mathrm{ITM}}}}{1-r_{\mathrm{ITM}}}. \tag{6.35}$$

初始 LIGO 的臂腔精细度为 $\mathcal{F}=220$。进入腔内的每个光子在腔内往返的平均次数为

$$\langle N_{\mathrm{round-trips}}\rangle=\frac{r_{\mathrm{ITM}}^2}{1-r_{\mathrm{ITM}}^2}\approx\frac{1}{4}G_{\mathrm{arm}}. \tag{6.36}$$

法布里-珀罗腔的**光存储时间** τ_{s} 是任何光子停留在腔内的典型时间，

$$\tau_{\mathrm{s}}:=\frac{2L}{c}\langle N_{\text{round-trips }}\rangle\approx\frac{1}{2}\frac{L}{c}G_{\mathrm{arm}}\approx\frac{L}{c}\frac{\mathcal{F}}{\pi}. \tag{6.37}$$

(参见习题 6.1)。

原则上，通过监测反射光的相位，可以使用单个大型法布里-珀罗腔作为引力波探测器。入射到腔上的引力波将略微影响腔长，并且产生反射光的相移。不幸的是，入射到腔上的激光中的任何振幅和频率噪声也会在反射光中产生相移，并且很难产生稳定度达到引力波天文学所需灵敏度要求的光源。因此，LIGO 在迈克耳孙干涉仪两个臂的末端各使用了一个法布里-珀罗腔。我们将看到，迈克耳孙干涉仪有两个输出端口，而光的振幅和频率仅会出现于从其中一个端口 (对称端口) 发出的光中。因此，采用迈克耳孙干涉仪可以从本质上减轻激光噪声问题。

6.1.3 迈克耳孙干涉仪

迈克耳孙干涉仪利用一个**分束镜** (BS)，即一个部分透光镜，将入射光分为两束沿正交方向传播的光。这些沿正交的臂传播的光束被末端反射镜反射回分束镜。此后会有两束光出现：一束光沿着与入射光相同的轴 (X 轴) 从干涉仪的**对称输出端口**离开，另一束光沿着正交的轴 (Y 轴) 从干涉仪的**反对称输出端口**离开。

我们把进入迈克耳孙干涉仪的光记为 E_{MICH}，从干涉仪对称端口离开的光记为 E_{SYMM}，从干涉仪反对称端口离开的光为 E_{ANTI}(参见图 6.2 和图 6.7)。设干涉仪沿 X 轴的长度为 ℓ_1，即从光进入干涉仪的点到 X 轴末端反射镜的光程长度；设干涉仪沿 Y 轴的长度为 ℓ_2，即从光进入干涉仪的点到 Y 轴末端反射镜的光程长度。如果我们将进入干涉仪的入射光的参考点定为其打在分束镜的位置，则 ℓ_1 就是分束镜到 X 轴反射镜的距离，ℓ_2 就是分束镜到 Y 轴反射镜的距离，这是为了方便而做的简化 (虽然结果并不需要它)。我们同时假设分束镜是半反半透的，即 $r_{\mathrm{BS}}=t_{\mathrm{BS}}=1/\sqrt{2}$。于是，$X$ 臂和 Y 臂上的透射光和反射光为

$$E_1=E_2=\frac{1}{\sqrt{2}}E_{\mathrm{MICH}}. \tag{6.38}$$

沿着两臂传播后，这两束光返回分束镜并重新组合形成场

$$\begin{aligned} E_{\mathrm{SYMM}} &= r_{\mathrm{BS}}r_2E_2\mathrm{e}^{-2\mathrm{i}k\ell_2}+t_{\mathrm{BS}}r_1E_1\mathrm{e}^{-2\mathrm{i}k\ell_1} \\ &= \frac{1}{2}E_{\mathrm{MICH}}\left[r_2\mathrm{e}^{-2\mathrm{i}k\ell_2}+r_1\mathrm{e}^{-2\mathrm{i}k\ell_1}\right] \end{aligned} \tag{6.39a}$$

和

$$\begin{aligned} E_{\mathrm{ANTI}} &= t_{\mathrm{BS}}r_2E_2\mathrm{e}^{-2\mathrm{i}k\ell_2}-r_{\mathrm{BS}}r_1E_1\mathrm{e}^{-2\mathrm{i}k\ell_1} \\ &= \frac{1}{2}E_{\mathrm{MICH}}\left[r_2\mathrm{e}^{-2\mathrm{i}k\ell_2}-r_1\mathrm{e}^{-2\mathrm{i}k\ell_1}\right], \end{aligned} \tag{6.39b}$$

其中 r_1 是 X 臂末端反射镜的反射系数，r_2 是 Y 臂末端反射镜的反射系数。这些表达式经常使用 ℓ_1 和 ℓ_2 的平均臂长 $\bar{\ell}:=\frac{1}{2}(\ell_1+\ell_2)$ 和臂长差 $\delta:=\ell_1-\ell_2$ 来

重新表示，

$$\ell_1 = \bar{\ell} + \frac{1}{2}\delta, \tag{6.40a}$$

$$\ell_2 = \bar{\ell} - \frac{1}{2}\delta. \tag{6.40b}$$

如果将迈克耳孙干涉仪看作一个复合镜，那么我们就可以求出它的有效复反射系数 (从对称输出方向反射) 和透射系数 (从反对称输出方向透射)：

$$r_{\mathrm{MI}} := \frac{E_{\mathrm{SYMM}}}{E_{\mathrm{MICH}}} = \frac{1}{2}\mathrm{e}^{-2\mathrm{i}k\bar{\ell}}\left[r_2\mathrm{e}^{\mathrm{i}k\delta} + r_1\mathrm{e}^{-\mathrm{i}k\delta}\right] \tag{6.41a}$$

和

$$t_{\mathrm{MI}} := \frac{E_{\mathrm{ANTI}}}{E_{\mathrm{MICH}}} = \frac{1}{2}\mathrm{e}^{-2\mathrm{i}k\bar{\ell}}\left[r_2\mathrm{e}^{\mathrm{i}k\delta} - r_1\mathrm{e}^{-\mathrm{i}k\delta}\right]. \tag{6.41b}$$

例 6.4 迈克耳孙干涉仪引力波探测器。

一个简单的迈克耳孙干涉仪引力波探测器可以采用全反射的末端镜建造，$r_1 = r_2 = 1$。在这种情况下，干涉仪的有效反射系数和透射系数分别为

$$r_{\mathrm{MI}} = \mathrm{e}^{-2\mathrm{i}k\bar{\ell}}\cos(k\delta) \tag{6.42}$$

和

$$t_{\mathrm{MI}} = \mathrm{i}\mathrm{e}^{-2\mathrm{i}k\bar{\ell}}\sin(k\delta). \tag{6.43}$$

初始时，如果将两臂调整为等长 (在引力波不存在的情况下)，则 $|r_{\mathrm{MI}}| = 1$ 且 $t_{\mathrm{MI}} = 0$，此时反对称输出端口没有光透出。引力波改变两臂长的方式不同，这将影响有效透射系数，从而使反对称端口有光透出，这将是引力波 (或者其他改变臂长的效应) 的信号。

这种探测器可以通过使用长臂法布里-珀罗腔代替全反射末端镜来提高灵敏度。 □

在 LIGO 中，迈克耳孙干涉仪的末端反射镜实际上是 4 km 长的法布里-珀罗腔，因此 r_1 和 r_2 是这两个法布里-珀罗复合镜的有效反射系数，$r_1 = r_{\mathrm{FP}}(L_1)$ 和 $r_2 = r_{\mathrm{FP}}(L_2)$，其中 L_1 和 L_2 分别是沿 X 轴和 Y 轴的法布里-珀罗腔的长度。虽然引力波会影响迈克耳孙干涉仪的臂长 ℓ_1 和 ℓ_2，以及法布里-珀罗腔的臂长 L_1 和 L_2，但是法布里-珀罗迈克耳孙干涉仪对法布里-珀罗腔的臂长变化比迈克耳孙干涉仪对臂长变化要灵敏得多 (两个原因：其一是这些臂比迈克耳孙的臂要长大约三个数量级；其二是腔增益将法布里-珀罗腔长度变化的灵敏度再放大了两个数量级)。因此，即使当引力波存在时我们也将 ℓ_1 和 ℓ_2 近似视为常数。

虽然 ℓ_1 和 ℓ_2 近似为常数，但是 LIGO 中将其有意地设为不等；这种不平衡称作 **Schnupp 不对称**，它对干涉仪的锁定和射频读出方案来说是重要的。对于初始 LIGO，迈克耳孙臂长差为 $\delta = 0.278$ m。迈克耳孙臂长的选择需要使载体光满足 $\exp\left(\mathrm{i}k\bar{\ell}\right) = 1$ 和 $\exp\left(\mathrm{i}k\delta\right) = 1$，尽管如此，我们将暂时保持这些表达式的一般性。

法布里-珀罗迈克耳孙干涉仪 (参见图 6.7) 的有效反射系数和透射系数分别为

$$r_{\mathrm{FPMI}}\left(L_1, L_2\right) := \frac{E_{\mathrm{SYMM}}}{E_{\mathrm{MICH}}} = \frac{1}{2}\mathrm{e}^{-2\mathrm{i}k\bar{\ell}}\left[r_{\mathrm{FP}}\left(L_2\right)\mathrm{e}^{\mathrm{i}k\delta} + r_{\mathrm{FP}}\left(L_1\right)\mathrm{e}^{-\mathrm{i}k\delta}\right] \tag{6.44a}$$

和

$$t_{\mathrm{FPMI}}\left(L_1, L_2\right) := \frac{E_{\mathrm{ANTI}}}{E_{\mathrm{MICH}}} = \frac{1}{2}\mathrm{e}^{-2\mathrm{i}k\bar{\ell}}\left[r_{\mathrm{FP}}\left(L_2\right)\mathrm{e}^{\mathrm{i}k\delta} - r_{\mathrm{FP}}\left(L_1\right)\mathrm{e}^{-\mathrm{i}k\delta}\right]. \tag{6.44b}$$

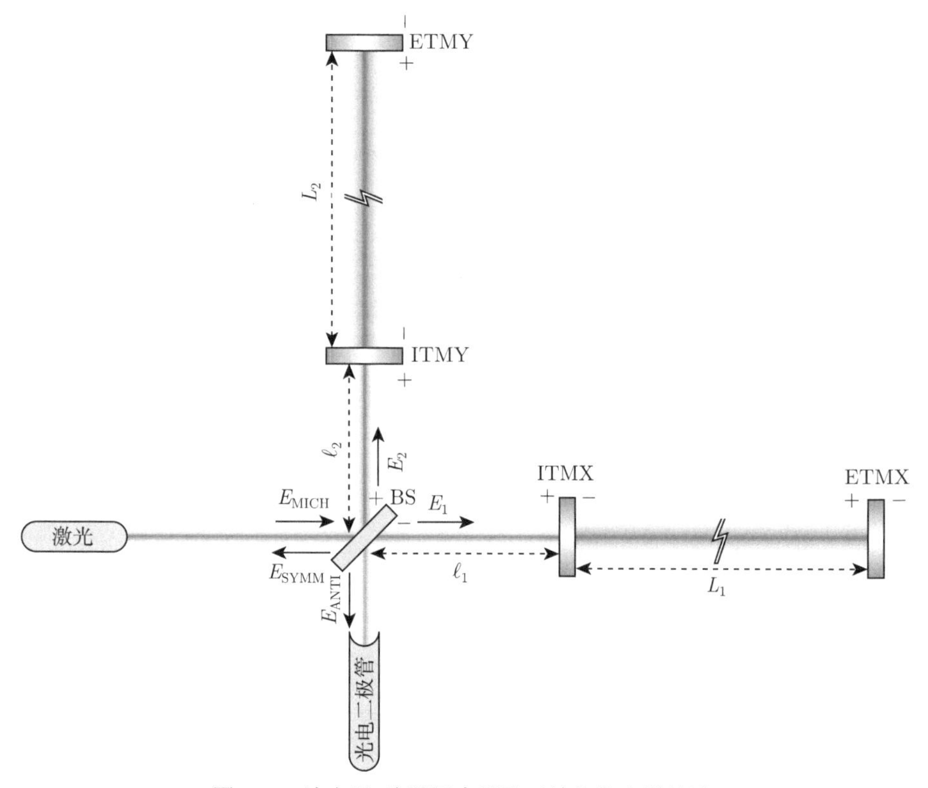

图 6.7　法布里-珀罗迈克耳孙干涉仪的光学构造

当光在法布里-珀罗臂中共振时，$r_{\mathrm{FP}}=-1$，并且

$$r_{\mathrm{FPMI,res}}:=r_{\mathrm{FPMI}}\left(L_{1,\mathrm{res}},L_{2,\mathrm{res}}\right)=-\mathrm{e}^{-2\mathrm{i}k\bar{\ell}}\cos(k\delta) \tag{6.45a}$$

和

$$t_{\mathrm{FPMI,\ res}}:=t_{\mathrm{FPMI}}\left(L_{1,\mathrm{res}},L_{2,\mathrm{res}}\right)=-\mathrm{ie}^{-2\mathrm{i}k\bar{\ell}}\sin(k\delta). \tag{6.45b}$$

当腔稍微偏离共振时，

$$\begin{aligned}&r_{\mathrm{FPMI}}\left(L_{1,\mathrm{res}}+\Delta L_1,L_{2,\mathrm{res}}+\Delta L_2\right)\\=&\,r_{\mathrm{FPMI,res}}+\frac{1}{2}\mathrm{e}^{-2\mathrm{i}k\bar{\ell}}G_{\mathrm{arm}}\left(2\mathrm{i}k\Delta L_2\mathrm{e}^{\mathrm{i}k\delta}+2\mathrm{i}k\Delta L_1\mathrm{e}^{-\mathrm{i}k\delta}\right)\end{aligned} \tag{6.46a}$$

和

$$\begin{aligned}&t_{\mathrm{FPMI}}\ \left(L_{1,\mathrm{res}}+\Delta L_1,L_{2,\mathrm{res}}+\Delta L_2\right)\\=&\,t_{\mathrm{FPMI,res}}+\frac{1}{2}\mathrm{e}^{-2\mathrm{i}k\bar{\ell}}G_{\mathrm{arm}}\left(2\mathrm{i}k\Delta L_2\mathrm{e}^{\mathrm{i}k\delta}-2\mathrm{i}k\Delta L_1\mathrm{e}^{-\mathrm{i}k\delta}\right).\end{aligned} \tag{6.46b}$$

在完全对称的迈克耳孙干涉仪中，入射激光的振幅和频率噪声不会出现在反对称读出中；这些噪声被全部传送到对称读出中 (参见习题 6.2)。但是，在地基干涉仪探测器中，两个臂光学性质的略微差异将使一些噪声混入反对称输出通道，因此需要具有高度稳定性的激光。幸运的是，通过测量对称通道中的频率噪声，反馈控制系统可以稳定激光频率噪声。

6.1.4 功率回收

功率回收的目的是增加干涉仪中的光功率，正如我们之前所描述的，这将带来灵敏度的提高。功率回收镜 (PRM) 被放置在激光器和分束镜之间，从而会在回收镜和代表法布里-珀罗迈克耳孙干涉仪的复合镜之间产生一个有效腔。入射到功率回收镜上的激光和被其反射的激光分别为 E_{INC} 和 E_{REFL}，而在回收腔内 E_{MICH} 为入射到干涉仪的场，E_{SYMM} 为离开干涉仪 (回到回收镜) 的场，E_{ANTI} 为有效地透过功率回收的法布里-珀罗迈克耳孙干涉仪的场 (参见图 6.8)。这些场具有如下关系：

$$E_{\mathrm{MICH}}=t_{\mathrm{PRM}}E_{\mathrm{INC}}-r_{\mathrm{PRM}}E_{\mathrm{SYMM}}, \tag{6.47a}$$

$$E_{\mathrm{REFL}}=r_{\mathrm{PRM}}E_{\mathrm{INC}}+t_{\mathrm{PRM}}E_{\mathrm{SYMM}}, \tag{6.47b}$$

$$E_{\mathrm{SYMM}}=r_{\mathrm{FPMI}}E_{\mathrm{MICH}}, \tag{6.47c}$$

$$E_{\mathrm{ANTI}}=t_{\mathrm{FPMI}}E_{\mathrm{MICH}}. \tag{6.47d}$$

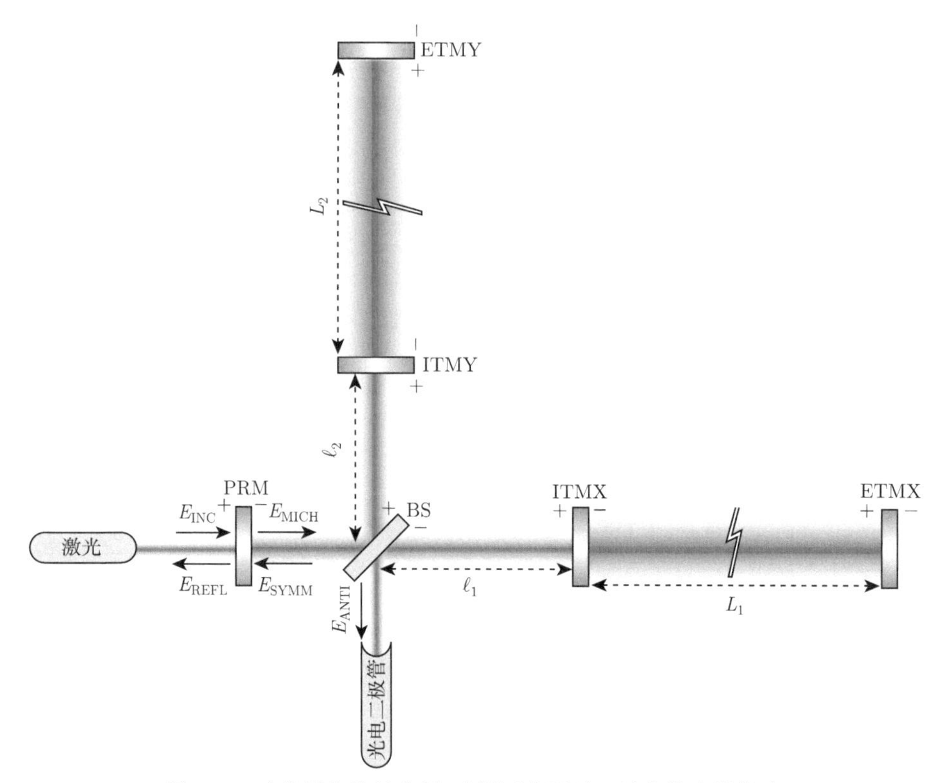

图 6.8　功率回收的法布里-珀罗迈克耳孙干涉仪的光学构造

由这些关系可以得出

$$\frac{E_{\text{MICH}}}{E_{\text{INC}}} = \frac{t_{\text{PRM}}}{1 + r_{\text{PRM}} r_{\text{FPMI}}}, \tag{6.48a}$$

$$r_{\text{PRFPMI}} := \frac{E_{\text{REFL}}}{E_{\text{INC}}} = \frac{r_{\text{PRM}} + r_{\text{FPMI}}}{1 + r_{\text{PRM}} r_{\text{FPMI}}}, \tag{6.48b}$$

$$t_{\text{PRFPMI}} := \frac{E_{\text{ANTI}}}{E_{\text{INC}}} = \frac{t_{\text{PRM}} t_{\text{FPMI}}}{1 + r_{\text{PRM}} r_{\text{FPMI}}}. \tag{6.48c}$$

为了使回收腔内的功率增强，我们想要让 $E_{\text{MICH}}/E_{\text{INC}}$ 达到最大。当法布里-珀罗腔内的光发生共振时，$r_{\text{FPMI,res}} = -\exp\left(-2\mathrm{i}k\bar{\ell}\right)\cos(k\delta)$。我们可以选取 $\bar{\ell}$ 和 δ，使得对于载频光有 $\exp\left(-2\mathrm{i}k\bar{\ell}\right) = 1$ 和 $\cos(k\delta) = 1$；从而有 $r_{\text{FPMI,res}} = -1$。这导致功率增大为

$$\left|\frac{E_{\text{MICH}}}{E_{\text{INC}}}\right|^2 = \left(\frac{t_{\text{PRM}}}{1 - r_{\text{PRM}}}\right)^2. \tag{6.49}$$

似乎可以让 $r_{\text{PRM}} \to 1$ 使功率回收的增益趋于无限大。事实上，主要由于法布里-珀罗腔的光损失，这在实际中是达不到的。虽然光学元件的吸收率只有几个

ppm(百万分之一)，但是经过法布里-珀罗腔内的几百次反射后，$\sim 1\%$的光会被损失。结果是 $r_{\text{FPMI,res}}$ 接近但并不完全等于 -1。假设法布里-珀罗迈克耳孙干涉仪的有效吸收率为 A_{FPMI}，那么

$$r_{\text{FPMI,res}}^2 + A_{\text{FPMI}} = 1 \tag{6.50}$$

(腔内无光穿过)。功率回收增益为

$$\begin{aligned} G_{\text{prc}} &:= \left|\frac{E_{\text{MICH}}}{E_{\text{INC}}}\right|^2 = \left(\frac{t_{\text{PRM}}}{1 + r_{\text{PRM}} r_{\text{FPMI}}}\right)^2 \\ &= \frac{1 - r_{\text{PRM}}^2}{\left(1 + r_{\text{PRM}} r_{\text{FPMI}}\right)^2}. \end{aligned} \tag{6.51}$$

为了使增益最大，回收镜的反射系数必须满足 $r_{\text{PRM}} = -r_{\text{FPMI,res}}$。这样做产生的功率回收增益为

$$G_{\text{prc}} = \frac{1}{A_{\text{FPMI}}}. \tag{6.52}$$

因此，干涉仪的整体灵敏度受限于光学元件的光学损失。对于初始 LIGO，$G_{\text{prc}} \simeq 50$。

选择 $r_{\text{PRM}} = -r_{\text{FPMI,res}}$ 的一个有趣结果是，当光在臂中共振时，我们有 $r_{\text{PRFPMI,res}} = t_{\text{PRFPMI,res}} = 0$。也就是说进入干涉仪的每个光子最终都将被某个光学元件吸收。没有光从反对称 (读出) 端口或者反射端口透出。

6.1.5 读出

正如我们刚看到的，当干涉仪内的光发生共振时，功率回收的法布里-珀罗迈克耳孙干涉仪的反对称端口是暗的。这会引入一个问题，因为读出设备是一个在反对称端口测量光强的光电二极管。测量到的光电流为

$$I_{\text{AS}} \propto \left|E_{\text{ANTI}}\right|^2, \tag{6.53}$$

其中

$$E_{\text{ANTI}} = E_{\text{INC}} G_{\text{prc}}^{1/2}\, t_{\text{FPMI}}\left(L_1, L_2\right). \tag{6.54}$$

我们选择的 $\bar{\ell}$ 和 δ 使得 $\exp\left(-2\mathrm{i}k\bar{\ell}\right) = 1$ 和 $\cos\left(k\delta\right) = 1$，由此可得

$$t_{\text{FPMI}}\left(L_{1,\text{res}}, L_{2,\text{res}}\right) = 0 \tag{6.55}$$

和

$$t_{\text{FPMI}}\left(L_{1,\text{res}} + \Delta L_1, L_{2,\text{res}} + \Delta L_2\right) = -\mathrm{i} G_{\text{arm}} k \left(\Delta L_1 - \Delta L_2\right). \tag{6.56}$$

因此

$$E_{\mathrm{ANTI}} = -\mathrm{i}E_{\mathrm{INC}}G_{\mathrm{prc}}^{1/2}G_{\mathrm{arm}}k\Delta L, \tag{6.57}$$

其中

$$\Delta L := \Delta L_1 - \Delta L_2 \tag{6.58}$$

是两个臂偏离各自共振长度的差。

因此光电流是臂长变化差的平方

$$I_{\mathrm{AS}} = I_0 G_{\mathrm{prc}}\, G_{\mathrm{arm}}^2\, (k\Delta L)^2, \tag{6.59}$$

其中 I_0 是激光功率 $(|E_{\mathrm{INC}}|^2)$。这会在引力波的探测中引入一个问题：引力波仅对臂长产生一个微小的改变，而光电流的变化是该小量的平方。事实上，真正的问题是光学元件的准直性总是不完美的，这会导致少量的杂散光 (stray light) 泄露到反对称端口。这个**对比度缺陷**意味着我们测量的光电流的变化要大于反对称端口的光功率泄露。

在初始 LIGO 中，输入干涉仪的激光被射频 (RF) 调制，其中载体光的 RF 边带在法布里-珀罗腔内反共振并且被传送到 (通过 Schnupp 不对称) 反对称端口。然后，当臂长差变化时，通过反对称端口离开的载体光将与 RF 边带发生拍频，并可被解调形成可测量的信号。

增强 LIGO(Enhanced LIGO) 采用了一种更加简单的读出方案 (尽管仍然用 RF 调制来锁定干涉仪)：臂长差 ΔL 被有意地保持在某个小量 ΔL_0 附近，这允许一小部分光通过反对称端口离开干涉仪。而当对 ΔL_0 偏移一个小量 x，即 $\Delta L = \Delta L_0 + x$ 时，

$$\frac{I_{\mathrm{AS}}}{I_0} = G_{\mathrm{prc}}G_{\mathrm{arm}}^2\left[(k\Delta L_0)^2 + 2\,(k\Delta L_0)\,(kx) + O\left(x^2\right)\right] + C_{\mathrm{d}}, \tag{6.60}$$

其中 C_{d} 是对比度缺陷。

为了确定产生臂长差变化 x 的信号能否被探测到，考虑读出 I_{AS} 中固有的噪声贡献是重要的。最基本的噪声源是散粒噪声 (尽管它不是低频引力波信号的主要噪声源)：

$$S_I = 2\hbar ckI_{\mathrm{AS}} = 2\hbar ckI_0G_{\mathrm{prc}}G_{\mathrm{arm}}^2\,(k\Delta L_0)^2\,, \tag{6.61}$$

这里我们假设对比度缺陷比条纹偏移 $k\Delta L_0$ 小，同时也假设当引力波存在时它所产生的臂长差变化对散粒噪声的水平没有影响。另一方面，我们尝试测量的信号，即引力波在探测器上引起的应变差，$h = x/L$，产生了一个读出 I_{AS}

$$I_{\mathrm{AS}} = Ch + \text{常量}, \tag{6.62}$$

其中

$$C = 2I_0 G_{\mathrm{prc}} G_{\mathrm{arm}}^2 (k\Delta L_0)(kL) \tag{6.63}$$

称为检测函数 (sensing function)。在应变当量 (strain-equivalent) 单位中，噪声功率谱为

$$S_h = \frac{S_I}{|C|^2} = \frac{\hbar ck}{2I_0 G_{\mathrm{prc}} G_{\mathrm{arm}}^2 (kL)^2}. \tag{6.64}$$

在应变当量单位中，随着激光功率、回收腔增益、臂腔增益和臂长的增加，散粒噪声将减小。另一种用入射到分束镜的功率表示的散粒噪声为 $I_{\mathrm{BS}} = I_0 G_{\mathrm{prc}}$，并且光存储时间 τ_{s}(通过 $G_{\mathrm{arm}} \approx 2c\tau_{\mathrm{s}}/L$ 与臂增益相关) 为

$$S_h^{1/2} = \sqrt{\frac{\pi\hbar\lambda_{\mathrm{laser}}}{I_{\mathrm{BS}}c}\frac{1}{4\pi\tau_{\mathrm{s}}}}. \tag{6.65}$$

功率谱密度的平方根 $S_h^{1/2}(f)$ 被称为**振幅应变灵敏度**。

回想一下，在最佳条件下，功率回收腔的增益是由仪器中的光损失 A_{FPMI} 决定的，即 $G_{\mathrm{prc}} = 1/A_{\mathrm{FPMI}}$。这些光损失是各个光学元件累积的结果。粗略而言，一个光子在法布里-珀罗腔内的每次往返中会遇到两个光学元件 (末端反射镜)，而一个光子会平均做 G_{arm} 次往返。可以证明 $A_{\mathrm{FPMI}} = 2G_{\mathrm{arm}}A$，这里 A 是每个光学元件的吸收率。因此振幅应变灵敏度可以表示为

$$S_h^{1/2} = \frac{\lambda_{\mathrm{laser}}}{L}\sqrt{\frac{\hbar c/\lambda_{\mathrm{laser}}}{2\pi I_0}\frac{A}{G_{\mathrm{arm}}}}. \tag{6.66}$$

对于初始 LIGO，$\lambda_{\mathrm{laser}} \simeq 1\ \mu\mathrm{m}$，$I_0 \simeq 5\ \mathrm{W}$，$A \sim 10\ \mathrm{ppm}$，$G_{\mathrm{arm}} \simeq 140$，并且 $L = 4000\ \mathrm{m}$。由此可得 $S_h^{1/2} \sim 10^{-23}\mathrm{Hz}^{-1/2}$。

一旦选定了激光的特性 (I_0 和 λ_{laser})、光学元件的品质 (A) 和设施的大小 (L)，那么这个灵敏度估计中涉及的主要自由参数即为臂腔增益 G_{arm}，或者等价为 ITM 反射镜的反射系数 r_{ITM}。这个量似乎是越大越好。不过，我们将在 6.1.6 节看到，随着 G_{arm} 的增加，干涉仪的带宽 (探测器灵敏的引力波信号频率) 会减小 (对于固定的吸收率 A)。在低频段，主要噪声源不是散粒噪声，因此调整仪器以使其对低频引力波具有高灵敏度并不能带来真正的优化。为了量化这一点，我们现在需要计算干涉仪的频率响应。

例 6.5 射频读出。

初始 LIGO 采用了**射频读出** (**RF 读出**) 方案。入射到干涉仪上的光以射电频率 ω_{RF} 进行调制，使得

$$E_{\mathrm{INC}} = E_0 \mathrm{e}^{\mathrm{i}\Gamma\cos\omega_{\mathrm{RF}}t} \tag{6.67}$$

这里 $\varGamma$ 是 (小的) 调制深度 (modulation depth)，E_0 是激光的电场振幅。已知，$\exp\left[\frac{1}{2}x\left(t-t^{-1}\right)\right]=\sum_{n=-\infty}^{\infty}J_n\left(x\right)t^n$ 是贝塞尔函数的母函数，我们可得

$$
\begin{aligned}
E_{\mathrm{INC}} &= E_0\sum_{n=-\infty}^{\infty}J_n(\varGamma)\left(\mathrm{ie}^{\mathrm{i}\omega_{\mathrm{RF}}t}\right)^n \\
&= E_0\left\{J_0(\varGamma)+\mathrm{i}J_1(\varGamma)\mathrm{e}^{\mathrm{i}\omega_{\mathrm{RF}}t}-\mathrm{i}J_{-1}(\varGamma)\mathrm{e}^{-\mathrm{i}\omega_{\mathrm{RF}}t}\right\}+O\left(\varGamma^2\right) \\
&= E_0\left\{J_0(\varGamma)+\mathrm{i}J_1(\varGamma)\mathrm{e}^{\mathrm{i}\omega_{\mathrm{RF}}t}+\mathrm{i}J_1(\varGamma)\mathrm{e}^{-\mathrm{i}\omega_{\mathrm{RF}}t}\right\}+O\left(\varGamma^2\right).
\end{aligned}
\tag{6.68}
$$

其中第一项表示载频光，下面两项表示该载频光的两个边带：上边带的频率为 $\omega_1=\omega_0+\omega_{\mathrm{RF}}$，下边带的频率为 $\omega_{-1}=\omega_0-\omega_{\mathrm{RF}}$。这里 ω_0 是载频。注意对于 $\varGamma<1$ 有 $J_1\left(\varGamma\right)\simeq\frac{1}{2}\varGamma$。

在 RF 读出方案中，法布里-珀罗臂长的选择是要使腔内载频光发生共振，而调制频率的选择是要使边带光发生反共振。这使得上下边带光对法布里-珀罗腔长的任何微小变化基本上不敏感，所以这些边带不会被引力波信号影响。因此当我们考虑边带光时可以忽略法布里-珀罗腔。

迈克耳孙干涉仪臂长的设计是为了使没有载频光透过反对称端口。然而，由于 Schnupp 不对称，一些边带光会透过。对于边带光，迈克耳孙干涉仪的反射系数和透射系数分别为

$$
r_{\mathrm{FPMI},k=k_0\pm k_{\mathrm{RF}}}=\mathrm{e}^{\mp 2\mathrm{i}k_{\mathrm{RF}}\bar{\ell}}\cos\left(k_{\mathrm{RF}}\delta\right)
\tag{6.69a}
$$

和

$$
t_{\mathrm{FPMI},k=k_0\pm k_{\mathrm{RF}}}=\pm\mathrm{ie}^{\mp 2\mathrm{i}k_{\mathrm{RF}}\bar{\ell}}\sin\left(k_{\mathrm{RF}}\delta\right),
\tag{6.69b}
$$

这里 $k_0=\omega_0/c$，$k_{\mathrm{RF}}=\omega_{\mathrm{RF}}/c$。对迈克耳孙干涉仪添加回收镜将使干涉仪内的边带光增强，但这会受到现在被传送到反对称端口的光的限制。迈克耳孙臂长的平均值 $\bar{\ell}$ 需要满足 $\exp\left(-2\mathrm{i}k_{\mathrm{RF}}\bar{\ell}\right)=-1$。因此，边带光的有效反射系数和透射系数分别为

$$
r_{\mathrm{PRFPMI},k=k_0\pm k_{\mathrm{RF}}}=\frac{r_{\mathrm{PRM}}-\cos\left(k_{\mathrm{RF}}\delta\right)}{1-r_{\mathrm{PRM}}\cos\left(k_{\mathrm{RF}}\delta\right)}
\tag{6.70a}
$$

和

$$
\pm\, t_{\mathrm{sb}}:=t_{\mathrm{PRFPMI},k=k_0\pm k_{\mathrm{RF}}}=\frac{\mp\mathrm{i}t_{\mathrm{PRM}}\sin\left(k_{\mathrm{RF}}\delta\right)}{1-r_{\mathrm{PRM}}\cos\left(k_{\mathrm{RF}}\delta\right)},
\tag{6.70b}
$$

其中第二个式子定义了 t_{sb}：反对称端口的边带透射系数。

现在反对称端口的电场由两部分贡献组成：载体场 (当 $\Delta L=0$ 时为 0) 和射频的上下边带：

$$\begin{aligned}E_{\mathrm{ANTI}}&=E_{\mathrm{ANTI},k=k_0}+E_{\mathrm{ANTI},k=k_0+k_{\mathrm{RF}}}+E_{\mathrm{ANTI},k=k_0-k_{\mathrm{RF}}}\\&=E_0\left\{-\mathrm{i}J_0(\varGamma)G_{\mathrm{prc}}^{1/2}G_{\mathrm{arm}}k_0\Delta L+\mathrm{i}J_1(\varGamma)\mathrm{e}^{\mathrm{i}\omega_{\mathrm{RF}}t}t_{\mathrm{sb}}-\mathrm{i}J_1(\varGamma)\mathrm{e}^{-\mathrm{i}\omega_{\mathrm{RF}}t}t_{\mathrm{sb}}\right\}.\end{aligned}\tag{6.71}$$

位于反对称端口的光电二极管上的光强现在包含：①实际上对引力波不灵敏的零频 (DC) 部分 (它是 ΔL 的二次小量)；②载体光和边带光之间的交叉项，它正比于 ΔL 并且会显示一倍于射频的拍频；③两倍于射频的边带-边带拍频，它对引力波也不灵敏：

$$\begin{aligned}I_{\mathrm{ANTI}}&=\left|E_{\mathrm{ANTI},k=k_0}+E_{\mathrm{ANTI},k=k_0+k_{\mathrm{RF}}}+E_{\mathrm{ANTI},k=k_0-k_{\mathrm{RF}}}\right|^2\\&=\left|E_{\mathrm{ANTI},k=k_0}\right|^2+\left|E_{\mathrm{ANTI},k=k_0+k_{\mathrm{RF}}}\right|^2+\left|E_{\mathrm{ANTI},k=k_0-k_{\mathrm{RF}}}\right|^2\\&\quad+\left[E^*_{\mathrm{ANTI},k=k_0}\left(E_{\mathrm{ANTI},k=k_0+k_{\mathrm{RF}}}+E_{\mathrm{ANTI},k=k_0-k_{\mathrm{RF}}}\right)+\mathrm{cc}\right]\\&\quad+E^*_{\mathrm{ANTI},k=k_0+k_{\mathrm{RF}}}E_{\mathrm{ANTI},k=k_0-k_{\mathrm{RF}}}+E_{\mathrm{ANTI},k=k_0+k_{\mathrm{RF}}}E^*_{\mathrm{ANTI},k=k_0-k_{\mathrm{RF}}}\\&=(\text{直流项})\\&\quad-4\left|E_0\right|^2J_0(\varGamma)J_1(\varGamma)\left|t_{\mathrm{sb}}\right|G_{\mathrm{prc}}^{1/2}G_{\mathrm{arm}}k_0\Delta L\sin\left(\omega_{\mathrm{RF}}t\right)\\&\quad+(\text{边带与边带的交叉项}).\end{aligned}\tag{6.72}$$

干涉仪臂长差变化 ΔL 会引入载体光和边带光在射频段的拍频。通过将信号光和入射光叠加后在光电二极管上产生的拍频信号与 RF 振荡器相混合，可以解调出位移测量的信号。此过程将产生两个反对称 (AS) 读出信号，一个同相 (in-phase) 信号和一个正交相位 (quadrature-phase) 信号：

$$\mathrm{AS_I}:=\frac{1}{T}\int_0^T I_{\mathrm{ANTI}}\cos\left(\omega_{\mathrm{RF}}t\right)\mathrm{d}t,\tag{6.73}$$

$$\mathrm{AS_Q}:=\frac{1}{T}\int_0^T I_{\mathrm{ANTI}}\sin\left(\omega_{\mathrm{RF}}t\right)\mathrm{d}t,\tag{6.74}$$

其中 T 是多个射频拍周期的积分时间。注意引力波不会在 $\mathrm{AS_I}$ 输出端产生信号，但是它会在 $\mathrm{AS_Q}$ 输出端产生信号：

$$\mathrm{AS_Q}=2I_0J_0(\varGamma)J_1(\varGamma)\left|t_{\mathrm{sb}}\right|G_{\mathrm{prc}}^{1/2}G_{\mathrm{arm}}k_0\Delta L.\tag{6.75}$$

从此式我们可以找出 RF 读出方案的检测函数：

$$\mathrm{AS_Q} = Ch, \tag{6.76}$$

其中

$$C = 2I_0 J_0(\mathit{\Gamma}) J_1(\mathit{\Gamma}) \left|t_{\mathrm{sb}}\right| G_{\mathrm{prc}}^{1/2} G_{\mathrm{arm}}(k_0 L). \tag{6.77}$$

光电二极管中的散粒噪声正比于 $|E_{\mathrm{ANTI}}|^2$，解调过程使它变为非平稳的。它可以表示为

$$\begin{aligned} S_{\mathrm{AS}} &= 2 \times \frac{3}{2} \times 2\hbar c k_0 \left|E_{\mathrm{ANTI}}\right|^2 \\ &= 2 \times \frac{3}{2} \times 2\hbar c k_0 I_0 J_1^2(\mathit{\Gamma}) \left|t_{\mathrm{sb}}\right|^2, \end{aligned} \tag{6.78}$$

这里的因子 3/2 是对散粒噪声非平稳性的修正，同时下转换过程 (down-conversion) 中的频率折叠导致产生了因子 2。产生的应变当量的噪声功率谱为

$$S_h = \frac{S_{\mathrm{AS}}}{|C|^2} = \frac{3\hbar c k_0}{2I_0 J_0^2(\mathit{\Gamma}) G_{\mathrm{prc}} G_{\mathrm{arm}}^2 \left(k_0 L\right)^2}. \tag{6.79}$$

除了因子 3 (以及因子 $J_0^{-2}(\mathit{\Gamma}) \approx 1$) 外，这个结果与 DC 读出方案的值相同。 □

6.1.6 初始 LIGO 探测器的频率响应

到目前为止，我们仅考虑了 LIGO 干涉仪对很低频的引力波的响应。下面我们将考虑 LIGO 探测器的频率响应。LIGO 的响应本质上是由法布里-珀罗腔对微小长度变化的响应决定的，因此考虑法布里-珀罗腔的频率响应就足够了。

假设末端反射镜受外部影响诱导的运动对输入镜处的腔内返回光产生了一个含时的相移 $\phi_{\mathrm{ext}}(t)$[①]。法布里-珀罗干涉仪内的场 $E_{\mathrm{FP}\triangleleft}$ 满足以下关系

$$E_{\mathrm{FP}\triangleleft}(t) = -r_{\mathrm{ITM}} \mathrm{e}^{-2\mathrm{i}kL - \mathrm{i}\phi_{\mathrm{ext}}(t)} E_{\mathrm{FP}\triangleleft}(t - 2L/c) + t_{\mathrm{ITM}} \mathrm{e}^{-2\mathrm{i}kL - \mathrm{i}\phi_{\mathrm{ext}}(t)} E_{\mathrm{I}}, \tag{6.80}$$

这里我们现在评估的是法布里-珀罗腔内的返回 (入射到 ITM) 场。(回想一下，之前我们评估的是在 ITM 处向外的场 $E_{\mathrm{FP}\triangleright}$。) 干涉仪内随时间缓慢变化的场是由外部诱导的微小相移产生的，同时这还产生了光的载频上的边带。载频处的光不随时间改变，因此可以写为

$$E_{\mathrm{FP}\triangleleft}(t) = E_{\mathrm{FP}\triangleleft,0} + E'_{\mathrm{FP}\triangleleft}(t), \tag{6.81}$$

① 原书注：对于腔长的低频变化，在长于光存储时间 τ_{s} 的时标上腔长近似为常数，则 $\phi_{\mathrm{ext}}(t) = 2k\Delta L(t)$。

其中 $E'_{\mathrm{FP}\triangleleft}(t)$ 包含了所有对时间的依赖，并且是外部微小相移 $\phi_{\mathrm{ext}}(t)$ 的一阶项。因此，我们可以将法布里-珀罗腔内的场分为与时间相关和与时间不相关的部分：

$$E_{\mathrm{FP}\triangleleft,0} = -r_{\mathrm{ITM}}\mathrm{e}^{-2\mathrm{i}kL}E_{\mathrm{FP}\triangleleft,0} + t_{\mathrm{ITM}}\mathrm{e}^{-2\mathrm{i}kL}E_{\mathrm{I}} \tag{6.82}$$

和

$$\begin{aligned} E'_{\mathrm{FP}\triangleleft}(t) \simeq & - r_{\mathrm{ITM}}\mathrm{e}^{-2\mathrm{i}kL}E'_{\mathrm{FP}\triangleleft}(t-2L/c) \\ & + \mathrm{i}r_{\mathrm{ITM}}\mathrm{e}^{-2\mathrm{i}kL}E_{\mathrm{FP}\triangleleft,0}\phi_{\mathrm{ext}}(t) - \mathrm{i}t_{\mathrm{ITM}}\mathrm{e}^{-2\mathrm{i}kL}E_{\mathrm{I}}\phi_{\mathrm{ext}}(t) \\ = & - r_{\mathrm{ITM}}\mathrm{e}^{-2\mathrm{i}kL}E'_{\mathrm{FP}\triangleleft}(t-2L/c) - \mathrm{i}E_{\mathrm{FP}\triangleleft,0}\phi_{\mathrm{ext}}(t). \end{aligned} \tag{6.83}$$

第一个方程复现了我们之前在法布里-珀罗腔内载频处场的方程

$$E_{\mathrm{FP}\triangleleft,0} = -\frac{t_{\mathrm{ITM}}}{1-r_{\mathrm{ITM}}}E_{\mathrm{I}}, \tag{6.84}$$

其中我们设载频光在腔内发生共振的条件 $\exp(-2\mathrm{i}kL) = -1$ 成立。现在，E'_{FP} 表达式的傅里叶变换导致

$$\tilde{E}'_{\mathrm{FP}\triangleleft}(f) \simeq +r_{\mathrm{ITM}}\mathrm{e}^{-4\pi\mathrm{i}fL/c}\tilde{E}'_{\mathrm{FP}\triangleleft}(f) - \mathrm{i}E_{\mathrm{FP}\triangleleft,0}\tilde{\phi}_{\mathrm{ext}}(f), \tag{6.85}$$

由它可以解出

$$\tilde{E}'_{\mathrm{FP}\triangleleft}(f) \simeq \mathrm{i}\frac{t_{\mathrm{ITM}}}{1-r_{\mathrm{ITM}}}\frac{1}{1-r_{\mathrm{ITM}}\,\mathrm{e}^{-4\pi\mathrm{i}fL/c}}\tilde{\phi}_{\mathrm{ext}}(f)E_{\mathrm{I}}. \tag{6.86}$$

反射场 $E_{\mathrm{R}}(t)$ 也依赖于时间，并且可以表示为载频处的反射场 $E_{\mathrm{R},0}$ 和由外部运动引起的边带处的反射场 $E'_{\mathrm{R}}(t)$ 的叠加，

$$E_{\mathrm{R}}(t) = E_{\mathrm{R},0} + E'_{\mathrm{R}}(t). \tag{6.87}$$

载频处的反射场为

$$E_{\mathrm{R},0} = r_{\mathrm{ITM}}E_{\mathrm{I}} + t_{\mathrm{ITM}}E_{\mathrm{FP}\triangleleft,0} = -E_{\mathrm{I}}, \tag{6.88}$$

边带频率处的反射场为

$$\tilde{E}'_{\mathrm{R}}(f) = t_{\mathrm{ITM}}\tilde{E}'_{\mathrm{FP}\triangleleft}(f) = \mathrm{i}\frac{t^2_{\mathrm{ITM}}}{1-r_{\mathrm{ITM}}}\frac{1}{1-r_{\mathrm{ITM}}\mathrm{e}^{-4\pi\mathrm{i}fL/c}}\tilde{\phi}_{\mathrm{ext}}(f)E_{\mathrm{I}}. \tag{6.89}$$

因此,法布里-珀罗腔的有效反射系数包含一个由外部运动引起的频率依赖的成分：

$$r_{\mathrm{FP}}(f) = \frac{\tilde{E}_{\mathrm{R}}(f)}{E_{\mathrm{I}}}$$

$$
\begin{aligned}
&= -1 + \mathrm{i}\frac{t_{\mathrm{ITM}}^2}{1-r_{\mathrm{ITM}}}\frac{1}{1-r_{\mathrm{ITM}}\,\mathrm{e}^{-4\pi \mathrm{i} fL/\mathrm{d}}}\tilde{\phi}_{\mathrm{ext}}\left(f\right) \\
&\simeq -\exp\left\{-\mathrm{i}G_{\mathrm{arm}}\,\frac{1-r_{\mathrm{ITM}}}{1-r_{\mathrm{ITM}}\mathrm{e}^{-4\pi \mathrm{i} fL/c}}\tilde{\phi}_{\mathrm{ext}}\left(f\right)\right\}, \qquad (6.90)
\end{aligned}
$$

其中 G_{arm} 是法布里-珀罗增益。为了方便起见，这里用归一化的检测传递函数 (normalized sensing transfer function) $\hat{C}_{\mathrm{FP}}\left(f\right)$ 乘以 $\tilde{\phi}_{\mathrm{ext}}\left(f\right)$ 表示频率依赖的部分，因此上式变为

$$
r_{\mathrm{FP}}(f) = -\exp\left\{-\mathrm{i}G_{\mathrm{arm}}\hat{C}_{\mathrm{FP}}(f)\tilde{\phi}_{\mathrm{ext}}\left(f\right)\right\}, \qquad (6.91)
$$

其中归一化的检测传递函数为

$$
\begin{aligned}
\hat{C}_{\mathrm{FP}}(f) &= \frac{1-r_{\mathrm{ITM}}}{1-r_{\mathrm{ITM}}\mathrm{e}^{-4\pi \mathrm{i} fL/c}} \\
&= \mathrm{e}^{2\pi \mathrm{i} fL/c}\frac{\sinh\left(2\pi f_{\mathrm{pole}}\,L/c\right)}{\sinh\left[\left(2\pi f_{\mathrm{pole}}\,L/c\right)\left(1+\mathrm{i}f/f_{\mathrm{pole}}\,\right)\right]} \\
&\simeq \frac{1+\mathrm{i}f/f_{\mathrm{zero}}}{1+\mathrm{i}f/f_{\mathrm{pole}}} \quad (f \ll f_{\mathrm{FSR}}), \qquad (6.92)
\end{aligned}
$$

并且

$$
f_{\mathrm{zero}} := \frac{f_{\mathrm{FSR}}}{\pi} = \frac{c}{2\pi L}, \qquad (6.93)
$$

$$
f_{\mathrm{pole}} := \frac{|\ln r_{\mathrm{ITM}}|}{4\pi L/c} \simeq \frac{1-r_{\mathrm{ITM}}}{1+r_{\mathrm{ITM}}}\frac{c}{2\pi L} = \frac{f_{\mathrm{zero}}}{G_{\mathrm{arm}}} \simeq \frac{1}{4\pi\tau_{\mathrm{s}}}. \qquad (6.94)
$$

当法布里-珀罗腔近似为零极点滤波器 (zero-pole filter) 时，它们分别为法布里-珀罗臂腔的零点频率 (zero-frequency) 和极点频率 (pole-frequency)。在初始 LIGO 中，$f_{\mathrm{pole}} = 85$ Hz，同时对于 4 km 长的 LIGO 干涉仪，$f_{\mathrm{zero}} = 12$ kHz。注意对于反射镜的一个小的零点频率偏移，$\phi_{\mathrm{ext}} = 2k\Delta L$，我们重现了之前在低频极限下的结果 $r_{\mathrm{FP}} = -\exp\left(-2\mathrm{i}kG_{\mathrm{arm}}\Delta L\right)$。

对于零点频率响应，功率回收的法布里-珀罗迈克耳孙干涉仪的建模与之前的相同，除了现在我们将 $2k\Delta L$ 替换为 $\hat{C}_{\mathrm{FP}}\left(f\right)\tilde{\phi}_{\mathrm{ext}}\left(f\right)$ 外，并且将依赖于它们的所有量表示为频率的函数。现在反对称端口的场为

$$
\tilde{E}_{\mathrm{ANTI}} = -\frac{1}{2}\mathrm{i}E_{\mathrm{INC}}G_{\mathrm{prc}}^{1/2}G_{\mathrm{arm}}\hat{C}_{\mathrm{FP}}(f)\tilde{\phi}_{\mathrm{ext}}(f), \qquad (6.95)
$$

这里

$$
\phi_{\mathrm{ext}} := \phi_{\mathrm{ext},1} - \phi_{\mathrm{ext},2} \qquad (6.96)
$$

是外部引起的两臂之间的相移差。与之前相同，读出系统基于反对称端口的光电流，$I_{\mathrm{AS}}=|E_{\mathrm{ANTI}}|^2$。在长波极限下，即当引力波的波长远长于法布里-珀罗腔的臂长时，或者等价地，当引力波的频率小于 f_{FSR} 时，$\tilde{\phi}_{\mathrm{ext}}(f)\simeq 2kL\tilde{h}(f)$ 并且

$$I_{\mathrm{AS}}(f)=C(f)\tilde{h}(f)+\text{常量}, \tag{6.97}$$

其中

$$\begin{aligned}C(f)&=2I_0G_{\mathrm{prc}}G_{\mathrm{arm}}^2\left(k\Delta L_0\right)(kL)\hat{C}_{\mathrm{FP}}(f)\\&\simeq 2I_0G_{\mathrm{prc}}G_{\mathrm{arm}}^2\left(k\Delta L_0\right)(kL)\frac{1}{1+\mathrm{i}f/f_{\mathrm{pole}}}\quad\left(f\ll f_{\mathrm{FSR}}\right).\end{aligned} \tag{6.98}$$

光电二极管上的散粒噪声仍为 $S_{\mathrm{I}}=2\hbar ckI_0G_{\mathrm{prc}}G_{\mathrm{arm}}^2\left(k\Delta L_0\right)^2$，并且不依赖于频率，因此在应变当量单位中，噪声功率谱为

$$\begin{aligned}S_h(f)=\frac{S_I}{|C(f)|^2}&\simeq\frac{\hbar ck}{2I_0G_{\mathrm{prc}}G_{\mathrm{arm}}^2(kL)^2}\left[1+\left(f/f_{\mathrm{pole}}\right)^2\right]\\&\simeq\frac{\pi\hbar\lambda_{\mathrm{laser}}}{I_{\mathrm{BS}}c}\frac{1+\left(4\pi f\tau_{\mathrm{s}}\right)^2}{\left(4\pi\tau_{\mathrm{s}}\right)^2}\quad\left(f\ll f_{\mathrm{FSR}}\right).\end{aligned} \tag{6.99}$$

对于最优耦合的回收腔，$G_{\mathrm{prc}}=1/(2G_{\mathrm{arm}}A)$，振幅应变灵敏度为

$$S_h^{1/2}(f)\simeq\frac{\lambda_{\mathrm{laser}}}{L}\sqrt{\frac{\hbar c/\lambda_{\mathrm{laser}}}{2\pi I_0}\frac{A}{G_{\mathrm{arm}}}}\sqrt{1+\left(f/f_{\mathrm{pole}}\right)^2}\quad\left(f\ll f_{\mathrm{FSR}}\right). \tag{6.100}$$

在低频 $f\ll f_{\mathrm{pole}}$ 时，这理所当然地接近于之前获得的零点频率极限；对于更高的频率，振幅应变灵敏度会增加，也就是说，由于法布里-珀罗腔传递函数的原因，探测器对引力波的灵敏度降低了。臂增益 G_{arm} 和腔的极点频率 f_{pole} 并不是独立的可调节量，因为它们都由 ITM 的反射系数决定。事实上，$f_{\mathrm{pole}}\simeq c/(2\pi LG_{\mathrm{arm}})$。这意味着我们可以将振幅应变灵敏度表示为

$$S_h^{1/2}(f)\simeq\sqrt{A\frac{\hbar}{I_0}\frac{\lambda_{\mathrm{laser}}}{L}}\sqrt{f_{\mathrm{pole}}\left[1+\left(f/f_{\mathrm{pole}}\right)^2\right]}\quad\left(f\ll f_{\mathrm{FSR}}\right). \tag{6.101}$$

此式说明仪器的灵敏度受限于：①光学元件的吸收率 A；②激光功率 I_0；③激光波长与臂长之比 $\lambda_{\mathrm{laser}}/L$。灵敏度也依赖于臂腔极点频率 f_{pole} 的选择：对于固定的 A 并且假设一个最优耦合的功率回收腔，在频率 $f\ll f_{\mathrm{pole}}$ 时，此频率取小值时将给出较高的灵敏度，但同时灵敏度的带宽相对较窄；而当 f_{pole} 取大值时将给出在零频处更低的灵敏度，但同时灵敏度的带宽更宽。这可从图 6.9 中看出。

f_{pole} 的值是通过考虑其他仪器噪声源来选取的。在高频处，主导的噪声源是目前我们已经考虑了的散粒噪声；然而，在低频处，有几种其他的噪声源 (在初始 LIGO 中主要是地面震动噪声和热噪声) 占主导。因此，为了让低频的灵敏度达到最大而选择较小 f_{pole} 的这种优化是没有用的，低频的灵敏度将仍然被地面震动噪声主导，而仪器有一个如此窄的频带使得它不能在高频处灵敏。因此，最好选择一个 f_{pole} 值，使它恰好位于散粒噪声与其他低频噪声源可比的点附近。6.1.7 节和 6.1.8 节将考虑几种主导的噪声源。

在包含高频 (超过长波极限) 的全频段内，检测函数为

$$I_{\text{AS}}(f) = C(f)\frac{\tilde{\phi}_{\text{ext}}(f)}{2kL} + \text{常量}, \tag{6.102}$$

其中

$$C(f) = 2I_0 G_{\text{prc}} G_{\text{arm}}^2 (k\Delta L_0)(kL)\hat{C}_{\text{FP}}(f) \tag{6.103}$$

$$= 2I_0 G_{\text{prc}} G_{\text{arm}}^2 (k\Delta L_0)(kL)\mathrm{e}^{2\pi \mathrm{i} fL/c}\frac{\sinh(2\pi f_{\text{pole}} L/c)}{\sinh[(2\pi f_{\text{pole}} L/c)(1+\mathrm{i}f/f_{\text{pole}})]}. \tag{6.104}$$

我们将在 6.1.10 节看到，当引力波频率与 f_{FSR} 可比时，$\tilde{\phi}_{\text{ext}}(f)$ 和 $\tilde{h}(f)$ 之间的关系并不简单，因为它依赖于频率以及引力波相对于探测器臂的方向。

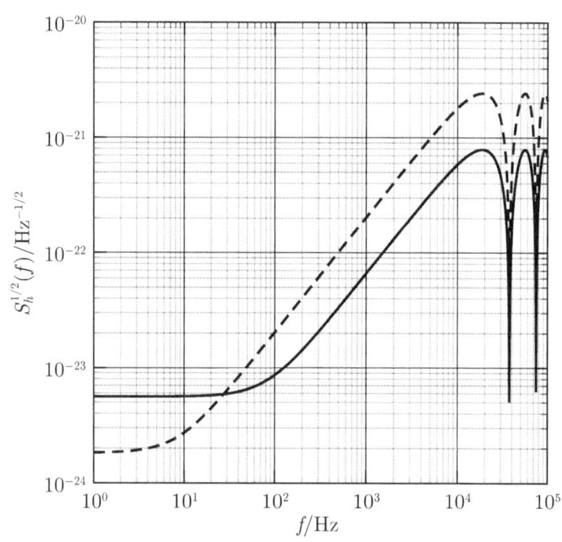

图 6.9　初始 LIGO 在应变当量单位中的散粒噪声的振幅谱密度。这里激光功率 $I_0 = 5$ W，波长 $\lambda = 1$ μm，回收增益 $G_{\text{prc}} = 1/(2AG_{\text{arm}})$，其中光学元件吸收率 $A = 70$ ppm。实线对应 ITM 功率透射系数 $t_{\text{ITM}}^2 = 2.8\%$，虚线对应 $t_{\text{ITM}}^2 = 0.3\%$

6.1.7 传感器噪声

我们已经看到通过改变臂腔增益 (也就改变了腔的极点频率)，探测器的低频灵敏度和带宽 (假设功率回收腔是最优耦合的) 之间有一个平衡。但是到目前为止，我们忽略了一个与干涉仪读出相关的噪声源，这是读出系统对检验质量位置的反作用造成的。如果我们想通过增强法布里-珀罗腔内的光功率 (这减小了极点频率) 来减小散粒噪声，那么我们最终会在低频处遇到一个新的噪声源，它来自于腔内的高功率光对反射镜的撞击。因此，读出系统中的散粒噪声仅是干涉仪的两种传感器噪声之一，另一个称为**辐射压**噪声，它描述了辐射场涨落对反射镜造成的撞击。反射镜上的辐射压力为

$$F_{\mathrm{rad}} = \frac{2I}{c}, \tag{6.105}$$

这里 I 是入射在反射镜上的光功率。假设反射镜是自由的，那么它的位置 x 和诱导力 F_{rad} 之间的关系为 $\mathrm{d}^2x/\mathrm{d}t^2 = F_{\mathrm{rad}}/M$，或者在频域中，$-4\pi^2 f^2 \tilde{x} = \tilde{F}_{\mathrm{rad}}/M$，其中 M 是反射镜的质量。由此我们发现镜子位置波动的功率谱密度 $S_x(f)$ 与光功率波动的功率谱密度 $S_I(f)$ 由下式相连

$$S_x(f) = \frac{1}{16\pi^4 f^4 M^2}\frac{4}{c^2}S_I(f). \tag{6.106}$$

对于法布里-珀罗腔，入射到腔上的电场有两个成分：一个是稳恒的辐射场 $E_{\mathrm{I},0} = \sqrt{I}$，它与入射载体光的功率 I 相关；另一个是边带频率处的 (量子) 涨落 $\tilde{E}'_{\mathrm{I}}(f)$，其功率谱为 $S_{E_{\mathrm{I}}} = \frac{1}{2}\hbar ck$。法布里-珀罗腔内的场也有一个载体场 $E_{\mathrm{FP},0} = G_{\mathrm{arm}}^{1/2}E_{\mathrm{I},0}$ 和一个边带场 $\tilde{E}'_{\mathrm{FP}} = G_{\mathrm{arm}}^{1/2}\hat{C}(f)\tilde{E}'_{\mathrm{I}}(f)$。因此，腔内的载体场功率为 $I_{\mathrm{FP},0} = IG_{\mathrm{arm}}$，而涨落的边带光功率谱为 $S_{I_{\mathrm{FP}}} = 2\hbar ckIG_{\mathrm{arm}}^2\left|\hat{C}(f)\right|^2$(参见习题 6.4)。光涨落导致的对腔的反射镜的撞击会使其产生随机运动，其功率谱为

$$S_x = \frac{1}{4\pi^4 f^4 M^2 c^2}S_{I_{\mathrm{FP}}}(f) = \frac{\hbar ckI_0 G_{\mathrm{prc}}G_{\mathrm{arm}}^2|\hat{C}(f)|^2}{4\pi^4 f^4 M^2 c^2}, \tag{6.107}$$

这里我们注意到入射到法布里-珀罗腔的光功率是回收腔内总的光功率的一半，即 $I = \frac{1}{2}I_0 G_{\mathrm{prc}}$。

在法布里-珀罗腔内，光功率的涨落会相干地影响 ETM 和 ITM，导致腔长的变化是单个反射镜位移的两倍。因此，腔长的功率谱是单个反射镜位移谱的四倍。两个腔受到的辐射压力不同，因此两个腔长的涨落是不相关的。这意味着 $\Delta L =$

$\Delta L_1 - \Delta L_2$ 的功率谱是单个腔长度涨落功率谱的两倍。因此，就应变当量单位 $h := \Delta L/L$ 而言，我们有

$$S_{h,\mathrm{rad}}(f) = \frac{8}{L^2} S_x(f). \tag{6.108}$$

由此产生的辐射压噪声为

$$S_{h,\mathrm{rad}}(f) = \frac{1}{L^2} \frac{2\hbar k I_0 G_{\mathrm{prc}}\, G_{\mathrm{arm}}^2 \left|\hat{C}_{\mathrm{FP}}(f)\right|^2}{\pi^4 f^4 M^2 c}. \tag{6.109}$$

读出的散粒噪声为

$$S_{h,\mathrm{shot}}(f) = \frac{1}{L^2} \frac{\hbar c}{2k I_0 G_{\mathrm{prc}} G_{\mathrm{arm}}^2 \left|\hat{C}_{\mathrm{FP}}(f)\right|^2}, \tag{6.110}$$

因此这两种噪声源导致的总**传感器噪声**为

$$\begin{aligned} S_{h,\mathrm{sensor}}(f) =& \frac{\hbar}{\pi^2 f^2 M L^2} \\ & \times \left(\frac{\pi^2 f^2 M c}{2k I_0 G_{\mathrm{prc}} G_{\mathrm{arm}}^2 \left|\hat{C}_{\mathrm{FP}}(f)\right|^2} + \frac{2k I_0 G_{\mathrm{prc}} G_{\mathrm{arm}}^2 \left|\hat{C}_{\mathrm{FP}}(f)\right|^2}{\pi^2 f^2 M c} \right). \end{aligned} \tag{6.111}$$

传感器噪声将在低频处由辐射压噪声主导，而在高频处由散粒噪声主导。散粒噪声可以通过提高激光功率 I_0 减小，而这会导致辐射压噪声增大。因此，如果我们选择在某个固定频率 $f = f_{\mathrm{opt}}$ 处优化灵敏度，产生最小传感器噪声的激光功率的最优选择为

$$I_{0,\mathrm{opt}} = \frac{\pi^2 M c}{2k} \frac{1}{G_{\mathrm{prc}} G_{\mathrm{arm}}^2} \frac{f_{\mathrm{opt}}^2}{\left|\hat{\mathrm{C}}_{\mathrm{FP}}\left(f_{\mathrm{opt}}\right)\right|^2}. \tag{6.112}$$

并且在该频率下，可以获得**标准量子极限** (SQL) 的应变灵敏度

$$S_{h,\mathrm{SQL}} := \frac{2\hbar}{\pi^2 f_{\mathrm{opt}}^2 M L^2}. \tag{6.113}$$

注意，该量是调节到某个固定频率的干涉仪的噪声功率谱的最小值，但 $S_{h,\mathrm{SQL}}$ 中的频率依赖并不是此类干涉仪传感器噪声的谱密度。

关于 $S_{h,\mathrm{SQL}}$ 需要注意的一点是，它与干涉仪的物理参数 (它的质量和长度) 和普朗克常量相关，而与进行测量的时间尺度 $\sim 1/f_{\mathrm{opt}}$ 以外的读出系统的细节 (如激光功率、回收腔增益、法布里-珀罗腔增益或者干涉仪的其他细节) 无关。这表明标准量子极限 (顾名思义) 起源于量子测量理论，而不是干涉仪使用的特定测量方法。然而，说到这里，事实证明有可能构建一个能够超越标准量子极限的读出方案，尽管标准量子极限可以用海森伯不确定性原理来理解，但它并不是量子力学强加的基本极限。

例 6.6 标准量子极限。

我们可以从海森伯不确定性原理得到标准量子极限。对于干涉仪引力波探测器，我们可以想象，试图以 $\tau \simeq 1/f$ 为时间间隔通过反复测量臂长差来探测频率为 f 的引力波。假设 q_1 和 q_2 表示一个臂上组成法布里-珀罗腔的两个反射镜的位置，q_3 和 q_4 表示另一个臂上组成法布里-珀罗腔的两个反射镜的位置。那么，被监测的可观测量及其共轭动量分别为

$$q = (q_1 - q_2) - (q_3 - q_4), \tag{6.114}$$

$$p = \frac{1}{4}\left[(p_1 - p_2) - (p_3 - p_4)\right] = \frac{M}{4}\dot{q}, \tag{6.115}$$

其中 M 是每个反射镜的质量。广义坐标和动量满足对易关系 $[p, q] = \mathrm{i}\hbar$ 和海森伯不确定性原理 $\Delta q \Delta p \geqslant \frac{1}{2}\hbar$。如果可观测量的初始值为 q，那么在某个时间 τ 之后它变为

$$q' = q + \dot{q}\tau = q + \frac{4\tau}{M}p, \tag{6.116}$$

因此

$$[q, q'] = \mathrm{i}\hbar\frac{4\tau}{M}. \tag{6.117}$$

此外，海森伯不确定性关系为

$$\Delta q \Delta q' \geqslant \frac{2\hbar\tau}{M}. \tag{6.118}$$

那么，应变灵敏度为

$$S_{h,\mathrm{SQL}} \sim \frac{(\Delta q)^2\tau}{L^2} \sim \frac{(\Delta q')\,(\Delta q)\tau}{L^2} \sim \frac{2\hbar\tau^2}{ML^2}. \tag{6.119}$$

在 $\tau \sim 1/f$ 的情况下，我们看到这与之前的标准量子极限应变灵敏度的表达式在形式上是相同的 (因子 π 的不同来自于对量子涨落的功率谱密度的粗略近似)。

请注意，产生标准量子极限的原因是，试图准确测量反射镜的位置会引起反射镜动量的不确定性，这种不确定性会随着时间的推移转化为反射镜位置的不确定性。如果我们能够测量反射镜的动量而不是它们的位置，那么后续测量的不确定性就不会有任何基本限制了。因此，虽然标准量子极限起源于量子力学，但它不会对干涉仪测量引力波效应的能力施加根本的不确定性。 □

对于初始 LIGO 而言，标准量子极限是完全不重要的：当对 $f_{\text{fixed}} = 100$ Hz 优化时，并且采用 $G_{\text{arm}} = 140$，$G_{\text{prc}} = 50$ 和 $M = 11$ kg，则激光功率必须为 $I_0 \sim 4$ kW(存储在臂腔内的功率为 ~ 10 MW)，远大于初始 LIGO 干涉仪实际上所使用的激光功率 $I_0 \sim 5$ W。然而，如果标准量子极限可以达到，那么 100 Hz 处的应变灵敏度将为 $S_{h,\text{SQL}}^{1/2} \simeq 3.5 \times 10^{-24}\text{Hz}^{1/2}$。通过把反射镜质量增加到 30 kg，并且采用更巧妙的有助于在某些频率处规避标准量子极限的读出方案 (其中包含一个信号回收腔)，高新 LIGO 将在某些频率范围上超越这个极限。

6.1.8 环境噪声源

虽然光子散粒噪声和辐射压噪声是影响干涉仪引力波探测器的基本噪声源，但它们并非总是主导的噪声源。在低频段，对于初始 LIGO 大约在 40 Hz 以下，地面震动会改变干涉仪光学元件的位置，并且产生起源于地球的应变，它可以掩盖引力波的信号。在中频段，光学元件及其悬吊系统的热振动构成了主导的噪声源。这里我们考虑由环境引起的主要噪声源。

6.1.8.1 地面震动噪声

地震和人类活动会间歇性地产生地面运动，而风和波浪会不断地产生地面运动。这些运动通过对光学元件产生振动来影响干涉仪的读出。地面上的一点会由于地面震动噪声而产生抖动，并具有位移功率谱

$$S_X(f) \sim 10^{-18}\ \text{m}^2\cdot\text{Hz}^{-1} \begin{cases} 1, & 1\ \text{Hz} < f \leqslant 10\ \text{Hz} \\ (10\ \text{Hz}/f)^4, & f > 10\ \text{Hz}, \end{cases} \tag{6.120}$$

这里 X 是该点在地面上的位置。确切的大小取决于给定时间的地震活动水平，这仅是现有设施附近的特征尺度。由于末端反射镜的位移 x 将导致仪器上的应变 $h = x/L$，如果光学元件静置于地面，则地面震动噪声产生的应变当量振幅谱 (假设反射镜固定在地面上，因此 $x = X$) 为

$$S_{h,\text{seis}}^{1/2}(f) \sim 10^{-12}\ \text{Hz}^{-1/2}\left(\frac{10\ \text{Hz}}{f}\right)^2 \quad (f > 10\ \text{Hz}). \tag{6.121}$$

该噪声源随着频率的增加而减弱，它在 100 Hz 处将为 $S_h^{1/2} \sim 10^{-14}\ \text{Hz}^{-1/2}$，这远大于该频率处的散粒噪声。

为了减小地面震动的影响，各种光学元件将通过主动和被动隔震系统与地面震动隔离。最简单的被动系统即将每个光学元件作为单摆的摆锤来悬吊。假设 X 表示单摆支点的位置，而 x 表示悬吊的光学元件的位置。如果 ℓ 是摆长，那么光学元件的位置可由下面的运动方程描述

$$\ell\frac{\mathrm{d}^2x}{\mathrm{d}t^2}=-g(x-X), \tag{6.122}$$

这里 g 是自由落体的重力加速度。对该式做傅里叶变换得到

$$-4\pi^2f^2\ell\tilde{x}=-g(\tilde{x}-\tilde{X}), \tag{6.123}$$

或者写为

$$\tilde{x}(f)=A(f)\tilde{X}(f), \tag{6.124}$$

这里 $A(f)$ 是单摆的传递函数，它被称为**驱动函数**，

$$A(f)=\frac{1}{1-(f/f_{\text{pend}})^2}, \tag{6.125}$$

其中

$$f_{\text{pend}}:=\frac{1}{2\pi}\sqrt{\frac{g}{\ell}} \tag{6.126}$$

是单摆的频率。需要注意的是，对于 $f\ll f_{\text{pend}}$，$\tilde{x}\simeq\tilde{X}$，单摆无法减小地面运动噪声，但是对于 $f\gg f_{\text{pend}}$，$\tilde{x}\approx-(f_{\text{pend}}/f)^2\tilde{X}$，随着频率的增加，地面运动可以被抑制。现在相关的振幅谱是反射镜位置 x 的振幅谱：

$$S_x^{1/2}(f)=|A(f)|S_X^{1/2}(f). \tag{6.127}$$

如果单摆的频率低于 10 Hz，则应变当量振幅谱为

$$S_{h,\text{seis}}^{1/2}(f)\sim10^{-12}\ \text{Hz}^{-1/2}\left(\frac{f_{\text{pend}}}{f}\right)^2\left(\frac{10\ \text{Hz}}{f}\right)^2\quad(f>10\ \text{Hz}). \tag{6.128}$$

对于初始 LIGO，$f_{\text{pend}}=0.76$ Hz，因此，在 100 Hz 处，地面震动噪声的振幅水平为 $S_h^{1/2}\sim10^{-19}\ \text{Hz}^{-1/2}$。

不幸的是，这个抑制仍然是不够的。在初始 LIGO 中，单摆的支撑点通过四个交替的质量弹簧层与地面进一步隔离，每一层会给出另一个 $\propto f^{-2}$ 的衰减因子。该隔震堆栈在 40 Hz 处的衰减因子为 $\sim10^5$。因此，应变振幅噪声谱在 40 Hz 处为 $S_h^{1/2}\sim10^{-22}$，现在它与散粒噪声可比，并且该谱在高频段随 f^{-12} 迅速减小：

$$S_{h,\text{seis}}^{1/2}\sim10^{-12}\ \text{Hz}^{-1/2}\left(\frac{f_{\text{pend}}}{f}\right)^2\left(\frac{10\ \text{Hz}}{f}\right)^{10}\quad(f>10\ \text{Hz}). \tag{6.129}$$

6.1.8.2　热噪声

当频率大于 ~ 40 Hz 时，另一种噪声源变为主导。反射镜表面和悬吊光学元件的丝的分子具有随机布朗运动，它是一个热噪声的来源。

涨落-耗散定理 (Callen 和 Welton，1951；Callen 和 Greene，1952) 指出，当处于温度为 T 的平衡态时，系统涨落的功率谱密度与驱动系统偏离平衡的耗散项通过下式相联系

$$S_x(f) = \frac{4k_\mathrm{B}T}{(2\pi f)^2}|\operatorname{Re}[Y(f)]|, \tag{6.130a}$$

其中 $Y(f)$ 是系统的**导纳**

$$Y(f) := 2\pi \mathrm{i} f \frac{\tilde{x}(f)}{\tilde{F}_\mathrm{ext}(f)}, \tag{6.130b}$$

它描述了系统对外力 $\tilde{F}_\mathrm{ext}(f)$ 的响应 $\tilde{x}(f)$。需要注意的是，如果存在耗散，那么 $Y(f)$ 将不会是纯虚数，也就是说外力和位移响应之间会有一个相位的滞后。

例 6.7　涨落-耗散定理的推导。

假设物体的速度 v 对作用力 F_ext 的响应为

$$v(t) = \int_{-\infty}^{t} Y(t-t') F_\mathrm{ext}(t') \,\mathrm{d}t', \tag{6.131}$$

该方程可以作为导纳 $Y(t-t')$ 的定义 (式 (6.130b) 由这个定义得到)。如果物体与热浴相接触，则力会有一个随机分量，但物体的平均速度遵循一个类似的方程：

$$\langle v(t)\rangle = \int_{-\infty}^{t} Y(t-t') \langle F_\mathrm{ext}(t')\rangle \,\mathrm{d}t'. \tag{6.132}$$

对所有 $t'<0$ 的时间，假设作用力的平均值为常数 $\langle F_\mathrm{ext}(t')\rangle = F$，但是当 $t'=0$ 时，该力变为零。我们可得

$$\langle v(t)\rangle = -F\int_{0}^{t} Y(t')\,\mathrm{d}t' \quad (t>0), \tag{6.133}$$

这里我们假定 $t<0$ 时，物体处于平衡状态，并且 $\langle v(t)\rangle = 0$。

我们还可以用另一种方法计算 $t>0$ 时粒子位置 (以及速度) 的期望值：令 $p\left(x,t|x',t'\right)$ 表示给定粒子在时刻 t' 位于 x' 处的条件下，它在时刻 t 位于 x 处的概率分布。如果 $p\left(x',0\right)$ 是粒子在 $t'=0$ 时位置的概率分布，那么

$$\langle x(t)\rangle=\iint xp\left(x,t\mid x',0\right)p\left(x',0\right)\mathrm{d}x\mathrm{d}x'. \tag{6.134}$$

概率分布 $p\left(x,0\right)$ 是**玻尔兹曼分布**，

$$\begin{aligned} p(x,0)&=\frac{\exp\left\{-E(x)/\left(k_{\mathrm{B}}T\right)\right\}}{\int\exp\left\{-E(x)/\left(k_{\mathrm{B}}T\right)\right\}\mathrm{d}x}\\ &\approx\frac{\exp\left\{-E_0(x)/\left(k_{\mathrm{B}}T\right)\right\}}{\int\exp\left\{-E_0(x)/\left(k_{\mathrm{B}}T\right)\right\}\mathrm{d}x}\left(1+\frac{xF}{k_{\mathrm{B}}T}\right), \end{aligned} \tag{6.135}$$

其中 $E\left(x\right)=E_0\left(x\right)+xF$ 是当外力 F 存在时系统的能量，$E_0\left(x\right)$ 是当外力不存在时系统的能量，这里我们假定了 $xF/(k_{\mathrm{B}}T)\ll 1$，因此有

$$p(x,0)\approx p_0(x)\left(1-\frac{xF}{k_{\mathrm{B}}T}\right), \tag{6.136}$$

其中 $p_0\left(x\right)$ 是外力不存在时物体位置的概率分布。因此，$t>0$ 时物体位置的期望值为

$$\begin{aligned} \langle x(t)\rangle\approx&\iint xp\left(x,t\mid x',0\right)p_0\left(x'\right)\mathrm{d}x\mathrm{d}x'\\ &-\frac{F}{k_{\mathrm{B}}T}\iint xx'p\left(x,t\mid x',0\right)p_0\left(x'\right)\mathrm{d}x\mathrm{d}x'\\ =&-\frac{F}{k_{\mathrm{B}}T}R_x(t), \end{aligned} \tag{6.137}$$

其中 $R_x\left(t\right)$ 是自相关函数，

$$R_x(t)=\langle x(t)x(0)\rangle=\iint xx'p\left(x,t\mid x',0\right)p_0\left(x'\right)\mathrm{d}x\mathrm{d}x'. \tag{6.138}$$

同时我们假定在无外力时 $\langle x\rangle=0$。

我们现在可以将式 (6.133) 的速度期望值与式 (6.137) 的时间导数结合起来：

$$\Theta(t)F\int_0^t Y\left(t'\right)\mathrm{d}t'=\Theta(t)\frac{F}{k_{\mathrm{B}}T}\frac{\mathrm{d}}{\mathrm{d}t}R(t), \tag{6.139}$$

这里我们引入了 Heaviside 阶跃函数 $\Theta(t)$ 以确保该式仅适用于 $t>0$。然而，由于自相关函数是时间的偶函数，$R_x(t)=R_x(-t)$，因此其导数为时间的奇函数，我们看到

$$\begin{aligned}\frac{\mathrm{d}}{\mathrm{d}t}R(t)&=\Theta(t)\left.\frac{\mathrm{d}R}{\mathrm{d}t}\right|_t-\Theta(-t)\left.\frac{\mathrm{d}R}{\mathrm{d}t}\right|_{-t}\\&=k_{\mathrm{B}}T\Theta(t)\int_0^t Y(t')\,\mathrm{d}t'-k_{\mathrm{B}}T\Theta(-t)\int_0^{-t}Y(t')\,\mathrm{d}t'\\&=k_{\mathrm{B}}T\int_{-t}^{t}Y(t')\,\mathrm{d}t'.\end{aligned}\tag{6.140}$$

现在我们对该式做傅里叶变换，并且利用 $Y(t)$ 为实函数以及单边功率谱密度的定义 $S_x(f)=\frac{1}{2}\tilde{R}_x(f)$ 可得

$$2\pi\mathrm{i}f\times\frac{1}{2}S_x(f)=\frac{k_{\mathrm{B}}T}{2\pi\mathrm{i}f}\left[\tilde{Y}(f)+\tilde{Y}^*(f)\right],\tag{6.141}$$

因此

$$S_x(f)=\frac{k_{\mathrm{B}}T}{\pi^2f^2}\left|\operatorname{Re}[\tilde{Y}(f)]\right|.\tag{6.142}$$

□

例如，一个简谐振子可以通过下面的运动方程来描述

$$M\frac{\mathrm{d}^2x}{\mathrm{d}t^2}+Kx=F_{\mathrm{ext}},\tag{6.143}$$

这里 M 是振子的质量，K 是弹簧的劲度系数。对于弹性弹簧，劲度系数是纯实数；然而，对于滞弹性 (anelastic) 弹簧，它还包含一个虚数部分。对于滞弹性弹簧，胡克定律为

$$F_{\mathrm{spring}}=-K(1+\mathrm{i}\phi)x,\tag{6.144}$$

其中 ϕ 被称为损耗角 (loss angle)：它是正弦响应 x 滞后施加于弹簧上的正弦力 F_{spring} 的相位角。一般情况下，损耗角是频率的函数。然而，对于大多数材料，损耗角往往对频率的依赖相对较小。损耗角来源于材料中的耗散效应。对于具有高品质因子的材料而言，损耗角可能非常小，$\phi\sim10^{-6}$ 甚至更小。

滞弹性弹簧的运动方程可以写为

$$M\frac{\mathrm{d}^2x}{\mathrm{d}t^2}+K(1+\mathrm{i}\phi)x=F_{\mathrm{ext}}.\tag{6.145}$$

做傅里叶变换后得到

$$\left\{-4\pi^2 Mf^2+K[1+\mathrm{i}\phi(f)]\right\}\tilde{x}(f)=\tilde{F}_{\mathrm{ext}}(f), \tag{6.146}$$

从而得到系统的导纳为

$$Y(f)=2\pi\mathrm{i}f\frac{\tilde{x}(f)}{\tilde{F}_{\mathrm{ext}}(f)}=\frac{2\pi\mathrm{i}f}{4\pi^2 M}\frac{1}{(f_{\mathrm{res}}^2-f^2)+\mathrm{i}f_{\mathrm{res}}^2\phi(f)}, \tag{6.147}$$

这里 $f_{\mathrm{res}}=(2\pi)^{-1}(K/M)^{1/2}$ 是振子的共振频率。导纳函数在共振频率处有一个尖峰，该尖峰的宽度为 $Q:=1/\phi(f_{\mathrm{res}})$。共振频率处的振动会在时间尺度 $\tau_{\mathrm{decay}}=Q/(\pi f_{\mathrm{res}})$ 内缓慢衰减。

导纳的实部为

$$\mathrm{Re}[Y(f)]=\frac{1}{2\pi M}\frac{ff_{\mathrm{res}}^2\phi(f)}{(f_{\mathrm{res}}^2-f^2)^2+f_{\mathrm{res}}^4\phi^2(f)}. \tag{6.148}$$

由涨落耗散定理可证位置涨落的功率谱密度为

$$\begin{aligned}S_x(f)&=\frac{k_{\mathrm{B}}T}{2\pi^3 Mf}\frac{f_{\mathrm{res}}^2\phi(f)}{(f_{\mathrm{res}}^2-f^2)^2+f_{\mathrm{res}}^4\phi^2(f)}\\&\approx\frac{k_{\mathrm{B}}T}{2\pi^3 M}f_{\mathrm{res}}^{-3}\begin{cases}\phi(f)(f_{\mathrm{res}}/f), & f\ll f_{\mathrm{res}}\\ Q/\left\{1+4Q^2\left[(f/f_{\mathrm{res}})-1\right]^2\right\}, & f\simeq f_{\mathrm{res}}\\ \phi(f)(f_{\mathrm{res}}/f)^5, & f\gg f_{\mathrm{res}}.\end{cases}\end{aligned} \tag{6.149}$$

由中间情况我们看到谱密度在频率 $f=f_{\mathrm{res}}$ 处有一个尖峰 (对于高 Q 值)，并且品质因子与半高全宽 (FWHM) Δf_{FWFM} 之间满足 $Q=f_{\mathrm{res}}/\Delta f_{\mathrm{FWHM}}$。涨落总能量 (动能加势能) 的谱为 $4\pi^2 f^2 MS_x(f)$，而在振动模式中总热能为

$$\langle E\rangle=4\pi^2 M\int_0^\infty f^2 S_x(f)\mathrm{d}f\simeq\frac{1}{2}k_{\mathrm{B}}T, \tag{6.150}$$

这与所期待的一致。对于高 Q 值材料，大部分热能集中在共振频率附近。如果后一频率远离灵敏频段，则热噪声的效应可以被减轻。

在 LIGO 中，两个最重要的热噪声源是在反射镜的单摆悬吊系统之中和反射镜的内部振动模式之中。单摆的损耗主要是连接支架和反射镜的丝的弯曲造成的。反射镜的位置取决于单摆的运动和悬丝的弹性运动：

$$M\frac{\mathrm{d}^2x}{\mathrm{d}t^2}+Mg\frac{x}{\ell}+K_{\mathrm{wire}}(1+\mathrm{i}\phi_{\mathrm{wire}})x=F_{\mathrm{ext}}, \tag{6.151}$$

其中 ℓ 为摆长 (注意这里假设摆动基本上是无损耗的)。如果摆的频率 $f_{\text{pend}} = (2\pi)^{-1}(g/\ell)^{1/2}$ 远大于丝的弹性频率 $f_{\text{wire}} = (2\pi)^{-1}(K/M)^{1/2}$,那么导纳函数为

$$Y(f) \approx \frac{2\pi \mathrm{i} f}{4\pi^2 M} \frac{1}{\left(f_{\text{pend}}^2 - f^2\right) + \mathrm{i} f_{\text{pend}}^2 \left[\left(f_{\text{wire}}/f_{\text{pend}}\right)^2 \phi_{\text{wire}}(f)\right]}. \tag{6.152}$$

该式与之前简谐振子的导纳函数相同，这里共振频率是摆的频率，有效损耗角是丝的损耗角乘以稀释因子 $(f_{\text{wire}}/f_{\text{pend}})^2$,

$$\phi_{\text{pend}}(f) := \left(\frac{f_{\text{wire}}}{f_{\text{pend}}}\right)^2 \phi_{\text{wire}}(f). \tag{6.153}$$

在初始 LIGO 中，悬丝的损耗角为 $\phi_{\text{wire}} \sim 10^{-4}$，而 $f_{\text{pend}} \sim 10 f_{\text{wire}}$，因此有效损耗角非常小，$\phi_{\text{pend}} \sim 10^{-6}$。单摆的固有频率非常低 (在初始 LIGO 中为 0.76 Hz)，因此它在 LIGO 的灵敏频段之外。由于四个反射镜 (两个臂上各有一个输入检验质量和一个末端检验质量) 主导了干涉仪的噪声，并且由于这些反射镜的热噪声是相互独立的，因此应变当量的热噪声谱为

$$S_{h,\text{pend}}(f) = \frac{4}{L^2} S_x(f) \approx \frac{2k_{\text{B}} T \phi_{\text{pend}} f_{\text{pend}}^2}{\pi^3 M L^2} \frac{1}{f^5} \quad (f \gg f_{\text{pend}}). \tag{6.154}$$

当 $T = 300$ K，$\phi_{\text{pend}} = 10^{-6}$，$L = 4$ km，$M = 11$ kg，$f_{\text{pend}} = 0.76$ Hz 时，我们得到

$$S_{h,\text{pend}}^{1/2}(f) \approx 10^{-23}\ \text{Hz}^{-1/2} \left(\frac{100\ \text{Hz}}{f}\right)^{5/2}. \tag{6.155}$$

除了这个连续噪声谱之外，还存在悬丝在小提琴模式 (violin modes) 频率处的悬吊热噪声。关于悬吊热噪声的综述参见 Gonzalez (2000)。

反射镜基底的内部振动模式是另一个热噪声源。该振动的共振频率 f_{int} 远高于 LIGO 的灵敏频宽，大约在 10 kHz。在这个区域，应变当量的热噪声谱为

$$S_{h,\text{int}}(f) = \frac{2k_{\text{B}} T \phi}{\pi^3 M L^2 f_{\text{int}}^2} \frac{1}{f} \quad (f \ll f_{\text{int}}). \tag{6.156}$$

虽然反射镜是由损耗很小的高品质因子材料制成，但是光学元件上的涂层更具损耗性，因此反射镜的损耗会更大。当 $T = 300$ K，$L = 4$ km，$M = 11$ kg，$f_{\text{int}} = 10$ kHz，$\phi_{\text{int}} = 10^{-6}$ 时，我们得到

$$S_{h,\text{int}}^{1/2}(f) \approx 10^{-23}\ \text{Hz}^{-1/2} \left(\frac{100\ \text{Hz}}{f}\right)^{1/2}. \tag{6.157}$$

由图 6.10 可见，热噪声是中间频率至 $f \sim 100$ Hz 的主要噪声源，它位于 LIGO 的灵敏频带之内。尽管可以减小法布里-珀罗腔的极点频率，从而减小低频的散粒噪声，但是整体来说这样做并没有任何益处，因为热噪声仍然在低频占主导。事实上，情况会更糟，因为高频的散粒噪声会变大。初始 LIGO 的设计使散粒噪声和热噪声在 $f \sim 100$ Hz 附近大致相等，此时散粒噪声在高频占主导，热噪声在低频占主导。

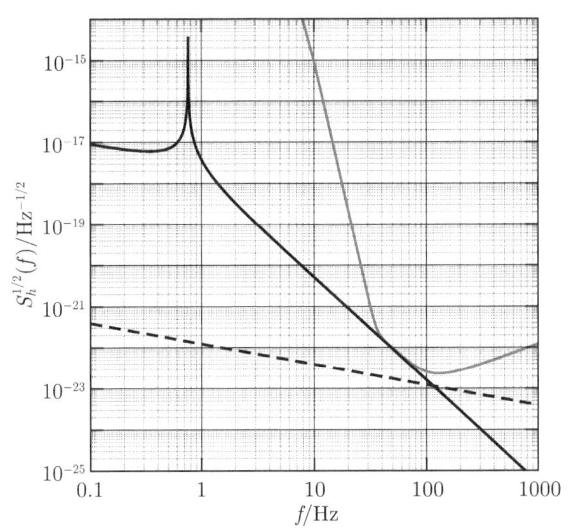

图 6.10 应变当量单位下的悬吊 (单摆) 热噪声 (黑实线) 和内部热噪声 (虚线) 的振幅谱密度。与悬吊的小提琴模式相关的噪声没有在此给出。灰线为初始 LIGO 的灵敏度曲线

6.1.8.3 引力梯度噪声

地震活动引起的地面密度波动或者大气密度波动将通过其牛顿力影响干涉仪的检验质量，这被称为**引力梯度噪声**。与地面运动晃动反射镜的直接影响相同，引力梯度噪声是低频噪声源。然而，它是检验质量和探测器周围密度波动之间的实际引力吸引导致的，不能简单通过多级隔震减弱它。我们将看到，引力梯度噪声并不是第一代探测器的重要噪声源，但是随着隔震的不断改进，它将成为第二代和第三代干涉仪的主要低频噪声。

这里关于引力梯度噪声的描述遵循 Saulson(1984) (另见 Hughes 和 Thorne, 1998)。考虑反射镜周围的质量 (空气质量或者地面质量) 扰动为 $\delta\rho(\boldsymbol{x})$。镜子受到引力而产生的加速度为

$$\frac{\mathrm{d}^2\boldsymbol{x}}{\mathrm{d}t^2} = G\int \frac{\delta\rho(\boldsymbol{x}')}{\|\boldsymbol{x}-\boldsymbol{x}\|^3}(\boldsymbol{x}-\boldsymbol{x}')\,\mathrm{d}^3\boldsymbol{x}, \tag{6.158}$$

参见式 (1.3)。这里我们忽略悬吊系统，或者至少在一个感兴趣的自由度上将反射

镜视为在做自由落体运动。对于沿 x 轴的运动，频域的表达式为

$$\tilde{x}(f) = -\frac{G}{4\pi^2 f^2}\int \frac{\widetilde{\delta\rho}\,(f)}{r^2}\sin\theta\cos\phi \mathrm{d}V, \tag{6.159}$$

这里我们设 $x = r\sin\theta\cos\phi$。为了将反射镜被诱导产生的运动的功率谱 $S_x\,(f)$ 与密度扰动的功率谱 $S_\rho\,(f)$ 联系起来，我们假设扰动在长度尺度 $\lesssim \lambda/2$ 上是相干的，其中 $\lambda = v_\mathrm{s}/f$，v_s 是材料 (空气或地面) 的声速，而它们在更大的长度尺度上是独立的。也就是说体积为 $(\lambda/2)^3$ 的区域将作为单个物体进行运动，但是具有该体积大小的不同区域将独立运动。此外，影响检验质量的最近区域的距离为 $\lambda/4$。我们将体积积分划分为对这些区域的求和，在半平面上积分 (地面运动为地面以下，大气运动为地面以上)，然后得到

$$\begin{aligned} S_x(f) &\approx \left[\frac{G}{(2\pi f)^2}\right]^2 S_\rho(f)\left(\frac{\lambda}{2}\right)^3 \int\limits_{r>\lambda/4} \frac{1}{r^4}\sin^2\theta\cos^2\phi \mathrm{d}V \\ &\approx \left[\frac{G}{(2\pi f)^2}\right]^2 S_\rho(f)\left(\frac{\lambda}{2}\right)^3 \frac{2\pi}{3}\frac{4}{\lambda} \\ &= \frac{4\pi^3}{3}\left[\frac{G v_\mathrm{s}}{(2\pi f)^3}\right]^2 S_\rho(f). \end{aligned} \tag{6.160}$$

干涉仪主要对两个输入检验质量和两个末端检验质量的位置灵敏，我们假设引力梯度噪声在这些反射镜子的位置处是独立的。因此，由引力梯度产生的应变当量噪声就等于 $4/L^2$ 乘以式 (6.160) 给出的单个反射镜的位移噪声谱：

$$S_h(f) \approx \frac{16\pi^3}{3}\frac{1}{L^2}\left[\frac{G v_s}{(2\pi f)^3}\right]^2 S_\rho(f). \tag{6.161}$$

大气变化通常以压强涨落的形式来测量。密度涨落和压强涨落由 $\delta\rho/\rho = \gamma^{-1}\delta p/p$ 相联系，其中 $\gamma \approx 1.4$ 是空气的绝热指数。因此，大气的引力梯度噪声为

$$S_h(f) \approx \frac{16\pi^3}{3}\frac{1}{L^2}\left[\frac{G\rho v_\mathrm{s}}{(2\pi f)^3\gamma p}\right]^2 S_p(f). \tag{6.162}$$

典型的压强涨落为 $S_p^{1/2} \sim 10^{-3}\mathrm{Pa{\cdot}Hz^{-1/2}}$。设 $p = 10^5$ Pa，$\rho = 1.3\ \mathrm{kg{\cdot}m^{-3}}$，$v_\mathrm{s} = 340\ \mathrm{m{\cdot}s^{-1}}$，$L = 4$ km，我们得到

$$S_h^{1/2}(f) \approx 2\times 10^{-24}\ \mathrm{Hz}^{-1/2}\left(\frac{f}{10\ \mathrm{Hz}}\right)^{-6}\left(\frac{S_p^{1/2}(f)}{10^{-3}\ \mathrm{Pa}\cdot\mathrm{Hz}^{-1/2}}\right)^2. \tag{6.163}$$

在高频处，大气的引力梯度噪声比上式预测的更小，这是因为反射镜被封闭在建筑物内，保持了空气的相对稳定。然而，在低频处，经过仪器的温度涨落与压强涨落相比可以产生更大的大气引力梯度噪声。这将在频率 $f < v_{\mathrm{air}}/r_{\min}$ 时发生，其中 v_{air} 是气流的速度，$r_{\min}$ 是检验质量到气流的距离 (参见 Creighton, 2008)。

穿过地面的地震波可以由其位移谱 $S_X(f)$ 描述。对于一个水平运动的分量

$$\frac{\delta\rho}{\rho} \sim \frac{\delta X}{\lambda/2} \tag{6.164}$$

(回想一下，$\lambda/2$ 是相干移动的地块的大小)，因此由地面运动产生的密度涨落的功率谱为 $S_\rho(f) \sim (2\rho/\lambda)^2 S_X(f) = (2\rho f/v_{\mathrm{s}})^2 S_X(f)$，这将产生应变当量的噪声功率谱密度

$$S_h(f) \approx \frac{16\pi}{3}\frac{1}{L^2}\left[\frac{G\rho}{(2\pi f)^2}\right]^2 S_X(f). \tag{6.165}$$

假设地面密度 $\rho \simeq 1800\ \mathrm{kg{\cdot}m^{-3}}$ 以及由式 (6.120) 给出的地面位移谱，对于 $L = 4\ \mathrm{km}$ 的 LIGO 干涉仪可得

$$S_h^{1/2}(f) \approx 3\times10^{-23}\ \mathrm{Hz}^{-1/2}\begin{cases}(f/10\ \mathrm{Hz})^{-2}, & f < 10\ \mathrm{Hz},\\ (f/10\ \mathrm{Hz})^{-4}, & f > 10\ \mathrm{Hz}.\end{cases} \tag{6.166}$$

与通过隔震堆栈作用在初始 LIGO 干涉仪反射镜上的地震运动相比，引力梯度效应并不重要。然而，对于高新 LIGO 而言，更有力的隔震将减少地震噪声的大小，使得引力梯度噪声可能会成为限制。第三代干涉仪很可能需要减轻引力梯度噪声，可能的方法包括将反射镜放置在地质活动较少地区的地下，或者通过测量反射镜附近的密度涨落并对其位置进行校正来补偿局部引力的影响。

6.1.9　控制系统

LIGO 干涉仪必须控制反射镜运动的多个不同自由度来保持自身及多个腔 (法布里-珀罗腔、迈克耳孙干涉仪和回收腔) 处于共振。如果不加控制，那么各种环境噪声源将即刻影响这些腔的长度，干涉仪中的光将偏离共振，干涉仪将会“失锁”。为了保持锁定，许多读出通道 (除了用于引力波探测的反对称读出端口外) 会被持续监控并用于控制各个自由度。

主反馈回路控制臂长差的变化，称为**臂长差反馈回路**。保持臂长差稳定对于保持反对称端口黑暗 (否则光将会从回收腔溢出) 是重要的。当然，反对称端口是读出引力波信号的地方，因此必须确定反馈回路对真实引力波信号的影响，以便能够估计出作用于探测器的外部应变。在没有反馈回路时，检测函数 $C(f)$ 描

述了干涉仪如何将一个外部应变 $\tilde{s}(f)$ 进行滤波以产生读出信号 $\tilde{e}(f)$，这称为**误差信号** (这里我们在频域进行分析，因为这能够使回路应用于注入信号的线性滤波器的表达式变得简单)。差分误差信号 (differential error signal) 在 LIGO 中被称为 DARM_ERR，反馈回路的目的是保持该信号较小。一般情况下，必须控制的主要噪声源是在低频段 (地震噪声)；误差信号由数字滤波器 $D(f)$ 进行低通滤波，产生臂长差的**控制信号** $\tilde{d}(f)$。该信号在 LIGO 中被记为 DARM_CTRL。控制信号被用于移动 ETM 反射镜以补偿环境在干涉仪上引起的运动 (以及低频引力波!)。另一个传递函数，即驱动函数 $A(f)$，将驱动力和反射镜的运动联系起来 (反射镜是由摆悬吊起来的，因此作用力和反射镜运动之间存在一个频率依赖的关系)。图 6.11 显示了此反馈回路的组成。

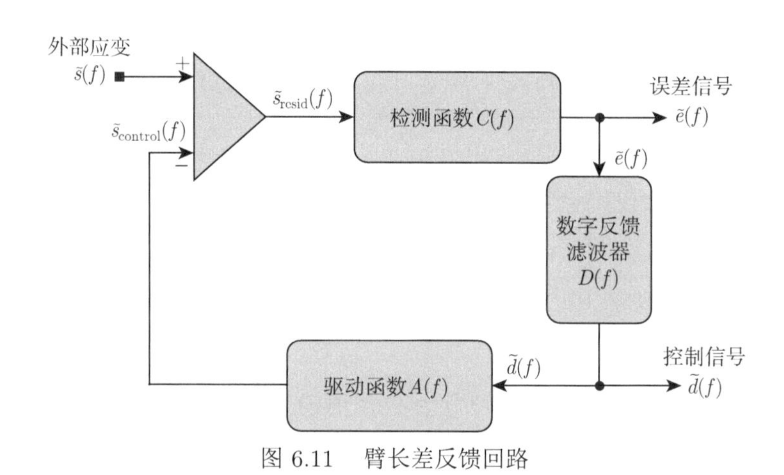

图 6.11　臂长差反馈回路

现在我们从数学上描述反馈回路。干涉仪实际经历的残余应变 $\tilde{s}_{\text{resid}}(f)$ 是真实注入的外部应变 $\tilde{s}(f)$ 和控制应变 $\tilde{s}_{\text{control}}(f)$ 之差。误差信号 $\tilde{e}(f)$ 由残余应变通过检测函数 $C(f)$ 产生，$C(f)$ 本质上是法布里-珀罗腔的传递函数。将数字反馈滤波器 $D(f)$ 应用于误差信号会产生臂长差的控制信号 $\tilde{d}(f)$，后者通过驱动函数 $A(f)$ 与控制应变相关联：

$$\tilde{s}_{\text{resid}}(f) = \tilde{s}(f) - \tilde{s}_{\text{control}}(f), \tag{6.167a}$$

$$\tilde{s}_{\text{control}}(f) = A(f)\tilde{d}(f), \tag{6.167b}$$

$$\tilde{d}(f) = D(f)\tilde{e}(f), \tag{6.167c}$$

$$\tilde{e}(f) = C(f)\tilde{s}_{\text{resid}}(f). \tag{6.167d}$$

因此，

$$\begin{aligned}\tilde{e}(f) &= C(f)\left[\tilde{s}(f) - \tilde{s}_{\text{control}}(f)\right] \\ &= C(f)\tilde{s}(f) - C(f)A(f)\tilde{d}(f) \\ &= C(f)\tilde{s}(f) - C(f)A(f)D(f)\tilde{e}(f). \end{aligned} \tag{6.168}$$

于是外部应变可以从读出的误差信号重建出来

$$\tilde{s}(f) = \frac{1 + C(f)A(f)D(f)}{C(f)}\tilde{e}(f) = R(f)\tilde{e}(f), \tag{6.169}$$

其中 $R(f)$ 是**响应函数**，

$$R(f) := \frac{1 + G(f)}{C(f)}, \tag{6.170}$$

这里

$$G(f) := C(f)A(f)D(f) \tag{6.171}$$

称为**开环增益**。外部应变 $\tilde{s}$ 包含各种噪声源 $\tilde{n}$ 以及任意引力波 $\tilde{h}$ 引起的应变。我们将在第 7 章讨论如何在噪声中识别信号。现在我们将展示度规扰动如何在干涉仪上产生应变 $h(t)$。

6.1.10 干涉仪探测器的引力波响应

对于低频引力波，其波长远大于干涉仪臂长，我们可以想象穿过臂的光在一个基本恒定的引力势中运动；也就是说，光从臂的一端发射时的度规扰动与其被末端反射镜反射以及返回发射器时的基本相同。在这种情况下，返回光缓慢变化的相位依赖于引力波引起的缓慢变化的应变 $h(t)$：$\phi(t) = 2kL + \phi_{\text{ext}}(t)$，其中 $\phi_{\text{ext}}(t) = 2kLh(t)$，应变为

$$h(t) = \frac{1}{2}\hat{p}^i\hat{p}^j h_{ij}(t), \tag{6.172}$$

其中 $\hat{\boldsymbol{p}}$ 是从发射器到末端反射镜的单位矢量 (参见式 (3.44))。

对于高频引力波，干涉仪的响应更加复杂。考虑一个光子在时空事件 0 处被发射器发射，在时空事件 1 处被末端反射镜接收。一个沿 $\hat{\boldsymbol{n}}$ 方向传播的平面引力波产生的度规扰动为 $h_{ij}(t, \boldsymbol{x}) = h_{ij}(t - \hat{\boldsymbol{n}}\cdot\boldsymbol{x}/c, \boldsymbol{0})$。由式 (3.61) 得

$$\mathfrak{z} := \frac{\nu_0 - \nu_1}{\nu_1} = \frac{1}{2}\frac{\hat{p}^i\hat{p}^j}{1 - \hat{\boldsymbol{p}}\cdot\hat{\boldsymbol{n}}}\left(h_{ij}^1 - h_{ij}^0\right), \tag{6.173}$$

这里 h_{ij}^0 是光子被发射器发射时的时空事件处的度规扰动，h_{ij}^1 是光子被接收器接收时的时空事件 1 处的度规扰动 (注意此时从接收器到发射器的方向为 $-\hat{\boldsymbol{p}}$)。这

是**上行链路**。此后，光子被末端镜反射回发射器。**下行链路**的红移为

$$\frac{\nu_1-\nu_2}{\nu_2}=\frac{1}{2}\frac{\hat{p}^i\hat{p}^j}{1+\hat{\boldsymbol{p}}\cdot\hat{\boldsymbol{n}}}\left(h_{ij}^2-h_{ij}^1\right), \tag{6.174}$$

其中 h_{ij}^2 是光子返回发射器时的时空事件 2 处的度规扰动。传输的整体红移 (上行链路和下行链路) 为 (注意所有的频率都非常接近)

$$\frac{\nu_0-\nu_2}{\nu_0}=\frac{1}{2}\hat{p}^i\hat{p}^j\left(\frac{h_{ij}^2-h_{ij}^1}{1+\hat{\boldsymbol{p}}\cdot\hat{\boldsymbol{n}}}+\frac{h_{ij}^1-h_{ij}^0}{1-\hat{\boldsymbol{p}}\cdot\hat{\boldsymbol{n}}}\right). \tag{6.175}$$

现在需注意

$$h_{ij}^0=h_{ij}(t), \tag{6.176}$$

$$h_{ij}^1=h_{ij}[t+(L/c)(1-\hat{\boldsymbol{p}}\cdot\hat{\boldsymbol{n}})], \tag{6.177}$$

$$h_{ij}^2=h_{ij}(t+2L/c), \tag{6.178}$$

或者在频域中写为

$$\tilde{h}_{ij}^0=\tilde{h}_{ij}(f), \tag{6.179}$$

$$\tilde{h}_{ij}^1=\mathrm{e}^{2\pi\mathrm{i}fL(1-\hat{\boldsymbol{p}}\cdot\hat{\boldsymbol{n}})/c}\tilde{h}_{ij}(f), \tag{6.180}$$

$$\tilde{h}_{ij}^2=\mathrm{e}^{4\pi\mathrm{i}fL/c}\tilde{h}_{ij}(f). \tag{6.181}$$

由此可得

$$\begin{aligned}\frac{\widetilde{(\nu_0-\nu_2)}(f)}{\nu_0}=&\frac{1}{2}\hat{p}^i\hat{p}^j\tilde{h}_{ij}(f)\\&\times\left(\frac{\mathrm{e}^{4\pi\mathrm{i}fL/c}-\mathrm{e}^{2\pi\mathrm{i}fL(1-\hat{\boldsymbol{p}}\cdot\hat{\boldsymbol{n}})/c}}{1+\hat{\boldsymbol{p}}\cdot\hat{\boldsymbol{n}}}+\frac{\mathrm{e}^{2\pi\mathrm{i}fL(1-\hat{\boldsymbol{p}}\cdot\hat{\boldsymbol{n}})/c}-1}{1-\hat{\boldsymbol{p}}\cdot\hat{\boldsymbol{n}}}\right).\end{aligned} \tag{6.182}$$

引力波引起的光频移导致的相移为

$$\phi_{\text{ext}}=2\pi\int[\nu_0-\nu_2(t)]\,\mathrm{d}t, \tag{6.183}$$

或者

$$\tilde{\phi}_{\text{ext}}(f)=\frac{\widetilde{(\nu_0-\nu_2)}(f)}{\mathrm{i}f}. \tag{6.184}$$

由此产生

$$\tilde{\phi}_{\text{ext}} = kL\hat{p}^i\hat{p}^j\tilde{h}_{ij}(f)D(\hat{\boldsymbol{p}}\cdot\hat{\boldsymbol{n}}, fL/c), \tag{6.185}$$

其中

$$\begin{aligned} D(\hat{\boldsymbol{p}}\cdot\hat{\boldsymbol{n}}, fL/c) :=& \frac{1}{2}\mathrm{e}^{2\pi\mathrm{i}fL/c}\left\{\mathrm{e}^{\mathrm{i}\pi fL(1-\hat{\boldsymbol{p}}\cdot\hat{\boldsymbol{n}})/c}\operatorname{sinc}[\pi fL(1+\hat{\boldsymbol{p}}\cdot\hat{\boldsymbol{n}})/c]\right. \\ &\left.+\mathrm{e}^{-\mathrm{i}\pi fL(1+\hat{\boldsymbol{p}}\cdot\hat{\boldsymbol{n}})/c}\operatorname{sinc}[\pi fL(1-\hat{\boldsymbol{p}}\cdot\hat{\boldsymbol{n}})/c]\right\}, \end{aligned} \tag{6.186}$$

这里 $\sin\mathrm{c}\,(x) := \sin\,(x)/x$。

一个类迈克耳孙干涉仪 (例如 LIGO 和 Virgo 干涉仪) 有两个正交的臂。由反对称端口的读出可以检测两臂经历的相移差

$$\begin{aligned} \tilde{\phi}_{\text{ext}}\,(f) &:= \tilde{\phi}_{\text{ext},1}(f) - \tilde{\phi}_{\text{ext},2}(f) \\ &= kL\tilde{h}_{ij}(f)\left[\hat{p}^i\hat{p}^jD(\hat{\boldsymbol{p}}\cdot\hat{\boldsymbol{n}}, fL/c) - \hat{q}^i\hat{q}^jD(\hat{\boldsymbol{q}}\cdot\hat{\boldsymbol{n}}, fL/c)\right] \\ &= 2kL\tilde{h}(f), \end{aligned} \tag{6.187}$$

其中 $\tilde{h}\,(f)$ 为有效诱导应变，

$$\tilde{h}(f) := G_+(\hat{\boldsymbol{n}}, \psi, f)\tilde{h}_+(f) + G_\times(\hat{\boldsymbol{n}}, \psi, f)\tilde{h}_\times(f), \tag{6.188}$$

这里 $\hat{\boldsymbol{p}}$ 和 $\hat{\boldsymbol{q}}$ 是沿着两臂的单位矢量，ψ 是**极化角**①，并且

$$G_+(\hat{\boldsymbol{n}}, \psi, f) := \frac{1}{2}\left[\hat{p}^i\hat{p}^jD\left(\hat{\boldsymbol{p}}\cdot\hat{\boldsymbol{n}}, fL_1/c\right) - \hat{q}^i\hat{q}^jD\left(\hat{\boldsymbol{q}}\cdot\hat{\boldsymbol{n}}, fL_2/c\right)\right]e^+_{ij}(\hat{\boldsymbol{n}}, \psi), \tag{6.189a}$$

$$G_\times(\hat{\boldsymbol{n}}, \psi, f) := \frac{1}{2}\left[\hat{p}^i\hat{p}^jD\left(\hat{\boldsymbol{p}}\cdot\hat{\boldsymbol{n}}, fL_1/c\right) - \hat{q}^i\hat{q}^jD\left(\hat{\boldsymbol{q}}\cdot\hat{\boldsymbol{n}}, fL_2/c\right)\right]e^\times_{ij}(\hat{\boldsymbol{n}}, \psi), \tag{6.189b}$$

是对引力波加号和叉号极化态的探测器**波束图**响应。在长波极限下 ($f \ll f_{\text{FSR}}$)，波束图函数变得与频率无关：

$$F_+(\hat{\boldsymbol{n}}, \psi) := G_+(\hat{\boldsymbol{n}}, \psi, 0) = \frac{1}{2}\left(\hat{p}^i\hat{p}^j - \hat{q}^i\hat{q}^j\right)e^+_{ij}(\hat{\boldsymbol{n}}, \psi), \tag{6.190a}$$

$$F_\times(\hat{\boldsymbol{n}}, \psi) := G_\times(\hat{\boldsymbol{n}}, \psi, 0) = \frac{1}{2}\left(\hat{p}^i\hat{p}^j - \hat{q}^i\hat{q}^j\right)e^\times_{ij}(\hat{\boldsymbol{n}}, \psi). \tag{6.190b}$$

① 原书注：极化角 ψ 是在引力波传播方向矢量 $\hat{\boldsymbol{n}} = \boldsymbol{e}_3$ 的横向平面内，从逆时针方向测量节点线与波坐标系中 $\boldsymbol{e}_1$ 方向 (x 轴) 的夹角。这里节点线所在的轴为 $\hat{\boldsymbol{N}}\times\hat{\boldsymbol{n}}$，其中 $\hat{\boldsymbol{N}}$ 是指向北天极 (地球自转轴方向) 的单位矢量。因此极化角定义了引力波的加号和叉号极化态。

6.1.11 第二代地基干涉仪 (及未来)

第二代探测器 (例如高新 LIGO) 将通过以下几种主要方法达到对初始探测器灵敏度的提高：①改进隔震，添加主动隔震，这将减少探测器中的低频噪声；②具有更高品质因子的光学元件将减少低频热噪声；③具有更大质量 (可降低辐射压噪声) 和更低吸收率的反射镜将允许干涉仪在更高功率下运行，这将降低高频处的散粒噪声；④信号回收镜的添加将改变散粒噪声的性质，并允许独立地调节低频灵敏度和带宽。

在高新 LIGO 中，接近 1 MW 的光功率将存储在法布里-珀罗腔内，这将显著减小散粒噪声。为了使辐射压噪声在低频段与热噪声可比，作为检验质量的反射镜将从初始 LIGO 中的 11 kg 增加到 40 kg。反射镜将用熔融石英制成的带子悬吊，它比初始 LIGO 中用的悬丝拥有更高的品质因子，这将会减小 LIGO 频带内的热噪声。主动隔震将使地面振动主导的频率降到低于 ~ 10 Hz。总的来说，灵敏度将受到低频处的辐射压噪声和高频处的散粒噪声的限制。

在中频段内，高新 LIGO 将在接近标准量子极限的情况下运行，并且期待的主要噪声源为量子噪声。对中频读出噪声的完整讨论需要对辐射场和读出装置进行量子力学处理 (参见 Buonanno 和 Chen，2001)。在本节中，我们将介绍一种启发式的经典处理方法作为替代。我们将忽略辐射压噪声，仅考虑散粒噪声。

我们知道散粒噪声的频谱是由法布里-珀罗传递函数 (检测函数 $C(f)$) 决定的，$S_{h,\text{shot}} \propto |C(f)|^{-2}$。本质上，检测函数本身有一个可调参数，即极点频率 f_{pole}，它由输入检验质量反射镜的透射系数设定。极点频率不仅决定干涉仪的带宽而且还决定臂增益 G_{arm}，通过增加带宽 (增加极点频率) 来减小臂增益 (因而减小低频灵敏度)。为了将这两个参数解耦，高新 LIGO 将在反对称端口引入一个额外的反射镜，即**信号回收镜** (参见图 6.12)，它有效地允许载频光的声频边带在干涉仪中比载频光存储更长 (或更短) 时间。

为了便于说明，我们将 LIGO 干涉仪近似为两个耦合的腔，法布里-珀罗腔 (这里引力波将在载频光上产生边带) 和信号回收腔 (它可调节为将边带返回到法布里-珀罗腔以增强信号，或者以共振的方式提取它们)。图 6.13 展示了我们考虑的光学构型。

需要注意的是信号回收腔实际上放置于迈克耳孙干涉仪的反对称端口，后者在载频处几乎是暗的。因此，我们仅需要考虑由外部诱导的反射镜运动所产生的与时间相关的声频边带频率。我们有

$$\begin{aligned} E'_{\text{SRC}}(t) = & t_{\text{ITM}} \mathrm{e}^{-\mathrm{i}k\ell_{\text{SRC}}} E'_{\text{FP}}(t - \ell_{\text{SRC}}/c) \\ & - r_{\text{SRM}} r_{\text{ITM}} \mathrm{e}^{-2\mathrm{i}k\ell_{\text{SRC}}} E'_{\text{SRC}}(t - 2\ell_{\text{SRC}}/c) \end{aligned} \tag{6.191}$$

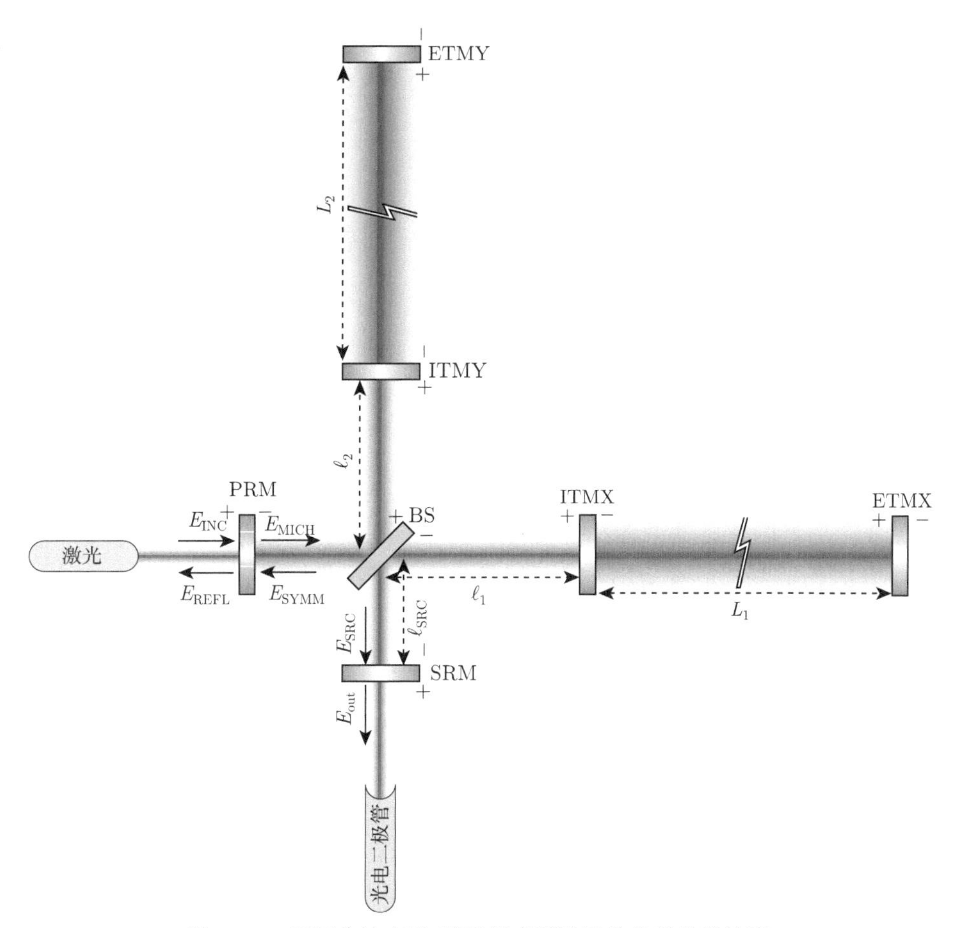

图 6.12 双回收法布里-珀罗迈克耳孙干涉仪的光学构型

ETMY：Y 轴末端检验质量；ETMX：X 轴末端检验质量；ITMY：Y 轴输入检验质量；ITMX：X 轴输入检验质量；SRM：信号回收反射镜

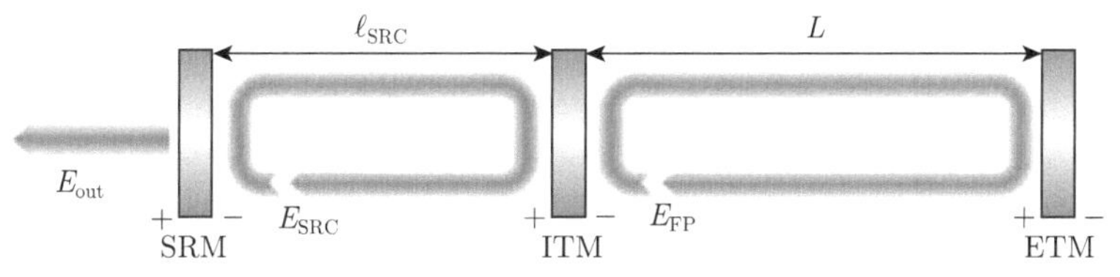

图 6.13 耦合的法布里-珀罗腔与信号回收腔的光学构型

和

$$
\begin{aligned}
E'_{\rm FP}(t) \simeq & - r_{\rm SRM} t_{\rm ITM} {\rm e}^{-{\rm i}k\ell_{\rm SRC}} {\rm e}^{-2{\rm i}kL} E'_{\rm SRC}\left(t - \ell_{\rm SRC}/c - 2L/c\right) \\
& - r_{\rm ITM} {\rm e}^{-2{\rm i}kL} E'_{\rm FP}(t - 2L/c) - {\rm i}{\rm e}^{-2{\rm i}kL} E_{\rm FP,0} \phi_{\rm ext}(t),
\end{aligned} \tag{6.192}
$$

其中我们将第二个式子表示到外部诱导相移的一阶。回想一下，撇号表示场在声频处与时间相关的调制。$\ell_{\rm SRC}$ 为回收腔的长度。这些方程的傅里叶变换给出了一个线性系统，我们可将其表示为

$$\mathbf{M}\begin{bmatrix}\tilde{E}'_{\rm SRC}(f)\\ \tilde{E}'_{\rm FP}(f)\end{bmatrix}=\begin{bmatrix}0\\ {\rm i}\tilde{\phi}_{\rm ext}(f)E_{\rm FP,0}\end{bmatrix},\tag{6.193}$$

其中

$$\mathbf{M}:=\begin{bmatrix}1+r_{\rm SRM}r_{\rm ITM}{\rm e}^{-2{\rm i}(2\pi f\ell_{\rm SRC}/c+\phi_{\rm SRC})} & -t_{\rm ITM}{\rm e}^{-{\rm i}(2\pi f\ell_{\rm SRC}/c+\phi_{\rm SRC})}\\ -r_{\rm SRM}t_{\rm ITM}{\rm e}^{-{\rm i}(2\pi f\ell_{\rm SRC}/c+\phi_{\rm SRC})}{\rm e}^{-4\pi{\rm i}fL/c} & 1-r_{\rm ITM}{\rm e}^{-4\pi{\rm i}fL/c}\end{bmatrix},\tag{6.194}$$

这里我们加入了 $\exp(-2{\rm i}kL)=-1$ 的条件，这是法布里-珀罗腔中使载频光共振所必需的。信号回收腔的调谐相位 $\phi_{\rm SRC}$ 可定义为 $\phi_{\rm SRC}=k\ell_{\rm SRC}=2\pi\ell_{\rm SRC}/\lambda_{\rm laser}$。

现在腔内的场可以通过对矩阵 $\mathbf{M}$ 求逆来计算，我们得到

$$\tilde{E}'_{\rm SRC}(f)={\rm i}E_{\rm FP,0}\frac{-M_{12}}{\det\mathbf{M}}\tilde{\phi}_{\rm ext}(f),\tag{6.195}$$

$$\tilde{E}'_{\rm FP}(f)={\rm i}E_{\rm FP,0}\frac{M_{11}}{\det\mathbf{M}}\tilde{\phi}_{\rm ext}(f),\tag{6.196}$$

其中

$$\det\mathbf{M}=1-r_{\rm ITM}{\rm e}^{-4\pi{\rm i}fL/c}+\left(r_{\rm ITM}-{\rm e}^{-4\pi{\rm i}fL/c}\right)r_{\rm SRM}{\rm e}^{-2{\rm i}(2\pi f\ell_{\rm SRC}/c+\phi_{\rm SRC})}.\tag{6.197}$$

特别是，我们有

$$\tilde{E}'_{\rm SRC}(f)={\rm i}E_{\rm FP,0}\frac{t_{\rm ITM}{\rm e}^{-{\rm i}(2\pi f\ell_{\rm SRC}/c+\phi_{\rm SRC})}}{\det\mathbf{M}}\tilde{\phi}_{\rm ext}(f).\tag{6.198}$$

法布里-珀罗腔内的载频光为

$$E_{\rm FP,0}=G_{\rm prc}^{1/2}\frac{t_{\rm ITM}}{1-r_{\rm ITM}}E_{\rm INC},\tag{6.199}$$

这里我们已经包含了功率回收腔的增益。因此，从信号回收腔离开的场为

$$\begin{aligned}\tilde{E}'_{\rm out}(f)&=t_{\rm SRM}\tilde{E}'_{\rm SRC}(f)\\&={\rm i}E_{\rm INC}G_{\rm prc}^{1/2}\frac{t_{\rm ITM}^2}{1-r_{\rm ITM}}\frac{t_{\rm SRM}{\rm e}^{-{\rm i}(2\pi f\ell_{\rm SRC}/c+\phi_{\rm SRC})}}{\det\mathbf{M}}\tilde{\phi}_{\rm ext}(f)\\&={\rm i}E_{\rm INC}G_{\rm prc}^{1/2}G_{\rm arm}\frac{(1-r_{\rm ITM})\,t_{\rm SRM}{\rm e}^{-{\rm i}(2\pi f\ell_{\rm SRC}/c+\phi_{\rm SRC})}}{\det\mathbf{M}}\tilde{\phi}_{\rm ext}(f).\end{aligned}\tag{6.200}$$

为了将该式与无信号回收的干涉仪的结果相联系，我们将输出场表示为

$$\begin{aligned}\tilde{E}'_{\rm out}(f) &= {\rm i}E_{\rm INC}G_{\rm prc}^{1/2}G_{\rm arm}\frac{1-r_{\rm ITM}}{1-r_{\rm ITM}{\rm e}^{-4\pi{\rm i}fL/c}}\hat{C}_{\rm SR}(f)\tilde{\phi}_{\rm ext}(f)\\ &= {\rm i}E_{\rm INC}G_{\rm prc}^{1/2}G_{\rm arm}\hat{C}_{\rm FP}(f)\hat{C}_{\rm SR}(f)\tilde{\phi}_{\rm ext}(f),\end{aligned} \tag{6.201}$$

其中 $\hat{C}_{\rm SR}(f)$ 是信号回收的有效传递函数

$$\hat{C}_{\rm SR}(f) = \frac{t_{\rm SRM}{\rm e}^{-{\rm i}(2\pi f\ell_{\rm SRC}/c+\phi_{\rm SRC})}}{1-r_{\rm SRM}\left(\dfrac{r_{\rm ITM}-{\rm e}^{-4\pi{\rm i}fL/c}}{1-r_{\rm ITM}{\rm e}^{-4\pi{\rm i}fL/c}}\right){\rm e}^{-2{\rm i}(2\pi f\ell_{\rm SRC}/c+\phi_{\rm SRC})}}. \tag{6.202}$$

调谐相位 $\phi_{\rm SRC}$ 是从信号回收腔产生的传递函数中的一个关键参数。从法布里-珀罗腔中的光看来，信号回收腔有效地使 ITM 成为一个反射系数与频率有关的复合镜。在低频段，当 $\phi_{\rm SRC}=0$ 时，复合镜的有效透射系数较高，于是信号被“吸出”了干涉仪。这称为**共振边带提取** (RSE)。由于信号在法布里-珀罗臂中不会增强太多，因此采用 RSE 的干涉仪在低频段的灵敏度较低；然而，仪器将具有较大的频宽 (法布里-珀罗腔的有效腔极点移向更高频率)，所以 RSE 干涉仪在高频段会有更高的灵敏度。当 $\phi_{\rm SRC}=90^\circ$ 时，另一个极限称为**信号回收** (SR) 模式。在低频段，信号被反射回法布里-珀罗腔内，使其得以增强。这会以牺牲频宽为代价增加低频灵敏度。到目前为止，信号回收腔的作用似乎比较简单，它通过改变信号回收腔的长度对 ITM 的透射系数进行有效的动态调整。然而，与简单地改变 ITM 的透射系数不同，这是一种频率依赖的调整，它具有一些独有的特征。具体而言，当 $\phi_{\rm SRC}$ 介于 $0^\circ\sim 90^\circ$ 时，特定频率的信号可以在法布里-珀罗腔中保持更长时间，从而有效地将干涉仪调整为对这些频率灵敏。这些效应可见于图 6.14，这里的传递函数 $\left|\hat{C}_{\rm SR}(f)\right|$ 是引入信号回收腔后，调谐相位取值不同时，仪器响应中产生的依赖于频率的额外因子。如图 6.14 所示，RSE($\phi_{\rm SRC}=0$) 导致在高频有更高的灵敏度，而低频灵敏度较差；SR($\phi_{\rm SRC}=90^\circ$) 导致在低频有更高的灵敏度，而高频灵敏度较差；对于这两个极值之间的调谐相位 $\phi_{\rm SRC}$，可在某个感兴趣的频率附近的窄带内提高灵敏度。

如果我们假设高新 LIGO 中的散粒噪声和辐射压噪声是独立的，那么总的传感器噪声为

$$\begin{aligned}S_{h,{\rm sensor}}(f) =&\frac{\hbar}{\pi^2 f^2 ML^2}\\ &\times\left(\frac{\pi^2 f^2 Mc}{2kI_0G_{\rm prc}G_{\rm arm}^2\left|\hat{C}_{\rm SRFP}(f)\right|^2}+\frac{2kI_0G_{\rm prc}G_{\rm arm}^2\left|\hat{C}_{\rm SRFP}(f)\right|^2}{\pi^2 f^2 Mc}\right),\end{aligned} \tag{6.203}$$

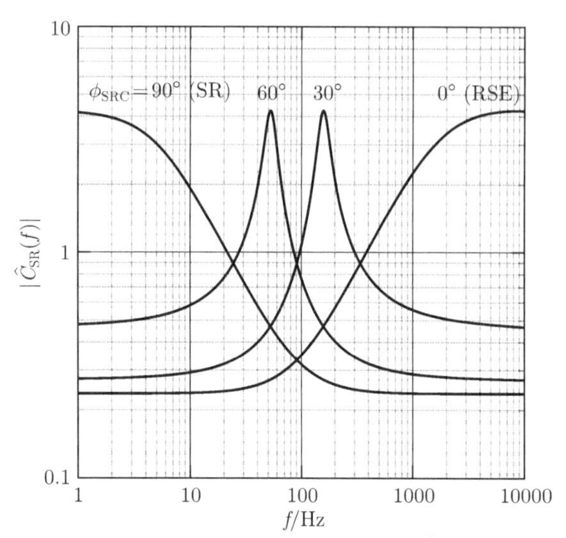

图 6.14 由于引入信号回收腔而产生的仪器响应中的因子 $\hat{C}_{\rm SR}(f)$ 的绝对值与频率的关系。本图给出了信号回收腔调谐相位 $\phi_{\rm SRC}$ 从 $0°$(RSE) 到 $90°$(SR) 的几个不同值的传递函数。这里使用的参数是高新 LIGO 的基准值：$L=4$ km，$\ell_{\rm SRC}=50.6$ m，$t^2_{\rm ITM}=3\%$，$t^2_{\rm SRM}=20\%$

其中

$$\hat{C}_{\rm SRFP}(f):=\hat{C}_{\rm SR}(f)\hat{C}_{\rm FP}(f). \tag{6.204}$$

图 6.15 显示了各种不同高新 LIGO 配置的传感器噪声。实际上，这些灵敏度曲线并不精确：高新 LIGO 将是一个量子测量装置，为了正确计算散粒噪声和辐射压噪声之间存在的量子关联，必须建立电磁场和读出设备的完全量子力学模型。在纯的信号回收 ($\phi_{\rm SRC}=90°$) 和纯的共振边带提取 ($\phi=0°$) 的情况中，量子关联是不存在的；我们的半经典处理在这些极限下实际上是有效的！当进行完全量子力学的噪声计算时，灵敏度曲线会明显不同；图 6.16 给出了三种高新 LIGO 配置的量子噪声，以及两种主要的环境噪声源——悬吊热噪声和涂层热噪声。

第三代引力波探测器，例如欧洲的爱因斯坦望远镜 (Punturo et al., 2010) (ET) 和日本的大型低温引力波望远镜 (LCGT)，现在正处于发展当中。这些探测器将通过解决每个频率的限制性噪声源来提高所有频段的灵敏度。通过在震动较少的地下建造设施，地面运动产生的环境噪声可以减少。在主动隔震的情况下，主要的低频噪声源将是引力梯度噪声。通过监测每个反射镜附近的地面震动来减少它或许是可行的，在此可以通过给反射镜一个与推断出的引力梯度相反的力来主动地抵消影响反射镜的引力梯度力。反射镜的热噪声可以通过低温冷却反射镜和悬丝的方式减小。高频散粒噪声可以通过增加光功率来抑制，而辐射压噪声可以通过增加反射镜质量来减小。此外，还有其他减小读出噪声的机制。

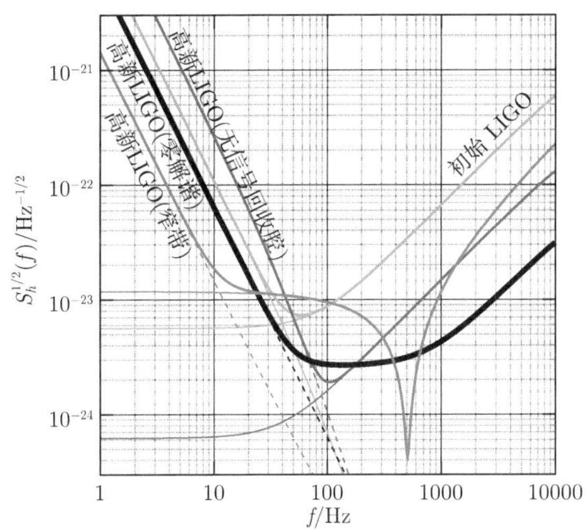

图 6.15 各种配置下的传感器噪声曲线。细实线表示散粒噪声；虚线表示辐射压噪声；粗实线为总的传感器噪声。浅灰线表示初始 LIGO 干涉仪 (仅显示了一个理想 DC 读出方案的散粒噪声和辐射压噪声)。深灰线表示高新 LIGO(aLIGO) 的配置，其中 $t_{\mathrm{ITM}}^2 = 1.4\%$，$t_{\mathrm{PRM}}^2 = 3\%$，$G_{\mathrm{arm}} = 280$，$G_{\mathrm{prc}} = 40$，$L = 4$ km，$I_0 = 125$ W，但是这里不包含信号回收腔。黑线表示宽频高新 LIGO 的配置，这里包含信号回收腔，其中 $t_{\mathrm{SRM}}^2 = 20\%$，$\ell_{\mathrm{SRC}} = 56$ m，$\phi_{\mathrm{SRC}} = 0$。中等灰色线表示窄频高新 LIGO 的配置，这里包含信号回收腔，其中 $t_{\mathrm{SRM}}^2 = 1.1\%$，$\ell_{\mathrm{SRC}} = 56$ m，$\phi_{\mathrm{SRC}} = 4.7^\circ$

量子读出噪声可以通过许多方法进一步抑制。一种方法是改变通过反对称端口进入干涉仪的量子场的真空态。在干涉仪辐射场的量子力学处理中，发现散粒噪声和辐射压噪声都是由从 (开放的) 暗端口“进入”干涉仪的真空涨落产生的。自然真空态的涨落具有不确定性关系，并在与真空的振幅涨落 (贡献辐射压) 和真空的相位涨落 (影响干涉仪相位测量并因此贡献散粒噪声) 相关的共轭变量间平均分配。如果真空被**压缩** (squeezed)，以增加振幅涨落为代价减小相位涨落 (由于不确定性原理)，则以增加辐射压噪声为代价可以降低散粒噪声。这将导致在量子噪声由散粒噪声主导的高频灵敏度的整体提高，尽管低频辐射压噪声会增加。相反，可以压缩真空，使得振幅涨落减小，而相位涨落增加，这将提高低频的灵敏度，同时降低高频的灵敏度。

事实上，可以进行与频率相关的压缩，使得在低频处减小振幅涨落，而在高频处减小相位涨落。通过这种方式，可以在整个频段上降低限制灵敏度的量子噪声。

压缩真空态在实际中很难保持稳定，目前的实验仅能在量子噪声补偿方面实现一定的增益。其他的可能性也在探索之中，例如木琴策略 (xylophone strategy)，它由两个干涉仪组成：一个低温冷却的低激光功率干涉仪，它在低频处具有高灵敏度；另一个高激光功率干涉仪，它在高频处具有高灵敏度，因此，最终合成的探测器在高频和低频都具有高灵敏度。

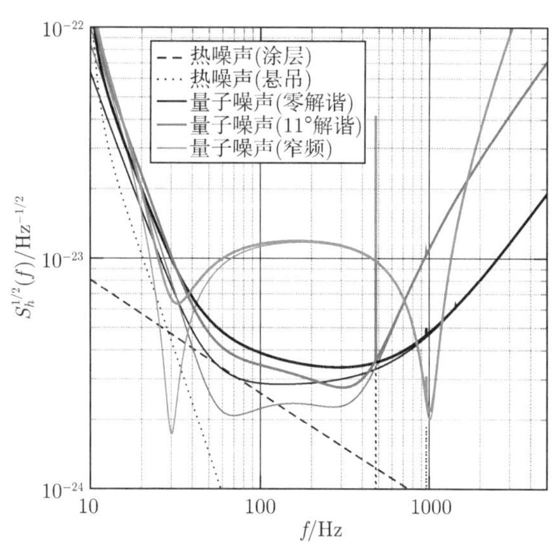

图 6.16 各种配置下的高新 LIGO 噪声预算。细线代表主要的噪声源，包括涂层热噪声 (虚线)，悬吊热噪声 (点线) 和不同光学配置的量子噪声 (黑，深灰和浅灰)。粗线表示每个配置下总的灵敏度曲线。黑线表示宽频高新 LIGO 的配置，这里包含信号回收腔，其中 $t_{\mathrm{SRM}}^2=20\%$，$\ell_{\mathrm{SRC}}=56$ m，$\phi_{\mathrm{SRC}}=0$。深灰线表示高新 LIGO 的配置，其信号回收腔有 $t_{\mathrm{SRM}}^2=20\%$，$\ell_{\mathrm{SRC}}=56$ m，$\phi_{\mathrm{SRC}}=11^\circ$。浅灰线表示窄频高新 LIGO 的配置，其信号回收腔有 $t_{\mathrm{SRM}}^2=1.1\%$，$\ell_{\mathrm{SRC}}=56$ m，$\phi_{\mathrm{SRC}}=4.7^\circ$。高新 LIGO 的其他参数为 $t_{\mathrm{ITM}}^2=1.4\%$，$t_{\mathrm{PRM}}^2=3\%$，$G_{\mathrm{arm}}=280$，$G_{\mathrm{prc}}=40$，$L=4$ km，$I_0=125$ W(参见 LIGO 文档 T0900288v3①。)

6.2 空基探测器

6.2.1 航天器追踪

航天器的多普勒追踪提供了长基线 $L\gtrsim 10^{10}$ m 的引力波探测器，它对频率 $f\sim$ mHz 的引力波灵敏。从 1979 年和 1980 年获得的旅行者 1 号 (Voyager 1) 航天器的追踪数据开始，已经利用航天器多普勒追踪技术对引力波进行了几轮搜索。Armstrong(2006) 对这些技术和迄今为止开展的实验给出了详细的综述。

在航天器多普勒追踪实验中，微波无线电链路被用于监测从地球发射的信号和被航天器应答后返回的信号之间的红移 $z=(\nu_{\mathrm{em}}-\nu_{\mathrm{rec}})/\nu_{\mathrm{rec}}$。我们已经看到，引力波会影响追踪系统的上行链路和下行链路，并且它会引起红移 (参见式 (6.175))

① 原书注：https://dcc.ligo.org/cgi-bin/DocDB/ShowDocument?docid=2974 (最后访问时间 2011-01-03)。

$$\mathfrak{z}(t) = \frac{1}{2}\hat{p}^i\hat{p}^j \times \left[\frac{h_{ij}(t)}{1-\hat{\boldsymbol{p}}\cdot\hat{\boldsymbol{n}}} - 2\frac{(\hat{\boldsymbol{p}}\cdot\hat{\boldsymbol{n}})h_{ij}[t+(L/c)(1-\hat{\boldsymbol{p}}\cdot\hat{\boldsymbol{n}})]}{1-(\hat{\boldsymbol{p}}\cdot\hat{\boldsymbol{n}})^2} + \frac{h_{ij}(t+2L/c)}{1+\hat{\boldsymbol{p}}\cdot\hat{\boldsymbol{n}}}\right], \tag{6.205}$$

其中 $\hat{\boldsymbol{p}}$ 是从地球指向航天器的单位矢量。红移的测量会受到几个噪声源的影响：无线电信号的频率噪声；地基发射器、航天器上的应答器以及地基接收器的天线噪声；由大气和行星际等离子体导致的噪声；与航天器抖动有关的噪声。

6.2.2 LISA

激光干涉空间天线 (LISA) 是美国国家航空航天局 (NASA) 和欧洲空间局 (ESA) 计划的一项任务,旨在通过使用激光干涉仪追踪航天器来探测引力波。LISA 由三个航天器组成的三角形编队构成，它位于日心轨道上，并且落后于与地球轨道 20°。航天器之间的距离为 5×10^9 m[①]，每对探测器之间的激光干涉被用来追踪航天器之间的距离。每个航天器内包含两个检验质量，它们沿着时空测地线运动 (包裹它的航天器将随之运动，并且保护它们免受来自诸如太阳风和辐射的外部冲击)。LISA 对频率在 0.03 mHz $\sim$ 0.1 Hz 的引力波灵敏。

航天器之间的距离用激光测距来追踪。一个航天器上的主激光器将一束光射向远程的航天器；远程航天器上的从属激光器与从主激光器接收的光进行锁相 (phase-locked)，并产生一束射向原航天器的返回光。然后该返回光将与主激光器的相位进行比较，以确定往返路程的红移大小。

航天器多普勒追踪的过程会受到激光频率噪声的限制，解决方法与地基干涉仪中的完全相同：可以利用不同臂的信号的干涉来抵消激光频率噪声。对于地基探测器，两个臂的光束在分束镜上发生光学干涉。但是对于 LISA，两个臂的干涉是用**时间延迟干涉** (TDI) 进行的 (Armstrong et al., 1999)。现在我们来描述该方法。

首先我们考虑六个单向多普勒频移：设 $\mathfrak{z}_{2\to1}(t)$ 为在航天器 1 上测量到的来自于航天器 2 发射的激光的单向多普勒频移，$\mathfrak{z}_{3\to1}(t)$ 为在航天器 1 上测量到的来自于航天器 3 发射的激光的单向多普勒频移，以此类推。因为我们感兴趣的是六个单向多普勒频移测量的组合 (干涉)，所以我们将坐标系原点 $\mathcal{O}$ 放在三角形编队的中心，使得原点到三个航天器的距离 ℓ 相等，到三个航天器的方向为 $\hat{\boldsymbol{r}}_1$，$\hat{\boldsymbol{r}}_2$ 和 $\hat{\boldsymbol{r}}_3$。航天器 1 和 2 的间距为 L_{12}，间距的单位矢量为 $\hat{\boldsymbol{p}}_{12} = (\hat{\boldsymbol{r}}_1 - \hat{\boldsymbol{r}}_2)/\|\hat{\boldsymbol{r}}_1 - \hat{\boldsymbol{r}}_2\|$；我们对航天器 1 和 3，2 和 3 做类似的定义[②]。由航天器 2 发射被航天器 1 接收

① 译者注：新的 LISA 计划将由 ESA 主导，航天器之间的距离缩小到了 2.5×10^9 m。详情可见 Amaro-Seoane 等 https://arxiv.org/abs/1702.00786。

② 原书注：在许多 LISA 文献中，变量是由链路和接收者来描述的。链路是编队三角形的边，它们由对立的顶点标记。例如，链路 $1\to2$ 标记为 3(对立的顶点)。也就是说，L_{12} 被记为 L_3。多普勒数据流由链路和接收航天器标记，而不是用发射和接收航天器标记。例如，多普勒数据流 $\mathfrak{z}_{2\to1}$ 将被记为 $\mathcal{Y}_{31}$。

的光的多普勒频移中，引力波的贡献为

$$\mathfrak{z}_{2\to 1,\mathrm{GW}}(t)=\frac{1}{2}\hat{p}_{12}^{i}\hat{p}_{12}^{j}\frac{h_{ij}\left[t-(\ell/c)\hat{\boldsymbol{r}}_1\cdot\hat{\boldsymbol{n}}\right]-h_{ij}\left[t-(\ell/c)\hat{\boldsymbol{r}}_2\cdot\hat{\boldsymbol{n}}-L_{12}/c\right]}{1-\hat{\boldsymbol{p}}_{12}\cdot\hat{\boldsymbol{n}}}. \tag{6.206}$$

注意 $h_{ij}(t)$ 是 t 时刻原点 $\mathcal{O}$ 处的度规扰动。除引力波信号外，我们还需要考虑频率噪声：航天器 2 上的激光频率为 $\nu_2=\nu_0\left[1+C_2(t)\right]$，航天器 1 上的激光频率为 $\nu_1=\nu_0\left[1+C_1(t)\right]$，其中函数 $C_2(t)$ 和 $C_1(t)$ 表示频率噪声。激光频率噪声对测得的多普勒频移的贡献依赖于发射者 (航天器 2) 的频率噪声以及接收者 (航天器 1) 的频率噪声 (由于接收者的激光保持了测量多普勒频移的标准)：

$$\mathfrak{z}_{2\to 1,\ \mathrm{laser}}(t)=C_2\left(t-L_{12}/c\right)-C_1(t). \tag{6.207}$$

我们希望建立单向多普勒数据流的组合，使其中的激光噪声项相互抵消。例如，如果我们建立 $\mathfrak{z}_{3\to 1}(t)-\mathfrak{z}_{2\to 1}(t)$，那么航天器 1 的激光频率噪声将会抵消，尽管仍将存在航天器 2 和 3 的激光频率噪声的残差噪声分量 $C_3(t-L_{13}/c)-C_2(t-L_{12}/c)$。然而，这个组合

$$\begin{aligned}\alpha(t):=&\mathfrak{z}_{3\to 1}(t)-\mathfrak{z}_{2\to 1}(t)\\&+\mathfrak{z}_{2\to 3}\left(t-L_{13}/c\right)-\mathfrak{z}_{3\to 2}\left(t-L_{12}/c\right)\\&+\mathfrak{z}_{1\to 2}\left(t-L_{13}/c-L_{23}/c\right)-\mathfrak{z}_{1\to 3}\left(t-L_{12}/c-L_{23}/c\right)\end{aligned} \tag{6.208a}$$

将抵消所有激光的频率噪声，这可以通过直接把式 (6.207) 中的激光噪声贡献代入式 (6.208a) 来验证。显然这并不是唯一的组合：通过置换航天器的标号，我们易得另两个组合：

$$\begin{aligned}\beta(t):=&\mathfrak{z}_{1\to 2}(t)-\mathfrak{z}_{3\to 2}(t)\\&+\mathfrak{z}_{3\to 1}\left(t-L_{21}/c\right)-\mathfrak{z}_{1\to 3}\left(t-L_{23}/c\right)\\&+\mathfrak{z}_{2\to 3}\left(t-L_{21}/c-L_{31}/c\right)-\mathfrak{z}_{2\to 1}\left(t-L_{23}/c-L_{31}/c\right),\end{aligned} \tag{6.208b}$$

$$\begin{aligned}\gamma(t):=&\mathfrak{z}_{2\to 3}(t)-\mathfrak{z}_{1\to 3}(t)\\&+\mathfrak{z}_{1\to 2}\left(t-L_{32}/c\right)-\mathfrak{z}_{2\to 1}\left(t-L_{31}/c\right)\\&+\mathfrak{z}_{3\to 1}\left(t-L_{32}/c-L_{12}/c\right)-\mathfrak{z}_{3\to 2}\left(t-L_{31}/c-L_{12}/c\right).\end{aligned} \tag{6.208c}$$

由于多普勒数据必须与适当的时间延迟相结合，这个过程被称为时间延迟干涉。

上面的 TDI 变量采用了航天器间的所有三个链路。仅通过采用航天器 1 和 2 以及 1 和 3 间的链路可以建立一个类迈克耳孙 (Michelson-like) 的 TDI 变量，它也可以抵消激光频率噪声，并且避免了航天器 2 和 3 间链路的使用：

$$
\begin{aligned}
X(t) :=& \mathfrak{z}_{3\to1}(t) - \mathfrak{z}_{2\to1}(t) \\
&+ \mathfrak{z}_{1\to3}\left(t - L_{13}/c\right) - \mathfrak{z}_{1\to2}\left(t - L_{12}/c\right) \\
&- \mathfrak{z}_{3\to1}\left(t - 2L_{12}/c\right) + \mathfrak{z}_{2\to1}\left(t - 2L_{13}/c\right) \\
&- \mathfrak{z}_{1\to3}\left(t - 2L_{12}/c - L_{13}/c\right) + \mathfrak{z}_{1\to2}\left(t - 2L_{13}/c - L_{12}/c\right).
\end{aligned} \tag{6.209a}
$$

通过置换航天器标号，可以得到另外两个类迈克耳孙 TDI 变量：

$$
\begin{aligned}
Y(t) :=& \mathfrak{z}_{1\to2}(t) - \mathfrak{z}_{3\to2}(t) \\
&+ \mathfrak{z}_{2\to1}\left(t - L_{21}/c\right) - \mathfrak{z}_{2\to3}\left(t - L_{23}/c\right) \\
&- \mathfrak{z}_{1\to2}\left(t - 2L_{23}/c\right) + \mathfrak{z}_{3\to2}\left(t - 2L_{21}/c\right) \\
&- \mathfrak{z}_{2\to1}\left(t - 2L_{23}/c - L_{21}/c\right) + \mathfrak{z}_{2\to3}\left(t - 2L_{21}/c - L_{23}/c\right)
\end{aligned} \tag{6.209b}
$$

和

$$
\begin{aligned}
Z(t) :=& \mathfrak{z}_{2\to3}(t) - \mathfrak{z}_{1\to3}(t) \\
&+ \mathfrak{z}_{3\to2}\left(t - L_{32}/c\right) - \mathfrak{z}_{3\to1}\left(t - L_{31}/c\right) \\
&- \mathfrak{z}_{2\to3}\left(t - 2L_{31}/c\right) + \mathfrak{z}_{1\to3}\left(t - 2L_{32}/c\right) \\
&- \mathfrak{z}_{3\to2}\left(t - 2L_{31}/c - L_{32}/c\right) + \mathfrak{z}_{3\to1}\left(t - 2L_{32}/c - L_{31}/c\right).
\end{aligned} \tag{6.209c}
$$

我们可将合成的干涉仪 $\alpha(t)$，$\beta(t)$ 和 $\gamma(t)$ 解释为两个在相反方向上做环形运动的光束之间的差，这就是所谓的 **Sagnac 干涉仪**。例如，我们可以重新整理式 (6.208a) 中的项，得到 $\alpha(t)$ 的以下表达式：

$$
\begin{aligned}
\alpha(t) =& \left[\mathfrak{z}_{3\to1}(t) + \mathfrak{z}_{2\to3}\left(t - L_{13}/c\right) + \mathfrak{z}_{1\to2}\left(t - L_{13}/c - L_{23}/c\right)\right] \\
&- \left[\mathfrak{z}_{2\to1}(t) + \mathfrak{z}_{3\to2}\left(t - L_{12}/c\right) + \mathfrak{z}_{1\to3}\left(t - L_{12}/c - L_{23}/c\right)\right].
\end{aligned} \tag{6.210}
$$

实际上，航天器 1 产生两束光，其中一束沿环 $1 \to 2 \to 3 \to 1$ 前进，另一束沿相反的环 $1 \to 3 \to 2 \to 1$ 前进，然后这两束光发生干涉。然而，如果航天器编队正在旋转，正如 LISA 那样，那么在相反的环中前进的光束将经历不同的延迟，这

被称为 **Sagnac 效应**。因此，上面给出的 TDI 变量 $\alpha(t)$，$\beta(t)$ 和 $\gamma(t)$ 将不足以抵消激光频率噪声。LISA 编队的旋转，以及航天器间距的变化，也将导致类迈克耳孙 TDI 变量不能抵消激光频率噪声。可以构造新的第二代组合，它们即使在航天器运动时也可以消除激光频率噪声，但是它们比上面的第一代 TDI 变量更加复杂。

在构造了能够抵消激光频率噪声的 TDI 读出变量后，两个主要的噪声源将占主导。在高频段，激光散粒噪声是最重要的噪声源。每个航天器向另外两个航天器各发射一个 $I_0 = 1$ W，$\lambda = 1.064$ μm 的激光束，并且接收从另外两个航天器发来的类似光束。然而，入射光非常弱，$I \sim 100$ pW，因此散粒噪声的限制为 $S_h \sim \hbar ck/\left[2I(kL)^2\right] \sim \left(10^{-21}\text{Hz}^{-1/2}\right)^2$，其中 $k = 2\pi/\lambda$。因为该噪声在组合成 TDI 变量的每一个链路中都存在，因此典型的散粒噪声水平将会提高 ~ 10 倍。在低频段，检验质量运动中的加速度噪声是主导的仪器噪声源。不过，在低于 ~ 3 mHz 的频段，主要的噪声源实际上是银河系白矮星双星系统的引力波随机背景。来自这些双星的无法分辨的信号背景将提供一个混淆噪声，它在低频处将超过所有其他噪声源。

LISA 航天器之间的光传播时间为 16.7 s，这意味着应变当量噪声曲线在几十 mHz 以上将会开始上升，这是因为引力波将不再以同样的方式影响所有的航天器，它们会开始有自相抵消的效应。为了确定 LISA 对引力波的响应，我们必须将式 (6.206) 代入所考虑的特定 TDI 变量的表达式中，然后使用傅里叶变换将 TDI 变量的傅里叶分量与引力波的傅里叶分量联系起来。产生的响应函数将取决于引力波源的空间位置，以及 TDI 变量的选择。图 6.17 显示了针对一个特定的 TDI 变量得到的 LISA 灵敏度曲线，这里对源的空间位置和信号极化进行了平均。

6.2.3 十分之一赫兹实验

介于 0.1~1 Hz 的频段是 LISA 或者地基探测器难以达到的：它的频率对于 LISA 而言太高，因为 LISA 的航天器间距过大，而对于地面探测器而言太低，因为地球引力梯度噪声在这里过高。然而，对于探测原初引力波背景而言，这是一个潜在的重要频段，因为该背景预计会随着频率的增加而迅速降低，因此，与地面探测器探查的更高频段相比，它们在这一频段更容易被探测到。而且在该频段，银河系双星的数量可能不那么多，不会造成一个无法分辨的背景来掩盖原初背景。在频率 ~ 0.1 Hz 处运行的空间探测器有两个概念：十分之一赫兹干涉仪引力波天文台 (DECIGO)(Seto et al., 2001；Kawamura et al., 2006) 和大爆炸天文台 (BBO)(Crowder 和 Cornish，2005)，这两者的臂长都比 LISA 短。

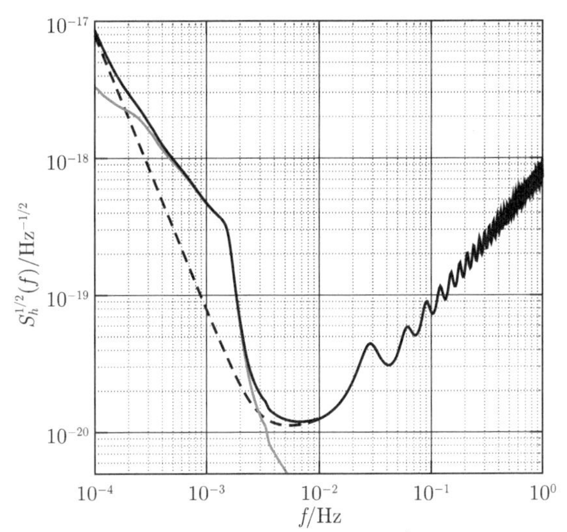

图 6.17 LISA 的迈克耳孙 X 变量的应变灵敏度曲线 $S_h^{1/2}(f)$，这里对源的空间位置和极化角进行了平均。虚线表示仪器噪声源：航天器位置和加速度噪声以及激光散粒噪声。灰线是无法分辨的银河系双星系统导致的引力波背景噪声。黑线是整体的 LISA 灵敏度曲线 (来源：Shane L. Larson 的 Online Sensitivity Curve Generator①，它基于 Larson 等 (2000)。)

6.3 脉冲星计时实验

脉冲星计时可以开展更低频 (介于 1 nHz~1 mHz) 引力波的探测 (Lorimer，2001)。

脉冲星是快速旋转的中子星，它的磁轴会扫过地球和脉冲星之间的视线方向。每当磁轴和视线方向平行时，我们将看到一个电磁辐射的闪光，该辐射是由电子在磁场中的同步辐射产生的。中子星由于巨大的转动惯量 ($\sim 10^{38}$ kg· m^2)，因此其转动非常稳定。尽管每个单脉冲的光变曲线有着显著的不同，但是大量脉冲平均 (此过程称为**折叠**) 的光变曲线将相当稳定。因此，脉冲星可以作为很好的时钟，其精度可与现代的原子钟媲美。由于引力波在通过时会影响时钟，所以我们可以利用脉冲星的脉冲到达时间作为对低频引力波 (其频率的量级为总观测时间分之一，总观测时间一般约为十年) 灵敏的探测器。

脉冲到达时间 (TOA) 的不确定度取决于脉冲星射电辐射的强度、该脉冲星每个脉冲的锐利度、地面无线电接收机的灵敏度，以及积分时间 (它描述有多少个不同的脉冲折叠在一起形成单个光变曲线)。脉冲的 TOAs 在一些情况下可以测量到 ~ 100 ns 的精度，其中 TOA 测量涉及的积分时长有几分钟。这些 TOAs 大约每个月测量一次。

① 原书注：http://www.srl.caltech.edu/~shane/sensitivity(最后访问时间 2011-01-03)。

TOAs 需要从地基原子时转换到**太阳系质心时间**，因为太阳系质心可以很好地近似为一个惯性参照系。太阳系质心时间 T 与地球上的**站心时间** t 通过下式相联

$$T = t + \Delta_{\text{Roemer}} + \Delta_{\text{Shapiro}} + \Delta_{\text{Einstein}} , \tag{6.211}$$

这里的修正因子包含经典的 **Roemer 时延** Δ_{Roemer}，它源于从太阳系质心到探测器的光传播时间；**Shapiro 时延** Δ_{Shapiro}，它源于太阳周围的时空曲率；以及**爱因斯坦时延** Δ_{Einstein}，它源于太阳和其他行星对信号产生的引力红移。

Roemer 时延的修正最大，

$$\Delta_{\text{Roemer}} = -\frac{\boldsymbol{r}\cdot\hat{\boldsymbol{n}}}{c} + \frac{(\boldsymbol{r}\cdot\hat{\boldsymbol{n}})^2 - \|\boldsymbol{r}\|^2}{2cD}, \tag{6.212}$$

其中 $\boldsymbol{r}$ 是探测器相对于太阳系质心的位置，$\hat{\boldsymbol{n}}$ 是从脉冲星指向地球的单位矢量，D 是到脉冲星的距离。Roemer 时延的第二项负责波前曲率，如果脉冲星相对较近，则必须包括这一项。Shapiro 时延由下式给出

$$\Delta_{\text{Shapiro}} = -\frac{2GM_\odot}{c^3}\log(1 - \hat{\boldsymbol{n}}\cdot\boldsymbol{r}/\|\boldsymbol{r}\|). \tag{6.213}$$

爱因斯坦时延可以通过对下式积分得到

$$\frac{\mathrm{d}\Delta_{\text{Einstein}}}{\mathrm{d}t} = \frac{GM_\odot}{c^2\|\boldsymbol{r}\|} + \frac{\|\mathrm{d}\boldsymbol{r}/\mathrm{d}t\|^2}{2c^2}. \tag{6.214}$$

从站心时间 (探测器处的时间) 到太阳系质心时间的转换需要地球位置的精确星历表，并且它还依赖于脉冲星的方向。

在太阳系质心时间 T 中，中子星的相位 $\varphi_{\text{obs}}(T)$ 是从 TOAs 计算出来的，并且它可以用一个相位模型来拟合：

$$\varphi_{\text{model}}(t) = \varphi_0 + (T - T_0)\,\omega_0 + \frac{1}{2}(T - T_0)^2\,\dot{\omega}_0, \tag{6.215}$$

这里 T 和 t 通过式 (6.211) 相连，φ_0 是在某基准时刻 t_0 的脉冲星相位[①]。这个模型相当于对中子星的转动角速度 $\omega(T)$ (由于中子星自转减慢它会随时间变化) 在某一固定值 $\omega_0 = \omega(T_0)$ 做泰勒展开。观测的脉冲时间和预期的脉冲时间之差是**计时残差**，

① 原书注：事实上，我们希望根据脉冲星处的时间坐标，而不是太阳系质心时间来建立模型。因此，需要在式 (6.211) 中包含由于星际介质对射电信号的色散而产生的额外修正。通过测量不同射电频率处的脉冲时间，我们可以推断色散的大小。到达时间差是射电频率的函数，它使我们能够确定星际色散的大小，并对该因子进行修正。

$$R(t) := \frac{\varphi_{\text{model}}(t) - \varphi_{\text{obs}}(t)}{2\pi\nu}, \tag{6.216}$$

其中 $\nu = \omega_0/(2\pi)$ 是脉冲星的脉冲频率。参数 ω_0，$\dot{\omega}_0$，以及脉冲星的方向和自行参数取最佳拟合值时计时残差最小。剩下的残差可被我们用来搜索引力波。

年轻脉冲星时常在残差中表现出相当大的**计时噪声**，这可能来自于中子星本身的内部过程，例如温度的变化。而年老中子星通常非常稳定，残差中的计时噪声主要由 TOA 中的测量误差决定。由于这些误差是相互独立的——这个月测量的 TOA 的误差独立于下个月的误差，脉冲星计时残差中的固有噪声是白噪声 (事实上，对于一些脉冲星来说，低频噪声比高频噪声更强，因此有时会发现计时噪声是偏红的，但是该红噪声的来源目前未知。)。

引力波导致来自脉冲星的信号发生多普勒频移，它在计时残差中的体现为

$$R(t) = \int_{t_0}^{t} \mathfrak{z}(t')\,\mathrm{d}t', \tag{6.217a}$$

其中引力波红移

$$\mathfrak{z}(t) = \frac{\nu_{\text{pulsar}} - \nu_{\text{Earth}}(t)}{\nu_{\text{Earth}}} = \frac{1}{2}\frac{\hat{p}^i\hat{p}^j}{1+\hat{\boldsymbol{p}}\cdot\hat{\boldsymbol{n}}}\left(h_{ij,\text{Earth}} - h_{ij,\text{pulsar}}\right) \tag{6.217b}$$

包含两项：第一项称为**地球项**，它源于脉冲被接收时的度规扰动；第二项称为**脉冲星项**，它源于脉冲被发射时的度规扰动。这里，$\hat{\boldsymbol{p}}$ 是从地球指向脉冲星的单位矢量，$\hat{\boldsymbol{n}}$ 是引力波传播方向的单位矢量。如果仅保留地球项，那么我们可以将计时残差的傅里叶分量与引力波信号的傅里叶系数通过下式相联系

$$\tilde{R}(f) = \frac{1}{2\pi \mathrm{i} f}\tilde{\mathfrak{z}}(f) = \frac{1}{2\pi \mathrm{i} f}\left[F_+(\hat{\boldsymbol{n}})\tilde{h}_+(f) + F_\times(\hat{\boldsymbol{n}})\tilde{h}_\times(f)\right], \tag{6.218a}$$

其中天线波束图函数 $F_+(\hat{\boldsymbol{n}})$ 和 $F_\times(\hat{\boldsymbol{n}})$ 分别为

$$F_+(\hat{\boldsymbol{n}}) := \frac{1}{2}\frac{\hat{p}^i\hat{p}^j}{1+\hat{\boldsymbol{p}}\cdot\hat{\boldsymbol{n}}}e^+_{ij}(\hat{\boldsymbol{n}}) \tag{6.218b}$$

和

$$F_\times(\hat{\boldsymbol{n}}) := \frac{1}{2}\frac{\hat{p}^i\hat{p}^j}{1+\hat{\boldsymbol{p}}\cdot\hat{\boldsymbol{n}}}e^\times_{ij}(\hat{\boldsymbol{n}}). \tag{6.218c}$$

它们可以用计时残差的检测响应函数 (sensing response function)$C(f)$ 和有效应变 $\tilde{h}(f) := F_+\tilde{h}_+(f) + F_\times\tilde{h}_\times(f)$ 表示为

$$\tilde{R}(f) = C(f)\tilde{h}(f), \tag{6.219}$$

其中

$$C(f) = \frac{1}{2\pi i f}. \tag{6.220}$$

正如之前提到的，对于稳定的脉冲星，计时残差中的噪声基本上是白噪声，并有 $\sigma \sim 100\text{ns}$；它产生一个散粒噪声

$$S_R(f) = 2\sigma^2\Delta t, \tag{6.221}$$

其中 Δt 是采样间隔。这意味着应变当量的脉冲星计时噪声为

$$S_h(f) = \frac{S_R(f)}{|C(f)|^2} = 8\pi^2\sigma^2 f^2\Delta t. \tag{6.222}$$

脉冲星计时实验能够观测的引力波频率为 $T^{-1} < f < \frac{1}{2}(\Delta t)^{-1}$，其中 T 是总观测时间。通常而言，脉冲星计时残差大约每月测量一次，因此 $\Delta t \sim 3\times10^6$ s，并且如果我们假定十年的脉冲星计时，$T \sim 10\text{ a} \sim 3\times10^8$ s，那么实验的频率范围为 $3\text{ nHz} \lesssim f \lesssim 0.2\ \mu\text{Hz}$，并且在该频段内

$$S_h^{1/2}(f) \approx 4\times10^{-12}\ \text{Hz}^{-1/2}\left(\frac{f}{3\text{ nHz}}\right)\left(\frac{\sigma}{100\text{ ns}}\right)\left(\frac{\Delta t}{1\text{ month}}\right)^{1/2}. \tag{6.223}$$

频段的下限可以通过延长观测时间来降低，而频段的上限以及应变灵敏度，可以通过增加采样率来提高。

事实上，由于计时残差已被一个相位模型所拟合，响应函数将比 $C(f)$ 描述得更复杂。特别是对 ω_0 和 $\dot{\omega}_0$(一个线性项和一个平方项) 的拟合会影响低频灵敏度，而对未知的脉冲星位置和自行的拟合则基本上消除了频率 $f = 1/(\text{恒星年})$ 处的灵敏度。

目前有 $N_{\text{pulsars}} \sim 20$ 个已知脉冲星的计时精度可达 ~ 100 ns。此脉冲星计时阵列的灵敏度将比 $S_h^{1/2}(f)$ 高 $N_{\text{pulsars}}^{1/2}$ 倍。

6.4　共振质量探测器

最早的引力波探测器是圆柱形的共振质量探测器，也称为**棒状探测器**。引力波将激发棒振动的声学模式，这些振动可由传感器测量。典型的棒状探测器由高

品质因子的材料制成，其质量在几吨左右。它们被悬吊在隔震堆栈上，并用低温冷却来降低其热噪声。

例 3.6 展示了共振质量探测器的一个简化模型，它被表示成一个有阻尼的谐振子。我们用一个有效质量为 $\mu = M/2$ 的谐振子来建模质量为 M 的圆柱形棒。可观测量是位置变量 x，其运动方程为

$$\frac{\mathrm{d}^2 x}{\mathrm{d}t^2} + \frac{2\pi f_0}{Q}\frac{\mathrm{d}x}{\mathrm{d}t} + 4\pi^2 f_0^2 x = -\left(\frac{2}{\pi}\right)^2 \frac{1}{2}\frac{\mathrm{d}^2 h}{\mathrm{d}t^2}L, \tag{6.224}$$

这里 f_0 是棒的固有频率，Q 是其品质因子。$(2/\pi)^2$ 是一个几何因子，它的出现是由于棒实际上是一个实心圆柱体，而不是由一个轻质弹簧连接起来的两个质量块。在频域中我们有

$$\tilde{x}(f) = G(f)\tilde{h}(f), \tag{6.225}$$

这里

$$G(f) = \frac{2L}{\pi^2}\frac{f^2}{(f_0^2 - f^2) + \mathrm{i}ff_0/Q} \tag{6.226}$$

是传递函数。

棒状探测器在共振频率处的两个主要噪声源是棒的热噪声，以及传感器和放大器的噪声。热噪声可以通过式 (6.130) 计算得到

$$S_{x,\mathrm{thermal}}(f) = \frac{k_\mathrm{B}T}{2\pi^3\left(\dfrac{1}{2}M\right)}\frac{1}{Q}\frac{f_0}{\left(f_0^2 - f^2\right)^2 + f_0^4/Q^2}. \tag{6.227}$$

它可以被转换为应变当量的噪声功率谱，

$$S_{h,\mathrm{thermal}}(f) = \frac{S_x(f)}{|G(f)|^2} = \frac{\pi}{8}\frac{1}{L^2}\frac{k_\mathrm{B}T}{\dfrac{1}{2}M}\frac{1}{Q}\frac{f_0}{f^4}. \tag{6.228}$$

对于长度 $L \sim 3$ m，质量 $M \sim 2000$ kg 的棒，如果将其冷却到液氦温度 $T = 4.2$ K，那么它的共振频率 $f_0 \sim 1$ kHz，品质因子 $Q \sim 10^6$，$S_{h,\mathrm{thermal}}^{1/2}(f_0) \sim 2 \times 10^{-21}\ \mathrm{Hz}^{-1/2}$。无论读出方案如何，热噪声都将决定棒状探测器在给定温度下所能达到的最高灵敏度。

与直接测量棒末端的位移相比，读出方案的灵敏度可以通过使用**共振传感器**显著提高。在该方案中，另一质量块与棒机械耦合在一起。如果传感器的质量 m 远小于棒的有效质量 $m \ll M/2$，并且如果传感器和棒之间的耦合所具有的固有

频率与棒的声学振动的固有频率相同，那么这些振动将在小质量块上被机械放大。现在读出系统测量的是小质量块的位置，而不是直接测量棒的振动位移。耦合振子现在有两个简正模频率，

$$f_{\pm} = f_0 \left(1 \pm \frac{1}{2} \sqrt{\frac{m}{\frac{1}{2}M}} \right), \tag{6.229}$$

同时传递函数变为

$$G(f) = \left(\frac{2}{\pi}\right)^2 \frac{L}{2} \frac{f^2 f_0^2}{\left(f_+^2 - f^2 + \mathrm{i} f f_0/Q\right)\left(f_-^2 - f^2 + \mathrm{i} f f_0/Q\right)}, \tag{6.230}$$

这里我们假定共振时棒的品质因子约等于同传感器耦合时的品质因子。传感器会引入额外的热噪声，因此我们现在有

$$S_{h,\text{thermal}}(f) = \frac{\pi}{8} \frac{1}{L^2} \frac{k_{\mathrm{B}} T}{\frac{1}{2}M} \frac{1}{Q} \frac{f_0}{f^4} \left\{ 1 + \frac{\frac{1}{2}M}{m} \frac{\left(f^2 - f_0^2\right)^2}{f_0^4} \right\}. \tag{6.231}$$

例 6.8　耦合振子。

如图 6.18 所示。考虑两个耦合振子，第一个的质量为 $\frac{1}{2}M$，位移为 x，弹簧的劲度系数 $K = \frac{1}{2}M\left(2\pi f_0\right)^2$；第二个的质量为 $m = \epsilon\frac{1}{2}M$，位移为 y，它与第一个通过弹簧耦合在一起，该弹簧的劲度系数 $k = m\left(2\pi f_0\right)^2$。假设两个弹簧的机械损耗相同，因此两个振子各自的品质因子都为 Q，那么耦合系统的运动方程为

$$\begin{aligned} &\frac{\mathrm{d}^2 x}{\mathrm{d}t^2} + \frac{2\pi f_0}{Q}\frac{\mathrm{d}x}{\mathrm{d}t} + 4\pi^2 f_0^2 x + \frac{2\pi f_0}{Q}\frac{\mathrm{d}(x-y)}{\mathrm{d}t} + 4\pi^2 f_0^2 \frac{m}{\frac{1}{2}M}(x-y) \\ &= -\left(\frac{2}{\pi}\right)^2 \frac{\mathrm{d}^2 h}{\mathrm{d}t^2} L, \end{aligned} \tag{6.232a}$$

$$\frac{\mathrm{d}^2 y}{\mathrm{d}t^2} + \frac{2\pi f_0}{Q}\frac{\mathrm{d}(y-x)}{\mathrm{d}t} + 4\pi^2 f_0^2 (y-x) = \frac{F_{\text{ext}}}{m}, \tag{6.232b}$$

其中 F_{ext} 是施加在传感器上的任意外力 (尤其是热应力的涨落或者放大器的反作用力)。当 $F_{\text{ext}} = 0$ 时，我们可由这些方程得到传递函数，

$$\begin{aligned} G(f) &:= \frac{\tilde{y}(f)}{\tilde{h}(f)} \\ &= \left(\frac{2}{\pi}\right)^2 \frac{L}{2} f^2 \frac{f_0^2 + \mathrm{i} f f_0/Q}{\left(f_0^2 - f^2 + \mathrm{i} f f_0/Q\right)^2 - \epsilon f^2 \left(f_0^2 + \mathrm{i} f f_0/Q\right)}, \end{aligned} \tag{6.233}$$

当 $h=0$，我们得到导纳，

$$\begin{aligned} Y(f) &:= 2\pi \mathrm{i} f \frac{\tilde{y}(f)}{\tilde{F}_{\text{ext}}} \\ &= \frac{2\pi \mathrm{i} f}{4\pi^2 m} \frac{\left(f_0^2 - f^2 + \mathrm{i} f f_0/Q\right) + \epsilon \left(f_0^2 + \mathrm{i} f f_0/Q\right)}{\left(f_0^2 - f^2 + \mathrm{i} f f_0/Q\right)^2 - \epsilon f^2 \left(f_0^2 + \mathrm{i} f f_0/Q\right)}. \end{aligned} \tag{6.234}$$

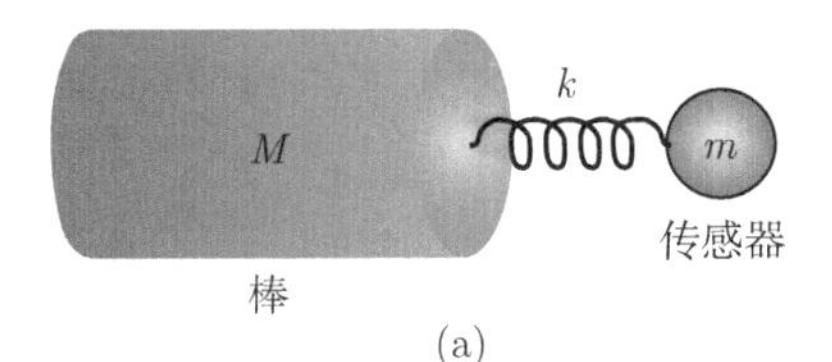

(a)

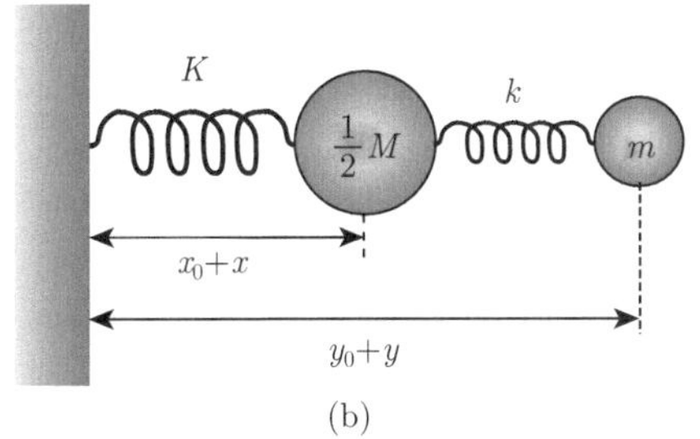

(b)

图 6.18 (a) 质量为 M 的棒与质量为 m 的传感器耦合在一起，弹簧的有效耦合劲度系数为 k。(b) 棒本身可被看作一个有效质量为 $1/2M$，劲度系数为 K 的振子。这里，x_0 和 y_0 分别是棒的有效质量和传感器的平衡位置，x 和 y 是这些质量块相对平衡位置的位移

由传递函数和导纳，我们可得应变当量的热噪声

$$\begin{aligned} S_{h,\text{thermal}}(f) &= \frac{S_{y,\text{thermal}}(f)}{|G(f)|^2} \\ &= \frac{k_{\mathrm{B}} T}{\pi^2 f^2} \frac{\pi^4}{4L^2} \frac{1}{2\pi m} \frac{f_0}{Q} \\ &\quad \times \frac{\left(f_0^2 - f^2\right)^2 + f^2 f_0^2/Q^2 + \epsilon \left(f_0^4 + f^2 f_0^2/Q^2\right)}{f^2 f_0^4 + f^4 f_0^2/Q^2} \\ &\simeq \frac{\pi}{8} \frac{1}{L^2} \frac{k_{\mathrm{B}} T}{m} \frac{1}{Q} \frac{f_0}{f^4} \left\{ \frac{\left(f^2 - f_0^2\right)^2}{f_0^4} + \frac{m}{\frac{1}{2}M} \frac{2f_0^2 - f^2}{f_0^2} \right\}. \end{aligned} \tag{6.235}$$

我们丢掉了最后一行中的 $O\left(Q^{-2}\right)$ 项。我们看到当接近共振频率时 $f \simeq f_0$，它与式 (6.228) 一致。 □

传感器噪声 (部分) 依赖于放大器中的电子学噪声。如果放大器噪声是白噪声，并且其位移等价的功率为 $S_{x,\text{ampl}}$，那么应变当量的传感器噪声为

$$S_{h,\text{sensor}}(f) = S_{x,\text{ampl}} \frac{1}{|G(f)|^2}. \tag{6.236}$$

传感器噪声会在共振频率处被强烈地抑制，但它将在远离该频率的地方占主导。

放大器的灵敏度通常用测量所需的声子 (phonon) 数 N 表示，或者用电子元件的有效噪声温度 T_{eff} 表示。与位移功率谱密度 S_x 相关的环境能量为 $E_{\text{noise}} = m\,(2\pi f)^2 S_{x,\text{ampl}}\Delta f$，其中 Δf 是读出的带宽 (增加带宽会提高放大器电子学噪声的总量)。每个声子的能量为 $2\pi\hbar f_0$，因此超过该噪声能量水平所需的声子数为 $N = E_{\text{noise}}/(2\pi\hbar f_0)$，或者

$$N = \frac{2\pi f_0 m S_{x,\text{ampl}}\Delta f}{\hbar}. \tag{6.237}$$

当运行在 $\Delta f \sim 100$ Hz 的带宽时，典型的读出系统需要 $N \gtrsim 100$ 个声子。噪声能量也可以表示为有效温度，$T_{\text{eff}} := E_{\text{noise}}/k_{\text{B}}$

$$S_{x,\text{ampl}} = \frac{k_{\text{B}}T_{\text{eff}}}{m} \frac{1}{(2\pi f_0)^2} \frac{1}{\Delta f}. \tag{6.238}$$

对于有效温度 $T_{\text{eff}} \sim 100$ μK 的读出系统，大约需要 $N \sim 2000$ 个声子才能产生一个 $f_0 \sim 1$ kHz 的可测量信号。当传感器的有效温度降低到 $N = 1$ 的极限时 ($T_{\text{eff}} = 2\pi\hbar f_0/k_{\text{B}}$) 将会出现探测的量子极限。超过该标准量子极限的灵敏度改进需要不同的读出方案，但这在原则上是可能的。针对一个具有典型参数的共振质量探测器，图 6.19 给出了具有代表性的噪声曲线。

当前的共振质量探测器的长度为 $L \sim 3$ m，共振频率为 $f_0 \sim 1$ kHz，它对应的引力波波长为 $\lambda \sim 300$ km，即 $\lambda \sim 10^5 L$。因此，在确定共振质量探测器对引力波的响应时，我们处在长波极限下。棒状探测器被相对其主轴的应变所激发，

$$h := \hat{p}^i \hat{p}^j h_{ij}, \tag{6.239}$$

其中 $\hat{\boldsymbol{p}}$ 是沿棒轴的单位矢量。对于沿 $\hat{\boldsymbol{n}}$ 传播的引力波，应变可用天线波束图函数表示为

$$h = F_+(\hat{\boldsymbol{n}}, \psi)h_+ + F_\times(\hat{\boldsymbol{n}}, \psi)h_\times, \tag{6.240a}$$

其中

$$F_+(\hat{\boldsymbol{n}},\psi) := \hat{p}^i\hat{p}^j e^+_{ij}(\hat{\boldsymbol{n}},\psi), \quad F_\times(\hat{\boldsymbol{n}},\psi) := \hat{p}^i\hat{p}^j e^\times_{ij}(\hat{\boldsymbol{n}},\psi). \tag{6.240b}$$

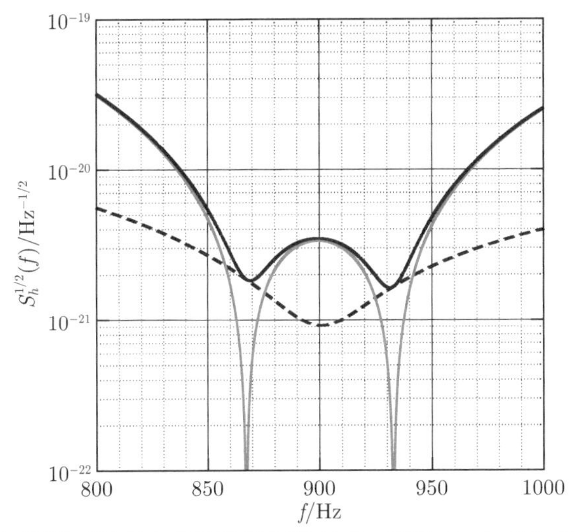

图 6.19　共振质量探测器不同噪声成分的振幅谱密度，采用 AURIGA 探测器的典型参数值：棒的长度 $L = 2.94$ m，棒的质量 $M = 2300$ kg，共振频率 $f_0 = 900$ Hz，品质因子 $Q = 4\times10^6$，棒的温度 $T = 4.5$ K，传感器有效质量 $m = 6.1$ kg，传感器品质因子 $Q_\mathrm{t} = 1.5\times10^6$，读出有效温度 $T_\mathrm{eff} = 200$ μK，读出带宽 $\Delta f = 100$ Hz。虚线是棒和传感器的热噪声 $S^{1/2}_{h,\mathrm{thermal}}$，灰线是传感器的电子学噪声 $S^{1/2}_{h,\mathrm{sensor}}$，黑线是探测器总的应变当量噪声 $S^{1/2}_h$

波束图函数可以用引力波极化角 ψ 和夹角 $\theta := \arccos(\hat{\boldsymbol{n}}\cdot\hat{\boldsymbol{p}})$ 表示为

$$F_+(\theta,\psi) = -\sin^2\theta\cos 2\psi, \quad F_\times(\theta,\psi) = +\sin^2\theta\sin 2\psi. \tag{6.240c}$$

显然，棒状探测器主要对沿着垂直于棒轴方向传播并且极化使得沿着轴方向拉伸和压缩棒的引力波灵敏。

6.5 习　　题

习题 6.1

一个法布里-珀罗腔具有一个全反射的末端检验质量和一个振幅反射系数为 r_ITM 的输入检验质量，证明一个光子在离开该腔之前的平均往返次数为 $\langle N_\text{round-trips}\rangle = r^2_\mathrm{ITM}/\left(1-r^2_\mathrm{ITM}\right)$。如果腔内最初的光功率为 I_0，并且没有光入射到腔上，证明腔内的光功率随时间的减小为 $I(t) = I_0\mathrm{e}^{-t/\tau_\mathrm{s}}$，这里 $\tau_\mathrm{s} = 2r^2_\mathrm{ITM}L/\left[c\left(1-r^2_\mathrm{ITM}\right)\right]$。

习题 6.2

考虑一个臂长分别为 ℓ_1 和 ℓ_2 的迈克耳孙干涉仪。假设激光有频率噪声 (光频率为 $\omega = \omega_0 + \delta\omega \cos\omega_{\mathrm{fm}} t$) 和光强噪声 (光振幅为 $E = E_0 + \delta E \cos\omega_{\mathrm{am}} t$)。这里 $\delta\omega$ 是频率噪声的振幅，δE 是光强噪声的振幅，ω_{fm} 和 ω_{am} 是噪声扰动的频率 (在声波频段)。因此，激光产生的光场为

$$
\begin{aligned}
E = & E_0 \mathrm{e}^{\mathrm{i}\omega_0 t}\left[1+\frac{1}{2}\frac{\delta E}{E_0}\left(\mathrm{e}^{\mathrm{i}\omega_{\mathrm{am}} t}+\mathrm{e}^{-\mathrm{i}\omega_{\mathrm{am}} t}\right)\right] \\
& \times\left[1+\frac{1}{2}\frac{\delta\omega}{\omega_{\mathrm{fm}}}\left(\mathrm{e}^{\mathrm{i}\omega_{\mathrm{fm}} t}+\mathrm{e}^{-\mathrm{i}\omega_{\mathrm{fm}} t}\right)\right] .
\end{aligned}
$$

以 $\delta = \ell_1 - \ell_2$ 为变量，求解频率和光强噪声对迈克耳孙干涉仪对称和反对称输出的贡献。

习题 6.3

与使用法布里-珀罗腔不同，可以通过允许光在回到分束镜之前沿臂做固定 N 次的往返旅行 (这称为臂的**折叠**) 来构建一个有效臂长非常长的迈克耳孙干涉仪。假设迈克耳孙干涉仪的臂长 $L = 4\ \mathrm{km}$，光沿臂往返 $N = 125$ 次，则迈克耳孙干涉仪的有效臂长为 $L_{\mathrm{eff}} = 500\ \mathrm{km}$。这一装置 (在长波极限下) 与臂长为 L_{eff} 的迈克耳孙干涉仪完全相同。类似式 (6.99)，以应变当量为单位计算该探测器的散粒噪声功率谱，并画出如图 6.9 所示的探测器灵敏度曲线 $S_h^{1/2}(f)$，其中假设分束镜上的功率为 $I_{\mathrm{BS}} = 250\ \mathrm{W}$。

习题 6.4

考虑一个长度为 L 的法布里-珀罗腔，它有一个反射系数为 r_{ITM}，透射系数为 $t_{\mathrm{ITM}} = \left(1 - r_{\mathrm{ITM}}^2\right)^{1/2}$ 的输入镜和一个全反射末端镜。假设一个辐射场

$$
E_{\mathrm{I}}(t) = E_{\mathrm{I},0} + \int_{-\infty}^{\infty} \mathrm{e}^{2\pi\mathrm{i} f t} \tilde{E}_{\mathrm{I}}'(f)\, \mathrm{d}f
$$

入射到输入镜上。证明腔内的光

$$
E_{\mathrm{FP}} = E_{\mathrm{FP},0} + \int_{-\infty}^{\infty} \mathrm{e}^{2\pi\mathrm{i} f t} \tilde{E}_{\mathrm{FP}}'(f)\, \mathrm{d}f,
$$

满足

$$
E_{\mathrm{FP},0} = \frac{t_{\mathrm{ITM}}}{1 - r_{\mathrm{ITM}}} E_{\mathrm{I},0}, \quad E_{\mathrm{FP}}' = \frac{t_{\mathrm{ITM}}}{1 - r_{\mathrm{ITM}}} \frac{1 - r_{\mathrm{ITM}}}{1 - r_{\mathrm{ITM}} \mathrm{e}^{-4\pi\mathrm{i} f L / c}} E_{\mathrm{I},0}.
$$

假设入射的载频光的强度为 $I_0=\left|E_{\mathrm{I},0}\right|^2$，并且输入光在边带频率处量子涨落的功率谱为 $S_{\mathrm{E_I}}(f)=\frac{1}{2}\hbar ck$，这里

$$\frac{1}{2}S_{\mathrm{E_I}}(f)\,\delta(f-f')=\left\langle \tilde{E}_{\mathrm{I}}'^{*}(f')\,\tilde{E}_{\mathrm{I}}'(f)\right\rangle.$$

腔内的光强为 $I_{\mathrm{FP}}(t)=I_{\mathrm{FP},0}+I'_{\mathrm{FP}}(t)$，这里 $I_{\mathrm{FP},0}$ 是载频光的恒定强度，$I'_{\mathrm{FP}}(t)$ 是在边带频率处的涨落光。证明法布里-珀罗腔内的载频光强度为 $I_{\mathrm{FP},0}=I_0G_{\mathrm{arm}}$，边带频率处的光强功率谱为 $S_{I_{\mathrm{FP}}}(f)=2\hbar ckI_0G_{\mathrm{arm}}^2\left|\hat{C}(f)\right|^2$。

参 考 文 献

Allen, Z.A. *et al.* (2000) First search for gravitational wave bursts with a network of detectors. *Phys. Rev. Lett.*, 85, 5046-5050. doi: 10.1103/PhysRevLett.85.5046.

Armstrong, J.W., Estabrook, F.B. and Tinto, M. (1999) Time-delay interferometry for space-based gravitational wave searches. *Astrophys. J*, 527, 814-826. doi: 10.1086/308110.

Armstrong, J.W. (2006) Low-frequency gravitational wave searches using spacecraft doppler tracking. *Living Rev. Rel.*, 9(1). http://www.livingreviews.org/lrr-2006-1 (last accessed 2011-01-03).

Buonanno, A. and Chen, Y. (2001) Quantum noise in second generation, signal recycled laser interferometric gravitational wave detectors. *Phys. Rev.*, D64, 042 006. doi: 10.1103/PhysRevD.64.042006.

Callen, H.B. and Greene, R.F. (1952) On a theorem of irreversible thermodynamics. *Phys. Rev.*, 86(5), 702-710. doi: 10.1103/PhysRev.86.702.

Callen, H.B. and Welton, T.A. (1951) Irreversibility and generalized noise. *Phys. Rev.*, 83 (1), 34-40. doi: 10.1103/PhysRev.83.34.

Creighton, T. (2008) Tumbleweeds and airborne gravitational noise sources for LIGO. *Class. Quant. Grav.*, 25, 125 011. doi: 10.1088/0264-9381/25/12/125011.

Crowder, J. and Cornish, N.J. (2005) Beyond LISA: Exploring future gravitational wave missions. *Phys. Rev.*, D72, 083 005. doi: 10.1103/PhysRevD.72.083005.

Gonzalez, G. (2000) Suspensions thermal noise in LIGO gravitational wave detector. *Class. Quant. Grav.*, 17, 4409-4436. doi: 10.1088/0264-9381/17/21/305.

Hughes, S.A. and Thorne, K.S. (1998) Seismic gravity-gradient noise in interferometric gravitational-wave detectors. *Phys. Rev.*, D58, 122 002. doi: 10.1103/PhysRevD.58.122002.

Kawamura, S. *et al.* (2006) The Japanese space gravitational wave antenna DECIGO. *Class. Quant. Grav.*, 23, S125-S132. doi: 10.1088/0264-9381/23/8/S17.

Larson, S.L., Hiscock, W.A. and Hellings, R.W. (2000) Sensitivity curves for spaceborne gravitational wave interferometers. *Phys. Rev.*, D62, 062 001. doi: 10.1103/PhysRevD.62.062001.

Lorimer, D.R. (2001) Binary and millisecond pulsars at the new millennium. *Living Rev. Rel.,* 4(5).http://www.livingreviews.org/lrr-2001-5 (last accessed 2011-01-03).

Maggiore, M. (2007) *Gravitational Waves,* Vol. 1: Theory and Experiments, Oxford University Press.

Punturo, M. *et al.* (2010) The third generation of gravitational wave observatories and their science reach. *Class. Quant. Grav.,* 27, 084 007. doi: 10.1088/0264-9381/27/8/084007.

Saulson, P.R. (1984) Terrestrial gravitational noise on a gravitational wave antenna. *Phys. Rev.,* D30, 732-736. doi: 10.1103/PhysRevD.30.732.

Saulson, P.R. (1994) *Fundamentals of Interferometric Gravitational Wave Detectors,* World Scientific, Singapore.

Seto, N., Kawamura, S. and Nakamura, T. (2001) Possibility of direct measurement of the acceleration of the universe using 0.1Hz band laser interferometer gravitational wave antenna in space. *Phys. Rev. Lett.,* 87, 221 103. doi: 10.1103/PhysRevLett.87.221103.

第 7 章　引力波数据分析

即使有了当前一代 (甚至下一代) 探测器的能力，但预期的引力波信号仍会非常微弱，因而需要优化信号提取的统计学方法来识别被探测器噪声覆盖的信号。当探测器噪声的特征可以相对较好地被描述时，从探测器噪声中检测出信号的最优方法已经得到了很好的发展。对此问题一个很好的处理参见 Wainstein 和 Zubakov(1971)。本章我们将回顾适用于多种引力波波源类型的最优探测统计量，并说明一般的方法当前是如何被使用的。我们将主要聚焦于在地面干涉仪引力波数据分析中的应用，在大部分情况下这些方法很通用，这些技术可以被直接应用于其他类型探测器的数据分析中 (脉冲星计时数据、空间干涉仪探测器数据以及共振质量探测器数据)。

关于引力波数据分析技术更形式化的讨论可以参见 Jaranowski 和 Królak (2009)。

7.1　随机过程

随机过程是随机变量的一个序列。仪器噪声是表示某个时间序列 $x(t)$ 的随机过程的一个例子。尽管我们事先并不知道此时间序列的准确实现 (realization)，但是此时间序列的统计性质通常是可以被确定的。假设 p_x 是 x 在任意时刻 t 取某个值的概率密度函数，那么在该时刻 x 的**期望值**可被定义为一个系综平均 (ensemble average)

$$\langle x\rangle := \int x p_x(x)\mathrm{d}x. \tag{7.1}$$

如果一个随机过程的统计性质不随时间改变，则我们称其为**平稳随机过程**。如果这个过程还是各态历经的 (ergodic)，则系综平均等于一个长时间平均，因此期望值也可写做

$$\langle x\rangle = \lim_{T\to\infty}\frac{1}{T}\int_{-T/2}^{T/2} x(t)\mathrm{d}t. \tag{7.2}$$

在大多数情况下，我们会考虑一类特殊的随机过程，称为**高斯随机过程**，它也是平稳的。这类过程的统计学特征由它的期望值和**功率谱**描述。

7.1.1　功率谱

考虑某个信号 $x(t)$。为了简单起见，我们假设其均值为零，即 $\langle x\rangle=0$。我们定义信号的功率为 $x^2(t)$ 对一段时间 T 的积分再除以 T。如果 $x(t)$ 是平稳的且选取的 T 足够大，则 $x^2(t)$ 的时间平均就等于期望值 $\langle x^2\rangle$：

$$\left\langle x^2\right\rangle=\lim_{T\to\infty}\frac{1}{T}\int\limits_{-T/2}^{T/2}x^2(t)\mathrm{d}t. \tag{7.3}$$

我们定义窗口信号 $x_T(t)$ 为

$$x_T(t)=\begin{cases}x(t), & -T/2<t<T/2\\ 0, & \text{其他.}\end{cases} \tag{7.4}$$

那么，

$$\begin{aligned}\left\langle x^2\right\rangle&=\lim_{T\to\infty}\frac{1}{T}\int\limits_{-\infty}^{\infty}x_T^2(t)\mathrm{d}t\\&=\lim_{T\to\infty}\frac{1}{T}\int\limits_{-\infty}^{\infty}\left|\tilde{x}_T(f)\right|^2\mathrm{d}f\\&=\lim_{T\to\infty}\frac{2}{T}\int\limits_{0}^{\infty}\left|\tilde{x}_T(f)\right|^2\mathrm{d}f\\&=\int\limits_{0}^{\infty}S_x(f)\mathrm{d}f,\end{aligned} \tag{7.5}$$

其中 $S_x(f)$ 是随机过程 $x(t)$ 的**功率谱密度**。得到第二个等式的过程中我们使用了**帕塞瓦尔定理**，$\int\limits_{-\infty}^{\infty}\left|x_T(t)\right|^2\mathrm{d}t=\int\limits_{-\infty}^{\infty}\left|\tilde{x}_T(f)\right|^2\mathrm{d}f$。由于 $x(t)$ 是实数，负频率成分与正频率成分之间的关系为 $\tilde{x}_T(-f)=\tilde{x}_T^*(f)$，它被用来得到第三个等式。这里的 $\tilde{x}_T(f)$ 是 $x_T(t)$ 的傅里叶变换，它由式 (0.1) 定义。如此，平稳随机过程 $x(t)$ 的功率谱密度定义为

$$S_x(f):=\lim_{T\to\infty}\frac{2}{T}\left|\int\limits_{-T/2}^{T/2}x(t)\mathrm{e}^{-2\pi\mathrm{i}ft}\mathrm{d}t\right|^2. \tag{7.6}$$

对于一个平稳过程，功率谱密度是如下**自相关函数**傅里叶变换的两倍

$$R_x(\tau)=\langle x(t)x(t+\tau)\rangle. \tag{7.7}$$

(需要指出平稳随机过程的自相关函数仅取决于时间平移因子 τ，而不取决于时间 t。) 为了证明它，回顾式 (7.6) 中功率谱密度的定义，

$$S_x(f)=\lim_{T\to\infty}\frac{2}{T}\int_{-T/2}^{T/2}x(t)\mathrm{e}^{2\pi\mathrm{i}ft}\mathrm{d}t\int_{-T/2}^{T/2}x\left(t'\right)\mathrm{e}^{-2\pi\mathrm{i}ft'}\mathrm{d}t', \tag{7.8}$$

做变量代换，$t=t'+\tau$。则有

$$S_x(f)=2\int_{-\infty}^{\infty}\mathrm{d}\tau\mathrm{e}^{-2\pi\mathrm{i}f\tau}\left[\lim_{T\to\infty}\frac{1}{T}\int_{-T/2}^{T/2}x\left(t'\right)x\left(t'+\tau\right)\mathrm{d}t'\right]. \tag{7.9}$$

方括号中的是以时间平均而非以系综平均表示的自相关函数，由此我们得到了想要的结果

$$S_x(f)=2\int_{-\infty}^{\infty}R_x(\tau)\mathrm{e}^{-2\pi\mathrm{i}f\tau}\mathrm{d}\tau. \tag{7.10}$$

关于功率谱的另一个有用的表达式可以通过考虑频率成分 $\tilde{x}(f)$ 的期望值得到

$$\left\langle\tilde{x}^*\left(f'\right)\tilde{x}(f)\right\rangle=\left\langle\int_{-\infty}^{\infty}x\left(t'\right)\mathrm{e}^{2\pi\mathrm{i}f't'}\mathrm{d}t'\int_{-\infty}^{\infty}x(t)\mathrm{e}^{-2\pi\mathrm{i}ft}\mathrm{d}t\right\rangle. \tag{7.11}$$

我们再一次做变量代换 $t=t'+\tau$ 得到

$$\begin{aligned}\left\langle\tilde{x}^*\left(f'\right)\tilde{x}(f)\right\rangle&=\left\langle\int_{-\infty}^{\infty}x\left(t'\right)\mathrm{e}^{2\pi\mathrm{i}f't'}\mathrm{d}t'\int_{-\infty}^{\infty}x\left(t'+\tau\right)\mathrm{e}^{-2\pi\mathrm{i}f\left(t'+\tau\right)}\mathrm{d}\tau\right\rangle\\&=\int_{-\infty}^{\infty}\mathrm{d}t'\mathrm{e}^{-2\pi\mathrm{i}\left(f-f'\right)t'}\int_{-\infty}^{\infty}\mathrm{d}\tau\mathrm{e}^{-2\pi\mathrm{i}f\tau}\left\langle x\left(t'\right)x\left(t'+\tau\right)\right\rangle.\end{aligned} \tag{7.12}$$

第二个积分即 $\frac{1}{2}S_x(f)$，它与 t' 无关，而第一个积分是狄拉克 δ 函数 $\delta(f-f')$。因此，

$$\left\langle\tilde{x}^*\left(f'\right)\tilde{x}(f)\right\rangle=\frac{1}{2}S_x(f)\delta\left(f-f'\right). \tag{7.13}$$

例 7.1　散粒噪声。

如果随机过程 $x(t)$ 由大量在随机时间到达的脉冲组成，则称为**散粒噪声**：

$$x(t)=\sum_{j=0}^{N-1} F\left(t-t_j\right), \tag{7.14}$$

其中函数 $F(t)$ 描述每个脉冲的形状 (我们假设每个脉冲的形状相同，并且假设脉冲宽度小于脉冲到达时间间隔)，$\{t_j\}$ 是在某个长的时间段 T 中出现的 N 个脉冲的随机到达时间。脉冲的平均到达率是 $R=N/T$。

为了计算功率谱密度，考虑式 (7.13)：设 $\tilde{F}(f)$ 为 $F(t)$ 的傅里叶变换。那么，

$$\tilde{x}(f)=\tilde{F}(f) \sum_{j=0}^{N-1} \mathrm{e}^{-2\pi\mathrm{i} f t_j}, \tag{7.15}$$

并且根据式 (7.13)，

$$\begin{aligned}
&\frac{1}{2} S_x(f) \delta\left(f-f'\right) \\
&=\left\langle\tilde{x}^*\left(f'\right) \tilde{x}(f)\right\rangle \\
&=\tilde{F}^*(f') \tilde{F}(f)\left\langle\sum_{j=0}^{N-1} \sum_{k=0}^{N-1} \mathrm{e}^{2\pi\mathrm{i} f' t_j} \mathrm{e}^{-2\pi\mathrm{i} f t_k}\right\rangle \\
&=\tilde{F}^*\left(f'\right) \tilde{F}(f)\left\{\sum_{j=0}^{N-1}\left\langle\mathrm{e}^{-2\pi\mathrm{i}\left(f-f'\right) t_j}\right\rangle+\sum_{j=0}^{N-1} \sum_{\substack{k=0 \\ k \neq j}}^{N-1}\left\langle\mathrm{e}^{2\pi\mathrm{i} f' t_j}\right\rangle\left\langle\mathrm{e}^{-2\pi\mathrm{i} f t_k}\right\rangle\right\} \\
&=\tilde{F}^*\left(f'\right) \tilde{F}(f) \sum_{j=0}^{N-1}\left\{\left\langle\mathrm{e}^{-2\pi\mathrm{i}\left(f-f'\right) t_j}\right\rangle-\left\langle\mathrm{e}^{2\pi\mathrm{i} f' t_j}\right\rangle\left\langle\mathrm{e}^{-2\pi\mathrm{i} f t_j}\right\rangle\right\} \\
&\quad+\tilde{F}^*\left(f'\right) \tilde{F}(f) \sum_{j=0}^{N-1}\left\langle\mathrm{e}^{2\pi\mathrm{i} f' t_j}\right\rangle \sum_{k=0}^{N-1}\left\langle\mathrm{e}^{-2\pi\mathrm{i} f t_k}\right\rangle \\
&=\tilde{F}^*\left(f'\right) \tilde{F}(f) N\left\{T^{-1} \delta\left(f-f'\right)-T^{-2} \delta\left(f'\right) \delta(f)\right\}+\left\langle\tilde{x}^*\left(f'\right)\right\rangle\langle\tilde{x}(f)\rangle,
\end{aligned} \tag{7.16}$$

这里，对大的 T 我们应用了下面的等式

$$\left\langle\mathrm{e}^{-2\pi\mathrm{i} f t_j}\right\rangle=\frac{1}{T} \int_{-T/2}^{T/2} \mathrm{e}^{-2\pi\mathrm{i} f t_j} \mathrm{d} t_j \approx T^{-1} \delta(f). \tag{7.17}$$

如果我们假设 $\langle\tilde{x}(f)\rangle = 0$，同时忽略零频率成分 (即令 $\tilde{F}(0) = 0$)，则可以得到

$$S_x(f) = 2R|\tilde{F}(f)|^2, \tag{7.18}$$

其中 $R = N/T$ 是脉冲的平均到达率。

如果脉冲非常窄，则它们的谱就是宽频带的。我们可以近似 $F(t) \approx \sigma\delta(t)$，其中 σ 是振幅 (单位是 x 乘以秒)，因此功率谱，

$$S_x(f) \approx 2R\sigma^2, \tag{7.19}$$

不依赖于频率，通俗地说就是**白噪声**。 □

7.1.2 高斯噪声

假设长度为 T 的噪声时间序列 $x(t), 0 \leqslant t < T$，以均匀间隔 Δt 采样，产生了 N 个样本 $x_j = x(j\Delta t)$，其中 $j = 0, \cdots, N-1$ 并且 $N = T/\Delta t$。如果每个样本 x_j 都是独立的高斯随机变量，则获得此集合 $\{x_j\}$ 的联合概率分布为

$$p_x(\{x_j\}) = \left(\frac{1}{\sqrt{2\pi}\sigma}\right)^N \exp\left\{-\frac{1}{2\sigma^2}\sum_{j=0}^{N-1} x_j^2\right\}, \tag{7.20}$$

这里我们假定样本的均值为零，方差为 σ^2。这种噪声被称为**高斯噪声**。我们在保持 T 不变的同时让 $\Delta t \to 0$，得到一个连续极限

$$\lim_{\Delta t\to 0}\sum_{j=0}^{N-1} x_j^2\Delta t = \int_0^T x^2(t)\mathrm{d}t \approx \int_{-\infty}^{\infty} |\tilde{x}(f)|^2\mathrm{d}f, \tag{7.21}$$

其中第二个约等式对于长的观测时间 T 成立。因为样本 x_j 是相互独立的，所以我们称此噪声为**白噪声**。散粒噪声是白噪声的一个例子 (参见例 7.1)。这意味着自相关函数 $R_x(\tau) = \langle x(t)x(t+\tau)\rangle \propto \delta(\tau)$。比例常数由 $R_{jk} = \langle x_j x_k\rangle = \sigma^2\delta_{jk}$ 决定，因此功率谱密度为

$$S_x(f) = 2\int_{-\infty}^{\infty} R_x(\tau)\mathrm{e}^{-2\pi\mathrm{i}f\tau}\mathrm{d}\tau = \lim_{\Delta t\to 0} 2\sigma^2\Delta t. \tag{7.22}$$

注意对于白噪声而言功率谱密度对频率是常数，所以此刻我们将其写为 S_x 而非 $S_x(f)$。我们将马上推广到色噪声的情况，其功率谱密度依赖于频率。

在 $\Delta t \to 0$ 的极限下，功率 $\sigma^2\Delta t$ 在任何带宽为 Δf 的频带都是固定的 (即采样的时间序列的方差取决于采样间隔)。因此，

$$\lim_{\Delta t\to 0}\exp\left\{-\frac{1}{2\sigma^2}\sum_{j=0}^{N-1} x_j^2\right\} = \lim_{\Delta t\to 0}\exp\left\{-\frac{1}{2\sigma^2\Delta t}\sum_{j=0}^{N-1} x_j^2\Delta t\right\}$$

$$
\begin{aligned}
&= \exp\left\{-\frac{1}{S_x}\int_0^T x(t)^2 \mathrm{d}t\right\} \\
&\approx \exp\left\{-\int_{-\infty}^{\infty} \frac{|\tilde{x}(f)|^2}{S_x}\mathrm{d}f\right\} \\
&= \exp\left\{-\frac{1}{2}4\int_0^{\infty} \frac{|\tilde{x}(f)|^2}{S_x}\mathrm{d}f\right\}.
\end{aligned} \tag{7.23}
$$

因此，连续极限下时间序列 $x(t)$ 的概率密度为

$$
p_x[x(t)] \propto \exp\left\{-\frac{1}{2}4\int_0^{\infty} \frac{|\tilde{x}(f)|^2}{S_x}\mathrm{d}f\right\}. \tag{7.24}
$$

事实上，此式对功率谱依赖于频率的**色噪声**也成立。为了证明这一点，考虑由作用在时间序列 $x(t)$ 上的一个线性过程 (卷积) 产生的一个新的非白噪声时间序列 $y(t)$：

$$
y(t) = \int_{-\infty}^{\infty} K(t-t')\, x(t')\, \mathrm{d}t', \tag{7.25}
$$

其中 $K(t-t')$ 是核 (kernel)，它决定了 y 的谱。在频域中此操作 (通过卷积定理) 可被写为

$$
\tilde{y}(f) = \tilde{K}(f)\tilde{x}(f). \tag{7.26}
$$

接下来，易证 $S_y(f) = |\tilde{K}(f)|^2 S_x$ 并且

$$
p_y[y(t)] \propto \exp\left\{-\frac{1}{2}4\int_0^{\infty} \frac{|\tilde{y}(f)|^2}{S_y(f)}\mathrm{d}f\right\}. \tag{7.27}
$$

这驱使我们定义两个时间序列 $a(t)$ 和 $b(t)$ 的噪声加权内积 (a,b),

$$
(a,b) := 4\,\mathrm{Re}\int_0^{\infty} \frac{\tilde{a}(f)\tilde{b}^*(f)}{S(f)}\mathrm{d}f \tag{7.28a}
$$

$$
= 2\int_{-\infty}^{\infty} \frac{\tilde{a}(f)\tilde{b}^*(f)}{S(|f|)}\mathrm{d}f \tag{7.28b}
$$

$$= \int_{-\infty}^{\infty} \frac{\tilde{a}(f)\tilde{b}^*(f) + \tilde{a}^*(f)\tilde{b}(f)}{S(|f|)} \mathrm{d}f, \tag{7.28c}$$

其中 $S(f)$ 是噪声的单边功率谱密度。注意，$a(t)$ 的实数性表明 $\tilde{a}(-f) = \tilde{a}^*(f)$ 并且 $b(t)$ 有类似的性质。有了此内积，平稳高斯噪声过程 $x(t)$ (无论是否为色噪声) 的概率密度可简写为

$$p_x[x(t)] \propto \mathrm{e}^{-(x,x)/2}. \tag{7.29}$$

7.2 最优探测统计量

当噪声过程的统计性质已知并且信号的准确形式也已知时，构造一个**最优探测统计量** (optimal detection statistic) 是可能的。此最优统计量仅是表示数据包含预期信号的概率值的量。

假设引力波探测器记录到应变 (strain) 数据 $s(t)$，它由噪声随机过程 $n(t)$ 和可能的已知波形的引力波 $h(t)$ 组成。我们想要区分两种假设：

$$\begin{aligned} &\text{零假设 } \mathcal{H}_0: \quad s(t) = n(t), \\ &\text{备选假设 } \mathcal{H}_1: \quad s(t) = n(t) + h(t). \end{aligned} \tag{7.30}$$

这是通过计算**概率比**$O(\mathcal{H}_1 \mid s) = P(\mathcal{H}_1 \mid s)/P(\mathcal{H}_0 \mid s)$ 做到的，它是给定数据 $s(t)$ 时，备选假设 $\mathcal{H}_1$ 为真的概率与零假设 $\mathcal{H}_0$ 为真的概率之比。为了计算概率比，我们要用到贝叶斯定理。

7.2.1 贝叶斯定理

为了描述贝叶斯定理，我们必须首先回顾概率论中的一些定义。我们用 $P(\mathcal{A})$ 表示 $\mathcal{A}$ 为真的概率，用 $P(\mathcal{B})$ 表示 $\mathcal{B}$ 为真的概率，并用 $P(\mathcal{A},\mathcal{B})$ 表示 $\mathcal{A}$ 为真且 $\mathcal{B}$ 为真的**联合概率**。**条件概率**$P(\mathcal{A}|\mathcal{B})$ 是给定 $\mathcal{B}$ 为真的条件下 $\mathcal{A}$ 为真的概率，它定义为

$$P(\mathcal{A} \mid \mathcal{B}) := \frac{P(\mathcal{A},\mathcal{B})}{P(\mathcal{B})}, \tag{7.31}$$

类似地，

$$P(\mathcal{B} \mid \mathcal{A}) := \frac{P(\mathcal{A},\mathcal{B})}{P(\mathcal{A})}, \tag{7.32}$$

表示给定 $\mathcal{A}$ 为真时 $\mathcal{B}$ 为真的概率。结合以上两式得出贝叶斯定理：

$$P(\mathcal{B} \mid \mathcal{A}) = \frac{P(\mathcal{B})P(\mathcal{A} \mid \mathcal{B})}{P(\mathcal{A})}. \tag{7.33}$$

在此方程中，$P(\mathcal{B})$ 被称为**先验概率**或者 $\mathcal{B}$ 为真的**边缘化概率**；$P(\mathcal{A})$ 是 $\mathcal{A}$ 的边缘化概率，也被称为**证据**，充当归一化常数；$P(\mathcal{B}|\mathcal{A})$ 是给定 $\mathcal{A}$ 为真的条件下 $\mathcal{B}$ 为真的**后验概率**；$P(\mathcal{A}|\mathcal{B})$ 是给定 $\mathcal{B}$ 为真的条件下 $\mathcal{A}$ 为真的概率。

通过运用**完备性**关系 $P(\mathcal{A}) = P(\mathcal{A} \mid \mathcal{B})P(\mathcal{B}) + P(\mathcal{A} \mid \neg\mathcal{B})P(\neg\mathcal{B})$，贝叶斯定理可以表示为一种更方便的形式。这里，$P(\mathcal{A} \mid \neg\mathcal{B})$ 是给定 $\mathcal{B}$ 为非真的条件下 $\mathcal{A}$ 发生的概率，而 $P(\neg\mathcal{B}) = 1 - P(\mathcal{B})$ 表示 $\mathcal{B}$ 为非真的概率。使用完备性关系，我们得到

$$P(\mathcal{B} \mid \mathcal{A}) = \frac{P(\mathcal{B})P(\mathcal{A} \mid \mathcal{B})}{P(\mathcal{A} \mid \mathcal{B})P(\mathcal{B}) + P(\mathcal{A} \mid \neg\mathcal{B})P(\neg\mathcal{B})} = \frac{\Lambda(\mathcal{B} \mid \mathcal{A})}{\Lambda(\mathcal{B} \mid \mathcal{A}) + P(\neg\mathcal{B})/P(\mathcal{B})}, \tag{7.34}$$

其中

$$\Lambda(\mathcal{B} \mid \mathcal{A}) := \frac{P(\mathcal{A} \mid \mathcal{B})}{P(\mathcal{A} \mid \neg\mathcal{B})} \tag{7.35}$$

是**似然比**。此式的另一种形式是

$$O(\mathcal{B} \mid \mathcal{A}) = O(\mathcal{B})\Lambda(\mathcal{B} \mid \mathcal{A}), \tag{7.36}$$

其中 $O(\mathcal{B}|\mathcal{A}) := P(\mathcal{B} \mid \mathcal{A}) : P(\neg\mathcal{B} \mid \mathcal{A})$ 是给定 $\mathcal{A}$ 为真的条件下 $\mathcal{B}$ 为真的概率比，$O(\mathcal{B}) = P(\mathcal{B}) : P(\neg\mathcal{B})$ 是 $\mathcal{B}$ 为真的先验概率比。

7.2.2　匹配滤波器

对于探测问题，我们希望在式 (7.30) 的两个假设之间做出决定：零假设 $\mathcal{H}_0$ 是数据 $s(t)$ 中不存在引力波信号 $h(t)$，因此 $s(t) = n(t)$ 仅是噪声，而备选假设 $\mathcal{H}_1$ 是引力波信号存在于数据中 $s(t) = n(t) + h(t)$。为了选定其一，我们必须在给定观测数据 $s(t)$ 的情况下计算备选假设的概率比 $O(\mathcal{H}_1|s)$。式 (7.36) 表明它正比于与观测数据无关的先验概率比和似然比

$$\Lambda(\mathcal{H}_1 \mid s) = \frac{p(s \mid \mathcal{H}_1)}{p(s \mid \mathcal{H}_0)}. \tag{7.37}$$

(此处我们已把概率替换为概率密度。)

如果噪声是高斯的，那么我们可以计算概率密度：在零假设 $\mathcal{H}_0$ 下，$n(t) = s(t)$，则有

$$p(s \mid \mathcal{H}_0) = p_n[s(t)] \propto \mathrm{e}^{-(s,s)/2}. \tag{7.38}$$

在备选假设 $\mathcal{H}_1$ 下，$n(t) = s(t) - h(t)$，则有

$$p(s \mid \mathcal{H}_1) = p_n[s(t) - h(t)] \propto \mathrm{e}^{-(s-h,s-h)/2}. \tag{7.39}$$

因此，

$$\Lambda(\mathcal{H}_1 \mid s) = \frac{\mathrm{e}^{-(s-h,s-h)/2}}{\mathrm{e}^{-(s,s)/2}} = \mathrm{e}^{(s,h)}\mathrm{e}^{-(h,h)/2}. \tag{7.40}$$

我们看到似然比 $\Lambda(\mathcal{H}_1|s)$ 对数据 $s(t)$ 的依赖仅是通过内积 (s,h)。此外，似然比 (也即概率比 $O(\mathcal{H}_1|s)$) 是这个内积的单调增函数。因此，这个内积

$$(s,h) = 4\,\mathrm{Re}\int_0^\infty \frac{\tilde{s}(f)\tilde{h}^*(f)}{S_n(f)}\mathrm{d}f, \tag{7.41}$$

即是最优探测统计量：接受备选假设所需的概率比阈值可以转化为 (s,h) 的阈值。我们称 (s,h) 为**匹配滤波器**，因为它本质上是预期信号与数据的噪声加权相关 (noise-weighted correlation)。

7.2.3 未知的匹配滤波器参数

在通常情况下，可能信号的空间被一组参数 $\{\lambda_j\}$ 所描述，其中 $i=1,\cdots,N$。在 N 维信号参数空间中我们把它表示为一个矢量 $\boldsymbol{\lambda}=[\lambda_1,\cdots,\lambda_N]$。例如，对于牛顿啁啾信号这组参数为信号振幅、并合时间、并合相位、啁啾质量。引力波信号现在写为 $h(t;\boldsymbol{\lambda})$。为了得到此情况中的最优探测统计量，我们必须对未知参数进行积分或者**边缘化**。在信号参数空间中，一个特定信号的似然比为

$$\Lambda(\mathcal{H}_{\boldsymbol{\lambda}} \mid s) = \frac{p(s \mid \mathcal{H}_{\boldsymbol{\lambda}})}{p(s \mid \mathcal{H}_0)}, \tag{7.42}$$

其中 $\mathcal{H}_{\boldsymbol{\lambda}}$ 是存在一个参数为 $\boldsymbol{\lambda}$ 的信号的假设。**边缘化似然**为

$$\Lambda(\mathcal{H}_1 \mid s) = \frac{\displaystyle\int p(s \mid \mathcal{H}_{\boldsymbol{\lambda}})\,p(\mathcal{H}_{\boldsymbol{\lambda}})\,\mathrm{d}\boldsymbol{\lambda}}{p(s \mid \mathcal{H}_0)} = \int \Lambda(\mathcal{H}_{\boldsymbol{\lambda}} \mid s)\,p(\mathcal{H}_{\boldsymbol{\lambda}})\,\mathrm{d}\boldsymbol{\lambda}, \tag{7.43}$$

其中 $\mathcal{H}_1$ 是存在某个信号的备选假设，$p(\mathcal{H}_{\boldsymbol{\lambda}})$ 是参数的先验概率分布。虽然这个边缘化有时可以显式地计算，但通常可以采用合适的近似值：当参数为 $\boldsymbol{\lambda}_{\mathrm{true}}$ 的强信号存在时，似然比 $\Lambda(\mathcal{H}_{\boldsymbol{\lambda}}|s)$ 在参数空间中通常有一个很高的峰，其最大值对应的 $\boldsymbol{\lambda}_{\max}$ 非常接近真实参数。如果参数取离散值，那么就可能计算出每个所选 $\boldsymbol{\lambda}$ 的 $p(\mathcal{H}_{\boldsymbol{\lambda}}|s)$，然后选取最大的一个作为假设 $\mathcal{H}_1$ 的检验，这被称为**最大似然统计量**。后验概率 $p(\mathcal{H}_{\boldsymbol{\lambda}}|s)$ 的离散集合组成了探测统计量的**库**。即使参数是连续的，我们也可以对每个参数进行足够精细的采样，使得最大似然值被很好地近似。

当我们考虑高斯噪声时，对于特定参数的对数似然比为

$$\ln\Lambda(\mathcal{H}_{\boldsymbol{\lambda}}|\, s) = (s, h(\boldsymbol{\lambda})) - \frac{1}{2}(h(\boldsymbol{\lambda}), h(\boldsymbol{\lambda})). \tag{7.44}$$

于是，似然比的最大值在

$$\left(s-h(\boldsymbol{\lambda}),\frac{\partial}{\partial\lambda_i}h(\boldsymbol{\lambda})\right)\bigg|_{\boldsymbol{\lambda}=\boldsymbol{\lambda}_{\max}}=0 \tag{7.45}$$

时达到。通过求解式 (7.45) 给出的方程组得到 $\boldsymbol{\lambda}_{\max}$，把 $\boldsymbol{\lambda}=\boldsymbol{\lambda}_{\max}$ 代入式 (7.44) 得到最大似然统计量。

例 7.2　未知振幅。

假设引力波信号 $h(t;A)=Ag(t)$ 有一个已知的信号形式 $g(t)$ 和一个未知的振幅 A。对数似然比为

$$\ln\Lambda\left(\mathcal{H}_A\middle|\, s\right)=(s,h(A))-\frac{1}{2}(h(A),h(A))=A(s,g)-\frac{1}{2}A^2(g,g). \tag{7.46}$$

振幅为如下的 $A_{\max}$ 时它最大

$$A_{\max}=\frac{(s,g)}{(g,g)}. \tag{7.47}$$

因此，最大对数似然比为

$$\ln\Lambda\left(\mathcal{H}_{A_{\max}}\mid s\right)=\frac{1}{2}\frac{(s,g)^2}{(g,g)}. \tag{7.48}$$

此即最大似然探测统计量。　□

7.2.4　匹配滤波器的统计性质

在例 7.2 中，我们看到当引力波信号 $h(t;A)=Ag(t)$ 具有已知的形式 $g(t)$ 和未知的振幅 A 时，最大对数似然比是 $\ln\Lambda\left(\mathcal{H}_{A_{\max}}\mid s\right)=\frac{1}{2}(s,g)^2/(g,g)$，其中 $A_{\max}=(s,g)/(g,g)$ 是最可能的振幅。与预期信号成正比的函数 $g(t)$ 称为**模板**；我们把内积 $x=(s,g)$ 也称为匹配滤波器，因为 (s,g) 和 (s,h) 仅相差一个常数因子。我们现在研究 x 的统计性质。

如果应变数据中没有信号，即 $s(t)=n(t)$ 是纯粹的噪声，我们假设其均值为零，$\langle x\rangle=0$，则

$$\begin{aligned}\left\langle x^2\right\rangle&=\left\langle\left(2\int_{-\infty}^{\infty}\frac{\tilde{n}(f)\tilde{g}^*(f)}{S_n(|f|)}\mathrm{d}f\right)\left(2\int_{-\infty}^{\infty}\frac{\tilde{n}^*\left(f'\right)\tilde{g}\left(f'\right)}{S_n\left(|f'|\right)}\mathrm{d}f'\right)\right\rangle\\&=4\int_{-\infty}^{\infty}\mathrm{d}f\int_{-\infty}^{\infty}\mathrm{d}f'\frac{\left\langle\tilde{n}^*\left(f'\right)\tilde{n}(f)\right\rangle\tilde{g}^*(f)\tilde{g}\left(f'\right)}{S_n(|f|)S_n\left(|f'|\right)}\end{aligned}$$

$$
\begin{aligned}
&= 4\int_{-\infty}^{\infty}\mathrm{d}f\int_{-\infty}^{\infty}\mathrm{d}f'\,\frac{\frac{1}{2}S_n(|f|)\delta(f-f')\,\tilde{g}^*(f)\tilde{g}(f')}{S_n(|f|)S_n(|f'|)} \\
&= 2\int_{-\infty}^{\infty}\frac{|\tilde{g}(f)|^2}{S_n(|f|)}\mathrm{d}f \\
&= (g,g),
\end{aligned}
\tag{7.49}
$$

其中使用式 (7.13) 来得到第三行。因此，匹配滤波器的方差 $\sigma^2 = \mathrm{Var}(x) = \langle x^2\rangle$ 为 $\sigma^2 = (g,g)$。也就是说，当没有信号出现时，匹配滤波器是均值为零方差为 $\sigma^2 = (g,g)$ 的高斯随机变量。(它为高斯随机变量是由于我们假设 $n(t)$ 是高斯随机过程, 并且 x 是通过 $n(t)$ 的线性运算得到的。)

现在考虑应变数据为 $s(t) = n(t) + h(t;A) = n(t) + Ag(t)$ 的情况，除了噪声 $n(t)$ 外还包含一个相对于模板 $g(t)$ 振幅为 A 的信号 $h(t;A) = Ag(t)$。现在我们看到

$$
\langle x\rangle = \langle (s,g)\rangle = \langle (n,g)\rangle + (h,g) = A(g,g) = A\sigma^2. \tag{7.50}
$$

类似地，

$$
\begin{aligned}
\langle x^2\rangle &= \langle (s,g)^2\rangle = \langle [(n,g)+(h,g)]^2\rangle \\
&= \langle (n,g)^2\rangle + 2(h,g)\langle (n,g)\rangle + (h,g)^2 \\
&= \sigma^2 + A^2\sigma^4.
\end{aligned}
\tag{7.51}
$$

因此

$$
\mathrm{Var}(x) = \langle x^2\rangle - \langle x\rangle^2 = \left(\sigma^2 + A^2\sigma^4\right) - \left(A\sigma^2\right)^2 = \sigma^2. \tag{7.52}
$$

这表明，当相对于模板振幅为 A 的一个信号出现时，匹配滤波器统计量 $x = (s,g)$ 是一个均值为 $A\sigma^2$ 且方差为 σ^2 的高斯随机变量。回想振幅的最大似然值为 $A_{\max} = (s,g)/(g,g)$，因此我们看到 $\langle A_{\max}\rangle = A$。

通常定义**信噪比**$\rho := x/\sigma$ 为归一化的匹配滤波器，使得当仅存在高斯噪声时，信噪比 ρ 是遵从标准正态分布的随机变量 (均值为零，$\langle\rho\rangle = 0$，单位方差，$\mathrm{Var}(\rho) = 1$ 的高斯随机变量)，而当一个信号 $h(t;A) = Ag(t)$ 出现时，均值变为 $\varrho = \langle\rho\rangle = A\sigma = (h,h)^{1/2}$。有时候 ϱ 被称作信号的信噪比，表征信号的强度，其他时候 ρ 称作信噪比，描述滤波数据的结果，这时常引起混淆。

用法说明 在本书中，我们尝试用以下方法消除 “信噪比” 的歧义：我们把描述给定噪声功率谱 (隐含在内积的定义中) 的探测器的信号探测能力的量 $\varrho :=$

$(h,h)^{1/2}$ 称为**特征信噪比**，而把归一化的匹配滤波器输出 $\rho(t)$ 称为信噪比。注意这两个信噪比都是振幅信噪比，因为它们都是随信号的振幅线性增长的。有时候，信噪比被定义为随信号的功率线性增长 (与振幅二次方成正比)。在这本书中我们不用这种功率信噪比。

例 7.3　匹配滤波器引力波搜索的灵敏度。

在对已知波形为 $g(t)$ 的信号进行匹配滤波器搜索时，我们将搜索的灵敏度描述为振幅 $A_{\max}$(或相关参数) 的值，该值是达到某个特定的特征信噪比 $\varrho_{\min}$: $A_{\min}=\varrho_{\min}/\sigma$ 所需要的。因此，$\sigma=(g,g)^{1/2}$ 这个量对搜索的灵敏度设置了范围。

在许多情况下，所感兴趣的信号是有限带宽的，且频带相当窄，中心频率为 f_0。在这种情况下，我们可以在信号的频带上把探测器的噪声功率谱近似为 $S_h(f_0)$，此时信号的特征信噪比为

$$
\begin{aligned}
\varrho^2=(h,h)&=4\int_0^{\infty}\frac{|\tilde{h}(f)|^2}{S_h(f)}\mathrm{d}f\\
&\simeq\frac{1}{2\pi^2 f_0^2 S_h(f_0)}\int_{-\infty}^{\infty}|2\pi\mathrm{i}f\tilde{h}(f)|^2\mathrm{d}f=\frac{1}{2\pi^2 f_0^2 S_h(f_0)}\int\dot{h}^2(t)\mathrm{d}t\\
&\leqslant\frac{8}{\pi}\frac{G}{c^3}\frac{1}{f_0^2 S(f_0)}\varPhi_{\mathrm{GW}},
\end{aligned}
\tag{7.53}
$$

这里

$$
\varPhi_{\mathrm{GW}}=\int\left|\frac{\mathrm{d}E_{\mathrm{GW}}}{\mathrm{d}t\mathrm{d}A}\right|\mathrm{d}t=\frac{c^3}{16\pi G}\int\left[\dot{h}_+^2(t)+\dot{h}_\times^2(t)\right]\mathrm{d}t \tag{7.54}
$$

是引力波的注入量 (fluence，引力波能流在信号持续时间内的积分)。不等号的出现是因为探测器上的应变 h 小于或等于入射辐射的一个极化成分。

例如，初始 LIGO 探测器在 $f_0\sim150$ Hz 处有 $S_h(f_0)\sim6\times10^{-46}\ \mathrm{Hz}^{-1}$，达到特征信噪比 $\varrho=8$ 所需要的最小引力波注入量为 $\varPhi_{\mathrm{GW,min}}\sim10^{-4}\mathrm{J}\cdot\mathrm{m}^{-2}$。此注入量只有在引力波是线性极化并且引力波源位于最优方向 (探测器正上方，使得探测器位于波振面上) 和最优倾角 (使得探测器对引力波的单个极化灵敏) 时才足够。□

7.2.5　到达时间未知的匹配滤波器

假设信号的波形已知，但振幅和到达时间未知，即假设真实信号为

$$
h(t)=Ag(t-t_0), \tag{7.55}
$$

其中 A 是未知振幅，t_0 是未知到达时间，而 $g(t)$ 是信号的已知形式，它是我们的波形模板。注意到此信号的傅里叶变换为

$$
\tilde{h}(f)=A\tilde{g}(f)\mathrm{e}^{-2\pi\mathrm{i}ft_0}. \tag{7.56}
$$

因此，匹配滤波器为

$$(s,h)=2A\int_{-\infty}^{\infty}\frac{\tilde{s}(f)\tilde{g}^{*}(f)}{S_{n}(|f|)}\mathrm{e}^{2\pi\mathrm{i}ft_{0}}\mathrm{d}f=Ax\left(t_{0}\right),\tag{7.57}$$

这里

$$x(t):=2\int_{-\infty}^{\infty}\frac{\tilde{s}(f)\tilde{g}^{*}(f)}{S_{n}(|f|)}\mathrm{e}^{2\pi\mathrm{i}ft}\mathrm{d}f\tag{7.58}$$

是一个表征在各个可能的到达时间 (参数化为 t) 应用匹配滤波器的时间序列。信噪比也可以表示为时间的函数：$\rho(t)=x(t)/\sigma$。最大似然探测统计量即是所感兴趣的时间段内最大的 ρ 值。到达时间的最大似然估计就是信噪比最大的时刻 t_{peak}。振幅的最大似然估计即 $A_{\max}=\rho(t_{\text{peak}})/\sigma$。

7.2.6 匹配滤波器的模板库

如果不能计算出最大似然统计量的显式形式，那就有必要对参数空间进行足够精细的网格化，使得最大似然比可以近似地被识别为波形集合中最匹配的那个。即我们需要建立一套模板 $\{u(t;\boldsymbol{\lambda})\}$，并且模板要足够密集以使任何真实信号可与某个模板足够接近。每个模板 $u(t;\boldsymbol{\lambda})$ 都是归一化的，$(u(\boldsymbol{\lambda}),u(\boldsymbol{\lambda}))=1$，以便 $\rho(\boldsymbol{\lambda})=(s,u(\boldsymbol{\lambda}))$ 是该模板的信噪比。最大似然探测统计量为 $\max\limits_{\lambda}\rho(\boldsymbol{\lambda})$。

我们想要对上一段中的"足够精细"和"足够接近"的意义进行评估。真实信号的参数与离散化库中最接近的模板的参数会不完全一致，这将导致滤波器信噪比的期待值减小，但是相对损失要低于一定的容忍度水平，如百分之几。假设 $\boldsymbol{\lambda}$ 代表某信号的参数，因此 $h(t)=\varrho u(t;\boldsymbol{\lambda})$ 是信号，而库中最接近的模板 $u(t;\boldsymbol{\lambda}+\Delta\boldsymbol{\lambda})$ 的参数与其相差 $\Delta\boldsymbol{\lambda}$。这个模板的信噪比的期待值为 $\varrho'=(h,u(\boldsymbol{\lambda}+\Delta\boldsymbol{\lambda}))=\varrho(u(\boldsymbol{\lambda}),u(\boldsymbol{\lambda}+\Delta\boldsymbol{\lambda}))$，这里 ϱ 是完全匹配模板的信号的信噪比，即特征信噪比。因此，期待的信噪比的相对损失为 $(\varrho-\varrho')/\varrho=1-(u(\boldsymbol{\lambda}),u(\boldsymbol{\lambda}+\Delta\boldsymbol{\lambda}))=1-\mathcal{A}$，其中

$$\mathcal{A}(\boldsymbol{\lambda};\boldsymbol{\lambda}+\Delta\boldsymbol{\lambda}):=(u(\boldsymbol{\lambda}),u(\boldsymbol{\lambda}+\Delta\boldsymbol{\lambda}))\tag{7.59}$$

被称为**混淆函数**。

如果参数的误配 $\Delta\boldsymbol{\lambda}$ 很小，那么我们可以将 $u(\boldsymbol{\lambda}+\Delta\boldsymbol{\lambda})$ 展开成幂级数

$$u(\boldsymbol{\lambda}+\Delta\boldsymbol{\lambda})=u(\boldsymbol{\lambda})+\Delta\lambda_{i}\frac{\partial u}{\partial\lambda_{i}}(\boldsymbol{\lambda})+\frac{1}{2}\Delta\lambda_{i}\Delta\lambda_{j}\frac{\partial^{2}u}{\partial\lambda_{i}\partial\lambda_{j}}(\boldsymbol{\lambda})+O\left((\Delta\boldsymbol{\lambda})^{3}\right).\tag{7.60}$$

混淆函数为

$$\mathcal{A}=\left(u(\boldsymbol{\lambda}),u(\boldsymbol{\lambda})+\Delta\lambda_{i}\frac{\partial u}{\partial\lambda_{i}}(\boldsymbol{\lambda})+\frac{1}{2}\Delta\lambda_{i}\Delta\lambda_{j}\frac{\partial^{2}u}{\partial\lambda_{i}\partial\lambda_{j}}(\boldsymbol{\lambda})\right)+O\left((\Delta\boldsymbol{\lambda})^{3}\right)$$

$$= 1 + \frac{1}{2}\Delta\lambda_i\Delta\lambda_j\left(u(\boldsymbol{\lambda}), \frac{\partial^2 u}{\partial\lambda_i\partial\lambda_j}(\boldsymbol{\lambda})\right) + O\left((\Delta\boldsymbol{\lambda})^3\right), \tag{7.61}$$

这里展开式中的线性项没有贡献，这是因为当 $\Delta\boldsymbol{\lambda} = 0$ 时混淆函数达到最大值。如果参数的误配 $\mathrm{d}\boldsymbol{\lambda}$ 是无限小的，则

$$\mathcal{A} = 1 - \mathrm{d}s^2, \tag{7.62}$$

其中 $\mathrm{d}s^2$ 是度规距离的平方，这里距离是以期待的信噪比的相对损失来度量的，

$$\mathrm{d}s^2 = g^{ij}\mathrm{d}\lambda_i\mathrm{d}\lambda_j, \tag{7.63}$$

具有参数空间的度规

$$g^{ij}(\boldsymbol{\lambda}) = -\frac{1}{2}\left(u(\boldsymbol{\lambda}), \frac{\partial^2 u}{\partial\lambda_i\partial\lambda_j}(\boldsymbol{\lambda})\right). \tag{7.64}$$

正如我们所见，例如在 7.2.5 节中，一些参数 (如信号的到达时间) 的搜索不需要借助模板库。在到达时间未知的情况中，傅里叶变换可用于对所有可能的到达时间仅将一个匹配滤波器模板应用到数据上——这里没有必要建立一套具有不同到达时间的模板。可以用代数方法最大化匹配滤波器的参数称为**外部参数**。另一方面，需要用模板库来覆盖的参数称为**内部参数**。假设有单一的外部参数，如到达时间 t_0，因此我们有 $\boldsymbol{\lambda} = [t_0, \boldsymbol{\mu}]$，这里 $\lambda_0 = t_0$，而 $\lambda_i = \mu_i (i > 0)$ 是余下的内部参数。然后我们定义两个模板之间的**重叠**为

$$\begin{aligned}\mathcal{O}(\boldsymbol{\mu}; \boldsymbol{\mu} + \Delta\boldsymbol{\mu}) &:= \max_{\Delta t}\mathcal{A}\left(t_0, \boldsymbol{\mu}; t_0 + \Delta t, \boldsymbol{\mu} + \Delta\boldsymbol{\mu}\right) \\ &= \max_{\Delta t}\left(u\left(t_0, \boldsymbol{\mu}\right), u\left(t_0 + \Delta t, \boldsymbol{\mu} + \Delta\boldsymbol{\mu}\right)\right)\end{aligned} \tag{7.65}$$

度规可以由重叠而非混淆函数建立，

$$\mathcal{O} = 1 - \mathrm{d}\varsigma^2 = 1 - \gamma^{ij}\mathrm{d}\mu_i\mathrm{d}\mu_j, \tag{7.66}$$

这里

$$\begin{aligned}\gamma^{ij}(\boldsymbol{\mu}) &= -\frac{1}{2}\max_{\Delta t}\left(u\left(t_0, \boldsymbol{\mu}\right), \frac{\partial^2 u}{\partial\mu_i\partial\mu_j}\left(t_0 + \Delta t, \boldsymbol{\mu} + \Delta\boldsymbol{\mu}\right)\right) \\ &= g^{ij} - g^{i0}g^{0j}/g^{00} \quad (i, j > 0).\end{aligned} \tag{7.67}$$

在建立模板库时，必须把模板放得足够接近，使得由于信号与最接近模板之间的误配而导致的信噪比损失不是很多。例如，如果我们能容忍的信噪比损失为

3%，那么对参数空间中的每个点，模板库中一定有某个模板与它的度规距离的平方 $(\Delta\zeta_{\max})^2 = 3\%$。$1 - (\Delta\zeta_{\max})^2$ 被称为模板库的**最小匹配** (minimum match)，或者换个说法，$(\Delta\xi_{\max})^2$ 是模板库的最大误配。覆盖维度为 $\dim\Omega$ 的整个参数空间 $\Omega(\boldsymbol{\mu})$ 所需要的模板数是

$$N \sim \frac{1}{(\Delta\zeta_{\max})^{\dim\Omega}} \int\limits_{\Omega(\boldsymbol{\mu})} \sqrt{\det\gamma^{ij}} \mathrm{d}\boldsymbol{\mu}, \tag{7.68}$$

这里的第一个因子是一个模板所覆盖体积的倒数，积分是整个参数空间所覆盖的体积。

例 7.4 未知相位。

假设引力波信号是两个已知波形 (余弦相位波形 $p(t)$ 和正弦相位波形 $q(t)$) 的线性组合，$h(t;\theta) = p(t)\cos\theta + q(t)\sin\theta$，这里 θ 是未知的波形相位，并且波形 $p(t)$ 和 $q(t)$ 是正交的，即 $(p,q) = 0$，同时它们的振幅相同，即 $(p,p) = (q,q) = (h,h)$。令 $x = (s,p)$ 和 $y = (s,q)$ 分别为模板信号 $p(t)$ 和 $q(t)$ 的两个滤波输出，则

$$\begin{aligned} \ln\Lambda(\mathcal{H}_\theta \mid s) &= (s, h(\theta)) - \frac{1}{2}(h(\theta), h(\theta)) \\ &= x\cos\theta + y\sin\theta - \frac{1}{2}(h,h) \\ &= z\cos(\Theta - \theta) - \frac{1}{2}(h,h), \end{aligned} \tag{7.69}$$

这里 $z^2 = x^2 + y^2$ 和 $\Theta = \arctan(y/x)$，使得 $x = z\cos\Theta$ 和 $y = z\sin\Theta$。显然，当 $\theta = \theta_{\max} = \Theta$ 时此式取最大值，

$$\ln\Lambda(\mathcal{H}_{\theta_{\max}} \mid s) = z - \frac{1}{2}(h,h), \tag{7.70}$$

因此最大似然探测统计量是余弦相位和正弦相位模板的匹配滤波器的平方和:$z^2 = (s,p)^2 + (s,q)^2$。

我们也可以计算边缘化的似然比：

$$\begin{aligned} \Lambda(\mathcal{H}_1 \mid s) &= \frac{1}{2\pi}\int\limits_0^{2\pi} \exp\left[(s, h(\theta)) - \frac{1}{2}(h(\theta), h(\theta))\right] \mathrm{d}\theta \\ &= \frac{1}{2\pi}\mathrm{e}^{-(h,h)/2}\int\limits_0^{2\pi} \mathrm{e}^{z\cos(\Theta-\theta)}\mathrm{d}\theta \end{aligned}$$

$$= e^{-(h,h)/2} I_0(z), \tag{7.71}$$

这里 $I_0(z)$ 是零阶的第一类修正贝塞尔函数，它是自变量 z 的单调增函数。现在我们发现 z 不仅是最大似然统计量，而且边缘化的似然比也是 z 的单调增函数。当 z 取大的值时，$I_0(z) \sim e^z/(2\pi z)^{1/2}$，因此 $\ln \Lambda(\mathcal{H}_1) \sim z - \frac{1}{2}\ln(2\pi z) - \frac{1}{2}(h,h)$，而最大似然的对数 $\ln\Lambda(\mathcal{H}_{\theta_{\max}})$ 与边缘化似然的对数仅相差一个较小的项 $\frac{1}{2}\ln(2\pi z)$。

显然，当相位未知时，我们不必用模板库来寻找最大似然探测统计量。然而，可以作为例证来考虑如何建立这样的模板库。令 $u(t;\theta) = h(t;\theta)/(h,h)^{1/2}$ 为归一化的模板 (即 $(u(\theta), u(\theta)) = 1$)，则混淆函数为

$$\begin{aligned}\mathcal{A} &= (u(\theta), u(\theta + \Delta\theta)) \\ &= (p\cos\theta + q\sin\theta, p\cos(\theta+\Delta\theta) + q\sin(\theta+\Delta\theta))/(h,h) \\ &= \cos\theta\cos(\theta+\Delta\theta) + \sin\theta\sin(\theta+\Delta\theta) \\ &= \cos\Delta\theta = 1 - \frac{1}{2}\Delta\theta^2 + O\left(\Delta\theta^4\right).\end{aligned} \tag{7.72}$$

由于 $ds^2 = g^{\theta\theta}d\theta^2 = 1 - \mathcal{A}$，我们看出 $g^{\theta\theta} = 1/2$。模板必须放置在一个单位圆上，且 θ 的间距相同。所需模板的数目取决于离散化 $\Delta S_{\max}$ 导致的最大所能容许的信噪比损失。需要的模板数目是

$$N \sim \frac{1}{\Delta s_{\max}} \int_0^{2\pi} \sqrt{g^{\theta\theta}} d\theta = \frac{2\pi}{\sqrt{2}} \frac{1}{\Delta s_{\max}}. \tag{7.73}$$

如果可容许的信噪比损失为 $(\Delta s_{\max})^2 = 1\%$，它对应的模板数目 $N \sim 44$。显然，更好的方式是简单计算两个滤波 $x = (s,p)$ 和 $y = (s,q)$ 并直接建立最大似然探测统计量 $z = (x^2 + y^2)^{1/2}$，而不是对 $i \in [1,44]$ 计算全部 44 个滤波输出 $(s, u(\theta_i))$ 再选出最大的。 □

到目前为止，我们假设了信号可以被参数空间中的某个模板准确地建模，尽管它可能并不是模板库中的模板之一 (模板库对参数空间的覆盖仅达到了最小匹配的水平)。然而，如果波形模板不是完美的，那么真实信号可能不会存在于模板所覆盖的参数空间中。**拟合因子**

$$\mathcal{F} := \max_{\boldsymbol{\lambda}} \frac{(h, u(\boldsymbol{\lambda}))}{\sqrt{(h,h)}} \tag{7.74}$$

是参数化波形 $u(t;\boldsymbol{\lambda})$ 与真实信号 $h(t)$ 匹配程度的度量。

7.3 参数估计

对于最优探测统计量，当给定数据时我们计算信号出现在数据中的概率 $p(\mathcal{H}_1|s)$，这里 $\mathcal{H}_1$ 是备选假设 (假设信号存在于数据中)。当信号被一组参数 $\boldsymbol{\lambda}$ 参数化时，我们可以建立概率密度 $p(\mathcal{H}_{\boldsymbol{\lambda}}|s)$ 作为参数 $\boldsymbol{\lambda}$ 的函数。为了估计参数 $\boldsymbol{\lambda}$ 的真实值，我们将寻找出现在 $\boldsymbol{\lambda}_{\max}$ 处的此概率密度的峰或者模态 (mode)。这要求我们解如下方程

$$\left.\frac{\partial}{\partial \lambda_i} p\left(\mathcal{H}_{\boldsymbol{\lambda}} \mid s\right)\right|_{\boldsymbol{\lambda}=\boldsymbol{\lambda}_{\max}}=0 \tag{7.75}$$

以获得 $\boldsymbol{\lambda}_{\max}$。注意，参数 $\boldsymbol{\lambda}$ 出现在概率密度 $p(\mathcal{H}_{\boldsymbol{\lambda}}|s)$ 中是通过参数空间中的先验概率密度 $p(\mathcal{H}_{\boldsymbol{\lambda}})$ 和似然比 $\Lambda(\mathcal{H}_{\boldsymbol{\lambda}}|s)$。简单起见，我们假设先验概率密度在所感兴趣的参数范围内是一个相对不变的函数 (就像我们对可能的值几乎没有先验的知识)，然后聚焦于寻找似然比的最大值，即通过求解 (参见式 (7.45))

$$\left(s-h\left(\boldsymbol{\lambda}_{\max}\right), \frac{\partial h}{\partial \lambda_i}\left(\boldsymbol{\lambda}_{\max}\right)\right)=0 \tag{7.76}$$

来得到 $\boldsymbol{\lambda}_{\max}$。

7.3.1 测量精度

我们现在可以估计测量精度的大小。数据 $s(t)$ 包含了噪声 $n(t)$ 和具有真实参数值 $\boldsymbol{\lambda}$ 的引力波信号 $h(t;\boldsymbol{\lambda}): s(t)=n(t)+h(t;\boldsymbol{\lambda})$。因此，求解式 (7.76) 得到的参数 $\boldsymbol{\lambda}_{\max}$ 将满足下式

$$\left(h(\boldsymbol{\lambda})-h\left(\boldsymbol{\lambda}_{\max}\right), \frac{\partial h}{\partial \lambda_i}\left(\boldsymbol{\lambda}_{\max}\right)\right)=-\left(n, \frac{\partial h}{\partial \lambda_i}\left(\boldsymbol{\lambda}_{\max}\right)\right). \tag{7.77}$$

这些式子的右手边包括了一组均值为零的多变量高斯随机变量 (假设高斯噪声)。我们标记它们为

$$\nu^i:=\left(n, \frac{\partial h}{\partial \lambda_i}\left(\boldsymbol{\lambda}_{\max}\right)\right). \tag{7.78}$$

我们将需要 $\boldsymbol{\nu}$ 的分布函数来计算测量精度。

由于 $\boldsymbol{\nu}$ 是一个多变量高斯分布且均值为零，$\langle\nu^i\rangle=0$，随机变量的分布完全由**费希尔信息矩阵**描述

$$\Gamma^{ij}:=\left\langle\nu^i \nu^j\right\rangle=\left\langle\left(n, \frac{\partial h}{\partial \lambda_i}\left(\boldsymbol{\lambda}_{\max}\right)\right)\left(\frac{\partial h}{\partial \lambda_j}\left(\boldsymbol{\lambda}_{\max}\right), n\right)\right\rangle$$

$$= \left(\frac{\partial h}{\partial \lambda_i} \left(\boldsymbol{\lambda}_{\max} \right), \frac{\partial h}{\partial \lambda_j} \left(\boldsymbol{\lambda}_{\max} \right) \right), \tag{7.79}$$

这里，为了得到第二行，我们使用了关系式 $\langle (n,g)(g,n) \rangle = (g,g)$，它已在式 (7.49) 中证明。因此随机变量 $\boldsymbol{\nu}$ 的概率密度函数为

$$p(\boldsymbol{\nu}) = \frac{1}{\sqrt{\det\left(2\pi \Gamma^{kl}\right)}} \exp\left(-\frac{1}{2} \left(\Gamma^{-1} \right)_{ij} \nu^i \nu^j \right), \tag{7.80}$$

其中 $(\Gamma^{-1})_{ij}$ 是费希尔信息矩阵的逆。

假设信号足够强能使参数的最大似然估计 $\boldsymbol{\lambda}_{\max}$ 适度地接近真实参数值 $\boldsymbol{\lambda}$，即测量误差

$$\Delta \boldsymbol{\lambda} = \boldsymbol{\lambda}_{\max} - \boldsymbol{\lambda} \tag{7.81}$$

很小。那么

$$h(\boldsymbol{\lambda}) = h\left(\boldsymbol{\lambda}_{\max}\right) - \Delta\lambda_i \frac{\partial h}{\partial \lambda_i} \left(\boldsymbol{\lambda}_{\max}\right) + O\left((\Delta \boldsymbol{\lambda})^2 \right). \tag{7.82}$$

我们把这个展开式代入式 (7.77) 得到

$$\left(\frac{\partial h}{\partial \lambda_j} \left(\boldsymbol{\lambda}_{\max} \right), \frac{\partial h}{\partial \lambda_i} \left(\boldsymbol{\lambda}_{\max} \right) \right) \Delta\lambda_j + O\left((\Delta \boldsymbol{\lambda})^2 \right) = \nu^i \tag{7.83}$$

或者

$$\Gamma^{ij} \Delta\lambda_j \approx \nu^i, \tag{7.84}$$

这里我们忽略了测量误差的二阶及高阶项。因此，噪声引起的测量误差可依据线性关系 $\Delta\boldsymbol{\lambda} \approx \boldsymbol{\Gamma}^{-1} \boldsymbol{\nu}$ 求解；在强信号极限下，这些测量误差的分布函数为

$$p(\Delta\boldsymbol{\lambda}) \approx \sqrt{\det\left(\frac{\Gamma^{kl}}{2\pi}\right)} \exp\left(-\frac{1}{2} \Gamma^{ij} \Delta\lambda_i \Delta\lambda_j \right). \tag{7.85}$$

这个概率函数表明费希尔信息矩阵的逆包含了参数测量误差的方差以及不同参数的测量误差如何相关的信息。特别地，如果我们想计算参数 λ_i 的均方根误差，它将是

$$\left(\Delta\lambda_i\right)_{\mathrm{rms}} = \left\langle \left(\Delta\lambda_i\right)^2 \right\rangle^{1/2} = \left(\mathrm{Var}\, \Delta\lambda_i\right)^{1/2} = \sqrt{\left(\Gamma^{-1}\right)_{ii}} \quad (\text{无求和}). \tag{7.86}$$

例 7.5 信号振幅和相位的测量精度。

假设信号振幅 A 是仅有的未知参数，即 $h(t;A)=Ag(t)$，这里 $g(t)$ 是已知的时间序列。在例 7.2 中我们已经知道振幅的最大似然估计是 $A_{\max}=(s,g)/(g,g)$。为了计算测量的不确定度，我们必须计算费希尔信息"矩阵"

$$\Gamma=\left(\frac{\partial h}{\partial A},\frac{\partial h}{\partial A}\right)=(g,g)=\sigma^2. \tag{7.87}$$

因此，振幅的均方根不确定度为 $(\Delta A)_{\text{rms}}=\sqrt{\Gamma^{-1}}=\sigma^{-1}$。尽管如此，更常见的是引用振幅的分数不确定度。也就是

$$(\Delta\ln A)_{\text{rms}}=\frac{1}{A_{\max}}\sqrt{\Gamma^{-1}}=\frac{1}{A_{\max}\sigma}=\frac{1}{\rho}. \tag{7.88}$$

因此，振幅的分数不确定度等于测量信噪比的倒数：对一个信噪比 $\rho=10$ 的探测，振幅可确定到 10% 的精度；对一个信噪比 $\rho=100$ 的探测，振幅可确定到 1% 的精度。

假设将仅有的未知参数换为相位，因此信号的形式为 $h(t;\theta)=p(t)\cos\theta+q(t)\sin\theta$ 且 $(p,p)=(q,q)=(h,h)$ 和 $(p,q)=0$。我们有

$$\begin{aligned}\Gamma&=\left(\frac{\partial h}{\partial\theta},\frac{\partial h}{\partial\theta}\right)=(-p\sin\theta_{\max}+q\cos\theta_{\max},-p\sin\theta_{\max}+q\cos\theta_{\max})\\&=(h,h),\end{aligned} \tag{7.89}$$

这里相位的最大似然估计为 $\theta_{\max}=\arctan((s,q)/(s,p))$。因此，相位测量的均方根不确定度反比于信号的特征信噪比，$(\Delta\theta)_{\text{rms}}=(h,h)^{-1/2}=1/\varrho$。对一个特征信噪比 $\varrho=10$ 的探测，得到的相位的精度为 0.1rad 或者 6°。

现在考虑振幅和相位都是未知参数的情况，即 $h(t;A,\theta)=A[p(t)\cos\theta+q(t)\sin\theta]$ 和 $\boldsymbol{\lambda}=[\lambda_1,\lambda_2]=[\ln A,\theta]$(注意，这里我们把 $\ln A$ 而非 A 当做参数，这使我们能直接获得振幅的分数不确定度而不是绝对不确定度。)。我们发现

$$\begin{aligned}\Gamma^{11}&=A_{\max}^2(p\cos\theta_{\max}+q\sin\theta_{\max},p\cos\theta_{\max}+q\sin\theta_{\max}) &(7.90)\\&=\rho^2,\\\Gamma^{22}&=A_{\max}^2(-p\sin\theta_{\max}+q\cos\theta_{\max},-p\sin\theta_{\max}+q\cos\theta_{\max}) &(7.91)\\&=\rho^2,\\\Gamma^{12}&=\Gamma^{21}\\&=A_{\max}^2(p\cos\theta_{\max}+q\sin\theta_{\max},-p\sin\theta_{\max}+q\cos\theta_{\max}) &(7.92)\\&=0.\end{aligned}$$

因此，费希尔信息矩阵的逆为

$$\boldsymbol{\Gamma}^{-1}=\left[\begin{array}{cc}1/\rho^2 & 0\\ 0 & 1/\rho^2\end{array}\right]. \tag{7.93}$$

注意，振幅的分数不确定度和相位的不确定度都是 $1/\rho$，并且这两个参数的测量误差是不相关的。 □

7.3.2 参数估计中的系统误差

假设波形中存在某个系统性的不确定度没有被参数化，所以它不是最大化过程的一部分。那么，对于任意一组参数 $\boldsymbol{\lambda}$，真实波形 $h(t;\boldsymbol{\lambda})$ 与我们用于参数估计的近似波形族之间的差为 $\delta h(t;\boldsymbol{\lambda})=h'(t;\boldsymbol{\lambda})-h(t;\boldsymbol{\lambda})$，近似波形族这里写为 $h'(t;\boldsymbol{\lambda})$。现在式 (7.77) 变为

$$\left(h(\boldsymbol{\lambda})-h'\left(\boldsymbol{\lambda}_{\max}\right),\frac{\partial h'}{\partial\lambda_i}\left(\boldsymbol{\lambda}_{\max}\right)\right)=-\left(n,\frac{\partial h'}{\partial\lambda_i}\left(\boldsymbol{\lambda}_{\max}\right)\right). \tag{7.94}$$

重复前面的分析我们发现式 (7.84) 变为

$$\left(\delta h(\boldsymbol{\lambda}),\frac{\partial h'}{\partial\lambda_i}(\boldsymbol{\lambda}_{\max})\right)+\Gamma^{ij}\Delta\lambda_j\approx\nu^i. \tag{7.95}$$

额外的项导致了总的参数估计不确定度中的系统误差分量

$$\begin{aligned}(\Delta\lambda_i)_{\text{syst}}&=\left(\Gamma^{-1}\right)_{ij}\left(\delta h(\boldsymbol{\lambda}),\frac{\partial h'}{\partial\lambda_j}\left(\boldsymbol{\lambda}_{\max}\right)\right)\\&\approx\left(\Gamma^{-1}\right)_{ij}\left(\delta h\left(\boldsymbol{\lambda}_{\max}\right),\frac{\partial h'}{\partial\lambda_j}\left(\boldsymbol{\lambda}_{\max}\right)\right).\end{aligned} \tag{7.96}$$

这个参数估计误差与信号的强度无关，因此对于足够强的信号而言，它将超过噪声导致的均方根误差。

例 7.6 信号振幅估计中的系统误差。

假设一个真实信号具有形式 $h(t;A,\theta)=A[p(t)\cos\theta+q(t)\sin\theta]$，这里 θ 是一个小角度参数且没有被建模，A(包含在模型中) 是信号振幅。因此，被用于参数估计的波形族是 $h'(t;A)=Ap(t)$。我们有 $\Gamma=(p,p)$，因此

$$\begin{aligned}(\Delta A)_{\text{syst}}&=\Gamma^{-1}(Ap(1-\cos\theta)-Aq\sin\theta,p)\\&\approx\frac{1}{2}\theta^2A.\end{aligned} \tag{7.97}$$

而振幅的分数不确定度为

$$(\Delta \ln A)_{\text{syst}} \approx \frac{1}{2}\theta^2. \tag{7.98}$$

这个系统性的不确定度独立于信号振幅。当 $\rho > 2/\theta^2$ 时，它将超过噪声导致的误差，$(\Delta \ln A)_{\text{rms}} = 1/\rho$。例如，如果所用模板的系统性的相位误差 $\theta = 0.1$ rad，那么当信噪比 $\rho > 200$ 时，此系统误差将在振幅的分数测量误差中占主导。 □

式 (7.96) 描述了给定模型波形误差时对一个特定参数产生的系统误差。还存在一个与模型波形误差相关的系统误差大小的限制。为了得到它，设想这样一个情景，我们希望测量的一个参数 λ 恰好是对真实波形和模型波形之差进行插值的参数

$$h(t;\lambda) = h(t;\lambda = 0) + \lambda\delta h, \tag{7.99}$$

这里 $\delta h = h'(t;\lambda = 0) - h(t;\lambda = 0)$。那么，$\mathit{\Gamma} = (\delta h, \delta h)$ 和 $(\Delta\lambda)_{\text{syst}} = 1$。要求 $(\Delta\lambda)_{\text{rms}} > (\Delta\lambda)_{\text{syst}}$ ，其中 $(\Delta\lambda)_{\text{rms}} = 1/\mathit{\Gamma}$ (即系统误差小于由噪声引起的随机误差)，因此相应地有

$$(\delta h, \delta h) < 1. \tag{7.100}$$

如果波形之差满足这个不等式，那么两个波形被称为**不可分辨的**，因此式 (7.100) 被称为**不可分辨性判据**。它是振幅依赖的：在低信噪比时不可分辨的两个波形最终将在高信噪比时变得可分辨。在参数估计中由波形不确定度引起的与振幅无关的系统误差为

$$\epsilon_{\text{syst}} := \frac{(\delta h, \delta h)}{(h, h)}, \tag{7.101}$$

并且当达到下式时

$$\epsilon_{\text{syst}} \gtrsim \frac{1}{\varrho^2}. \tag{7.102}$$

这个系统误差对信号可能变得很重要。即，如果我们观察的信号 $\varrho \sim 10$，则我们要求模板波形要足够精确，达到 $\epsilon_{\text{syst}} < 1\%$，否则我们的参数估计将受到模型中系统误差的影响。

不可分辨性判据也给出了由随机误差表示的另一种系统误差大小的限制。我们将施瓦兹不等式 (Schwartz's inequality) 应用于式 (7.96)，得到系统误差大小的上限，

$$\left|(\Delta\lambda_i)_{\text{syst}}\right| \leqslant (\Delta\lambda_i)_{\text{rms}} (\delta h, \delta h)^{1/2}. \tag{7.103}$$

注意这个限制与预期一样，仍然依赖于振幅。

7.3.3 置信区间

除了找到将后验概率密度函数 $p(\mathcal{H}_{\boldsymbol{\lambda}}|s)$ 最大化的参数值 $\boldsymbol{\lambda}_{\max}$ (分布的模态) 外，我们或许还希望给出一个参数空间的区域，我们期望该区域以某种概率包含参数的真值。此区域称为**置信区域**，当仅有一个感兴趣的参数时，我们称它为**置信区间**。为了便于说明，我们将考虑对单个参数 λ 设立参数区间的问题。

置信区间有多种类型，其结构和解释各不相同。**贝叶斯置信区间**通常被称为**可信区间**，以避免和下面描述的频率派置信区间相混淆。可信区间可以直接从后验概率密度函数 $p(\mathcal{H}_\lambda|s)$ 通过如下方程得到：让我们固定某个**置信水平**α。然后，我们希望求解方程

$$\alpha = \int_{\lambda_1}^{\lambda_2} p\left(\mathcal{H}_\lambda \mid s\right) \mathrm{d}\lambda \tag{7.104}$$

以获得 λ_1 和 λ_2 的值，这表明参数 λ 在区间 $\lambda_1 < \lambda < \lambda_2$ 的概率为 α。λ 在特定的置信水平 α (例如，若 $\alpha = 0.95$ 则置信水平为 95%) 上的置信区间是 (λ_1, λ_2)。然而，这里的两个参数 λ_1 和 λ_2 必须从单个方程 (7.104) 解出，为了得到单一解我们要求对 λ_1 和 λ_2 有一个额外的补充方程。如果我们寻求 λ 的上限，则简单地设 $\lambda_1 = -\infty$ (或是 λ 所允许的最小值) 并同时解方程 (7.104) 得到 λ_2 的值 (上限)。类似地，λ 的下限是通过设 $\lambda_2 = \infty$ (或是 λ 所允许的最大值) 并同时解出 λ_1 获得的。另一种可能的补充条件是要求区间的两个极限具有相同的概率密度函数值：$p(\mathcal{H}_{\lambda_1}|s) = p(\mathcal{H}_{\lambda_2}|s)$。然而，如果概率密度函数是多模态的 (multi-modal)，这可能导致一组不连续的置信区间，而备选方案是选择一个区间，使得 $\lambda < \lambda_1$ 与 $\lambda < \lambda_2$ 的概率相等：

$$\frac{1-\alpha}{2} = \int_{-\infty}^{\lambda_1} p\left(\mathcal{H}_\lambda \mid s\right) \mathrm{d}\lambda = \int_{\lambda_2}^{\infty} p\left(\mathcal{H}_\lambda \mid s\right) \mathrm{d}\lambda. \tag{7.105}$$

注意这样的区间总是包含了 $p(\mathcal{H}_\lambda|s)$ 的中值，尽管它可能不包含分布的模态。

频率派置信区间从概率分布 $p(s|\mathcal{H}_\lambda)$ 而非后验概率分布 $p(\mathcal{H}_\lambda|s)$ 出发。根据贝叶斯定理，即式 (7.33)，这两者通过先验概率因子 $p(\mathcal{H}_\lambda)$ 和与 λ 无关的归一化常数 $1/p(s)$ 相联系。然而，正如我们下面将看到的，频率派置信区间和贝叶斯置信区间的含义非常不同。

在置信水平 α 下构造频率派置信区间，要使得对 λ 的任何真值 (不管它是多少)，通过重复实验得到的区间中将有百分比为 α 的实验包含 λ。这个构造可以通过**奈曼方法**得到：定义由 $s(t)$ 得到的某个统计量 x，例如它可以是信噪比 $x = \rho$。因为 x 是由 s 推导出来的，所以概率分布 $p(s|\mathcal{H}_\lambda)$ 可以重新被表示为概率分布

$p(x;\lambda)$。注意 x 的分布依赖于未知参数 λ。对于参数 λ 的每个值，我们生成一个区间 (x_1, x_2)，使得

$$\alpha = \int_{x_1}^{x_2} p(x;\lambda)\mathrm{d}x. \tag{7.106}$$

这些依赖于 λ 的区间在 λ-x 平面上定义了一个带状区域，并且对实验中 x 的任何**观测值**，λ 的置信区间构成了在固定的 x 值处存在于带上的 λ 值。注意，式 (7.106) 保证了频率派置信区间所需覆盖的范围：对于 λ 的任意值，x 的观测值都将位于概率为 α 的接受带 (acceptance belt) 上。

与贝叶斯置信区间相同，频率派置信带的建立需要一个补充条件，因为式 (7.106) 是一个依赖 x_1 和 x_2 两个值的方程。为了建立一个适合于 λ 上限的带，我们取 $x_2 = \infty$ 并且解式 (7.106) 得到 x_1，而当建立一个合适于 λ 下限的带时，我们取 $x_1 = -\infty$ 并且解式 (7.106) 得到 x_2。中心置信区间对 x_1 和 x_2 满足

$$\frac{1-\alpha}{2} = \int_{-\infty}^{x_1} p(x;\lambda)\mathrm{d}x = \int_{x_2}^{\infty} p(x;\lambda)\mathrm{d}x. \tag{7.107}$$

频率派置信区间在某些情况下可能是空的，见例 7.7。

例 7.7 频率派上限。

考虑一个简单情况，观测到的统计量 x 满足方差为 1 均值为 λ 的高斯分布，我们尝试去限制的参数 λ 总是非负。假设我们想要在给定实验结果的基础上对 λ 设置一个上限：采样该分布将生成一个测量值 x_{obs}。

使用奈曼过程，我们建立一个适合于设定 λ 上限的置信带。对于每个 λ 的每个值，x_1 的值可以通过下式求解

$$\alpha = \int_{x_1}^{\infty} p(x;\lambda)\mathrm{d}x = \frac{1}{\sqrt{2\pi}} \int_{x_1}^{\infty} \mathrm{e}^{-(x-\lambda)^2/2}\mathrm{d}x = \frac{1}{2}\operatorname{erfc}\left(\frac{x_1-\lambda}{\sqrt{2}}\right). \tag{7.108}$$

解得 $x_1 = \lambda + \sqrt{2}\operatorname{erfc}^{-1}(2\alpha)$。为了得到一个 90% 置信水平的上限，即 $\alpha = 0.9$，我们建立了一个置信带 $x_1(\lambda) \simeq \lambda - 1.28$。那么，对于任何观测值 x_{obs} 我们发现 λ 的置信区间为 $0 \leqslant \lambda < 1.28 + x_{\mathrm{obs}}$。

注意，当观测到 $x_{\mathrm{obs}} < -1.28$ 时，λ 的置信区间为空。当 λ 的真实值为零时，这种情况将以 10% 的概率出现。 □

Feldman 和 Cousins(1998) 描述了一种建立频率派置信区间的统一方法，以解决诸如空区间的可能性等问题，并允许根据观测值从单边 (上限) 区间过渡到双边区间。

7.4 建模不佳信号的探测统计量

我们时常对预期的信号没有足够的信息来建立最优探测统计量所需要的匹配滤波器。然而，我们或许对信号有一些有限的信息，比如知道信号大致的持续时间和频带，这些信息可以被用来建立探测统计量。**过剩功率法**是一种常用的方法之一，介绍如下。

当信号具有一些已知参数但是其他参数未知时，**过剩功率**探测统计量是有用的。假设存在由 N 个基函数 $\hat{e}_i(t)$ 组成的集合，它覆盖了可能信号的空间。我们进一步假设这些基函数在内积上是相互正交的，即 $(\hat{e}_i, \hat{e}_j) = \delta_{ij}$。那么，真实的引力波将是这些基函数对某组常数 c_i 的线性组合。

$$h(t) = \sum_{i=1}^{N} c_i \hat{e}_i(t). \tag{7.109}$$

当然，我们并不知道常数 c_i 是多少，否则我们就有了匹配滤波器。因此取而代之，我们把该波形模型插入到似然比中，并且把常数当作未知参数，然后按照 7.2.3 节所做的那样通过最大化似然比来求其值。式 (7.44) 的对数似然比是

$$\ln \Lambda\left(\mathcal{H}_{\{c_i\}} \mid s\right) = \sum_{i=1}^{N} \left\{ c_i \left(s, \hat{e}_i\right) - \frac{1}{2} c_i^2 \right\}. \tag{7.110}$$

最大化该式得到的系数为

$$c_{i,\max} = \left(s, \hat{e}_i\right). \tag{7.111}$$

一旦这些系数被确定了，将它们代回到对数似然比的表达式中得到

$$\mathcal{E} = 2 \ln \Lambda\left(\mathcal{H}_{\left\{c_{i,\max}\right\}} \mid s\right) = \sum_{i=1}^{N} \left(s, \hat{e}_i\right)^2, \tag{7.112}$$

这里 $\mathcal{E}$ 被称为过剩功率统计量。此外，这些系数可被用来重建信号的最大似然估计，

$$h_{\text{est}}(t) = \sum_{i=1}^{N} \left(s, \hat{e}_i\right) \hat{e}_i(t). \tag{7.113}$$

注意 $(s, \hat{e}_i)$ 是数据流在可能信号的空间的基矢量上的投影。如果我们写

$$s(t) = s_{\parallel}(t) + s_{\perp}(t), \tag{7.114}$$

这里 $s_{\|}$ 是数据流中存在于信号空间中的部分，所以 $s_{\|}$ 可以按基函数展开。而 $s_{\perp}(t)$ 是数据流中剩余的部分，它与信号空间是正交的，所以对所有的基函数 $\hat{e}_i$ 有 $(s_{\perp}, \hat{e}_i) = 0$。因此，过剩功率统计量可简写为

$$\mathcal{E} = \left(s_{\|}, s_{\|}\right). \tag{7.115}$$

如果噪声是高斯的，那么在没有引力波信号时，过剩功率统计量 $\mathcal{E}$ 是 N 个独立随机变量 $(s, \hat{e}_i)$ (参见式 (7.112)) 的平方和，因此它满足自由度为 N 的 χ^2 分布，其均值为 N，方差为 $2N$。

然而，如果信号 $h(t)$ 存在且完全处于基函数 $\hat{e}_i$ 展开的空间中，则信号中包含的功率为

$$\varrho^2 = (h, h) = \sum_{i=1}^{N} (h, \hat{e}_i)^2. \tag{7.116}$$

对于高斯噪声，过剩功率统计量 $\mathcal{E}$ 的分布变为非中心的 χ^2 分布，其自由度为 N，非中心参数为 ϱ^2。此分布的均值为 $N + \varrho^2$，方差为 $2N + 4\varrho^2$。因此，信号的存在使得 $\mathcal{E}$ 的分布的均值移动了 ϱ^2，这样一个可探测信号将具有特征信噪比 ϱ ，它约为几乘以 $(2N)^{1/4}$。因此，我们看到过剩功率统计量的有效性将受到信号不确定度的限制：随着覆盖可能信号的空间所需的基函数个数 N 的增长，信号必须越强才能被检测到。

例 7.8 时频过剩功率统计量。

过剩功率统计量的一个重要应用是持续时间和频带已知 (或近似已知) 而其他未知的信号。此时，基函数的自然选择是覆盖所需时频区域的有限时间傅里叶模式。

直接建立 $s_{\|}$ 的方法是首先对原本的时间序列加窗口，仅保留所需的时间范围 (如 t_0 和 $t_0 + T$ 之间)

$$s_T(t) = \begin{cases} s(t), & t_0 < t < t_0 + T \\ 0, & \text{其他}, \end{cases} \tag{7.117}$$

然后仅保留所需频率范围内 (如 f_0 和 $f_0 + F$ 之间) 的频率成分

$$\tilde{s}_{\|}(f) = \begin{cases} \tilde{s}_T(f), & f_0 < f < f_0 + F \\ 0, & \text{其他}. \end{cases} \tag{7.118}$$

当此过程完成后，对高斯噪声而言，过剩功率统计量 $\mathcal{E}=(s_{\|}, s_{\|})$ 满足 χ^2 分布 (当有信号存在时，满足非中心的 χ^2 分布)，其自由度为 $N = 2TF$。 □

7.5　非高斯噪声探测

到目前为止，我们专注于在探测器噪声为平稳和高斯的假设下推导探测统计量。遗憾的是，这些假设很少适用，并且探测器噪声通常具有非高斯成分的暂态噪声异常 (artefact)——其中的一些可能很重要。以平稳高斯的探测器噪声为前提设计出的最优搜索对于真实探测器数据可能会表现得不好，甚至可能错误地把探测器干扰 (glitch) 识别为引力波信号。因此，我们必须应用强壮 (robust) 的测量来补充“最优”探测统计量，使它能够在保留真实信号的同时剔除探测器效应。另外，由于我们无法确定最优探测策略的统计行为是否与高斯噪声假设下预期的完全相同，因此我们必须设计出评估误警率和探测效率等感兴趣的量的方法。

为了区分真实的引力波和难以预测的探测器噪声，我们需要一种方法来证实引力波事件候选体。如果我们寻找一个已知形式的信号，我们可以通过检验候选体的形态来确认信号是否与期待的一致。例如，对于双星互绕的引力波，我们知道信号在时间上如何演化，我们可以构建波形的一致性检验，它将接受预期形式的信号而拒绝未知形式的信号。另一个例子，考虑频率几乎不变的由脉冲星产生的连续信号。如果脉冲星在天空中的位置已知，那么我们可以详细预测地球相对源运动产生的相位和振幅调制，如果我们没有看到这些精确的调制，那么它就与预期的信号不一致。

另一方面，我们可以试图确定一个潜在事件的环境起源，如果可以证明该事件可能源于环境原因，那我们将**否决**该事件。地面引力波探测器的环境不断被监测，以监测地震、大气或磁场活动等可能产生一个与引力波相类似的信号。干涉仪还监测其各个部分的光线以及读出，它们通常对真实引力波信号很不敏感，可用于找出某事件的其他原因，例如激光的光功率波动或者干涉仪中某个光学腔未对准。

持续存在的信号，如连续波信号和随机背景信号，可以借助额外的观测加以证实。如果一个随机背景信号在一年的观测中被看到，那么它在下一年的观测中也应该被看到。

对于瞬时、短寿命的引力波暴，当有多个探测器时，还有另一种强大的方法：信号必须大致在同一时间被所有的探测器看到。这一同时性的要求在拒绝由噪声导致的暂现信号时非常有用，这类噪声通常不会同时发生在多个探测器中 (尤其是放置在不同地点的探测器，它们不会受到同样的环境扰动)。一个相关的方法是创建多个探测器数据流的组合，其中真实的引力波将被消除，但由噪声导致的暂现信号可能仍然存在。如果一个候选事件也出现在该零组合中，则它不太可能是引力波。这种多探测器方法将在 7.6 节中更详细的描述。

最后，如果了解探测器噪声的非高斯性质，就有可能用这种非高斯噪声来构建最优探测统计量，以获得强壮的探测统计量 (参见 Kassam, 1987)。

为了得到一个可信的引力波探测，我们必须能够估计所遇到的任何候选事件的误警率。为此，我们必须知道探测统计量的统计性质。例如，在仅存在噪声的情况下，搜寻已知形式的信号时，匹配滤波器输出的信噪比。也就是说，我们想要找到累积概率，$P(\rho' > \rho|\mathcal{H}_0)$，在没有引力波信号的情况下它是得到的信噪比 ρ' (或任意探测统计量) 大于某固定值 ρ (可能是搜寻中的观测值，或是探测阈值) 的概率，这被称为**误警率**，它是噪声背景的一个重要特征。

估计误警率的难点在于获知数据中不存在信号的情况。与可以简单地去除源从而确定探测器噪声特性的实验不同，我们不能把引力波从探测器中屏蔽掉。然而，我们可以采取若干策略来获得误警率。

当我们以一个特定信号 (或预期信号) 为目标时，一个直接的方法是简单地在目标信号参数的附近 (但并非参数的确切值) 搜索数据中的信号。例如，在搜索与伽马射线暴成协的引力波时，我们可能期待引力波与观测到的伽马射线暴有密切的时间关联。因此，通过检查探测统计量在观测到的暴出现的时间段以外时间的行为，我们可以确信没有引力波信号，由此我们便测量到误警率。搜索由已知脉冲星产生的连续波时也存在类似的情况：预期信号的频率高精度已知，因此搜索附近的频率 (不包含预期的信号) 可以告诉我们噪声的性质。在这两个例子中，如何选取与真实信号在时间或频率上的接近程度是关键，以便准确得到信号所处的时域或者频域上噪声的性质。

当多个探测器的数据放在一起分析时，还有另一种方法可以用于搜索暂现的引力波暴：通过在多个探测器的数据流中引入一个人为的时间移动 (长于预期信号的时长加上各个探测器中信号到达时间的延迟 (offsets))，真实引力波信号必须几乎在同一时间到达所有的探测器，因此可以被排除。**时间滑动法**对于确定背景噪声的性质是非常有效的，但需要多个探测器。

除了误警率外，我们还需要评估搜索的**探测率**，因为这对搜索结果的解释至关重要。探测率 $P\left(\rho' > \rho \mid \mathcal{H}_1\right)$ 与**漏警率**$P\left(\rho' < \rho \mid \mathcal{H}_1\right) = 1 - P\left(\rho' > \rho \mid \mathcal{H}_1\right)$ 相关联，它与误警率的计算相似，但是是在备选假设 $\mathcal{H}_1$(即信号存在而非信号不存在的零假设 $\mathcal{H}_0$) 下评估的。探测率可以通过对因添加模拟的信号而改变的数据重复进行引力波搜索来确定。模拟的信号可以通过对探测器的激发加入到探测器的输出中，这称为**硬件注入**，或者通过事后在探测器记录下来的数据流中加入信号，这称为**软件注入**。

7.6 引力波探测器网络

到目前为止，我们所考虑的探测和测量问题仅是针对单个探测器而言的。这里我们将考虑多个探测器作为一个网络来运行的例子，此方法是 7.2 节的推广。首先，我们考虑由两个放在同一地点且具有相同波束图响应 (使得它们对相同的引力波极化灵敏) 的探测器组成的简单网络，例如 LIGO 汉福德天文台的两个干涉仪。然后，我们考虑任意数量探测器的网络。

7.6.1 同一地点且相互平行的探测器

LIGO 汉福德天文台具有两个干涉仪。入射的引力波对每个干涉仪具有完全相同的物理应变效应。这意味着由每个探测器产生的数据 $s_1(t)$ 和 $s_2(t)$ 包含一个共同的信号 $h(t)$，此外还有很大程度上独立的随机噪声 $n_1(t)$ 和 $n_2(t)$：$s_1(t) = n_1(t) + h(t)$，$s_2(t) = n_2(t) + h(t)$。如果我们假设噪声过程是独立的高斯噪声 (事实上汉福德的两个探测器有着某些共同的噪声源，因此该假设并不完全适用)，则噪声的联合概率密度为

$$p_{n_1,n_2}[n_1(t), n_2(t)] = p_{n_1}[n_1(t)]\, p_{n_2}[n_2(t)] \propto \mathrm{e}^{-(n_1,n_1)_1/2}\mathrm{e}^{-(n_2,n_2)_2/2}, \tag{7.119}$$

这里的内积 $(a,b)_1$ 和 $(a,b)_2$ 是不同的，因为噪声的功率谱密度 $S_1(f)$ 和 $S_2(f)$ 是不同的：

$$(a,b)_1 := 4\,\mathrm{Re}\int_0^\infty \frac{\tilde{a}(f)\tilde{b}^*(f)}{S_1(f)}\mathrm{d}f, \quad (a,b)_2 := 4\,\mathrm{Re}\int_0^\infty \frac{\tilde{a}(f)\tilde{b}^*(f)}{S_2(f)}\mathrm{d}f. \tag{7.120}$$

我们再次建立似然比 $\Lambda(\mathcal{H}_1|s_1, s_2)$ 如下

$$\Lambda(\mathcal{H}_1 \mid s_1, s_2) = \frac{p(s_1, s_2 \mid \mathcal{H}_1)}{p(s_1, s_2 \mid \mathcal{H}_0)}, \tag{7.121}$$

其中

$$p(s_1, s_2 \mid \mathcal{H}_0) = p_{n_1,n_2}[s_1(t), s_2(t)] \propto \mathrm{e}^{-(s_1,s_1)_1/2}\mathrm{e}^{-(s_2,s_2)_2/2}, \tag{7.122}$$

$$\begin{aligned} p(s_1, s_2 \mid \mathcal{H}_1) &= p_{n_1,n_2}[s_1(t) - h(t), s_2(t) - h(t)] \\ &\propto \mathrm{e}^{-(s_1-h,s_1-h)_1/2}\mathrm{e}^{-(s_2-h,s_2-h)_2/2}. \end{aligned} \tag{7.123}$$

因此，对数似然比为

$$\ln\Lambda(\mathcal{H}_1 \mid s_1, s_2) = (s_1, h)_1 + (s_2, h)_2 - \frac{1}{2}[(h,h)_1 + (h,h)_2]. \tag{7.124}$$

仅前两项包含探测器数据，因此网络的匹配滤波器为

$$(s_1,h)_1+(s_2,h)_2=4\,\mathrm{Re}\int_0^\infty\left[\frac{\tilde{s}_1(f)}{S_1(f)}+\frac{\tilde{s}_2(f)}{S_2(f)}\right]\tilde{h}^*(f)\mathrm{d}f. \tag{7.125}$$

如果识别出如下的探测器数据流组合，则上式可写为更方便的形式，

$$\tilde{s}_{1+2}(f):=\frac{\tilde{s}_1(f)/S_1(f)+\tilde{s}_2(f)/S_2(f)}{1/S_1(f)+1/S_2(f)}. \tag{7.126}$$

组合 $\tilde{s}_{1+2}(f)$ 或其时域表示 $s_{1+2}(t)$ 被称为数据流的**相干组合**。注意到当信号和噪声都存在时，$s_1(t)=n_1(t)+h(t)$，$s_2(t)=n_2(t)+h(t)$，其相干组合为

$$\tilde{s}_{1+2}(f)=\tilde{h}(f)+\frac{\tilde{n}_1(f)/S_1(f)+\tilde{n}_2(f)/S_2(f)}{1/S_1(f)+1/S_2(f)}, \tag{7.127}$$

因此相干数据流是应变 $h(t)$ 的一个估计量。另一方面，如果没有信号出现，则 $s_1(t)=n_1(t)$，$s_2(t)=n_2(t)$。根据式 (7.13)，相干数据流 $s_{1+2}(t)$ 的噪声功率谱是两个探测器的噪声功率谱的调和总和 (harmonic sum)：

$$S_{1+2}^{-1}(f):=S_1^{-1}(f)+S_2^{-1}(f). \tag{7.128}$$

那么，式 (7.125) 可写为

$$(s_1,h)_1+(s_2,h)_2=(s_{1+2},h)_{1+2}:=4\,\mathrm{Re}\int_0^\infty\frac{\tilde{s}_{1+2}(f)\tilde{h}^*(f)}{s_{1+2}(f)}\mathrm{d}f. \tag{7.129}$$

我们发现两个探测器的匹配滤波器与单个探测器的匹配滤波器完全相同，除了两个探测器用的是相干组合的数据流 $s_{1+2}(t)$。类似地，对数似然比为

$$\ln\Lambda\left(\mathcal{H}_1\mid s_1,s_2\right)=(s_{1+2},h)_{1+2}-\frac{1}{2}(h,h)_{1+2}. \tag{7.130}$$

因此，基于相干数据流，我们可以把放在同一地点并且相互平行的两个探测器当做一个探测器来处理。

除了两个探测器数据流的相干组合外，还有一个有用的组合，称为数据流的**零组合**，

$$s_{1-2}(t):=s_1(t)-s_2(t). \tag{7.131}$$

注意到此数据流具有的特征：任何存在于单个探测器数据流中的信号将在零组合中抵消。因此，该零组合将永远不会包含任何引力波信号的成分。零数据流对于区分真实引力波信号 (对零数据流没有影响) 和仪器干扰或者其他最有可能出现在零数据流中的暂态现象是有用的。

7.6.2　一般探测器网络

现在我们考虑 N 个探测器的情况，它们不必放在同一地点或者相互平行。这些探测器对于引力波的响应取决于源的方向，并且不同的探测器可能观测到入射波的不同极化。此外，如果我们不是在长波极限下，单个探测器对来自特定方向引力波的响应可能是频率依赖的 (参见 6.1.10 节)。我们把网络中第 i 个探测器在频域中的有效应变写为

$$\tilde{h}_i(f) = \mathrm{e}^{-2\pi\mathrm{i}f\tau_i(\hat{n})}\left[G_{+,i}(\hat{\boldsymbol{n}},\psi,f)\tilde{h}_+(f) + G_{\times,i}(\hat{\boldsymbol{n}},\psi,f)\tilde{h}_\times(f)\right], \tag{7.132}$$

这里 $G_{+,i}$ 和 $G_{\times,i}$ 分别是第 i 个探测器对于引力波加号极化和叉号极化的波束图响应，它们依赖于频率；$\tau_i = \hat{\boldsymbol{n}}\cdot\boldsymbol{r}_i/c$ 是引力波到达第 i 个探测器的时间相对于基准点 (如地球中心) 的延迟，$\boldsymbol{r}_i$ 是第 i 个探测器相对于基准点的位置。在长波极限下，我们可用 $F_{+,i}(\hat{\boldsymbol{n}},\psi)$ 和 $F_{\times,i}(\hat{\boldsymbol{n}},\psi)$ 代替 $G_{+,i}(\hat{\boldsymbol{n}},\psi,f)$ 和 $G_{\times,i}(\hat{\boldsymbol{n}},\psi,f)$。

从第 i 个探测器读出的校准后的应变中包含了探测器噪声和可能存在的信号导致的应变：

$$\begin{aligned}\tilde{s}_i(f) &= \tilde{n}_i(f) + \tilde{h}_i(f)\\ &= \tilde{n}_i(f) + \mathrm{e}^{-2\pi\mathrm{i}f\tau_i(\hat{\boldsymbol{n}})}\left[G_{+,i}(\hat{\boldsymbol{n}},\psi,f)\tilde{h}_+(f) + G_{\times,i}(\hat{\boldsymbol{n}},\psi,f)\tilde{h}_\times(f)\right].\end{aligned} \tag{7.133}$$

与之前相同，可以建立对数似然比 (假设每个探测器的噪声是独立的和高斯的)，我们发现

$$\ln\varLambda(\mathcal{H}_1 \mid \{s_i\}) = \sum_{i=1}^{N}\left\{(s_i,h_i)_i - \frac{1}{2}(h_i,h_i)_i\right\}. \tag{7.134}$$

现在我们将仅关注 $(s_i,h_i)_i$ 项，因为仅有这些项包含了探测器数据。易证

$$\sum_{i=1}^{N}(s_i,h_i)_i = (s_+,h_+)_+ + (s_\times,h_\times)_\times, \tag{7.135}$$

此处 $s_+(t)$ 和 $s_\times(t)$ 是数据流的两个相干组合，它们在频域分别表示为

$$\tilde{s}_+(f) := \frac{\displaystyle\sum_{i=1}^{N}\mathrm{e}^{2\pi\mathrm{i}f\tau_i(\hat{\boldsymbol{n}})}G^*_{+,i}(\hat{\boldsymbol{n}},\psi,f)\tilde{s}_i(f)/S_i(f)}{\displaystyle\sum_{i=1}^{N}\left|G_{+,i}(\hat{\boldsymbol{n}},\psi,f)\right|^2/S_i(f)} \tag{7.136a}$$

和

$$\tilde{s}_\times(f) := \frac{\sum\limits_{i=1}^{N} \mathrm{e}^{2\pi \mathrm{i} f \tau_i(\hat{n})} G_{\times,i}^*(\hat{\boldsymbol{n}}, \psi, f) \tilde{s}_i(f)/S_i(f)}{\sum\limits_{i=1}^{N} |G_{\times,i}(\hat{\boldsymbol{n}}, \psi, f)|^2 / S_i(f)}, \tag{7.136b}$$

并且这些相干组合具有噪声功率谱 $S_+(f)$ 和 $S_\times(f)$

$$\frac{1}{S_+(f)} := \sum_{i=1}^{N} \frac{|G_{+,i}(\hat{\boldsymbol{n}}, \psi, f)|^2}{S_i(f)}, \quad \frac{1}{S_\times(f)} := \sum_{i=1}^{N} \frac{|G_{\times,i}(\hat{\boldsymbol{n}}, \psi, f)|^2}{S_i(f)}. \tag{7.137}$$

这里的内积 $(a,b)_+$ 和 $(a,b)_\times$ 可以简写为

$$(a,b)_+ := 4\,\mathrm{Re}\int_0^\infty \frac{\tilde{a}(f)\tilde{b}^*(f)}{S_+(f)}\mathrm{d}f, \quad (a,b)_\times := 4\,\mathrm{Re}\int_0^\infty \frac{\tilde{a}(f)\tilde{b}^*(f)}{S_\times(f)}\mathrm{d}f. \tag{7.138}$$

与之前考虑的平行探测器情况不同，这里需要形成两个相干组合，并且依据式 (7.135)，它们受到两个不同波形极化的匹配滤波器。

一般的探测器网络也可以找到零数据流，除非两个探测器对引力波具有相同的响应，零数据流将依赖于源的位置。为了计算探测器输出的零组合，我们在长波极限下表示一般的探测网络为

$$\begin{bmatrix} s_1(t+\tau_1) \\ s_2(t+\tau_2) \\ \vdots \\ s_N(t+\tau_N) \end{bmatrix} = \begin{bmatrix} n_1(t+\tau_1) \\ n_2(t+\tau_2) \\ \vdots \\ n_N(t+\tau_N) \end{bmatrix} + \begin{bmatrix} F_{1,+} & F_{1,\times} \\ F_{2,+} & F_{2,\times} \\ \vdots & \vdots \\ F_{N,+} & F_{N,\times} \end{bmatrix} \cdot \begin{bmatrix} h_+(t) \\ h_\times(t) \end{bmatrix}, \tag{7.139}$$

或者更简洁地写为 $\boldsymbol{s} = \boldsymbol{n} + \boldsymbol{F}\boldsymbol{h}$。我们寻找一组系数 $\boldsymbol{c} = [c_1, c_2, \cdots, c_N]$ 指定探测器数据流在没有信号出现时的线性组合为 $s_0(t) = \boldsymbol{c}\cdot\boldsymbol{s}$。这是通过找到一个矢量 $\boldsymbol{c}$ 使其满足 $\boldsymbol{c}\boldsymbol{F} = 0$, 或者等价地 $\boldsymbol{F}^{\mathrm{T}}\boldsymbol{c}^{\mathrm{T}} = 0$，来实现的：

$$\begin{bmatrix} F_{1,+} & F_{2,+} & \cdots & F_{N,+} \\ F_{1,\times} & F_{2,\times} & \cdots & F_{N,\times} \end{bmatrix} \cdot \begin{bmatrix} c_1 \\ c_2 \\ \vdots \\ c_N \end{bmatrix} = \begin{bmatrix} 0 \\ 0 \end{bmatrix}. \tag{7.140}$$

此系数矢量 $\boldsymbol{c}^{\mathrm{T}}$ 属于矩阵 $\mathbf{F}^{\mathrm{T}}$ 的**零空间**。

注意天线波束图函数矩阵 $\mathbf{F}$ 依赖于源的空间位置以及极化角 ψ。然而，ψ 取值的改变简单地对应于矢量 $\boldsymbol{h}$ 的旋转，这并不改变 $\mathbf{F}$ 的零空间。因此，当计算零数据流的系数时，极化角可取任意方便的值 (如 $\psi=0$)。另外，通过 $s_i(t_i+\tau_i)=s_i(t_i+\hat{\boldsymbol{n}}\cdot\boldsymbol{r}_i/c)$，零数据流将总是依赖于 $\hat{\boldsymbol{n}}$，除非探测器放在同一地点。

例 7.9　两个同一地点且相互平行的探测器的零空间。

对于两个相互平行的探测器，$F_{+,1}=F_{+,2}=F_+$，$F_{\times,1}=F_{\times,2}=F_\times$，因此我们寻找满足下式的系数 $\boldsymbol{c}=[c_1,c_2]$

$$\begin{bmatrix} F_+ & F_+ \\ F_\times & F_\times \end{bmatrix}\cdot\begin{bmatrix} c_1 \\ c_2 \end{bmatrix}=0. \tag{7.141}$$

显然，$c_1=-c_2$ 是方程的解。整体因子是任意的，因此令 $c_1=1$，则 $c=[+1,-1]$。我们重建了相互平行探测器的零数据流：

$$s_0(t)=[+1,-1]\cdot\begin{bmatrix} s_1(t) \\ s_2(t) \end{bmatrix}=s_1(t)-s_2(t). \tag{7.142}$$

注意，该零数据流适用于全天空，也就是说实际取值依赖于源的天空位置的 F_+ 和 $F_\times$，与零数据流无关。

然而，如果两个探测器是非平行的，则矩阵 $\mathbf{F}^{\mathrm{T}}$ 将不会有零空间，也就没有零数据流。如果探测器是非平行的，则需要三个探测器来产生一个零数据流。□

例 7.10　三个非平行探测器的零空间。

LIGO-Virgo 网络有三个干涉仪台站，LIGO 汉福德天文台 (H)、LIGO 利文斯顿天文台 (L) 和 Virgo 天文台 (V)。为了计算对来自一个特定空间位置的引力波无响应的零数据流，需要确定满足下式的系数 c_{H}, c_{L} 和 c_{V}，

$$\begin{bmatrix} F_{+,\mathrm{H}} & F_{+,\mathrm{L}} & F_{+,\mathrm{V}} \\ F_{\times,\mathrm{H}} & F_{\times,\mathrm{L}} & F_{\times,\mathrm{V}} \end{bmatrix}\cdot\begin{bmatrix} c_{\mathrm{H}} \\ c_{\mathrm{L}} \\ c_{\mathrm{V}} \end{bmatrix}=0. \tag{7.143}$$

该方程组的解是

$$\begin{aligned} c_{\mathrm{H}} &= -c_{\mathrm{V}}\frac{F_{+,\mathrm{V}}F_{\times,\mathrm{L}}-F_{\times,\mathrm{V}}F_{+,\mathrm{L}}}{F_{+,\mathrm{H}}F_{\times,\mathrm{L}}-F_{\times,\mathrm{H}}F_{+,\mathrm{L}}}, \\ c_{\mathrm{L}} &= +c_{\mathrm{V}}\frac{F_{+,\mathrm{V}}F_{\times,\mathrm{H}}-F_{\times,\mathrm{V}}F_{+,\mathrm{H}}}{F_{+,\mathrm{H}}F_{\times,\mathrm{L}}-F_{\times,\mathrm{H}}F_{+,\mathrm{L}}}, \end{aligned} \tag{7.144}$$

这里的 c_{V} 是任意的。一个自然的选择是取 $c_{\mathrm{V}}=F_{+,\mathrm{H}}F_{\times,\mathrm{L}}-F_{\times,\mathrm{H}}F_{+,\mathrm{L}}$, 这样

$$
\begin{aligned}
c_{\mathrm{H}} &= F_{+,\mathrm{L}}F_{\times,\mathrm{V}} - F_{\times,\mathrm{L}}F_{+,\mathrm{V}},\\
c_{\mathrm{L}} &= F_{+,\mathrm{V}}F_{\times,\mathrm{H}} - F_{\times,\mathrm{V}}F_{+,\mathrm{H}},\\
c_{\mathrm{V}} &= F_{+,\mathrm{H}}F_{\times,\mathrm{L}} - F_{\times,\mathrm{H}}F_{+,\mathrm{L}}.
\end{aligned} \tag{7.145}
$$

零数据流为 $s_0(t) = c_{\mathrm{H}}s_{\mathrm{H}}(t+\tau_{\mathrm{H}}) + c_{\mathrm{L}}s_{\mathrm{L}}(t+\tau_{\mathrm{L}}) + c_{\mathrm{V}}s_{\mathrm{V}}(t+\tau_{\mathrm{V}})$。

注意，若系数 c_{H}，c_{L} 和 c_{V} 中任意一个为零 (这将出现在特定空间位置)，则 $\mathbf{F}^{\mathrm{T}}$ 就没有零空间和零数据流了。 □

对于非平行探测器网络，形成一个零数据流需要三个探测器。如果有三个以上的探测器，通常可以形成多个零数据流。

7.6.3 探测器网络的时频过剩功率法

在例 7.8 中建立的过剩功率统计量可用于探测除了持续时间和频带以外形式未知的信号。这里我们将把此方法推广到探测器网络的情况。按照 Sutton 等 (2010)(另见 Klimenko et al.，2005) 的工作，一般探测器网络的简洁处理可以用下列矩阵表示：

$$
\tilde{\boldsymbol{h}}(f) := \begin{bmatrix} \tilde{h}_+(f) \\ \tilde{h}_\times(f) \end{bmatrix}, \tag{7.146}
$$

它是包含一个信号的两个极化成分的矢量，

$$
\tilde{\boldsymbol{w}}(f) := \begin{bmatrix} \mathrm{e}^{2\pi \mathrm{i} f\tau_1}\tilde{s}_1(f)/S_1^{1/2}(f) \\ \mathrm{e}^{2\pi \mathrm{i} f\tau_2}\tilde{s}_2(f)/S_2^{1/2}(f) \\ \vdots \\ \mathrm{e}^{2\pi \mathrm{i} f\tau_N}\tilde{s}_N(f)/S_N^{1/2}(f) \end{bmatrix} \tag{7.147}
$$

是一个将探测器数据用因子 $S_i^{-1/2}(f)$ 白化 (whitened) 同时根据传播时间延迟的矢量，并且

$$
\mathbf{G}(f) := \begin{bmatrix} G_{+,1}(f)/S_1^{1/2}(f) & G_{\times,1}(f)/S_1^{1/2}(f) \\ G_{+,2}(f)/S_2^{1/2}(f) & G_{\times,2}(f)/S_2^{1/2}(f) \\ \vdots & \vdots \\ G_{+,N}(f)/S_N^{1/2}(f) & G_{\times,N}(f)/S_N^{1/2}(f) \end{bmatrix}, \tag{7.148}
$$

它是权重因子矩阵。注意这里我们并未明确标示出 $\boldsymbol{G}$ 和 $\boldsymbol{\tau}$ 对 $\hat{\boldsymbol{n}}$ 的依赖。由这些量可将对数似然比写为

$$
\ln \Lambda(\mathcal{H}_1 \mid \boldsymbol{w}) = 4\int_{f_0}^{f_1} \left[\frac{1}{2}\tilde{\boldsymbol{w}}^\dagger(f)\mathbf{G}(f)\tilde{\boldsymbol{h}}(f) + \frac{1}{2}\tilde{\boldsymbol{h}}^\dagger(f)\mathbf{G}^\dagger(f)\tilde{\boldsymbol{w}}(f)\right.
$$

$$-\frac{1}{2}\tilde{\boldsymbol{h}}^{\dagger}(f)\mathbf{G}^{\dagger}(f)\mathbf{G}(f)\tilde{\boldsymbol{h}}(f)\Big]\,\mathrm{d}f, \tag{7.149}$$

这里我们假设信号仅在频率 f_0 和 $f_1 = f_0 + F$ 之间非零。

通过运用信号频率成分的一个变形，我们可以得到这些成分的最大似然估计：

$$\tilde{\boldsymbol{h}}_{\mathrm{est}}(f) = \left[\mathbf{G}^{\dagger}(f)\mathbf{G}(f)\right]^{-1}\mathbf{G}^{\dagger}(f)\tilde{\boldsymbol{w}}(f). \tag{7.150}$$

然后将其代回到对数似然比中，我们可以得到过剩功率统计量，

$$\mathcal{E} = 2\ln\Lambda\left(\mathcal{H}_1 \mid \boldsymbol{w}\right)\big|_{\tilde{\boldsymbol{h}}(f)=\tilde{\boldsymbol{h}}_{\mathrm{est}}(f)} = 4\int_{f_0}^{f_1}\tilde{\boldsymbol{w}}^{\dagger}(f)\mathbf{P}(f)\tilde{\boldsymbol{w}}(f)\mathrm{d}f, \tag{7.151}$$

这里

$$\mathbf{P}(f) := \mathbf{G}(f)\left[\mathbf{G}^{\dagger}(f)\mathbf{G}(f)\right]^{-1}\mathbf{G}^{\dagger}(f), \tag{7.152}$$

把数据矢量 $\boldsymbol{w}(f)$ 投影到引力波信号空间中，也就是说该矩阵满足 $\mathbf{P}(f)\mathbf{P}(f) = \mathbf{P}(f)$(它是一个投影算符) 并且 $\mathbf{P}(f)\mathbf{G}(f)\tilde{\boldsymbol{h}}(f) = \mathbf{G}(f)\tilde{\boldsymbol{h}}(f)$。$\mathcal{E}$ 被称为**相干过剩功率统计量**。

除了相干过剩功率统计量，我们还可以计算出零数据流中的能量。注意到由于 $\mathbf{P}(f)$ 将矢量投影到潜在信号所占据的空间，那么矩阵 $\mathbf{1}-\mathbf{P}(f)$ 就将矢量投影到没有引力波信号成分的零空间中。因此，

$$\mathcal{E}_{\mathrm{null}} = 4\int_{f_0}^{f_1}\tilde{\boldsymbol{w}}^{\dagger}(f)[\mathbf{1}-\mathbf{P}(f)]\tilde{\boldsymbol{w}}(f)\mathrm{d}f \tag{7.153}$$

是零能量。注意到 $\mathcal{E}_{\mathrm{null}} = \mathcal{E}_{\mathrm{tot}} - \mathcal{E}$，这里

$$\mathcal{E}_{\mathrm{tot}} = 4\int_{f_0}^{f_1}\tilde{\boldsymbol{w}}^{\dagger}(f)\tilde{\boldsymbol{w}}(f)\mathrm{d}f \tag{7.154}$$

是信号的总能量。零能量对于区分真实的引力波信号 (仅在 $\mathcal{E}$ 统计量中产生能量) 和虚假的探测器暂态噪声 (一般会影响 $\mathcal{E}$，$\mathcal{E}_{\mathrm{tot}}$ 和 $\mathcal{E}_{\mathrm{null}}$) 是有用的。

7.6.4　引力波暴的空间定位

与望远镜不同，引力波探测器对来自于几乎所有方向的引力波都灵敏，尽管灵敏度会由于天线波束图函数而有所变化。对于引力波暴，不能用一个探测器来

确定暴发源的天空位置 (除非引力波振幅精确已知)。然而，利用多个位于不同地点的探测器，源的天空位置是可以被确定的：对于两个探测器，源的位置可以简单地通过两个探测器到达时间不同的三角剖分被限定在天空中的一个圆环上；对于三个探测器，它们定义了一个平面，基于到达时间的三角剖分可以把源的位置定位到两个可能的天空区域上，它俩关于三个探测器定义的平面呈镜像对称。原则上用不同地点的四个探测器即可通过三角剖分将源定位。当然，天空定位的精度取决于到达时间的测量精度。

假设一个引力波沿着单位基矢 $\hat{\boldsymbol{n}}$ 方向传播。那么引力波到达第 i 个探测器的时间是

$$t_i = t_0 + \hat{\boldsymbol{n}} \cdot \boldsymbol{r}_i / c, \tag{7.155}$$

这里 t_0 是引力波到达地心的时间，$\boldsymbol{r}_i$ 是第 i 个探测器相对于地心的位置矢量。测量到的时间 t_i 也会包含一个计时误差 σ_i，它是每个探测器中的噪声对到达时间估计的影响造成的。因此，这里将有一个残差 χ^2，它表示为

$$\chi^2 := \sum_{i=1}^{N} \frac{(t_0 - t_i + \hat{\boldsymbol{n}} \cdot \boldsymbol{r}_i / c)^2}{\sigma_i^2}. \tag{7.156}$$

一般而言，源的位置和地心到达时间 t_0 都是未知的。t_0 的估计值可通过 χ^2 在 t_0 上的最小化得到，

$$t_0 = \frac{\displaystyle\sum_{i=1}^{N} (t_i - \hat{\boldsymbol{n}} \cdot \boldsymbol{r}_i / c) / \sigma_i^2}{\displaystyle\sum_{i=1}^{N} 1/\sigma_i^2}. \tag{7.157}$$

将此估计值代入式 (7.156)，给出对未知的地心到达时间最小化的计时残差表达式

$$\min_{t_0} \chi^2 = \sum_{i=1}^{N} \frac{\left[-(t_i - \bar{t}) + \hat{\boldsymbol{n}} \cdot (\boldsymbol{r}_i - \bar{\boldsymbol{r}}) / c\right]^2}{\sigma_i^2}, \tag{7.158}$$

这里

$$\bar{t} := \frac{\displaystyle\sum_{i=1}^{N} t_i / \sigma_i^2}{\displaystyle\sum_{i=1}^{N} 1/\sigma_i^2}, \quad \bar{\boldsymbol{r}} := \frac{\displaystyle\sum_{i=1}^{N} \boldsymbol{r}_i / \sigma_i^2}{\displaystyle\sum_{i=1}^{N} 1/\sigma_i^2}. \tag{7.159}$$

残差还可简洁地写为

$$\min_{t_0} \chi^2 = \|\mathbf{M} \hat{\boldsymbol{n}} - \boldsymbol{\tau}\|^2, \tag{7.160}$$

这里矩阵 $\mathbf{M}$ 的第 i 行是一个三维矢量 $\sigma_i^{-1}(\boldsymbol{r}_i - \bar{\boldsymbol{r}})/c, \boldsymbol{\tau}$ 是分量为 $\tau_i = \sigma_i^{-1}(t_i - \bar{t})$ 的 N 维列矢量。在有约束 $\|\hat{\boldsymbol{n}}\| = 1$ 的情况下将残差相对于 $\hat{\boldsymbol{n}}$ 最小化可给出 $\hat{\boldsymbol{n}}$ 的估计。这可以通过拉格朗日乘子法完成，需要求解的方程组为

$$\left(\mathbf{M}^{\mathrm{T}}\mathbf{M} + \lambda\mathbf{1}\right)\hat{\boldsymbol{n}} = \mathbf{M}^{\mathrm{T}}\boldsymbol{\tau}, \tag{7.161a}$$

$$\|\hat{\boldsymbol{n}}\| = 1, \tag{7.161b}$$

这里 λ 是拉格朗日乘子。这些方程必须一起求解。奇异值分解 (singular value decomposition) 可被用来表示 $\mathbf{M} = \mathbf{USV}^{\mathrm{T}}$，这里 $\mathbf{U}$ ($N \times N$ 矩阵) 和 $\mathbf{V}(3 \times 3$ 矩阵) 是正交的 ($\mathbf{U}^{\mathrm{T}}\mathbf{U} = 1, \mathbf{V}^{\mathrm{T}}\mathbf{V} = 1$)。$\mathbf{S}$ 是 $N \times 3$ 矩阵，其非零元素 $S_{11} = s_1$，$S_{22} = s_2$ 和 $S_{33} = s_3$ 被称作奇异值。对于 $N = 3$ 个探测器，$\lambda = 0$，因此式 (7.161a) 可以被直接解出，而 $s_3 = 0$(它是源位置关于三个探测器组成平面简并的体现)，如此 $\mathbf{M}^{\mathrm{T}}\mathbf{M}$ 是奇异的：$\hat{\boldsymbol{n}}$ 垂直于探测器平面的成分是无法确定的。$\hat{\boldsymbol{n}}$ 的归一化将给出第三分量的大小，但是不能给出其正负号。对于 $N > 3$ 个探测器，拉格朗日乘子 λ 的值可以通过将式 (7.161a) 代入式 (7.161b) 中得到。就旋转矢量 $\boldsymbol{\tau}' = \mathbf{U}^{\mathrm{T}}\boldsymbol{\tau}$ 和 $\hat{\boldsymbol{n}}' = \mathbf{V}^{\mathrm{T}}\hat{\boldsymbol{n}}$，我们有 $\hat{n}_i' = s_i\tau_i'/(s_i^2 + \lambda)(i = \{1, 2, 3\})$，$\lambda$ 可通过寻找式 $0 = f(\lambda) = 1 - \sum_{i=1}^{3}\left[s_i\tau_i'/(s_i^2 + \lambda)\right]^2$ 的最大根确定。最后，计算得到 $\hat{\boldsymbol{n}} = \mathbf{V}\hat{\boldsymbol{n}}'$。

一旦得到 $\hat{\boldsymbol{n}}$ 的估计值，可用式 (7.157) 得到地心到达时间 t_0 的估计值，把这两个值用于式 (7.156) 可以得到残差的 χ^2 值，它在可能的传播方向和到达时间上是最小的。

如果 χ^2 值远大于 N，则没有源的空间位置和地心到达时间能够与测量的到达时间及其误差相一致。这可以作为一个区分真实引力波信号和各种探测器中随机干扰的有效工具。我们已在两个探测器的情况中看到这一点。假如探测器 1 和 2 中噪声导致的错误事件率分别为 R_1 和 R_2，并且假设两个事件的到达时间差可以允许的最大范围是 $\tau \simeq 2\Delta t + \sigma_1 + \sigma_2$，这里 $\Delta t = \|\boldsymbol{r}_1 - \boldsymbol{r}_2\|/c$ 为探测器间的传播时间，那么，发生在两个探测器的同时事件 (即 $|t_1 - t_2| < \tau$) 率 (rate of coincident events) 为

$$R_{12} = \tau R_1 R_2. \tag{7.162}$$

例如，对于 LIGO 汉福德天文台和 LIGO 利文斯顿天文台，$\Delta t = 10$ ms，并且如果 $\sigma_{\mathrm{LHO}} = \sigma_{\mathrm{LLO}} = 1$ ms，则 $\tau \simeq 22$ ms。如果每个探测器的错误率为每天一个事件，那么同时发生的错误率将约为每一万年一个事件。

7.7 连续波源的数据分析方法

持续发射几乎固定频率辐射的系统被称为连续波源，例如旋转且非轴对称的孤立中子星。探测这些源的数据处理看起来是简单的：最优探测策略即通过数据的傅里叶变换寻找源频率上的功率过剩。数据积累的越多，这一搜索的灵敏度越好，这是由于信号的功率随观测时间线性增加，而噪声的能量在给定的频率点上仅随观测时间的平方根增加。

然而，该方法在实际中并不适用，因为信号频率不会真的是完全固定的 (或单色的)。首先，大多数的源不会有一个不变的固有辐射频率：旋转的中子星损失能量——最有可能是通过电磁辐射，但是一定也有引力波的贡献，这将导致旋转的减慢。这个效应是微弱的，但是在观测时间 $T_{\rm obs}$ 中数据的傅里叶变换的频率点将有 $1/T_{\rm obs}$ 的间隔，对于四个月长的观测时间，该间隔为 $\sim 10^{-7}$Hz。如果固有频率的改变大于这个值，则信号将会在观测时间内漂移出特定的频率点并且不能完全被复原。

一个更大的问题源于地球运动。地球自转并绕太阳公转，每个运动都会引入引力波的多普勒调制。例如，地球自转引入的多普勒频移的量级为 $\Delta f/f \sim 2\pi R_\oplus/(c\times 1{\rm d}) \sim 10^{-6}$，因此在地球上观测到的引力波频率将在一天内做正弦形式的漂移。

为了修正地球运动 (以及其他效应)，有必要将连续波信号以太阳系质心时间 T 来表示, 它与探测器站心时间 t 通过式 (6.211) 关联。连续波信号的相位是

$$\Phi(t) = 2\pi\left[f\left(T-T_0\right)+\frac{1}{2}\dot{f}\left(T-T_0\right)^2+\ldots\right], \tag{7.163}$$

这里 T 由式 (6.211) 给出，T_0 是参考时间。f 和 $\dot{f}$ 是引力波固有频率及其变化，两者都在 $T=T_0$ 取值。原则上我们可以保留相位的泰勒展开到更高阶项，但是在这里将它们略去并假设 $\ddot{f}$ 非常小。探测器感受到的引力信号为

$$\begin{aligned} h(t) =& G_+(t,\hat{\boldsymbol{n}},\psi,f)h_{0,+}\cos\left[\Phi(t)+\Phi_0\right] \\ &+ G_\times(t,\hat{\boldsymbol{n}},\psi,f)h_{0,\times}\sin\left[\Phi(t)+\Phi_0\right], \end{aligned} \tag{7.164}$$

这里 $h_{0,+}$ 和 $h_{0,\times}$ 是引力波两个极化的振幅，Φ_0(通常未知) 是 $T=T_0$ 时刻的相位。注意到探测器中应变的振幅受到依赖时间的天线波束图因子的调制 (它们依赖时间是因为探测器指向随地球转动变化)。例如，在 3.4 节中我们已经证明对于以角速度 ω 旋转的三轴椭球体，

$$h_{0,+} = \frac{1}{2}\left(1+\cos^2\iota\right)h_0, \quad h_{0,\times} = \cos\iota h_0, \tag{7.165}$$

这里 ι 是源的旋转轴相对于地球方向的倾角，并且

$$h_0 = \frac{4G}{c^4}\frac{\mathcal{I}_3\omega^2}{r}\varepsilon \tag{7.166}$$

是探测器中信号的振幅，它相对于源具有最佳的方向和位置 (例如，探测器位于旋转椭球体的自转轴上，使得 $\iota = 0$，并且方向满足 $G_+ = 1$)。这里 r 是到源的距离，$\mathcal{I}_3$ 是相对于旋转轴的主转动惯量，$\varepsilon = (\mathcal{I}_1 - \mathcal{I}_2)/\mathcal{I}_3$ 是椭率。引力波频率与自转频率的关系为 $\omega = \pi f$。

对于圆轨道上且轨道频率为常数的双星系统，式 (7.164) 和 (7.165) 仍然成立，只是总的振幅因子变为

$$h_0 = \frac{4G}{c^4}\frac{\mu a^2\omega^2}{r}, \tag{7.167}$$

这里 μ 是双星系统的约化质量，a 是轨道半长径，ω 是轨道角频率，它与引力波频率仍具有关系 $\omega = \pi f$。如果双星系统在观测时间内显著演化，频率的逐渐变化 (例如，由于引力辐射导致的轨道衰减使得引力波频率增加) 将需要包含在相位模型中。此外，在双星系统中搜索一个旋转椭球体 (例如中子星) 可以像搜索一个孤立天体一样进行，只是对于双星系统需要更加复杂的相位模型来描述天体的轨道运动。

7.7.1　已知孤立脉冲星引力波的搜索

如果确定了一个特定的连续波源,例如一个已知的孤立脉冲星 (在低频引力波搜索中它可能是银河系内的白矮星双星或是宇宙学距离上的超大质量黑洞双星)，源的位置已知，因此可以做探测器时间和太阳系质心时间的转换。对于一个脉冲星，自转频率及其减慢率可以通过电磁波段的观测得到。这将给该系统一个完整的相位模型 $\Phi(t)$(除了未知的常数 Φ_0)，并且匹配滤波器的搜索也是可能的。

7.7.1.1　外差法

计算匹配滤波器的一个有效方法是将信号做外差 (详见 Dupuis 和 Woan，2005)：引力波探测器数据 $s(t)$ 乘以包含已知相位演化的复因子 $\exp[-\mathrm{i}\Phi(t)]$，生成的时间序列经过低通滤波。对信号的影响如下：乘上复相位因子后信号变为

$$h(t)\mathrm{e}^{-\mathrm{i}\Phi(t)} = A(t)\mathrm{e}^{\mathrm{i}\Phi_0} + A^*(t)\mathrm{e}^{-\mathrm{i}\Phi_0-2\mathrm{i}\Phi(t)}, \tag{7.168}$$

这里

$$A(t) = \frac{1}{2}G_+(t,\hat{\boldsymbol{n}},\psi,f)h_{0,+} - \mathrm{i}\frac{1}{2}G_\times(t,\hat{\boldsymbol{n}},\psi,f)h_{0,\times}. \tag{7.169}$$

外差信号的第一项变化缓慢，因为 $A(t)$ 的变化仅是天线波束图函数的缓慢 (以一天为周期) 变化导致的。第二项以引力波频率的两倍快速变化；该项会被丢掉，因

为外差数据 (包含外差信号) 被低通滤波后，只有小于某个 $f_{\max}$ 的频率会保留。这消除了快变项，仅留下慢变项。典型地，对于搜索已知脉冲星，$f_{\max} = (1\,\mathrm{min})^{-1}$ 被选为一个方便的值 (重新采样间隔 $1/f_{\max}$ 要足够短，使得在此间隔内数据是相对平稳的并且天线波束图函数也近似为常数。)。

经过外差和低通滤波后，将数据在时间 $\Delta t = 1/f_{\max}$ 内进行积分 (平均)。用地面探测器搜索脉冲星时再次取 $\Delta t = 1\,\mathrm{min}$。这产生了 $N = T_{\mathrm{obs}}/\Delta t$ 个采样的数据集，$\{B_j\}\,(j = 0, \cdots, N-1)$，其采样间隔为 Δt。当引力波信号和噪声都存在时，这些采样是

$$B_j = A_j \mathrm{e}^{\mathrm{i}\Phi_0} + n_j, \tag{7.170}$$

这里 $A_j = A(t_j)$ 是外差信号的采样值；$t_j = t_0 + j\Delta t$ 是第 j 个采样对应的时间 (t_0 是观测开始的时间)；n_j 是噪声对 B_j 的贡献，我们将假设它可以很好地由一个均值为零、方差为 $\sigma_j^2/2$ 的高斯分布 (包括实部和虚部) 描述。在假设 $\mathcal{H}_1$ 下 (即信号形式由 $\{A_j\}$ 给出且相位为 Φ_0)，采样 $\{B_j\}$ 的概率分布为

$$p\left(\{B_j\} \mid \mathcal{H}_1\right) = \prod_{j=0}^{N-1} \frac{1}{\pi\sigma_j^2} \exp\left(-\frac{1}{2}\frac{\mid B_j - A_j \mathrm{e}^{\mathrm{i}\Phi_0} \mid^2}{\sigma_j^2}\right). \tag{7.171}$$

在实际应用中，噪声方差 $\sigma_j^2/2$ 的估计是很困难的，尽管预期它们在适度长的时间尺度 τ 内大致保持不变。典型地，对于干涉仪数据 $\tau \sim 1h$。令 $M = \tau/\Delta t$ 为具有相同噪声方差的连续采样 $\{B_j\}$ 的个数。然后我们把数据分成 N/M 个长度为 τ 的间隔，每个间隔有 M 个点使得第 k 个片段的采样集为 $\{B_j : j \in [kM, (k+1)M]\}, k = 0, \cdots, N/(M-1)$。对于该片段，我们假设噪声的方差具有未知但固定的值 $\sigma_k^2/2$，于是

$$\begin{aligned} & p\left(\{B_j : j \in [kM, (k+1)M)\} \mid \mathcal{H}_1, \sigma_k\right) \\ & = \frac{1}{\left(\pi\sigma_k^2\right)^M} \exp\left(-\frac{1}{2\sigma_k^2} \sum_{j=kM}^{(k+1)M} \left|B_j - A_j \mathrm{e}^{\mathrm{i}\Phi_0}\right|^2\right), \end{aligned} \tag{7.172}$$

并且

$$p\left(\{B_j\} \mid \mathcal{H}_1, \{\sigma_k\}\right) = \prod_{k=0}^{N/M-1} p\left(\{B_j : j \in [kM, (k+1)M)\} \mid \mathcal{H}_1, \sigma_k\right). \tag{7.173}$$

现在我们在未知的噪声方差 $\sigma_k^2/2$ 上做边缘化，这通过对每个片段的概率分布，即式 (7.172)，用合适的先验概率 $p(\sigma_k)$ 在 σ_k 上做积分来实现。一个适当的先验分布

为 **Jeffreys 先验概率**，对于高斯分布的方差它的形式为 $p(\sigma_k) \propto 1/\sigma_k$。我们发现

$$
\begin{aligned}
& p\left(\{B_j : j \in [kM,(k+1)M)\} \mid \mathcal{H}_1\right) \\
= & \int_0^\infty p\left(\{B_j : j \in [kM,(k+1)M)\} \mid \mathcal{H}_1, \sigma_k\right) p\left(\sigma_k\right) \mathrm{d}\sigma_k \\
\propto & \int_0^\infty \frac{1}{\left(\pi\sigma_k^2\right)^M} \exp\left(-\frac{1}{2\sigma_k^2} \sum_{j=kM}^{(k+1)M} \left|B_j - A_j \mathrm{e}^{\mathrm{i}\Phi_0}\right|^2\right) \frac{\mathrm{d}\sigma_k}{\sigma_k} \\
= & \frac{(M-1)!}{2} \left(\frac{2}{\pi}\right)^M \left(\sum_{i=kM}^{(k+1)M} \left|B_j - A_j \mathrm{e}^{\mathrm{i}\Phi_0}\right|^2\right)^{-M},
\end{aligned}
\tag{7.174}
$$

因此有

$$
p\left(\{B_j\} \mid \mathcal{H}_1\right) \propto \prod_{k=0}^{N/M-1} \left(\sum_{j=kM}^{(k+1)M} \left|B_j - A_j \mathrm{e}^{\mathrm{i}\Phi_0}\right|^2\right)^{-M}. \tag{7.175}
$$

概率分布的这种形式不再依赖每个片段中未知的噪声方差。

应用贝叶斯定理，给定一组特定参数的信号模型，观测数据的概率分布，即式 (7.175)，可以表示成给定引力波数据时这些参数的概率分布。信号模型中的未知参数通常有相位 Φ_0，波的极化角 ψ 以及两个极化的振幅 $h_{+,0}$ 和 $h_{\times,0}$，也可以是振幅 h_0 和倾角 ι 。通常我们希望得到 h_0 的概率分布，因为它是我们主要关心的量。如果我们对 Φ_0，ψ 和 $\cos\iota$ 采用均匀的先验分布，那么 h_0 的后验分布可以通过对式 (7.175) 在这些未知参数上的积分得到

$$
p\left(h_0 \mid \{B_j\}\right) \propto \int_{-1}^{1} \mathrm{d}\cos\iota \int_0^{2\pi} \mathrm{d}\psi \int_0^{2\pi} \mathrm{d}\Phi_0 \prod_{k=0}^{N/M-1} \left(\sum_{j=kM}^{(k+1)M} \left|B_j - A_j \mathrm{e}^{\mathrm{i}\Phi_0}\right|^2\right)^{-M}, \tag{7.176}
$$

这里 $A_j = A_j(h_0, \iota, \psi)$ 是参数 h_0，ι 和 ψ 的函数并且归一化可以设置为

$$
\int_0^\infty p\left(h_0 \mid \{B_j\}\right) \mathrm{d}h_0 = 1. \tag{7.177}
$$

我们通常对建立引力波发射强度 h_0 的上限感兴趣。例如，特征振幅参数的 90% 置信上限 $h_{0,90\%}$ 满足

$$\int_0^{h_{0,90\%}} p\left(h_0 \mid \{B_j\}\right) \mathrm{d}h_0 = 90\%. \tag{7.178}$$

7.7.1.2 最大似然法

上面讨论的外差方法对参数空间 $\{h_0, \iota, \psi\}$ 中的每一点使用匹配滤波器，然后对“多余”参数 (“nuisance” parameters)(例如 ι, ψ 和 Φ_0) 进行边缘化。另一种途径是基于最大似然法 (Jaranowski et al., 1998)。

首先我们把式 (7.164) 改写为以下形式：

$$\begin{aligned} h(t) =& G_+(t, \hat{\boldsymbol{n}}, \psi, f) h_{0,+} \cos\Phi_0 \cos\Phi(t) \\ & - G_+(t, \hat{\boldsymbol{n}}, \psi, f) h_{0,+} \sin\Phi_0 \sin\Phi(t) \\ & + G_\times(t, \hat{\boldsymbol{n}}, \psi, f) h_{0,\times} \sin\Phi_0 \cos\Phi(t) \\ & + G_\times(t, \hat{\boldsymbol{n}}, \psi, f) h_{0,\times} \cos\Phi_0 \sin\Phi(t). \end{aligned} \tag{7.179}$$

现在，含时的振幅 G_+ 和 $G_\times$ 仍然依赖 ψ。然而，由于极化角可在任意参考系中定义，它们可写为

$$\begin{aligned} G_+(t, \hat{\boldsymbol{n}}, \psi, f) &= G_{+,0}(t, \hat{\boldsymbol{n}}, f) \cos 2\psi + G_{\times,0}(t, \hat{\boldsymbol{n}}, f) \sin 2\psi, \\ G_\times(t, \hat{\boldsymbol{n}}, \psi, f) &= G_{\times,0}(t, \hat{\boldsymbol{n}}, f) \cos 2\psi - G_{+,0}(t, \hat{\boldsymbol{n}}, f) \sin 2\psi, \end{aligned} \tag{7.180}$$

这里，

$$\begin{aligned} G_{+,0}(t, \hat{\boldsymbol{n}}, f) &= G_+(t, \hat{\boldsymbol{n}}, \psi = 0, f), \\ G_{\times,0}(t, \hat{\boldsymbol{n}}, f) &= G_\times(t, \hat{\boldsymbol{n}}, \psi = 0, f). \end{aligned} \tag{7.181}$$

接下来，波形可以表示为四个不同时间序列的和，它们取决于源的天空位置以及引力波频率与相位的演化，相对应的四个不同的振幅依赖于未知参数 $h_{0,+}, h_{0,\times}, \psi$ 和 Φ_0：

$$\begin{aligned} h(t) =& A_1\left(h_{0,+}, h_{0,\times}, \psi, \Phi_0\right) g_1(t, \hat{\boldsymbol{n}}, f) \\ & + A_2\left(h_{0,+}, h_{0,\times}, \psi, \Phi_0\right) g_2(t, \hat{\boldsymbol{n}}, f) \\ & + A_3\left(h_{0,+}, h_{0,\times}, \psi, \Phi_0\right) g_3(t, \hat{\boldsymbol{n}}, f) \\ & + A_4\left(h_{0,+}, h_{0,\times}, \psi, \Phi_0\right) g_4(t, \hat{\boldsymbol{n}}, f), \end{aligned} \tag{7.182a}$$

这里

$$
\begin{aligned}
g_1(t,\hat{\boldsymbol{n}},f) &:= G_{+,0}(t,\hat{\boldsymbol{n}},f)\cos\Phi(t),\\
g_2(t,\hat{\boldsymbol{n}},f) &:= G_{\times,0}(t,\hat{\boldsymbol{n}},f)\cos\Phi(t),\\
g_3(t,\hat{\boldsymbol{n}},f) &:= G_{+,0}(t,\hat{\boldsymbol{n}},f)\sin\Phi(t),\\
g_4(t,\hat{\boldsymbol{n}},f) &:= G_{\times,0}(t,\hat{\boldsymbol{n}},f)\sin\Phi(t),
\end{aligned}
\tag{7.182b}
$$

是四个不同的模板波形 (它们对于一个特定的源是已知的)，

$$
\begin{aligned}
A_1\left(h_{0,+},h_{0,\times},\psi,\Phi_0\right) &:= h_{0,+}\cos 2\psi\cos\Phi_0 - h_{0,\times}\sin 2\psi\sin\Phi_0,\\
A_2\left(h_{0,+},h_{0,\times},\psi,\Phi_0\right) &:= h_{0,+}\sin 2\psi\cos\Phi_0 + h_{0,\times}\cos 2\psi\sin\Phi_0,\\
A_3\left(h_{0,+},h_{0,\times},\psi,\Phi_0\right) &:= -h_{0,+}\cos 2\psi\sin\Phi_0 - h_{0,\times}\sin 2\psi\cos\Phi_0,\\
A_4\left(h_{0,+},h_{0,\times},\psi,\Phi_0\right) &:= -h_{0,+}\sin 2\psi\sin\Phi_0 + h_{0,\times}\cos 2\psi\cos\Phi_0,
\end{aligned}
\tag{7.182c}
$$

是四个不同的振幅 (它们是未知的)。目标是找到最大化似然比统计量的四个振幅的值。

不过，在我们开始评估似然比之前，评估四个不同模板波形 $g_1(t), g_2(t), g_3(t)$ 和 $g_4(t)$ 的协方差大小是重要的。因为观测时间将包含许多个引力波周期 (尽管周日或周年的周期也许没有那么多)，余弦波形 $g_1(t)$ 和 $g_2(t)$ 将与正弦波形 $g_3(t)$ 和 $g_4(t)$(关于式 (7.28) 的内积) 正交：

$$
(g_1,g_3)=(g_1,g_4)=(g_2,g_3)=(g_2,g_4)=0. \tag{7.183}
$$

另一方面，缓慢变化的振幅因子在周日和周年的时间尺度上变化，因此 $g_1(t)$ 和 $g_2(t)$ 与 $g_3(t)$ 和 $g_4(t)$ 相同将会有非零的协方差。我们定义下列常数：

$$
\begin{aligned}
\mathcal{A} &:= (g_1,g_1)=(g_3,g_3),\\
\mathcal{B} &:= (g_2,g_2)=(g_4,g_4),\\
\mathcal{C} &:= (g_1,g_2)=(g_3,g_4).
\end{aligned}
\tag{7.184}
$$

在给定观测数据 $s(t)$ 的条件下我们现在可以写出对数似然比 (参见式 (7.40))，

$$
\begin{aligned}
\ln\Lambda\left(\mathcal{H}_1 \mid s\right) =& (s,h)-\frac{1}{2}(h,h)\\
=& A_1\left(s,g_1\right)+A_2\left(s,g_2\right)+A_3\left(s,g_3\right)+A_4\left(s,g_4\right)
\end{aligned}
$$

$$
\begin{aligned}
&-\frac{1}{2}\left[A_1^2\left(g_1,g_1\right)+A_2^2\left(g_2,g_2\right)+A_3^2\left(g_3,g_3\right)+A_4^2\left(g_4,g_4\right)\right.\\
&\left.+2A_1A_2\left(g_1,g_2\right)+2A_3A_4\left(g_3,g_4\right)\right]\\
=&A_1\left(s,g_1\right)+A_2\left(s,g_2\right)+A_3\left(s,g_3\right)+A_4\left(s,g_4\right)\\
&-\frac{1}{2}\mathcal{A}\left(A_1^2+A_3^2\right)-\frac{1}{2}\mathcal{B}\left(A_2^2+A_4^2\right)-\mathcal{C}\left(A_1A_2+A_3A_4\right).
\end{aligned}
\tag{7.185}
$$

我们在 A_1, A_2, A_3 和 A_4 的可能值上最大化这个方程 (因为它们是未知参数)。我们需要求解这个方程组

$$
\begin{aligned}
0&=\left.\frac{\partial\ln\Lambda\left(\mathcal{H}_1\mid s\right)}{\partial A_1}\right|_{\max}=\left(s,g_1\right)-\mathcal{A}A_{1,\max}-\mathcal{C}A_{2,\max},\\
0&=\left.\frac{\partial\ln\Lambda\left(\mathcal{H}_1\mid s\right)}{\partial A_2}\right|_{\max}=\left(s,g_2\right)-\mathcal{B}A_{2,\max}-\mathcal{C}A_{1,\max},\\
0&=\left.\frac{\partial\ln\Lambda\left(\mathcal{H}_1\mid s\right)}{\partial A_3}\right|_{\max}=\left(s,g_3\right)-\mathcal{A}A_{3,\max}-\mathcal{C}A_{4,\max},\\
0&=\left.\frac{\partial\ln\Lambda\left(\mathcal{H}_1\mid s\right)}{\partial A_4}\right|_{\max}=\left(s,g_4\right)-\mathcal{B}A_{4,\max}-\mathcal{C}A_{3,\max},
\end{aligned}
\tag{7.186}
$$

由此得到

$$
\begin{aligned}
A_{1,\max}&=\frac{\mathcal{B}\left(s,g_1\right)-\mathcal{C}\left(s,g_2\right)}{\mathcal{A}\mathcal{B}-\mathcal{C}^2}\\
A_{2,\max}&=\frac{\mathcal{A}\left(s,g_2\right)-\mathcal{C}\left(s,g_1\right)}{\mathcal{A}\mathcal{B}-\mathcal{C}^2}\\
A_{3,\max}&=\frac{\mathcal{B}\left(s,g_3\right)-\mathcal{C}\left(s,g_4\right)}{\mathcal{A}\mathcal{B}-\mathcal{C}^2}\\
A_{4,\max}&=\frac{\mathcal{A}\left(s,g_4\right)-\mathcal{C}\left(s,g_3\right)}{\mathcal{A}\mathcal{B}-\mathcal{C}^2}.
\end{aligned}
\tag{7.187}
$$

现在我们把 A_1, A_2, A_3 和 A_4 的最大似然值代入式 (7.185) 中，得到最大似然统计量，

$$
\begin{aligned}
2\mathcal{F}:=&\max_{A_1,A_2,A_3,A_4}2\ln\Lambda\left(\mathcal{H}_1\mid s\right)\\
=&\frac{\mathcal{B}\left(s,g_1\right)^2+\mathcal{A}\left(s,g_2\right)^2-2\mathcal{C}\left(s,g_1\right)\left(s,g_2\right)}{\mathcal{A}\mathcal{B}-\mathcal{C}^2}\\
&+\frac{\mathcal{B}\left(s,g_3\right)^2+\mathcal{A}\left(s,g_4\right)^2-2\mathcal{C}\left(s,g_3\right)\left(s,g_4\right)}{\mathcal{A}\mathcal{B}-\mathcal{C}^2}.
\end{aligned}
\tag{7.188}
$$

这被称为 $\mathcal{F}$-统计[①]。

注意 $\mathcal{F}$-统计依赖于数据 $s(t)$ 与四个模板波形 $g_1(t), g_2(t), g_3(t)$ 和 $g_4(t)$ 的四个内积 $(s, g_1), (s, g_2), (s, g_3)$ 和 (s, g_4)。对于一个已知天空位置和相位模型 $\Phi(t)$(除了未知的初始相位 Φ_0) 的源，这些波形是已知的。未知参数 $h_{0,+}, h_{0,\times}, \psi$ 和 Φ_0(或者等价地 h_0, ι, ψ 和 Φ_0) 并不出现在 $\mathcal{F}$-统计中，尽管如此它们仍可从式 (7.187) 中的最大似然振幅中复原出来。如果数据 $s(t)$ 仅由平稳高斯噪声组成，则 $2\mathcal{F}$ 是具有四个自由度的 χ^2 分布的随机变量。如果信号 $h(t)$ 存在，则它是具有四个自由度的非中心的 χ^2 分布，并且非中心参数 $\lambda = (h, h)$。

由这些分布可对 $2\mathcal{F}$ 设立一个阈值，使探测具有预设的置信水平。这里的置信水平 α 在频率派的意义上解释为：假设高斯噪声，如果没有信号则 $2\mathcal{F}$ 超出阈值的概率为 $100\% - \alpha$。类似地，连续引力波振幅上限 h_0 可从给定非中心 χ^2 分布的 $2\mathcal{F}$ 的概率分布得到。通常它们被建立为频率派的置信区间 (参见 7.3.3 节)。为了把非中心参数 $\lambda = (h, h)$ 与引力波振幅相关联，通常假设 “最坏情况”，即发射倾角 $\iota = \pi/2$，并且极化角也取最悲观的值。

例 7.11　已知脉冲星搜索的灵敏度。

对于无论是匹配滤波器的外差法还是最大似然法，脉冲星信号的探测能力皆取决于特征信噪比 $\varrho^2 = (h, h)$。搜索灵敏度可以通过产生特征信噪比 ϱ 的特定值的振幅 h_0 来描述。我们取倾角的最悲观值 $\iota = \pi/2$，使得 $h_{0,+} = -h_0/2$ 并且 $h_{0,\times} = 0$。接着我们有

$$
\begin{aligned}
\varrho^2 = (h, h) &= \frac{2}{S_h(f)} \int_0^{T_{\text{obs}}} h^2(t)\mathrm{d}t \\
&\geqslant \frac{h_0^2}{S_h(f)} \int_0^{T_{\text{obs}}} G_+^2(t, \hat{\boldsymbol{n}}, \psi, f) \cos^2\left[\Phi(t) + \Phi_0\right] \mathrm{d}t \\
&> \frac{T_{\text{obs}}}{2} \frac{h_0^2}{S_h(f)} \left\langle G^2 \right\rangle_{\min}(\hat{\boldsymbol{n}}, f),
\end{aligned} \tag{7.189}
$$

这里

$$
\left\langle G^2 \right\rangle_{\min}(\hat{\boldsymbol{n}}, f) = \min_{\psi} \frac{1}{T_{\text{sid}}} \int_0^{T_{\text{sid}}} G_+^2(t, \hat{\boldsymbol{n}}, \psi, f)\mathrm{d}t
$$

① 原书注：不要与 Student's F-统计相混淆。

$$= \min\left\{\frac{1}{T_{\text{sid}}}\int_0^{T_{\text{sid}}} G_+^2(t,\hat{\boldsymbol{n}},0,f)\mathrm{d}t, \frac{1}{T_{\text{sid}}}\int_0^{T_{\text{sid}}} G_+^2(t,\hat{\boldsymbol{n}},\pi/4,f)\mathrm{d}t\right\}, \tag{7.190}$$

这里我们注意到 G_+ 的周期是一个恒星日 T_{sid}，并且我们假定观测时间 T_{obs} 内包含许多个恒星日 (或者可写为 $\varrho^2 > (h_0^2/S(f))\min\{\mathcal{A},\mathcal{B}\}$。)。在长波极限下，$G_+ = F_+$ 不依赖于频率，$\langle G^2\rangle_{\min}$ 仅取决于源的赤纬 δ。图 7.1 对 GEO、LIGO 汉福德、LIGO 利文斯顿和 Virgo 画出了此式。

蟹状星云脉冲星的 $\delta = 22°$ 并且期待在 $f = 59.56\text{Hz}$ 处发射引力波。臂长 4km 的 LIGO 汉福德天文台在该引力波频率处有 $S_h(f) \sim 2\times10^{-44}\ \text{Hz}^{-1}$，并且在蟹状星云脉冲星的赤纬处有 $\langle G^2\rangle_{\min} = 0.125$。对于 $T_{\text{obs}} = 1\ \text{a}$ 的搜索，如果它的自转减慢极限辐射 $h_0 = 1.4\times10^{-24}$(即观测到的自转减慢完全由引力波造成)，则来自蟹状星云脉冲星引力波的特征信噪比将为

$$\varrho > h_0\sqrt{\frac{\langle G^2\rangle_{\min} T_{\text{obs}}}{2S_h(f)}} \simeq 14, \tag{7.191}$$

这将很容易被探测到。 □

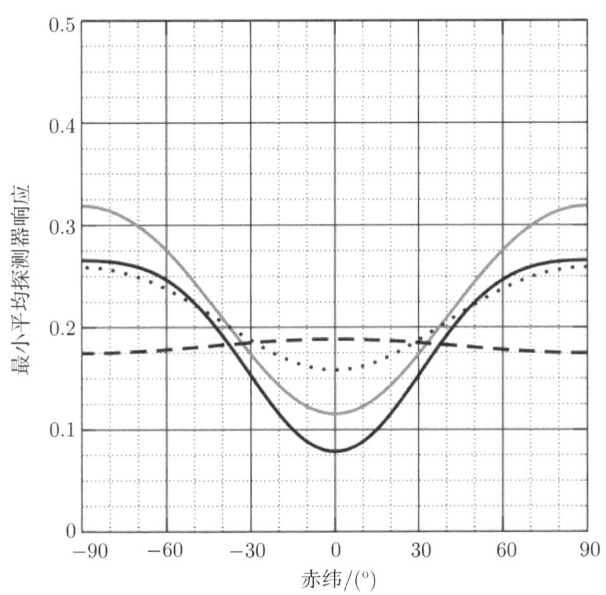

图 7.1 在一个恒星日内对探测器响应的平方做平均，极化角取使该平均最小的值。横轴为引力波波源的赤纬。不同线描述 GEO(灰实线)，LIGO 汉福德天文台 (黑实线)，LIGO 利文斯顿天文台 (黑虚线) 和 Virgo(黑点线)

7.7.2 未知脉冲星引力波的全天搜索

在全天搜索中发现未知脉冲星的连续引力波信号是一个更具挑战性的问题。理由如下：假定对一定时间 T 的数据做傅里叶变换。这生成一个频率序列，其频带覆盖的频率范围 $\Delta f = 1/T$。同时，信号的多普勒频移是 $\Delta f = -f\boldsymbol{v}\cdot\hat{\boldsymbol{n}}/c$，如果我们认为 $\hat{\boldsymbol{n}}$ 几乎垂直于探测器的运动 $\boldsymbol{v}$，则 $\boldsymbol{v}\cdot\hat{\boldsymbol{n}} \sim v\Delta\theta$，这里 $\Delta\theta$ 是 $\boldsymbol{v}$ 和 $\hat{\boldsymbol{n}}$ 之间夹角在观测时间 T 内的变化。(v 所用的值是地球的自转速度，$T \sim 1\text{d}$，$v \sim 460\ \text{m}\cdot\text{s}^{-1}$，或者地球的公转速度，$T \sim 1\ \text{a}$，$v \sim 30\ \text{km}\cdot\text{s}^{-1}$。) 这意味着如果 $1/T \sim fv\Delta\theta/c$，则不同的传播方向将导致可分辨的不同的多普勒频移。天空中每 $\sim(\Delta\theta)^2$ 立体角的区域都必须单独考虑对地球运动的修正。幸运的是，对于特定的空间位置，数据的多普勒频移不是一个频率依赖的过程，因此调制的数据可以被用于计算对该空间位置的所有频率的匹配滤波器。这意味着在搜索一个最大频率为 $f_{\max}$ 的信号时，必须要搜索

$$N_{\text{sky}} \sim \frac{4\pi}{(\Delta\theta)^2} \sim 4\pi T^2 f_{\max}^2 (v/c)^2 \tag{7.192}$$

个不同的天空位置。对于一天的观测，并且 $f_{\max} = 1\ \text{kHz}$，这是 $N_{\text{sky}} \sim 10^5$ 个天空位置；对于一年的观测它变为 $N_{\text{sky}} \sim 10^{14}$ 个天空位置！搜寻本身需要对每个天空位置的数据进行傅里叶变换；对于一个快速傅里叶变换其计算成本是 $O(N_{\text{points}} \ln N_{\text{points}})$，这里 $N_{\text{points}} \sim Tf_{\max}$，所以计算成本与 $\sim T^3 f_{\max}^3 (v/c)^2$ 成正比。另外，如果在观测时间内必须考虑脉冲星的自转减慢参数，模板数目将获得一个额外的 T^2 因子, 这使得计算成本与 T^5 成正比。结果是对一个未知脉冲星全天搜寻的成本将会随着观测时间急剧增长，最终，限制搜索的不是观测时间长度而是可获得的计算资源。

另一方面，对于任意给定的模板，搜索的应变灵敏度仅随 $T^{1/2}$ 增长：如果用 $\mathcal{F}$-统计进行搜索，$2\mathcal{F}$ 是有四个自由度的非中心 χ^2 分布，并且非中心参数 λ 正比于引力波振幅 h_0 的平方，即 $\lambda \sim h_0^2 T$，对于大的 λ 值，$(2\mathcal{F})^{1/2}$ 的分布近似变成方差为一均值 $\lambda^{1/2}$ 的高斯分布，因此灵敏度以 $\lambda^{1/2} \sim h_0 T^{1/2}$ 增长。因而灵敏度随着计算成本的上升增加得非常缓慢。

在给定计算资源的条件下，有一个最长观测时间 $T_{\max}$，它可以在几乎相同的时间尺度上被分析 (从而跟得上数据)。这实质上给未知脉冲星的全天搜索设置了一个最长的可以被相干分析的数据长度。然而，许多时长 $T_{\max}$ 的相干分析数据段，或者栈 (stacks)，可以被非相干的组合 (即在每个频带内添加功率)；然而，为了做到这一点，频带可能必须相对彼此滑动，以解释信号从一个频带漂移到另一个频带。与纯相干搜索相比，栈滑动法可以将全天搜索的灵敏度提高约两倍，参见 Brady 和 Creighton(2000) 以及 Pletsch 和 Allen(2009) 的文章。

7.8 引力波暴的数据分析方法

与上述连续引力波信号情况不同，引力波暴是暂现信号，它的持续时间远小于观测时标，并且可由明显的到达时间来识别。暴发信号的形态可以是已知的 (或者可以被很好地建模)，比如致密双星并合的后期阶段 (例如，双中子星的旋近和最终的碰撞)，或者它们不能被很好地建模，或者基本上是未知的，比如来自核坍缩超新星或是意外源的引力波。无论哪种情况，暴发搜索的中心假设这些信号是偶尔发生的并且它们仅占据所考虑数据集的一部分。

除了可建模的和不可建模的差别，暴发信号的搜索可能是全天的或者是定向的，并且它们可能是全时的或者是触发的。例如，一个与短伽马射线暴成协的旋近引力波信号 (它们被认为是中子星被另一个中子星或黑洞瓦解而产生的) 的搜索将是外部触发的定向的针对可建模信号的暴发搜索，这是因为我们知道该事件的天空位置和发生时间；这是一个**外部触发的暴发搜索**的例子。并非所有引力波事件都与电磁辐射成协，因此全天且全时的 (即不仅限于单个短的数据间隔) 暴发搜索也需要进行。

对于定向搜索，我们可以结合探测器网络中各单元的数据来形成相干组合，如果引力波的波形是被很好地建模的，该组合可以用匹配滤波器搜索；如果波形不是被很好地建模的，可以用时频过剩功率法搜索 (参见 7.6 节)。零数据流则提供了一个区分引力波信号和单个探测器噪声干扰的有效途径，因为前者将影响网络中所有的探测器。除非组成网络的探测器放在同一地点并且相互平行，否则探测器数据的相干组合与零组合都依赖于源的天空位置。对于一个全天的搜索，这将有两种可能性：①对覆盖天空的许多位置 (覆盖了天空位置参数空间的模板库) 计算相干数据流和零数据流，对每个空间位置进行搜索，并且要求在相干数据流中发现的暴发信号不出现在零数据流中；②把单个探测器的搜索用于每个探测器的数据，如果事件不是 (几乎) 同时发生在所有的探测器中则被否决。

对于外部触发的暴发搜索，我们寻找与外部触发相关联的单个事件；而对于全时的暴发搜索，我们希望测量到暴发事件率，并用此探测率来理解可能的引力波暴发源的星族信息。在任何类型的暴发搜索中，除了探测信号外，我们还希望估计信号的参数，例如它的振幅、到达时间和极化角等。

7.8.1 致密双星并合源的搜索

在 3.5 节我们描述了双星系统辐射的引力波，并且我们得到了此类系统的相位和振幅演化的表达式以及从某个起始轨道频率开始，直到并合的时间。在高频波段，两个致密星 (如一个太阳质量量级的黑洞或中子星) 形成的双星系统，频率和振幅将随轨道的衰减而增加，直到最终两者碰撞形成单个天体。对于频率高于 $\sim$10 Hz

的引力波灵敏的地面探测器，旋近后期的总持续时长为几十秒或更少。这是暴发信号，其持续时长远小于观测时间。

如 4.1.3 节所述，直到轨道运动变为高度相对论性之前，旋近信号的波形都可由后牛顿计算给出。然而，致密双星的旋近末期、骤降 (plunge) 和并合就必须通过在 4.3 节中详述的数值计算给出。并合后的天体通常是一个黑洞 (尽管双中子星碰撞偶尔会产生一个半稳定的大质量中子星，它最终可能会坍缩成黑洞)，其初始形变在衰减时会产生在 4.2.2 节中引入的铃宕辐射。结果是双星并合的波形通常可从后牛顿、数值或者微扰计算近似获知。

7.8.1.1 双星旋近信号的匹配滤波器

这里我们将仅考虑旋近阶段，它可从后牛顿计算很好地给出。对于可被地面引力波探测器探测的双中子星与低质量双黑洞，这部分波形最重要。因为波形可被很好地建模，我们知道最优搜索方法 (至少对高斯噪声) 将会基于匹配滤波器。对于处在非椭圆轨道上的非自旋天体，波形的参数空间包含两个质量 m_1 和 m_2，并合时间和并合相位 t_c 和 φ_c，轨道相对天空平面的倾角 ι，极化角 ψ，源的方向 $-\hat{\boldsymbol{n}}$ 和距离 r。

双星旋近的主要辐射来自于 $\ell=2, m=\pm 2$ 的四极矩模。如果我们仅关注这个模，那么引力波可以写为

$$h_+(t)-\mathrm{i}h_\times(t)={}_{-2}Y_{2,+2}(\iota,0)h_{2,+2}(t)+{}_{-2}Y_{2,-2}(\iota,0)h_{2,-2}(t), \tag{7.193}$$

它给出了最低后牛顿阶的振幅演化，波形为

$$h_+(t)=-\frac{G\mathscr{M}}{c^2r}\frac{1+\cos^2\iota}{2}\left(\frac{t_c-t}{5G\mathscr{M}/c^3}\right)^{-1/4}\cos 2\varphi, \tag{7.194a}$$

$$h_\times(t)=-\frac{G\mathscr{M}}{c^2r}\cos\iota\left(\frac{t_c-t}{5G\mathscr{M}/c^3}\right)^{-1/4}\sin 2\varphi, \tag{7.194b}$$

这里 φ 是时间的函数，它取决于参数 m_1, m_2, t_c 和 φ_c。回忆 $\mathscr{M}=m_1^{3/5}m_2^{3/5}(m_1+m_2)^{-1/5}$ 为啁啾质量。此波形表达式仅保留了振幅演化的领头阶 (牛顿项)，不过为了信号处理，相位演化 φ 可以保留到更高的后牛顿阶，这是因为正确地建模相位演化比振幅演化更为重要。这些只保留领头阶四极振幅项的波形被称为**限制性后牛顿波形**。

一个给定探测器受到的应变为

$$h(t+\tau)=F_+(\hat{\boldsymbol{n}},\psi)h_+(t)+F_\times(\hat{\boldsymbol{n}},\psi)h_\times(t), \tag{7.195}$$

这里 τ 表示同一引力波到达地心与到达探测器的时间延迟，这里我们限制于长波极限下的探测器响应 (这对地面探测器中的双星旋近信号是合理的)。该应变可写为

$$h(t) = -\frac{G\mathscr{M}}{c^2 D_{\text{eff}}}\left(\frac{t_0 - t}{5G\mathscr{M}/c^3}\right)^{-1/4}\cos 2[\varphi(t) + \Delta\varphi], \tag{7.196}$$

这里 $t_0 = t_{\text{c}} + \tau$ 是探测器处的并合时间，$\varphi_0 = \varphi_{\text{c}} + \Delta\varphi$ 是探测器处观察到的并合相位，

$$2\Delta\varphi := -\arctan\left(\frac{F_\times(\hat{\boldsymbol{n}},\psi)}{F_+(\hat{\boldsymbol{n}},\psi)}\frac{2\cos\iota}{1+\cos^2\iota}\right), \tag{7.197}$$

同时

$$D_{\text{eff}} := r\left[F_+^2(\hat{\boldsymbol{n}},\psi)\left(\frac{1+\cos^2\iota}{2}\right)^2 + F_\times^2(\hat{\boldsymbol{n}},\psi)\cos^2\iota\right]^{-1/2} \tag{7.198}$$

是到源的**有效距离**。有效距离 D_{eff} 和物理距离 r 之间通过一个几何因子相联系。一个**最优指向**并且位于天空中**最优方位**的源，其倾角 $\iota = 0$，并且天空位置满足 $F_+^2 + F_\times^2 = 1$；对于这样一个源，有效距离等于物理距离，否则，有效距离总大于物理距离。

式 (7.196) 的效用是把描述探测器所受应变的波形参数约化为 $t_0, \varphi_0, D_{\text{eff}}, m_1$ 和 m_2(参数 φ_{c} 可被吸收到 φ_0 中)。对于任何质量对 (m_1, m_2)，我们所面临的问题是搜索除了到达时间 (t_0)、振幅 $\left(\propto D_{\text{eff}}^{-1}\right)$ 和相位 (φ_0) 之外的已知波形的信号。在 7.2.5 节中我们看到当振幅和到达时间未知时如何把傅里叶变换有效地应用于匹配滤波器，并且在例 7.4 中看到如何用代数方法搜索未知相位。对于限制性后牛顿波形模板，最优探测统计量可通过匹配滤波器建立

$$x(t) = 4\,\text{Re}\int_0^\infty \frac{\tilde{s}(f)\tilde{p}^*(f)}{S_h(f)}\text{e}^{2\pi\text{i}ft}\text{d}f, \tag{7.199a}$$

$$y(t) = 4\,\text{Re}\int_0^\infty \frac{\tilde{s}(f)\tilde{q}^*(f)}{S_h(f)}\text{e}^{2\pi\text{i}ft}\text{d}f, \tag{7.199b}$$

且匹配滤波器模板的两个相位为

$$p(t) = -\frac{G\mathscr{M}}{c^2}\left(-\frac{c^3 t}{5G\mathscr{M}}\right)^{-1/4}\cos 2\varphi(t), \tag{7.200a}$$

$$q(t) = -\frac{G\mathscr{M}}{c^2}\left(-\frac{c^3 t}{5G\mathscr{M}}\right)^{-1/4}\sin 2\varphi(t). \tag{7.200b}$$

这里我们在 φ 的表达式中已经设 $t_c = 0$ 和 $\varphi_c = 0$。一个好的近似是设这两个匹配滤波器的方差均为 $\sigma^2 = (p,p) = (q,q)$，并且有 $(p,q) = 0$。双星旋近的搜索需要找到使信噪比

$$\rho(t) = \sqrt{\frac{x^2(t) + y^2(t)}{\sigma^2}} \tag{7.201}$$

最大时的对应时间 $t_{\max}$，及其最大值 $\rho_{\max} = \rho(t_{\max})$。

一个小的简化是在建立模板波形时直接在频域中使用稳相近似，参见习题 3.7。稳相近似的模板为

$$\tilde{g}(f) = -\left(\frac{5\pi}{24}\right)^{1/2} \frac{G^2\mathscr{M}^2}{c^5} \left(\frac{\pi G\mathscr{M} f}{c^3}\right)^{-7/6} \mathrm{e}^{-\mathrm{i}\Psi(f)}, \tag{7.202}$$

这里 $\Psi(f)$ 是稳相函数。它到二阶后牛顿的表达式为

$$\begin{aligned}\Psi(f) = & -\pi/4 + \frac{3}{128\eta}\left[x^{-5/2} + \left(\frac{3715}{756} + \frac{55}{9}\eta\right)x^{-3/2} - 16\pi x^{-1}\right.\\ & \left. + \left(\frac{15293365}{508032} + \frac{27145}{504}\eta + \frac{3085}{72}\eta^2\right)x^{-1/2}\right],\end{aligned} \tag{7.203}$$

这里 $\eta := m_1 m_2/(m_1+m_2)^2$ 是对称质量比，$x := (\pi G M f/c^3)^{2/3}$ 是后牛顿参数。注意到如果我们取 $\tilde{p} = \tilde{g}$，那么 $\tilde{q} = -\mathrm{i}\tilde{g}$。利用稳相近似模板构造的复匹配滤波器为

$$z(t) := x(t) + \mathrm{i}y(t) = 4\int^{\infty} \frac{\tilde{s}(f)\tilde{g}^*(f)}{S_h(f)} \mathrm{e}^{2\pi \mathrm{i} f t}\mathrm{d}f, \tag{7.204}$$

它的归一化的版本就是信噪比

$$\rho(t) := \frac{|z(t)|}{\sigma}, \tag{7.205}$$

这里

$$\sigma^2 := (g,g) = \frac{5}{6\pi}\left(\frac{G\mathscr{M}}{c^2}\right)^2 \left(\frac{\pi G\mathscr{M}}{c^3}\right)^{-1/3} \int_0^{\infty} \frac{f^{-7/3}}{S_h(f)}\mathrm{d}f. \tag{7.206}$$

一个真实的引力波将产生波形 $\tilde{h}(f) \simeq D_{\text{eff}}^{-1}\exp(-2\pi \mathrm{i} f t_0 + 2\mathrm{i}\varphi_0)\tilde{g}(f)$(在限制性后牛顿稳相近似波形是准确的范围内)。该信号将产生的匹配滤波器输出为 $z(t_0) = (h,g) = \mathrm{e}^{2\mathrm{i}\varphi_0}(\sigma^2/D_{\text{eff}})$，假设信噪比的确在 $t_{\text{peak}} = t_0$ 时最大，则 φ_0 和 D_{eff} 的估计值分别为 $2\varphi_0 = \arg z(t_{\text{peak}})$ 和 $D_{\text{eff}} = \sigma^2/|z(t_{\text{peak}})| = \sigma/\rho(t_{\text{peak}})$。

例 7.12 视界距离和范围。

地面干涉仪的灵敏度通常由它们所能探测到的双中子星信号的距离来描述。但这多少有些含糊。为了使该说法准确，假定我们约定一个典型双中子星的旋近由两个质量为 $m_1 = m_2 = 1.4M_\odot$ 的中子星产生。按惯例，如果它产生的特征信噪比 $\varrho = 8$，我们就说该系统是可探测的。

探测器的**视界距离**是指这样一个双中子星在探测器中仍能产生所需信噪比的最远距离。也就是说，视界距离是典型双中子星旋近产生 $\varrho = 8$ 的有效距离：

$$
\begin{aligned}
D_{\text{hor}} &:= \left.\frac{\sigma}{\varrho}\right|_{\varrho=8,\mathscr{M}=1.22M_\odot} \\
&= \left[\frac{1}{\varrho}\frac{G\mathscr{M}}{c^2}\sqrt{\frac{5}{6\pi}\left(\frac{\pi G\mathscr{M}}{c^3}\right)^{-1/3}\int_0^\infty \frac{f^{-7/3}}{S_h(f)}\mathrm{d}f}\right]_{\varrho=8,\mathscr{M}=1.22M_\odot}.
\end{aligned}
\tag{7.207}
$$

通常感兴趣的距离是“平常的”双中子星信号可以被探测到的距离，而不是碰巧它有最优方位和指向时我们所能看到的最远距离。假设双中子星系统在宇宙中均匀分布。在视界距离内，我们所能看到的仅是其中的一部分 X，即假设具有随机方向的源在空间中均匀分布，X 是具有 $D_{\text{eff}} \leqslant D_{\text{hor}}$ 的源所占的比例。结果是 $X \simeq 1/(2.2627)^3$。**监测范围** (sense-monitor range)D_{range} (以 LIGO 数据监测器 SENSEMONITOR 命名) 是一个球面的半径，它包含的源的数目与 $D_{\text{eff}} \leqslant D_{\text{hor}}$ 中的相同，$D_{\text{range}} = X^{1/3}D_{\text{hor}} \simeq D_{\text{hor}}/2.2627$。如果 $\mathcal{R}$ 为宇宙中单位体积内双中子星的并合率，那么探测到 $\varrho > 8$ 的事件率为 $\frac{4}{3}\pi D_{\text{range}}^3\mathcal{R}$。

对于理想的初始 LIGO 干涉仪模型 (参见 A.2 节)，视界距离和监测范围为 $D_{\text{hor}} = 43$ Mpc 和 $D_{\text{range}} = 19$ Mpc。对于图 A.2 给出的 LIGO S5 的典型灵敏度，这些值为 $D_{\text{hor}} = 35$ Mpc 和 $D_{\text{range}} = 15$ Mpc。 □

7.8.1.2 旋近的模板库

到目前为止，我们描述了对特定质量对 (m_1, m_2) 的单个模板搜索。为了覆盖质量参数空间，需要一个模板库 (回顾 7.2.6 节)，其间隔足够近使得用稍微不匹配的模板做滤波时导致的信噪比损失很小。

作为建立旋近模板库的一个例子，我们考虑稳相近似下的牛顿啁啾信号，

$$
\tilde{h}(f) = -\frac{1}{D_{\text{eff}}}\left(\frac{5\pi}{24}\right)^{1/2}\frac{G^2\mathscr{M}^2}{c^5}\left(\frac{\pi G\mathscr{M}f}{c^3}\right)^{-7/6}\mathrm{e}^{-2\pi\mathrm{i}ft_0}\mathrm{e}^{2\mathrm{i}\varphi_0}\mathrm{e}^{-\mathrm{i}\Psi(f;\mathscr{M})}, \tag{7.208a}
$$

其中

$$\Psi(f;\mathscr{M}) = -\frac{\pi}{4} + \frac{3}{128}\left(\frac{\pi G\mathscr{M}f}{c^3}\right)^{-5/3}. \tag{7.208b}$$

注意质量参数 m_1 和 m_2 仅出现在组合 $\mathscr{M}$ 中, 因此在牛顿阶，搜索整个质量对空间的模板库只需要是一维的。对于地面干涉式探测器，恒星质量致密双星旋近的搜索需要二阶及更高阶的后牛顿修正，所以我们这里给出的例子确实没有提供对实际搜索足够的模板库。关于建立二维模板库的细节可以参见 Owen 和 Sathyaprakash(1999), 其模板库足以搜索其中没有高度自转天体的双星旋近信号。

通常选取牛顿并合时间 τ_0 而非啁啾质量 $\mathscr{M}$ 作为建立模板库时用的参数。这是因为在一阶后牛顿，二维的参数空间 $\{\tau_0,\tau_1\}$(这里的 τ_1 是一阶后牛顿对并合时间的贡献) 将在参数空间中描述信噪比损失的度规上变得平坦，这有助于在参数空间中确定模板的位置。当频率为 f_0 时，牛顿并合时间为

$$\tau_0 = \frac{5}{256}\frac{G\mathscr{M}}{c^3}\left(\frac{\pi G\mathscr{M}f_0}{c^3}\right)^{-8/3}, \tag{7.209}$$

同时，由这个参数得

$$\Psi(f;\mathscr{M}) = -\frac{\pi}{4} + \frac{3}{5}(2\pi f_0)\left(\frac{f}{f_0}\right)^{-5/3}\tau_0. \tag{7.210}$$

下面我们将对 f_0 取具体的值。

在稳相近似下，为了计算参数空间的度规，我们仅需要考虑**归一化**模板对相位函数 ψ 的导数——模板对振幅的导数没有影响。当内部参数为 $\mathscr{M}$ 时，外部参数是 t_0 和 φ_0。事实上，我们可以忽略外部参数 φ_0，因为式 (7.28) 重新定义的内积是取积分的复数模量而不是实部，所以它被完全移除了。这样，混淆函数由下式给出

$$\mathcal{A}(t_0,\tau_0;t_0+\Delta t_0,\tau_0+\Delta\tau_0) = \left|\frac{1}{I_{-7/3}}\int_0^\infty \frac{f^{-7/3}}{S_h(f)}\mathrm{e}^{\mathrm{i}\omega^0\Delta t_0}\mathrm{e}^{\mathrm{i}\omega^1\Delta\tau_0}\mathrm{d}f\right|, \tag{7.211}$$

这里 I_α 表示积分

$$I_\alpha := \int_0^\infty \frac{f^\alpha}{S_h(f)}\mathrm{d}f. \tag{7.212}$$

同时，模板的相位对参数 t_0 和 τ_0 的导数分别为

$$\omega^0 = -(2\pi f_0)\left(\frac{f}{f_0}\right),\quad \omega^1 = \frac{3}{5}(2\pi f_0)\left(\frac{f}{f_0}\right)^{-5/3}. \tag{7.213}$$

因此，参数 $\lambda_0 = t_0$ 和 $\lambda_1 = \tau_0$ 在平方阶的变化为

$$
\begin{aligned}
\mathcal{A}^2 \simeq & \left| 1 + \mathrm{i}\Delta\lambda_i \frac{1}{I_{-7/3}} \int_0^\infty \frac{f^{-7/3}}{S_h(f)} \omega^i \mathrm{d}f \right. \\
& \left. - \frac{1}{2}\Delta\lambda_i\Delta\lambda_j \frac{1}{I_{-7/3}} \int_0^\infty \frac{f^{-7/3}}{S_h(f)} \omega^i\omega^j \mathrm{d}f \right|^2 \\
\simeq & 1 - \Delta\lambda_i\Delta\lambda_j \frac{1}{I_{-7/3}} \int_0^\infty \frac{f^{-7/3}}{S_h(f)} \omega^i\omega^j \mathrm{d}f \\
& + \Delta\lambda_i\Delta\lambda_j \left(\frac{1}{I_{-7/3}} \int_0^\infty \frac{f^{-7/3}}{S_h(f)} \omega^i \mathrm{d}f \right) \left(\frac{1}{I_{-7/3}} \int_0^\infty \frac{f^{-7/3}}{S_h(f)} \omega^j \mathrm{d}f \right).
\end{aligned} \tag{7.214}
$$

因为还有 $\mathcal{A}^2 \simeq 1 - 2g^{ij}\Delta\lambda_i\Delta\lambda_j$，我们得到度规的方程

$$
\begin{aligned}
g^{ij} = & \frac{1}{2} \frac{1}{I_{-7/3}} \int_0^\infty \frac{f^{-7/3}}{S_h(f)} \omega^i\omega^j \mathrm{d}f \\
& - \frac{1}{2} \left(\frac{1}{I_{-7/3}} \int_0^\infty \frac{f^{-7/3}}{S_h(f)} \omega^i \mathrm{d}f \right) \left(\frac{1}{I_{-7/3}} \int_0^\infty \frac{f^{-7/3}}{S_h(f)} \omega^j \mathrm{d}f \right).
\end{aligned} \tag{7.215}
$$

度规的分量为

$$
g^{00} = (2\pi f_0)^2 \frac{1}{2} f_0^{-2} \left[\frac{I_{-1/3}}{I_{-7/3}} - \left(\frac{I_{-4/3}}{I_{-7/3}} \right)^2 \right], \tag{7.216a}
$$

$$
g^{01} = -(2\pi f_0)^2 \frac{3}{10} f_0^{-2/3} \left[\frac{I_{-3}}{I_{-7/3}} - \frac{I_{-4/3}}{I_{-7/3}} \frac{I_{-4}}{I_{-7/3}} \right], \tag{7.216b}
$$

$$
g^{11} = (2\pi f_0)^2 \frac{9}{50} f_0^{10/3} \left[\frac{I_{-17/3}}{I_{-7/3}} - \left(\frac{I_{-4}}{I_{-7/3}} \right)^2 \right]. \tag{7.216c}
$$

我们现在计算一维参数空间中的度规，此度规是在到达时间 t_0 上显式的最大化后的结果。投影的度规分量为

$$
\gamma^{11} = g^{11} - \left(g^{01}\right)^2 / g^{00}. \tag{7.217}
$$

为了计算该度规分量，我们需要探测器噪声功率谱密度的各种矩，它们由积分 $I_{-1/3}, I_{-4/3}, I_{-7/3}, I_{-3}, I_{-4}$ 和 $I_{-17/3}$ 给出。为此，我们需要知道探测器的噪声功

率谱密度 $S_h(f)$。然而，为了获得一些理解，我们注意到 $S_h(f)$ 一般是某个 U 形函数，因此假设 $S_h^{-1}(f)$ 在最大值 f_0 附近的频带 Δf 中是一个相对不变的函数。因此，我们有 $I_\alpha = \hat{I}_\alpha S_h^{-1}(f_0) f_0^\alpha \Delta f$，这里 $\hat{I}_\alpha$ 是个量级为一的无量纲常数。此外，所有分量都是以矩 $I_{-7/3}$ 的比值出现的，因此可以有用地写为 $I_\alpha / I_\beta = f_0^{\alpha-\beta} \hat{I}_{\alpha:\beta}$。其中，$\hat{I}_{\alpha:\beta} := \hat{I}_\alpha / \hat{I}_\beta$，

$$\hat{I}_{\alpha:\beta} = \frac{\int\limits_0^\infty \frac{x^\alpha}{S_h(xf_0)} \mathrm{d}x}{\int\limits_0^\infty \frac{x^\beta}{S_h(xf_0)} \mathrm{d}x}. \tag{7.218}$$

然后我们发现，

$$\gamma^{11} = (2\pi f_0)^2 \frac{9}{50} \left[\hat{I}_{-17/3:-7/3} - \left(\hat{I}_{-4:-7/3}\right)^2 - \frac{\left(\hat{I}_{-3:-7/3} - \hat{I}_{-4/3:-7/3} \hat{I}_{-4:-7/3}\right)^2}{\hat{I}_{-1/3:-7/3} - \left(\hat{I}_{-4/3:-7/3}\right)^2} \right]. \tag{7.219}$$

方括号中的量是一个量级为一的常数；在本例子中我们取

$$\gamma^{11} \sim (2\pi f_0)^2. \tag{7.220}$$

它决定了啁啾时间参数 τ_0 中模板的间距。

所需模板的数量由最小匹配 $(\Delta\zeta_{\max})^2$ 决定

$$N \sim \frac{1}{\sqrt{(\Delta\zeta_{\max})^2}} \int\limits_{\tau_{0,\min}}^{\tau_{0,\max}} \sqrt{\gamma^{11}} \mathrm{d}\tau_0, \tag{7.221}$$

这里积分上下限 $\tau_{0,\min}$ 和 $\tau_{0,\max}$ 由我们想要搜索的啁啾质量 $\mathscr{M}$ 的范围所确定。假设我们感兴趣的系统的子星质量都大于 $1M_\odot$，因此 $\mathscr{M} > 0.87M_\odot$。然后，如果我们取 $f_0 = 100$ Hz，$\tau_{0,\max} = 3.8$ s，并且最大不匹配为 $(\Delta\zeta_{\max})^2 = 3\%$ ，那么我们有 $N \sim 2\pi f_0 \tau_{0,\max} / \sqrt{(\Delta\zeta_{\max})^2}$(取 $\tau_{0,\min} = 0$)，或者

$$\begin{aligned} N &\sim \frac{5}{128} \frac{1}{\sqrt{(\Delta\zeta_{\max})^2}} \left(\frac{\pi G \mathscr{M}_{\min} f_0}{c^3}\right)^{-5/3} \\ &\sim 10000 \left(\frac{\Delta\zeta_{\max}^2}{3\%}\right)^{-1/2} \left(\frac{\mathscr{M}_{\min}}{0.87M_\odot}\right)^{-5/3} \left(\frac{f_0}{100 \text{ Hz}}\right)^{-5/3}. \end{aligned} \tag{7.222}$$

即使对于简单的牛顿啁啾的一维参数空间，我们也需要几万个模板来覆盖适当的质量范围！

当把后牛顿项加入到相位中时，两个质量 m_1 和 m_2 将退耦：后牛顿项不能仅用啁啾质量表示，结果将导致参数空间变为二维。正如我们前面评论的，在一阶后牛顿，两个啁啾时间 τ_0(牛顿啁啾时间) 和 τ_1 (啁啾时间的后牛顿修正) 的参数空间是平坦的。我们可以通过引入第二维来估计模板数量增加的因子为 $\sim 2\pi f_0\tau_{1,\max}/\sqrt{(\Delta\zeta_{\max})^2}$。啁啾时间的后牛顿修正为

$$\tau_1=\frac{5}{192\eta}\left(\frac{743}{336}+\frac{11}{4}\eta\right)\left(\frac{\pi GMf_0}{c^3}\right)^{-2}\frac{GM}{c^3}. \tag{7.223}$$

因此对于星体最小质量为一个太阳质量，且有 $f_0=100\ \mathrm{Hz}, \tau_{1,\max}=0.3\ \mathrm{s}$ 时，模板数量将增加 ~ 1000 倍。研究发现，这在 τ_0-τ_1 平面区域内存在过高的估计，实际所需覆盖的区域仅是 $\tau_{0,\max}\times\tau_{1,\max}$ 的一小部分，参见 Owen(1996)。

7.8.1.3 参数估计

我们现在应用 7.3 节描述的方法来估计我们能够从信号中提取波形参数的能力。为了简单起见，我们继续限制在由式 (7.208) 给出的稳相近似下的牛顿啁啾。四个波形参数为 $\{\lambda_0,\lambda_1,\lambda_2,\lambda_3\}=\{t_0,\varphi_0,\ln\mathscr{M},\ln D_{\mathrm{eff}}\}$；注意仅有啁啾质量出现在波形中，没有办法分离出单个星体的质量 m_1 和 m_2。然而，在后牛顿阶，对称质量比 η 成为相位函数中一个独立的参数，由此单个质量就可被解出。

为了计算费希尔矩阵 $\varGamma^{ij}$，我们先计算下面的导数 (Finn 和 Chernoff，1993)：

$$\frac{\partial\tilde{h}}{\partial\lambda_0}=\frac{\partial\tilde{h}}{\partial t_0}=-2\pi\mathrm{i}f\tilde{h}, \tag{7.224}$$

$$\frac{\partial\tilde{h}}{\partial\lambda_1}=\frac{\partial\tilde{h}}{\partial\varphi_0}=2\mathrm{i}\tilde{h}, \tag{7.225}$$

$$\frac{\partial\tilde{h}}{\partial\lambda_2}=\frac{\partial\tilde{h}}{\partial\ln\mathscr{M}}\simeq-\mathrm{i}\tilde{h}\frac{\partial\varPsi}{\partial\ln\mathscr{M}}=\mathrm{i}\frac{5}{128}\left(\frac{\pi G\mathscr{M}f}{c^3}\right)^{-5/3}\tilde{h}, \tag{7.226}$$

$$\frac{\partial\tilde{h}}{\partial\lambda_3}=\frac{\partial\tilde{h}}{\partial\ln D_{\mathrm{eff}}}=-\tilde{h}. \tag{7.227}$$

(对于啁啾质量的导数，我们忽略了来自振幅因子导数的项，而仅保留了来自相位导数的项。)

费希尔矩阵通过内积 $\varGamma^{ij}=(\partial h/\partial\lambda_i,\partial h/\partial\lambda_j)$ 给出。与参数 $\lambda_3=\ln D_{\mathrm{eff}}$ 相关的分量有

$$\varGamma^{03}=\varGamma^{30}=\varGamma^{13}=\varGamma^{31}=\varGamma^{23}=\varGamma^{32}=0,\quad \varGamma^{33}=\varrho^2, \tag{7.228}$$

这里 $\varrho^2 = (h, h)$ 是特征信噪比。因此，费希尔矩阵是分块对角矩阵，其中有效距离参数与其他参数退耦。我们有

$$\frac{\Delta D_{\text{eff}}}{D_{\text{eff}}} = \sqrt{(\Gamma^{-1})_{33}} = \frac{1}{\varrho}. \tag{7.229}$$

有效距离估计的相对误差与特征信噪比成反比。

费希尔矩阵的其余分量为

$$\Gamma^{00} = 4\pi^2 \frac{I_{-1/3}}{I_{-7/3}} \varrho^2, \tag{7.230a}$$

$$\Gamma^{01} = -4\pi \frac{I_{-4/3}}{I_{-7/3}} \varrho^2, \tag{7.230b}$$

$$\Gamma^{02} = -\frac{5\pi}{64} \left(\frac{\pi G \mathscr{M}}{c^3}\right)^{-5/3} \frac{I_{-3}}{I_{-7/3}} \varrho^2, \tag{7.230c}$$

$$\Gamma^{11} = 4\varrho^2, \tag{7.230d}$$

$$\Gamma^{12} = \frac{5}{64} \left(\frac{\pi G \mathscr{M}}{c^3}\right)^{-5/3} \frac{I_{-4}}{I_{-7/3}} \varrho^2, \tag{7.230e}$$

$$\Gamma^{22} = \frac{25}{16384} \left(\frac{\pi G \mathscr{M}}{c^3}\right)^{-10/3} \frac{I_{-17/3}}{I_{-7/3}} \varrho^2, \tag{7.230f}$$

这里 I_α 是式 (7.212) 中给出的积分。与之前一样，我们令 f_0 为探测器的最灵敏频率，并定义噪声矩的比值为 $\hat{I}_{\alpha:\beta} = f_0^{\alpha-\beta} I_\alpha / I_\beta$。于是我们有

$$\Gamma^{ij} = \varrho^2 \begin{bmatrix} 4\pi^2 f_0^2 A_{00} & -4\pi f_0 A_{01} & -\frac{5\pi}{64} f_0 \left(\frac{\pi G \mathscr{M} f_0}{c^3}\right)^{-5/3} A_{02} \\ \cdot & 4 & \frac{5}{64} \left(\frac{\pi G \mathscr{M} f_0}{c^3}\right)^{-5/3} A_{12} \\ \cdot & \cdot & \frac{25}{16384} \left(\frac{\pi G \mathscr{M} f_0}{c^3}\right)^{-10/3} A_{22} \end{bmatrix}, \tag{7.231}$$

这里 $\mathbf{A}$ 是无量纲常数组成的对称矩阵

$$A_{ij} := \begin{bmatrix} \hat{I}_{-1/3:-7/3} & \hat{I}_{-4/3:-7/3} & \hat{I}_{-3:-7/3} \\ \cdot & \hat{I}_{-7/3:-7/3} & \hat{I}_{-4:-7/3} \\ \cdot & \cdot & \hat{I}_{-17/3:-7/3} \end{bmatrix}. \tag{7.232}$$

费希尔矩阵的逆为

$$\left(\Gamma^{-1}\right)_{ij} = \frac{1}{\varrho^2}\begin{bmatrix} \dfrac{1}{4\pi^2 f_0^2}B^{00} & -\dfrac{1}{4\pi f_0}B^{01} & -\dfrac{64}{5\pi f_0}\left(\dfrac{\pi G\mathscr{M} f_0}{c^3}\right)^{5/3}B^{02} \\ \cdot & \dfrac{1}{4}B^{11} & \dfrac{64}{5}\left(\dfrac{\pi G\mathscr{M} f_0}{c^3}\right)^{5/3}B^{12} \\ \cdot & \cdot & \dfrac{16384}{25}\left(\dfrac{\pi G\mathscr{M} f_0}{c^3}\right)^{10/3}B^{22} \end{bmatrix}, \tag{7.233}$$

这里 $\mathbf{B} = \mathbf{A}^{-1}$。剩下参数的测量精度由下列表达式给出：

$$\Delta t_0 = \sqrt{\left(\Gamma^{-1}\right)_{00}} = \frac{1}{\varrho}\frac{|B^{00}|^{1/2}}{2\pi f_0}, \tag{7.234a}$$

$$\Delta\varphi_0 = \sqrt{\left(\Gamma^{-1}\right)_{11}} = \frac{1}{\varrho}\frac{|B^{11}|^{1/2}}{2}, \tag{7.234b}$$

$$\frac{\Delta\mathscr{M}}{\mathscr{M}} = \sqrt{\left(\Gamma^{-1}\right)_{22}} = \frac{1}{\varrho}\frac{128}{5}\left(\frac{\pi G\mathscr{M} f_0}{c^3}\right)^{5/3}|B^{22}|^{1/2}. \tag{7.234c}$$

如果我们取 $f_0 \sim 100\text{Hz}$ 且设 $B^{00} \approx B^{11} \approx B^{22} \approx 1$，我们将得到以下的近似值

$$\Delta t_0 \sim 0.1\ \text{ms}\left(\frac{10}{\varrho}\right), \tag{7.235a}$$

$$\Delta\varphi_0 \sim 1^\circ\left(\frac{10}{\varrho}\right), \tag{7.235b}$$

$$\frac{\Delta\mathscr{M}}{\mathscr{M}} \sim 10^{-4}\left(\frac{10}{\varrho}\right)\left(\frac{\mathscr{M}}{1.22M_\odot}\right)^{5/3}. \tag{7.235c}$$

需要注意的是实际值取决于 B^{00}, B^{11} 和 B^{22} 的值，而它们依赖于探测器噪声曲线的形状 (参见习题 7.4)。

到目前为止，我们仅估计了出现在牛顿啁啾波形中的参数 $t_0, \varphi_0, \mathscr{M}$ 和 D_{eff} 的测量能力。质量 m_1 和 m_2 可由后牛顿对相位演化的修正单个地分辨出来。但是，分辨出的单个质量的精度要远差于啁啾质量。其余的参数——天空位置、极化角、倾角以及源的真实距离，这些参数都组合在一起成为有效距离——不能用单个探测器分辨出来。然而，我们在 7.6.4 节看到，探测器网络可以通过引力波到达各个探测器的时间来确定源的天空位置；可达到的精度由到达时间的测量精度 Δt_0 决定 (小于网络中探测器之间的光传播时间)。四个不同地点的探测器可以明确地认定出天空中包含源的一个小区域，但是三个不同地点的探测器一般而言只能把源定位在天空中的两个小区域。类似地，从各个探测器接收信号的相对振幅可以推断出极化的信息 (它取决于源相对天空平面的倾角和极化角)。

7.8.1.4　波形的一致性检验

探测器噪声中通常充满了尖锐的脉冲式的干扰，它们会触发匹配滤波器并导致虚假事件。我们已经看到多个探测器可以提供有力的区分真实引力波信号与仪器异常的一致性检验。不过，还有可能对单个探测器输出建立波形的一致性检验，检验事件与预期信号波形的相似程度。

对于旋近信号，一个有效的判据是考查观测到的信噪比在时域和频域的积累是否符合预期。一个时频的卡方的波形一致性检验可以通过以下方式建立 (Allen, 2005)：把匹配滤波器 $\tilde{g}(f)$ 分为 p 个子模板 $\{\tilde{g}_i(f)\}$，它们仅在各自频带非零，并且各个子模板当有真实信号存在时对信噪比的贡献相同。此外，这些频带不相互交叠，因此每个子模板相互正交，即 $(g_i, g_j) = \sigma^2\delta_{ij}/p$，这里 $(g, g) = \sigma^2$。频带为 $0 \leqslant f < f_1, f_1 \leqslant f < f_2, \cdots, f_{p-1} \leqslant f < \infty$，并且须满足

$$4\int_0^{f_1} \frac{|\tilde{g}(f)|^2}{S_h(f)}\mathrm{d}f = 4\int_{f_1}^{f_2} \frac{|\tilde{g}(f)|^2}{S_h(f)}\mathrm{d}f = \cdots = 4\int_{f_{p-1}}^{\infty} \frac{|\tilde{g}(f)|^2}{S_h(f)}\mathrm{d}f = \frac{\sigma^2}{p}. \tag{7.236}$$

子模板 $\{\tilde{g}_1(f), \tilde{g}_2(f), \cdots, \tilde{g}_p(f)\}$ 由下式给出

$$\tilde{g}_i(f) := \begin{cases} \tilde{g}(f), & f_{i-1} \leqslant f < f_i, \\ 0, & \text{其他}, \end{cases} \tag{7.237}$$

这里 $f_0 = 0$，$f_p = \infty$。然后，数据与每个子模板做匹配滤波器，给出一系列子频带的匹配滤波器输出 $\{z_i(t)\}$

$$z_i(t) := 4\int_0^{\infty} \frac{\tilde{s}(f)\tilde{g}_i^*(f)}{S_h(f)}\mathrm{e}^{2\pi\mathrm{i}ft}\mathrm{d}f = 4\int_{f_{i-1}}^{f_i} \frac{\tilde{s}(f)\tilde{g}^*(f)}{S_h(f)}\mathrm{e}^{2\pi\mathrm{i}ft}\mathrm{d}f. \tag{7.238}$$

注意

$$z(t) = \sum_{i=1}^{p} z_i(t). \tag{7.239}$$

对于在 t_0 时刻发生的事件，我们计算卡方值

$$\chi^2(t_0) = \sum_{i=1}^{p} \frac{|z_i(t_0) - z(t_0)/p|^2}{\sigma^2/p}. \tag{7.240}$$

当信号与模板匹配时，这个卡方值将较小，但是对于可能具有较大信噪比但与模板不匹配的噪声干扰来说，这个卡方值将很大。

如果数据由高斯噪声加上与模板匹配得很好的引力波组成，那么 $\chi^2(t_0)$ 将是个自由度为 $\nu=2p-2$ 的卡方分布。此分布的均值为 ν，因此约化的卡方 $\chi^2(t_0)/\nu$ 将接近于一。如果信号 (或者干扰) 与模板之间有不匹配，那么 $\chi^2(t_0)$ 将变为一个非中心分布的卡方分布。例如，设想有一个极强的干扰 ($\rho\gg 1$)，但是它的频带有限，因此它仅对比如第一个频带 $0\leqslant f\leqslant f_1$ 有贡献。这样我们有 $z_1(t_0)=z(t_0)$ 且 $|z_1(t_0)|^2=\rho^2\sigma^2\gg\sigma^2$，而对 $i\neq 1$，有 $|z_i(t_0)|^2\sim\sigma^2/p$。如果我们忽略 $i\neq 1$ 时 $z_i(t_0)$ 的值，那么将发现 $\chi^2(t_0)/\nu=\rho^2/2$，该值远大于对真实信号的期待。

滤波库中的模板并不与真实引力波的波形完全对应，理由如下：①对双星质量参数空间的有限采样意味着真实信号可能位于两个模板之间 (回顾模板库的设计是为了达到特定的最小匹配)；②模型波形可能与真实波形不完全匹配 (回顾匹配因子描述的是模板代表真实波形的程度)。令 δ 表示模板 g 与真实波形 h 之间的**误配**，它定义为

$$\delta=1-\frac{(h,g)}{\sqrt{(h,h)(g,g)}}. \tag{7.241}$$

然后可以证明 $\chi^2(t_0)$ 是个自由度为 $\nu=2p-2$ 的非中心卡方分布，非中心参数 $\lambda\lesssim 2\rho^2\delta$。由于信号与模板之间的误配，一个高信噪比的引力波信号将产生大的 $\chi^2(t_0)$ 值；然而，如果 δ 保持合理的小值，那么卡方否决在区分真实引力波信号与常见噪声干扰方面仍然非常有效。

7.8.1.5 双星并合率的限制

观测到的双星并合率将为致密双星系统的天体物理星族提供关键信息——这些信息将揭示依赖于恒星演化方案的致密双星形成的细节。迄今为止，由于引力波还没有被探测到，并合率仅有上限，但是当探测变成常规时，事件率将被限制在一个有下限和上限的区间内[①]。要限制的重要物理量是率密度 (rate density)，它可以是单位体积率 (以每年每百万秒差距立方内的事件数为单位表示) 或是类银河系星系率 (每年每个与银河系等价的星系的事件数)，或是蓝光光度率 (每年每 B 波段光度的事件数)[②]。

---

① 译者注：LIGO 已于 2015 年 9 月 14 日探测到来自一对恒星质量双黑洞并合产生的引力波信号，随后与 Virgo 的联合观测又探测到了大量双致密星并合的引力波事件。最新的波源列表以及事件率和并合率参见：①B. P. Abbott et al. (LIGO Scientific Collaboration, Virgo Collaboration), GWTC-1: A Gravitational-Wave Transient Catalog of Compact Binary Mergers Observed by LIGO and Virgo during the First and Second Observing Runs, Phys. Rev. X 9, 031040 (2019), DOI: 10.1103 / PhysRevX.9.031040；②R. Abbott et al. (LIGO Scientific Collaboration, Virgo Collaboration), GWTC - 2: Compact Binary Coalescences Observed by LIGO and Virgo during the First Half of the Third Observing Run, Phys. Rev. X 11, 021053 (2021), DOI: 10.1103 / PhysRevX.11.021053。

② 原书注：B 波段光度通常被用作恒星形成的标示，推而广之，它也是致密双星并合数密度的一个度量。然而，它或许不是一个很好的度量：并合可能滞后于恒星形成十亿年，此外，球状星团几乎没有蓝光光度，但是由于恒星间的相互作用它可能藏着许多密近的致密双星。

无论希望把率密度表示成什么单位，我们都需要对一族信号计算搜索效率 ϵ。假设我们获得了观测到的高于某信噪比阈值 $\rho_{\rm thresh}$ 的事件数，该阈值被设得足够高使得仅有真实的致密双星才能产生这样一个事件。我们假想的波源星族中产生这类事件的 (待定的) 事件率为 R, 但是仅有它们中的某一部分 (由搜索效率 ϵ 给出) 将在搜索中被探测到。在观测时间 T 内，从波源星族中探测到 n 个事件的概率服从**泊松分布**，

$$p(n;\lambda)=\frac{1}{n!}\lambda^n\mathrm{e}^{-\lambda}, \tag{7.242}$$

这里 $\lambda=\epsilon RT$。我们计算事件率在 90% 置信水平的频率派上限 $R_{90\%}$。然后给定在一次搜索中观测到了 N 个事件，我们必须对 $\lambda_{90\%}=\epsilon R_{90\%}T$(参见 7.3.3 节和习题 7.3) 求解

$$10\%=\sum_{n=0}^{N}p\left(n;\lambda_{90\%}\right), \tag{7.243}$$

如果 $N=0$，这简化为求解

$$0.1=\mathrm{e}^{-\epsilon R_{90\%}T}\quad(N=0), \tag{7.244}$$

它给出

$$R_{90\%}\simeq\frac{2.303}{\epsilon T}\quad(N=0). \tag{7.245}$$

因子 ϵ 对于搜索过程来说必须是确定的。通常这是通过模拟完成的，在模拟中，从假设的星族分布抽出的人工信号被添加到探测器噪声中，然后通过搜索过程进行处理；ϵ 即被探测到的事件的百分比。

与上述的计数方法设立上限不同，**最强事件**法不需要探测阈值。一次搜索，尤其在低信噪比时，通常会由于探测器噪声而产生许多事件候选体。如果我们不知道一个事件是由真实引力波还是由探测器噪声引起，我们可以简单地问当信噪比大于我们所得的最大信噪比 $\rho_{\rm loudest}$ 时，一族波源在搜索中不产生引力波事件的概率为多大？这个概率是 $p\left(0;\epsilon_{\rm loudest}RT\right)$，这里 $\epsilon_{\rm loudest}$ 是波源的星族产生的信号中信噪比大于搜索中观测到的最大信噪比 $\rho_{\rm loudest}$ 的比例。与之前相同，对于置信水平 α, R_α 的频率派上限可通过求解方程 $1-\alpha=p\left(0;\epsilon_{\rm loudest}R_\alpha T\right)$ 得到

$$R_\alpha=\frac{-\ln(1-\alpha)}{\epsilon_{\rm loudest}\,T}. \tag{7.246}$$

对于 $\alpha=90\%$ 的置信上限，

$$R_{90\%}\simeq\frac{2.303}{\epsilon_{\rm loudest}\,T}. \tag{7.247}$$

7.8.2 建模不佳的暴发源的搜索

当引力波暴发信号的细节未知时，它被称为建模不佳的暴发。例如，模拟来自恒星核坍缩 (超新星的前身之一) 的引力波信号的数值建模很难 (部分是由于所涉及的物理过程相当复杂)。诸如此类的建模不佳信号并非完全不能被建模。然而，通常我们有一些关于信号性质的信息，比如辐射的典型频率、频带以及产生辐射的时间尺度。但是，我们并不知道足够精确的波形以使匹配滤波器成为可行的探测方法。

建模不佳信号的搜索通常是用时频过剩功率法的某种变形，该方法已在例 7.8 中对单个探测器和 7.6.3 节中对多个探测器描述过了。在 7.6.3 节中我们不仅建立了由式 (7.151) 给出的相干过剩功率探测统计量 $\mathcal{E}$，而且还建立了由式 (7.153) 给出的零能量 $\mathcal{E}_{\text{null}}$。后者为区分真实引力波 (它并不应当对零能量有贡献) 与单个探测器噪声干扰 (它总对零能量有贡献) 提供了一种有效的方法。除此之外，我们还建立了由式 (7.150) 给出的引力波波形的最大似然估计。

相干过剩功率统计量是我们主要的探测统计量。如果探测器噪声是平稳的高斯噪声，那么当没有信号时相干过剩功率统计量将是自由度为 $2NTF$ 的卡方分布，其中的 N 是探测器数目，TF 是信号的持续时间与频宽的乘积，当有信号时则是非中心参数 $\lambda = \sum_{i=1}^{N} \varrho_i^2$ 的非中心卡方分布，这里 ϱ_i 是第 i 个探测器的信号产生的特征信噪比。然而，探测器噪声通常包含噪声异常 (noise artefacts)，当预期的引力波波形并不完全已知时，它很难从引力波事件中区分出来，相干过剩功率的统计性质必须被测量出来。一种方法是在探测器数据中加入人为时间移动后重新处理数据，这样真正的引力波就不会在不同探测器中同时出现。噪声异常并不期待同时出现在两个探测器中 (除了巧合)，因此该时间移动分析可用于对相干过剩功率统计量进行背景 (即没有引力波时) 分布的测量。给定该分布，可以对 $\mathcal{E}$ 找到阈值，它将产出想要得到的实际搜索 (其中没有数据流的相对时间移动) 的误警率。一般的暴发搜索可以数出前景事件 (即发生在无时间移动数据中) 的数目，并由此获得事件率的限制。

搜索效率的评估可以通过重新处理注入了模拟信号的数据。然而，引力波的波形并非完全已知，因此我们不清楚把什么样的波形加入数据中来确定探测效率。不过，时频过剩功率统计量在给定的设计频率和时间间隔之内对信号的精确形态依赖很弱，因此通常采用具有代表性的波形，如**正弦-高斯**波形，

$$h_+(t) + \mathrm{i}h_\times(t) = \left(\frac{2}{\pi}\right)^{1/4} \tau^{-1/2} h_{\text{rss}} \mathrm{e}^{-(t/\tau)^2} \mathrm{e}^{2\pi \mathrm{i} f_{\mathrm{c}} t}, \tag{7.248}$$

这里 τ 描述信号的持续时间，f_{c} 是中心频率，振幅由平方和根 (root-sum-square) 振幅 h_{rss} 描述，它 (对任何波形，并非仅对正弦-高斯波形) 定义为

$$h_{\text{rss}}^2 := \int \left[h_+^2(t) + h_\times^2(t)\right] \mathrm{d}t. \tag{7.249}$$

暴发搜索的效率 $\epsilon(h_{\text{rss}})$ 是信号振幅 h_{rss} 的函数，它是被搜索探测到的具有给定 h_{rss} 值的事件的比例。效率描述了搜索的灵敏度，暴发搜索的上限通常表示为“率与应变”(rate-versus-strain) 的上限图，例如，如果没有事件被探测到，90% (频率派) 置信上限的率与应变的关系图是对下面的函数画图

$$R_{90\%}(h_{\text{rss}}) = \frac{2.303}{\epsilon(h_{\text{rss}})\,T}, \tag{7.250}$$

这里 T 是观测时间。

在暴发被探测到的情况下，式 (7.150) 给出引力波波形的最大似然估计，从中可推导出诸如引力辐射中的暴发注入量、引力辐射极化甚至引力波形态。

7.9 随机源的数据分析方法

引力波的随机背景将给探测器引入额外的噪声。如果引力波背景噪声相对于仪器噪声很弱，那么本质上说不可能从仪器噪声中区分出引力波噪声。但是，如果有多个探测器同时运行，引力波背景辐射可在各探测器中引入相关 (但仍然随机) 的噪声；只要两个探测中没有大量相关的非引力波噪声，通过两个探测器数据的交叉相关可以测量引力波背景 (例如，LIGO 汉福德的两个探测器，H1 和 H2，具有相同的真空环境以及相同的环境噪声；因此很难区分引力波背景噪声和共同的环境噪声。)。

我们假设引力波随机背景产生的度规扰动是平稳的高斯随机过程，并且没有优先的方向，即它们是各向同性和非极化的。由于背景通常被认为是宇宙学起源的，它的频谱通常表示为无量纲的能量密度谱 $\Omega_{\text{GW}}(f)$，使得在频率 f 到 $f+\mathrm{d}f$ 范围内的引力波能量密度 $c^2\mathrm{d}\rho_{\text{GW}}(f)$ 可写为

$$c^2\mathrm{d}\rho_{\text{GW}}(f) = c^2\rho_{\text{crit}}\Omega_{\text{GW}}(f)\frac{\mathrm{d}f}{f}, \tag{7.251}$$

这里

$$c^2\rho_{\text{crit}} := \frac{3c^2H_0^2}{8\pi G} \tag{7.252}$$

称为临界能量密度。随机背景是非极化且各向同性的，因此它可被分解为来自各个方向和极化的平面引力波，其统计性质为

$$\left\langle \tilde{h}_+^*\left(f', \hat{\boldsymbol{n}}'\right)\tilde{h}_+(f, \hat{\boldsymbol{n}})\right\rangle = \left\langle \tilde{h}_\times^*\left(f', \hat{\boldsymbol{n}}'\right)\tilde{h}_\times(f, \hat{\boldsymbol{n}})\right\rangle$$

$$= \frac{3H_0^2}{32\pi^3}\frac{\Omega_{\rm GW}(f)}{f^3}\delta^2\left(\hat{\boldsymbol{n}},\hat{\boldsymbol{n}}'\right)\delta\left(f-f'\right),$$

$$\left\langle \tilde{h}_+^*\left(f',\hat{\boldsymbol{n}}'\right)\tilde{h}_\times(f,\hat{\boldsymbol{n}})\right\rangle = 0, \tag{7.253}$$

这里 $\delta^2\left(\hat{\boldsymbol{n}},\hat{\boldsymbol{n}}'\right)=\delta\left(\cos\theta-\cos\theta'\right)\delta\left(\phi-\phi'\right)$。(由于极化角 ψ 仅定义 $+$ 和 $\times$ 的极化，简单起见我们通常设它为一个固定值，如 $\psi=0$，因此不出现在方程中。)引力波探测器中的应变噪声为

$$\frac{1}{2}S_{h,\rm GW}(f)\delta\left(f-f'\right)=\int{\rm d}\hat{\boldsymbol{n}}\int{\rm d}\hat{\boldsymbol{n}}'\left\langle\tilde{h}^*\left(f',\hat{\boldsymbol{n}}'\right)\tilde{h}(f,\hat{\boldsymbol{n}})\right\rangle, \tag{7.254}$$

这里

$$\begin{aligned}\left\langle\tilde{h}^*\left(f',\hat{\boldsymbol{n}}'\right)\tilde{h}(f,\hat{\boldsymbol{n}})\right\rangle =& G_+(f,\hat{\boldsymbol{n}})G_+^*\left(f',\hat{\boldsymbol{n}}'\right)\left\langle\tilde{h}_+^*\left(f',\hat{\boldsymbol{n}}'\right)\tilde{h}_+(f,\hat{\boldsymbol{n}})\right\rangle \\ &+G_\times(f,\hat{\boldsymbol{n}})G_\times^*\left(f',\hat{\boldsymbol{n}}'\right)\left\langle\tilde{h}_\times^*\left(f',\hat{\boldsymbol{n}}'\right)\tilde{h}_\times(f,\hat{\boldsymbol{n}})\right\rangle.\end{aligned} \tag{7.255}$$

特别地，在具有正交臂的干涉型引力波探测器中，在长波极限下，产生的噪声功率谱密度为

$$S_{h,\rm GW}(f)=\frac{3H_0^2}{10\pi^2}\frac{\Omega_{\rm GW}(f)}{f^3}. \tag{7.256}$$

例如，暴胀宇宙学预测的随机引力波背景在当前地面引力波探测器的频率内具有一个平坦 (在频率上为常数) 的谱 $\Omega_{\rm GW}(f)=\Omega_{\rm GW,0}$。对于哈勃常数 $H_0=70\ {\rm km\cdot s^{-1}\cdot Mpc^{-1}}$，

$$S_{h,\rm GW}^{-1/2}(f)=4\times10^{-22}\ {\rm Hz}^{-1/2}\Omega_{\rm GW,0}^{1/2}\left(\frac{f}{100\ \rm Hz}\right)^{3/2}. \tag{7.257}$$

当 $\Omega_{\rm GW,0}\sim0.01$ 时，它与初代干涉仪中的噪声水平可比，但是由大爆炸核合成给出的对原初引力波的限制为 $\Omega_{\rm GW,0}\lesssim10^{-5}$，并且此背景很可能会远小于该值，因此单个引力波探测器是察觉不到这个额外噪声的。

对于一对探测器而言，随机背景引力波信号是相关的。如果两个探测器放在同一位置且相互平行，那么它们将具有相同的引力波应变，

$$\left\langle\tilde{h}_1^*\left(f'\right)\tilde{h}_2(f)\right\rangle=\left\langle\tilde{h}_1^*\left(f'\right)\tilde{h}_1(f)\right\rangle=\left\langle\tilde{h}_2^*\left(f'\right)\tilde{h}_2(f)\right\rangle, \tag{7.258}$$

因此，引力波背景噪声的交叉谱密度为

$$S_{12}(f)=S_{h,{\rm GW},1}(f)=S_{h,{\rm GW},2}(f)\quad(\text{同一地点且相互平行}). \tag{7.259}$$

然而，如果两个探测器并不放在同一位置，或者它们没有相同的指向 (即它们对引力波具有不同的响应)，那么交叉谱密度为

$$\frac{1}{2}S_{12}(f)\delta(f-f')=\int \mathrm{d}\hat{\boldsymbol{n}}\int \mathrm{d}\hat{\boldsymbol{n}}'\left\langle \tilde{h}_1^*\left(f',\hat{\boldsymbol{n}}'\right)\tilde{h}_2(f,\hat{\boldsymbol{n}})\right\rangle \tag{7.260}$$

它可用 Ω_{GW} 表示为

$$S_{12}(f)=\beta^{-1}\gamma_{12}(f)\frac{3H_0^2}{4\pi^2}\frac{\Omega_{\mathrm{GW}}(f)}{f^3}, \tag{7.261}$$

这里

$$\begin{aligned}\gamma_{12}(f):=\beta\frac{1}{4\pi}\int \mathrm{d}\hat{\boldsymbol{n}}\mathrm{e}^{2\pi\mathrm{i}f\hat{\boldsymbol{n}}\cdot\boldsymbol{r}_{12}/c}\\ \times\left[G_{+,1}^*(f,\hat{\boldsymbol{n}})G_{+,2}(f,\hat{\boldsymbol{n}})+G_{\times,1}^*(f,\hat{\boldsymbol{n}})G_{\times,2}(f,\hat{\boldsymbol{n}})\right]\end{aligned} \tag{7.262}$$

是探测器 1 和 2 之间的**重叠约化函数**，两探测器之间的矢量为 $\boldsymbol{r}_{12}=\boldsymbol{r}_1-\boldsymbol{r}_2$，这里 $\boldsymbol{r}_1$ 和 $\boldsymbol{r}_2$ 是它们的位置。此处的 β 是归一化常数，它的通常选择是使得当两个探测器相互平行且放在同一位置时 $\gamma_{12}(f)=1$(在长波极限下，对于具有正交臂的干涉型探测器，$\beta=5/2$。)。

例 7.13 长波极限下的重叠约化函数。

探测器对来自方向 $\hat{\boldsymbol{n}}$ 的引力波在长波极限下的响应可以表示成

$$h(t)=D^{ij}h_{ij}^{\mathrm{TT}}(t,\hat{\boldsymbol{n}}), \tag{7.263}$$

这里 D^{ij} 是探测器响应张量,它仅取决于探测器的几何构型。注意 $F_+(\hat{\boldsymbol{n}})=D^{ij}e_{ij}^+$ 和 $F_\times(\hat{\boldsymbol{n}})=D^{ij}e_{ij}^\times$。例如，对于两个臂的单位矢量分别为 $\boldsymbol{p}$ 和 $\boldsymbol{q}$ 的干涉仪，$D^{ij}=\frac{1}{2}\left(\hat{p}^i\hat{p}^j-\hat{q}^i\hat{q}^j\right)$，而对于轴沿着单位矢量 $\boldsymbol{p}$ 的棒状探测器，$D^{ij}=\hat{p}^i\hat{p}^j$。考虑两个引力波探测器，其探测器响应张量为 D_1^{ij} 和 D_2^{ij}，并且分离矢量为 $\boldsymbol{r}_{12}=\boldsymbol{r}_1-\boldsymbol{r}_2$，这里 $\boldsymbol{r}_1$ 和 $\boldsymbol{r}_2$ 是两个探测器的位置矢量。那么重叠约化函数将由下式给出 (Allen 和 Romano，1999)

$$\begin{aligned}\beta^{-1}\gamma_{12}(f)=&\left[2j_0(\alpha)-4\frac{j_1(\alpha)}{\alpha}+2\frac{j_2(\alpha)}{\alpha^2}\right]D_1^{ij}D_{2,ij}\\&+\left[-4j_0(\alpha)+16\frac{j_1(\alpha)}{\alpha}-20\frac{j_2(\alpha)}{\alpha^2}\right]D_1^{ij}D_{2,ik}\hat{s}_j\hat{s}^k\\&+\left[j_0(\alpha)-10\frac{j_1(\alpha)}{\alpha}+35\frac{j_2(\alpha)}{\alpha^2}\right]D_1^{ij}D_2^{kl}\hat{s}_i\hat{s}_j\hat{s}_k\hat{s}_l,\end{aligned} \tag{7.264}$$

这里 $\alpha = 2\pi f r_{12}/c$，$\hat{\boldsymbol{r}}_{12} = r_{12}\hat{\boldsymbol{s}}_{12}$。$j_0(\alpha) = \sin(\alpha)/\alpha$，$j_1(\alpha) = \sin(\alpha)/\alpha^2 - \cos(\alpha)/\alpha$，$j_2(\alpha) = 3\sin(\alpha)/\alpha^3 - 3\cos(\alpha)/\alpha^2 - \sin(\alpha)/\alpha$ 是球面贝塞尔函数。回想 β 是归一化的常数，它使得相互平行且放在同一位置的两个探测器的 $\gamma_{12}(f)$ 为一；对于具有正交臂的干涉型探测器，$\beta = 5/2$。

对于 LIGO 在汉福德 (H) 和利文斯顿 (L) 的干涉仪，重叠约化函数可以计算为

$$\gamma_{\mathrm{HL}}(f) \simeq -0.1080 j_0(\alpha) - 3.036\frac{j_1(\alpha)}{\alpha} + 3.443\frac{j_2(\alpha)}{\alpha^2}, \tag{7.265}$$

这里，由于两个站点的距离为 $r_{12} \simeq 3002$ km，$\alpha = 2\pi f r_{12}/c \approx 2\pi(f/100\ \mathrm{Hz})$。对于低频引力波 $f \ll c/r_{12}$，我们注意到 $j_n(\alpha)/\alpha^n \to 1/(2n+1)!!$，所以这个方程趋于常数值 $\gamma_{\mathrm{HL}}(0) \simeq -0.1080 - 3.036/3 + 3.443/15 \simeq -0.8907$。也就是说，汉福德与利文斯顿的探测器是相当好的 (反) 平行。然而，重叠约化函数在更高的频率变为在零附近振荡的衰减函数，参见图 7.2。由于两个探测器之间不再强相关，高频引力波随机背景辐射变得难以探测。 □

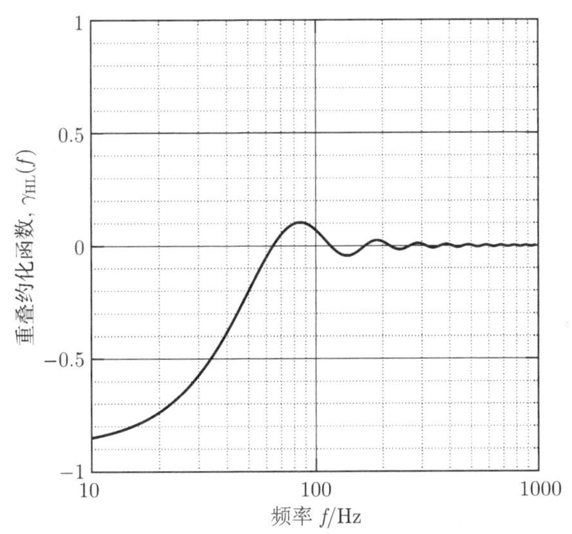

图 7.2 LIGO 汉福德天文台 (H) 和 LIGO 利文斯顿天文台 (L) 的重叠约化函数 $\gamma_{\mathrm{HL}}(f)$

例 7.14 Hellings-Downs 曲线。

通过脉冲星计时实验探测引力波，探测器由从地球到脉冲星的矢量 $\boldsymbol{p}$ 给出的单个基线组成。对于这样一个探测器，探测器响应张量 (不在长波极限下，因为我

们现在所感兴趣的波的周期短于光从源到地球的旅行时间) 为

$$D^{ij} = \frac{1}{2}\frac{\hat{p}^i\hat{p}^j}{1+\hat{\boldsymbol{p}}\cdot\hat{\boldsymbol{n}}}. \tag{7.266}$$

现在假设有两个这样的探测器，其基线矢量为 $\boldsymbol{p}_1$ 和 $\boldsymbol{p}_2$，且探测器响应张量为 D_1^{ij} 和 D_2^{ij}。因为从两个基线来的信号都在地球上接收，相当于探测器放在同一位置，因此由下式给出的重叠约化函数与频率无关，

$$\gamma_{12} = 1 + 3\frac{1-\hat{\boldsymbol{p}}_1\cdot\hat{\boldsymbol{p}}_2}{2}\left[\ln\left(\frac{1-\hat{\boldsymbol{p}}_1\cdot\hat{\boldsymbol{p}}_2}{2}\right) - \frac{1}{6}\right]. \tag{7.267}$$

它被称为 **Hellings-Downs 曲线**。为了使 $\hat{\boldsymbol{p}}_1\cdot\hat{\boldsymbol{p}}_2 = 1$ 时 $\gamma_{12} = 1$，取归一化常数 $\beta = 3$，参见图 7.3。 □

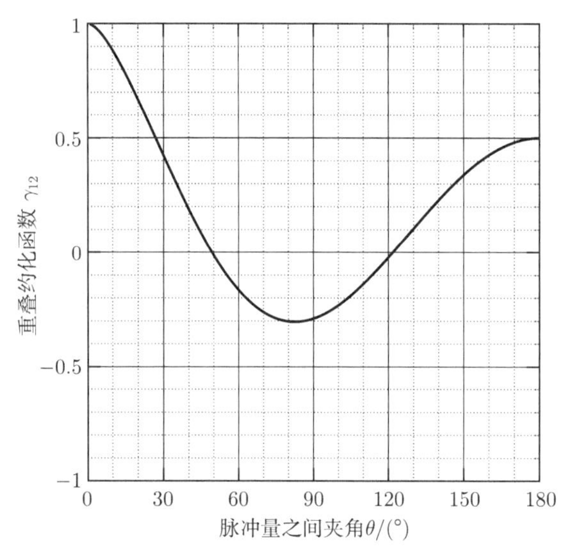

图 7.3 两个脉冲星计时引力波探测器以两个脉冲星之间夹角 $\theta = \arccos(\hat{\boldsymbol{p}}_1\cdot\hat{\boldsymbol{p}}_2)$ 为自变量的重叠约化函数 $\gamma_{12}(f)$，其中 $\hat{\boldsymbol{p}}_1$ 和 $\hat{\boldsymbol{p}}_2$ 分别是脉冲星 1 和 2 的单位方向矢量。这被称为 Hellings-Downs 曲线

通常我们假设随机引力波满足频率的幂律谱，

$$\Omega_{\rm GW}(f) = \Omega_\alpha\left(f/f_{\rm ref}\right)^\alpha, \tag{7.268}$$

这里 $f_{\rm ref}$ 是参考频率，Ω_α 是该频率处无量纲能量密度谱的值。对于平坦的谱 $\Omega_{\rm GW}(f) = \Omega_0$，它是个很小的值，并且一般来说在任何引力波探测器频段内的

参考频率处 Ω_α 都是个很小的数 (相对于一而言)：即 Ω_α 是包含了引力波随机背景功率信息的小参数。对于随机背景引力辐射，我们希望通过搜索确定或者限制 Ω_α 的值，因此我们引入了一个标度的 (scaled) 交叉谱密度 $\hat{S}_{12}$

$$\hat{S}_{12} := \beta^{-1}\gamma_{12}(f)\frac{3H_0^2}{4\pi^2}\frac{f^{\alpha-3}}{f_{\mathrm{ref}}^{\alpha}}, \tag{7.269}$$

且有

$$S_{12} = \Omega_\alpha \hat{S}_{12}. \tag{7.270}$$

为了得到最优探测统计量，考虑随机引力波背景在 N 个探测器网络中的效应。探测器数据形成了一个时间序列的矢量 $\boldsymbol{s}(t) = [s_1(t), s_2(t), \cdots, s_N(t)]$。我们假设探测器之间的仪器噪声是不相关的，并且假设仪器噪声和随机背景噪声都是平稳且高斯的，则在任意给定频率，

$$p[\tilde{\boldsymbol{s}}(f)] \propto \frac{1}{\sqrt{\det \boldsymbol{\Sigma}}}\exp\left\{-\tilde{\boldsymbol{s}}^{\dagger}(f)\boldsymbol{\Sigma}^{-1}(f)\tilde{\boldsymbol{s}}(f)\right\}, \tag{7.271}$$

是频率成分 $\tilde{\boldsymbol{s}}(f) = [\tilde{s}_1(f), \tilde{s}_2(f), \cdots, \tilde{s}_N(f)]$ 的概率密度函数，且

$$\boldsymbol{\Sigma}(f) := \begin{bmatrix} S_1(f) & S_{12}(f) & \cdots & S_{1N}(f) \\ S_{21}(f) & S_2(f) & \cdots & S_{2N}(f) \\ \vdots & \vdots & \ddots & \vdots \\ S_{N1}(f) & S_{N2}(f) & \cdots & S_N(f) \end{bmatrix}, \tag{7.272}$$

包含了探测器数据之间自相关和交叉相关的信息。第 i 个探测器的功率谱密度 $S_i(f)$ 是由仪器的噪声功率谱密度 $S_{h,\mathrm{inst}}(f)$ 和随机引力波背景的噪声功率谱密度 $S_{h,\mathrm{GW}}(f)$ 组成，$S_i(f) = S_{h,\mathrm{inst}}(f) + S_{h,\mathrm{GW}}(f)$。给定随机背景能量密度的特性强度 Ω_α，探测器网络的数据 $\boldsymbol{s}$ 的概率分布函数 $p(\boldsymbol{s}|\Omega_\alpha)$ 为

$$\ln p(\boldsymbol{s} \mid \Omega_\alpha) = -\frac{1}{2}4\int_0^\infty \left\{\tilde{\boldsymbol{s}}^{\dagger}(f)\boldsymbol{\Sigma}^{-1}(f)\tilde{\boldsymbol{s}}(f) + \frac{1}{2}T\ln\det\boldsymbol{\Sigma}(f)\right\}\mathrm{d}f, \tag{7.273}$$

上式略去了一个无关的常数。这里 T 是观测时间，它在把所有频带的求和转换成积分时出现。注意计算概率密度时我们要对矩阵 $\boldsymbol{\Sigma}$ 求逆。这可以通过对小参数 Ω_α 的展开得到

$$\boldsymbol{\Sigma} = \begin{bmatrix} S_1(f) & 0 & \cdots & 0 \\ 0 & S_2(f) & \cdots & 0 \\ \vdots & \vdots & \ddots & \vdots \\ 0 & 0 & \cdots & S_N(f) \end{bmatrix}$$

$$+\Omega_\alpha\begin{bmatrix}0 & \hat{S}_{12}(f) & \cdots & \hat{S}_{1N}(f)\\ \hat{S}_{21}(f) & 0 & \cdots & \hat{S}_{2N}(f)\\ \vdots & \vdots & \ddots & \vdots\\ \hat{S}_{N1}(f) & \hat{S}_{N2}(f) & \cdots & 0\end{bmatrix}, \tag{7.274}$$

从此我们得到

$$\boldsymbol{\Sigma}^{-1}=\boldsymbol{\Sigma}_0^{-1}+\Omega_\alpha\boldsymbol{\Sigma}_1^{-1}+\Omega_\alpha^2\boldsymbol{\Sigma}_2^{-1}+O\left(\Omega_\alpha^3\right) \tag{7.275}$$

和

$$\boldsymbol{\Sigma}_0^{-1}=\begin{bmatrix}S_1^{-1}(f) & 0 & \cdots & 0\\ 0 & S_2^{-1}(f) & \cdots & 0\\ \vdots & \vdots & \ddots & \vdots\\ 0 & 0 & \cdots & S_N^{-1}(f)\end{bmatrix}, \tag{7.276}$$

$$\boldsymbol{\Sigma}_1^{-1}=-\begin{bmatrix}0 & \dfrac{\hat{S}_{12}(f)}{S_1(f)S_2(f)} & \cdots & \dfrac{\hat{S}_{1N}(f)}{S_1(f)S_N(f)}\\ \dfrac{\hat{S}_{21}(f)}{S_2(f)S_1(f)} & 0 & \cdots & \dfrac{\hat{S}_{2N}(f)}{S_2(f)S_N(f)}\\ \vdots & \vdots & \ddots & \vdots\\ \dfrac{\hat{S}_{N1}(f)}{S_N(f)S_1(f)} & \dfrac{\hat{S}_{N2}(f)}{S_N(f)S_2(f)} & \cdots & 0\end{bmatrix}, \tag{7.277}$$

及

$$\left(\Sigma_2^{-1}\right)_{ij}=\sum_{\substack{k=1\\k\neq i,j}}^{N}\frac{\hat{S}_{ik}(f)\hat{S}_{kj}(f)}{S_i(f)S_k(f)S_j(f)}. \tag{7.278}$$

我们还有

$$\ln\det\boldsymbol{\Sigma}=\sum_{i=1}^{N}\ln S_i(f)-\Omega_\alpha^2\sum_{i=1}^{N}\sum_{\substack{j=1\\j<i}}^{N}\frac{\hat{S}_{ij}(f)\hat{S}_{ji}(f)}{S_i(f)S_j(f)}+O\left(\Omega_\alpha^3\right). \tag{7.279}$$

由这些结果我们可把对数似然比表达为

$$\ln\Lambda=\ln p\left(\boldsymbol{s}\mid\Omega_\alpha\right)-\ln p(\boldsymbol{s}\mid 0)=\Omega_\alpha\mathcal{S}-\frac{1}{2}\Omega_\alpha^2\mathcal{N}^2+O\left(\Omega_\alpha^3\right), \tag{7.280}$$

这里

$$\mathcal{S} := \frac{1}{2}4\int_0^\infty \tilde{\boldsymbol{s}}^\dagger(f)\boldsymbol{\Sigma}_1^{-1}(f)\tilde{\boldsymbol{s}}(f)\mathrm{d}f = \sum_{i=1}^N \sum_{\substack{j=1\\j<i}}^N 4\,\mathrm{Re}\int_0^\infty \frac{\tilde{s}_i^*(f)\hat{S}_{ij}(f)\tilde{s}_j(f)}{S_i(f)S_j(f)}\mathrm{d}f \tag{7.281}$$

是对数似然比中 $O(\Omega_\alpha)$ 项的因子，同时

$$\begin{aligned}\mathcal{N}^2 := \sum_{i=1}^N 4\int_0^\infty \Bigg\{ &-T\sum_{\substack{j=1\\j<i}}^N \frac{\hat{S}_{ij}(f)\hat{S}_{ji}(f)}{S_i(f)S_j(f)} \\ &+2\,\mathrm{Re}\sum_{\substack{j=1\\j\leqslant i}}^N \sum_{\substack{k=1\\k\neq i,j}}^N \frac{\tilde{s}_i^*(f)\hat{S}_{ik}(f)\hat{S}_{kj}(f)\tilde{s}_j(f)}{S_i(f)S_k(f)S_j(f)} \Bigg\}\mathrm{d}f\end{aligned} \tag{7.282}$$

是 $O\left(\Omega_\alpha^2\right)$ 项的因子。

确定性信号的似然比对于数据的依赖仅是通过匹配滤波器统计量并且它随信号的振幅单调增加，与此不同，随机引力波背景搜索的似然比依赖于数据并且以非平凡的方式依赖于随机背景的振幅。即探测器数据都在因子 $\mathcal{S}$ 和 $\mathcal{N}^2$ 中出现，这两个因子组合的方式取决于背景的特征强度 Ω_α。这就意味着，对于随机信号，什么是“最优”探测统计量是有些模糊不清的：最灵敏的搜索将取决于随机背景信号的强度。

如果假设随机背景很弱，$\Omega_\alpha \ll 1$，那么我们可得**局域最优探测统计量**，

$$\lim_{\Omega_\alpha\to 0}\frac{\mathrm{d}\ln\Lambda}{\mathrm{d}\Omega_\alpha} = \mathcal{S}. \tag{7.283}$$

在无限弱信号的极限下，局域最优统计量是表现最好的统计量 (对于固定的误警率，它有最大的探测率)(Kassam，1987)。另一方面，如果希望确定随机背景的强度，我们就要建立最大似然估计量 $\Omega_{\alpha,\mathrm{est}}$，为此

$$\left.\frac{\mathrm{d}\ln\Lambda}{\mathrm{d}\Omega_\alpha}\right|_{\Omega_\alpha=\Omega_{\alpha,\mathrm{est}}} = 0, \tag{7.284}$$

我们得到

$$\Omega_{\alpha,\mathrm{est}} \simeq \frac{\mathcal{S}}{\mathcal{N}^2}, \tag{7.285}$$

这里我们忽略了 $O\left(\Omega_\alpha^3\right)$ 项。通过把这个最大似然估计代入式 (7.280)，我们得到最大似然探测统计量。

$$\max_{\Omega_\alpha}\ln\Lambda \simeq \frac{1}{2}\frac{\mathcal{S}^2}{\mathcal{N}^2}, \tag{7.286}$$

这里我们仍忽略了 $O\left(\Omega_\alpha^3\right)$ 项。该统计量更适用于我们并不能先验地期待随机背景很弱时的情况。

为了简化讨论，我们现在取 $N=2$ 个探测器的特例。局域最优探测统计量 $\mathcal{S}$ 仅是两个探测器数据的具有适当频率权重的交叉相关：

$$\begin{aligned}\mathcal{S}&=4\,\mathrm{Re}\int_0^\infty\frac{\tilde{s}_1^*(f)\hat{S}_{12}(f)\tilde{s}_2(f)}{S_1(f)S_2(f)}\mathrm{d}f\\&=\beta^{-1}\frac{3H_0}{4\pi^2}2\int_{-\infty}^\infty\frac{\gamma_{12}(|f|)|f/f_{\mathrm{ref}}|^\alpha}{|f|^3S_1(|f|)S_2(|f|)}\tilde{s}_1^*(f)\tilde{s}_2(f)\mathrm{d}f.\end{aligned}\tag{7.287}$$

通过约定，我们把该交叉相关写为

$$Y:=\alpha\int_{-\infty}^\infty\frac{\gamma_{12}(|f|)\,|f/f_{\mathrm{ref}}|^\alpha}{|f|^3S_1(|f|)S_2(|f|)}\tilde{s}_1^*(f)\tilde{s}_2(f)\mathrm{d}f,\tag{7.288}$$

使得

$$\mathcal{S}=\frac{2}{\alpha\beta}\frac{3H_0^2}{4\pi^2}Y,\tag{7.289}$$

这里归一化常数 α 定义为

$$2\alpha^{-1}=\beta^{-1}\frac{3H_0^2}{4\pi^2}\int_{-\infty}^\infty\frac{\gamma_{12}^2(f)\,|f/f_{\mathrm{ref}}|^{2\alpha}}{|f|^6S_1(|f|)S_2(|f|)}\mathrm{d}f,\tag{7.290}$$

它使得当特征强度为 Ω_α 的随机引力波背景出现时，Y 的期望值为

$$\langle Y\rangle=T\Omega_\alpha,\tag{7.291}$$

这里 T 是观测时间。注意 δ 函数的变量趋于零时，$\langle\tilde{s}_1^*(f)\,\tilde{s}_2(f)\rangle=\left\langle\tilde{h}_1^*(f)\,\tilde{h}_2(f)\right\rangle=\frac{1}{2}S_{12}(f)\,\delta(f-f)$ 形式上是发散的，但是如果用的是有限观测时间 T 的数据，那么有 $\delta(f-f)=T$，由此得 $\langle\tilde{s}_1^*(f)\,\tilde{s}_2(f)\rangle=\frac{1}{2}TS_{12}(f)$。变量 Y 的方差为

$$\sigma^2=\mathrm{Var}\,Y=\frac{1}{4}\alpha^2T\int_{-\infty}^\infty\frac{\gamma_{12}^2(f)\,|f/f_{\mathrm{ref}}\,|^{2\alpha}}{|f|^6S_1(|f|)S_2(|f|)}\mathrm{d}f.\tag{7.292}$$

同时我们可以计算交叉相关统计量的特征信噪比

$$\varrho=\frac{\langle Y\rangle}{\sqrt{\mathrm{Var}\,Y}}=T^{1/2}\beta^{-1}\frac{3H_0^2}{4\pi^2}\sqrt{2\int_0^\infty\frac{\gamma_{12}^2(f)}{S_1(f)S_2(f)}\frac{\Omega_{\mathrm{GW}}^2(f)}{f^6}\mathrm{d}f}$$

$$= T^{1/2}\sqrt{2\int_0^\infty \frac{S_{12}^2(f)}{S_1(f)S_2(f)}\mathrm{d}f}. \tag{7.293}$$

一个可探测信号需要的 ϱ 约为几。注意 ϱ 随 $T^{1/2}$ 增加，所以更长的观测时间将能够探测到更弱的信号。

特征信噪比还可以确定当存在真实引力波信号时似然比的期望值。到 Ω_α 的平方阶，对数似然比不仅依赖于局域最优探测统计量 $\mathcal{S}$ 还依赖于 $\mathcal{N}^2$，因此我们计算两者的期望值。局域最优探测统计量的期望值为

$$\Omega_\alpha\langle\mathcal{S}\rangle = \varrho^2. \tag{7.294}$$

对于两个探测器，

$$\mathcal{N}^2 = 8\,\mathrm{Re}\int_0^\infty \frac{\hat{S}_{12}^2(f)}{S_1(f)S_2(f)}\left[\frac{|\tilde{s}_1(f)|^2}{S_1(f)} + \frac{|\tilde{s}_2(f)|^2}{S_2(f)}\right]\mathrm{d}f - 4T\int_0^\infty \frac{\hat{S}_{12}^2(f)}{S_1(f)S_2(f)}\mathrm{d}f \tag{7.295}$$

于是我们发现，

$$\Omega_\alpha^2\left\langle\mathcal{N}^2\right\rangle = \varrho^2. \tag{7.296}$$

因此有

$$\langle\ln\Lambda\rangle \simeq \frac{1}{2}\varrho^2, \tag{7.297}$$

这里依然忽略了 $O\left(\Omega_\alpha^3\right)$ 项。

例 7.15 随机背景搜索的灵敏度。

随机背景搜索的灵敏度可以通过计算由式 (7.293) 给出的特征信噪比 ϱ 获得。例如，一个具有平坦谱的宇宙学的引力波随机背景有 $\Omega_{\mathrm{GW}} = \Omega_0$。用 LIGO 汉福德的 4 km 探测器 (H1) 和 LIGO 利文斯顿的 4 km 探测器 (L1) 进行 $T\sim 1\mathrm{a}$ 的观测，产生特征信噪比 $\varrho = 3$ 所需的 Ω_0 为

$$\Omega_0 = \varrho T^{-1/2}\left(\frac{3H_0^2}{10\pi^2}\right)^{-1}\left(2\int_0^\infty \frac{\gamma_{\mathrm{HL}}^2(f)}{f^6 S_{\mathrm{H1}}(f)S_{\mathrm{L1}}(f)}\mathrm{d}f\right)^{-1/2} \sim 2\times 10^{-6}, \tag{7.298}$$

这里我们取噪声功率谱密度 $S_{\mathrm{H1}}(f)$ 和 $S_{\mathrm{L1}}(f)$ 为 A.2 节描述的理想化的初始 LIGO 探测器模型的值。在 LIGO 第五次科学运行 S5 中，灵敏度曲线在低频处相比理想模型差一些；使用典型的 S5 噪声谱 (参见图 A.2) 代替，给出 $\Omega_0 \sim 6 \times 10^{-6}$。□

随机背景搜索通常通过计算时间间隔 Δt 内的交叉相关统计量 Y 来进行，在 Δt 内认为探测器噪声是相对平稳的，例如对于地面干涉仪探测器的搜索而言典型时标为 $\Delta t \sim 15\,\mathrm{min}$。这将产生 $N_{\mathrm{intervals}} = T/\Delta t$ 个间隔，每个 $Y_i(i \in [1, N_{\mathrm{intervals}}]$ 的方差 σ_{i}^2 由式 (7.292) 给出，其中替换 T 为 Δt。然后，它们被最优地 (给定一个变化的背景噪声水平) 组合为

$$Y = \sigma^2 \sum_{i=1}^{N_{\mathrm{intervals}}} Y_i/\sigma_i^2, \tag{7.299a}$$

这里

$$\sigma^{-2} = \sum_{i=1}^{N_{\mathrm{intervals}}} \sigma_i^{-2} \tag{7.299b}$$

是 Y 的方差。Y 的这种结构自然地倾向于探测器最灵敏的那些间隔，而弱化探测器性能不好的那些间隔。

交叉相关搜索是所有存在交叉相关的噪声源的测量方法，并不仅限于随机引力波背景。重叠约化函数的设计使得随机引力波背景对 Y 产生一个正的期望值，但是其他类型的相关噪声在探测器之间可以是相关的也可以是反相关的，因此 Y 的期望值可正可负。可能存在的非引力波的相关噪声源可使得对随机引力波背景的限制变得困难。然而，如果我们假设两个探测器之间没有共同的非引力波噪声，那么我们可以通过 Y 的测量值给 Ω_α 一个界限。例如，如果我们假设 Y 是均值为 $T\Omega_\alpha$、方差为 σ^2 的高斯随机变量，那么 90%置信水平的频率派上限将是

$$\Omega_{\alpha,90\%} = \frac{Y}{T} + 1.28\frac{\sigma}{T}. \tag{7.300}$$

(注意如果 Y 碰巧为一个大的负值时，此上限或许会变为非物理的负值。)

7.9.1 随机引力波点源

随机引力波的定向搜索对于探测来自特定天空位置 (如银河系核心) 的连续随机过程或者对于搜索已知天空位置的连续波波源都是有用的。对于后者，未知的相位演化 (比如在 X 射线双星系统中搜索来自中子星的引力波信号) 使得匹配滤波器不可用。在这种情况下，前面描述的过程仍然成立，但是现在重叠约化函

数化简为

$$\gamma_{12}(f,\hat{\boldsymbol{n}},t)=\mathrm{e}^{2\pi \mathrm{i}f\hat{\boldsymbol{n}}\cdot \boldsymbol{r}_{12}/c}\left[G^*_{+,1}(f,\hat{\boldsymbol{n}})G_{+,2}(f,\hat{\boldsymbol{n}})+G^*_{\times,1}(f,\hat{\boldsymbol{n}})G_{\times,2}(f,\hat{\boldsymbol{n}})\right]. \tag{7.301}$$

注意重叠约化函数现在是含时的 (对于地面探测器，它的周期是一个恒星日)，因此交叉相关探测统计量 Y 必须在足够短的时间内计算，以使重叠约化函数的改变不明显。幸运的是，我们已经知道如何对短时间段的数据进行交叉相关统计量 Y_i 的计算，由它可以组合生成整个观测时间的单个统计量 Y，参见式 (7.299)(先前的目标是处理探测器噪声中的非平稳性)。因此，为了针对特定的时间和方向，我们必须不断计算每个被分析的间隔内的重叠约化函数，但是该分析本质上并不改变。注意由于 $\hat{\boldsymbol{n}}$ 在定向搜索中是已知的，因子 $\mathrm{e}^{2\pi \mathrm{i}f\hat{\boldsymbol{n}}\cdot \boldsymbol{r}_{12}/c}$ 给出了重叠约化函数依赖频率的相位移动，但是重叠约化函数不会在高频处被抑制：在高频情况下定向搜索不会受到探测器之间距离的影响。

7.10 习　题

习题 7.1

考虑一个噪声模型，其中在实验的观测输出 s 中出现的噪声 n 不是高斯的，而是满足分布 $p(n)=(2\pi)^{-1}\operatorname{sech}(n)$，这里 sech 是双曲正割函数。零假设 H_0 是观测到的输出为噪声，$s=n$，而备选假设是观测到的输出为噪声加上振幅为 h 的信号，$s=n+h$。证明最优统计量 (似然比 Λ) 依赖于信号振幅的期望值，即探测振幅 $h=1$ 信号的最优统计量与探测振幅 $h=4$ 信号的最优统计量不同。假设一族信号的振幅满足分布 $p(h)\propto \mathrm{e}^{-|h|}$($h$ 可正可负)。找出对该信号族的最优探测统计量 (边缘化的似然比)。画出以观测输出值 s 为自变量的边缘化的似然比 Λ。

习题 7.2

考虑四个探测器 GEO-600(G)、LIGO 汉福德天文台 (H)、LIGO 利文斯顿天文台 (L) 和 Virgo(V) 组成的网络。对于某个源 (位于本初子午线和赤道的正上方)，我们有

$$\mathbf{F}^{\mathrm{T}}=\begin{bmatrix} F_{+,\mathrm{G}} & F_{+,\mathrm{H}} & F_{+,\mathrm{L}} & F_{+,\mathrm{V}} \\ F_{\times,\mathrm{G}} & F_{\times,\mathrm{H}} & F_{\times,\mathrm{L}} & F_{\times,\mathrm{V}} \end{bmatrix}=\begin{bmatrix} +0.35 & +0.25 & +0.19 & -0.65 \\ -0.50 & -0.46 & +0.36 & -0.38 \end{bmatrix}. \tag{7.302}$$

找出该探测器网络的两个零数据流的系数 c_1 和 c_2。

答案：c_1 和 c_2 的解应是 $\boldsymbol{e}_1=[0,0.351,0.854,0.384]$ 和 $\boldsymbol{e}_2=[0.671,-0.692,0.213,0.157]$ 的两个线性组合。

习题 7.3

考虑一个泊松过程，其事件率 R 未知。在观测时间 T 内获得 n 个事件的概率为

$$p(n;\lambda)=\frac{1}{n!}\lambda^n \mathrm{e}^{-\lambda},$$

这里 $\lambda=RT$。使用 7.3.3 节中描述的奈曼方法证明在置信水平为 α，并给定 N 个观测事件时，事件率 R_α 的上限可由下式解出。

$$1-\alpha=\sum_0^N p\left(n;\lambda_\alpha\right),$$

其中，$\lambda_\alpha=R_\alpha T$。假设在 $T=1\mathrm{a}$ 的观测时间内发现 $N=0$ 个事件。则事件率在 $\alpha=90\%$ 置信水平的 (频率派) 上限 $R_{90\%}$ 为多少？如果发现 $N=1$ 个事件，则上限为多少？

习题 7.4

式 (7.234) 用矩阵 $\mathbf{B}$ 给出了旋近搜索可以测量的不同参数 (并合时间 t_0，并合相位 φ_0，啁啾质量 $\mathscr{M}$) 的精度，其中 $\mathbf{B}$ 的逆 $\mathbf{A}$ 由式 (7.232) 给出。使用附录 A.2 中给出的理想化的初始 LIGO 模型计算矩阵 B^{ij} 的分量，并且对于 $\varrho=10$ 的信号获得 Δt_0，$\Delta\varphi_0$，$\Delta\mathscr{M}/\mathscr{M}$ 的值。

习题 7.5

随机引力波背景中的引力波能量密度为 $c^2\rho_{\mathrm{GW}}=T_{00}^{\mathrm{GW}}/c^2$。将度规扰动展开为平面波

$$h_{ij}(t)=\int \mathrm{d}\hat{\boldsymbol{\Omega}}\int \mathrm{d}f \mathrm{e}^{2\pi \mathrm{i}ft}\left\{h_+(f,\hat{\boldsymbol{\Omega}})e_{ij}^+ + h_\times(f,\hat{\boldsymbol{\Omega}})e_{ij}^\times\right\},$$

(这里 $\hat{\boldsymbol{\Omega}}=-\hat{\boldsymbol{n}}$) 并使用式 (3.79) 以及式 (7.251) 和 (7.252) 验证式 (7.253) 中给出的关系。参见 Allen 和 Romano(1999)。

习题 7.6

推导 Hellings-Downs 曲线的方程式，即式 (7.267)。

参考文献

Allen, B. (2005) A χ^2 time-frequency discriminator for gravitational-wave detection. *Phys. Rev.*, D71, 062 001. doi: 10.1103/PhysRevD.71.062001.

Allen, B. and Romano, J.D. (1999) Detecting a stochastic background of gravitational radiation: signal processing strategies and sensitivities. *Phys. Rev.,* D59, 102 001. doi: 10.1103/PhysRevD.59.102001.

Brady, P.R. and Creighton, T. (2000) Searching for periodic sources with LIGO. II: hierarchical searches. *Phys. Rev.,* D61, 082 001. doi: 10.1103/PhysRevD.61.082001.

Dupuis, R.J. and Woan, G. (2005) Bayesian estimation of pulsar parameters from gravitational wave data. *Phys. Rev.,* D72, 102 002. doi: 10.1103/PhysRevD.72.102002.

Feldman, G.J. and Cousins, R.D. (1998) A unified approach to the classical statistical analysis of small signals. *Phys. Rev.,* D57, 3873-3889. doi: 10.1103/PhysRevD.57.3873.

Finn, L.S. and Chernoff, D.F. (1993) Observing binary inspiral in gravitational radiation: one interferometer. *Phys. Rev.,* D47, 2198-2219. doi: 10.1103/PhysRevD.47.2198.

Jaranowski, P. and Królak, A. (2009) *Analysis of Gravitational-Wave Data,* Cambridge University Press.

Jaranowski, P., Krolak, A. and Schutz, B.F. (1998) Data analysis of gravitational-wave signals from spinning neutron stars. I: the signal and its detection. *Phys. Rev.,* D58, 063 001. doi: 10.1103/PhysRevD.58.063001.

Kassam, S.A. (1987) *Signal Detection in Non-Gaussian Noise,* Springer.

Klimenko, S., Mohanty, S., Rakhmanov, M., and Mitselmakher, G., (2005) Constraint likelihood analysis for a network of gravitational wave detectors. *Phys. Rev.,* D72, 122002. doi:10.1103/PhysRevD.72.122002.

Owen, B.J. (1996) Search templates for gravitational waves from inspiraling binaries: choice of template spacing. *Phys. Rev.,* D53, 6749-6761. doi: 10.1103/PhysRevD.53.6749.

Owen, B.J. and Sathyaprakash, B.S. (1999) Matched filtering of gravitational waves from inspiraling compact binaries: computational cost and template placement. *Phys. Rev.,* D60, 022 002. doi: 10.1103/PhysRevD.60.022002.

Pletsch, H.J. and Allen, B. (2009) Exploiting global correlations to detect continuous gravitational waves. *Phys. Rev. Lett.,* 103, 181 102. doi: 10.1103/PhysRevLett.103.181102.

Sutton, P.J., Jones, G., Chatterji, S., Kalmus, P.M., Leonor, I., Poprocki, S., Rollins, J., Searle, A., Stein, L., Tinto, M. and Was, M. (2010) X-Pipeline: an analysis package for autonomous gravitational-wave burst searches. *New J. Phys.,* 12, 053 034. doi: 10.1088/1367-2630/12/5/053034.

Wainstein, L.A. and Zubakov, V.D. (1971) *Extraction of Signals from Noise,* Dover.

第 8 章 结束语：引力波天文学和天体物理学

在写本章时——2010 年底，初始 LIGO/Virgo 运行结束——还没有直接探测到引力波。然而，引力波成为相对论系统天体物理建模的重要部分已经有几十年了。赫尔斯-泰勒脉冲双星系统的研究给出了引力波能量损失导致的轨道衰减的精确测量，甚至在此之前，引力辐射对于理解在特定激变变星双星系统 (白矮星主星将伴星的物质剥离出来) 中的角动量平衡是重要的。然而，引力波天文学的真正前景是直接探测到引力波；作为天文学的工具，引力波观测为查验引力系统的动力学过程提供了力量，甚至当该系统对于电磁观测是模糊的时候，例如恒星的核在超新星中爆发，或者黑洞的碰撞，或者在宇宙历史的早期对电磁波不透明时发生的过程。

由于引力波天文学是一门不断发展的学科，而且在未来几年里有可能出现惊人的发现，因此不可能详细阐述引力波天文学影响我们对宇宙看法的所有方式。我们将讨论引力波观测可能提供关键物理和天体物理理解的若干方面，其中一些具有较强的推测性。由于我们的领域是动态变化的并且本教科书是在早期阶段编写的，因此，我们建议读者参阅 *Living Reviews in Relativitg* 上发表的综述文章 Sathyaprakash 和 Schutz(2009)，以更好地了解我们当前的认识和期望。

8.1 基 础 物 理

广义相对论是现代物理的基础理论之一，正因如此，广义相对论预言的实验检验尤其重要。事实上，广义相对论是一个经过充分检验的理论，水星近日点进动和太阳对光线的偏析等关键预言都得到了证实，这为广义相对论提供了令人信服的早期支持。大多数替代引力理论都受到了太阳系天体轨道动力学以及脉冲双星系统轨道观测很强的限制，对于后者而言，最为著名的是赫尔斯-泰勒脉冲双星的限制 (参见例 3.15)。这些观测至少在被探查的领域可信地表明了广义相对论的正确性。对于大多数情况，观测仅限于一阶后牛顿运动方程和引力辐射的四极矩方程。辐射的确切性质和高度相对论系统的动力学到目前为止还没有被检验。

广义相对论对引力辐射的性质做出了确切的预言。度规扰动的波动方程表明引力辐射应该以光速 c 传播。然而，如果引力子具有很小但是非零的质量，则期待的引力波传播速度将略小于光速。辐射系统的引力波和电磁波的联合观测将允许我们检验引力波的传播速度是否的确是光速。爱因斯坦场方程限制了可能的引力波极化态的数目：在例 3.4 中我们已经知道在引力的度规理论中有六个可能的极化，但是在广义相对论中仅有两个横向且自旋为 2 的 + 和 × 极化是允许的。例如，在 Brans-Dicke 理论中 (引力的标量-张量理论)，除了广义相对论中自旋为 2 的横向模式外，还期待有一个自旋为 0 的横向“呼吸”模式以及 (对于有质量的引力子) 一个自旋为 0 的纵向模式。用多个探测器观测引力波时，确切的极化态可以被确定，假如存在的话，我们或许能够观测到非自旋为 2 的极化模式。

检验广义相对论的高度相对论性和强场预言需要借助存在这种条件的实验室——例如，在中子星和黑洞等高度致密天体的碰撞中。中子星或黑洞系统的双星轨道衰减过程中的旋近后期将揭示高度相对论性系统的动力学，并将为更高阶的后牛顿效应对轨道运动和引力波产生的影响提供灵敏的检验。黑洞碰撞的详细的动力学可以通过数值相对论建模，这些模拟可以和引力波观测做比较以判断广义相对论的强场预言是否与真实情况相符合。

广义相对论也对黑洞的性质做出了具体的预言。一般的真空黑洞解是克尔黑洞，它由两个参数描述：它的质量和自旋。黑洞附近小天体的运动将使黑洞引力多极矩的确定成为可能，这也由黑洞的质量和自旋唯一地决定。同时，在广义相对论不正确的情况下，这将可能探测到对克尔解的偏离。另外，广义相对论预言了黑洞振动固有模式的谱——在 4.2.2 节中描述的似正规模，它由黑洞的质量和自旋确定；在其他引力理论中，可能会观测到不同的振动谱。

除了广义相对论的检验外，引力波观测可能揭示出基础物理的其他方面。例如，来自早期宇宙的引力波背景的发现可能会揭示出在不同能量尺度的 (如量子色动力学能量尺度，弱电能量尺度，或者超对称能量尺度) 相变中的物理过程，或者在暴涨后的宇宙再加热 (参见 5.3.1 节) 中的物理过程。双中子星并合产生的引力波波形不仅包含中子星质量的信息还包含潮汐变形的信息，而潮汐相互作用的测量限制中子星内部可能的状态方程——它描述了极端致密且接近零温的物质的性质。

8.2 天体物理

银河系中的双中子星和恒星质量双黑洞 ($M < 100M_{\odot}$) 的星族是高度不确定的：仅有少数的双中子星系统被观测到，还没有发现中子星 + 黑洞或者黑洞 + 黑洞双星。恒星演化模型可被用来预测这类系统的出现频率，但是目前还不知道这样的模型是否正确地解释了描述双星系统演化的各种物理现象。此外，一般认为星系场中形成的星族与星团中形成的星族有很大不同，恒星间的多体动力学相互作用在星团中是重要的。我们对在引力辐射影响下足够接近并合的致密星星族的认识很有限，这意味着我们对引力波探测器中预期事件率的估计是高度不确定

的。另一方面，当我们的确开始观测到这类系统时，我们看到的双星并合的事件率将为恒星演化模型提供重要的信息。

超大质量黑洞 ($M > 10^4 M_\odot$) 被发现存在于包括银河系在内的许多星系的核心。正如已经观测到的星系并合，我们期待星系核心的超大质量黑洞也将并合，空间探测器比如 LISA 以及脉冲星计时阵列应该能够探测到它们的并合。另外，小的天体 (中子星或者恒星质量黑洞) 在落入超大质量黑洞的过程中将产生极端质量比旋近 (EMRI) 信号，它将能被空间探测器探测到。介于恒星质量黑洞和超大质量黑洞之间的中等质量黑洞 ($100M_\odot < M < 10^4 M_\odot$) 星族也可能存在。通过研究中等质量黑洞和超大质量黑洞的并合率，我们希望了解早期星系形成中的重要过程，例如，星系是由包含小黑洞的更小的天体通过碰撞分等级地形成？或者大星系 (以及它们的超大质量黑洞) 是直接形成？

当星系刚形成时，中子星和黑洞的碰撞或许会产生可探测的天体物理引力波背景，这一背景的谱的观测或许也会带来星系形成过程的信息。

人们期待黑洞的形成会为大多数伽马射线暴前身星的中心引擎提供能量，但是可能有不止一个过程导致暴发的产生。长伽马射线暴或许是在大质量恒星核心引力塌缩生成一个黑洞的过程中形成的，而短伽马射线暴或许是在双中子星或者中子星黑洞双星的并合中由于中子星的瓦解产生的。双星旋近的引力波和短伽马射线暴的联合观测将证实该前身星模型[①]。(实际上，未观测到双星旋近信号与短伽马射线暴 GRB070201(很可能起源于邻近的仙女座星系) 成协，这至少为部分短伽马射线暴是由软伽马射线复现源 (soft-gamma-ray repeater) 而非双星并合产生的假设提供了支持。)

联合双星旋近引力波信号和光学暂现源可以提供一种精确测量宇宙学参数的方法。距离-红移关系是确定哈勃常数和测量当前宇宙膨胀加速度的核心，它需要结合遥远天体 (如超新星) 距离和红移的测量。距离测量通常是困难的。“标准烛光”(如特定类型超新星的光度) 的建立可被用于联系天体的视亮度和距离，但是这种标准是很难建立的。然而，双星旋近的引力波有一个直接可测量的距离标准：波的振幅由系统的啁啾质量 (可由频率演化确定) 和到系统的距离决定。如果双星旋近的宿主星系被识别出，且宿主星系的红移可被测量到，那么这将在距离-红移关系上直接测量到一个点。

另一个引力波观测或许可以帮助解决的天体物理谜题是超新星形成的机制。大质量恒星的核心塌缩形成中子星时产生超新星。物质下落到新生的中子星上后被反弹形成激波。然而，该初始激波在能够使周围的恒星物质爆炸前就停止了；使

① 译者注：双中子星并合的引力波事件 GW170817 即是这段论述所勾勒图像的实现。参见 Abbott B P, et al. (LIGO Scientific Collaboration and Virgo Collaboration). Phys. Rev. Lett., 2017, 119: 161101, DOI:https://doi.org/10.1103/PhysRevLett.119.161101。

激波复原再生的各种模型已被提出。超级计算机对超新星的模拟为各种机制的可行性提供了一些启示，但是由于物理过程呈现出的复杂性，很难对哪种机制 (或者可能的多种机制) 是暴发产生的原因做出明确的回答。电磁观测不能解决此问题，这是因为核塌缩的动力学过程被周围的星体物质完全掩盖。然而，提出的不同机制将预期产生非常不同的引力波特征，因此，在决定超新星的起源中，银河系或邻近星系超新星的引力波观测可与数值模拟互补。

在超新星中锻造出的新生中子星是热的，快速旋转的，并且以不同的振动模式脉动。对于旋转的中子星来说，某些振动模式对引力辐射是不稳的：即由振动产生的引力辐射会增强而非耗散振动。这个不稳定性被称为钱德拉塞卡-弗里德曼-舒茨不稳定性。它发生在当振动的模式速度对遥远的惯性观测者 (振动的引力辐射的接收者) 而言相对于转动看来是正向 (prograde) 但相对于中子星物质的转动方向却是反向 (retrograde) 时 (因此辐射出的负角动量增强了负角动量的振动模式)。中子星物质的黏性对振动模式的耗散是已知的，但是新生的热中子星具有比较小的黏性，因此由这些年轻中子星的振动产生的引力波有可能被观测到。尤其有趣的是 r 模振动，它由流四极矩辐射所驱动 (而非通常主导引力辐射的质量四极矩辐射)。

这种 r 模振动可能也在低质量 X 射线双星 (LMXB) 系统中扮演重要角色，其中年老的中子星通过从伴星转移物质使自身的转动加快 (这将产生可观测的 X 射线)；引力波 (最有可能来自 r 模) 可能负责平衡从质量转移中获得的角动量，以将转动周期保持在相对较窄的观测范围内。如果这个情况成立，那么来自 LMXB 系统天蝎座 X-1 的引力波可能刚好能够被高新地面干涉型探测器探测到。中子星振动模式也有可能在中子星周期跃变 (glitch)(当中子星形态突变时) 和磁星 (具有强磁场的中子星) 耀发时被激发。这些振动模式之一被观测到将有助于限制中子星的状态方程。

每次对引力波源的搜寻结束时，都必然有可能发现某个新的、意想不到的源。引力波的产生机制和电磁波很不一样，因此很有可能宇宙的某个组分到目前为止还完全没有被探索。正是由于“出人意料”，我们不应该指望这种惊喜。但如果我们真的发现了某个全新的现象，那肯定会很有趣。

参 考 文 献

Sathyaprakash, B.S. and Schutz, B.F. (2009) Physics, astrophysics and cosmology with gravitational waves. *Living Rev. Rel.*, 12(2). http://www.livingreviews.org/lrr-2009-2 (last accessed 2011-01-03).

附录 A　引力波探测器数据

A.1　引力波探测器台站数据

表 A.1 给出了当前引力波探测器台站的位置 $\boldsymbol{r}$。这些矢量是在地固 (Earth-fixed) 坐标系中表示的：原点位于地心，x 轴穿过地球的本初子午线与赤道的交点，y 轴穿过东经 $90°$ 与赤道的交点，z 轴穿过地球北极。

表 A.1　引力波探测器台站信息

天文台	$\boldsymbol{r}$/m		
	共振质量探测器		
ALLEGRO	−113259	−5504083	+3209895
AURIGA	+4392467	+929509	+4515029
EXPLORER	+4376454	+475435	+4599853
NAUTILUS	+4644110	+1044253	+4231047
NIOBE	−2359489	+4877216	−3354160
	干涉型探测器		
GEO	+3856310	+666599	+5019641
LHO	−2161415	−3834695	+4600350
LLO	−74276	−5496284	+3224257
TAMA	−3946409	+3366259	+3699151
Virgo	+4546374	+842990	+4378577

探测器的指向决定了它们的响应张量，从而决定了它们的天线波束图函数。共振质量棒探测器在长波极限下运行，其响应张量为

$$D^{ij} = \hat{p}^i \hat{p}^j, \tag{A.1}$$

这里 $\hat{\boldsymbol{p}}$ 是沿棒轴的单位矢量。干涉型探测器的响应张量为

$$D^{ij}(\hat{\boldsymbol{n}}, f) = \frac{1}{2}\hat{p}^i \hat{p}^j D(\hat{\boldsymbol{p}} \cdot \hat{\boldsymbol{n}}, f\|\boldsymbol{p}\|/c) - \frac{1}{2}\hat{q}^i \hat{q}^j D(\hat{\boldsymbol{q}} \cdot \hat{\boldsymbol{n}}, f\|\boldsymbol{q}\|/c), \tag{A.2}$$

这里 $\hat{\boldsymbol{p}}$ 是沿干涉仪一个臂的单位矢量，$\hat{\boldsymbol{q}}$ 是沿干涉仪另一个臂的单位矢量。$\|\boldsymbol{p}\|$

与 $\|\boldsymbol{q}\|$ 是这些臂的长度，并且

$$D(\mu,x):=\frac{1}{2}\mathrm{e}^{2\pi\mathrm{i}x}\left\{\mathrm{e}^{\mathrm{i}\pi x(1-\mu)}\operatorname{sinc}[\pi x(1+\mu)]\right.$$
$$\left.+\mathrm{e}^{-\mathrm{i}\pi x(1+\mu)}\operatorname{sinc}[\pi x(1-\mu)]\right\}. \tag{A.3}$$

在长波极限下，$fL/c\ll 1$，$D\to 1/2$，干涉型探测器的响应张量变为

$$D^{ij}(\hat{\boldsymbol{n}},f)=\frac{1}{2}\left(\hat{p}^i\hat{p}^j-\hat{q}^i\hat{q}^j\right). \tag{A.4}$$

表 A.2 给出了共振质量棒探测器轴的指向 $\hat{\boldsymbol{p}}$。这些单位矢量是在地固坐标系中表示的。

表 A.2 共振质量探测器指向数据

探测器		$\hat{\boldsymbol{p}}$	
ALLEGRO (A1)	−0.6347	+0.4009	+0.6606
AURIGA (O1)	−0.6445	+0.5737	+0.5055
EXPLORER (E1)	−0.6279	+0.5648	+0.5354
NAUTILUS (N1)	−0.6204	+0.5725	+0.5360
NIOBE (B1)	−0.2303	+0.4761	+0.8486

表 A.3 给出了干涉型引力波探测器两个臂的指向 $\hat{\boldsymbol{p}}$ 和 $\hat{\boldsymbol{q}}$。这些单位矢量是在地固坐标系中表示的。

表 A.3 干涉型探测器指向数据

探测器		$\hat{\boldsymbol{p}}$			$\hat{\boldsymbol{q}}$	
GEO 600 m(G1)	−0.4453	+0.8665	+0.2255	−0.6261	−0.5522	+0.5506
LHO 4 km(H1)[a]	−0.2239	+0.7998	+0.5569	−0.9140	+0.0261	−0.4049
LHO 2 km(H2)[b]	−0.2239	+0.7998	+0.5569	−0.9140	+0.0261	−0.4049
LLO 4 km(L1)[c]	−0.9546	−0.1416	−0.2622	+0.2977	−0.4879	−0.8205
TAMA 300 m(T1)	+0.6490	+0.7608	+0.0000	−0.4437	+0.3785	−0.8123
Virgo 3 km(V1)	−0.7005	+0.2085	+0.6826	−0.0538	−0.9691	+0.2408

注: a. H1 的臂长为 $\|\boldsymbol{p}\|=3995.084$ m，$\|\boldsymbol{q}\|=3995.044$ m。

b. H2 的臂长为 $\|\boldsymbol{p}\|=\|\boldsymbol{q}\|=2009$ m。

c. L1 的臂长为 $\|\boldsymbol{p}\|=\|\boldsymbol{q}\|=3995.15$ m。

在地固坐标系中描述引力波如下: 假设引力波来自天空中的位置 (θ,ϕ), 其中 θ 是相对于 z 轴的极角, ϕ 是在 x-y 平面上从 x 轴量起的方位角; 即在地固坐标系中指向源的单位矢量为 $\hat{\boldsymbol{\Omega}}=\{\sin\theta\cos\phi,\sin\theta\sin\phi,\cos\theta\}$ 。注意引力波的传播

方向为 $\hat{\boldsymbol{n}} = -\hat{\boldsymbol{\Omega}}$。角度 θ 和 ϕ 与赤道坐标系中波源坐标 (赤经 α 和赤纬 δ) 的联系为 $\theta = \pi/2 - \delta, \phi = \alpha - \mathrm{GMST}$, 这里 GMST 是信号到达的格林尼治平恒星时。横向无迹规范中的度规扰动 h_{ij} 定义在一个有基矢 $\boldsymbol{e}_1, \boldsymbol{e}_2$ 和 $\boldsymbol{e}_3 = \hat{\boldsymbol{n}}$ 的坐标系中, 这里 $\boldsymbol{e}_1, \boldsymbol{e}_2$ 落在横向平面中; 它们在地固坐标系中的分量分别为

$$\begin{aligned}\boldsymbol{e}_1 = \{ &+\cos\psi\sin\phi - \sin\psi\cos\phi\cos\theta, \\ &-\cos\psi\cos\phi - \sin\psi\sin\phi\cos\theta, \\ &+\sin\psi\sin\theta\}, \end{aligned} \tag{A.5a}$$

$$\begin{aligned}\boldsymbol{e}_2 = \{ &-\sin\psi\sin\phi - \cos\psi\cos\phi\cos\theta, \\ &+\sin\psi\cos\phi - \cos\psi\sin\phi\cos\theta, \\ &+\cos\psi\sin\theta\}. \end{aligned} \tag{A.5b}$$

这里，角度 ψ 确定了基矢量 $\boldsymbol{e}_1$ 和 $\boldsymbol{e}_2$ 在横向平面内的方向，并且确定了加号和叉号极化态，因此它称为极化角。具体地说，它是从 $\boldsymbol{e}_1$ 的节点线起始沿 $\boldsymbol{e}_3$ 逆时针旋转的角度。引力波的极化张量为 $\boldsymbol{e}_+ := \boldsymbol{e}_1\otimes\boldsymbol{e}_1 - \boldsymbol{e}_2\otimes\boldsymbol{e}_2$ 和 $\boldsymbol{e}_\times := \boldsymbol{e}_1\otimes\boldsymbol{e}_2 + \boldsymbol{e}_2\otimes\boldsymbol{e}_1$，或者显式写为

$$e_{ij}^{+} := (e_1)_i\,(e_1)_j - (e_2)_i\,(e_2)_j\,, \tag{A.6a}$$

$$e_{ij}^{\times} := (e_1)_i\,(e_2)_j + (e_2)_i\,(e_1)_j\,. \tag{A.6b}$$

因此，横向无迹规范中度规扰动 h_{ij} 的两个极化分量 h_+ 和 $h_\times$ 可以表示为

$$h_{ij} = h_+ e_{ij}^{+} + h_\times e_{ij}^{\times}, \tag{A.7a}$$

其中

$$h_+ := \frac{1}{2} e_+^{ij} h_{ij}, \tag{A.7b}$$

$$h_\times := \frac{1}{2} e_\times^{ij} h_{ij}. \tag{A.7c}$$

响应张量为 D^{ij} 的探测器由横向无迹规范中的度规扰动 h_{ij} 产生的应变为

$$h := D^{ij} h_{ij}. \tag{A.8}$$

它可以用极化分量 h_+ 和 $h_\times$ 表示为

$$h = G_+ h_+ + G_\times h_\times, \tag{A.9a}$$

这里

$$G_+ := D^{ij} e^{+}_{ij}, \tag{A.9b}$$

$$G_\times := D^{ij} e^{\times}_{ij} \tag{A.9c}$$

是探测器的天线波束图响应函数。在长波极限下，D^{ij} 变为常张量 (在地固坐标系) 并且不依赖频率和方向，天线波束图函数仅依赖地固坐标系中波源的方向。在长波近似下，我们写 $F_+ := G_+|_{f=0}$ 和 $F_\times := G_\times|_{f=0}$。

例 A.1 干涉型探测器的天线响应波束图。

对于具有正交臂的干涉型探测器，波束图函数的长波近似可在探测器的地平坐标系中给出：坐标系的 x 轴沿一个臂，y 轴沿另一个臂，z 轴向上垂直于 x-y 平面，我们取 θ 和 ϕ 为一般的球面角。则 $\hat{\boldsymbol{p}} = [1,0,0]$，$\hat{\boldsymbol{q}} = [0,1,0]$，我们得

$$F_+(\theta,\phi,\psi) = -\frac{1}{2}\left(1+\cos^2\theta\right)\cos 2\phi\cos 2\psi - \cos\theta\sin 2\phi\sin 2\psi, \tag{A.10}$$

$$F_\times(\theta,\phi,\psi) = +\frac{1}{2}\left(1+\cos^2\theta\right)\cos 2\phi\sin 2\psi - \cos\theta\sin 2\phi\cos 2\psi. \tag{A.11}$$

图 A.1 展示了这些波束图函数。

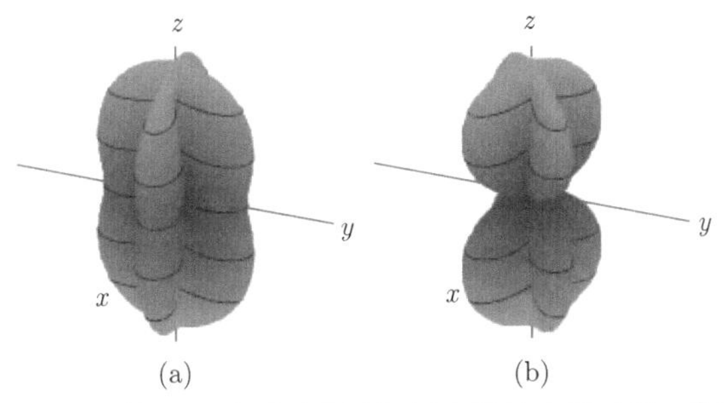

图 A.1 正交臂沿 x 和 y 轴的干涉型引力波探测器的波束图函数 $F_+^2(\theta,\phi,\psi=0)$(a) 和 $F_\times^2(\theta,\phi,\psi=0)$(b)

□

A.2 理想化的初始 LIGO 模型

在本书的多个例子中我们使用了 LIGO 探测器作为说明。在表 A.4 中我们提供了描述理想化的初始 LIGO 探测器模型的参数值。注意这些是近似的代表值，一些参数在不同的 LIGO 探测器和数据采集运行的过程中是改变的。

表 A.4 文中使用的 4 km 长的理想化的初始 LIGO 模型中不同参数的近似值

激光波长 λ	1 μm
输入激光功率 I_0	5 W
输入镜和末端镜质量 M	11 kg
输入镜和末端镜内部振动频率 f_{int}	10 kHz
输入镜和末端镜内部振动品质因子 $Q_{\text{int}} = 1/\phi_{\text{int}}$	10^6
输入镜和末端镜悬吊单摆频率 f_{pend}	0.76 Hz
输入镜和末端镜悬吊单摆品质因子 $Q_{\text{pend}} = 1/\phi_{\text{pend}}$	10^6
输入镜功率透射系数 t_{ITM}^2	2.8%
回收腔增益 G_{prc}	50
入射到分束镜上的激光功率 $I_0 G_{\text{prc}}$	250 W
臂长 L	4000 m
臂腔精细度 $\mathcal{F}$	220
臂腔增益 G_{arm}	140
臂腔极点频率 f_{pole}	85 Hz
臂腔零点频率 f_{zero}	12 kHz
臂腔自由光谱范围 f_{FSR}	37 kHz
臂腔光存储时间 τ_{store}	0.94 ms

为了获得理想化的初始 LIGO 探测器模型的灵敏度曲线，我们聚焦在主要的宽带噪声源上。这包括：

(1) 散粒噪声：散粒噪声由下式给出

$$S_{h,\text{shot}}(f) = \frac{3}{\eta_{\text{q}}} \frac{1}{L^2} \frac{\lambda}{2\pi} \frac{\hbar c}{2 I_0 G_{\text{prc}}\, G_{\text{arm}}^2} \frac{1}{\left|\hat{C}_{\text{FP}}(f)\right|^2}, \tag{A.12}$$

其中法布里-珀罗腔的归一化传感传递函数为

$$\hat{C}_{\text{FP}} = \frac{1 - r_{\text{ITM}}}{1 - r_{\text{ITM}} \mathrm{e}^{-4\pi \mathrm{i} f L/c}}. \tag{A.13}$$

注意我们的散粒噪声估计包含了光电二极管的量子效率 $\eta_q = 0.9$ 和外差射频读出方案中非平稳散粒噪声的影响，以及频率的折叠 (因子 3)。

(2) 悬吊热噪声

$$S_{h,\text{pend}}(f) = \frac{1}{L^2} \frac{2 k_{\text{B}} T}{\pi^3 M} \frac{f_{\text{pend}}^2}{Q_{\text{pend}}} \frac{1}{f^5}. \tag{A.14}$$

(3) 反射镜内部振动噪声

$$S_{h,\text{int}}(f) = \frac{1}{L^2} \frac{2 k_{\text{B}} T}{\pi^3 M} \frac{1}{f_{\text{int}}^2\, Q_{\text{int}}} \frac{1}{f}. \tag{A.15}$$

(4) 地震噪声

$$S_{h,\mathrm{seis}}(f)=\frac{1}{L^2}S_{X,\mathrm{ground}}|A(f)|^2\left|A_{\mathrm{stack}}(f)\right|^2, \tag{A.16}$$

这里

$$S_{X,\mathrm{ground}}=10^{-18}\ \mathrm{m}^2\cdot\ \mathrm{Hz}^{-1}\begin{cases}1, & 1\ \mathrm{Hz}<f\leqslant 10\ \mathrm{Hz}\\ \left(\dfrac{10\ \mathrm{Hz}}{f}\right)^4, & f>10\ \mathrm{Hz}\end{cases} \tag{A.17}$$

是地震导致的地面运动的近似功率谱，

$$|A(f)|=\frac{1}{1-\left(f/f_{\mathrm{pend}}\right)^2}\quad (f>f_{\mathrm{pend}}) \tag{A.18}$$

是单摆悬吊的传递函数的大小，此外

$$\left|A_{\mathrm{stack}}(f)\right|=\left(\frac{10\ \mathrm{Hz}}{f}\right)^8 \tag{A.19}$$

是隔离堆栈的传递函数，其中包含四个交替的质量弹簧层。

理想化的初始 LIGO 探测器的应变振幅灵敏度曲线是每个独立噪声成分的组合：

$$S_h^{1/2}(f)=\sqrt{S_{h,\mathrm{shot}}(f)+S_{h,\mathrm{pend}}(f)+S_{h,\mathrm{int}}(f)+S_{h,\mathrm{seis}}(f)}. \tag{A.20}$$

我们忽略了的一个重要噪声源是长度控制和对准伺服系统中的电流产生的促动器 (actuator) 噪声。S5 期间的促动器噪声近似等于悬吊热噪声 (Abbott et al., 2009)。在 50~100 Hz 频段重要的额外噪声源可能来自于低频促动器噪声向上转换为宽带噪声以及电荷在镜面积累导致的宽带噪声。

我们这里完全聚焦于宽带噪声上而忽略了在 LIGO 谱中看到的窄带噪声源。这些都发生在电力线的谐频处——60 Hz 的倍数，以及悬线的小提琴振动频率处。

图 A.2 展示了 LIGO 汉福德天文台 4 km 干涉仪 (H1) 的灵敏度曲线 $S_h^{1/2}(f)$ 与第五次科学运行 (S5) 中测量的一个具有代表性的噪声曲线的比较。

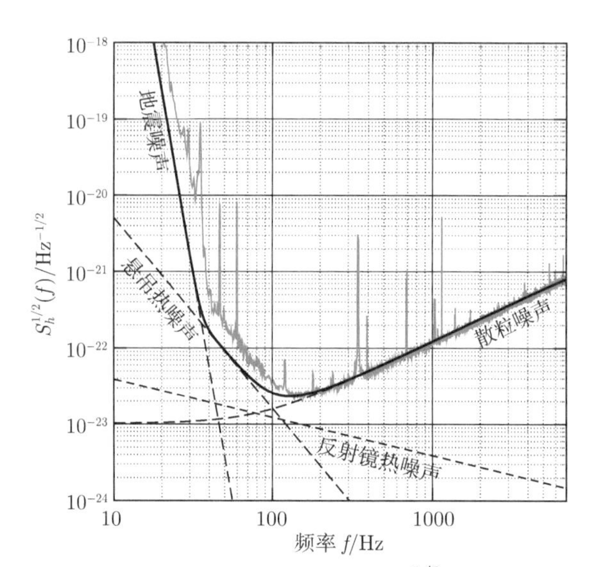

图 A.2　理想化的初始 LIGO 探测器模型的灵敏度曲线 $S_h^{1/2}(f)$ (黑实线) 和 LIGO 汉福德天文台 4 km 探测器 H1 在 LIGO 第五次科学运行 (S5) 中一个具有代表性的谱 (灰色)(于 2007 年 3 月 18 日①)。同时展示的还有理想化的初始 LIGO 探测器模型的噪声成分，包含散粒噪声 $S_{h,\mathrm{shot}}^{1/2}(f)$、悬吊热噪声 $S_{h,\mathrm{pend}}^{1/2}(f)$、反射镜内部振动噪声 $S_{h,\mathrm{int}}^{1/2}(f)$ 和地震噪声 $S_{h,\mathrm{seis}}^{1/2}(f)$

参 考 文 献

Abbott, B. *et al.* (2009) LIGO: the laser interferometer gravitational-wave observatory. *Rept. Prog. Phys.*, 72, 076 901. doi: 10.1088/0034-4885/72/7/076901.

①原书注：http://www.ligo.caltech.edu/~jzweizig/distribution/LSC_Data(最后访问时间 2011 年 1 月 3 日)。

附录 B 后牛顿双星旋近波形

这里我们给出在点粒子的后牛顿近似下分质量为 m_1 和 m_2 的双星系统引力波波形的表达式。下式中我们有总质量 $M := m_1 + m_2$，约化质量 $\mu := m_1 m_2/M$ 和对称质量比 $\eta := \mu/M$。下式由后牛顿参数 $x := (GM\omega/c^3)^{2/3}$ 给出，这里 ω 是轨道角速度。

引力波波形由模式 $h_{\ell m}$ 写为

$$h_+ - \mathrm{i}h_\times = \sum_{\ell=2}^{\infty} \sum_{m=-\ell}^{\ell} {}_{-2}Y_{\ell m}(\theta, \phi) h_{\ell m}, \tag{B.1}$$

这里 ${}_{-2}Y_{\ell m}$ 是自旋 2 加权的球谐函数，它满足

$${}_{-2}Y_{\ell,m}(\theta, \phi) = (-1)^\ell {}_{-2}Y_{\ell,-m}(\pi - \theta, \phi), \tag{B.2}$$

并且复共轭满足

$$h_{\ell,m} = (-1)^\ell h^*_{\ell,-m}. \tag{B.3}$$

主导的是 $\ell = 2$，$m = \pm 2$ 模式，到三阶后牛顿它是

$$\begin{aligned}
h_{22} = &-8\sqrt{\frac{\pi}{5}} \frac{G\mu}{c^2 r} \mathrm{e}^{-2\mathrm{i}\varphi} x \left\{ 1 - \left(\frac{107}{42} - \frac{55}{42}\eta \right) x \right. \\
&+ \left[2\pi + 6\mathrm{i} \ln\left(\frac{x}{x_0} \right) \right] x^{3/2} \\
&- \left(\frac{2173}{1512} + \frac{1069}{216}\eta - \frac{2047}{1512}\eta^2 \right) x^2 \\
&- \left[\left(\frac{107}{21} - \frac{34}{21}\eta \right) \pi + 24\mathrm{i}\eta + \mathrm{i}\left(\frac{107}{7} - \frac{34}{7}\eta \right) \ln\left(\frac{x}{x_0} \right) \right] x^{5/2} \\
&+ \left[\frac{27027409}{646800} - \frac{856}{105}\gamma_{\mathrm{E}} + \frac{2}{3}\pi^2 - \frac{1712}{105}\ln 2 - \frac{428}{105}\ln x \right. \\
&- 18 \left[\ln\left(\frac{x}{x_0} \right) \right]^2 - \left(\frac{278185}{33264} - \frac{41}{96}\pi^2 \right)\eta - \frac{20261}{2772}\eta^2 + \frac{114635}{99792}\eta^3 \\
&\left.\left. + \mathrm{i}\frac{428}{105}\pi + 12\mathrm{i}\pi \ln\left(\frac{x}{x_0} \right) \right] x^3 \right\};
\end{aligned} \tag{B.4}$$

其他模式的表达式可在 Kidder(2008) 中找到。这里 x_0 是可自由选取的常数，它在引力波拖尾 (tails) 中将轨道动力学的时间原点与辐射的时间原点联系起来，$\ell=2$，$m=\pm 2$ 的自旋 2 加权的球谐函数为

$$
{}_{-2}Y_{2,\pm 2}(\theta,\phi)=\frac{1}{8}\sqrt{\frac{5}{\pi}}(1\pm\cos\theta)\mathrm{e}^{\pm 2\mathrm{i}\phi}. \tag{B.5}
$$

表 B.1 中给出了其他 $s=-2$ 自旋加权的球谐函数。

为了计算相位的演化，我们需要能量和流量函数

$$
\begin{aligned}
\mathcal{E}(x)=-\frac{1}{2}\eta x\bigg\{&1-\left(\frac{3}{4}+\frac{1}{12}\eta\right)x\\
&-\left(\frac{27}{8}-\frac{19}{8}\eta+\frac{1}{24}\eta^2\right)x^2\\
&-\left[\frac{675}{64}-\left(\frac{34445}{576}-\frac{205}{96}\pi^2\right)\eta+\frac{155}{96}\eta^2+\frac{35}{5184}\eta^3\right]x^3\bigg\}
\end{aligned} \tag{B.6a}
$$

和

$$
\begin{aligned}
\mathcal{F}(x)=\frac{32}{5}\eta^2x^5\bigg\{&1-\left(\frac{1247}{336}+\frac{35}{12}\eta\right)x+4\pi x^{3/2}\\
&-\left(\frac{44711}{9072}-\frac{9271}{504}\eta-\frac{65}{18}\eta^2\right)x^2-\left(\frac{8191}{672}+\frac{583}{24}\eta\right)\pi x^{5/2}\\
&+\left[\frac{6643739519}{69854400}+\frac{16}{3}\pi^2-\frac{1712}{105}\gamma_{\mathrm{E}}-\frac{856}{105}\ln(16x)\right.\\
&\left.+\left(\frac{41}{48}\pi^2-\frac{134543}{7776}\right)\eta-\frac{94403}{3024}\eta^2-\frac{775}{324}\eta^3\right]x^3\\
&-\left(\frac{16285}{504}-\frac{214745}{1728}\eta-\frac{193385}{3024}\eta^2\right)\pi x^{7/2}\bigg\},
\end{aligned} \tag{B.6b}
$$

这里 $\gamma_{\mathrm{E}}\approx 0.577216$ 是欧拉常数。这些函数分别已知到 3 阶后牛顿和 3.5 阶后牛顿，参见 Blanchet(2002)①。能量和流量函数在不同的方案中用来获得以时间 (或频率) 为函数的轨道相位。最常用的方案罗列如下 (Buonanno et al.，2009)。

① 原书注：在 Blanchet(2002) 中出现的正则化常数 λ 和 θ 的取值为 $\lambda=-1987/3080$ 和 $\theta=-11831/9240$。

表 B.1　$s=-2$ 自旋加权的球谐函数，这里选取 $\ell=2$，$\ell=3$，$\ell=4$

$\ell=2$	${}_{-2}Y_{2,+2}=\frac{1}{8}\sqrt{\frac{5}{\pi}}(1+\cos\theta)^2\mathrm{e}^{+2\mathrm{i}\phi}$
	${}_{-2}Y_{2,+1}=\frac{1}{4}\sqrt{\frac{5}{\pi}}(1+\cos\theta)\sin\theta\mathrm{e}^{+\mathrm{i}\phi}$
	${}_{-2}Y_{2,0}=\frac{1}{8}\sqrt{\frac{30}{\pi}}\sin^2\theta$
	${}_{-2}Y_{2,-1}=\frac{1}{4}\sqrt{\frac{5}{\pi}}(1-\cos\theta)\sin\theta\mathrm{e}^{-\mathrm{i}\phi}$
	${}_{-2}Y_{2,-2}=\frac{1}{8}\sqrt{\frac{5}{\pi}}(1-\cos\theta)^2\mathrm{e}^{-2\mathrm{i}\phi}$
$\ell=3$	${}_{-2}Y_{3,+3}=-\frac{1}{16}\sqrt{\frac{42}{\pi}}(1+\cos\theta)^2\sin\theta\mathrm{e}^{+3\mathrm{i}\phi}$
	${}_{-2}Y_{3,+2}=\frac{1}{8}\sqrt{\frac{7}{\pi}}(1+\cos\theta)^2(3\cos\theta-2)\mathrm{e}^{+2\mathrm{i}\phi}$
	${}_{-2}Y_{3,+1}=\frac{1}{16}\sqrt{\frac{70}{\pi}}(1+\cos\theta)(3\cos\theta-1)\sin\theta\mathrm{e}^{+\mathrm{i}\phi}$
	${}_{-2}Y_{3,0}=\frac{1}{8}\sqrt{\frac{210}{\pi}}\cos\theta\sin^2\theta$
	${}_{-2}Y_{3,-1}=\frac{1}{16}\sqrt{\frac{70}{\pi}}(1-\cos\theta)(3\cos\theta+1)\sin\theta\mathrm{e}^{-\mathrm{i}\phi}$
	${}_{-2}Y_{3,-2}=\frac{1}{8}\sqrt{\frac{7}{\pi}}(1-\cos\theta)^2(3\cos\theta+2)\mathrm{e}^{-2\mathrm{i}\phi}$
	${}_{-2}Y_{3,-3}=\frac{1}{16}\sqrt{\frac{42}{\pi}}(1-\cos\theta)^2\sin\theta\mathrm{e}^{-3\mathrm{i}\phi}$
$\ell=4$	${}_{-2}Y_{4,+4}=\frac{3}{16}\sqrt{\frac{7}{\pi}}(1+\cos\theta)^2\sin^2\theta\mathrm{e}^{+4\mathrm{i}\phi}$
	${}_{-2}Y_{4,+3}=-\frac{3}{16}\sqrt{\frac{14}{\pi}}(1+\cos\theta)^2(2\cos\theta-1)\sin\theta\mathrm{e}^{+3\mathrm{i}\phi}$
	${}_{-2}Y_{4,+2}=\frac{3}{8}\sqrt{\frac{1}{\pi}}(1+\cos\theta)^2\left(7\cos^2\theta-7\cos\theta+1\right)\mathrm{e}^{+2\mathrm{i}\phi}$
	${}_{-2}Y_{4,+1}=\frac{3}{16}\sqrt{\frac{2}{\pi}}(1+\cos\theta)\left(14\cos^2\theta-7\cos\theta-1\right)\sin\theta\mathrm{e}^{+\mathrm{i}\phi}$
	${}_{-2}Y_{4,0}=\frac{3}{16}\sqrt{\frac{10}{\pi}}\left(7\cos^2\theta-1\right)\sin^2\theta$
	${}_{-2}Y_{4,-1}=\frac{3}{16}\sqrt{\frac{2}{\pi}}(1-\cos\theta)\left(14\cos^2\theta+7\cos\theta-1\right)\sin\theta\mathrm{e}^{-\mathrm{i}\phi}$
	${}_{-2}Y_{4,-2}=\frac{3}{8}\sqrt{\frac{1}{\pi}}(1-\cos\theta)^2\left(7\cos^2\theta+7\cos\theta+1\right)\mathrm{e}^{-2\mathrm{i}\phi}$
	${}_{-2}Y_{4,-3}=\frac{3}{16}\sqrt{\frac{14}{\pi}}(1-\cos\theta)^2(2\cos\theta+1)\sin\theta\mathrm{e}^{-3\mathrm{i}\phi}$
	${}_{-2}Y_{4,-4}=\frac{3}{16}\sqrt{\frac{7}{\pi}}(1-\cos\theta)^2\sin^2\theta\mathrm{e}^{-4\mathrm{i}\phi}$

B.1　TaylorT1 轨道演化

在 TaylorT1 方法中，我们通过对下列常微分方程系统做数值积分获得轨道相位 $\varphi(t)$

$$\frac{\mathrm{d}x}{\mathrm{d}t} = -\frac{c^3}{GM}\frac{\mathcal{F}}{\mathrm{d}\mathcal{E}/\mathrm{d}x}, \tag{B.7a}$$

$$\frac{\mathrm{d}\varphi}{\mathrm{d}t} = \frac{c^3}{GM}x^{3/2}. \tag{B.7b}$$

B.2　TaylorT2 轨道演化

TaylorT2 方法对轨道相位和时间获得一个以后牛顿参数 x 为函数的参数化的解。这些由方程

$$t(x) = t_\mathrm{c} + \frac{GM}{c^3}\int_x^{x_\mathrm{c}} \frac{1}{\mathcal{F}}\frac{\mathrm{d}\mathcal{E}}{\mathrm{d}x}\mathrm{d}x, \tag{B.8a}$$

$$\varphi(x) = \varphi_\mathrm{c} + \int_x^{x_\mathrm{c}} x^{3/2}\frac{1}{\mathcal{F}}\frac{\mathrm{d}\mathcal{E}}{\mathrm{d}x}\mathrm{d}x \tag{B.8b}$$

通过展开比值 $\mathcal{F}/(\mathrm{d}\mathcal{E}/\mathrm{d}x)$ 为一个 x 的幂级数并进行积分获得。结果为

$$\begin{aligned} t(x) = t_\mathrm{c} - \frac{5}{256\eta}\frac{GM}{c^3}x^{-4}\Bigg\{ & 1 + \left(\frac{743}{252} + \frac{11}{3}\eta\right)x - \frac{32}{5}\pi x^{3/2} \\ & + \left(\frac{3058673}{508032} + \frac{5429}{504}\eta + \frac{617}{72}\eta^2\right)x^2 - \left(\frac{7729}{252} - \frac{13}{3}\eta\right)\pi x^{5/3} \\ & + \Bigg[-\frac{10052469856691}{23471078400} + \frac{128}{3}\pi^2 + \frac{6848}{105}\gamma_\mathrm{E} + \frac{3424}{105}\ln(16x) \\ & + \left(\frac{3147553127}{3048192} - \frac{451}{12}\pi^2\right)\eta - \frac{15211}{1728}\eta^2 + \frac{25565}{1296}\eta^3\Bigg]x^3 \\ & + \left(-\frac{15419335}{127008} - \frac{75703}{756}\eta + \frac{14809}{378}\eta^2\right)\pi x^{7/2}\Bigg\} \end{aligned} \tag{B.9a}$$

和

$$\varphi(x) = \varphi_\mathrm{c} - \frac{1}{32\eta}x^{-5/2}\Bigg\{1 + \left(\frac{3715}{1008} + \frac{55}{12}\eta\right)x - 10\pi x^{3/2}$$

$$
\left(\frac{15293365}{1016064}+\frac{27145}{1008}\eta+\frac{3085}{144}\eta^2\right)x^2
+\left(\frac{38645}{1344}-\frac{65}{16}\eta\right)\ln\left(\frac{x}{x_0}\right)\pi x^{5/2}
+\left[\frac{12348611926451}{18776862720}-\frac{160}{3}\pi^2-\frac{1712}{21}\gamma_{\mathrm{E}}-\frac{856}{21}\ln(16x)
+\left(-\frac{15737765635}{12192768}+\frac{2255}{48}\pi^2\right)\eta+\frac{76055}{6912}\eta^2-\frac{127825}{5184}\eta^3\right]x^3
+\left(\frac{77096675}{2032128}+\frac{378515}{12096}\eta-\frac{74045}{6048}\eta^2\right)\pi x^{7/2}\Bigg\}. \tag{B.9b}
$$

B.3 TaylorT3 轨道演化

TaylorT3 近似将轨道相位表示为时间的函数，它从 TaylorT2 的参数形式通过 $t(x)$ 的幂级数的反转 (这产生了 $x(t)$) 然后将其插入 $\varphi(x)$ 的表达式中获得。后牛顿参数和轨道相位的最终表达式用替代时间变量

$$
\Theta := \frac{\eta}{5}\frac{c^3\,(t_{\mathrm{c}}-t)}{GM} \tag{B.10}
$$

写为

$$
x=\frac{1}{4}\Theta^{-1/4}\Bigg\{1+\left(\frac{743}{4032}+\frac{11}{48}\eta\right)\Theta^{-1/4}-\frac{1}{5}\pi\Theta^{-3/8}
+\left(\frac{19583}{254016}+\frac{24401}{193536}\eta+\frac{31}{288}\eta^2\right)\Theta^{-1/2}
+\left(-\frac{11891}{53760}+\frac{109}{1920}\eta\right)\pi\Theta^{-5/8}
+\left[-\frac{10052469856691}{6008596070400}-\frac{1}{6}\pi^2+\frac{107}{420}\gamma_{\mathrm{E}}-\frac{107}{3360}\ln\left(\frac{\Theta}{256}\right)
+\left(\frac{3147553127}{780337155}-\frac{451}{3072}\pi^2\right)\eta-\frac{15211}{442368}\eta^2+\frac{25565}{331776}\eta^3\right]\Theta^{-3/4}
+\left(-\frac{113868647}{433520640}-\frac{31821}{143360}\eta+\frac{294941}{3870720}\eta^2\right)\pi\Theta^{-7/8}\Bigg\} \tag{B.11a}
$$

和

$$
\varphi=\varphi_{\mathrm{c}}-\frac{1}{\eta}\Theta^{5/8}\Bigg\{1+\left(\frac{3715}{8064}+\frac{55}{96}\eta\right)\Theta^{-1/4}-\frac{3}{4}\pi\Theta^{-3/8}
$$

$$
\begin{aligned}
&+\left(\frac{9275495}{14450688}+\frac{284875}{258048}\eta+\frac{1855}{2048}\eta^2\right)\Theta^{-1/2}\\
&+\left(-\frac{38645}{172032}+\frac{65}{2048}\eta\right)\ln\left(\frac{\Theta}{\Theta_0}\right)\pi\Theta^{-5/8}\\
&+\left[\frac{831032450749357}{57682522275840}-\frac{53}{40}\pi^2-\frac{107}{56}\gamma_{\mathrm{E}}+\frac{107}{448}\ln\left(\frac{\Theta}{256}\right)\right.\\
&+\left(-\frac{126510089885}{4161798144}+\frac{2255}{2048}\pi^2\right)\eta+\frac{154565}{1835008}\eta^2\\
&\left.-\frac{1179625}{1769472}\eta^3\right]\Theta^{-3/4}\\
&+\left.\left(\frac{188516689}{173408256}+\frac{488825}{516096}\eta-\frac{141769}{516096}\eta^2\right)\pi\Theta^{-7/8}\right\}.
\end{aligned}
\tag{B.11b}
$$

B.4　TaylorT4 轨道演化

除了比值 $\mathcal{F}/(\mathrm{d}\mathcal{E}/\mathrm{d}x)$ 是以 x 的幂级数展开外，TaylorT4 演化方案与 TaylorT1 相同，由此得出了一组耦合的常微分方程

$$
\begin{aligned}
\frac{\mathrm{d}x}{\mathrm{d}t}=\frac{64}{5}\eta\frac{c^3}{GM}x^5&\left\{1-\left(\frac{743}{336}+\frac{11}{4}\eta\right)x+4\pi x^{3/2}\right.\\
&+\left(\frac{34103}{18144}+\frac{13661}{2016}\eta+\frac{59}{18}\eta^2\right)x^2\\
&-\left(\frac{4159}{672}+\frac{189}{8}\eta\right)\pi x^{5/2}\\
&+\left[\frac{16447322263}{139708800}+\frac{16}{3}\pi^2-\frac{1712}{105}\gamma_{\mathrm{E}}-\frac{856}{105}\ln(16x)\right.\\
&\left.+\left(-\frac{56198689}{217728}+\frac{451}{48}\pi^2\right)\eta+\frac{541}{896}\eta^2-\frac{5605}{2592}\eta^3\right]x^3\\
&\left.-\left(\frac{4415}{4032}-\frac{358675}{6048}\eta-\frac{91495}{1512}\eta^2\right)\pi x^{7/2}\right\}
\end{aligned}
\tag{B.12a}
$$

和

$$
\frac{\mathrm{d}\varphi}{\mathrm{d}t}=\frac{c^3}{GM}x^{3/2}. \tag{B.12b}
$$

这些方程可通过积分求解。

B.5 TaylorF2 稳相

稳相近似可被用于表示频率域的旋近波形。TaylorF2 方法类似于上面描述的 TaylorT2 方法，只是用了稳相近似。其波形为

$$\tilde{h}_+(f) \approx -\frac{1+\cos^2\iota}{2}\left(\frac{5\pi}{24}\right)^{1/2}\eta^{1/2}\frac{G^2M^2}{c^5 r}x^{-7/4}\mathrm{e}^{-2\pi\mathrm{i}ft_c}\mathrm{e}^{2\pi\mathrm{i}\varphi_c}\mathrm{e}^{-\mathrm{i}\Psi(f)}, \tag{B.13a}$$

$$\tilde{h}_\times(f) \approx \mathrm{i}\cos\iota\left(\frac{5\pi}{24}\right)^{1/2}\eta^{1/2}\frac{G^2M^2}{c^5 r}x^{-7/4}\mathrm{e}^{-2\pi\mathrm{i}ft_c}\mathrm{e}^{2\pi\mathrm{i}\varphi_c}\mathrm{e}^{-\mathrm{i}\Psi(f)}, \tag{B.13b}$$

这里 $\Psi(f)$ 是稳相函数

$$\begin{aligned}\Psi = &-\frac{\pi}{4}+\frac{3}{128}\frac{1}{\eta}x^{-5/2}\left\{1+\left(\frac{3715}{756}+\frac{55}{9}\eta\right)x-16\pi x^{3/2}\right.\\&+\left(\frac{15293365}{508032}+\frac{27145}{504}\eta+\frac{3085}{72}\eta^2\right)x^2\\&+\left(\frac{38645}{756}-\frac{65}{9}\eta\right)\left[1+\frac{3}{2}\ln\left(\frac{x}{x_0}\right)\right]\pi x^{5/2}\\&\left[\frac{11583231236531}{4694215680}-\frac{640}{3}\pi^2-\frac{6848}{21}\gamma_E-\frac{3424}{21}\ln(16x)\right.\\&\left.+\left(-\frac{15737765635}{3048192}+\frac{2255}{12}\pi^2\right)\eta+\frac{76055}{1728}\eta^2-\frac{127825}{1296}\eta^3\right]x^3\\&\left.+\left(\frac{77096675}{254016}+\frac{378515}{1512}\eta-\frac{74045}{756}\eta^2\right)\pi x^{7/2}\right\}.\end{aligned} \tag{B.14}$$

其中 $x=(\pi GMf/c^3)^{2/3}$。

参考文献

Blanchet, L. (2002) Gravitational radiation from post-Newtonian sources and inspiralling compact binaries. *Living Rev. Rel.*, 5(3). http://www.livingreviews.org/lrr-2002-3 (last accessed 2011-01-03).

Buonanno, A., Iyer, B.,Ochsner, E., Pan, Y. and Sathyaprakash, B.S. (2009) Comparison of post-Newtonian templates for compact binary inspiral signals in gravitational-wave detectors. *Phys. Rev.*, D80, 084 043. doi: 10.1103/PhysRevD.80.084043.

Kidder, L.E. (2008) Using full information when computing modes of Post-Newtonian waveforms from inspiralling compact binaries in circular orbit. *Phys. Rev.*, D77, 044 016. doi: 10.1103/PhysRevD.77.044016.

索　引

译 后 记

2011 年，我在得克萨斯大学布朗斯维尔分校做博士后。某日，我的同事 Teviet Creighton 在午餐时兴奋地告诉大家由他作封面设计的一本引力波著作最近出版了。后来我在系图书馆找到了此书，即本书的英文原版，看到了 Teviet 设计的封面上一红一绿的两个“后牛顿”苹果在彼此绕转中激起了时空曲面上的波动，画面背景取材于哈勃深空照片。三百多年前，牛顿受到下落苹果的启发提出了万有引力定律。之后，苹果不时会登上引力物理学著作的封面（如 Misner、Thorne 和 Wheeler 合著的 *Gravitation*，Wald 的 *General Relativity*）。现在，两个苹果的出现又激发出了引力波，真是令人遐想无限。随后的日子里，我投入了大量时间研读此书，发现它不仅对我当时的研究课题提供了很多助益，而且还弥补了我在该领域的许多知识空白，带给了我诸多启发。

2014 年底回国不久，我在华中科技大学物理学院引力中心开始组建课题组，与研究生们在每周一次的读书会上共同学习此书。物理学院其他课题组以及武汉兄弟高校的几位师生偶尔也加入其中。读书会持续了一年多，时常马拉松式的从上午八点开始到中午食堂快要关门前结束。大家群策群力，在生疑与解惑中慢慢积累起来了对引力波各个方面的基本认知，也逐渐摸索到了自己的研究兴趣和课题。

2016 年 2 月，经过对数据近半年的详尽分析，LIGO(激光干涉引力波天文台) 科学合作组织正式宣布利用高新 LIGO 的两台 4 km 臂长的激光干涉仪首次探测到了恒星质量双黑洞并合时发出的引力波信号（引力波事件 GW150914）。引力波立刻就变成了全球物理学、天文学、宇宙学研究的焦点。我当时感到，地面探测器打开高频引力波窗口的成功势必会加快空间探测器、脉冲星计时阵列和宇宙微波背景辐射等手段进一步拓宽引力波频谱的步伐。然而，引力波不仅是一个多学科交叉的研究领域 (既还包含了传统的物理和天文，又涉及精密测量、深空探测等前沿技术)，它还需要长期的科研投入和沉淀。因此，有必要在努力科研的同时重视未来人才的培养，而后者更是高校教师的重要使命。于是，如何降低学习引力波的门槛，帮助更多人更容易地深入了解甚至进入该领域是我时常回想的一个问题。

2016 年暑假前，当科学出版社的编辑刘凤娟来武汉组稿时，我萌生了翻译此书的想法。考虑到它覆盖的内容较全且体量适中，适合作为教材使用，可以弥补当时市面上还没有专门的引力波中文教材的缺口。后来在与出版社的进一步沟通中这个想法变得更加成熟和可行，于是我便在当年年底开始着手翻译工作。翻译过程持续了七年多，中间多次由于其他工作任务而中断，因此在与原书出版社的第一期版权授权合同到期时译文仍未能完成。在此，感谢科学出版社各位老师的耐心与坚持，使本书最终得以面世。

为了确保科学上的准确性，我采取了直译的方式，仅在原文句法较为复杂时（如较长的定语从句、倒装等）进行适当的意译或改写。因此，本译文读来难免会让人感觉有点“翻译腔”。在此恳请读者诸君的谅解。我的几位研究生冯文凡（第 1、2、3 章）、周明越（第 5 章）、李小红（第 6 章）、胡新春（第 7 章）参与了各章的翻译工作。此外，几位同行朋友刘谈（第 1、2、3 章）、曹周键（第 4 章）、陈洁文（第 5 章）、马怡秋（第 6 章）、朱兴江（第 7 章）通读了各章译文的初稿，并提出了许多宝贵建议，很大地提高了译文的质量。在此一并表示感谢。本书包含 1200 多个带编号的行间公式和更多的行内公式，很大一部分是复杂的张量表达式，涉及希腊字母、拉丁字母、上下标、大小写、不同字体（黑体、斜体、花体等）和字号的编排，录入工作量和难度很大，也很容易出现错误。在此，感谢本书的责任编辑和责任校对在本书上花费的心血，大大减少了错误之处。当然，译文中仍然存在的任何不妥之处责任在我。也恳请读者们发现问题后联系我（电子邮箱：ywang12@hust.edu.cn），以便在将来可能的重印中予以更正。

感谢原书作者约利恩 · D. E. 克赖顿教授为中文版作序，并发来最新的勘误表，这些都已经包含在了本书中。感谢两位原书作者发来个人介绍和照片，用于本书的制作。

感谢蔡荣根院士的推荐，使本书得以纳入“21 世纪理论物理及其交叉学科前沿丛书”。

感谢华中科技大学物理学院引力中心和天文学系的同事多年来对我工作上的支持和帮助，在与大家的日常讨论中我收获了诸多引力波探测实验和引力波天文学方面的洞见，其中的一些对于此书的翻译有所裨益。感谢过去几年参加我在华中科技大学开设的课程“引力波物理”的本科和研究生同学，他们在阅读本书早期版本时给了我很多反馈。其中，和凡云同学检查了本书的索引，并提供了详细的勘误。

本书成书的过程中得到了国家自然科学基金（编号 11973024、11503007），国家重点研发计划（编号 2022YFC2205201），广东省基础与应用基础研究重大项目（编号 2019B030302001）、新疆维吾尔自治区重大科技专项（编号 2022A03013-4）等项目的资助，在此一并表示感谢！

最后，感谢我的家人，使我需要在工作与家庭之间做平衡时，能有更多的机会选择工作。

王 炎

武汉喻家山

2024 年 2 月

《21世纪理论物理及其交叉学科前沿丛书》

已出版书目

（按出版时间排序）

序号	书名	作者	出版时间
1.	真空结构、引力起源与暗能量问题	王顺金	2016年4月
2.	宇宙学基本原理（第二版）	龚云贵	2016年8月
3.	相对论与引力理论导论	赵　柳	2016年12月
4.	纳米材料热传导	段文晖，张　刚	2017年1月
5.	有机固体物理（第二版）	解士杰	2017年6月
6.	黑洞系统的吸积与喷流	汪定雄	2018年1月
7.	固体等离子体理论及应用	夏建白，宗易昕	2018年6月
8.	量子色动力学专题	黄　涛，王　伟 等	2018年6月
9.	可积模型方法及其应用	杨文力　等	2019年4月
10.	椭圆函数相关凝聚态物理模型与图表示	石康杰，杨文力，李广良	2019年5月
11.	等离子体物理学基础	陈　耀	2019年6月
12.	量子轨迹的功和热	柳　飞	2019年10月
13.	微纳磁电子学	夏建白，文宏玉	2020年3月
14.	广义相对论与引力规范理论	段一士	2020年6月
15.	二维半导体物理	夏建白 等	2022年9月
16.	中子星物理导论	俞云伟	2022年11月
17.	宇宙大尺度结构简明讲义	胡　彬	2022年12月
18.	宇宙学的物理基础	维亚切斯拉夫·穆哈诺夫，皮　石	2023年9月
19.	非线性局域波及其应用	杨战营，赵立臣，刘　冲，杨文力	2024年1月
20.	引力波物理学与天文学 理论、实验和数据分析的介绍	约利恩·D. E. 克赖顿，沃伦·G. 安德森，王炎	2024年3月